KB264057

슈퍼컨버전스, 초융합 시대가 온다'

Superconvergence:
How the Genetics, Biotech, and AI Revolutions
Will Transform Our Lives, Work, and World
by Jamie Metzl
Originally published by Timber Press, an imprint of Workman Publishing,
a division of Hachette Book Group, Inc., New York.

Copyright ⓒ 2024 by Jamie Metzl
All rights reserved.

Korean Translation Copyright 2026 by The Business Books and Co., Ltd.
Korean Translation rights arranged with Taryn Fagerness Agency, Gig Harbor,
through EYA Co., Ltd., Seoul.

이 책의 한국어판 저작권은 (주)이와이에이를 통해
저작권자와 독점 계약을 맺은 (주)비즈니스북스에게 있습니다.
저작권법에 의해 국내에서 보호를 받는 저작물이므로 무단 전재와 복제를 금합니다.

슈퍼컨버전스, 초융합 시대가 온다

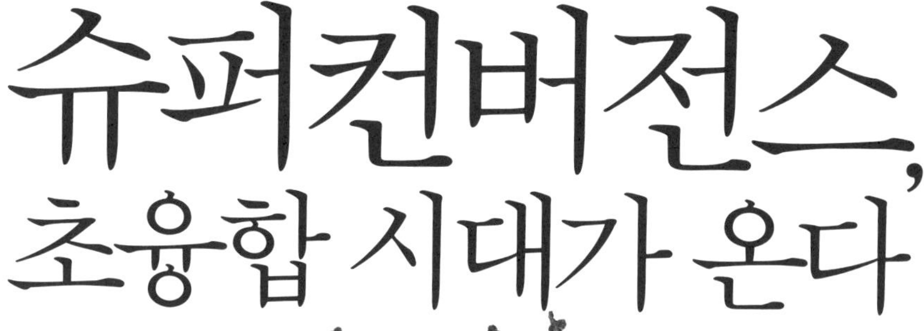

제이미 메츨 지음
최영은 옮김

비즈니스북스

Jamie Metzl

옮긴이 | 최영은

부산외국어대학교 통번역대학원 영어과를 졸업하였으며, 현재 번역에이전시 엔터스코리아에서 건강 및
실용 분야 전문 번역가로 활동 중이다. 옮긴 책으로 《ADHD와 함께 유쾌하게 살아가기》, 《면역의 모든 것》,
《28일 평생 면역력 만들기》, 《의학적 증상 비주얼 가이드》 등이 있다.

슈퍼컨버전스, 초융합 시대가 온다

1판 1쇄 발행   2026년 1월 16일
1판 2쇄 발행   2026년 2월 6일

지은이 | 제이미 메츨
옮긴이 | 최영은
발행인 | 홍영태
편집인 | 김미란
발행처 | (주)비즈니스북스
등   록 | 제2000-000225호(2000년 2월 28일)
주   소 | 03991 서울시 마포구 월드컵북로6길 3 이노베이스빌딩 7층
전   화 | (02)338-9449
팩   스 | (02)338-6543
대표메일 | bb@businessbooks.co.kr
홈페이지 | http://www.businessbooks.co.kr
블로그 | http://blog.naver.com/biz_books
페이스북 | thebizbooks
인스타그램 | bizbooks_kr
ISBN 979-11-6254-455-6 03400

우리는 신처럼 강력한 능력을 갖게 되었으니
이를 좋은 쪽으로 활용해야 한다.

– 스튜어트 브랜드Stewart Brand

나는 이카루스 이야기를
인간의 한계라는 시점에서 생각한 적이 한 번도 없다.
그저 왁스가 접착제로서 충분한 역할을
하지 못했다는 교훈을 얻었을 뿐이다.

– 랜들 먼로Randall Munroe

| 차례 |

들어가며 | 우리는 신이 될 준비가 되었는가　　　　　　　　009

제1장　인간이 생명을 설계하기 시작했다

AI, 크리스퍼, 합성생물학이 여는 신세계　　　　　　033

알파폴드는 단백질 하나를 분석하는 데 걸리던 3년의 시간을 단 몇 분으로 줄였다. 크리스퍼 유전자 가위는 당신이 걸릴 병을 미리 고치고, AI는 신약 개발을 열 배 빠르게 하며, 합성생물학은 우리가 먹는 음식을 바꿀 것이다. 지금 이 순간에도 누군가는 자연이 40억 년 동안 만들어 낸 생명의 암호를 다시 쓰고 있다.

제2장　병을 치료하는 시대에서 예측하는 시대로

mRNA, 유전자 치료, AI가 바꾸는 의료의 미래　　　　119

단백질 하나를 분석하는 데 3년 걸리던 시대, mRNA 백신은 2억 개 단백질을 몇 달 만에 예측했다. 피 한 방울이면 우리가 걸릴 병을 미리 알 수 있고, 크리스퍼 유전자 가위는 수정란 단계에서 치명적 질환을 고칠 수 있다. AI는 암을 5년 먼저 발견하고, 맞춤형 치료제는 당신의 유전자에 맞춰 제작된다. 이제 질문은 하나다. 당신은 자신의 미래를 미리 알고 싶은가?

제3장　자연을 해킹하지 않으면 자연이 사라진다

크리스퍼, 황금쌀, 합성 미생물이 만드는 100억 인구의 식탁　　　211

2050년 지구에는 100억 명이 살지만, 농지를 50퍼센트 더 늘리면 지구상 모든 숲이 사라진다. 크리스퍼는 세 개 유전자만 편집해 쌀 수확량을 세 배 늘렸고, 합성 미생물은 화학 비료 없이도 토양에 질소를 고정한다. 2080년 우리의 후손들은 무엇을 먹게 될까? 선택은 하나다. 더 많은 땅을 개간할 것인가, 더 스마트한 씨앗을 심을 것인가?

**제4장 뉴니멀Newnimals : 동물 산업의
미래를 상상하다**

고기 없는 고기, 목장 없는 농장, 인류가 다시 쓰는 가축 문명의 다음 장   273

지금 우리가 먹는 동물은 더 이상 들판에서 자라지 않는다. 공장형 농장은 지구 토양의 절반을 점유하고, 가축은 인간보다 많은 탄소를 배출하며, 항생제는 축산의 필수재가 되었다. 이 산업은 어디까지 지속될 수 있을까? 고기 없는 고기, 우유 없는 낙농, AI가 관리하는 농장. '먹는 방식'을 바꾸는 혁명이 이미 시작됐다.

**제5장 노니멀Nonimals : 동물 없는
축산업이 열어 갈 미래**

임파서블 버거, 배양육 그리고 식탁 위의 생명공학   333

증가하는 인구와 식량 수요 앞에서 전통 축산업만으로는 더 이상 버틸 수 없다. 합성생물학과 배양육, 식물성 고기는 동물을 희생하지 않고도 우리가 원하는 맛과 영양을 제공한다. 이제 선택은 우리의 몫이다. 동물 없는 식탁, 지속 가능한 미래에 당신은 무엇을 먹고 싶은가?

**제6장 바보야,
문제는 바이오경제야**

생명이 석유를 대체하는 시대가 온다   381

산업혁명이 화석연료로 세상을 바꿨다면 바이오 혁명은 생명으로 세상을 되돌릴 것이다. 박테리아가 콘크리트를 고치고, 거미줄이 방탄조끼가 되며, 1그램의 DNA에 도서관 전체를 저장하는 시대. 지금 석유 대신 세포로, 채굴 대신 배양으로, 소각 대신 순환으로 움직이는 새로운 경제가 시작되고 있다.

**제 7 장 신의 도구를 손에 쥔
인간의 선택**

생명공학이 펼친 기회와 우리가 마주한 실존적 위험　　　　　439

인류는 질병을 치료할 힘과 동시에 종 전체를 멸종시킬 능력을 얻었다. 말라리아를 근절할 기술은 생태계를 파괴할 위험을 안고 있으며 유전병을 예방할 도구는 인간 진화의 방향을 바꿀 수 있다. 이제 질문은 '할 수 있는가'가 아니다. '해야 하는가' 그리고 '어떻게 통제할 것인가'다.

**제 8 장 우리 손으로
미래를 설계할 시간**

AI, 유전학, 새로운 윤리가 만드는 바이오 르네상스　　　　　499

인류는 유전자와 AI를 동시에 설계하며 생명과 지구의 미래를 다시 쓰고 있다. 하지만 기술은 중립적이지 않다. 그것을 어떻게 사용할지는 결국 인간의 상상력과 책임, 용기에 달렸다. 신의 도구를 손에 쥔 인간은 그 힘으로 무엇을 창조할 것인가?

감사의 말　　　　　571

북클럽 토론 질문　　　　　575

미주　　　　　578

우리는 신이 될 준비가 되었는가

위대한 힘에는 큰 책임이 따른다

2018년 11월, 홍콩의 유명한 콘퍼런스에서 중국 과학자 허젠쿠이賀建奎는 전 세계를 깜짝 놀라게 했다. 이날 그는 최근에 태어난 신생아 두 명의 게놈을 세계 최초로 크리스퍼CRISPR 기술(유전자의 특정 부위를 정확히 잘라내고 편집하는 유전자 가위 기술 – 옮긴이)로 변형했다고 발표했다.

나는 수년 전부터 유전자 변형 인간의 시대가 오리라 예측했는데, 그날 그런 시대가 도래한 것이다. 그러나 나는 화가 났다.

어떤 면에서는 내 예측이 옳았다는 생각도 들었다.

허젠쿠이가 홍콩에서 거대한 폭탄을 터뜨린 바로 그 시점에 내가 쓴 《해킹 다윈: 유전공학과 인류의 미래》Hacking Darwin: Genetic Engineering and the Future of Humanity가 초판 인쇄에 들어갔다. 나는 유전자 기술 혁명이 인류의 삶을 어떻게 변화시킬지에 관해 이 책에서 아주 자세히 서술했다. 최초의 게놈 편집 아기가 머지않아 태어날 것으로 예측했고,

정치, 경제, 과학, 문화적인 이유로 그 첫걸음은 중국에서 시작될 가능성이 큰 이유도 설명했다. 심지어 허젠쿠이가 조작한 유전자는 내가 유전자 편집이 가능하리라 예상한 목록에도 있었다.

지금처럼 그 당시에도 나는 생명의 암호를 조작하는 새로운 능력이 인간을 더 건강하고 오래 살게 해주며, 주변 세상을 긍정적으로 바꿀 큰 잠재력이 있다고 믿었다. 하지만 스파이더맨의 삼촌이 말했듯이 위대한 힘에는 큰 책임이 따르는 법이다.

유네스코가 1997년에 발표한 '인간 게놈과 인권에 관한 선언' Declaration on the Human Genome and Human Rights 그리고 많은 이의 생각과 달리, 나는 독실한 신앙인에게 성서나 코란이 그렇듯이 인간 게놈이 결코 편집될 수 없는 신성한 '인류 공동 유산'이라고 보지 않는다. 또한 인간이 살아 있는 세계를 유전적으로 절대 조작할 수 없다고도 믿지 않는다.

게놈의 형태는 일정하지 않기 때문에 우리 종과 다른 종의 게놈은 현재 상태 그대로 절대 바뀔 수 없는 신성함을 가질 수 없다. 생명의 본질은 변화이고 생물학적 시스템은 본래 유동적이다. 38억 년 전 단세포 유기체였던 생명체가 오늘날 다양한 생물로 진화할 수 있었던 것도 끊임없는 변화 덕분이었다. 어떤 유기체도 자신이 다른 존재로 변화한다고 느끼지 않지만 사실 우리는 끊임없이 변화한다. 생물학적으로 보면 이 문장을 읽기 시작한 때와 다 읽은 때의 당신은 같은 사람이 아니다.

나는 좁은 범위에서 원칙적으로 인간 생명의 암호가 미래 세대에 전달될 수 있는 방식으로 편집되는 것이 정당하다고 《해킹 다윈》에

썼다. 그렇다고 허젠쿠이가 한 일이 옳다고 생각하지는 않는다. 사실 나는 정반대라고 생각한다.

허젠쿠이는 미래 아이들의 HIV(인간면역결핍바이러스) 감염 저항성을 높이기 위해 CCR5 유전자를 표적으로 편집했다. 그러나 이는 꼭 필요한 개입은 아니었다. 세 아이(크리스퍼 기술로 태어난 세 번째 아기는 허젠쿠이의 발표 직후 태어났다)의 생물학적 아버지들은 모두 HIV 양성 판정을 받았다. 하지만 이런 경우라도 바이러스를 자녀에게 전염시키지 않도록 하는 간단한 치료법이 이미 존재했다. 예를 들어 정자가 난자에 도달하기 전에 '세척하는'washing 방법이 있다. 나는 최초의 인간 게놈 편집이 다른 방법으로는 풀 수 없는 치명적인 문제를 해결하는 데 사용되기를 바랐다. 하지만 이번 첫 번째 시도는 대상자들에게는 큰 이득이 없는 개선이 있을 뿐이었다. 반대로 그로 인한 잠재적 위험은 상상할 수 있는 어떤 이익으로도 상쇄할 수 없을 만큼 막대했다.

허젠쿠이는 현지 병원의 내부 심사위원회에 불완전한 내용의 승인 신청서를 제출했고 예비 부모들에게 연구의 필요성과 이점을 정확히 설명해 주지 않았다. 또한 비밀리에 위험한 실험을 했으며 매우 부주의한 작업으로 세 아기 모두에게 의도하지 않은 유전적 결과를 초래했다. 크리스퍼 유전자 기술은 아직 출산까지 이어지는 인간 배아에 안전하게 사용할 수 있을 만큼 정확도가 높지 않았다. 따라서 그의 노력은 의료 행위라기보다 비도덕적인 인간 실험에 더 가까워 보였다. 그의 무책임한 실험은 우리가 생명의 암호 코드를 조작할 때 얼마나 더 멀리 가야 하는지, 또는 가서는 안 되는지에 대해 근본적인 질문을 던진다.

'더 이상은 안 된다'라고 대답하고 싶을지도 모르지만, 이런 대답은 여러 부분에서 우리 종의 본성이나 역사와 일치하지 않는다. 우리는 수만 년, 길게는 그 이상의 시간 동안 생명 시스템에 적극적으로 개입해 온 세상에 살고 있다. 생물을 조작하지 않는 시대로 돌아가고 싶다면 불을 사용해 음식을 조리하기 이전 시대, 농업이나 가축, 의학이 없는 시대, 당신 옆에 앉아 있는 개가 존재하지 않는 시대, 지금보다 인간 수가 더 적어서 어쩌면 당신도 존재하지 않는 시대로 돌아가야 할 것이다.

이러한 역사에 비추어 볼 때 지구 생명체의 큰 변화를 주도하는 인류의 성장 능력은 그 자체로 지난 38억 년 동안 끊임없이 변화해 온 지구 생물학의 또 다른 챕터에 불과하다.

생명체가 생겨난 지 10억 년이 조금 넘은 후 특정 박테리아는 물과 이산화탄소, 태양의 방사선을 처리하여 산소를 생성하는 능력을 키우기 시작했다. 이 박테리아가 증식을 이어 가며 지구 생명체의 환경 대부분을 바꿀 만큼 대기 중 산소가 충분해지는 시점이 되기까지는 약 10억 년이 더 걸렸다. 초기 생명체는 사실상 지구를 생명공학적으로 설계했다. 약 5억 년 전, 바다와 대기에 산소가 풍부해지자 포식자와 먹이 사이에 진화적 군비 경쟁이 일어났고 유기체 간 공생 관계도 발전했다. 이러한 환경은 캄브리아기 대폭발(캄브리아기에 다양한 종류의 동물 화석이 갑작스럽게 출현한 지질학적 사건 – 옮긴이)로 알려진 지구 생명체의 다양성과 복잡성을 촉발한 요인이 되었다.

우리는 현재 지구 생명체의 역사에서 또 다른 과도기적 순간을 맞이하고 있다. 이번에는 새로운 캄브리아기적 폭발과 인간이라는 새로운 생물학적 추진 요인이 만났다.

지구에서 거의 40억 년을 살아온 수십억 종의 생명체 중 인류는 어느 순간 생명의 암호를 읽고 쓰고 복제할 수 있는 능력을 갖추었다. 우리는 앞으로 수 년, 수십 년, 수백 년, 수천 년에 걸쳐 진화 방향을 바꾸고 모든 면에서 삶을 재구성할 능력을 갖게 될 여정의 초기 단계에 있다. 이런 능력은 지구 생명체의 미래와 그 너머에 중대한 영향을 미칠 것이다.

이보다 더 놀라운 일이 있겠는가?

수천 년 동안 다양한 문화권에서는 생명을 창조하고, 연장하고, 재창조하는 능력이 있는 신을 상상해 왔다. 이제는 새로운 기술이 인간에게 이러한 능력을 부여하고 있으며 우리는 매우 중요한 결정의 갈림길에 섰다. 인류와 다른 많은 생명체의 미래를 좌우할 문제 앞에서 던져야 할 본질적인 질문은 바로 우리가 신과 같은 힘을 현명하게 사용할 수 있느냐는 것이다.

인류를 포함한 지구의 모든 생명체를 위해 새로운 기술로 더 안전하고 지속 가능한 미래를 건설한다는 전망은 우리를 흥분시킨다. 그러나 정반대 결과가 나타날 가능성 역시 존재한다는 사실은 우리를 두렵게 한다.

이러한 이분법은 허젠쿠이가 홍콩에서 의도치 않게 던진 도전 과제가 되었다.

아직은 다소 추상적이지만 인간 게놈 편집은 치명적인 유전 질환으로 고통받는 사람들을 줄일 수 있는 희망적인 미래를 제시했다.

하지만 중국에서 크리스퍼 기술로 편집된 아기가 태어난 사건은 흥미로운 기회와 두려운 위험 사이의 경계가 얼마나 미묘한지 여실히 보여주었다.

이렇게 최초의 게놈 편집 아기 이야기는 매우 중요한 의미를 담고 있지만, 사실 이 책에서 다루는 큰 이야기의 극히 일부에 불과하다.

중국의 크리스퍼 아기는 게놈 편집 기술을 인간에게 적용한 초기 사례에 불과하다. 그뿐 아니라 지구상의 모든 생명체를 재창조할 수 있는 인간 능력의 급속한 발전이 불러오는 희망과 두려움을 상징적으로 보여주는 사례이기도 하다. 시간이 지나면 이 능력은 우리의 삶과 일, 세상 전체를 근본적으로 변화시킬 것이다.

보이지 않는 혁명을 더듬는
코끼리 앞의 맹인들

맹인과 코끼리 우화는 2,000년 전 불교 경전에 처음 기록되었다. 이 우화가 전하는 비유는 너무 유명해서 진부할지 모르지만, 여전히 우리에게 매우 유용한 교훈을 준다.

이 우화를 간단히 소개해보자. 맹인(아마도 모두 냄새를 맡지 못하고 귀도 들리지 않는 농인일 것이다) 여럿이 코끼리의 각 부위를 만지면서 이 동물이 어떻게 생겼는지 알아내려고 했다. 한 사람씩 코, 상아, 꼬리 등을 만져 본 느낌을 설명했지만, 다들 상대방의 경험을 제대로 이해하지 못했다. 이들은 머리를 맞대고 이야기할 때까지 코끼리의 전체 모습을 그려 내지 못했다.

유전학과 생명공학, AI 등 여러 분야가 중첩되어 만들어진 새로운 현실을 마주하는 사람들도 이와 다르지 않다. 의료, 농업, 제조, 에너지, 정보기술, 기타 분야에 속한 사람들은 모두 자신이 하는 일에서 급격한 변화를 경험하고 있다. 하지만 자신의 분야, 즉 코끼리의 일부분에서만 그 변화를 확인하는 경우가 대부분이다.

환자에게 유전자 치료를 하는 의사, 새로운 품종의 작물이나 가축을 기르는 농부, 생명공학 거미줄로 방탄복을 만드는 제조업체, 차량에 바이오연료를 채우는 운전자, DNA에 데이터를 저장하는 분석가 모두 거대한 이야기의 서로 다른 일부분을 다룰 뿐이다. 코끼리 우화 속 사람들이 주변의 더 넓은 현실을 이해하려면 각자의 경험을 모아야 한다. 마찬가지로, 교차하는 기술의 초융합superconvergence이 지구 차원에서 어떻게 인류 혁신이라는 기적을 일으키고 어떤 식으로 강력한 힘을 발휘해 우리 내면과 외부를 포함한 거의 모든 곳에 점점 더 많은 영향을 미칠 수 있는지 전체적으로 살펴야 한다.

이것은 완전히 새로운 이야기는 아니다. 하지만 오늘날의 이런 현상은 그 어느 때보다 빠르며 대규모로 일어나고 있다. 과거에도 인류는 거대한 변화를 일으킨 적이 여러 번 있다. 복잡한 두뇌와 사회 구조, 초보적인 도구를 가진 우리의 열정적인 유목민 조상은 여러 종을 사냥했고 네안데르탈인 사촌들과 경쟁하여 그들을 멸종에 이르게 했다. 그 후 동식물을 길들이고 번식하면서 지구 생태계에 큰 영향을 미쳤다. 산업화는 우리 주변 세계를 지구적인 규모로 변화시킬 수 있는 능력을 주었다. 이렇게 여기까지 달려왔지만, 대부분이 여전히 빠르게 달려가는 급진적인 변화를 완전히 이해하지 못한다.

인류 역사를 살펴보면 변화는 대체로 느리지만 가끔은 빠르게 진행될 때도 있었다. 보통 사람들의 삶은 자신의 부모나 조부모와 그리 다르지 않았다. 그러나 때로는 엄청난 일이 일어났고, 역사적으로 판도가 빠르게 재편되기도 했다. 현재는 고인이 된 진화 생물학자 스티븐 제이 굴드Stephen Jay Gould는 이러한 개념을 '단속평형이론'punctuated equilibrium이라고 불렀다. 동일한 원리는 현재 세계에도 그대로 적용된다. 농업은 마지막 빙하기가 끝난 후 빠르게 등장했다. 산업화와 전기화는 제조 및 이동 방식을 신속하게 변화시켰다. 컴퓨터 혁명은 정보를 처리하고 사고하는 방식까지 재빨리 바꾸었다. 이제 유전학, 생명공학, AI 혁명이 우리 앞에 다가왔다. 이 기술들은 절대 갑자기 나타나지 않았지만, 갑작스러운 변화를 주도하고 있다.

변화의 속도가 더 빨라지고 있다고 느끼는가? 그렇다. 사람은 더 발전된 사람을 낳고, 아이디어는 더 발전된 아이디어를 낳으며, 기술은 더 발전된 기술을 낳는 경향이 있다. 물론 이것이 모든 사람과 아이디어, 기술이 이전보다 더 발전했다는 의미는 아니다. 암흑기로 알려진 중세 시대나 수많은 민간인을 희생시킨 중국의 대약진운동과 같은 퇴보의 시기도 있었다. 다만 우리의 기술과 역량이 시간이 지나면서 전반적으로 성장하는 경향이 있다는 뜻이다.

경제학자 브래드 들롱Brad DeLong은 인류 역사상 비교적 완만하게 증가해 온 세계 총 경제 생산량이 산업기술, 교통, 상업의 발전으로 지난 160년간 5,000퍼센트 증가했다고 추정했다. 그는 이렇게 기록했다. "1870년 이후 달라진 점은 북대서양 경제 선진국들이 발명 방식을 체계적으로 바꾸었다는 것이다. 또한 각각의 큰 기관을 만들었고 운영 방식도 조직화했다."[1]

미래학자 레이 커즈와일Ray Kurzweil도 2003년 인터뷰에서 혁신의 가속화에 대해 이와 비슷한 말을 했다.

> 우리는 혁신 속도를 계속해서 높여 왔기 때문에, 현재의 진화 속도로 볼 때 20세기 전체의 진보는 최근 20년 동안의 진보와 비슷합니다. 이 20년의 진보를 다음에는 14년 만에 이룰 수 있을 겁니다. 그 후에는 같은 20년의 진보를 단 7년 만에 이룰 겁니다. 이런 기하급수적 성장의 폭발적인 힘으로, 21세기는 현재의 발전 속도를 기준으로 2만 년의 진보와 같을 겁니다. 변화가 느렸던 20세기와 비교해 1,000배 정도 차이가 나는 것이죠.[2]

커즈와일은 스마트폰, 생성형 AI 시스템, 게놈 편집 등이 존재하기도 전에 이렇게 예측했다. 지난 20년을 돌이켜 보면 그의 예측이 옳았음을 쉽게 느낄 수 있다. 앞으로도 이런 가속화된 발전은 생명과학을 비롯한 많은 분야를 근본적으로 변화시킬 것이다.

아직 21세기의 4분의 1밖에 지나지 않았지만 우리는 인간 게놈 전체를 이미 해독했고, 성체 세포를 줄기세포로 바꾸는 방법을 알아냈다. 살아 있는 세포의 유전자 암호를 바꾸는 방법을 발견했고, 유전자 변형 비용을 수백만 배 낮췄으며, 많은 것의 속도를 높일 수 있는 새로운 형태의 지능을 만들어 냈다. 아직 이 모든 여정은 초기 단계에 불과하지만, 우리가 나아가고 있는 방향은 뚜렷하다. 19세기가 화학의 시대, 20세기가 물리학의 시대였다면, 21세기는 AI와 생물학의 재설계 시대임이 분명하다. 우리의 능력이 향상될수록 이를 현명하게 사용할 때 얻는 혜택과 그렇지 못할 때 나타나는 위험 역시 커질 것이다.

앞으로 생물학적 시스템을 재설계하는 능력이 점점 더 발전할 거라고 확신하는 한 가지 이유는 우리 주변에 이미 훈련 모델이 있기 때문이다. 카를 벤츠Carl Benz는 1885년 만하임 작업장에서 최초의 자동차를 만들었다. 이때 그는 마차의 초기 기술을 활용하고 디자인을 빌리면서도 대부분은 처음부터 새롭게 상상해야 했다. 벤츠가 현대의 포르쉐를 역설계해서 자동차를 만든다면 작업이 얼마나 쉬워졌을지 한번 생각해 보자. 인간은 아직 생물학을 재구성하는 방법을 배우는 중이지만, 모든 생물학의 방대한 훈련 세트는 이미 존재한다.

우리가 현재 보유하고 있거나 개발 중인 도구는 인간이 더 건강하게 오래 살고, 지구를 파괴하지 않으면서 필요한 자원을 얻고, 우리를 둘러싼 세계와 집이라 칭하는 지구와 훨씬 더 균형 있게 사는 미래를 만들어 준다. 그러나 허젠쿠이처럼 맹목적으로 전진하여 기술 발전을 우리의 최선의 가치와 분리시키면, 기적 같은 기술은 인간성을 훼손하고 궁극적으로 우리 존재를 위협하는 미래를 불러올 것이다.

이 두 미래의 차이를 만드는 것은 기술이 아니라 우리 자신이다. 아직은 미래가 정해지지 않았고 여러 가지 길이 열려 있기 때문에 개인과 집단이 내리는 결정이 매우 중요하다.

우리가 가진 힘을 어떻게 사용할 것인가

허젠쿠이의 엄청난 발표가 있은 지 5개월 후인 2019년 3월, 나는 스위스 제네바의 한 회의실에서 인간 게놈 편집에 관한 세계보건기구WHO 자문위원회의 첫 번째 회의에 참석했다. 이 위원회는 WHO 사무총장 테워드로스 아드하놈 거브러여수스Tedros Adhanom Ghebreyesus가 허젠쿠이의 발표에 직접 응답하기 위해 조직되었고, 나는 이 회의에서 발언할 예정이었다.

내가 이곳에 초대받은 이유는 세상을 뒤흔드는 기술 혁명의 큰 그림에 담긴 의미를 탐구해 온 다년간의 경험이 있었기 때문이다. 수십 년 동안 나는 인간의 가장 신성한 가치가 강력한 기술 적용을 이끌도록 싸워 왔다. 초창기에는 인터넷, 몰입형 가상세계, 정보 전쟁, 유전학과 생명공학 혁명의 미래에 대해 많은 것을 예측했고 이 모든 분야를 깊이 탐구했다.

1990년대 후반, 나는 미국 국가안전보장회의National Security Council, NSC에서 당시 빌 클린턴 대통령의 백악관 외교 정책 참모로 일했다. 글로벌 도전 과제를 이해하고 해결하는 임무를 맡은 신설 부서에서 일하면서, 그때 비교적 초기 단계였던 유전학과 생명공학 혁명에 관심을 가졌다. 당시만 해도 많은 사람이 이 두 분야를 모호한 주제로 인식했다. 그러나 나는 생명을 재구성하는 도구가 이미 마련되어 있다고 느꼈다. 이 도구를 어떻게 사용할 것인지 그리고 그것이 미국과 세계에 어떤 의미를 가져올지를 파악하는 것이 시급한 문제라고 생각했다. 그래서 이 주제에 집중적으로 매달려 가능한 한 모든 자료를 찾아 읽고, 가장 주목할 만한 전문가들을 인터뷰하고, 기초 과학을 나름대로 열심히 공부했다.

나는 현재 세계 최고의 대학, 대기업, 일류 연구 기관, 최첨단 의료 및 기술 회의에서 선도적인 과학자와 기타 전문가를 포함한 청중에게 인간이 설계한 생물학의 미래에 대해 강연한다. 강연을 시작할 때마다 나는 고등학교 이후로는 생물학 수업을 들은 적이 없으며 과학은 독학으로 배웠다고 고백한다. 그리고 혹시 내가 틀린 정보를 말하면 손을 들어 달라고 청중에게 요청하는데 다행히 이제까지 손을 드는 사람은 거의 없었다. 그 이유는 내가 모든 과학 분야의 세부 사항을 과학자보다 더 잘 알고 있기 때문은 아닐 것이다. 절대 그렇지 않다. 내 박사학위는 과학과는 무관한 전혀 다른 분야다. 나는 단지 다른 관점을 제시할 뿐이다.

과학, 기술, 역사, 정치, 국제 문제, 문화를 통합하는 내 능력은 많은 전문가가 보지 못하는 다양한 미래를 그리는 데 도움이 되었다. 매우 전문적인 분야의 과학자들은 대부분 극히 지엽적인 문제를 해결하는 훈련을 받는다. 그래서 특정 분야에서는 '거인의 어깨 위에서' 엄청난 이득을 얻지만 대신 기동성이 떨어지는 일이 많다. 또한 정설에 도전하거나 제한된 영역 밖에서는 창의적으로 생각하는 능력이 떨어질 수 있다. 물론 이런 일반적인 법칙을 벗어나는 예외도 있으며, 이들에게서 나는 매일 배움을 얻는다. 그러나 대체로 작은 그림을 보는 훈련을 받고 거기에 따른 보상을 받는 사람들은 큰 그림에 시선을 집중하기가 쉽지 않다.

좋든 나쁘든 내 인생의 축복이자 저주는 더 큰 그림을 보고 인류에 미칠 수 있는 영향을 예측하는 능력이다. 때로는 이런 능력 때문에 나 자신이 그리스 신화의 카산드라처럼 미래를 내다보지만 그것을 바꿀 힘은 없다고 느낀다. 또 어떨 때는 풍차와 싸우는 돈키호테나, 세상을 조금이라도 긍정적인 방향으로 바꾸려고 흥분하며 광선검을 휘두르는 작은 요다 같다고 느낀다.

내가 쌓아 온 폭넓은 지식은 전 세계에서 다양한 사람들이 연구하는 여러 문제가 어떻게 연결되는지, 또 인류의 혁신이라는 우주선이 어디로 향할 수 있는지 이해하는 데 도움이 된다. 가끔은 역사학이 아니라 분자생물학으로 박사학위를 받았다면 좋았을 것이라고 생각한다. 하지만 생물학 전체가 찰스 다윈과 그레고어 멘델이라는 두 위대한 사상가의 업적에 크게 의존하고 있다는 사실에서 위안을 얻는다. 두 사람 역시 매우 활달하고 창의적인 지성을 지녔으나, 과학 분야에서 정식으로 높은 학위를 받은 적은 없었다. 안토니 판 레이우엔훅Antonie van Leeuwenhoek은 현미경을 발명했고 '미생물학의 아버지'라 불린다. 그는 사람들이 미신이나 환상적인 신화에 의존하지 않고 세포를 자세히 들여다보며 생명을 이해하게 해주었다. 하지만 그 역시 교육을 제대로 받지 못한 직물 상인이었다. 외부인이 당대 권위 있는 전문가들과 다른 시각으로 사물을 볼 수 있었던 것은 결코 우연이 아니다.

배경이 어떻든 가장 평범한 고등학생부터 노벨상을 받은 위대한 생물학자까지, 모두가 삶의 놀라운 복잡성을 마주할 때 논리적으로 느끼는 감정은 무한한 겸손이다. 우리는 생명의 복잡성에 대해 아는 것이 거의 없다. 따라서 서로 다른 배경과 관점을 지닌 사람들이 함께 더 많이 배우고, 새로운 힘을 현명하게 사용할 수 있도록 힘을 합쳐야 한다.

20여 년 전, 나는 이제 배움이 무르익었으니 이 정도면 내 관점을 사람들과 공유해도 되겠다고 생각했다. 그래서 유전학과 생명공학 혁명이 국가 안보에 미치는 영향에 관한 글을 전문 저널에 게재하기 시작했다. 이후 내 글을 읽은 미국 캘리포니아주 하원의원 브래드 셔먼Brad Sherman으로부터 요청이 왔다. 영향력 있는 괴짜인 그는 미국 의회에서 이 주제로 청문회를 개최할 수 있도록 도와 달라고 했고, 나는 그 자리에 주요 증인으로 참석했다.

9/11 테러가 발생한 지 얼마 지나지 않은 시점에 나는 의원들에게 이렇게 말했다. "200년 후 우리 후손들이 현시대를 되돌아보며 가장 큰 외교 정책 과제가 무엇이었을지 자문할 때 분명 테러는 매우 중요한 사안임이 확실하지만 최우선은 아니라고 답할 것이라 믿습니다. 제가 오늘 여러분 앞에서 이렇게 증언하는 이유는, 우리가 미국인으로서 그리고 국제사회 일원으로서 유전자 구성을 관리하고 조작하는 새로운 능력에 어떻게 대처하느냐가 매우 중요하다고 생각하기 때문입니다."[3]

이후 생물학 설계의 급진적인 미래에 대한 내 글과 연설은 더 크게 주목받았지만 그럴수록 걱정도 커졌다. 내 핵심 메시지는 지금과는 근본적으로 다른 미래가 임박한 이때에 미리 대비해야 한다는 것인데, 이 메시지가 제대로 전달되지 못할 것 같았다. 유전학과 생명공학 혁명은 우리의 모든 삶과 세상을 변화시킬 것이다. 따라서 이런 급진적인 기술을 어떻게 사용할지 결정하는 것은, 이 문제를 연구하는 소수의 전문가에게만 맡길 일이 아니라 모두의 일이 되어야 한다. 그래서 나는 훨씬 더 많은 청중에게 다가가 내가 하고 싶은 말을 더 쉽게 이해시킬 수 있는 방식으로 소통해야 한다는 것을 깨달았다.

이런 생각은 내가 《제네시스 코드》Genesis Code와 《이터널 소나타》Eternal Sonata를 쓰는 데 영감의 원천이 되었다. 두 소설은 내 고향 캔자스시티를 배경으로 가까운 미래 시점에서 쓴 공상과학 스릴러다. 여기서 나는 유전공학과 생명 연장이라는 혁명적인 과학이 실제로 우리 삶과 세상에 어떤 식으로 나타날지, 깊고 개인적인 차원에서 우리에게 어떤 의미가 있는지를 재미있고 흥미로운 방식으로 풀어냈다. 책이 출간된 후 진행한 북투어에서 놀라운 일이 벌어졌다.

나는 과학을 독학한 사람으로서, 북투어에서 내 이야기를 바탕으로 과학기술을 설명하고 내 방식으로 현실 세계에 미치는 영향을 이야기했다. 그때 청중의 눈이 휘둥그레졌다. 그들은 갑자기 전에 알던 것보다 더 큰 이야기를 이해하고 그 안에서 자신의 역할을 깨달은 듯했다. 그동안 유전학, DNA, GMO, AI, 합성생물학 등의 단어를 들으면서도 이런 개념들이 친근하고 긴박하게 느껴지지는 않았을 것이다. 내가 이 개념과 가능성을, 우리를 비롯한 더 넓은 이야기에 담아 전달하자 그 간극이 어느 정도 좁혀진 것이었다.

그때 문득 유전학의 과거와 현재, 미래를 면밀히 탐구한 책을 써야겠다고 생각했다. 소설 같은 흥미진진함과 서사적인 에너지가 담긴 비소설 말이다. 《해킹 다윈》은 2019년에 양장본으로 출간되었고, 이듬해 내용을 대폭 수정하여 반양장본으로 나온 이후 12개 언어로 번역되었다. 이 책에서 나는 유전학과 생명공학 혁명이 우리를 어디로 이끌고, 유전학과 관련된 우리의 꿈이 우생학적 악몽이 되지 않도록 지금 해야 할 일이 무엇인지 상상해서 써 내려갔다. 현재 무슨 일이 일어나고 있는지, 유전자 기술이 인간을 어디로 데려갈지, 어떤 것들이 위험에 처해 있는지 알리려고 노력했다. 이 책의 핵심은, 유전적으로 변화된 미래를 실현할 때 모든 배경의 사람들이 더 적극적인 역할을 하도록 장려하는 것이었다.

나는 유전공학의 미래에 대해 포용적이고 다양하며 '모든 종에 걸친 대화'를 지지했다. 이런 주장이 WHO와 거브러여수스 사무총장의 레이더망에 포착되었다. 거브러여수스가 인간 게놈 편집에 관한 WHO 자문위원회에 나를 초빙했을 때 얼마나 가슴 벅찼는지 모른다. 인류 역사상 가장 중요한 혁신을 관리하는 권고안을 만드는 소수의 일원이 된다면 누구라도 그랬을 것이다.

나는 다른 회원들과 달리 과학 연구자나 국가 의료 규제 기관의 위원으로 일해 본 적이 없다. 그래서 여기서 일하는 동안 나에게는 '미래학자'라는 꼬리표가 붙었다. 물론 누구도 미래를 정확히 예측할 수는 없다. 우리가 할 수 있는 일은 최대한 많은 데이터를 수집하고 신중하게 이를 평가하며, 역사에서 교훈을 배우는 것이었다. 또한 우리가 동원할 수 있는 모든 지혜를 끌어모으고, 가능한 한 엄격하고 정직하며 책임감 있게 기존의 인식과 현재의 '진실'에 끊임없이 도전하는 것이었다. 이것이 바로 내가 원하던 일이었다.

위원회에서 일하다 보면 가끔 자신이 백조인지 아닌지 분간하지 못하는 미운 오리 새끼가 된 것 같기도 하다. 이곳에서 내 목표는 인류 역사의 중요한 순간과 관련된 대화의 폭을 넓히고, 우리 팀원들이 더 창의적이고 확장적으로 생각하도록 독려하는 것이었다. 더불어 유전학 혁명의 미래가 모두에게 큰 영향을 미친다는 점을 최선을 다해 명확히 하는 것이었다.

우리 위원회의 임무는 유전되는 인간 게놈 편집을 공익적으로 사용할 틀을 짜서 잘 관리하는 것이었다. 첫째 날 주제는 우리가 하는 일의 주요 이해 관계자들을 파악하는 것이었다.

회의실 탁자에 둘러앉은 우리는 한 명씩 발언을 시작했고 몇 가지 매우 가치 있는 제안이 나왔다. 예를 들어 희귀질환 환자, 장애인 커뮤니티, 소수 민족, 의사 및 보건 관계자, 병원 등을 고려하자는 것이었다. 나는 이들의 의견에 전적으로 동의했지만 몇 가지 추가적인 관점도 있었다. 허젠쿠이의 이기적인 무모함이 매우 불만스러웠지만, 이 불행한 첫걸음이 우리 종의 새로운 시대를 가리키는 이정표라는 점은 인정했다. 웅장한 산맥에서 아주 멀리 떨어진 작은 언덕이지만, 앞으로 나아갈 길에 산맥이 나타날 거라고 알려주는 첫 징후 같은 존재랄까.

나는 반복해서 물었다. "우리 업무의 주요 이해 관계자는 누구입니까? 인간 생물학에 걸린 제약을 초월하려는 트랜스휴머니스트 transhumanist나 다른 사람들은 여기에 포함되지 않나요? 태양이 계속 팽창하여 사람들이 더 이상 지구에 거주할 수 없게 되면, 뜨거워진 지구나 우주에서 생존하기 위해 다른 생물학적 시스템이 필요할 수도 있는 미래 세대는 어떻게 될까요? 그리고 다른 종은 어떻게 될까요?"

동료들이 내게 보낸 눈빛에서 나는 두려움을 읽을 수 있었다. 어쩌면 그건 짜증의 눈빛이었는지도 모른다. 분명 이 새로운 중국 아기들이 미칠 영향에 대해 단기적으로 해결해야 할 현실적인 문제들이 있었다. 그러나 적어도 나는 중국에서 일어난 이 불안한 사건이 단순히 미래의 인간 편집으로만 연결되는 것이 아니라 훨씬 더 큰 혁명의 전조일 것이라고 확신했다. 착상 전 배아에 작은 유전적 변화를 일으킬 수 있는 기술은 훨씬 더 큰 이야기의 문을 열어젖혔다.

2년 반 동안 우리 위원회는 주요 과학자와 규제 당국, 환자 옹호 단체, 장애인 권리 단체, 원주민 대표, 기타 여러 주요 이해 관계자들과 인터뷰를 진행했다. 또한 2022년 7월에 공식적으로 발표할 보고서를 공들여 작성했으며, 여기에는 다음 단계를 위한 일련의 권고 사항이 담겨 있었다.

그러나 아무리 열심히 노력해도, 보고서와 권고안의 수준이 올라가도, 과제에 담긴 중요성에 비해 결과물은 턱없이 부족해 보였다.

위원회로서 우리가 직면한 도전, 궁극적으로는 다양한 사회와 전 세계가 직면한 도전은 이런 것이다. 즉 인간의 삶과 모든 생물을 설계할 수 있는 혁신적인 기술이 기하급수적으로 발전하고 있지만, 이러한 변화의 범위, 규모, 의미를 이해하는 능력은 느리게 증가할 뿐이다. 또한 신과 같은 기술을 현명하게 관리하는 우리의 능력은 빙하의 움직임처럼 천천히 발전하고 있다는 것이다.

생명의 암호를 급진적으로 재설계할 수 있는 기술이 갑자기 등장했다. 그러나 이 신과 같은 힘을 현명하게 다룰 틀은 존재하지 않는다. 우리 위원회가 심의하는 매 순간 과학은 더 빨리 달려가고 있다. 이를 관리하는 세계의 총체적인 능력은 뒤처지고 있으며 이러한 불일치의 영향은 커지고 있다.

나는 2007년 의회에서 인간 게놈 편집의 위험성을 언급했다. 이후 16년이 지난 2023년 3월에는 코로나19 팬데믹의 기원을 탐구하는 미국 의회 청문회에 주요 증인으로 다시 출석했다. 이 주제와 관련한 세계 최초의 의회 청문회였다. 나는 당시 깊은 책임감을 느끼며 겸허히 영광스러운 자리에 섰다. 2007년에 이어 다시 그 자리에 나온 것은 내가 다른 시각을 가지고 있었기 때문이다.

팬데믹이 폭발적으로 확산되던 2020년 초, 나는 유용한 증거들을 살피고 있었다. 그러던 중 뉴스와 과학 저널에서 읽은 것과 근본적으로 다른 이야기를 보았다. 주요 언론과 저널에서는 팬데믹이 우한의 화난 수산시장에서 시작되었을 가능성을 크게 점쳤다. 그러나 2020년 1월 말에 발표된 중국 연구를 통해 초기 감염자의 3분의 1 이상이 이 시장에서 전염된 게 아니라는 사실을 알아냈다. 나는 최근 초청 강연차 우한에 방문했는데, 내 강연 내용을 미리 입수한 현지 관리들이 강연을 취소했다.[4] 이 도시는 대부분의 미국인이 생각하는 것처럼 박쥐와 천산갑을 잡아먹는 사람들이 사는 오지가 아니었다. 중국의 시카고라 할 정도로 매우 세련되고 교육 수준이 높으며 부유한 대도시였다.

또한 우한에는 코로나19 바이러스SARS-CoV-2의 조상 숙주인 관박쥐는 없지만, 세계 최대 규모로 코로나바이러스를 수집하는 중국 최초이자 최대 규모, 최고 격리 수준의 바이러스 연구소가 있었다. 이 연구소에서 사스SARS 계열 바이러스를 조작해 인간 세포를 쉽게 감염시키는 공격적인 실험을 해왔고, 이는 나중에 코로나19 바이러스가 감염력을 갖게 된 방식과 정확히 일치했다. 이후 나는 팬데믹이 우한 실험실 관련 사고에서 비롯되었을 가능성을 포함해, 팬데믹의 원인이 된 모든 관련 가설을 찾는 전면 조사를 촉구하는 국제적인 노력에 앞장섰다. 초창기에는 이런 주장을 하는 사람이 극소수에 불과했다. 그러나 《포브스》는 2020년 5월 1일자 인물 소개에, 코로나19 바이러스가 우한 연구소 탈출자에서 시작됐을 가능성이 크다고 말한 나를 '최초의 인물'로 명명했다. 다른 언론에서는 나를 '최초의 코로나19 내부 고발자'라며 팬데믹의 기원에 대해 '세계적인 기준을 제시한 인물'이라고 표현했다.[5]

나는 2023년 당시 세간의 주목을 받은 청문회에서 이렇게 증언했다. "현재 우리는 새로운 세계화 시대에 접어들고 있습니다. 혁신적인 과학기술에 대한 접근이 탈중앙화되고, 바이오 연구소들이 늘어나며, 국가 간 경쟁이 심화되고, 심각한 생태 및 기후 문제와 급격히 증가하는 인구를 비롯한 여러 요인 때문에 전반적인 위험도가 증가하고 있습니다. 그중에는 코로나19보다 훨씬 더 치명적인 팬데믹이 발생할 가능성도 포함됩니다."

또한 팬데믹이 세계의 위험한 균열을 드러냈고, 위험도는 계속 올라가는 데 반해 나쁜 일을 방지하는 인간의 능력은 그 속도를 따라가지 못한다며 이렇게 덧붙였다. "좋든 싫든 우리 운명은 상호의존적인 세상에서 긴밀하게 연결되어 있습니다. 코로나19 팬데믹에서 무엇이 잘못되었는지 제대로 규명하지 못하고, 모든 실패를 두려움 없이 직시하며 이 위기가 명백히 드러낸 취약성을 보강하는 노력에 실패한다면 다음 팬데믹의 희생자인 우리 자녀와 손주들은 우리를 이렇게 비난할지 모릅니다. 무엇이 위험한지 알고 문제를 해결할 기회가 있었는데도 왜 자신들을 지켜주지 못했느냐고.”[6]

첫 증언 이후 16년 만에 나는 우울하게도 똑같은 메시지를 가지고 다시 의회로 돌아갔다.

그때와의 차이점이라면 좋든 싫든 큰 도약을 위해 더 나은 조직을 갖추어 잠재적 피해를 최소화하고 이점을 최적화하기까지 또다시 16년을 기다릴 필요가 없다는 것이다.

혁신적인 기술은 과학자, 기술자, 정치인, 정부 관료, 국제기구 등 그 누구도 따라잡을 수 없을 정도로 빠르게 발전 중이고 그 결과는 엄청나다. 이런 기술의 힘과 영향력에 비해 새로운 기술의 큰 그림을 이해하고 이를 관리하는 가장 기초적인 시스템을 구축하는 인간의 능력은 크게 떨어진다. 따라서 이 불일치를 해결하는 것이 우리 시대의 최대 과제다. 그러나 여전히 상황은 크게 달라지지 않았다.

인간이 설계하는 삶의 미래에 대한 실존적인 질문에 답하는 것은 각자가 가진 문제보다 훨씬 더 커 보인다. 그럼에도 우리 모두는 그 답을 찾아야 한다. 수없이 많은 점을 찍어 하나의 그림으로 완성하는 조르주 쇠라Georges Seurat의 작품처럼 우리 각자가 모여 인구 80억이 된 게 아니겠는가.

나는 우리 삶과 세상, 미래 세대를 변화시킬 능력을 가장 잘 활용하는 법을 논의하려면 모든 사람의 목소리를 들어야 한다고 믿는다. 이것이 내가 이 책을 쓴 목적이다.

인류 역사상 지금보다 더 중요한 순간은 없었을 것이다. 우리는 프로메테우스적인 기술을 관리하는 방법을 빠르게 배우거나, 그렇지 않으면 이 기술이 바꾼 세계에서 살게 될 것이다. 이 세계는 많은 사람에게 점점 더 낯설게 느껴질 것이다.

유전학, 생명공학, AI 혁명의 잠재적 이익은 매우 크다. 중요한 정보는 지나치게 분산되어 있다. 인간은 막을 수 없는 경쟁적 압력에 끌려가는 상태다. 따라서 달리는 기차를 멈추는 것은 우리의 선택지에 없다. 그것은 1만 년 전 농업혁명을 중단하여 상비군의 발전과 대규모 전쟁을 막으려는 것이나, 200년 뒤 인간에 의한 지구온난화를 막겠다고 산업혁명을 멈추려는 것과 같다. 어쩌면 과거 수렵채집 생활을 했던 우리 조상 중 일부는 오늘날의 우리보다 더 나은 삶을 살았을지 모른다. 하지만 타임머신을 타고 동물에게 잡아먹히거나 굶주릴 위협에서 벗어나 자유로운 삶을 살 기회를 주겠다고 하면, 누구라도 이 기회를 잡았을 것이다. 우리 조상들은 미래의 복잡한 문제들을 염려해 농업과 산업의 발전을 거부하지 않았다. 아마 그럴 수도 없었을 것이다. 이를 거부하려 한 공동체는 대개 오래 지속되지 못했으니 말이다.

원하든 원치 않든, AI가 주도하고 생명공학이 재편할 미래는 이미 다가오고 있다. 우리가 던져야 할 본질적인 질문은 '어떻게 하면 그 미래를 가장 바람직하게 만들어 갈 것인가'이다. 우리가 앞으로 태어날 아이들의 유전자를 편집하고, 가축 대부분과 일부 야생 동식물을 개량하며, 바이오 소재, 바이오 제조, 생명공학 의약품, 바이오 연료, 바이오 컴퓨팅을 중심으로 한 경제로 방향 전환을 할 것은 거의 확실하다. 거기에는 충분한 이유와 필요성이 있다. 그렇다고 무분별하고 부주의하게 행동해도 된다는 말은 아니다. 상상하는 모든 것이 도덕적으로 허용된다는 것도, 이익을 극대화하고 잠재적 피해를 최소화하는 강력한 거버넌스와 규제 시스템이 필요하지 않다는 것도, 시급히 해야 할 일이 없다는 뜻도 아니다. 오히려 점점 몸집을 키우는 기술의 쓰나미에 책임감 있게 대처해야 할 필요성이 어느 때보다 더 커지고 있다.

놀라운 신기술과 그 뒤에 숨은 혁신적 과학이 우리를 이 대화로 이끌었다. 그러나 궁극적으로 이 대화는 기술에 관한 것이 아닌 가치에 관한 것이다.

오늘 우리가 내리는 결정은 어제와 근본적으로 달라질 내일을 위한 토대가 된다. 지금 무슨 일이 일어나는지, 이 혁명이 어디로 향하는지 이해한다면 우리 자신은 물론이고 가족, 지역사회, 국가, 세계를 위해 더 나은 미래를 건설할 특별한 기회를 얻을 것이다.

나는 인류 역사상 그 어느 때보다도 놀랍고 전례 없는 이 시점에 사람들이 중요한 선택을 내리는 데 도움이 되고자 이 책을 썼다. 이 선택은 여러 측면에서 당신을 포함한 개인의 미래이자 우리가 함께 만들어 갈 공동체의 미래를 결정짓게 될 것이다.

우리가 의식적으로 '생명을 바꿀 신의 힘'을 인류에게 부여하겠다고 선택한 것은 아닐지라도, 원하든 원하지 않든 우리가 이미 그 힘을 손에 쥐게 된 것은 사실이다.

이 힘을 어떻게 사용할지는 우리 선택에 달려 있다.

제 1 장

인간이 생명을
설계하기 시작했다

AI, 크리스퍼, 합성생물학이 여는 신세계

알파폴드는 단백질 하나를 분석하는 데 걸리던 3년의 시간을 단 몇 분으로 줄였다. 크리스퍼 유전자 가위는 당신이 걸릴 병을 미리 고치고, AI는 신약 개발을 열 배 빠르게 하며, 합성생물학은 우리가 먹는 음식을 바꿀 것이다. 지금 이 순간에도 누군가는 자연이 40억 년 동안 만들어 낸 생명의 암호를 다시 쓰고 있다.

생명 설계, 어디까지 가능할까?

인간이 창조한 첫 번째 합성 생명체는 프랑켄슈타인의 괴물 같기도 했고 현란한 속임수 같기도 했다.

2019년 5월, 영국 의학연구위원회UK Medical Research Council 연구팀은 대장균의 전체 게놈에서 작은 DNA 조각 1만 8,000개를 DNA 합성기로 결합한 동일 조각으로 하나씩 교체했다고 발표했다. 이 합성기는 잉크젯 프린터처럼 유전암호를 이루는 네 가지 화학 염기 아데닌(A), 사이토신(C), 구아닌(G), 타이민(T)의 짧은 조각을 조합하는 기계다.

모든 유전암호는 데옥시리보핵산이라는 긴 가닥으로 구성된다. 이 핵산은 DNA로 더 잘 알려져 있으며 대부분 생명을 만드는 재료 역할을 한다. 이 유전암호는 거의 모든 동식물 세포의 핵(달걀노른자를 생각하면 된다)에 저장되어 있고, 아데닌, 사이토신, 구아닌, 타이민이 짝을 이루어 미세한 기차선로처럼 배열되어 있다. 아데닌은 항상 타이민과, 구아닌은 항상 사이토신과 짝을 이룬다. 이 엄청나게 귀중한 자원을 보호하기 위해 진화는 우아한 해결법을 고안해 냈다. 게놈은 핵 속에 안전하게 머물러 있고 리보핵산 또는 RNA라 불리는 작은 분자가 게놈의 지시를 받아 그 내용을 세포질(달걀흰자를 생각하면 된다)에 있는 리보솜에 전달하는 방식이다. 이행 명령을 받은 리보솜은 생명의 암호가 활성 상태로 있는 단백질을 합성한다.

DNA가 생명의 책이라면 아데닌, 사이토신, 구아닌, 타이민은 그 안에 담긴 문자요, 유전자는 이들 염기로 구성된 단어이며, 수많은 유전자로 조직된 염색체는 장(챕터)이 될 것이다.

대장균을 같은 형태의 암호로 하나씩 바꾸어 복제한 것은 분명 대단한 업적이다. 그러나 이 새로운 합성 대장균은 과연 원래의 대장균과 같은 생명체인가 아니면 복제물인가?

이 책을 예로 들어보자. 당신이 단어들을 순서대로 하나씩 지우고 그 자리에 완전히 같은 합성 단어를 집어넣었다면 이 책은 여전히 원본과 같다고 말할 수 있는가? 이렇게 만든 세계 최고의 합성 책을 대중에게 발표한다면 이는 혁신일까 아니면 농간일까? 2019년의 이 발표가 지구에서 시작된 합성 생명체의 새로운 시대를 연 사건이라면 다소 허무하다는 생각이 들지도 모른다.

그러나 분명 인간은 합성 생명을 창조했다. 그동안은 모두 자연이 만들어 낸 것을 빌려 쓰며 살아왔지만 드디어 우리도 뭔가 해낸 것이다. 그것은 아주 작은 첫걸음이었고 그 자체로만 보면 미미한 성과일지 모르나 파급 효과는 결코 작지 않았다.

3년 뒤에 케임브리지대학교가, 그 뒤에는 하버드 의학전문대학원 연구팀이 자연에서 한 번도 본 적 없는 새로운 아미노산 사슬을 이용해 기존의 합성 대장균을 다시 변형시켰다. 새롭게 설계된 박테리아는 원래 가지고 있는 유전암호를 대부분 유지했지만, 합성된 작은 부분으로 인해 다른 '자연' 세포가 그것을 갑자기 인식할 수 없게 되었다. 마치 읽을 수 없는 파일을 컴퓨터에 업로드한 것과 같은 상황이었다.

세포의 이러한 새 능력은 얼핏 장애물처럼 보이지만 다른 한편으로는 거대한 잠재력으로 느껴지기도 한다. 유전자 변형 세포를 생태계에 도입하면 한 가지 위험이 나타날 수 있다. 변형된 세포가 자신의 유전물질을 변형되지 않은 세포와 공유하거나 바이러스에 감염되어 기능에 변화를 줄 수 있다는 점이다. 이 문제로 SF 소설에서나 볼 법한 악몽이 시작될 가능성도 있다. 그러나 기존 생명체가 인식하지 못하도록 생명체를 조작함으로써 의료, 농업, 산업 분야에서 사용되는 합성 세포가 기존 생태계에 미치는 위협을 미래에 대폭 줄일 방안을 모색하는 계기가 되었다.

당시 케임브리지대학교 연구자 제롬 취르허Jerome Zürcher는 "유전적 방화벽이 완성된다면 조작된 생명체를 실험실 밖에서도 안전하게 사용할 수 있을 것"이라고 설명했다.[1] 조지 처치George Church와 아코시 녜르게시Akos Nyerges를 비롯한 하버드 연구자들은 논문에서 이렇게 언급했다. "모든 생명체가 자연 바이러스에 안전하게 저항하고, 유전자 변형 생물에서는 유전암호가 드나들지 못하게 막는 일반적 전략을 세우는 데 우리가 내린 결론이 기초가 되어 줄 것이다." 또한 이들은 합성생물학이라는 새로운 도구를 이용하면 저분자, 펩타이

드, 생물 제제, 효소를 대량 생산할 수 있는 능력을 혁신할 것이라
고 덧붙였다.[2]

여러 대학으로 구성된 한 컨소시엄에서는 이제 인공효모를 만들어
복잡성을 한 단계 끌어올리는 연구를 진행하고 있다. 제빵용 효모는
과학 연구, 식품 가공, 산업 생산에서 핵심적인 일꾼 역할을 한다. 따
라서 이 연구는 품질이 더 우수하거나 적어도 새로운 형태의 빵, 맥
주 또는 기타 식품을 만드는 데 쓰일 것이다. 새로운 방식으로 발효
를 촉진하여 변형된 제빵효모는 산업용 바이오리액터(체내에서 일어나
는 화학반응을 체외에서 이용하는 시스템 - 옮긴이)에서 의약품, 산업 원료,
세포 배양육을 만드는 데 활용할 수 있다. 2023년 11월 이 컨소시엄
연구팀은 효모 세포에서 일반적으로 발견되는 16개 염색체를 합성
해 그중 일부를 복제 가능한 살아 있는 세포에 주입하는 데 성공했
다고 발표했다. 한 연구자는 세포에 추가적인 지시를 전달하는 17번
째 염색체를 주입하기도 했다. 다른 연구자들은 새로운 아미노산 서
열을 살아 있는 세포에 주입해 이전에는 존재하지 않았던 단백질을
만들어 내고, 이러한 세포에 인간이 유도한 새로운 기능을 수행하게
하는 연구를 진행 중이다.[3]

이것은 단지 시작에 불과하다.

모든 생명체는 서로 연결되어 있고 동일한 필수 운용 체제로 돌아
가기 때문에 변형된 박테리아와 곰팡이는 거의 모든 것에 영향을 줄
수 있다. 현재까지 존재해 온 생명체는 놀라운 다양성을 지녔지만,
생물학 그리고 인간이 설계한 생물학이 이론적으로 만들어 낼 수 있
는 것의 극히 일부에 불과하다. 새롭게 변형할 수 있는 생물의 수는

사실상 무한하다.

 '유전공학'이라는 용어는, 마치 책을 쓰는 저자처럼 인간이 시작 단계부터 생명 창조에 개입하는 것 같은 느낌을 준다. 그러나 이는 현재 우리가 가진 능력을 훨씬 뛰어넘는다. 사실 책을 쓰는 일도 엄밀히 말하면 '무에서 유를 창조하는' 작업은 아니다. 이 책을 쓰려고 앉았을 때 나는 영어에 대한 이해, 문법과 작문의 일반 규칙, 수천 년에 걸쳐 정립된 학습은 물론 컴퓨터, 종이, 책이라는 존재를 출발점으로 삼았다. 이 중 내가 창조한 것은 하나도 없다. 집필을 시작했을 때 나는 이 모든 유산과 함께했다. 덕분에 합성 생명체의 첫 번째 사례를 '설계한' 영국 과학자들보다 훨씬 자유롭게 이 문장을 만들 수 있었다.

 약 40억 년에 이르는 진화와 진화의 시행착오는 생명체의 메커니즘을 만들었다. 이 메커니즘은 우리가 발명한 혁신적인 새 도구를 이용해도 완전히 이해할 수 없을 정도로 복잡하다. 그렇다고 완전히 무시하기에는 너무도 중요하다. 그래서 '설계'라는 고상한 표현 대신 진화가 생명을 책임져 왔고, 우리 인간은 지금 그 가장자리를 다듬는 중이라고 말하는 게 더 정확할 것이다.

 방금 나는 '단지 다듬는' 중이라고 말할 수도 있었지만 일부러 그렇게 말하지 않았다. 생명의 가장자리를 다듬는 행위는 매우 중요한 일이 될 수 있다.

 합성 생명체를 만들겠다는 목표는 자연이 진화해 온 방식과는 완전히 다른 어휘를 사용해 복잡한 새 생명체를 창조하는 게 아니다. 인간이 아무리 똑똑해도 자연에 필적할 만한 창의력은 없다. 우리가 완전히 다른 형태의 새롭고 복잡한 생물학적 생명체를 만들기 위해 처음부터 새 언어와 암호를 만들어야 했다면 분명 길을 잃고 방황했을 것이다. AI는 인간이 개발해 낸 가장 기발한 시스템일지 모르나, 현재 가장 발전된 AI 시스템조차도 진화한 생명체의 복잡성에 비하면 아무것도 아니다.

인간이 생물학을 설계할 때 완전히 처음부터 시작한 것은 아니다. 우리는 우리가 속한 자연의 복잡성에서부터 출발했다. 인간에 내재된 문화적 유전 덕분에 우리는 과거의 모든 발전 과정을 다시 거칠 필요 없이 농업, 의료, 전기, 산업화, AI가 이미 존재하는 세상에서 삶을 시작할 수 있다. 이처럼 생물학적 유전 덕분에 우리는 생명을 완전히 재창조하는 게 아니라, 진화한 자연 시스템을 조금 변형해서 우리의 열망을 실현할 수 있다.

그런 의미에서 최근 몇 년간 많은 주목을 받는 '합성생물학'synthetic biology이라는 용어는 여러 면에서 잘못된 표현이다. 우리는 무無에서 생명체를 합성하는 게 아니라, 생물학의 마법을 이용하고 재구성해서 그 방향을 바꾸는 것이다. 이 과정에서 나타나는 제한적 요소는 생물학적 시스템이 지닌 본질적인 특성일 수 있다. 반대로 확장적 요소는 무한에 가까운 생물학의 감식력을 이용해 인간의 상상력을 해방시키는 것이다.

일부 야심 찬 연구자들처럼, 생명을 처음부터 설계하려는 열망으로 우리는 생물이 기능하는 방식을 현재보다 반드시 더 깊이 이해해야 한다고 생각한다. 하지만 자연의 설계에 간섭하는 데는 그렇게 높은 수준의 이해력이 필요한 건 아니다. 우리 조상들은 1만 년 동안 동식물을 가축화하고 번식시키면서 이런 작업을 해왔다. 지난 50여 년 간 우리는 더 적극적이고 인지적으로 유전암호를 조작함으로써 이 작업을 이어 가고 있다. 그리고 현재 그 속도는 점점 빨라지고 있다.

과학이 얼마나 빠르고 폭발적으로 발전하는지를 고려하면, 이러한 기술 혁명이 인류 역사, 결과적으로 지구 생명체의 역사를 어디로 끌고 갈지 솔직하고 진지하게 바라보지 않는 행위는 의도적인 무지로밖에 보이지 않는다.

인류의 진화:
쥐만 했던 조상이 지구의 지배자가 되기까지

큰 인형 속에 작은 인형이 여러 개 포개져 있는 러시아 인형을 마트료시카라고 한다. 생명공학 혁명을 가장 안쪽에 있는 인형이라고 하면, 이 인형은 더 큰 기술 혁명이라는 다음 인형 안에 들어가고, 이 인형은 가속화되는 인류 혁신이라는 다음 인형 안에 들어가며, 이 인형은 생물학이라는 더 큰 인형 안에 들어가서 결국 우주라는 가장 큰 인형 안에 꼭 맞게 될 것이다.

그러면 가장 큰 인형부터 작은 인형 순서로 살펴보자.

우리가 아는 우주는 약 140억 년 전 빅뱅으로 탄생했다. 빅뱅이 모든 것의 시작점이었는지 아니면 팽창과 수축을 끊임없이 반복하던 우주가 가장 최근에 다시 시작된 것인지는 알 수 없다. 그러나 140억 년 전에 일어난 일이 빅뱅이든 아니든, 이것이 '우리'와 연관되어 있다는 사실은 틀림없다.

그 후 수십억 년 동안 가스와 먼지가 계속해서 우주 공간에 쌓였다. 이렇게 거대하게 응축된 많은 덩어리 중 하나가 우리 은하에 있었고, 중력이 물질들을 끌어당기면서 점점 더 밀도가 높은 덩어리가 형성되기 시작했다. 이 과정은 아마도 그리 멀지 않은 곳에서 별이 폭발하며 생긴 충격파로 촉발되었을 것이다.

만약 중력이라는 힘만 작용했다면 모든 물질이 단 하나의 중심을 향해 내부로 쏠려서 우리 태양은 계속해서 자라는 거대한 덩어리가 되었을 것이고, 태양계와 우리의 다양한 우주는 존재하지 않았을 것이다. 그러나 태양 쪽으로 당기는 압력이 충분히 응축되었을 때 수소 원자들이 결합하여 헬륨이 되었고 이 과정에서 엄청난 에너지를 내뿜었다. 이 에너지는 바깥쪽으로 밀어내는 힘을 만들어 태양의 중력을 상쇄했다. 이때 태양 주변을 떠다니지만 아직 태양으로 끌려 들어가지 않은 가스와 먼지 일부가 함께 방출되었다.

일부 먼지는 신생 태양 주위의 궤도를 돌다가 서로 부딪히고 융합하여 더 큰 형태를 이루었다. 이것이 모여 우리가 아는 행성들이 되었고, 각 행성은 주변 먼지들에 영향을 주는 고유의 중력장을 형성했다. 또 다른 먼지들은 우주를 떠돌다 일부가 모여 위성이 되었다.

지구는 약 45억 년 전에 탄생했다. 사춘기 자녀가 부모와의 거리와 친밀도를 끊임없이 재듯이, 지구는 그때나 지금이나 강력한 태양에 부딪히거나 거기서 벗어나려는 충동 사이에서 적절히 균형을 유지하며 주변을 맴도는 우주먼지다.

우리 우주의 기원과 관련한 이야기는 생명의 과거, 현재, 미래에 관한 이야기와도 연관된다. 지구가 소용돌이치는 별의 먼지 조각들로 만들어졌듯이 우리도 비슷한 과정을 겪었기 때문이다.

지구 생명체가 처음 어떻게 만들어졌는지에 관한 문제는 여전히 논쟁이 격렬하지만, 그 재료가 되는 물질이 어디에서 왔는지는 논란의 여지가 없다. 생명을 이루는 모든 핵심 성분은 현재까지 알려진 우주에 풍부하게 존재한다. 진짜 중요한 문제는 지구에서 생명이 생겨날 때 핵심 성분들이 어떻게 처음 조합되었는가 하는 것이다.

우주 어딘가에 생명체가 존재한다고 믿는 나 같은 사람들에게 가장 강력한 논쟁거리는, 지구가 형성된 후 얼마나 빨리 생명체가 나타났는지와 관련된 부분일 것이다. 우주에 존재하는 수조 개의 별이 모두 동일한 핵심 기본 재료로 만들어지고 동일한 물리학 법칙의 지배를 받는다면, 다른 곳에 어떤 형태로든 생명체가 존재할 가능성은 매우 커 보인다. 지구에서 생명체가 얼마나 쉽게 만들어졌는지 생각해 보면, 우주 어딘가에 지구와 비슷한 환경이 존재할 가능이 높다. 그리고 다른 행성의 다른 조건이, 다른 생명체가 나타날 다른 경로를 촉진했을 가능성 역시 높다.

여기에는 아주 설득력 있는 반론이 있다. 우주에 다른 문명이 존재했다면 우리보다 수백만 년 또는 수십억 년 정도 앞서거나 뒤떨어졌을 수 있다는 것이다. 그렇다면 우리보다 앞선 문명은 이미 자가복제가 가능한 AI 시스템을 개발해 우리에게 접근하지 않았을까?(물론 영화 〈맨 인 블랙〉Men in Black에서는 외계 생명체들이 이미 지구에 자리 잡고 있다.)

40억 년 전 첫 번째 생명체가 지구에 출현했다는 부분에는 많은 전문가가 합의했지만, 출현 방식에 대해서는 여전히 의견이 엇갈린다.

유력한 한 가지 가설은 심해의 텍토닉 플레이트tectonic plates(판으로 움직이는 지각의 표층 – 옮긴이) 가장자리에 있는 열수구(화산 활동 지역 부근에서 주로 발견되는 행성 표면의 균열. 지구 내부 열에 의해 가열된 물이 분출된다. – 옮긴이)에서 생명의 첫 번째 불꽃이 튀었다는 것이다. 열수구 주변의 지각이 녹으면서 그 속에 있던 광물이 바닷물과 만나 전하를 띠는 양성자 에너지를 생성했다. 이 이론에 따르면 끓는 물과 반응하는 광물의 에너지원이, 전하가 일시적으로 생성됐다 사라지는 것을 막음으로써 복잡한 분자들의 결합을 유지시켜 주었다. 전하를 띤 분자들의 결합체에는 이제 에너지가 흩어지는 것을 막아 줄 외피가 필요했다. 이 외피가 세포막이 되었고, 그 안에 담긴 화학물질이 생명의 재료가 되었다.

이 외에 수십 년간 이어져 온 또 다른 가설이 있다. 바로 소행성들이 막 형성된 지구와 충돌했을 때 생명의 기본 구성 요소가 옮겨 왔다는 것이다. 이 두 번째 가설은 2020년 일본의 소행성 탐사선이 채취한 샘플 분석이 완료되면서 더 힘을 얻었다.

소행성은 여러 면에서 타임캡슐과 같다.

태양과 여러 행성을 생성하기 위해 뭉쳐진 물질과 태양풍에 밀려온 물질 외에 다른 파편들도 우리 태양계를 떠돈다. 이 파편들은 지금도 과거의 시간을 간직한 채 중력과 여러 힘에 의해 이리저리 끌려다닌다. 소행성은 지구가 형성되던 시기에 존재하던 원시 우주 파편으로 만들어졌다. 따라서 소행성을 조사하는 것은 오랫동안 지구의 기원, 나아가 여기서 싹튼 생명의 기원을 연구하는 대체물로 여겨져 왔다.

2020년 12월, 일본의 우주 탐사선 하야부사 2에서 분리된 소형 착륙선이 지구 궤도에 접근하면서 호주 아웃백에 도착했다. 하야부사 2는 5년에 걸친 임무를 맡아 51억 킬로미터를 이동했고, 태양계를 도는 소행성 '류구'를 1년간 추적했다. 착륙선은 류구에서 상세 사진을 찍고 고해상 카메라로 온도 변화를 측정했으며 자기력계로 자기장을 측정했다. 그 외에도 소행성의 암석 표면에 두 번 착륙해 샘플을 수집했는데, 그중 한 번은 분화구를 폭파해 소행성 내부 핵을 드러낸 뒤 작업을 수행했다. 총 1그램 정도의 물질인 샘플은 낙하산에 실려 호주로 떨어진 귀중한 화물이었다.

2년 후 일본 과학자들은 우주의 추운 지역에서 형성된 유기 화합물, 23종의 아미노산, 얼음의 흔적을 류구 소행성에서 가져온 샘플에서 발견했다고 보고했다. 거의 모든 생명체는 단백질로 구성되고 단백질은 아미노산으로 구성되므로, 이 발견은 생명체의 원재료가 우주에 흔하게 존재한다는 사실을 보여 주는 중요한 증거였다. 샘플에는 수화(어떤 물질이 물과 회합하거나 결합하여 수화물이 되는 현상 – 옮긴이)되고 물에 잘 녹는 암모늄, 마그네슘, 인이 소량 발견되었다. 모두가 생명이 탄생하는 과정에 필수적인 물질로 잘 알려져 있다. 이와 함께 발견된 '우라실'Uracil(DNA에서 볼 수 있는 또 다른 뉴클레오타이드 염기인 타이민과 형태가 매우 흡사하다)은 RNA의 유전암호를 이루는 네 개의 뉴클레오타이드 염기 중 하나인 유기 화합물이다. 적어도 지구에서 우라실은 보통 비생물학적 환경에서는 볼 수 없다. 따라서 샘플에 우라실이 있다는 것은 생명의 구성요소가 특별히 우주에서 지구로 전달되었을 가능성을 암시했다.

생명체가 원시 아미노산으로 구성된다면 이 화합물은 초기 지구와 거의 같은 시기에 형성된 소행성에도 존재했을 가능성이 있다. 하지만 지구가 형성될 당시 온도가 극도로 높았다는 점을 고려하면, 지구의 원시 아미노산은 완전히 타 버렸을 것이다.

하야부사 2의 임무는 생명의 구성요소가 나중에 소행성에 실려 지구로 돌아왔을 가능성을 확실하게 보여 주었다. 그 구성요소는 마치 유성처럼 지구로 날아온 슈퍼맨과 같이, 소행성이 지구 표면과 충돌하면서 전해졌을지 모른다. 이 가설은 미국항공우주국NASA이 소행성 베누Bennu에서 채취한 물질을 가지고 2023년 9월 귀환하면서 더욱 힘을 받았다. 이 물질들에는 생명체를 이루는 단백질을 구성하는 20가지 아미노산 중 14가지와, DNA와 RNA를 구성하는 5가지 분자(아데닌, 사이토신, 구아닌, 타이민, 우라실)의 흔적이 모두 있었다.

NASA 탐사선 퍼서비어런스호Perseverance가 화성 표면에서 채굴한 암석에는 유기물질의 예비 징후가 보였다. 그러면서 한때 생명체가 화성과 지구에 동시에 존재했을 가능성, 또는 기본적인 생명체가 운석을 통해 화성에서 지구로 왔거나 그 반대로 옮겨 갔을 가능성이 한층 높아졌다.

생명이 어떻게 시작되었든 생명체가 현재까지 존재하는 단 하나의 이유는 이들이 생존하는 법을 깨달았기 때문이다. 이들은 살아남기 위해 세대 간 정보를 공유할 메커니즘이 필요했다. 즉 복제 가능하고 이를 자가 실행할 수 있는 명령 체계, 이른바 '암호'가 필요했던 것이다.

1950년대 이후 하나의 논쟁이 격렬하게 벌어졌다. 생명체의 복제 가능한 암호가 DNA, RNA, 결합 아미노산을 통해 처음 발현했는지, 아니면 이들의 조합으로 발현했는지와 관련된 논쟁이다. 가장 유력한 이론은 RNA 분자가 최초의 유전암호였고, DNA는 이를 기반으로 정보를 저장하는 더 안정적인 방법으로서 나중에 진화했다고 가정한다(DNA의 이중나선 구조가 RNA의 단일나선보다 결합력이 더 강하기 때문이다). RNA와 DNA의 전구체가 되는 구성 요소들이 어지럽게 뒤섞인 무기 혼합물에서 나왔고, 나중에 초기 세포에서 결합했다는 다른 가설도 있다.

초기 세포들은 생존을 이어 나가기 위해 자신의 생명 지침을 전달하는 방법을 진화시켜야 했다. 이 지침이 세대에서 세대로 정확하게 복제됐다면 처음에는 생명체에게 적합했던 조건이 바뀌었을 때 생명체는 결국 멸종에 이르렀을 것이다. 진화에는 좋고 나쁨이 없고, 특정 환경에 더 나은 조건과 더 나쁜 조건이 존재할 뿐이다. 환경이 변하면 이전 환경에 잘 적응한 유기체는 새로운 환경에 제대로 적응하지 못할 수 있다.

유기체는 지난 세대에서 생존에 필요했던 유전 정보를 다음 세대에 최대한 많이 전달하는 동시에, 예측할 수 없는 미래에 대비할 충분한 변동성을 유지할 방법을 찾아야 생존과 번식을 이어 나갈 수 있었다. 당신이 현재 환경에 완벽하게 적응했지만, 환경이 변했을 때 적응할 유연성을 갖추지 못했다면 곧 큰 문제에 봉착할 것이다. 결국 진화 능력 자체도 이 과제를 해결하기 위해 진화했다. 다윈은 이것을 '무작위 변이'random mutation라고 했지만, 현재는 이를 '다양성'이라 칭한다.

낭포성섬유증이나 겸상 적혈구성 빈혈증 같은 유전 질환을 갖고 태어났거나, 올림픽에서 우승할 정도의 달리기 실력이나 절대음감 같은 유전적 재능을 타고난 아이가 있다고 하자. 우리는 이들이 처한 환경에 따라 이를 비극이라고도 하고 축복이라고도 한다. 그러나 세대에 따른 이런 유전적 다양성은 진화 과정에서 나타나는 오류가 아니라 필수적인 특징이다. 모든 종의 각 세대 구성원은 앞선 세대와 비교했을 때 작지만 중요한 부분에서 다르다. 미래를 예측할 수 없기 때문에 이러한 유전적 다양성은 피할 수 없는 변화에 대비한 공동의 도구이자 일종의 보험이다.

대체로 세대가 이어지면서 나타나는 작은 변이는 종의 적응력과 생존력에 그리 큰 영향을 미치지 않는다. 그러나 때로는 이 작은 변화가 종의 구성원들이 생존하고 번성하며 근본적으로는 번식 가능성을 높이는 절호의 기회가 된다.

진화의 역사를 보면, 생명체가 대응할 수 있는 범위에 비해 환경 변화가 너무 커서 종 전체가 멸종하는 일이 종종 발생했다. 또는 종의 소수 구성원만이 우연히 생존에 필요한 특성을 갖게 되고, 이런 차이가 충분히 중요한 이점을 제공하면 종 전체의 유전적 구성을 바꾸는 계기가 되었다. 한때 희귀했던 특성이 한 종의 일부 구성원이 지난번 위기에서 살아남거나 새로운 환경에 더 잘 적응하는 데 도움이 되었다면 그다음 대에서는 이것이 일반적인 특성이 되는 것이다.

이런 점에서 진화는 도박과 비슷하다.

6,700만 년 전 티라노사우루스에게 어떤 특성을 새끼에게 물려주고 싶은지 묻는다면 아마도 날카로운 이빨과 사나운 발톱, 포효하는

울음소리, 압도적인 몸집이라고 답했을 것이다. 그러나 6,600만 년 전 거대한 소행성이 핵폭탄 약 100만 개에 맞먹는 위력으로 유카탄 반도에 충돌했을 때 이 특성들은 동물의 생존에 최악의 조건이 되었다. 지구는 타오르는 불길에 휩싸였고 각종 먼지와 재로 생성된 거대한 구름이 대기를 뒤덮었다. 이로 인해 급속도로 기온이 낮아졌고 이 상태가 몇 년간 이어졌다. 그러자 햇빛을 충분히 못 받은 식물은 광합성을 하지 못해 산소를 제대로 만들어 낼 수 없었고, 이후 극심한 지구온난화가 시작되었다. 이런 환경에서 생존에 최적의 장소는 깊은 땅속이나 물속이었다. 비非조류 공룡을 포함한 모든 생물 종의 4분의 3이 말 그대로 열기에 구워졌다.

당시 우리 조상은 덤불 속에 사는 땃쥐 정도 크기의 작은 포유동물이었다. 오늘날 우리가 쥐를 보듯이, 공룡에게는 우리 조상이 정말 하찮아 보였을 것이다. 그러나 비조류 공룡이 멸종했을 때 우리 조상과 생존한 다른 종들이 이용할 수 있는 환경적 틈새가 활짝 열렸다. 우리 조상은 잡식성이었고 몸을 숨기거나 땅을 파고 들어가는 능력이 있었으며, (현재의 쥐처럼) 생존을 위해 많은 수를 빠르게 번식시켜야 했다. 몸집이 더 크고 상대적으로 번식 기간이 긴 비조류 공룡과 비교해서 상대적 이점을 갖게 된 것이다. 공룡 시대에는 그다지 눈에 띄지 않았던 이런 특성이 소행성 충돌 이후의 세상에서는 강력한 힘이 되었다.

우리 조상은 자신도 모르는 사이에 이런 특성을 서서히 진화시켜 나갔고 마침내 먹이사슬의 최상위층에 이르렀다. 게다가 현재 우리는 진화 과정을 스스로 재구성할 수 있는 지점에 거의 도달했다. 인간은 직립보행을 하기 시작했고, 덕분에 '엄지가 마주보는 손'opposable thumbs을 다용도로 활용해 도구를 만들고 우리 주변 세상을 정교하게 다룰 수 있게 되었다. 또한 불을 이용해 음식을 미리 익힘으로써 더 쉽게 소화시킬 수 있었고 소화에 소모되는 생체 에너지를 아껴 다른 곳에 쓸 수 있었다. 예를 들어 뇌 기능을 최적화해서 사회 결속력을 높이는 데 투입하는 것이다. 마침내 인간은 다른 어떤 종보다 더 유연하게 대규모로 협력할 수 있었다. 부지불식간에 우리는 그동안 차곡차곡 쌓인 문화적 진화의 힘을 발휘했고, 이 힘은 다시 우리의 생물학적 진화를 가동했다.

침팬지는 새끼에게 막대기를 이용해 개미 모으는 법을 가르치고, 돌고래는 어미에게 해면海綿으로 해저의 바위 뒤집는 법을 배울 것이다. 우리가 아는 한 동물의 왕국에서 도구를 만드는 수준은 이 정도에 불과하다. 우리 조상들은 뇌와 신체, 그리고 수천 세대를 이어 축적된 문화유산을 잘 이용해서 도구를 개발했고, 이렇게 쌓인 능력은 기하급수적으로 향상되었다.

우리 삶에서처럼 진화에서도 성공은 종종 성공을 낳는다. 인간은 능력이 커질수록 더 뛰어난 능력을 가질 가능성이 높아졌다. 또한 우리가 주변 환경을 장악해 나갈수록 다른 종이 환경을 장악할 가능성은 줄어들었다. 우리는 불, 석기, 구리, 청동, 철 같은 기술을 더 많이 활용할수록, 이런 기술을 더 다양하고 강력한 방식으로 사용하여 우리의 생물학적 기능을 확장할 수 있었다. 무기는 발톱의 비생물학적nonbiological(여기서는 생물의 자연적 특성이 아닌 인간의 생리적 기능을 넘어서거나 대체하는 기능을 뜻한다. - 옮긴이) 확장이고, 요리 도구는 우리의 소화기관을 비생물학적으로 확장한 것이며, 보석은 (지금도 그렇지만) 번식에 적합함을 뽐내기 위한 화려한 깃털의 비생물학적 도구와 같은 것이다.

인류의 근연종은 연속적으로 200만 년 전부터 아프리카를 벗어나 모험을 떠나기 시작했고, 그중 일부는 살아남아 번성했다. 그러나 6만~9만 년 전, 우리 조상이자 최강의 포식자인 호모 사피엔스 중 비교적 적은 수가 아프리카 대륙을 떠나 자신의 영역을 전 세계로 넓혀 나갔다.

그들이 가는 곳마다 큰 동물과 다른 인류 근연종은 경쟁에서 뒤처지고 하나둘 사라져 갔다. 우리 조상은 다른 인간 종들과도 짝짓기를 했다. 그래서 아프리카 외 다른 지역에 살았던 조상의 직계 자손 대부분은, 게놈에 소량의 네안데르탈인 DNA가 새겨져 있다. 아시아인은 대다수가 데니소바인Denisovans의 유전표지인자genetic marker(게놈의 특정 위치에 존재하는 유전자나 DNA 조각 또는 그 서열을 뜻하며, 주로 개체나 종을 구분하기 위해 사용할 수 있다. - 옮긴이)를 갖고 있다. 2만 8,000년 전 호모 사피엔스는 비교적 작은 집단으로 수렵과 채집을 하며 지속적으로 영역을 넓혀 간 지구상 유일한 인간이었다.

약 1만 2,000년 전, 지구의 자전축이 살짝 기울어져 북반구에 햇빛이 좀 더 많이 닿기 시작했다. 그러자 엄청난 면적의 빙하가 녹으면서 우리 조상들에게 새로운 가능성이 열렸다.

수천 년이라는 비교적 짧은 기간 안에 인간은 다양한 지리적 여건에서 농업과 가축 길들이기 같은 빠른 혁신을 이루었다. 그 결과 식량이 풍부해지면서 사람들은 시간의 자유를 얻어 남는 시간에 다른 일을 할 수 있었다. 예를 들어 마을을 이루고 도시를 건설하거나, 더 풍부한 삶의 에너지를 혁신에 투자했다. 더 많은 사람이 더 밀집된 공동체에 살면서 교류하고, 서로에게 배우며 영감을 주고받았다. 사람들이 더 밀접하게 연결되면서 인간의 집단적 혁신은 더 효율적으로 발현되었다.

예를 들어 메소포타미아 지역에 사는 사람들은 약 7,000년 전에 구리 제련법을 알아냈다. 구리의 용도를 발견하고 구리 다루는 법을 알아내자, 이들은 구리를 이용해 더 좋은 무기와 농기구, 조리 기구, 장신구를 만드는 등 인간이 할 수 있는 모든 의미 있는 작업을 할 수 있었다. 구리의 비밀이 풀리자 구리와 주석을 녹여 만든 청동과 철 같은 더 강한 금속을 만들 수 있는 문이 열렸다. 이런 금속은 직업의 전문화, 농업의 발전, 더 많은 정착 공동체, 도시, 확장된 무역로, 훨씬 더 강력한 (그리고 파괴적인) 무기와 상비군을 갖추는 데 필수적인 역할을 했다.

그러나 북아메리카와 남아메리카를 포함한 다른 지역 사람들은 메소포타미아인이 구리 제련법을 알아낸 지 4,000년이 지난 뒤에도 아직 그 방법을 알지 못했다. 사실 북아메리카와 남아메리카 사회는 다른 방식으로 혁신을 이룰 수 있었고 실제로도 그랬다. 하지만 이들은 4,000년 동안 구리와 청동, 철로 할 수 있는 모든 편리한 일의 혜택을 누릴 수 없었다. 그뿐 아니라 이 금속으로 무엇을 얻을지 상상하게 하는 지적 능력이 더 나아지지도 않았다. 결국 북아메리카와 남아메리카 사람들도 독자적인 구리 제련법을 생각해 냈지만, 이 모든 노력은 적어도 종 전체의 관점에서 보면 낭비였다. 아메리카 대류 밖에 사는 사람들도 옥수수와 감자 재배 같은 독특한 혁신의 혜택을 받을 수 없었기 때문에 상황은 비슷했다.

그러나 더 많은 집단이 연결되어 힘을 합치면 다른 곳에서는 풀 수 없었던 문제를 해결하는 데 많은 지적 능력을 투입할 수 있다. 이것이 집단 지성의 힘이다.

인류를 진보시킨 것은
기술이 아니라 상상력이었다

사람들은 기술의 비약적 발전과 AI, 나노기술, 유전공학의 발전을 생각할 때 마치 컴퓨터 칩 속에 이렇게 빠른 성장을 가능하게 한 핵심적인 무언가가 있는 것처럼 그 놀라운 기술력 자체만을 떠올리는 경향이 있다. 여러 면에서 그것은 사실이다. 농업이나 글쓰기 등 다른 많은 분야처럼 컴퓨터는 복합적이고 체계적인 영향을 미치는 특정 기술이다.

그러나 인간이 경험한 더 혁신적인 이야기는 놀라운 기술 자체가 아니라, 이 과정에서 꾸준히 발휘된 세상에서 가장 위대한 힘 중 하나였다. 바로 인간의 상상력이다.

우리는 아리스토텔레스, 아베로에스, 공자, 아인슈타인, 마리 퀴리 같은 천재들을 찬양하며 집단적 혁신에 인간의 얼굴을 부여하려 한다. 하지만 더 깊이 들여다보면 우리 중 누구도 본질적으로 의미 있는 발명을 혼자서 해낼 수는 없다는 것이 진실이다.

현대 인류의 뇌 용량은 수만 년 전 우리 조상과 비교했을 때 극명한 차이를 보이지 않는다. 우리가 소행성을 탐사한 반면 우리 조상이 그러지 못한 이유는 우리 중 누구라도 그들보다 더 똑똑해서가 아니다. 우리가 그들보다 더 방대하게 축적된 지식의 혜택을 누리기 때문이다. 타임머신을 타고 조상의 아이들과 현대의 아이들을 바꿔치기한다면 조상의 아이들은 지금쯤 게놈을 분석하는 삶을 살고, 우리 아이들은 서로 머리에 있는 이를 잡아 주고 있을지도 모른다.

우리의 유전적 유산으로 인류 규모의 혁신이 가능하다면 문화적 유산은 우리가 광활한 우주를 여행하고 미세 분자들을 들여다보게 해준다. 풍요는 더 큰 풍요를 가져온다. 더 많은 사람이 교육받을수록 더 많은 상상력을 발휘하고, 더 많이 배울수록 그보다 더 많은 것을 배울 수 있다. 우리가 더 많이 연결될수록 계속해서 확장되는 새로운 당면 과제를 해결하는 데 더 많은 에너지를 집중시킬 수 있다. 더 좋은 도구를 갖출수록 더 좋은 도구를 만들어 낼 수 있다.

인구 전반에 걸친 혁신을 수학적으로 이해하는 간단한 공식은 다음과 같다.

(총인구수)×(정보와 교육의 평균 수준)×(상호 간 배움과 공유를 목적으로 한 네트워크에 노출되는 양)×(사용 가능한 도구의 역량)＝예상 혁신율

이 공식에 의하면 새로운 아이디어와 더 강력한 도구에 더 많이 노출되고, 혁신 문화나 이를 요구하는 조건을 갖추었으며, 규모가 더

크고 교육 수준이 높은 사회는 분명 다른 사회보다 더 빨리 발전한다. 세상이 더 많이 연결될수록, 혁신이 모든 지역에서 골고루 나타나지 않더라도 인류 전체가 더 많은 혁신을 기대할 수 있다.

한 가지 핵심적인 필수 요소의 수준을 올리면 전반적인 혁신 수준이 올라가리라 예상할 수 있다. 예를 들어 모든 조건이 동일하다는 가정하에 단순히 인구수만 늘려도 더 많은 혁신을 경험하게 될 것이다. 인구수는 그대로 유지한 채 교육률과 연결성을 높여도 같은 결과가 나올 것이다. 이 모든 것을 동시에 행한다면… 아마 놀라운 일이 벌어질 것이다.

2,000년 전, 전 세계 인구는 2억 명에 못 미쳤고 세계 문맹률은 약 3퍼센트로 추정된다. 다시 말해 전 세계에서 글을 읽고 쓸 수 있는 사람이 600만 명 정도였다는 것이다. 이런 능력이 있는 사람은 상대적으로 소수였지만 대제국을 관리하는 큰 역할을 맡았다. 이들의 아이디어와 기술은 교역과 전쟁, 문맹자들 간 교류를 통해 아주 먼 곳까지 전파되었다. 그러나 크고 작은 문제를 해결하는 지적 능력은 현재와 비교하면 극히 제한적이었다.

불과 1세기 전만 해도 전 세계 인구는 약 20억 명이었고, 평균 문해율은 대략 15퍼센트에 머물렀다. 즉 약 3억 명의 사람들만이 자신이 사는 공동체를 넘어 공유되는 지식의 세계를 더 많이 접할 수 있었다는 뜻이다. 이들은 과거 세대로부터 물려받은 지혜와 아이디어를 체계화하여 미래 세대에게 가장 효율적이고 정확하게 전달할 수 있었다.

현재 세계 인구는 약 80억 명이며 그중 85퍼센트가 글을 읽고 쓸

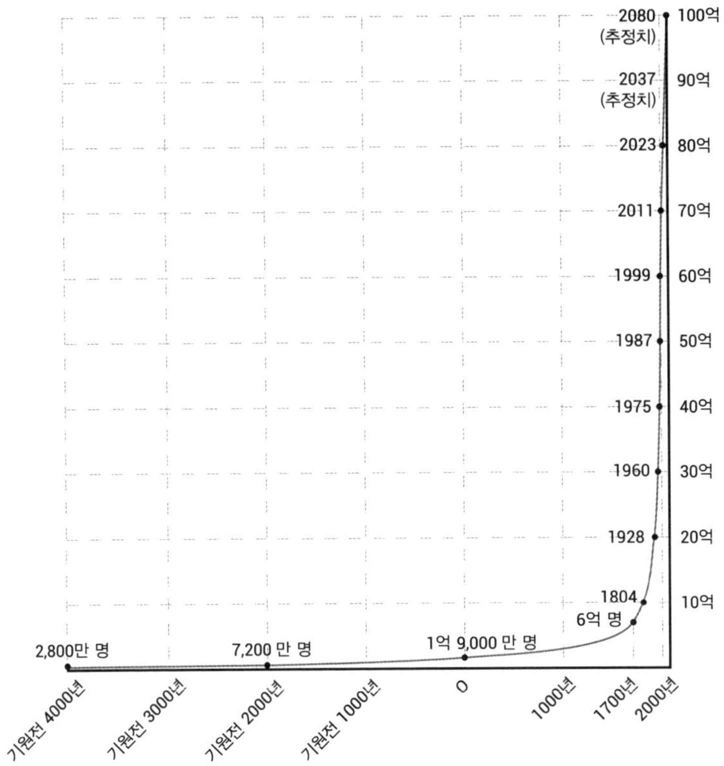

수 있다. 다시 말해 1세기 전보다 23배, 기원전 1년보다 1,000배 이상 상승한 68억 명이 세계적으로 널리 공유되는 지식에 완전히 접근할 수 있다는 말이다.

게다가 지금 우리는 서로 네트워크로 연결되어 있으므로, 오늘 잠에서 깨어 다른 곳에서는 풀지 못했던 문제를 해결하려고 노력할 수 있다. 이를 바탕으로 내일 깨어날 다른 모든 이들의 출발점을 좀 더 확장할 수 있다. 우리는 이제 구리나 청동 제련법을 알아내려고 4,000년이라는 시간을 보낼 필요가 없다. 이미 누군가가 그 방법을 알아냈기 때문이다.

지식이 더 방대해지고 도구가 더 강력해질수록 온갖 일을 할 수 있는 인간의 능력도 향상된다. 인간의 가장 기본적인 능력인 사랑하는 감정이나 고통을 느끼는 감각은 획기적으로 성장하지 않을 수 있다. 하지만 우리 주변 세계와 내면을 이해하고 다루는 능력은 기하급수적으로 향상되고 있다. 그런 점에서 인간이 설계한 생물학의 혁명은 더 넓은 범주인 집단적 혁신의 일부로만 볼 수 있으며, 이는 생물학을 포함한 모든 지식 분야에 적용된다.

생물학은 매우 복잡한 분야라 완전히 이해하기 어렵지만, 우리는 하나씩 차근차근 알아가는 중이다. 생물학의 복잡성은 수백만 년 동안 비교적 일정하게 유지돼 왔고, 우리가 쓰는 도구와 이해력은 점점 빠르게 정교해진다. 언젠가는 이 도구와 이해력의 정교함이 생물학의 복잡성과 만나고 그것을 뛰어넘는 순간이 올 것이다.

이런 지식과 역량으로 우리는 생명을 재설계할 능력을 점점 더 키워 나가고 있다.

혁신의 속도를 이해하지 못하는 인간의 뇌

각각의 기술을 개별적으로 살펴보면 간단하고 편리할 수 있지만 현실은 훨씬 복잡하다.

수학, 전자회로, 진공관, 트랜지스터를 포함한 다양한 기술이 진보하면서 컴퓨팅이 가능해졌다. 컴퓨팅이 발전하면서 머신러닝machine learning(인간의 학습 능력과 같은 기능을 컴퓨터에서 실현하고자 하는 기술 및 기법 - 옮긴이)과 AI를 개발할 수 있게 되었다. AI와 머신러닝이 진보한 덕분에 훨씬 더 복잡한 생물학적 시스템을 이해할 수 있게 되었다.

지금 우리는 40억 년에 걸친 진화를 이해하며 얻은 설계의 통찰을 마이크로칩 설계, 신경망 컴퓨팅, 강화학습(기계학습 중 컴퓨터가 주어진 상태에 대해 최적의 행동을 선택하는 학습 방법 - 옮긴이), 유전 알고리즘에 접목하고 있다. 그럼으로써 컴퓨터는 더 강력해지고 AI의 통찰력은 더 강화되며 생명공학은 더 혁신적으로 변화하고 있다. 이 과정은 계속해서 가속도가 붙는 선순환을 이루며 더 큰 진보를 이룩할 것이다. 혁신은 더 큰 혁신을 만드는 법이다.

이런 과학 프로세스를 개별 분야로 나누는 일은 대학에서 연구 분과를 배정할 때는 유용할 것이다. 하지만 모든 기술은 점점 하나로 융합되는 추세다. 진공관이 진공 속에 존재하지 않듯이, 어떤 기술도 독립적으로 존재할 수 없다.

지금 우리는 기술의 초융합(슈퍼컨버전스) 시대를 경험하고 있다. 초융합이란 역사상 전례 없는 속도로 모든 기술이 다양한 방식으로 서로 영감을 주고받는 것이다. 우리가 세상을 완전히 망치지 않는 한(어떻게 그럴 수 있는지에 대해서는 나중에 자세히 살펴보자), 더 많은 사람이 서로 연결되고 더 수준 높은 교육을 받으며 점점 더 강력한 도구를 이용해 보다 혁신적인 일을 해나간다면 혁신의 속도는 꾸준히 올라갈 것이다.

푼돈으로 시작해 매일 그 돈을 두 배씩 불리는 사람의 이야기를 한 번쯤은 들어봤을 것이다. 이 사람은 1페니(약 10원)를 28일 만에 500

만 달러 이상으로 불렸고, 얼마 지나지 않아 세상의 모든 돈을 손에 넣는다. 두 배씩 계속 늘어나는 힘은 단시간 내에 작은 것을 큰 것으로 성장시킨다. 이런 이유로 유행병학자들은 코로나19가 발생한 초기에 총 감염자 수가 상대적으로 적었는데도 이 바이러스가 얼마나 전염성이 강한지 알고 매우 두려워했다. 그렇게 볼 때 현재 진행 중인 기술 혁명은 앞으로도 영원히 우리를 놀라게 할 것이다.

기하급수적인 변화에 관해서라면 많은 사람이 진부하다고 느낄 정도인 무어의 법칙Moore's Law과 컴퓨터 칩의 파워를 빼놓을 수 없다.

인텔 공동 창립자 고든 무어Gordon Moore는 1965년 같은 가격을 기준으로 컴퓨터 칩의 용량이 약 2년마다 두 배씩 증가하리라 예측했다. 무어의 법칙은 지난 60년간 컴퓨터, 전화기, TV, 우주망원경 및 여러 기술이 비약적으로 발전함으로써 실현되었다. 우리는 무어의 법칙에 담긴 의미를 완벽하게 체득하여 이제 각 세대의 스마트폰, 컴퓨터, 비디오게임을 비롯한 여러 기술이 지난 세대보다 더 의미 있는 발전을 이룩할 것임을 믿어 의심치 않는다. 그렇지 않으면 속았다고 생각한다.

사실 무어의 법칙이 갖는 중요성은 컴퓨터 칩 수준을 훌쩍 뛰어넘는다. 어떤 방식으로든 디지털화할 수 있는 모든 것은 기하급수적인 힘으로 가속화될 수 있다.

오늘날 트랜지스터transistor는 현대 생활의 거의 모든 영역을 지탱하지만, 1950~1960년대에는 트랜지스터가 발명된 초기라서 그렇게 큰 역할을 하지 못했다. 그러나 최초의 이 기초적인 트랜지스터조차도 이전 혁신의 여러 이점으로부터 탄생했다. 과거 세대는 먼저 전기를 어떻게 활용할 수 있는지, 어떻게 금박이 게르마늄 결정과 상호작용하는지 생각해 내야 했다. 모래를 실리콘으로 바꾸고, 트랜지스터와 성형된 실리콘을 이용해 원활하게 연산을 수행하는 법도 알아 내야 했다. 그러려면 약 2,000년 전 메소포타미아인이 발명한 0의 개념과 수학적 체계가 필요했다. 이 코딩 언어는 라틴 문자로 작성한 컴퓨터 코드를 기반으로 한다. 라틴 문자는 고대 페니키아 문자에 뿌리를 둔 에트루리아 알파벳에서 파생되었다.

주변 세계를 관찰하다 보면, 여기서 영감을 얻어 관찰 대상을 더 잘 이해하게 돕는 새로운 도구를 개발하게 된다. 마찬가지로 생물학의 작동 원리를 더 잘 이해할수록, 생물학이 기존과는 다른 방식으로 작동하도록 조작하는 능력이 더 향상된다. 그러면 새로운 통찰력이 생겨 더 좋은 도구를 만들 수 있는 아이디어를 제공하고, 이것이 새롭고 더 중요한 조작을 가능하게 해준다. 우리가 더 많이 이해하고 측정하고 조작할수록 이런 능력들은 전보다 더 발전할 것이고 이 과정의 주기도 빨라질 것이다. 모든 혁신은 이를 가능하게 한 과거의 모든 혁신을 쌓아 올린 피라미드의 꼭대기에 있다. 그리고 미래의 피라미드에서는 여기에 기여한 현재의 혁신이 가장 밑바닥에 자리할 것이다.

혁신의 이런 복합적인 특성은 기술 진보가 꾸준히 빨라지는 이유를 잘 설명해 준다. 앞서 말한 1페니 이야기처럼 두 배의 성장은 초반에 절대적인 증가 폭이 작지만 시간이 지나면서 큰 폭으로 올라가는 J 곡선을 그린다.

하지만 우리가 이런 유형의 기하급수적인 성장을 받아들이기는 더 더욱 어렵다. 인간의 뇌가 그런 방식으로 진화하지 않았기 때문이다.

200만 년 전, 원시 인류 두 명이 아프리카 사바나 지역에 함께 서 있었다. 그중 한 명은 당신의 직계 조상이다. 다른 한 명은 지금 영감의 순간을 맞이하고 있다. 그는 머리 위로 날아오르는 새를 보며 '새는 어떻게 날까?' 하고 궁금해한다. 어쩌면 언젠가 이 호모 에렉투스 시대의 라이트 형제는 이렇게 생각했을지 모른다. '우리가 비행의 메커니즘을 이해하면 직접 날 수 있는 날이 올지도 몰라.' 어쩌면 우리도 저 위풍당당한 새들처럼 창공을 누비며, 우리 아래 펼쳐진 세상을 더 넓은 시야로 둘러볼 수 있을지 모른다.

이때 풀숲에서 바스락거리는 소리가 들린다.

당신의 조상은 새나 새의 비행에 대해서는 생각하고 있지 않았다. 주변 상황에 몰입해 있던 그는 이렇게 생각한다. '무슨 소리지? 이런, 젠장. 검치호랑이인가? 저게 뭔지 알 때까지 이대로 있을 순 없어.'

옆에 있던 몽상가 호모 에렉투스는 여전히 꿈을 꾸고 있다. 결국 호랑이는 이 몽상가를 잡아먹었다. 그렇게 당신의 조상은 또 하루를 살아남았고, 아이를 낳았다. 이 아이도 살아남았다. 생존에 적합한 현실적인 생각을 갖고 있었기 때문이다. 이런 식으로 세대가 이어지고 또 이어지고 이어지다가… 당신에게까지 이르렀다.

수백만 년 동안 인간의 뇌는 이렇게 하루하루 현실성을 길러 생존 확률을 높이면서 진화해 왔다. 여전히 이 방식은 매우 효율적이다.

매일 아침 우리가 냉장고를 열 때 긴장하지 않는 데는 이유가 있다. 냉장고를 열면 전날 밤 냉장고를 닫았을 때와 거의 같은 상태일 것임을 대강 알기 때문이다. 아침마다 긴장 상태로 냉장고를 연다면 에너지가 엄청나게 낭비될 것이다. 우리 뇌는 무의식적으로 반복적인 일에 에너지를 쏟지 않도록 진화했기 때문에 우리는 내일도 대부분 오늘과 비슷할 것임을 가늠할 수 있다.

그러나 많은 일이 그렇지 않다면 어떨까?

선사시대 사람들이 과도한 몽상으로 진화적 불이익을 받았던 것처럼, 우리 세대와 미래 세대가 지금과는 완전히 다른 가까운 미래를 충분히 예측하지 못해서 불이익을 받는다면 어떨까? 호랑이가 어제는 이런 종류의 사람을 잡아먹었는데 내일은 전혀 다른 종류의 사람을 잡아먹는다면 어떨까? 즉 어제의 기준으로 옳았던 선택이 내일도 옳다고 할 수 있을까?

우리가 너무 현재에만 매여 있으면 미래를 놓칠 수 있다. 주변에서 벌어지는 일과 그 변화 속도에 잘 대처하려면 꾸준한 훈련을 통해 우리 뇌에 내재된 보수성을 뛰어넘어야 한다.

생명의 암호를 읽다: DNA 이중나선 발견부터 게놈 해독까지

인간은 형질이 세대를 거쳐 전해진다는 사실을 오래전부터 알고 있었다. 이 사실은 수천 년 동안 식물을 가꾸고 동물을 길들이며, 그보다 더 오랫동안 배우자를 선택하는 근거가 되었다. 그 이유를 밝히는 데는 두 선구자가 지대한 공을 세웠다.

그레고어 멘델과 찰스 다윈은 서로 만난 적도 교류한 적도 없고 서로에 대해 잘 알지 못했지만, 이들이 동시대를 살았다는 사실은 우연이 아닐 것이다. 이들이 특정한 돌파구를 찾아낼 수 있으려면, 통찰을 발휘할 수 있는 개념적 이해와 분석 방법의 토대가 마련되어 있어야 했다. 멘델과 다윈 같은 천재들 그리고 모든 사람들에게 혁신의 핵심은, 특정 시대에 잘 알려져 있고 이해될 수 있는 지식의 한계점까지 나아가 거기서 과감하게 한 발 더 내디뎠다는 것이다.

다윈은 의대를 중퇴했고 케임브리지대학교 학부를 졸업한 것 이외에 다른 전문 교육은 받지 않았다. 당시 그는 면밀한 관찰과 분석으로 자연을 연구하는 '자연사'에 푹 빠져 있었다. 부유한 가정에서 자란 다윈은 아버지의 지원으로 유명한 비글호에 오를 수 있었다. 비글호는 1831년 12월에 출항하여 5년 동안 남아메리카, 오세아니아, 갈라파고스제도를 항해했다.

다윈은 이 기념비적인 여행에서 굉장히 다양한 생태계를 접했고, 서로 다른 고립된 지역에 사는 비슷한 계열의 동물이 왜 서로 다른 특징을 갖게 되었는지 궁금했다. 그는 고향에 돌아오자마자 자신이 관찰한 것과 여행 중 수집한 표본 5,400개를 연구하는 데 모든 에너지를 쏟아부었다.

다윈은 당시 급성장하던 영국 우편 서비스 덕분에 세계 각국에 있는 수백 명의 협력자와 서신을 교환하고 광범위한 자료를 읽었다. 이렇게 그는 종의 진화과정에 대한 본질적인 통찰을 발전시켜 나갔다. 성경이나 당시 지배적인 과학적 견해와 달리 생물은 처음의 형태를 끝까지 그대로 유지하지 않았다. 대신 그는 노트에 이렇게 적었다. "한 종은 다른 종으로 변한다."

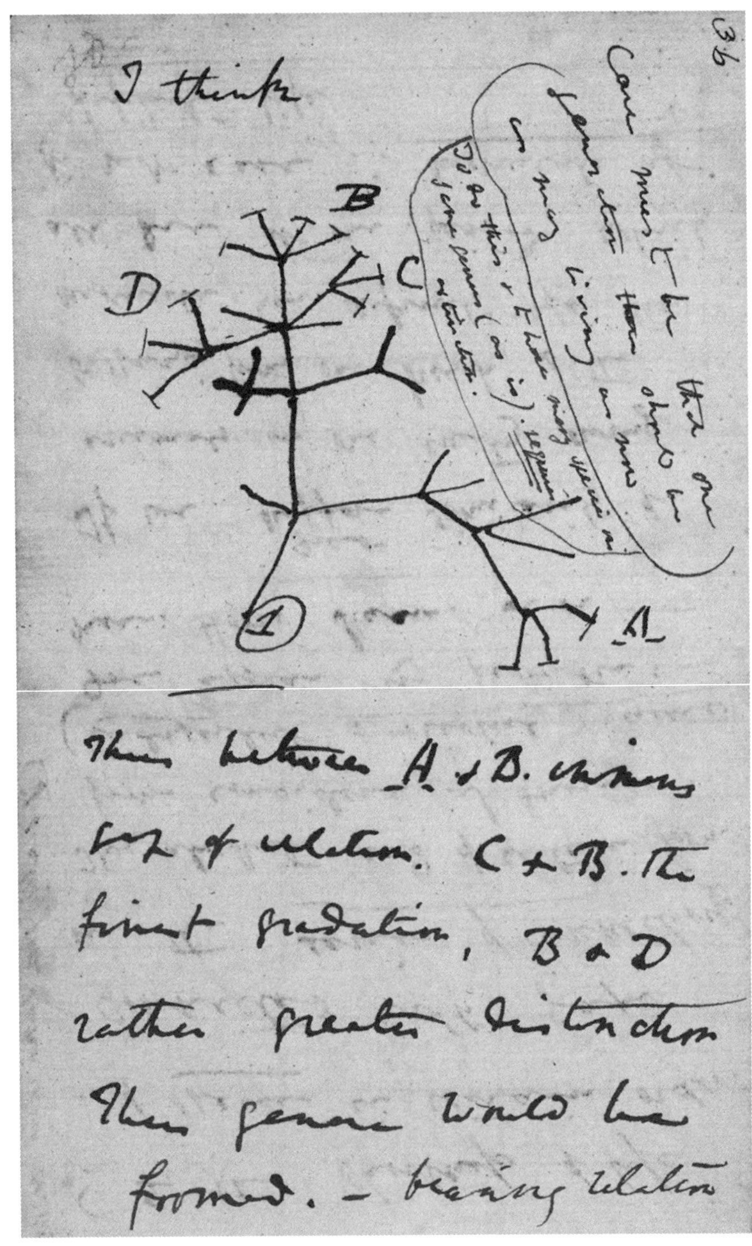
I think
B
D
C
A
1
Thus between A & B. cummins
sort of relation. C & B. The
finest gradation, B & D
rather greater distinction
Thus genera would be
formed. — bearing relation

다윈은 인간과 동물의 기원을 '변이'라고 불렀다. 하지만 이 급진적인 개념이 당시 지배적 사상인 신학에 얼마나 큰 도전장을 내미는 일인지 잘 알았기 때문에 자신의 이론이 담긴 책을 완성하기까지 20년을 고민하고 또 고민했다. 그러나 뛰어난 경쟁자 앨프리드 러셀 월리스Alfred Russel Wallace가 핵심적으로 비슷한 주장을 제기하자 다윈도 가만히 있을 수 없었다. 1858년, 다윈은 1844년에 써놓고 출간하지 않은 자신의 에세이와 월리스가 쓴 새로운 원고를 세상에 공개했다. 월리스의 원고에는 샘에서 지류가 갈라지듯 모든 종이 분화하기 전 동일한 생명의 근원에서 나왔다는 혁명적인 생각이 담겨 있었다.

이들의 발표는 사람들을 다소 놀라게 했지만 큰 관심을 끌지는 못했다. 그러나 이듬해 발간된 다윈의 대작《자연선택에 의한 종의 기원》On the Origin of Species by Means of Natural Selection에 대한 반응은 완전히 달랐다. 초판은 출간 즉시 매진되었고 곧바로 많은 부수를 찍었다. 일부 과학자와 언론인은 이 책을 극찬했고, 유명 성직자를 비롯해 수많은 사람이 이 책을 비난했다. 저명한 작가이자 정치가이며 훗날 총리에 오르는 벤저민 디즈레일리Benjamin Disraeli는 우스갯소리로 이런 유명한 말을 남겼다. "인간은 유인원입니까, 천사입니까? 주여, 저는 천사 편에 서 있습니다. 저는 이 공격적인 새 이론을 분노와 혐오로 거부합니다."

다윈의 '공격적인 새 이론'은 많은 이에게 불편한 감정을 불러일으켰지만 다윈은 숱한 반대에도 꿋꿋이 맞섰다. 이 이론의 핵심은, 종들이 작은 변화를 축적하며 진화했고 그중 일부는 특정 환경에서 생존 기회를 더 높인다는 것이다. 그는 이 과정의 핵심 원동력이 무작위적 변이와 자연선택이라고 파악했지만, 어떤 메커니즘이 이 과정을 뒷받침하는지는 알 수 없었다.

다윈이 멘델을 만나기만 했어도, 자신이 의문을 품었던 문제에 대한 해답의 단초를 얻었을지 모른다.* 멘델은 다윈의 시대를 살았지만 다윈은 멘델을 거의 알지 못했다.

모라비아 지역의 아우구스티누스회 수도사 멘델은 공식적인 학위는 없었지만 강한 호기심과 추진력이 넘쳤던 아웃사이더였다. 다윈의 대작이 세상에 나온 1856~1863년에, 멘델은 수도원 경내 작은 정원에 22종의 완두콩을 1만 개 이상 심었다. 그는 재배한 여러 종을 서로 접목했고, 형질이 어떻게 한 세대에서 다음 세대로 넘어가는지와 관련한 수학적 규칙을 알아내기 위해 꼼꼼하게 작업했다.

멘델 이론의 핵심은 뚜렷하게 구분되는 특정 형질의 경우 예측 가능한 일련의 법칙을 따른다는 것이다. 1866년 당시 세간의 관심을 거의 받지 못한 《브륀 자연사학회 회보》Proceedings of the Natural History Society of Brünn에 〈식물 잡종에 관한 실험〉이라는 훌륭한 논문이 게재되었다. 그는 이 논문에서 다음 세 가지 법칙을 조심스럽게 주장했다. 첫째, 각 유전 형질은 양쪽 부모에게서 받은 유전적 기여에 의해 결정된다 (분리 법칙). 둘째, 형질을 결정하는 유전자끼리는 서로 간섭하지 않는다(독립 법칙). 셋째, 자손이 동일한 형질에 대해 두 개의 다른 유전자를 가질 경우, 그중 하나는 항상 우성으로 발현된다(우열 법칙). 멘델은 형질이 식물 세대를 거쳐 전해지는 방식을 연구한 결과에 자부

---

* 다윈의 서재에는 멘델의 논문이 수록된 책이 있었지만 이 책을 읽지는 않은 것 같다.

심을 느꼈다. 그러나 훗날 이런 노력이 모든 생명체의 작동 방식을 이해하는 완전히 새로운 접근법의 초석이 되었다는 사실을 알았다면 그 누구보다 멘델이 가장 놀랐을 것이다.

멘델의 연구가 주목받기 시작한 것은 1900년대 이후부터다. 유전 과학을 연구하던 유럽의 식물학자 세 명이 우연히 멘델의 논문을 접하면서 그 중요성을 깨달았다. 진화의 이유를 설명하는 다윈과 진화의 방식을 밝혀 준 멘델의 이론은 땅콩버터와 초콜릿처럼 찰떡궁합을 이루었다.

과학자들은 멘델과 다윈의 이론을 1860~1870년대에 수행된 연구와 연결함으로써 유전을 유도하는 명령이 세포의 핵에 들어 있다는 사실을 신속하게 알아냈다. 그들은 핵 속에 있는 물질을 핵산이라고 불렀다. 1902년에는 이 핵산이 염색체로 구성되어 있다는 주장이 나왔다. 4년 후 영국 생물학자 윌리엄 베이트슨William Bateson이 '유전학'genetics이라는 용어를 처음 사용했고, 유전학을 주제로 한 첫 번째 국제 학술대회가 개최되었다. 그 후 얼마 뒤 선진국 곳곳에서 이 분야와 관련된 대학의 교수직, 전문 학술지, 대학 교재가 등장했고 더 많은 학술대회에서 이 내용을 다루었다. 유전학이라는 분야가 태어난 순간이었다.

생물학을 이해하는 다음 단계로 도약하기 위해서는 새로운 도구가 필요했다. 두 차례의 세계대전으로 가속화된 산업화 시대가 그 도구를 제공했다. 1940년대에 새로운 세대의 과학자들은 이 도구를 이용해 세포의 내부 활동을 더 자세히 들여다볼 수 있었고, 유전학이라는 새로운 분야와 생화학이라는 오래된 분야를 연결할 수 있었다. 미국 과학자들은 유전자가 세포 내 화학반응을 조절하거나 제어한다고 주장하기도 했다.

로절린드 프랭클린Rosalind Franklin은 실험실에서 추출한 DNA 섬유의 X선 회절 이미지를 얻어 냈다. 이를 밑거름 삼아 1953년에 제임스 왓슨James Watson과 프랜시스 크릭Francis Crick이 DNA 분자가 이중나선으로 꼬인 사다리 모양이라는 엄청난 사실을 발견했다. 이런 다양한 성과를 토대로 유전학 분야는 더 큰 힘을 얻었다. 1950년대와 1960년대의 발견을 기반으로 유전암호 언어가 해독되기 시작했다. 이후 새로운 모델이 개발되어, 한 세기 전 멘델이 수도원에서 면밀히 관찰한 형질의 발현 방식이 이 유전 암호를 통해 어떻게 설명되는지 분석하는 데 도움을 주었다.

일단 생물학이 암호를 기반으로 한다는 인식이 자리 잡자 암호 해독에 경쟁이 붙었다. 생물학의 복잡성은 인간 뇌의 정보처리 능력을 훨씬 능가하기 때문에 새로운 기계를 발명하는 것이 급선무였다. 그런 의미에서 디지털화 가능한 소스 코드가 생물학을 주도한다는 인식이 컴퓨터 시대의 개막과 정확히 맞물리는 것은 우연이 아니다.

1977년 프레더릭 생어Frederick Sanger, 앨런 콜슨Alan Coulson, 월터 길버트Walter Gilbert, 앨런 맥섬Allan Maxam 등 다양한 분야의 과학자들이 종류는 다르지만 개념적으로 관련된 두 가지 유전암호 해독 방법을 고안했다. 이들은 전류를 이용해 세포의 게놈을 분해한 다음 크기가 다른 조각들을 여러 색으로 염색하고, 특수 카메라로 이 조각들을 비춰 유전 패턴을 기록했다. 처음에는 수작업으로, 나중에는 컴퓨터 알고리즘으로 조각들을 조합할 수 있는 방법을 고안했다.

첫 번째 게놈(박테리아)의 염기서열을 완전히 분석하기까지는 수년에 걸쳐 고도의 수작업과 지난한 과정을 거쳐야 했고, 마침내 1980년에 완성을 보았다. 1980년대 중반, 미국인 리 후드Lee Hood와 로이드 스미스Lloyd Smith는 염기쌍을 빛 신호로 변환하여 자동으로 게놈 서열을 분석(시퀀싱)하는 방법을 개발했다. 이 작업에 약 3년이 걸렸다. 이후부터는 게놈 분석의 용이성, 비용, 정확성 및 전반적인 중요도가 급속히 높아졌으며, 분석 비용은 1,000만 배가량 감소했다.

미국의 일루미나Illumina와 중국의 BGI 등 여러 기업이 게놈 서열 분석을 산업적 규모로 확장했다. 나노포어 시퀀싱nanopore sequencing(핵산의 염기서열을 결정하는 데 사용되는 3세대 염기서열 분석법 – 옮긴이), 속도가 빨라진 실리콘 칩, 강력해진 AI 같은 새로운 기술이 개발되어 더 정확하고 신속하고 저렴하게 게놈을 분석할 수 있게 되었다. 2003년에는 13년의 노력과 약 27억 달러의 비용을 들여 최초의 인간 게놈 시퀀싱 프로젝트가 현실화되었다. 지금은 단돈 100달러면 몇 시간 만에 더 훌륭한 결과물을 얻을 수 있다. 현재 차세대 하이브리드 컴퓨터 칩이 개발 중인데, 이 칩이 완성되면 체내 개별 분자를 전자회로에 통합하여 실시간으로 생체 활동을 추적할 수 있다.[5]

오늘날 '샷건 시퀀싱'shotgun sequencing(DNA를 잘게 토막 낸 후 염기서열을 분석한 뒤 다시 짜 맞추는 방식 – 옮긴이) 도구를 사용하면 주어진 샘플에서 모든 서열을 읽을 수 있다. 가령 연못의 물, 흙 한 줌, 장내 미생물 배양액 등의 서열을 읽어 매우 복잡한 생태계에 존재하는 모든 유기체의 유전암호를 확인할 수 있다. '롱 리드 시퀀싱'long-read sequencing이 발전을 주도하면서 지금까지 표준이었던 짧은 조각 대신 자르지 않은 DNA 사슬을 더 정확하게 읽을 수 있었다. 새로운 알고리즘 덕분에 자른 조각들에서 전체 게놈을 조합하는 작업이 빠르게 성장 중이다.[6]

생물학은 유전학에만 국한되지 않고, 모든 생물의 내부와 그 주변 환경까지 아우르는 광범위한 생태계와 관련이 있다. 따라서 게놈 분석의 발전 역시 전체 이야기의 일부일 뿐이다.

세포가 기능하는 메커니즘을 더 많이 알게 되면서 다음과 같은 모든 현상을 더 잘 이해하기 위해 유사한 접근 방식들이 사용되었다. 예를 들어 유전자 발현을 조절하는 후성유전학적 마커, 세포핵 속 게놈으로부터 명령을 전달하는 RNA, 이 명령을 번역해 단백질을 생성하는 리보솜, 단백질과 비단백질 코딩 유전자의 복잡한 상호작용, 세포 내부 및 세포 간의 여러 상호작용 등이 있다.

시작은 이들 각각의 서열을 읽고 분석하는 법을 배우는 것이었으나, 현재는 같은 세포의 데이터세트를 동시에 통합하는 작업에서 엄청난 성과를 내고 있다. 이 작업의 공식 명칭은 멀티오믹스 단일 세포 분석multiomic single-cell analysis(오믹스omics란 생명체의 분자 수준에서 이루어지는 생물학적 과정을 연구하는 학문 분야로, 멀티오믹스는 생물학적 데이터를 여러 오믹스 수준에서 동시에 분석하는 방법을 말한다. - 옮긴이)이지만, 연구자들은 비공식적으로 '키친-시퀀스'kitchen-seq라 부른다. 주방 싱크대를 제외하고 모든 것을 시퀀싱할 수 있다는 유머러스한 표현이다. 다음 단계는, 생물학이라는 '시스템들의 시스템'을 이루는 모든 역동적이고 부단히 변화하는 시스템에 대해 더 깊이 알게 된 내용을 통합하는 일이 될 것이다. 이미 수많은 새 모델이 작업에 착수한 상태다.[7]

이러한 복잡성은 별다른 보조 수단 없이 인간의 사고력만으로 측정할 수 있는 수준을 훌쩍 뛰어넘는다. 그러므로 패턴을 감지하고 처리하는 능력을 넓혀 줄 새로운 도구는 과거에도 필요했고 지금도 필요하다. 따라서 AI와 머신러닝 혁명이라는 맥락을 벗어나서는 생물학의 혁명을 이해할 수 없다.

AI는 어떻게 배우는가: 인간의 상상에서 기계학습으로

우리 인간은 아주 오랫동안 인간과 비슷한 기계를 상상해 왔다. 호메로스의 《일리아드》에는 스스로 움직이는 다리 셋 달린 탁자 이야기가 나오고, 오비디우스의 《변신 이야기》에는 사랑에 빠진 조각가 피그말리온에 의해 생명을 얻은 갈라테이아 조각상이 나온다. 수 세기 동안 유대인 설화에 반복적으로 등장하는 골렘은 소원을 빌어 진흙에서 생명을 가진 존재가 된다. '로봇'이라는 용어는 1920년 체코의 극작가 카렐 차페크Karel Capek가 처음 사용했다. 그러나 이런 상상은 오직 인간만이 할 수 있다. 이런 터무니없는 상상은 종종 소망하는 아이디어를 실현하는 시작점이 되기도 한다.

1820년대에 케임브리지대학교 수학과 교수이자 다중언어 구사자인 찰스 배비지Charles Babbage는 황동 톱니바퀴, 래칫ratchet(한쪽 방향으로만 회전하게 되어 있는 톱니바퀴 – 옮긴이), 로드rod(착암기로 암석에 구멍을 뚫는 데 사용되는 강봉 – 옮긴이) 및 기성 부품을 조립해 새로운 형태의 기계를 만들기로 했다. 1822년에 시제품으로 나온 '차분기관'Difference Engine은 수치표를 계산하는 마법 같은 능력을 증명했지만, 정식 제품으로 출시되지는 않았다. 당시에는 자동 '계산 기계'라는 아이디어가 상상 속에서나 가능할 뿐 현실성은 없어 보였기 때문이다.

한 세기 후, 케임브리지대학교에서 젊은 앨런 튜링Alan Turing은 마침내 자신의 위대한 아이디어를 선보일 준비를 마쳤다. 이후 같은 학교의 연구 장학생fellow이 된 튜링은 확률론에서 엄청난 성과를 이룩한다. 그는 배비지의 연구에 대해 알고 있었지만, 그보다는 17세기 수학자 고트프리트 빌헬름 라이프니츠Gottfried Wilhelm Leibniz의 아이디어에서 훨씬 더 큰 영감을 받았다. 라이프니츠는 두 가지 숫자로 이루어진 이진법의 켜짐/꺼짐 스위치를 활용해 극도로 복잡한 수학적 계산을 수행할 방법을 제시했다. 그의 아이디어는 3,000년 전 고대 중국의 문헌인 주역에서 영감을 받았다. 1936년 당시 27세였던 튜링은 현대 컴퓨터 작동 방식의 기본 체계를 담은 논문을 발표했다. 이 논문에서 그는 디지털 컴퓨터가 기본적이고 논리적인 원칙에 따라 주어진 문제를 명확하게 풀어내는 과정을 설명했다.

제2차 세계대전은 튜링과 다른 컴퓨터 선구자들의 아이디어가 더 큰 실현을 향해 나아가는 데 중요한 촉매제가 되었다. 지금은 유명한, 영국 버킹엄셔 블레츨리 파크의 정부 암호해독학교Government Code and Cypher School는 당시 다방면에서 뛰어난 사상가와 연구자를 한데 모아 콜로서스Colossus를 개발했다. 콜로서스는 독일의 비밀 통신 암호를 풀어 연합군의 승리를 앞당긴 일급 기밀 컴퓨터다.

점점 더 성능이 좋아지는 기계를 보며 사람들은 곧 기계가 인간이 생각하는 것과 비슷한 일을 할 수 있을지 궁금해하기 시작했다. 튜링은 1947년에 이런 말을 남겼다. "우리가 만들고 싶은 것은 경험을 통해 배우고… 스스로 명령을 변경할 수 있는 기계다." 튜링의 아이디어에서 영감을 받은 미국 연구진은 육군에서 자금을 대거 지원받아 1940년대와 1950년대 초에 일반적인 목적으로 사용할 첫 번째 전자 디지털 컴퓨터를 개발했다. 이 연구에는 프레스퍼 에커트J. Presper Eckert, 존 모클리John Mauchly, 천재 수학자 존 폰 노이만John von Neumann 등이 참여했다.

1956년 다트머스대학교 수학과의 젊은 교수인 존 매카시John McCarthy는 두 달간 이어지는 워크숍에 소수의 과학자와 수학자를 초대했다. 오늘날 해커톤hackathon(팀을 이뤄 마라톤을 하듯 긴 시간 동안 시제품 단계의 결과물을 완성하는 대회 – 옮긴이)이라 부르는 이 워크숍에서 참가자들은 근래에 매카시가 'AI'라 부르기 시작한 포부를 탐구했다. 그가 워크숍 제안서에서 설명한 아이디어는 이런 것이었다. "학습의 모든 부분이나 지능의 다른 특징은 원칙적으로 매우 정확하게 기술할 수 있으므로, 기계가 이 과정을 시뮬레이션하게 만들 수 있다." 지금은 역사로 남은 일련의 대화에서 이들 그룹은 앞으로 나아갈 길을 제시했다.

이후 AI 분야는 눈부시게 발전했다. 비록 과도한 희망과 기대로 실망을 안겨 줄 때도 있었지만, 전반적으로 세상에 많은 변화를 일으켰다. 마이크로프로세서와 컴퓨터의 성능이 강화되고 기능이 다양해졌다. 프로그램과 알고리즘의 창의성이 향상되었고, 학습 데이터 양이 늘고 가용성이 증가했다. 이로써 비교적 짧은 기간에 전반적인 생태계가 훨씬 견고해졌다.

현재 이것은 '기호주의 AI'symbolic AI라고 불리는데, 매우 명확한 지시와 정의 가능한 규칙으로 컴퓨터 알고리즘을 훈련하면 결국 인간의 사고 프로세스를 시뮬레이션할 수 있을 거라는 생각에 기초한다. 이 접근법은 1997년, 무차별 대입과 규칙에 기반해 작동하는 IBM 프로그램 딥블루Deep Blue가 체스 세계 챔피언 가리 카스파로프Garry Kasparov를 상대로 압승을 거두면서 정점에 올랐다. 딥블루는 특정 분야에서 최고 수준의 인간 두뇌를 뛰어넘는 계산 능력이 있고, 체스에는 정통했을지 몰라도 다른 부분에서는 그렇지 못했다. 딥블루는 AI라 불렸지만, 극히 지엽적인 영역을 벗어나면 별로 지능적이라고 볼 수 없었다. 컴퓨터 기반 시스템이 인간 지능과 비슷해지려면 인간이 지정한 규칙을 따르면서도 튜링이 주장한 것처럼 시행착오를 거쳐 스스로 규칙을 찾아낼 줄 알아야 했다.

하지만 여기에는 본질적인 문제가 하나 있었다. 우리 인간이 세상을 지배하는 규칙을 제대로 이해하지 못하면서 어떻게 그것을 컴퓨터에 설명하거나 규칙의 패턴을 찾으라고 지시할 수 있을까?

이에 대한 해답은 설명을 시도하지 않는 것이었다. 다시 말해 우리가 제대로 이해하지 못하는 규칙을 설명하느니 차라리 개개인의 학습 과정이 서서히 발전하는 것처럼 알고리즘을 훈련시키는 것이다. 신생아는 태어나면서부터 일련의 명확한 규칙을 배우는 게 아니라, 자라면서 다양한 행동에 따라 긍정적이거나 부정적인 자극을 받으며 배우기 때문이다.

코넬대학교 교수인 프랭크 로젠블랫Frank Rosenblatt은 1950년대에 초창기부터 이러한 접근법을 옹호했던 인물이다. 그는 미 해군에 중량이 5톤에 달하는 컴퓨터 시스템 '퍼셉트론'perceptron을 구축했다. 퍼셉트론은 알고리즘이 예/아니요로 답하는 단순 질문에서 오답을 낼 때마다 조금씩 수정을 거듭하는 간단한 프로그램이다. 50회 정도를 연습한 퍼셉트론은 종류가 다른 두 가지 유형의 컴퓨터 펀치 카드(일정한 크기의 카드에 구멍을 뚫어 데이터를 기록한 것으로, 컴퓨터가 발전하던 시기에 데이터 입력이나 프로그램 저장의 주요 수단으로 사용되었다. – 옮긴이)를 구분하게 되었다. 로젠블랫은 자신의 발명품을 '독창적인 아이디어를 낼 수 있는 최초의 기계'라고 칭했지만, 사실 이 '독창적인 아이디어'는 그렇게 독창적이지 않았다.

퍼셉트론은 현재 단층신경망single-layer neural network이라 불리는 것과 비슷한데, 이진법으로 된 단일 문제에 피드백을 받는 시스템이다. 그럼 1,000개의 퍼셉트론을 켜켜이 쌓는다면 어떨까? 100만 개나 10억 개를 쌓는다면? 그러면 우리가 배우는 방식과 유사하게 시스템 위에 시스템이 쌓여 긍정적이거나 부정적인 자극이 지속적으로 층층이 입력되고, 점점 더 많은 것을 배울 수 있다.

물론 이 과정은 인간이나 다른 생명체의 뇌를 비롯한 신체에서 선천적이고 직관적으로 일어나지만, 기계는 그렇지 않기 때문에 최대한 이와 비슷하게 시스템을 고안해야 한다. 컴퓨터 프로그래머는 강화 학습을 할 때 계층화된 퍼셉트론 형식의 게임 구조를 설정한 다음, 알고리즘에 보상을 극대화하고 벌점을 최소화하도록 지시한다. 이런 접근법의 잠재력을 실현하려면 엄청난 양의 훈련 데이터와 고도의 컴퓨터 성능이 필요했다. 이 두 가지는 모두 기하급수적인 기술 혁명 덕분에 얻을 수 있었다.

최근 몇 년간 이어진 머신러닝의 르네상스는 AI 전 분야에 새로운 활력을 불어넣었다. 퍼셉트론의 상호 연결된 층이 점점 쌓이면서, 빠르게 성장하는 데이터 분야에서 패턴을 분류하고 처리하고 찾아내는 능력도 향상되었다. 도구 없이는 인간이 찾지 못하는 패턴까지 탐색할 수 있는 수준에 이르렀다. AI는 '오차 역전파'back-propagation도 가능하다. 이 프로세스는 인식된 오류를 다층 퍼셉트론을 통해 역방향으로 전송하여 알고리즘이 실수를 더 잘 이해하고 수정할 수 있도록 도와준다. 세계 각국의 연구자들은 머신러닝을 위한 새로운 철학적 접근법과 시스템 아키텍처를 지속적으로 개발하고 있다.

현재의 AI는 인간의 지능만큼 범위가 넓거나 다재다능하지 못하지만 인간 지능에 조금씩 가까워지고 있다. 그러나 도구의 도움을 받지 않는 뇌unaided brains의 역량은 그대로다. AI 시스템이 인간처럼 사고할 수 있는가는 여전히 논쟁 중이다. 하지만 점점 늘어나는 여러 과제를 수행하는 능력 면에서 AI가 최고 수준의 인간보다 훨씬 빠르게 발전하고 있다는 사실은 부인할 수 없다.

딥마인드의 실험실에서 태어난 새로운 지성

2016년에 알파고라는 AI 알고리즘이 세계를 놀라게 했다. 알파고가 서울에서 열린 유명한 바둑대회에서 바둑계의 고수 이세돌에게 4대 1로 대승을 거둔 사건이다. 중국의 고대 게임인 바둑은 체계가 엄청나게 복잡해서, 과거 카스파로프에게 패배를 안겨 준 무차별 대입 컴퓨팅 접근법이 바둑에서는 통하지 않을 것으로 생각되었다. 체스처럼 숫자를 대량으로 계산하는 방법이 아니라, 프로그램이 인간의 사고에 가까운 작업을 수행해야 했기 때문이다.

사실 알파고의 승리가 전적으로 알고리즘만의 승리는 아니었다. 물론 알파고는 아주 정밀한 프로그램이지만 인간 바둑 고수들이 수천 번 치른 대국을 디지털화한 결과물이다. 그러므로 어떤 면에서 알파고는 인간 바둑 고수들의 뛰어난 재능을 한데 모은 것에 컴퓨터 능력을 더해 한 단계 발전시킨 프로그램이라 할 수 있다. AI는 매우 똑똑해 보였고 실제로도 그랬지만, 그 승리는 바둑 기사들의 능력을 모아놓은 집단적 우수성을 반영한 것이었다. 바둑 고수들로 이루어진 팀이 단 하나의 AI와 맞붙은 결과였다.

이듬해인 2017년, 알파고는 새로운 경쟁자에게 참패한다.

승리를 거머쥔 새로운 알고리즘 알파제로AlphaZero는 인간 고수들의 대국으로 훈련하지 않았다. 구글의 딥마인드 연구자들은 알파제로에 먼저 바둑의 기본 법칙을 입력하고 혼자 대국을 시작하게 한 뒤, 승리와 패배에서 기보를 최적화하는 방법을 배우게 했다. 알파제로는 이런 식으로 기본부터 시작했지만, 1년 전 최고의 인간 바둑 챔피언을 꺾은 알파고의 게임 능력을 불과 3일 만에 넘어섰다. 알파제로는 여전히 인간의 축적된 능력을 반영하지만, 그것은 인간 바둑 고수의 능력이라기보다 수십 년간 쌓아온 인간 프로그래머의 능력이었다. 이제 AI는 새로운 영역으로 뛰어들었다.

딥마인드 연구팀의 목표는 우수한 게임 플레이 기계를 만드는 것이 아니었다. 그보다는 게임을 훈련의 장으로 활용하여 지능과 관련된 훨씬 더 큰 문제를 해결하고, 그럼으로써 이 초능력을 이용해 세계의 가장 크고 복잡한 난제들을 일부 풀어 나가는 것이었다. 이들은 이제 훨씬 더 복잡한 목표를 세웠다.

생물학이 소스 코드에서 비롯되었다고 말한다면 코드만 알면 되지 않느냐고 생각할 수 있다. 하지만 그렇지 않다.

인체를 비롯한 모든 생명체에 있는 단백질은 조그마한 기계와 같다. 이 기계는 에너지와 영양소를 투입하면 이것을 다양한 형태의 결과물로 내놓는다. 인체의 모든 단백질은 20가지 특정 아미노산(자연에는 수백 가지 이상의 아미노산이 있지만 인체에서는 발견되지 않는다)의 조합으로 구성된다. 이 아미노산이 연결된 순서, 길이, 모양에 따라 단백질의 기능이 완전히 달라진다.

염기서열을 해석하는 기술이 발전하면서 지난 수십 년간 시퀀싱 능력은 엄청나게 향상되었지만, 단백질의 복잡한 물리적 구조를 예측하고 이해하는 능력은 한참 뒤처졌다. 이것을 '단백질 접힘 문제'protein folding problem라고 하는데, 이렇게 부르는 데는 그럴 만한 이유가 있다.* 단백질 접힘을 이해하는 것은 단백질과 세포, 궁극적으로는 생명이 어떤 식으로 기능하는지 이해하는 데 필수적이다. 이 분야를 이해하면 전염병과 병충해에 효과적으로 대처하고 효능이 더

---

* 내가 2016년에 쓴 SF 소설 《이터널 소나타》의 핵심 내용에는 분석하기 어려운 단백질 접힘 이야기도 있다. 이 소설의 배경은 2025년이다. 내 예측이 수십 년 동안은 꽤 비슷하게 흘러갔지만, 이 분야에서 이렇게 빨리 기적 같은 진전이 이루어질 거라고는 전혀 예상하지 못했다.

좋은 약을 개발할 수 있을 것이다. 나아가 세포를 재설계해서 플라스틱과 산업폐기물을 처리하는 등 이 세포가 아직 한 번도 하지 않을 일을 하게 만들 수도 있다.

과학자들은 수십 년간 이런 사실을 파악하고 있었지만, 단백질이 어떤 식으로 접히는지 분석하고 이해하는 과정은 매우 더뎠다. 지난 수십 년 동안은 대부분 단백질을 작은 결정으로 만든 다음 X선을 쏘아 이 결정들을 통과하며 회절하는 빛의 이미지를 정밀하게 분석해왔다. 이 방식대로라면 단백질 하나를 분석하여 특징을 규명하는 데 최대 3년이 걸릴 수 있다. 인체에만 약 2만 개의 필수 단백질이 있고, 과학계에 알려진 단백질 수는 약 2억 3,000만 개에 달한다.

그러나 최근 수십 년간 진행된 느리고 조심스러운 작업 덕분에 한정된 수의 아미노산 서열과 그에 해당하는 단백질 모양을 포함하여 매우 귀중한 예비 데이터 세트를 구축할 수 있었다. 인간 바둑 고수들의 기보를 디지털화한 대국처럼 이 데이터를 알고리즘 훈련에 쓸 수 있게 된 것이다.

알파제로가 알파고를 이긴 다음 해인 2018년, 딥마인드 팀은 2년에 한 번씩 열리는 제12회 단백질 구조예측기술 정밀평가대회Critical Assessment of Techniques for Protein Structure Prediction에 알파폴드AlphaFold라는 새로운 프로그램으로 참가했다. '생물학계의 올림픽'으로 알려진 이 대회는 미국 국립보건원US National Institutes of Health, NIH이 후원한다. 대회 참가자들은 주어진 특정 단백질의 아미노산 서열 구조가 3차원에서 어떻게 보이는지 그 모델을 구축하는 과제를 해결해야 한다. 당시 딥마인드는 20위라는 실망스러운 성적을 냈다.

이를 계기로 딥마인드 팀은 심기일전하여 처음부터 다시 시작했다. 새로운 관점을 가진 전문가를 추가로 영입하고 알파폴드 알고리즘의 많은 부분을 근본적으로 새롭게 설계했다. 그들은 100개 이상의 머신러닝 프로세서를 모아 알고리즘을 훈련했다. 훈련에 사용된 데이터 세트에는 20만 개 이상의 알려진 단백질 구조와 관련 아미노산 서열이 있었다.

2020년 대회에 재출전한 알파폴드 프로그램은 압도적인 차이로 우승을 거머쥐었다. 그뿐 아니라 세계 최고의 과학 저널 《네이처》Nature는 이 엄청난 진전에 대해, 알파폴드가 아미노산을 기반으로 단백질 구조를 예측하는 과제를 근본적으로 해결했다고 평가했다.[8]

2021년 딥마인드는 인체의 거의 모든 단백질을 포함해 약 35만 개의 단백질 구조를 예측했다. 이 자료는 검색 가능한 데이터베이스에서 무료로 볼 수 있다. 1년 후인 2022년 7월, 딥마인드와 유럽 분자생물학연구소European Molecular Biology Laboratory 산하 생물정보기구Bioinformatic Institute는 '과학계에 알려진 거의 모든 기록된 단백질' 2억 1,400만 개 단백질 예측 구조를 온라인에 공개한다고 발표했다. 이 데이터베이스에는 인간 단백질 외에 대부분의 동식물에 관여하는 단백질 예측 구조가 담겨 있다.

중대 발표 이후 3개월 만에 100개가 넘는 과학 연구에서 알파폴드의 예측이 연구에 기여한 바가 있다고 언급했다. 또한 2025년 5월 기준, 190개국 200만 명 이상의 사용자가 2억 개 이상의 단백질 구조를 예측하는 데 알파폴드를 사용했다. 콜로라도대학교의 한 연구팀은 10년간 X선 결정학(생체분자의 3차원 구조를 원자 수준의 해상도로 규명하는 방법 - 옮긴이)을 활용해 특정 박테리아의 단백질 구조가 항생제 내성에 어떻게 관여하는지 규명하려고 애썼지만 별 성과를 거두지 못했다. 그런데 알파폴드의 예측을 이용하자 단 30분 만에 문제가 해결되었다. 다른 연구자들도 알파폴드를 사용해 말라리아 백신, 암 치료법, 플라스틱 분해 효소 개발에 박차를 가했다.

딥마인드의 중대 발표 두 달 후인 2022년 9월 워싱턴대학교 연구자들은 알파폴드 프로세스를 역설계했고, 아미노산 사슬을 조작하여 특정 기능을 수행할 것으로 기대되는 새로운 형태로 유도했다고 발표했다. 이 '환각 단백질 구조'hallucinated protein structures는 완전히 합성된 것도 아니고 자연에서 진화된 적도 없는 구조로, 진화한 자연과 인간이 만든 기술의 경계에 있다.[9] 일부 유명 과학자들은 신약 개발 과정에서 알파폴드의 현재 효능에 의문을 제기했다.[10] 그러나 통계를 기반으로 알파폴드의 2023년 실제 적용 사례를 면밀하게 검토한 결과, "이러한 진보는 구조 생물학과 광범위한 생명과학 연구에 혁신적인 영향을 줄 것"이라는 결론이 나왔다.[11] 그리고 이 예측은 현재 모든 분야에서 사실로 증명되고 있다.

2023년 9월 딥마인드는 알파미스센스AlphaMissense를 내놓았다. 이 새로운 알고리즘은 알파폴드의 기술을 적용해 인체 내 단백질 기능에 영향을 미치는 유전적 돌연변이를 분석하고, 그것이 양성인지 병원성인지 분류하는 데 기여했다. 10월에는 단백질 간 상호작용, 단백질과 다른 세포 분자와의 상호작용을 훨씬 정확하게 예측하는 최신 버전의 알파폴드를 출시했다.

이 알파폴드 2 모델은 이후 1억 개의 단백질 구조를 예측하는 데 사용되었다. 다른 단백질과 결합할 수 있는 새로운 형태의 단백질을 생성하는 새 알고리즘, 알파프로테오AlphaProteo를 훈련하는 과정에서도 알파폴드의 결과물이 큰 역할을 했다. 단백질 설계에서 이룩한 크나큰 진보였다. 2024년 5월, 구글 딥마인드는 알파폴드 3을 공개했다. 이번 모델은 이전 것보다 더 안정적으로 단백질 구조를 예측했고, DNA와 RNA를 비롯한 다른 분자들과의 상호작용까지 예측했다. 같은 해 10월, 딥마인드 설립자 데미스 하사비스Demis Hassabis와 동료인 존 점퍼John Jumper는 알파폴드 모델을 개발한 공로로 노벨 화학상을 수상했다.

여전히 과학자들은 다양한 돌연변이와 환경의 압력이 단백질에 미치는 영향과 각 단백질의 복잡성을 더 깊이 이해해야 한다. 그러나 AI와 머신러닝이 만나 진전을 이룬 덕분에, 단백질 접힘의 비밀을 기존 방식으로 밝히는 데 쏟아야 할 인간의 어마어마한 노력을 절약할 수 있었다.

알파폴드가 나오기 이전의 도구를 사용해 단일 단백질이 어떻게 접히는지 알아내는 데 걸리는 시간이 최대 3년이라 가정하면, 과학적으로 알려진 2억 1,400만 개의 단백질 접힘을 예측하는 데 6억 4,200만 년이 걸린다. 단백질 세계에서는 복제가 많이 일어나고 3년은 최대치이므로, 이 엄청난 수치는 다소 과장되었다고 볼 수 있다. 하지만 알파폴드 이전의 기술로 단백질 구조를 측정하는 데 약 6개월이 걸린다 해도, 여전히 1억 700만 년이라는 전문 인력의 연구 시간을 새롭고 더 수준 높은 과제를 해결하는 데 활용할 수 있다. 이제는 이 중요한 장애물이 극복되었기 때문이다. 내 말이 너무 과하다고 느낀다면 6억 4,200만 년이라는 계산법이 100배 과장되었다고 생각해도 된다. 그렇다 해도 세계 최고의 천재들이 자신의 업무를 재할당하고 최적의 상태로 수행하는 데 여전히 642만 년이라는 시간을 절약한 셈이다.

다시 말해 처음 말한 그 시간을 100배 줄이더라도 650만 년에 육박하는 인류의 시간이 혁신의 장으로 재투입되었다는 뜻이다. 그뿐 아니라 650만 년의 시간을 이용해 인간은 새로운 도구를 만들어 혁신의 속도를 더 높일 수 있었다. 이 과정에서 이 도구들이 없었다면 얻기 힘들었을 많은 시간을 추가로 확보할 수 있었다.

이런 수치는 다소 충격적으로 들릴 수 있지만, 과거에 일어난 혁명을 생각해 본다면 납득할 수 있을 것이다. 농기구인 콤바인으로는 하루 평균 200에이커(약 4,050제곱미터) 면적의 곡물을 수확할 수 있다. 농부가 맨손으로 농사를 지으면 하루 수확량은 3분의 1에이커에도 못 미친다. 19세기 초에 그레인 크레이들grain cradle이라는 농기구가 개발되었고 이후 농부들은 운이 좋은 날이면 하루 2에이커의 면적에서 곡식을 수확하기도 했다. 따라서 일반적인 콤바인은 인간이 직접 손으로 수확하는 것보다 650배, 그레인 크레이들보다 100배 더 효율적이다.

농업 생산성을 측정할 때는 밀 수확에 얼마나 많은 노력이 들어갔는지만을 기준으로 삼지 않는다. 농업의 효율성 증대가 잉여 생산량에 얼마나 기여했는지, 우리 사회를 변화시키는 방식으로 인간의 노동력을 어떻게 해방시켰는지도 고려한다. 농업에서 효율성이 증가하지 않았다면 후에 X선으로 단백질을 분석하고 알파폴드에 알고리즘을 구축한 과학자 대부분이 지금쯤 농사일에 매달려 있을 것이다.

단일 단백질을 특성화하거나 이와 비슷한 연구에 일생을 바친 과학자들도 지금 상황이라면 특성화된 단백질로 무엇을 할 수 있을지 고민하는 데 자신의 모든 경력을 쏟아부을 것이다. 전 세계 어디서든, 경제적으로 가장 어려운 저개발 국가의 연구자들도 이제 잘 알려진 단백질의 예측된 구조를 출발점으로 활용할 수 있게 되었다. 딥마인드 설립자이자 최고경영자 데미스 하사비스는 당시 다음과 같이 말했다. "우리는 이렇게 확장된 데이터베이스가 수많은 과학자와 그들의 중요한 연구에 도움이 되어 과학적 발견의 새로운 장이 열리기를 바랍니다."

생물학을 이해하는 능력이 엄청나게 발전했다는 사실은 큰 의미를 지닌다. 그러나 이보다 더 중요한 부분은, 이제 모든 생물학 및 모든 생명체와 관련된 복잡한 수준의 문제를 해결할 수 있는 도구를 갖추었다는 점이다. 2024년 1월 구글 딥마인드는 알파지오메트리 AlphaGeometry라는 최신 알고리즘을 소개했다. 알파지오메트리는 바둑과 단백질 접힘을 학습한 딥마인드 초기 모델의 대형언어 및 추론 모델을 업그레이드한 버전이다. 이 알고리즘은 스스로 산출한 정답과 오답 예시를 학습한 후, 고등학생을 대상으로 한 최고의 수학 경시대회인 국제 수학 올림피아드에 참가해 기하학 문제를 풀었다. 알파지오메트리는 금메달을 받은 최우수 학생들의 평균 수준과 비슷했다.

이듬해 2025년, 업데이트된 알파지오메트리는 주어진 기하학 문제를 해결하는 능력에서 평균의 인간 금메달리스트를 뛰어넘었다. 2024년에서 2025년에 사이에 열린 올림피아드 대회 1년 동안 인간의 실력은 비슷한 수준에 머물렀던 반면 AI는 진화한 것이다.

앞서 구글 딥마인드 설립자 데미스 하사비스와 동료 존 점퍼가 알파폴드를 개발한 공로로 2024년에 노벨 화학상을 받았다고 언급했다. 이 일은 생물학을 더 깊고 넓고 정교하게 이해하는 과정에서 알파폴드를 비롯한 유사한 프로그램들이 핵심 역할을 한다는 점을 노벨 위원회가 공식적으로 인정했음을 잘 보여 준다. 하사비스와 점퍼는 화학 전공자가 아니고, 2024년 노벨 물리학상 수상자 중 두 명인 제프리 힌턴Geoffrey Hinton과 존 홉필드John Hopfield도 물리학자가 아니다. 이런 점을 고려하면 노벨 위원회는 이를 통해 컴퓨터 과학자들이 만든 도구가 미래에 모든 분야의 중심이 될 거라는 폭넓은 메시지를 함께 전달한 셈이다. 다음번 노벨 물리학상과 화학상은 분명 물리학 전공자와 화학 전공자들에게 다시 돌아갈 것이다. 그러나 AI와 초융합 기술 혁명의 도구를 제대로 활용하지 않는 물리학자나 화학자가 이 상을 받게 될 미래는 상상하기 어렵다.

이제 이런 질문이 떠오른다. 첨단 AI를 이용해 단백질 접힘 예측과 방정식의 기하학적 의미처럼 복잡한 문제를 빠르게 풀 수 있다고 하자. 이런 새로운 도구와 역량이 훨씬 더 강력한 도구와 역량을 만들어 내고 그 결과를 전 세계에 곧바로 공유할 수 있을 정도로 발전한다고 하자. 그러면 이 정도 수준의 문제 해결 능력은 인류의 전반적 발전에 어떤 영향을 줄 수 있을까? 모든 분야에 걸쳐 다양한 유형의 문제를 얼마나 많이 해결할 수 있으며, 그 후에는 모든 문제와 모든 인류의 출발점이 재설정될 수 있을까? 세상이 작동하는 현재의 방식에는 어떤 영향을 미칠까? 모든 사람이 갑자기 그리고 동시에 이런 신적 존재 같은 도구를 이용해 그 어느 때보다 심오한 과제를 풀 수 있게 된 지금, 미래의 궤도는 어떤 식으로 바뀔까?

AI와 인간, 서로를 가르치며 진화하다

2020년에 출시된 AI 프로그램 GPT-3는 미래에 어떤 일이 가능할지 살짝 엿볼 수 있게 해주었다. GPT-3는 비영리 단체에서 영리 기업으로 전환을 모색 중인 오픈AI가 개발한 프로그램으로, 애플과 구글이 사용하는 것과 동일한 '대형언어모델'Large Language Model, LLM 알고리즘을 활용했다. 이 알고리즘은 문자메시지나 이메일에서 다음에 쓸 단어를 입력할 때 앞에 나온 내용에 가장 논리적으로 이어지는 글자, 기호, 단어를 예측해서 제시한다.

GPT-3의 프로세스는 2010년대 초의 딥러닝 AI 시스템과 구글 브레인 연구팀이 2017년에 발표한 논문을 기반으로 한다. 연구팀은 이 중요한 논문에서 '트랜스포머'Transformer라는 새로운 AI 모델 구조를 제안했다. 트랜스포머 기반 대형언어모델은 데이터를 분해해서 작은 하위 단위 즉 토큰token으로 쪼갠다. 그런 다음 학습을 위해 입력된 데이터 세트의 통계적 확률에 비추어, 어떤 토큰이 다른 토큰을 따를 가능성이 가장 높은지 평가한다.[12] 알파고가 디지털화한 모든 바둑 대국을 학습했듯이, 이 유형의 시스템도 인터넷처럼 보다 개방적인 시스템으로 학습할 수 있는 능력이 있다.

인간의 가치에 맞게 조절된 생성형 AI 시스템을 만들 때 현재 가장 주목받는 러닝 프로세스는 '인간 피드백 기반 강화학습'Reinforcement Learning from Human Feedback, RLHF이다. 이 프로세스를 통해 인간은 AI가 도출한 결과를 평가하고 순위를 매기면서 성능을 개선하는 식으로 AI를 훈련시킨다. 이 방식은 부모가 자녀를 지도하고 행동을 바로잡아주는 것과 비슷하다. AI는 인간의 피드백을 받아 어떤 결과가 더 바람직한지 아닌지 학습하고, 이 학습 내용을 새로운 상황에 적용한다.

또한 '헌법적 AI'Constitutional AI 프로세스도 새롭게 주목받고 있다. 이 AI는 인간의 피드백뿐 아니라 미리 정해진 원칙이나 규칙에 따라 작동한다. AI는 '헌법적' 원칙에 기초하여 자체적으로 결과를 평가하고 수정하면서 인간 감독의 필요성을 줄인다. 인간의 사고 과정을 모방하도록 설계된 더 최근의 AI 모델은 바로 답을 찾기보다는, 생각의 사슬 프롬프팅chain-of-thought prompting을 활용하여 여러 단계를 거치며 문제를 해결하는 방식으로 움직인다. 이러한 '비감독' 및 '자기감독' 과정에서 인간의 감독 역할이 줄어들수록 AI 시스템은 더 빠르게 성장할 수 있다. 어떤 접근법을 선택하든 AI 시스템은 어린아이가 성장하듯 계속해서 성장한다.

이제는 모두가 알겠지만, 2022년 11월에 오픈AI가 출시한 챗GPT-3는 세상을 깜짝 놀라게 했다. '후속 질문에 답하고 자신의 실수를 인정하며, 잘못된 전제에는 이의를 제기하고 부적절한 요청은 거부하도록' 설계된 이 기술은 많은 사용자에게 기존의 기술과는 다른 특별한 느낌을 주었다. 구글 검색은 인터넷에서 가장 관련성 높은 링크를 찾아주고 후속 질문을 제안하는 데 그쳤다. 이와 달리 챗GPT는 긴 대화와 역할극을 멋지게 해내고, 창의적으로 보이는 시를 지었으며, 많은 이들이 사려 깊고 지적이라 느낄 만한 답변을 했다.

챗GPT-3는 수학 문제에 답하거나 컴퓨터 코딩을 하는 등 특별 훈련을 받지 않았다. 하지만 다음에 무엇이 올지 결정하는 간단한 전략을 바탕으로 수학 문제 풀이와 코딩을 하고, 마인크래프트 게임을 하거나, 유용한 작업을 더 많이 수행할 수 있는 능력을 스스로 개발했다. 챗GPT-3의 성능에 많은 사람이 깜짝 놀랐다. 그런 만큼 뒤이어 나온 챗GPT-4의 이미지 생성, 코딩, 수학 문제 풀이, 인간과의 상호작용 등 다양한 분야에서 보여 준 능력은 더 큰 감명을 주었다.[13] 2024년 5월에 출시된 GPT-4o는 추론 능력과 텍스트, 영상, 오디오를 처리하고 생성하는 등 뛰어난 능력을 선보였다. GPT-4o는 미스터 포테이토 헤드(감자 모양의 몸체에 눈, 코, 입과 수염, 안경, 모자, 귀 등을 다양하게 바꿀 수 있는 장난감 – 옮긴이)처럼, 눈, 귀, 입은 물론 코에 해당하는 디지털 능력을 갖추었다. 이미지와 영상을 처리하고, 훨씬 넓은 세상과 의미 있고 반자율적으로 소통하는 능력을 꾸준히 향상시켰다. 과거라면 상상조차 하기 힘든 이런 발전은 점차 일상화되었고 이를 당연시하는 사람도 많아졌다.

컴퓨터 과학자, AI 연구자, 노엄 촘스키Noam Chomsky 같은 언어학자들은 이런 대형언어모델이 인간이 생각하는 것과 같은 방식으로 사고하는thinking 것은 아니라고 강력하게 주장했다.[14] 그러나 이런 평가는 AI가 코드 수준에서 실제 작동하는 방식을 기준으로 분석한 것으로, 일반인들이 이 프로그램과 그 후속 버전 및 유사 프로그램을 써 보고 경험한 현실과는 달랐다. 우리의 생물학적 프로그래밍이 AI가 진짜 사고하는 것처럼 인식하게 만든 것이다.

1960년대 중반 MIT 컴퓨터 과학자 조지프 와이젠바움Joseph Weizen-baum은 초기 컴퓨터 기술을 사용해서 매우 간단한 챗봇 엘리자ELIZA를 만들었다. 엘리자는 인간이 프롬프트(지시)를 입력하면 대답과 함께 간단한 개방형 질문을 생성했다. 그러나 이 프로그램을 접한 일반인들이 격앙되고 감정적인 반응을 보이는 바람에 와이젠바움은 두려움을 느끼고 이 프로젝트를 중단했다. 인간이 가장 기본적인 AI와 친밀하게 상호작용할 준비가 되어 있거나 상호작용한다고 믿는다면, AI 시스템이 튜링 테스트Turing test를 쉽게 통과하기 직전의 현 상황이 앞으로 어떻게 전개될지 쉽게 상상할 수 있다. 튜링 테스트는 앨런 튜링이 제시한 AI 발전 척도로, 인간이 AI 시스템과 상호작용을 하면서도 인간이 아닌 존재와 대화한다는 사실을 인지하지 못하는지를 평가한다.

AI 챗봇이 단순히 인간의 상호작용을 흉내 내는 것인지 아니면 그 이상인지는 논쟁의 여지가 있다. 하지만 적어도 AI 시스템의 복잡성 수준이 전반적으로 올라가면서 방대한 데이터를 처리하고, 패턴을 해독하고, 결론을 도출하고, 소통하는 능력이 월등히 향상되고 있다는 점은 분명하다. 일부에서는 AI 시스템이 우리의 디지털화된 세상에 풀리는 것을 우려하지만, 챗GPT는 전 세계적으로 빠르 채택되어 엄청난 인기를 얻으면서 역사상 가장 빠른 속도로 성장한 앱이 되었다. 나아가 다른 기업들도 자체 AI 기반 챗봇을 출시하여 홍보하고 있다. 구글의 제미나이, 퍼플렉시티, 딥시크, 앤트로픽의 클로드 등이 대표적이다.

이 새로운 대형언어모델 알고리즘들은 코드를 생성하는 속도가 빨라졌고, 새로운 AI 알고리즘 개발도 가속화할 것으로 기대되었다. 2022년 11월 딥마인드는 문제를 해결하기 위해 컴퓨터 코드를 생성할 때 자연어로 표시되는 알파코드AlphaCode를 개발해 코딩 대회에 참가했다. 알고리즘 시스템이 인간 코딩 전문가들과 경합을 펼친 것이다. 참가자들은 일련의 문제를 풀어야 했는데, 먼저 "복잡한 자연어 설명을 이해해야 했다. 코드 조각을 외우는 단순한 작업 대신 이전에는 본 적 없는 문제를 추론하고, 광범위한 알고리즘과 데이터 구조를 숙달해야 했으며, 수백 줄에 달하는 긴 문서를 정확히 구현해야" 했다.

현재까지는 인간 뇌의 계산 능력이 가장 진보한 것으로 알려져 있다. 따라서 새로운 알고리즘이 인간 코딩 전문가와 비교해서 어느 정도의 수행 능력을 보여 줄 것인가가 관건이었다. 주어진 과제를 이행하는 부분에서 알파코드는 대회 참가자의 절반 이상보다 높은 기량을 입증했다. 물론 인간 바둑 기사들이 알파고의 대국 방식을 분석한 후 보였던 행동처럼 분명 인간은 앞으로 더 발전할 것이다. 그러나 이런 종류의 알고리즘이 인간보다 훨씬 더 빠르게 발전하리란 것도 확실해 보인다.

알파폴드 개발은, 단백질 모양 예측에 쏟아부은 인간의 에너지를 단백질로 무엇을 할 수 있는지 연구하는 분야로 재할당했다. 이처럼 알파코드 연구자들은 《사이언스》에 실린 논문에서 그들의 연구 목적을 이렇게 설명했다. "코드를 생성하고 실행하는 작업을 머신러닝이 주로 담당하도록 설정하고, 인간의 노동은 문제를 설정하거나 정의하는 분야로 바뀌는 식의 문화를 형성하는 것이다."[15] 이들의 비전은 현재 구글, 마이크로소프트, 오픈AI와 같은 기존 기업뿐 아니라, 젠코더, 풀사이드, 테슬, 코사인처럼 가치가 높은 스타트업이 개발하는 새로운 AI 코딩 시스템으로 실현되는 중이다. 이들이 개발하는 프로그램은 주어진 목표를 달성하기 위해 전체 초안을 바로 생성하고, 자체적으로 작업을 테스트하며, 프로그래밍 중에 나타난 버그를 찾아 수정한다. 2024년 10월, 구글의 CEO 순다르 피차이Sundar Pichai는 회사 프로그램에 사용되는 새 코드의 4분의 1을 AI 시스템으로 생성하고 이후 인간의 검토를 거친다고 밝혔다. 2025년 5월, 구글 딥마인드는 알파이볼브AlphaEvolve 출시를 알리면서 '대형언어모델 기반의 진화적 코딩 에이전트'라고 설명했다. 이 시스템은 구글 제미나이의 코딩 능력과 AI 모델의 훈련 속도를 높이는 새 접근 방식을 통합하여, 기존 알고리즘과 코딩을 발전시키고 개선한다. 아직은 초기 단계지만, 알파이볼브는 이름처럼 스스로 진화하도록 설계되어 있다. 코드가 모든 생물학적·문화적 삶의 근간을 이루는 것처럼 이 책에서 언급한 모든 종과 기술에도 이러한 원리가 적용된다.

알파폴드는 인류가 혁신을 이뤄 내는 시간을 수백만 년 앞당겼다. 마찬가지로 컴퓨터 코드를 생성하고 인간 전문가에게 실시간 코드를 제안하는 AI 모델의 능력은 컴퓨터 프로그래밍의 속도도 더 높일 것이다. 처음에는 인간이 뒤에서 어느 정도 지원하겠지만 결국에는 수준 높은 AI 시스템이 자율성을 갖춰 스스로 해나갈 것이다. (수많은 비논리성을 지닌) 인간의 언어는 컴퓨터 프로그래밍 언어보다 훨씬 복잡하다. 하지만 AI가 사람 간 의사소통의 논리를 이해하고 자연어를 생성하는 부분에서 크게 진전한 것을 보면, 프로그래밍 논리를 이해하고 컴퓨터 코드를 생성하는 부분에서는 더 크게 발전할 것이다. 물론 AI는 아직 완벽함과 거리가 멀고 인간에 준하는 상식을 갖추기에는 시간이 더 필요하다. 그럼에도 꾸준히 힘을 키우고 있고 독립성도 향상되고 있다.

다양한 기술의 진화로 인간은 더욱 강해질 것이다. 새로운 AI 알고리즘은 자연어 지시에 따라 프로그램을 생성해 더 많은 사람이 쉽게 접근할 수 있게 한다. 지구상 모든 사람이 컴퓨터, 핸드폰 등 연결기기에 접근할 수 있다면 이들은 미래의 프로그래머가 될 잠재력을 갖는다. 즉 추상적 아이디어를 코드로 변환하는 데 능숙한 70억 명이 생긴다는 뜻으로, 현재 3,000만 프로그래머보다 233배 더 많다. AI 시스템이 스스로 코드를 짜면서 발전해 나간다면 성능이 더욱 향상되어 인간의 조수로서 광범위한 활동을 함께해나갈 수 있을 것이다. 더 많은 사람이 코딩을 하고 전문가들은 전보다 훨씬 더 능숙해질 것이다. 인간은 늘어난 자유 시간을 창의적인 곳에 배분할 수 있게 된다.

이런 진보는 생물학을 포함한 모든 분야에 큰 영향을 줄 수 있다.

기계가 생명을 해독할 때
인간 지능의 경계가 무너진다

아직 우리는 생물학의 비밀을 풀어 나가는 초기 단계에 있을 뿐이지만 생물학 역시 하나의 언어다. 지난 한 세기 반 동안 우리는 이 언어를 조금씩 배우기 시작했다. 광대한 생물학적 시스템의 복잡성에 비하면 그렇게 많은 양은 아니지만, DNA, RNA, 아미노산 사슬 등 복잡한 시스템 생물학(생물 시스템을 분자 수준이 아닌 시스템 수준에서 연구하는 생물학 분야 - 옮긴이)을 이해하고 추적하는 데 사용한 도구들은 인간 발전에 매우 중요한 역할을 했다. 그러나 고도화된 AI의 관점에서는, 인간이 지금까지 진행한 모든 생물학 관련 작업이 하나의 훈련 세트, 즉 로제타스톤 정도로밖에 보이지 않을 것이다.

고대 이집트 문명이 멸망한 후 수천 년 동안 사람들은 이집트 상형문자가 적힌 수많은 유물을 발굴했지만, 그 문자는 2세기 전까지만 해도 읽을 수 없었다. 1822년 프랑스의 뛰어난 언어학자 장프랑수아 샹폴리옹Jean-Frangois Champollion은 고대 그리스어와 콥트어 지식을 바탕으로, 기원전 196년에 세 가지 언어(고대 이집트 상형문자, 이집트 민중문자, 고대 그리스어)로 로제타스톤에 새겨진 칙령의 암호를 풀었다. 마침내 고대 상형문자를 읽어 낸 것이다. 그러나 더 중요한 부분은 이 언어를 이해함으로써 고대 이집트 문명을 완전히 새로운 방향으로 더 깊이 이해할 수 있는 문이 열렸다는 것이다.

《로제타스톤과 고대 이집트의 재탄생》The Rosetta Stone and the Rebirth of Ancient Egypt의 저자 존 레이John Ray는 2007년 《스미스소니언 매거진》Smithsonian magazine에서 이렇게 말했다. "로제타스톤을 해석해 내자… 순식간에 역사의 모든 베일이 벗겨졌다. 로제타스톤은 고대 이집트를 알려 주는 열쇠이자, 그 자체로 암호 해독의 핵심적인 열쇠다."[16]

이런 맥락에서 단백질 접힘도 단백질 형태의 예측만이 아니라 생물학을 해석하고 이해하고 궁극적으로 재구성하는 것과 관련이 있다. 2022년 11월 메타Meta 연구팀은 대형언어모델을 이용해 알파폴드와는 조금 다른 방식으로 단백질 구조를 살펴보는 도구를 만들었다. 먼저 알고리즘에 이미 알려진 단백질과 특성이 규명된 아미노산 서열을 입력한다. 위키피디아나 국회 도서관 자료로 핸드폰에서 사용하는 언어 모델을 훈련시키는 것과 비슷한 방식이다. 이런 식으로 나중에 다른 단백질 아미노산 서열을 일부 삭제하더라도 알고리즘은 높은 정확도로 삭제된 부분을 예측해 냈다.

메타의 알고리즘인 ESM폴드는 방대한 데이터세트에서 학습한 확률을 토대로 다음에 무엇이 올지 예측하는 새로운 능력을 갖고 있다. 이 알고리즘은 다양한 유형의 샘플에서 6억 1,700만 개의 단백질 구조를 예측할 수 있고, 여기에는 이전에 과학적으로 한 번도 식별되거나 분리되거나, 특성이 규명된 적 없는 단백질도 수억 개 포함된다. 예측 정확도는 알파폴드에 비해 다소 떨어지지만, 이 대형언어 프로세스는 60배 더 빠르고 효율성도 더 뛰어나다.[17]

2024년 11월, 캘리포니아주 아크 연구소Arc Institute의 한 연구팀은 새로운 대형언어모델인 '에보'Evo를 발표했다. 이 AI는 극도로 복잡하고 방대한 생물학적 데이터를 해석하도록 설계되었다. 수백만 개의 미생물 게놈 서열을 분석하여 여기에서 나타나는 미세한 변화가 세포, 나아가 게놈 전체의 기능에 미치는 영향을 높은 정확도로 예측할 수 있다. 연구팀은 자신들의 포부가 에보라는 이름으로 충분히 드러나지 않을 때를 대비해 논문에 더욱 명확하게 밝혀두었다. "에보와 같은 거대 생물학적 서열 모델의 진화가 DNA 합성과 게놈 공학 기술의 발전과 결합한다면 생명체를 설계하는 인간의 능력은 더욱 가속화할 것이다.”[18]

　연구팀은 자신의 예측을 실현하려는 듯 2025년 2월에 업데이트된 모델 ‘에보 2’를 발표했다.[19] 이 모델은 현재까지 관찰된 모든 진화 과정을 담고 있는 게놈들 중 대표적인 부분들만 들어 있는 데이터에서 약 10조 개의 DNA 염기쌍을 가져와 학습했다. 그 후 수많은 유전적 변이의 기능적 영향을 예측하고, 새로운 게놈을 생성하며, DNA와 RNA, 단백질의 기능을 모델링할 수 있었다. 나아가 유전자 발현을 켜고 끄는 잠재력을 지닌 모스 부호까지 만들어 낼 수 있었다. 챗GPT와 같은 대형언어모델 기반 AI는 단어와 이미지 간의 관계를 예측하는 통계 모델을 통해 텍스트와 이미지를 생성한다. 마찬가지로 에보 2는 학습 데이터 세트에서 수집한 통계적 상관관계를 바탕으로 모든 생명체의 게놈을 설계할 수 있었다. 논문 발표 당일, 연구팀은 자신들의 데이터와 컴퓨터 코드, 사용자를 위한 간단한 웹 인터페이스도 함께 공개했다. 점점 더 방대해지는 데이터 세트와 강력해지는 컴퓨팅 파워에 힘입어 향후 몇 년간 에보와 같은 프로그램들이 빠르게 쏟아져 나올 것이다. 간단히 말해 에보는 진화할 것이다.

　이런 종류의 프로세스가 나아가야 할 다음 단계는 수백, 수천, 또는 수백만 개의 단백질 구조를 훈련하여 자연이 아직 스스로 생각해 내지 못한 일을 하는 것이다. 프로트GPT2ProtGPT2, ESM폴드ESMFold, 프로젠ProGen 등 새로운 AI 모델은 기본적으로 챗GPT와 같은 기술을 쓰지만, 수억 개의 단백질 서열을 학습하여 새로운 종류의 단백질 코드 생성 능력이 점차 향상되고 있다. 2024년 7월에 발표된 새로운 AI 알고리즘 '이볼브프로'EVOLVEpro는 주어진 목표 달성을 위한 새 단백질 생성에서, 이전 모델보다 최대 100배 더 효과적이라고 개발자들은 주장했다.[20]

우리는 이미지 생성 AI에 명령하여 유니콘이 달에서 수상스키를 타는 모습을 그려 달라고 할 수 있다. 마찬가지로 단백질 생성 AI에 인간이 특히 두려워하는 특정 바이러스 또는 제거해야 하는 특정 암세포에만 달라붙는 단백질을 만들어 달라고 명령할 수도 있다. 단백질 구조를 예측하고 생성하는 AI 초기 모델의 이름 중 하나가 로제타폴드RoseTTAFold인 점은 결코 우연이 아닐 것이다. 프로젠을 설명하는 논문에서 저자들은 "이런 노력 덕분에 진화 과정에서 선택된 단백질 서열을 해석하는 능력은 더욱 확장될 것"이라고 썼다. 그리고 이 연구는 "생물학, 의학, 환경 분야에 나타나는 문제를 해결할 때 딥러닝 기반 언어모델을 사용해서 더 정밀하게 단백질을 설계할 수 있는 잠재력을 잘 보여 준다"고 결론을 맺었다.[21] 이 비전은 점차 더 현실화하고 있다.[22] 샹폴리옹이 현재 우리가 이룩한 발전을 직접 보았다면 얼마나 자랑스러워했을까?

워싱턴대학교 단백질 디자인 연구소 소장 데이비드 베이커David Baker는 〈뉴욕타임스〉에 이렇게 밝혔다. "우리는 암이나 바이러스로 인한 팬데믹 같은 오늘날의 문제를 해결해 줄 새로운 단백질이 필요하다. 진화가 일어나기만을 기다릴 수 없다. 이제 우리는 훨씬 더 빠르고 훨씬 더 높은 성공률로 이런 종류의 단백질을 설계하고, 이 문제들을 해결하는 데 유용한 훨씬 더 정교한 분자들을 만들 수 있다." 연구자이자 기업가인 남라타 아난드Namrata Anand도 이렇게 덧붙였다.

"단백질 설계자들은 단백질이 특정한 방식으로 다른 단백질에 달라 붙도록 하거나 다른 설계 제약 조건을 명령할 수 있고 생성 모델은 그 지시를 실행할 수 있다."[23]

딥마인드 설립자 데미스 하사비스는 의사인 에릭 토폴Eric Topol에게 다음과 같이 말했다.

생물학은 근본적으로 정보 프로세스 시스템이라 보면 됩니다. 물리학적 관점에서 보면 생물학이 바로 이런 것입니다. 이를 가장 잘 대변하는 예가 DNA입니다. 모든 생물학을 정보로 볼 수 있다면 수학이 물리학을 완벽하게 설명하는 것처럼 AI는 생물학을 설명하는 완벽한 언어라고 할 수 있습니다. 이들은 일종의 동반자 관계에 있습니다. 생물학은 하나의 정보 시스템입니다. 믿을 수 없을 만큼 복잡하고 새로운 시스템이지요. 간단한 수학 방정식으로 설명하기에는 너무 복잡합니다. 방정식보다 훨씬 더 복잡하지요…. 하지만 AI는 인간이 자신의 지능만으로는 이해하기 어려운 복잡한 신호와 패턴, 구조가 뒤섞인 혼합체를 이해할 잠재력이 있습니다.[24]

이 모든 것이 아무리 흥미진진해 보여도, 지금 아무리 혁신적으로 보이는 기술이라 해도, 결국 앞으로 반드시 등장할 기술에 비하면 초기 상업용 비디오게임인 '퐁'Pong에 불과하다는 것을 기억해야 한다. 1970년대 후반 나는 형제들과 캔자스시티에 있는 우리집 지하실에서 몇 시간이나 퐁 게임에 빠져 있었다. 그러나 1997년 처음 출시되어 이후 꾸준히 업그레이드된 그랜드 테프트 오토에 비하면 아무것도 아니었다. 현미경, 망원경, 아이폰, 컴퓨터, AI 알고리즘이 처음 개발되었을 때 어땠는가? GPT-3,4,5… 100은 어떨까? 알파폴드를 포함한 모든 기술은 미래에 나올 기술과 비교하면 어떤 의미가 있을까? 퐁 게임과 비슷할 것이다.

그렇다고 AI 시스템이 완벽하다거나, 우리의 생물학적 시스템을 더 깊이 이해하기 위한 여정에서 큰 장애물을 만나지 않을 것이라는 말은 아니다. 혁신의 속도는 꾸준히 빨라지고 있다.

지금의 AI 시스템은 믿을 수 없을 만큼 뛰어나지만, 여전히 전통적인 컴퓨팅 플랫폼을 기반으로 운영된다. 존 폰 노이만John von Neumann 과 튜링을 포함한 여러 사람이 고안한 이 플랫폼은 수십 년간 컴퓨터에서 사용된 전통적인 시스템을 말하는데, 간단히 말해 데이터를 0과 1로 바꾸는 시스템이다. 이 플랫폼을 기반으로 한 머신러닝과 여러 알고리즘은 인간 역사상 매우 훌륭한 창조물들로 꼽힌다. 하지만 이런 놀라운 시스템으로도 충분하지 않았다.

상상력이 풍부한 노벨 물리학상 수상자 리처드 파인만Richard Feynman 은 1980년에 이런 유명한 말을 남겼다. "자연을 시뮬레이션하려면 양자역학적으로 자연에 접근하는 것이 좋다." 자연은 0과 1이라는 비교적 단순한 이진법으로 구성되지 않는다. 그래서 자연을 가장 깊은 수준에서 이해한다는 것은 복잡한 물리학을 더 잘 수용할 수 있는 언어로 말해야 한다는 의미다.

아직 시작 단계일 뿐이지만 이제 우리는 양자 컴퓨터 시대로 접어들고 있다. 기존의 컴퓨터가 데이터를 0과 1로 저장한다면, 양자 컴퓨터는 0과 1의 '중첩' 상태로 동시에 존재할 수 있는 큐비트(양자 비트)를 사용한다. 기존 비트는 선의 양 끝과 같이 0 또는 1이라는 두 개의 극 중 하나에 존재하는 반면, 큐비트는 구 표면 위 어디든 존재한다고 생각하면 된다. 물론 측정하는 시점에 큐비트는 순간적으로 0 또는 1의 값으로 포착될 수 있지만, 그전까지는 훨씬 더 방대한 범위의 상태로 존재한다. 이런 기능 덕분에 기하급수적으로 늘어난 코드화된 명령을 수행할 수 있다.

이런 방식으로 데이터를 저장하고 처리한다고 생각하면, 왜 양자 컴퓨터가 기존 컴퓨터보다 기하급수적으로 빠르고 강력하며 효율적인 잠재력이 있는지 확실히 알 수 있다. 양자 컴퓨터는 아직 갈 길이 멀지만, 초기 형태는 이미 나왔고 점점 더 개선되고 있다. 2023년 21개국에서는 국가 차원의 양자 컴퓨터 개발 전략을 세웠다. 중국은 2030년까지 양자 컴퓨터를 신속하게 발전시키고 통합 개발하겠다는 목표를 5개년 계획(2021~2025)에 포함했다. 미국이 내놓은 국가 양자 이니셔티브 계획의 핵심은 "미국이 양자 정보 과학과 기술 적용 분야에서 꾸준히 리더십을 유지한다"는 것이다.[25] 미국 정부가 양자컴퓨터에 쏟아부은 국가 차원의 투자금은 수백억 달러에 이르며, 구글, IBM, 마이크로소프트, 바이두 같은 벤처 캐피털과 대기업 역시 양자 컴퓨터에 수백억 이상을 투자하고 있다.

파인만이 예상한 대로 복잡한 생물학을 연구할 때 이 기술을 포함한 여러 기술을 사용하는 빈도는 꾸준히 증가하고 있다. 가능성은 사실상 무한해 보인다. 생물학은 여러 시스템들의 집합체이기 때문에 양자 컴퓨터의 분석 능력이 이런 복잡성을 이해하는 데 도움이 될 것이다.[26] 이를 이용해 복잡한 데이터 세트를 분석하고, 단백질 구조를 예측하고, 새로운 생물학적 제품을 만들고, 현재 우리가 상상조차 할 수 없는 많은 일을 해내는 역량을 훨씬 강화할 수 있다.[27]

이런 역량은 지금 우리가 수행하는 많은 업무와 거기에 딸린 하위 업무가, 점점 더 강력해지는 AI 시스템에 의해 대대적으로 변형되거나 수렴될 미래로 우리를 이끈다. 과거 세대가 눈물을 머금고 자신의 농장을 떠나고 키우던 말을 버려야 했던 때처럼 이런 미래를 달가워하는 사람은 그리 많지 않다. 그러나 이런 미래에는 분명 큰 이점이 있다. 알파폴드는 인간 혁신의 시간을 수백만 년 앞당겼다. 이처럼 AI 시스템이 컴퓨터 코드를 생성하고 과학적 가설을 세우며 우리의 분석보다 훨씬 더 복잡한 패턴을 분석해 준다면 우리는 혁신의 속도를 더 높이고 매우 복잡한 문제를 해결할 수 있을 것이다. 매일 또는 매 순간 모든 사람이 구리나 청동 제련법을 발견하는 것과 마찬가지다.

최근 몇 년간 이룩한 놀라운 진보에 발맞추어 AI 시스템이 인간의 평균 지식수준에 도달할 시점을 다양하게 예측하며 소기업들이 성장하기 시작했다. 미래학자 레이 커즈와일은 2029년이면 이런 일이 가능할 것이라 예상했다. 2017년 설문 조사에 참여한 세계 최고의 AI 전문가 대부분은 AI 시스템이 2062년까지 모든 업무에서 인간을 능가할 가능성이 50퍼센트 정도 될 것으로 점쳤다.[28] 2024년 1월 발표한 설문조사에서 AI 최고 전문가 약 2,800명을 대상으로 한 종합평가 결과, 고급 AI 시스템이 2047년까지 현재 인간이 맡은 복잡한 업무(베스트셀러 소설 집필, 설명서를 보고 레고를 조립하는 일 등) 39가지에서 인간을 넘어설 확률이 50퍼센트라고 답했다.

분명 AI는 지금 우리가 하는 일 중에서 점점 더 많은 부분을 대체할 것이며, 사실 벌써 그런 일이 일어나는 중이다. AI 시스템은 도구의 도움을 받지 않는 인간의 뇌가 진화하는 속도보다 훨씬 빠르게 향상될 것이다. 시간이 지나면 알고리즘은 우리가 던진 질문에 답하는 것에 그치지 않고 새로운 질문을 생성하며, 질문에 어떻게 답할지 새로운 가설을 세우는 것은 물론 이런 결론에 따라 행동할 것이다.

어떤 사람들은 AI가 인간과 비슷하거나 더 나은 수준으로 발전해서 광범위한 작업을 할 수 있는 가상의 순간을 범용 AI_{Artificial General Intelligence, AGI}라고 부른다. 사실 나는 이 용어를 보면 늘 혼란스러웠다. 한 번에 복합적인 일을 하는 AI가 AGI라면, 우리 인간은 이미 이 단계에 있는 게 아닌가. IBM의 딥블루는 체스만 둘 수 있지만, 딥마인드의 알파제로는 다양한 게임을 배울 수 있고 각 게임에 대한 자신만의 전략도 있다. 알파폴드는 단백질 접힘을 예측할 수 있었지만, 이후 구글의 소비자 대상 다목적 AI인 딥마인드 제미나이에 통합되었다. 이렇듯 다양한 GPT 알고리즘은 훨씬 더 많은 일을 할 수 있다.

구글 딥마인드 연구팀은 기계 시스템이 범용이면서도 성능이 뛰어나고, 수많은 업무를 마무리 짓고, 성공과 실수에서 교훈을 얻고, 필요할 때는 인간에게 도움을 청할 수 있을 때 AGI가 완성될 것이라 답했다. 다른 전문가들은 AI 시스템이 광범위하고 지속적으로 자기 개선을 하는 과정에서 스스로 코드를 생성하는 법을 배운 후에야 AGI가 어느 정도 달성될 것이라고 주장한다.

마이크로소프트 연구팀은 2023년 GPT-3과 GPT-4 간의 엄청난 역량 차이를 분석한 논문에서 이렇게 주장했다.

GPT-4는 특정 지시 없이도 수학, 코딩, 비전, 의학, 법, 심리학 등의 새롭고 어려운 과제를 풀 수 있다. 게다가 이 모든 과제에서 GPT-4의 수행 능력은 놀랄 정도로 인간과 비슷하고 종종 챗GPT 같은 앞선 모델을 크게 앞선다. GPT-4가 지닌 역량의 폭과 깊이를 생각하면, 이 모델은 (여전히 불완전하지만) AGI 시스템의 초기 버전이라 할 수 있다.[29]

정말 놀라운 발전이 아닐 수 없다. 그러나 AGI를 인간이 하는 모든 일을 할 수 있는 존재로 정의한다면 이것이 정말 AGI일까? 사실 우리가 정말 이런 것을 원하는지도 잘 모르겠다. AI 시스템은 많은 일을 할 수 없고 앞으로도 단연코 그럴 것이다. 우리의 AI 알고리즘은 좋든 나쁘든 절대 인간이 될 수 없기 때문이다. 인간의 지능은 그 자체로 특별하다.

인간의 지능은 단세포 유기체에서 시작해 38억 년의 여정을 거쳐 진화한 능력을 기반으로 하는 인간 고유의 것이다. 우리의 뇌와 신체는 앞선 모델에 지속적으로 적응해 왔다. 따라서 골격계는 도마뱀과 닮았고, 뇌는 다른 대부분의 포유류와 비슷하지만 대뇌피질이 조금 더 크다는 차이가 있다. 인간의 지능은 독립적으로 진화한 것이 아니라, 진화한 신체와 불가분의 관계를 맺으며 진화해 왔다. 여기에는 감각 분석 능력과 우리의 동물적 본능, 직감, 충동, 인지가 모두 포함된다. 그러므로 신체와 분리된 기계의 지능이 아무리 가치가 있더라도 인간이 진화하면서 가지게 된 지능과는 차이가 있다.[30]

AI 시스템은 인간과 정확히 같은 방식으로 똑똑해지지는 않겠지만 그건 별로 중요하지 않다. 우리처럼 기발하고 가끔 비이성적인 행동을 하는 AI 시스템은 사실 위협이 될 수 있다. 노엄 촘스키는 GPT-4를 비롯한 유사 시스템이 "인간의 추론 방식과 확연히 다르다"며 비판했다. 돌고래와 개도 우리와 다르지만 우리는 이들과 공존하며 살아간다. 우리는 이 동물들을 '멍청한 인간'이라고 부르지 않는다. 그들 역시 고유한 존재다. 그들의 지능은 그들만의 것이지, 인간의 지능을 어설프게 흉내 낸 것이 아니다.

그래서 우리의 가장 강력한 알고리즘을 '인공지능'이라고 칭하는 것이 내가 보기엔 자동차를 '말 없이 달리는 마차'라 부르는 것과 같다. 우리는 한때 말이 끄는 마차를 타고 다녔지만 어느 순간 이런 역사는 사라졌다. 그런데도 굳이 AI라는 두문자를 쓰고 싶다면 '인공지능'artificial intelligence에서 따온 AI가 아닌 '대체 지능'alternative intelligence의 AI로 쓰는 게 더 맞지 않을까? 사실 내 생각에는 '기계 지능'machine intelligence이 궁극적으로는 개발 중인 시스템에 더 어울리는 용어이고, 미래에 나올 시스템에는 '기계 슈퍼 지능'machine superintelligence이 더 적합하리라 생각한다. 우리가 어떤 이름을 붙이든 이 시스템은 다양한 분야에서 빠르게 발전할 것이다.

AI 혁명의 미래는 불확실하지만, 캄브리아기 대폭발 수준의 혁명에 접근하고 있다는 점에는 의심의 여지가 거의 없다. 즉 데이터를 입력하면 복잡한 시스템을 더 깊이 이해하는 출력으로 변환하고, 이를 더 정밀하게 다룰 수 있는 능력이 점점 향상되는 것이다. 이런 시스템은 완벽하지 않을 것이고, 많은 오류와 결점은 물론 확연히 눈에 띄는 문제도 계속 잔존할 것이다. 그러나 AI는 가까운 미래에 인간의 지능을 보완하고 도전하고 확장할 것이다.

더 정확히 말하면 이 기술을 포함한 여러 기술은 생물학을 설계하려는 우리의 노력에 엄청난 힘이 될 수 있고, 또 앞으로도 그러할 것이다.

인간이 생명을 설계하는 시대: 크리스퍼와 합성생물학

1928년 미국 유전학자(이자 미래의 노벨상 수상자) 허먼 멀러Hermann Muller는 X선 방사선에 노출된 식물과 동물의 게놈이 겉보기에 무작위로 변이를 일으킬 수 있지만, 일단 변이가 나타나면 이런 변화가 미래 세대에 전달될 수 있다고 설명했다. 방사선으로 유전적 변이를 일으키는 이 과정은 전통적인 선택적 번식의 속도에 비하면 혁명에 가깝지만, 그 뒤를 이을 방법과 비교하면 너무도 느리고 힘들었다.

오늘날 우리가 소비하는 과일과 채소 대부분은 지난 수천 년에 걸쳐 어느 시점에 개량되었다. 그러나 다양한 품종의 바나나, 보리, 카사바, 면화, 자몽, 땅콩, 배, 콩, 페퍼민트, 쌀, 깨, 수수, 해바라기, 밀 등은 '방사선 변이 개량'의 결과물이다. 이 과정은 씨앗을 방사선에 노출시켜 유전자를 무작위로 변형한 후, 이를 모니터링하여 수확량, 맛, 크기, 회복력, 병충해 저항성 등의 여러 특성이 개선되는지 확인한다. 방사선에 노출된 씨앗이나 단순한 생물에서 원하는 특성을 찾으려면 수천 번에서 많게는 수백만 번에 이르는 실험을 거쳐야 했다.

1960년대 초 프랑스 과학자 프랑수아 자코브François Jacob와 자크 모노Jacques Monod는 획기적인 연구를 통해 대장균의 유전자가 본질적으로 유전자의 스위치를 켜고 끄는 생물학적 시스템의 조절을 받는다는 사실을 알아냈다. 그렇다면 다음에 올 당연한 질문은, 이들이 노벨상을 받은 1961년 논문의 끝부분에서 제기한 것처럼 '과연 인간이 그 스위치를 직접 조작할 수 있느냐 없느냐'였다.

이들의 노력은 1973년 스탠퍼드대학교 대학원생 스탠리 코헨Stanley Cohen과 그의 지도교수 허버트 보이어Herbert Boyer의 연구로 한 단계 크게 도약했다. 이들은 자연적으로 항생제 내성을 지닌 한 박테리아의 유전자를 이런 유전자가 없는 다른 박테리아에 주입했다. 두 번째 박테리아에서 나타난 변화는 절대적인 크기로 보면 미미할지 모르지만, 28년 전 쪼개진 작디작은 원자처럼 지구를 뒤흔들어놓을 정도로 중요했다. 이 프로세스는 처음에 '재조합 DNA'recombinant DNA라 불렸고, 곧이어 유전자 변형이라는 좀 더 현대적인 이름으로 바뀌었다. 이런 방식으로 변형된 유기체를 유전자변형생물GMO이라 부른다.

물론 지구에 처음 생물이 생겨날 때부터 유기체는 스스로 그리고 서로를 유전적으로 변형시켜 왔다. 예를 들어 박테리아는 정기적으로 접합conjugation이나 유사유성생식parasex을 통해 유전물질을 교환한다. 이 과정에서 세포끼리 결합하여 다리를 만들고 한 세포에서 다른 세포로 유전물질을 주고받는다. 또한 형질전환transformation이라는 방법도 있는데, 이 경우 박테리아는 주변에 떠다니는 DNA 조각을 받아들여 같은 결과를 얻는다. 바이러스를 매개로 유전물질이 한 박테리아에서 다른 박테리아로 이동하는 형질도입transduction도 마찬가지다. 박테리아의 DNA는 거의 모든 생명체의 게놈에 있기 때문에 이런 과정은 모든 생명체에 영향을 준다.

GMO는 인간의 개입으로 유전암호가 바뀌면서 자연에서라면 나올 수 없는 형질을 갖게 된 살아 있는 유기체다. 이렇게 보면 인간이 GMO를 만드는 것은 박테리아가 수십억 년 동안 해온 일을 우리의 목적에 맞게 재현하는 것이다.

접합, 방사선, 또는 기타 방법으로 유전자를 섞는 행위는 기술적으로 유전자 변형에 해당한다. 하지만 GMO라는 용어는 대체로 유전자와 유전자 조각을 한 종에서 다른 종으로 옮기는 작업을 뜻하게 되었다. 이 분야 전체는 지난 반세기 동안 엄청난 논쟁을 일으켰고 많은 국가에서 GMO 작물 생산이 제한되었지만, 이런 논쟁이 GMO 기술의 전방위적 채택을 막지는 못했다. 오늘날 미국에서 생산되는 모든 콩, 옥수수, 면화의 90퍼센트 이상은 GMO 식품이다. 2023년 전 세계적으로 판매된 GMO 작물은 약 230억 달러 규모로 추정되며, 총 수치는 매년 6퍼센트씩 증가한다.[31] 알다시피 유전자 변형은 단순히 작물에만 해당하지 않는다. 최초의 형질전환transgenic 쥐가 1974년에 태어났고, 이후 새, 소, 어류, 염소, 돼지, 토끼, 쥐, 양, 원숭이, 인간 및 기타 동물 등 유전자를 변형한 동물의 '노아의 방주'가 나타났다.

금세기 초, 훨씬 더 강력하고 정확하며 비용이 저렴하고 사용하기 쉬운 게놈 편집 도구가 발명되면서 유전공학은 또 한 번 획기적으로 진전했다.

2009년, 미국 유전학자 에런 거츠Aron Geurts와 하워드 제이컵Howard Jacob은 징크핑거핵산분해효소zinc-finger nucleases, ZFN로 알려진 단백질이 어떻게 게놈의 표적 위치로 가서 DNA 이중나선의 가닥을 자르도록 설계하는지 설명했다. 2년 후에는 이보다 더 빠르고 정확하게 표적지로 가는 게놈 편집 도구가 나왔다. 탈렌transcription activator-like effector nucleases, TALENs이라는 이 도구의 발명은 세계를 뒤흔들고도 남았다. 탈렌은 ZFN보다 처리 시간이 오래 걸리고 가격도 비쌌지만, 게놈의 위치를 훨씬 정확하게 겨냥할 수 있었다. 또한 다양한 실험실과 농장의 동물 게놈을 편집하고, 생쥐의 유전적 안질환을 치료하거나, 병원체 저항성이 강한 벼를 생산하는 데 신속하게 사용되었다.《네이처 메소드》Nature Methods 저널은 탈렌을 2011년도 '올해의 메소드'로 선정했다.

그러나 생명공학의 혁신이 하루가 다르게 변화하는 우리 시대에 이런 영예는 너무나도 빠르게 사라졌다. 이듬해 미국 과학자 제니퍼 다우드나Jennifer Doudna와 프랑스 동료 에마뉘엘 샤르팡티에Emmanuelle Charpentier, 대학원생 마르틴 이네크Martin Jinek 및 다른 연구자들은《네이처》에 최신 게놈 편집 도구인 크리스퍼-카스9CRISPR-Cas9에 관한 독창적인 논문을 게재했다. 이 논문을 보면 1년 전 탈렌이 안겨 준 충격은 그저 미미한 수준에 불과했다는 생각이 들 정도였다.

2012년에 〈박테리아의 적응 면역체계에서 설계 가능한 이중-RNA-유도 DNA 엔도뉴클레아제〉a programmable dual-RNA-guided DNA endonuclease in adaptive bacterial immunity라는 전설적인 논문이 발표되었다. 논문의 저자는 박테리아가 바이러스 공격에서 스스로를 보호하기 위해 수십억 년 동안 사용해 온 방어 체계를 활용하여, 어느 때보다 더 정확하고 효율적으로 게놈을 편집할 수 있는 방법을 설명했다.

크리스퍼-카스9 게놈 편집 도구는 비교적 쉽게 설계할 수 있는 RNA로 구성되며, 이는 게놈 내에 목표로 한 특정 위치의 염기서열과 일치하는 특정 코드를 찾아가는 역할을 한다. 목표 지점의 염기서열과 코드가 일치하면 크리스퍼 시스템은 정확히 게놈의 그 위치에 결합하고, 카스9 효소가 이중나선의 두 가닥을 자른다. 이런 일이 일어나면 게놈의 자연적인 자기 복구 메커니즘이 비교적 빠르게 절단된 가닥을 다시 연결하지만, 삭제된 DNA 서열은 복구되지 않는다. 즉 표적이 된 암호는 제거된 것이다. 그러나 크리스퍼-카스9의 작은 탐색-절단 캡슐이 방금 제거된 서열에 꼭 맞게 설계된 추가적인 DNA 조각을 함께 운반하면, 게놈은 이 조각을 서열에 함께 붙여 넣는다. 복잡한 과정이지만, 크리스퍼-카스9이 게놈을 편집하는 방식은 워드프로세서에서 텍스트를 편집하는 방식에 비유할 수 있다.

· CTRL + f = 목표로 하는 유전자 서열을 찾는다

· CTRL + x = 서열을 자른다

· CTRL + v = 원하는 부분을 그 자리에 붙여 넣는다

이렇게 보면 지나치게 단순화한 비유 같아 보인다. 하지만 이런 설명은 과거에 너무 느리고 부정확하며 비용이 많이 들어 널리 사용하지 못했던 프로세스가 어떻게 혁신을 통해 누구나 사용할 수 있는 도구로 바뀌었는지 잘 보여 준다.

DNA 재조합 능력과 DNA, RNA, 단백질, 대사산물 등 서열을 분석, 측정, 합성할 수 있는 기계의 능력은 신진 합성생물학자들에게

힘을 실어 주었다. 그들은 인간 공학의 틀을 생물에 덧씌워 기존의 진화한 생물학을 최대한 '재구성'하려 하고 있다. 이런 기술은 장기적으로 생명을 재구성하는 우리의 능력에 가장 큰 영향을 미치겠지만, 단기적으로는 생명을 더 잘 이해할 수 있게 해준다는 점에서 중요한 의미를 갖는다.

예를 들어 크리스퍼 기술은 인간을 포함한 실험동물, 박테리아, 바이러스 등의 세포를 가지고 관심 있는 유전자를 한 번에 하나씩 제거하여 특정 유전자가 어떤 역할을 하는지 이해하는 데 사용된다. 이런 접근법 덕분에 특정 질병 연구에 특화되어 있고 고도로 맞춤화된 실험동물을 신속하게 개발할 수 있었다. 또한 새로운 AI 알고리즘과 더불어 인간 유전학과 시스템 생물학을 이해하는 속도도 엄청나게 빨라졌다.

또한 이해의 폭이 넓어짐에 따라 이제 생명의 설계를 그 어느 때보다 더 전략적이고 체계적으로 생각할 수 있게 되었다. 이 과정을 체계화하기 위한 노력의 일환으로 연구자들은 '표준 생물학 부품 등록부'Registry of Standard Biological Parts를 구축해 왔다. 이 공개 저장소는 생물학적 시스템을 조작할 수 있는 다양한 생물학적 부품을 모아둔 곳으로, 각 연구를 매번 처음부터 시작하는 수고 없이 부품을 혼합하거나 조립할 수 있게 한다. 간단히 말해 생물학적 레고Legos라 할 수 있다.

레고 부품은 표준화된 플라스틱 조각으로 구성된다. 컴퓨터 역시 전기 공학자가 설계하고 조직하여 표준화된 집적 회로와 기타 부품으로 구성된다. 마찬가지로 생물학도 '바이오브릭'biobrick(생물학적 부품)과 표준화된 유전자 구조로 응용할 수 있다. 이 아이디어는 새롭고 다양한 가능성을 열고 있다. 합성생물학자들은 생물학적 시스템을 이해하고 설계할 때 엔지니어가 쓰는 '설계-제작-시험-학습' 방식을 점점 더 많이 택할 수 있게 되었다. 단순한 바이오브릭은 합성 암호의 비활성 구간으로 구성될 수 있다. 반면 더 발전된 바이오브릭은 살아 있는 세포를 포함하며, 이 세포에서 소스 코드와 시스템을 가져와 원하는 다양한 기능을 수행할 수 있도록 조작된다. 합성생물학의 기반은 일련의 새로운 생물학적 응용 가능성을 만들어 가고 있으며, 이것이 오늘날에는 마법처럼 느껴질 수도 있다. 그러나 결국에는 이것이 우리의 일반적인 작업 방식이 될 것이다.

생명을 설계하는 문명: 크리스퍼와 집단지성이 만든 진화

나는 2019 세계과학축제에서 '크리스퍼를 중심으로: 인간 유전공학의 새로운 세계'라는 주제로 열린 토론에 패널로 참여하여 다우드나와 의견을 주고받았다. 다우드나는 이듬해 노벨상을 받았다. 당시 나는 즉흥적으로 이렇게 말했다. "당신이 크리스퍼-카스9 게놈 편집 도구를 개발하면(그녀는 실제로 이 도구를 개발했다) 노벨상을 받겠지만, 크리스퍼-카스9를 사용해 살아 있는 세포를 편집하는 데 성공해도 이제는 고등학교 생물학 수업에서 A를 받을 정도로 흔한 일이 될 것입니다." 이것은 게놈 편집 기술이 얼마나 빠르게 대중화되었는지를 강조한 유머러스한 발언이었다.

아이폰의 탄생은 애플의 스티브 잡스와 그의 동료들조차 예상하지 못한 어마어마한 가능성을 열어 주었다. 이처럼 크리스퍼-카스9의 편리함과 접근성, 다른 혁신 기술들과의 연결성은 새로운 가능성을 열어 주었다. 과학기술의 빠른 발전을 익살스럽게 표현한 내 발언에 청중은 웃음을 터트렸다.

토론이 끝나고 참가자들이 자유롭게 돌아다니고 있을 때 나이 지긋한 한 여성이 조심스레 내게 다가왔다. "공개적으로 당신 말에 반박하고 싶지 않아서 이렇게 따로 찾아왔어요. 저는 고등학교 생물 선생님입니다. 제 수업에서 크리스퍼-카스9를 적용해 살아 있는 세포를 성공적으로 편집하면 기껏해야 B학점을 받을 수 있습니다."

다우드나와 샤르팡티에의 논문은 2012년에야 나왔지만, 2019년 패널 토론에서는 허젠쿠이 사례처럼 윤리적으로 논란이 되는 인간 배아 편집 실험까지 진행된 상태였다. 크리스퍼는 전 세계 실험실에서 이미 광범위하게 사용되고 있었고, 의학, 농업, 신소재, 기타 분야에서 변화를 일으키는 초기 단계에 있었다.

다우드나가 2020년 노벨상을 수상했을 때 염기편집base editing과 프라임편집prime editing이라는 새로운 버전의 게놈 편집 기술이 세계에 소개되었다. MIT와 하버드대학교가 공동 운영하는 브로드연구소 실험실에서 데이비드 리우David Liu가 이 기술을 개발했다. 이 게놈 편집 도구는 DNA 문자를 변경하여 살아 있는 세포 DNA 내에서 거의 모든 작은 부분을 치환, 삽입, 삭제할 수 있고, 이 작업을 할 때 이중나선의 두 가닥을 자르지 않아도 된다.[32] 크리스퍼-카스9 시스템이 '찾기-자르기-붙이기'로 작업한다면 이 기술은 '찾기-편집하기'

로 끝낼 수 있다.

이후 혁신가들은 바이러스의 RNA, 더 나아가 단백질을 편집하기 위해 크리스퍼 시스템을 이용하는 방법을 알아냈다.[33] 2024년, 미국과 일본 연구팀은 모든 생명체의 게놈을 넘나들며 이동하는 RNA 분자를 재설계하여 유전 코드를 자르고 삽입하고 설계할 수 있는, 새롭고 잠재적으로는 훨씬 더 야심 찬 도구를 발표했다.[34] 현재는 다양한 게놈 편집 기술을 통합해서 전체 유전자 암호를 동시에 재설계하는 연구를 진행한다. 다우드나와 다른 과학자들은 박테리아가 바이러스의 공격을 게놈에 기록하듯이 바이러스도 자신이 공격한 박테리아의 게놈 정보를 기록해 둔다는 사실을 알아냈다. 이러한 발견은 바이러스 DNA를 기반으로 한 완전히 새로운 게놈 편집 도구를 만들 가능성을 여는 계기가 되었다.[35] 또 다른 연구자들은 카스9와 같은 효소의 진화된 유전 서열로 대형언어모델을 학습시켰다. 이를 통해 자연에서 영감을 얻었지만 자연에 완전히 속하지는 않는 새 유형의 합성 절단 효소를 만들기 시작했다.[36]

슈퍼스타인 다우드나와 샤르팡티에는 2020년 노벨상을 받을 자격이 충분했다. 그러나 최근 게놈 편집 분야의 성과는 팀 단위의 노력으로 만들어 낸 것이기에 함께 참여한 모두가 상을 받을 만하다. 예를 들어 일본 과학자들은 1980년대에 염색체 DNA에서 일련의 유전암호가 반복되는 것을 발견했다. 스페인 과학자 프란시스코 모히카Francisco Mojica는 'madam, I'm Adam'처럼 앞에서부터 읽으나 뒤에서부터 읽으나 똑같은 회문처럼 반복되는 코드를 박테리아에서 발견하고, 그것이 특정 바이러스의 암호 일부와 일치한다는 사실을 알아냈다. 알렉산드르 볼로틴Alexander Bolotin 같은 연구자들은 박테리아가 과거에 침입했던 위험한 바이러스의 유전자 특징을 저장함으로써 적응 면역을 획득했다고 추측했고, 이 추측은 옳았다.

그 외에도 세계 최대 요거트 생산 기업인 다니스코에서 일하는 뛰어난 과학자들이 있다. 이들은 요거트 배양균이 가끔 완전히 사멸해 버리는 이유를 찾던 중에, 바이러스 공격에서 살아남은 박테리아가 바이러스의 유전암호를 저장한다는 사실을 발견했다. 캐나다 과학자 실뱅 무아노Sylvain Moineau는 2010년 박테리아가 자신의 선천적 면역체계를 이용해 침입한 바이러스를 공격하고 파괴하는 방법을 설명했다. 조지 처치와 그의 지도 제자였던 대학원생 장펑Feng Zhang은 다우드나와 샤르팡티에와 거의 같은 시기에 발표한 논문에서, 크리스퍼로 포유류 및 다른 여러 생물의 세포를 편집할 수 있음을 증명했다.

그러나 수백 년간 발전해 온 세포 메커니즘에 관한 이해, 게놈의 서열을 읽고 분석하는 놀라운 능력, RNA를 안내하고 원하는 만큼 자르며 필요시 대체할 DNA를 삽입할 수 있는 합성 코드 작성 및 인쇄 능력이 없었다면 결코 크리스퍼 게놈 편집 도구를 발견할 수 없었을 것이다. 많은 사람이 유전공학을 말할 때 크리스퍼만 떠올리는 경향이 있는데 사실은 이게 다가 아니다.

크리스퍼가 어떻게 시작됐는지 더 자세히 알고 싶다면 빼놓을 수 없는 인물들이 있다. 프랜시스 크릭, 로절린드 프랭클린, 제임스 왓슨, 모리스 윌킨스Maurice Wilkins는 DNA 구조를 밝혀냈다. 프랑수아 자코브와 자크 모노는 RNA 구조를 발견했다. 시드니 브레너Sydney

Brenner, 조지 처치, 르로이 후드Leroy Hood, 크레이그 벤터Craig Venter, 프랜시스 콜린스Francis Collins, 프레더릭 생어는 게놈 염기서열 분석을 가능하게 한 이 분야 선구자들이다. 마지막으로 컴퓨터 과학 분야의 혁신가인 앨런 튜링과 존 폰 노이만 같은 이들이 있다.

나는 세상에 엄청나게 긍정적인 영향을 준 뛰어난 과학자 다우드나와 샤르팡티에의 열성 팬이다. 그러나 이들이 태어나지 않았더라도 크리스퍼-카스9 게놈 편집 도구는 결국 누군가가 발명했을 것이고, 아마도 본질적으로 그 형태도 거의 비슷할 것이다. 다우드나와 샤르팡티에의 뛰어난 능력과 놀라운 공로를 폄하하려는 의도는 아니다. 과학적 진보의 본질을 더 폭넓게 보자는 말이다.

다우드나와 샤르팡티에를 개인으로 보면 과학의 진보에 핵심적인 인물이라 할 수 있다. 그러나 언제나 그렇듯 이들의 연구가 의미 있는 단계로 올라가는 데 공헌한 사람들이 있다. 새로운 재료를 비슷한 방식으로 조합할 수 있는 사람도 있기 마련이다. 크리스퍼-카스9 게놈 편집 개발에 중요한 역할을 한 모든 사람에게 노벨상을 수여한다면 스웨덴의 노벨상 메달은 금세 바닥날 것이다.

물론 크리스퍼 개발에 기여한 모든 사람과 노벨상을 나눌 수도 있었을 것이다. 그렇다 해도 크리스퍼-카스9 게놈 편집 시스템의 발견 자체는 좁게는 과학 분야에, 넓게는 인류에게 단 하나의 주목할 만한 이정표였고, 게놈 편집에 대한 마지막 결론은 결코 아니었다. 이것이 핵심이다.

현대 과학의 가장 위대한 발견은 노벨상 수상자를 포함한 일부 저명한 인사들과 연관된 경우가 많고, 발견의 공로는 대부분 이들에게 돌아간다. 그러나 좀 더 깊이 들어가면 대개 위대한 아이디어는 수십, 수백, 또는 수천 명의 사람들이 여러 학문 분야와 사회 전반에 걸쳐 광범위한 추세와 역량을 발전시킨 결과물임을 알 수 있다. 앞에서 언급한 구리와 청동의 예시도 이와 다르지 않다.

새로운 게놈 편집 도구는 가히 혁명적이다. 하지만 우리 종과 주변 생태계의 관계를 근본적으로 재정립하는 원동력은 생명을 측정하고 이해하고 조작하고 종합하는 광범위한 능력이다. 이런 혁신을 상상하고 가능하게 하는 사회의 문화적 규범도 또 다른 원동력이다. 혁신을 이끄는 필수 단위는 과학자 개개인이나 과학 그 자체가 아니라 문명이다.

과학이 다음 단계로 넘어가려면 대개 굉장히 많은 조건이 충족되어야 한다. 그래서 과학자들은 자신의 경쟁자보다 며칠 또는 몇 시간이라도 먼저 타임스탬프나 전자 제출 확인서를 받으려 하고, 독창적인 논문을 최대한 빨리 발표하려 한다는 이야기를 심심치 않게 듣는다. 다윈에게 월리스가 있었고, 아이작 뉴턴에게 고트프리트 라이프니츠가 있었듯이, 모두가 라이벌과 치열한 경쟁을 벌인다. 특정 개인을 과학 진보의 핵심 원동력으로 보면 발전 속도를 개인의 차원에 맞춰 측정하게 된다. 그러면 과학과 기술이 이제는 집단적으로 발전하고 문명의 규모로 가속화하고 있다는 더 큰 이야기를 놓칠 수 있다.

아직 우리는 시작 단계에 있고 인간이 설계한 생물학의 새로운 잠재력을 완벽하게 실현하려면 넘어야 할 산이 많다. 프로세스는 더 표준화되어야 하고, 급성장하는 방대한 생물학적 데이터 세트에는 더 정확한 명칭과 체계적인 구성이 필요하다. 생물학적 시스템의 주요 과제를 해결해야 하고, 대형언어모델보다 더 성능이 좋은 새로운 AI의 개념과 알고리즘이 개발되어야 한다. 물론 생물학의 복잡성도 고려해야 한다. 이 과정에서 여러 부침을 겪을 것이다. 희망찬 봄이 지나면 어두운 겨울이 오기 마련이지만, 우리가 완전히 망쳐 버리지만 않는다면 전반적으로 진보는 놀라운 속도로 이어질 것이다. 인간이 생명을 재구성할 수 있는 길로 나아간다는 사실은, 거기에 완전히 도달할 수 있다는 의미라기보다는, 우리가 이 방향으로 빠르게 나아간다는 말이다.

누군가가 어딘가에서 처음으로 석기를 다듬고, 처음으로 재배한 씨를 뿌리고, 처음으로 문자를 쓰고, 처음으로 컴퓨터 코드를 입력하며, 처음으로 원자를 쪼개던 순간이 있었다. 우리의 우주 전체도 하나의 지점에서 시작한 때가 있었다.

셰익스피어, 타고르, 제인 오스틴, 맹자는 최초로 글자가 쓰였다고 해서 필연적으로 탄생한 게 아니다. 도쿄나 뉴욕 같은 대도시는 처음 작물을 재배했다고 해서 필연적으로 세워진 게 아니다. AI는 최초로 컴퓨터 코드를 입력했다고 해서 필연적으로 등장한 것이 아니다. 이처럼 자연 세계에 대한 유전공학의 첫 50년 심지어 1,000년이 지나더라도 거대한 유전공학으로 재설계된 미래를 반드시 맞이하게 되는 것은 아니다.

그럼에도 유전공학의 미래는 충분히 올 수 있다. 현재의 우리가 지닌 본성과 잠재력을 생각해 본다면 그 미래는 높은 확률로 현실이 될 것이다.

현재와 근본적으로 다른 이러한 미래를 상상할 때 흔히 어떤 결정적인 순간이 찾아와 인류의 미래와 관련된 하나의 핵심 질문을 던지고 거기에 답하게 될 것으로 생각하곤 한다. 그러나 거의 항상 현실은 사뭇 다르다. 우리는 지구에 존재하는 모든 생명체의 미래를 위해 집단적인 단 하나의 큰 결정을 하지 않을 것이다. 대신 더 건강하고 안전한 삶을 목표로 작고 겉보기에 점진적인 결정을 내릴 것이다.

그러므로 우리에게 설계된 지능과 재설계된 생명의 미래를 찬성하느냐 아니냐를 묻는 순간은 절대 오지 않을 것이다. 그보다는 삶을 더 풍요롭게 만드는 단계로 올라갈 때 개별적으로 작은 선택을 계속해서 하게 될 것이다. 어떤 사람들은 AI 시스템의 미래를 자신들이 써본 최신 챗봇의 변형된 모델 정도일 거라 생각하지만, 이런 AI가 가진 놀라운 응용 능력조차도 큰 이야기 일부에 불과하다. 전기의 거시적 영향을 이해하려고 지역 발전소에 가지 않는 것처럼 휴대폰이나 컴퓨터로 챗GPT 또는 구글의 제미나이에 접속하는 것만으로는 AI와 기타 혁신 기술이 변화시킬 미래를 온전히 경험할 수 없다. 이런 혁명들은 의료, 농업, 에너지, 재료 과학, 데이터 저장 등 우리의 삶을 둘러싸고 지탱하는 가장 밀접한 시스템들의 변화로 나타날 것이다. 마치 전기처럼 말이다.

인간에게 건강과 의료는 중요하다. 따라서 의료 분야의 급진적이고 흥미로운 미래는 엄청난 파급 효과를 가지며, 다른 수많은 분야에까지 영향을 미칠 기술적 응용의 핵심 동력이 될 것이다.

제 2 장

병을 치료하는 시대에서 예측하는 시대로

mRNA, 유전자 치료, AI가 바꾸는 의료의 미래

단백질 하나를 분석하는 데 3년 걸리던 시대, mRNA 백신은 2억 개 단백질을 몇 달 만에 예측했다. 피 한 방울이면 우리가 걸릴 병을 미리 알 수 있고, 크리스퍼 유전자 가위는 수정란 단계에서 치명적 질환을 고칠 수 있다. AI는 암을 5년 먼저 발견하고, 맞춤형 치료제는 당신의 유전자에 맞춰 제작된다. 이제 질문은 하나다. 당신은 자신의 미래를 미리 알고 싶은가?

mRNA 백신:
50년 걸리던 백신을 9개월 만에

당신이 mRNA 백신에 대해 어떻게 생각하든 코로나19 바이러스를 예방하기 위해 고안된 이 백신은 분명 과학과 기술의 걸작이란 점을 부인할 수 없다.

1950년대 중반 처음 개발된 폴리오 백신은 비활성화되었거나 약한 단계의 폴리오바이러스를 주입해 자연 면역반응을 깨우는 방식이었다. 그러나 mRNA 백신은 인간 세포의 기능을 이용하는 완전히 다른 방식을 택하고 있다.

코로나19 바이러스를 코로나바이러스라고 부르는 이유는 바이러스 외막이 왕관을 뜻하는 코로나처럼 뾰족뾰족한 모양이기 때문이다. 이 날카로운 형태의 스파이크는 닻 역할을 하여 다른 세포에 아주 쉽게 달라붙게 한다. 그러면 바이러스는 자신의 유전자를 훨씬 더 쉽게 세포 안에 집어넣을 수 있다. 이때부터 바이러스의 자가복제 명령을 받은 감염된 세포는 다른 정상 세포를 더 많이 감염시키는 수단으로 이용된다.

여러 정의에 따라 과학자들은 바이러스를 생명체로 보지 않는다. 생명체가 아닌 바이러스는 혼자서는 할 수 있는 게 거의 없다. 35억 년을 거치며 이들에게 아주 효과적이면서 유일한 생존 전략은 숙주가 자신의 명령에 따르게 하는 것이었다. 독감이나 코로나19, 또는 다른 바이러스에 감염될 때마다 세포는 바이러스에 함락된 상태다.

그러나 우리 숙주들 역시 그렇게 무방비한 것은 아니다. 우리보다 앞선 종들, 즉 단세포부터 시작했던 우리 조상들은 침입자인 바이러스를 식별하고 파괴하는 방법을 터득하면서 진화해 왔다. 모든 군비 경쟁이 그렇듯 공격자와 수비자 모두가 시간이 지나면서 더 똑똑해지고 치밀해졌다.

제1장의 내용을 다시 떠올려 보자. 인간의 전체 게놈은 거의 모든 세포의 핵 안에 들어 있다. 우리의 세포는 계속해서 진화하면서 생명의 원천이 되는 이 소중한 자원을 안전한 저장고에 넣어 두길 원했다. 이렇게 세포는 RNA라는 전달자가 게놈(세포핵 속에 안전하게 머물고 있다)에서 지시를 받아 세포질에 있는 리보솜(핵 밖에 있는 세포의 일부)으로 전달하는 메커니즘으로 변해 갔다. 명령을 받은 리보솜은 이에 따라 생명체를 구성하는 단백질을 합성한다.

하지만 mRNA 백신은 새로운 종류의 지시를 리보솜에게 직접 내린다. 그러니까 이 명령은 세포핵 안에서 오는 게 아니라 인간 생명공학자가 새롭게 합성한 RNA가 보내는 명령이다. 백신을 근육에 주사하면 근육세포와 지나가던 세포에 스파이크 단백질을 만들라는 지시가 전달된다. 코로나19 바이러스의 외피에 있는 왕관처럼 말이다. 이 바이러스 한 조각은 실제 바이러스보다 훨씬 덜 위험하다. 인체 스스로 이 바이러스 단백질을 만들었지만, 인체는 곧 이 단백질을 이물질이자 침입자로 간주하고 이 단백질과 싸우기 위해 자연 면역반응을 일으킨다. 이 과정을 통해 인간은 면역력을 갖게 되거나 면역력이 높아진다.

자연 면역 방어력을 높이려는 인간의 시도는 예전부터 존재해 왔다. 불교의 스님들은 뱀독에 저항성을 높이기 위해 수 세기 동안 뱀독을 섭취했다. 500년 전 중국인들은 우두 바이러스(소의 천연두) 때문에 생긴 진물을 따로 채취해서 상처를 낸 살에 그 액을 떨어뜨려 이 바이러스에 대한 면역력을 길렀다. 현대적인 예방접종vaccination은 19세기 후반에 시작되었다. 영국인 의사 에드워드 제너Edward Jenner는 8세 소년에게 우두 바이러스를 접종하여 이 바이러스와 매우 밀접하면서 훨씬 치명적인 천연두 바이러스로부터 소년을 보호했다. 그럼으로써 제너는 과거의 전통적인 관행을 체계화했다.*

제너는 '백신'vaccine이라는 용어를 만들었는데, 이것은 우두 바이러스인 '바키니아'vaccinia('바카'vacca는 라틴어로 소를 의미한다)를 가리키는 말이다.

그러나 20세기 후반에 예방접종의 개념이 자리를 잡았음에도 안전하고 효과적인 백신을 개발하는 과정은 답답할 정도로 더디게 진

---

* 이 소년이 우두 바이러스 백신을 접종받았는지 마두 바이러스(말의 천연두) 백신을 접종받았는지는 여전히 논쟁의 여지가 있다.

행되었다.

1955년에 개발된 폴리오 백신은 실제로 사용되기까지 약 50년간 시행착오가 있었다. 2019년 말 코로나19가 발생했을 당시, 새로운 백신이 시장에 나오기까지는 몇 년이 아니라 몇십 년 이상이 걸리는 것이 일반적이었다. 유행성이하선염 백신은 1970년대에 개발하기 시작하여 마무리하기까지 4년이 걸렸다. 이것이 가장 빠른 기록으로, 그 자체로 이례적인 일로 꼽힌다.

총 사망자 수가 4,000만 명에 달하는 HIV 같은 끔찍한 질병의 경우, 수십 년간 수십억 달러를 투자하여 백신 개발을 시도했음에도 아직 성공하지 못했다.

코로나19 발생 초기, 공포와 격리 조치가 지구촌 전체에 바이러스처럼 퍼져 나갈 때도 코로나19 백신이 나올 거라는 보장은 없었다. 2020년 2월 〈비즈니스 인사이더〉Business Insider와의 인터뷰에서 백신 전문가 데릭 로우Derek Lowe는 이렇게 말했다. "백신이 제시간에 개발되어 현재 상황을 잠재울 수 있을지 모르겠습니다."[1] 2020년 3월 MIT가 발행하는 《테크놀로지 리뷰》Technology Review에는 이런 제목의 기사가 실렸다. "코로나바이러스 백신 개발에는 최소 18개월이 걸릴 것이다. 그나마 효과가 있다면." 이 기사에서 저자는 "백신이 우리를 구하지는 못할 것"이라고 단언했다. 2020년 4월 세계적인 백신 전문가 폴 오피트Paul Offit 박사는 CNN과의 인터뷰에서 "1년 반 내에 백신을 기대하는 것은 '터무니없이 낙관적인 예상'"이라고 답했다.[2]

폴리오 백신 접종은 1955년 미국에서 처음 허가를 받았다. 매사추세츠 케임브리지에 위치한 신생 생명공학 회사 모더나의 연구원들은 2020년 1월 11일 마침내 디지털화한 코로나19 바이러스의 게놈 염기서열에 접근했다. 1955년부터 2020년까지 65년 동안 백신 개발에는 엄청난 변화가 있었다. 광범위한 과학 혁신의 파도를 탄 유전학과 생명공학의 발전은 새로운 세대의 기적을 만들었다.

mRNA 백신의 미래:
암을 독감처럼 예방하는 시대가 온다

사람들은 코로나 mRNA 백신이 하늘에서 뚝 떨어진 것처럼 생각한다. 하지만 사실 이 백신은 최소 150년에 걸친 연구의 산물이다. 1860년대 핵산의 발견에서부터 1세기 후 메신저 RNA의 발견에 이르기까지, 이것은 전 세계 수백 개 연구실과 기업에 속한 수천 명의 연구자가 60년간 꾸준히 공헌했기에 가능했다. 이러한 성과를 바탕으로 연구자들은 mRNA를 합성하고, 인체의 면역체계에 의해 조기에 파괴되지 않도록 mRNA를 조작했다. 또한 전기적 자극을 준 아주 작은 지방 덩어리인 '지질 나노입자'로 이 물질을 감싸, 인간의 지시를 이행할 수 있을 만큼 오래 안정을 유지하도록 설계했다. 코로나19가 발생하기 10년 전부터 미국 국립보건원 과학자들은 백신 개발 프로세스 속도를 더 높이기 위해 적극적으로 연구를 진행했다. 특히 AI 분석 기술을 활용해서 다양한 바이러스를 가장 효과적으로 공략할 수 있는 특정 표적을 식별하는 데 집중했다.

많은 사람이 코로나 백신을 개발한 모더나의 실험실에는 비커, 한

천 배지(한천을 물에 넣고 끓여 녹인 다음 당분을 약간 첨가하여 굳힌 배지. 배지는 식물, 세균, 배양 세포를 기르는 데 필요한 영양소가 들어 있는 액체나 고체 — 옮긴이), 현미경, 경고음이 들리는 기계들로 가득할 거라 상상한다. 하지만 현실은 완전히 다르고, 그 광경은 매우 새롭기도 하다. 바이러스는 이런 과학 기구 안이 아닌, 바이러스 게놈 지식이 담긴 디지털 파일에 있었다. 연구자들은 실험실에서 용액을 가지고 연구를 하는 게 아니라 유전학 혁명에 가장 필수적인 두 가지 도구를 사용했다. 바로 컴퓨터와 알고리즘이다.

바이러스의 게놈 서열 정보가 담긴 컴퓨터 파일을 받고 이틀 후, 연구자들은 모더나 백신을 만들 레시피를 생각해 냈다. 이 파일에는 다양한 과학자들, 특히 미국 국립보건원, 텍사스와 펜실베이니아대학의 수많은 과학자가 수십 년간 연구하고 발전시켜 온 작업물이 들어 있었다. 단순히 한곳의 독립적인 실험실에서 나온 결과만을 기반으로 한 게 아니었다.

두 달 후 첫 번째 인간 실험이 진행되었고 9개월 후에는 미국 식품의약국FDA에서 긴급 사용 승인을 받아 첫 번째 백신이 투여되었다. 2024년 기준으로 전 세계에서 약 120억 회의 코로나19 백신이 접종되었고, 대부분은 mRNA 백신이었다.

이후 2021년 후반부터 2022년 초반 사이에 세계적으로 엄청난 전염력을 보인 악명 높은 코로나19 변종 오미크론이 나타났다. 그러자 이 바이러스에 특화된 부스터 개발 속도는 더 빨라졌다. mRNA 백신은 점차 '플러그 앤드 플레이'plug and play(자동 시작이란 뜻으로, 시스템이 시작하면 자동적으로 실행되는 속성을 말한다. — 옮긴이)로 바뀌었다. 모더나와 화이자/바이오엔테크 같은 기업들은 BA1이라는 초기 오미크론 변종을 목표로 발 빠르게 1차 용량분의 mRNA 백신 부스터를 개발했고, 인간 임상시험에서도 좋은 성과를 보여 주었다.

새로운 부스터를 개발한 지 몇 달 지나지 않아 오미크론 변종 BA4와 BA5가 발생했다. 두 변종 바이러스의 전염 속도는 미국을 포함한 세계 여러 국가에서 BA1을 거의 앞질렀다. 이때 규제 기관은 선택의 기로에 서게 된다. 현재 임상시험 중이던 BA1과 관련된 부스터를 계속 만들 것인가, 아니면 AI가 이끄는 백신의 미래를 향해 다음 단계로 넘어갈 것인가.

2022년 봄 FDA는 몇 달 전만 해도 적극적으로 홍보하던 BA1 부스터를 포기했다. 대신 백신 개발 기업들에게 새로 나타난 변종을 목표로 새 버전의 오미크론 전용 부스터를 개발하도록 했다. FDA는 완성된 백신의 임상시험을 처음부터 다시 시작하기보다는, 최대한 빨리 이 부스터를 사람들에게 접종하는 게 더 중요하다고 판단했다. 그리고 더 이상 새로운 임상시험이 필요하지 않다는 점에 동의했다. 백신의 안전성과 AI 알고리즘이 예측하는 힘이 그 정도로 우수하다고 생각한 것이다.

오미크론에 특화된 부스터는 2022년 9월 미국에서 실용화되었다. 1년 후 대부분 영국 과학자로 구성된 한 연구팀은 고급 AI 알고리즘을 이용해 코로나19 바이러스의 일종인 모든 사베코바이러스sarbecoviruses의 염기서열 데이터를 분석했다. 그러면서 다양한 종류의 코로나바이러스로부터 사람들을 보호하는 AI 설계 백신 후보를 개발했다고 발표했다.[3]

이런 모든 일들이 매우 흥미롭고 중요하며 유익하지만,*[4] 코로나19 mRNA 백신을 둘러싼 이야기의 핵심은 단순히 코로나바이러스에 관한 것이 아니다. 여기에는 좀 더 근본적인 의미가 담겨 있다.

mRNA 백신은 새로운 형태는 아니지만, 신체에 대체 명령을 전달하는 새로운 방식으로 작동된다. 코로나19 mRNA 백신을 개발하는 과정은 과거 다양한 질병에 대한 mRNA 백신 개발을 방해했던 안전성, 전달, 효능, 제조상의 문제들을 빠르게 해결하는 데 도움이 되었다. 현재는 이와 비슷한 mRNA 전달 플랫폼을 사용한 임상시험이 활발히 진행 중이다. 그중에서도 암을 비롯해 HIV, 말라리아, 결핵, 알츠하이머병, 헤르페스, 호흡기세포융합바이러스RSV, 유전성 대사장애, 낭포성섬유증, 다발경화증, 심장병, 천식을 치료하려는 목적이 크다.

특히 RSV에 대한 mRNA 백신을 만드는 과정에서 많은 것을 배울 수 있다.

1960년대 이후부터 RSV 백신을 개발하려는 노력은 꾸준히 이어졌다. 최근에는 바이러스가 인간 세포에 달라붙을 때 사용하는 단백질 구조를 파악하는 작업에 새로운 mRNA 기술이 더해져서 훨씬 더 빠른 성과를 낼 수 있었다. RSV 백신 개발이 특히 중요한 이유는 세계적으로 매년 약 6,400만 명이 이 바이러스에 감염되고 이로 말미

암아 약 16만 명의 아동이 사망하기 때문이다. 2023년 1월 모더나는 성인을 대상으로 한 mRNA 기반 RSV 백신 임상시험에서 유의미한 결과를 냈고, FDA 규제 승인을 신청할 예정이라고 발표했다.[5] 같은 해 5월 FDA는 60세 이상에게 제약회사 GSK의 RSV 백신을 승인했고, 존슨앤존슨과 화이자의 새 백신도 곧 승인을 앞두고 있었다.

2025년 1월 바이든 행정부의 마지막 날, 미국 보건복지부는 H5N1 조류인플루엔자를 표적으로 하는 mRNA 백신 개발 속도를 높이기 위해 모더나에 5억 9,000만 달러를 지원하기로 약속했다. 그러나 일부 공화당 의원들이 mRNA 백신을 '대량 살상 무기'라고까지 부르는 등 지속적으로 반대 운동을 벌였다. 이로 인해 트럼프 행정부의 보건복지부는 5월, 해당 계약을 취소했다.

모든 종류의 독감을 표적으로 하는 단일 백신 개발에 더 큰 노력을 기울여야 한다는 트럼프 2기 행정부의 요구는 적절했다. 하지만 이를 성공시키려면 기존의 연구 성과 중에서도 가장 유망한 방식을 기본으로 삼아야 한다. mRNA 백신 대중화의 선구자이자 노벨상 수상자인 드루 와이스먼Drew Weissman이 소속된 펜실베이니아대학교 연구팀은 2022년 11월 한 연구에서 다음과 같은 결과를 발표했다. mRNA 독감 백신 하나로 인간에게 감염을 일으킬 수 있다고 알려진 모든 인플루엔자 아형을 표적으로 삼을 수 있다는 것이다. 이런 성과는 연구자들이 독감 바이러스 표면에 있는 18가지 단백질을 목표로 삼았기 때문에 가능했다. 이 단백질은 감염 초기에 코로나19 바이러스에 있는 스파이크 단백질과 비슷한 방식으로 인간 세포에 달라붙는다. 이 독감 백신은 아직 동물실험 단계에 있지만, 이런 접근 방식은 몇 년간 수억 명의 목숨을 앗아간 다양한 형태의 독감 바이러스 사망률을 감소시킬 수 있음을 보여 주었다.[6]

2023년 5월 미국 국립 알레르기 및 감염증 연구소US National Institute of Allergy and Infectious Disease는 듀크대학교 인간 백신 연구소에서 실시하는 첫 번째 임상시험 지원자를 모집한다는 공고를 냈다.[7] 2025년 5월, 트럼프 행정부는 '제너레이션 골드 스탠다드'Generation Gold Standard를 발표했다. 5억 달러 규모의 이 야심 찬 계획은 좀 더 전통적인 백신 개발법으로 '차세대 범용 백신 플랫폼' 구축을 목표로 한다.

모더나와 바이오엔테크를 포함해 임상 시험용 개인 맞춤형 mRNA 암 백신을 생산하는 기업들은 AI 알고리즘을 이용해 암세포의 게놈 서열을 정밀하게 분석한다. 이러한 연구를 통해 어떤 단백질이 암을 일으키고 어떤 단백질이 암을 없애는 T세포 훈련을 돕는지 알아내고자 한다. 코로나19 mRNA 백신은 코로나바이러스의 스파이크 단백질과 모양이 똑같지만 인간 세포에 무해한 복제품을 생산하도록 유도한다. 마찬가지로 암 mRNA 백신 역시 암 환자의 세포를 유도해 암세포의 특정 마커를 생성하도록 명령하는 방식을 따른다. 이렇게 하면 환자의 면역세포가 이를 이물질로 인식하여 신체 능력을 강화하고 암 덩어리도 효과적으로 해결할 수 있을 것이다. 흑색종과 일부 대장암, 췌장암을 예방하는 개인 맞춤형 mRNA 백신은 상당한 가능성을 보여 준다. 또한 미국과 영국을 비롯한 일부 국가에서 규제 기관의 승인이 점점 더 확대될 것으로 예상된다. 이러한 고비용 개인 맞춤형 치료법에서 벗어나기 위해, 바이오엔테크 및 여러 기업들은 다수의 종양에서 공통으로 발견되는 DNA 조각을 겨냥한 범용 암 백신을 적극적으로 개발하고 있다.

코로나19 백신을 만들어 본 경험을 바탕으로, 이제 백신이 컴퓨터 파일에서 제품 생산 단계로 넘어가는 속도는 엄청나게 빨라졌다. 덕분에 현재 암세포의 염기서열을 읽고 분석하고, 맞춤형 암 백신이 나오는 데 한 달 정도면 충분하다. 췌장암, 대장암, 피부암 등을 치료하기 위해 AI 기반 맞춤형 mRNA 치료의 효용성을 탐구하는 수많은 임상시험이 진행 중이다. 또한 나노입자를 흡입하는 방식으로 mRNA를 폐까지 전달하는 새로운 치료법도 연구 중이다.

2023년 4월 모더나와 화이자는 흑색종을 치료하는 맞춤형 mRNA 백신을 개발하는 데 긍정적인 결과가 있었다고 발표했다. 다음 달, 뉴욕 마운트 시나이 병원 의사들은 바이오엔테크와 협력하여 《네이처》에 논문을 게재했다. 이들은 16명의 환자를 대상으로 한 맞춤형 췌장암 mRNA 백신 실험에서 절반에 해당하는 참가자에게 직접적이고 긍정적인 면역반응을 일으킨 놀라운 결과를 얻었다고 설명했다.[8] 연구자들은 암 및 다른 질환을 치료하고 위험한 바이러스에서 보호하는 것 이외에도 이 기술을 활용해 유당분해효소결핍증을 완화하고, 콜레스테롤 수치를 안전한 수준으로 유지하며, 우주에서 인간의 방사선 피해를 막을 수 있는 특별한 능력 개발에도 힘을 쏟고 있다.

이런 모든 노력이 새로운 현실의 등장을 알린다. 즉 인간 세포가 궁극적으로 단백질을 생성하는 기계라면, 이 기계가 생산할 수 있는 것의 한계는 어느 순간 인간 상상력의 경계와 생명 시스템이 감당할 수 있는 기술적 한계의 교차점에 놓이게 될 것이다.

정밀 의학:
80억 모두에게 다른 처방전이 필요하다

사람들은 유전학 관련 혁명을 생각할 때 흔히 의료 분야만 떠올리는 경향이 있다. 충분히 그럴 만하다.

"건강한 사람은 천 가지 소원이 있고, 병든 사람은 한 가지 소원이 있다"라는 옛말도 있지 않은가. 전 세계 지출의 10분의 1에 해당하는 약 9조 달러가 의료 분야에 쓰인다.

인류 역사를 통틀어 의료는 현재 우리가 과학이라고 생각하는 것보다 미신에 더 가까웠다. 물론 그런 행위가 전혀 효과가 없었다는 말은 아니다. 단지 현재의 의료 서비스가 인류 역사의 어느 시점에서 우리 조상들이 이용할 수 있었던 그 어떤 수단보다 훨씬 뛰어나다는 말이다.

과거의 의료 서비스는 그 종류가 정말 다양했다. 대개 비효율적이었지만 수많은 장소에서 수많은 사람이 다양한 방식으로 이런 서비스를 제공했다. 현재는 데이터와 증거를 기반으로 한 과학적 접근방식을 택한다. 이런 변화는 과학 혁명을 알리는 성과이자 인류에게는 기념비적인 진전을 의미한다.

내가 '일반 의학'이라 부르는 접근법은 인구 평균에 기초한다. 즉 개개인이 아닌 평균적인 인간의 상태를 기본으로 한다는 말이다. 일반 의학은 오늘날 의료 시스템의 기반이다. 과학자, 의사, 기업은 다양한 징후에 대한 치료법을 개발하고 있으며, 전체 인구에 대한 비용-편익 분석을 기반으로 규제 기관에 그 효과를 입증해야 한다.

일반 의학의 장단점을 가장 간단하게 나타내는 예시는 미국에서는 타이레놀, 다른 여러 국가에서는 파나돌로 팔리는 일반 의약품이다. 이 진통제는 매주 미국 인구의 4분의 1 정도가 복용할 정도로 흔하다. 이 진통제에는 아세트아미노펜이라는 성분이 들어가며, 이 약으로 수억 명의 다양한 통증과 불편을 완화시킬 수 있다.

하지만 이렇게 대중적이면서 일반적으로 유용한 약은 사실 때로는 아주 위험할 수 있다. 아세트아미노펜 부작용으로 미국에서만 매년 약 5만 6,000명이 응급실을 찾았으며 그중 2,600명이 입원하고 500명이 사망했다.[9] 대다수에게 안전한 물질이 소수에게는 아주 소량의 섭취만으로도 치명적인 결과를 일으킬 수 있다는 점을 잘 보여 주는 통계다.

그럼에도 여전히 약국에서는 처방전 없이도 이 의약품을 쉽게 구매할 수 있다. 규제 당국에서 이 정도의 위험은 허용 가능한 수준이라 판단했기 때문이다. 반면 항생제나 모르핀 같은 약물은 적절한 상황에서는 효과적이더라도 그 위험성이 너무 크다고 판단한다.

일반 의학이 주도하는 세상에서는 어떤 치료법이 효과가 있고 안전한지 결정하는 기준은 인구 평균이지 개인의 특성이 아니다. 따라서 이런 아세트아미노펜의 권장 복용량을 준수하더라도, 상대적으로 위험성이 큰 소수 집단에 당신이 포함되는지 확인하려면 이 약을 먹어보는 방법밖에 없다. 구급차를 불러야 할 상황이 되어서야 비로소 알게 되는 것이다.

현재 쓰이는 대부분의 암 치료법도 기본적으로 이런 방식으로 진행된다. 의사는 환자에게 인구 평균을 기반으로 한 최상의 치료법을 권하고 환자는 그 방식대로 치료받을 것이다. 이 치료법은 도움이 될 수도, 다른 문제가 생길 수도, 아니면 효과가 없을 수도 있다. 효과가 있다면 정말 다행이다. 하지만 이 치료법이 환자를 완치하지 못하거나 해가 된다면 의사는 또 다른 치료법을 시도해 볼 것이다. 그리고 그 치료 역시 마찬가지 결과, 즉 도움이 되거나 해롭거나 무효일 수 있다.

인구 평균을 기반으로 한 이러한 방식은 우리가 현재 상상하는 미래 상황과 비교하면 불필요할 정도로 위험하다고 느낄 수 있다. 하지만 과거에 인간이 행했던 의료 서비스를 생각하면 대단한 것이다. 일반화된 의학 덕분에 인간은 세계 거의 어디서든 통용되는 표준화된 치료 시스템을 구축하고 꾸준히 발전시켜 나갈 수 있었다. 물론 세계에는 여전히 의료 시스템이 낙후된 지역이 존재한다. 하지만 이는 꾸준히 발전하는 의료 시스템의 국제 표준화와 관련된다기보다는, 그 나라의 정치적·경제적 상황이 원인인 경우가 대다수다.

우리는 80억 명에 속하는 한 명의 인간으로서도 중요하지만 '개개인' 그 자체로도 소중한 존재다. 그렇기에 더 나은 치료를 받는 게 마땅하다.

이것이 정밀 의학이 약속하는 바이다.

현대 의학은 일반적으로 환자를 무작위로 나누어 비슷한 환경에 놓고, 진짜 약과 위약(플라시보)을 투여해 관찰한 연구 결과를 바탕으로 한 증거 기반 방식을 택한다. 즉 각각의 특정한 '질병'에 대해 가능한 한 최상의 치료법을 찾는 것이다. 이에 반해 정밀 의학은 개별 '환자'에 대해서 가능한 한 최상의 치료법을 찾는다.

특정 치료법을 고려한다면 그것이 일반적으로 효과가 있을 뿐 아니라 개별 환자에게도 효과적인지 반드시 확인해야 한다. 암 치료를 시작할 때 환자와 환자의 암에 대해 가능한 한 많은 것을 미리 알고 있어야 한다. 그래야 위험 가능성이 있는 시행착오를 겪을 확률을 줄일 수 있다.

정밀 의학은 인간의 지식과 지혜에 의존하지만, 동시에 빅데이터와 머신러닝 기반에 깊이 뿌리내리고 있다. 정밀 의학을 실현하려면 환자 개개인에 대해 분자 수준까지 알 수 있는 방법을 찾아야 한다. 또한 신체 내부 작용 및 삶에 대한 다양한 측면에서 생성된 무수한 데이터를 이해할 방법도 모색해야 한다.

좋은 소식은 인간이 가진 복잡성이 거대하긴 하지만 무한하지는 않다는 점이다. 그래서 전체 생물학을 이해하는 수준을 높이면 한 단계 더 올라갈 수 있다. 자신을 더 많이 알수록 정밀 의학에서 나타날 수 있는 위험성은 줄어들고 효과는 더 커질 것이다. 정밀 의학의 엄청난 잠재력을 실현하려면 지금보다 더 많이 자신을 지켜보고 측정하고 이해해야 한다. 그러면 훨씬 정확하고 정교한 결과를 도출할 수 있을 것이다.

그러려면 기본적으로 개인 병력과 가족력, 다양한 생체 정보, 기존 방식의 검사 결과에 대한 분석 자료가 필요하다. 신체뿐 아니라 이를 둘러싼 환경이 변화할 때 신체 내로 들어오고 나가는 모든 물질을 지속적으로 모니터링해야 한다. 그중에서도 가장 중요한 정보는, 우리가 누구인지 그리고 어떤 잠재력을 가졌는지 알려주는 재료다. 그것이 바로 전체 게놈 염기서열을 분석한 재료다.

유전자 데이터 혁명:
100달러면 당신의 설계도를 읽는다

2000년 토니 블레어 영국 총리는 한 백악관 행사에 참석했다. 여기서 클린턴 대통령은 첫 번째 인간 게놈 염기서열 분석의 초안을 발표했고, 1954년 (주로 프랭클린과 윌킨스의 도움을 받아) 왓슨과 크릭이 발견한 DNA 이중나선을 언급했다. 클린턴은 6개국에서 온 1,000명 이상의 연구자가 10년 동안 함께 일하며 유전암호를 상당 부분 밝혀냈으며, 이 작업은 3년 후 첫 번째 게놈을 발표할 때가 되면 절정에 달할 것이라고 설명했다. "우리는 지금 신이 생명체를 창조할 때 썼던 언어를 배우고 있으며, 신이 내린 신성한 선물의 복잡성과 아름다움, 경이로움에 그 어느 때보다 경탄하고 있습니다."[10]

마치 신의 계시를 받은 것처럼 시작한 이 마법 같은 인간 게놈 프로젝트는 2003년에 완료되었다. 하지만 이는 시작이지 끝이 아니었다. 단지 인간의 몸에 있는 소스 코드를 이해하고 조작하는 노력의 시작에 불과했다. 이를 발판 삼아 나아가야 하는 첫 번째 단계는 인간의 유전과 관련된 내용을 훨씬 깊이 이해하여 염색체 검사를 개선하는 것이었다. 더불어 완전히 새로운 분야와 기업을 창출하고, 의료 서비스가 한 단계 더 발전하는 초석을 세워야 했다.

15년 후 미국은 새로운 정밀 의학 계획Precision Medicine Initiative(건강 데이터를 수집하면서 치료 프로그램을 향상시키는 연구 프로젝트 – 옮긴이) 실행을 위한 초기 투자금 2억 1,500만 달러를 약속했다. 버락 오바마 미국 대통령은 이 계획이, 인간 게놈 프로젝트라는 기초 과학이 정밀 의학 응용의 '새로운 시대'로 전환되는 시초가 될 것임을 강조했다. 덧붙여 "이전에는 경험하지 못한 새로운 의료 혁신을 이뤄 낼 엄청 난 기회"라고 말했다. 이어서 정밀 의학이 어떤 식으로 "항상 적절한 사람에게 적절한 시기에 적절한 치료"를 할 수 있는지 설명했다.[11]

또한 오바마는 정밀 의학을 실현하기 위해 풀어야 할 여러 문제점, 가령 기금 조성, 사생활 보호, 정치적 합의, 분야 간 협력 등도 대략 밝혔다. 분명 우리는 더 정확하고 세부적인 기술로 더 많은 게놈 염기서열을 해석해야 하고, 더 많은 생물학 데이터와 강력한 컴퓨팅 기술, 분석형 알고리즘, 지식의 활발한 공유가 필요하다.

지금은 어디까지 왔을까? 2015년 오바마 대통령이 주최한 백악관 행사의 참석자들이 상상한 것보다 훨씬 빠르게 이 모든 요건이 채워지고 있다.

2003년 발표한 인간 게놈 프로젝트에서는 염기서열 해석의 오류율이 뉴클레오타이드 1만 개당 한 개 정도 나왔다. 그러나 2015년에는 그 비율이 상당히 줄어서 100만 개당 한 개가 나왔고, 긴 DNA 조각도 정확하게 읽어 낼 수 있었다. 2023년 5월 과학자들로 구성된 한 컨소시엄은 인간의 유전 변이를 측정할 수 있는 더 포괄적인 새 표준을 만들겠다는 목표를 세웠다. 이들은 다양한 인종으로 구성된 47명의 전체 게놈 염기서열을 해석했고, 그 결과를 대조 분석한 '판 게놈'pangenome을 공개했다.[12]

2003년, 인간의 전체 게놈을 최초로 해독했을 때 그 질은 아직 낮았지만 무려 27억 달러라는 막대한 비용이 들었다. 이후 2015년에는 비용이 4,000달러로 떨어졌고, 오늘날에는 약 100달러 수준까지 내려왔다. 겨우 20년 만에 비용이 2,700만 배 감소한 것이다.[13] 같은 기간에 평균 커피 한 잔 가격과 같은 비율로 하락했다고 가정하면 1달러로 커피 900만 잔을 살 수 있다는 계산이 나온다. 2003년 이후 수천만 명이 전체 또는 부분적으로 자신의 게놈 염기서열을 분석했다.

이러한 놀라운 발전의 배경에는 성능이 빠르게 향상된 컴퓨터 칩이 있었다. 2003년 인텔의 펜티엄4 시리즈에는 약 1억 2,500만 개의 트랜지스터가 들어 있었고 용량은 최대 4기가바이트였다. 2021년 말에 판매된 가장 빠른 컴퓨터 칩에는 390억 개 이상의 트랜지스터가 있었으니, 2003년 칩과 비교해 300배 상승했다고 볼 수 있다. 최대 2테라바이트의 메모리를 지원했으므로, 2003년 칩과 비교해 메모리 용량은 500배 상승했다. 성능도 좋고 가격도 저렴한 칩 덕분에 머신러닝을 비롯해, 과거에는 상상할 수 없었던 알파폴드나 프로젠 같은 분석 도구가 나올 수 있었다. 이런 분석 도구 덕분에 단백질 기능과 관련한 복잡한 내용을 더 잘 이해하는 성과도 낼 수 있었다. 전 세계 과학자들과 정부, 기업 등은 발전하는 컴퓨터 역량을 바탕으로, 그 어느 때보다 방대한 유전학 및 시스템 생물학 데이터베이스를 더 잘 이해하면서 점점 더 심오한 통찰력을 얻고 있다.

현재 미국, 영국, 유럽연합, 중국, 일본, 기타 국가에서 정리한 데이터베이스에는 전체 염기서열이 분석된 수백만 명의 게놈이 저장되어 있다. 그러나 이 작업에 드는 비용이 감소하고, 컴퓨터 성능이 향상되며, 게놈 정보를 미래의 의료 서비스와 다른 여러 분야에 활용할 것을 감안하면, 분명 10년 안에 10억 명 정도의 게놈이 분석

될 것이다.

10억 명 이상의 사람들에 대한 생물학 및 생활 정보와 전체 게놈 분석 자료가 검색 가능한 데이터베이스에 저장되어 있다는 것은 어떤 의미일까? 현재까지의 진행 상황과 '제노믹스 잉글랜드'Genomics England 설립의 포부, 영국의 국민보건서비스National Health Service, NHS에서 진행한 계획에서 그 답을 찾을 수 있다.

2003년 첫 번째 인간 게놈 지도가 완성되자, 곧바로 영국 정부는 다음 단계로 바로 올라갈 수 있는 강력한 위치에 있다는 사실을 깨달았다. 영국은 유전학에서 가장 중요한 발전이 부분적으로 일어났던 곳이었고 과학적 기반도 매우 탄탄했기 때문이다. 영국은 국가 차원에서 의료비를 지원한다. 따라서 환자 기록이 좀 더 분산되어 있고 복잡한 미국보다 국민의 건강 및 생활 기록이 표준화된 형태로 존재할 가능성이 높았고 공유도 더 쉬웠다.

데이비드 캐머런 영국 총리는 3년 전 오타하라증후군[14]으로 알려진 희귀 선천성 신경장애로 어린 자녀를 잃었다. 2012년 그는 '10만 게놈 프로젝트'를 진행하기 위해 제노믹스 잉글랜드를 설립했다. 이 프로젝트는 3억 파운드 이상의 정부 기금을 지원받아, 희귀질환 및 암 환자 7만 명의 전체 게놈에서 10만 개를 분석하는 것을 목표로 잡았다. "우리가 이 프로젝트를 제대로 해낸다면 영국뿐 아니라 전 세계 다양한 질환에 대한 진단법과 치료법을 바꿀 수 있을 것입니다. 세계 최고의 연구자들이 효과적인 새 치료약이나 획기적인 치료 기술을 개발할 수 있을 것입니다."[15]

얼마 전까지만 해도 연구자들은 희귀암을 비롯해 희귀질환을 일

으키거나 원인을 제공하는 돌연변이 유전자의 패턴을 최대한 많이
알아내는 데 주력했다. 그러나 제노믹스 잉글랜드는 여기서 한 발
더 나아가기로 결정했다. 샌디에이고에 본사를 둔 게놈 분석의 골리
앗 '일루미나'와 다수의 일류 제약회사 및 생명공학 기업들과 협력
을 맺은 것이다. 영국 최대 자선단체인 웰컴 트러스트는 영국 케임
브리지대학교 외곽에 대형 게놈 염기서열 분석 센터를 설립하는 데
지원했다. 이 지역은 최첨단 생명과학 연구의 세계적인 허브로 빠르
게 발전하고 있다.

이 프로젝트는 작지만 중요한 성공을 꽤 빠른 속도로 이뤄 냈다.
의사들은 염기서열 해석만으로도 희귀질환을 앓는 아이들의 유전적
원인을 밝혀낼 수 있었다. 이전만 해도 증상이 나타난 뒤에야 알 수
있었던 질환이었다. 그러나 이들의 목표는 단순히 질병 확인에 그치
는 게 아니라 이를 치료하는 것, 궁극적으로는 예방하는 데 있었다.
그러므로 더 큰 노력이 필요했다.

2018년, 영국에서 10만 번째 게놈 염기서열이 분석되었다. 이는
10만 게놈 프로젝트의 완료를 뜻하는 동시에 다음 단계로의 새로운
시작을 알렸다. 다음 단계는 희귀질환과 희귀암을 앓는 10만 명의
게놈을 단순히 분석만 하는 게 아니라, 환자와 건강한 사람 모두를
포함한 다양한 커뮤니티의 게놈을 분석하는 것이었다. 그 후 머신러
닝을 이용해 유전 정보, 시스템 생물학 정보, 생활 정보(일명 표현형 정
보)를 비교하고 유용한 결과물을 도출했다. 인간의 유전 형질은 모두
다르다. 따라서 이런 확대된 형태의 프로젝트는 방대한 데이터 분석
을 통해 복잡한 패턴을 이해하는 것에 중점을 두었다.

2020년 제노믹스 잉글랜드는 이렇게 발표했다. 국민보건서비스는 "일상적인 치료의 일부로 전체 게놈 분석을 제공하는 세계 최초의 국가 의료 시스템이 될 것이다. 이 기관은 새로운 게놈 기술을 활용해 희귀질환, 전염병, 암을 일으키는 유전 결정인자를 확인하고… 암을 초기에 발견하며… 질환에 대한 맞춤형 치료법을 제공하여 사람들이 더 오래, 더 건강하게 살아가도록 도울 것이다."[16]

영국은 이 목표를 이루기 위해 질환을 앓는 사람뿐 아니라 모든 사람에게 집중해야 했다. 공공-민간 파트너십 은행인 영국 바이오뱅크는 2016년부터 자원봉사자 50만 명의 전체 게놈 염기서열을 해석한 기록, 의료 기록, 혈액과 소변, 타액 샘플, 신장 MRI 사진, 인지 검사 기록 등을 포함한 광범위한 데이터베이스를 구축하기 시작했다. 전체 분석된 게놈 중 15만 개를 초기 분석한 결과는 2022년 7월에 발표되었다. 여기에는 이전에 식별할 수 없었던, 다양한 질환을 일으킬 수 있는 유전적 패턴이 포함되어 있었다.[17] 이후 수백만 개의 중요한 연구가 이 독특하고도 유익한 자료에 의존했다.

이렇듯 영국은 거대한 생물학적 데이터를 쌓을 수 있는 정교한 시스템을 가장 많이 갖춘 국가일지도 모른다. 그러나 다른 국가와 사기업 역시 그 뒤를 바짝 쫓고 있다.

영국보다 시작은 늦었지만 미국의 '올오브어스'All of Us 이니셔티브도 비슷한 목표를 가지고 열정적으로 시작했다. 2018년 5월 미국 국립보건원이 공식적으로 그 시작을 알렸고, 미 의회는 이 프로젝트에 10년 이상 15억 달러에 이르는 기금을 지원하기로 약속했다. 국립보건원은 다양한 배경의 100만 명에게서 건강 및 생활 데이터와 함께 분석된 전체 게놈을 수집한다. 또한 타액, 혈액, 소변 샘플, 신체 검사지, 전자의무 기록EHR, 부착형 기계에서 얻은 데이터, 생활습관 관련 정보 분석지, 건강 이력, 가족력, 주변 환경 정보도 수집한다.[18] 이 자료는 과학자들이 개인을 식별할 수 있는 정보를 삭제하여 정밀 의학을 더 발전시키는 데 중요하게 쓰일 것이다.

2016년 중국 정부는 중국 '정밀 의학 이니셔티브'Precision Medicine Initiative의 일환으로 중국 시민 1억 명의 게놈 분석 계획을 발표했다. 목표는 의학 연구에 쓸 방대한 유전학 데이터베이스 구축이었다. 이듬해 정부는 '헬스케어 빅데이터' 센터 건립과 의료 분야에서 빅데이터 사용을 촉구 및 규제하는 일곱 가지 지역 이니셔티브를 발표했다.

중국은 그동안 정부 주도하에 범죄 수사를 목적으로 유전 정보 데이터베이스를 구축해 왔다. 약 7,000만 명의 한족 남성, 위구르족과 티베트족을 포함한 다수의 탄압받는 소수민족 유전자 샘플을 대부분 동의 없이 공격적으로 수집했다. 영국과 미국이 최대한 사생활을 보호하고 조심스럽게 연구를 진행한 것과 달리 중국은 공안부에서 데이터베이스를 통제한다.[19] 2022년 중국 정부는 자국민의 유전 데이터가 해외로 유출할 수 없는 전략적 자산이라고 밝혔다.[20]

이런 다양한 노력의 결과로 전자 데이터베이스에 입력한 유전자 데이터의 양은 빠르게 증가했다. 최근 브루킹스 연구소 보고서는 유전학 데이터와 기타 시스템 생물학 데이터를 통합하려는 국가 제노믹스 이니셔티브를 추진 중인 15개국의 목록을 발표했다. 이들 외에 다른 수십 개국에서도 비슷한 노력을 시작할 것이라고 밝혔다.[21] 이 데이터를 비롯해 방대한 생명·생활 정보 데이터가 축적될수록 그 속에서 직접 활용할 수 있는 유용한 아이디어를 떠올릴 기회도 늘어날 것이다.

유전학과 생명공학, AI 혁명이 교차하는 지점에서 모든 것이 바뀔 것이다.

AI가 실험실을 장악할 때

우리 조부모님은 이민자 출신의 도축업자였다.[22] 손자인 나는 전 세계 도축업자들이 소를 각각의 부위(우둔, 안심, 갈비, 설도 등)들의 집합체로 본다는 말에 어느 정도 수긍한다. 그들은 소를 아래 그림과 같이 바라본다.

우리는 병원을 찾을 때 이와 비슷한 방식으로 접근한다. 어디가 아프냐에 따라 귀, 코, 목과 관련된 전문의, 무릎 전문의, 위장병 전문

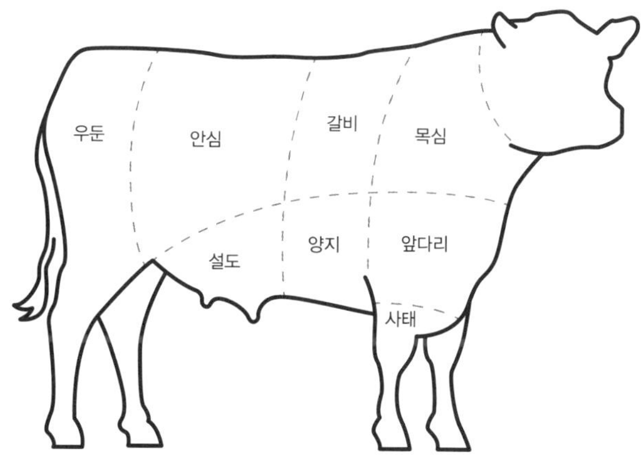

의 등을 찾아간다. 우리 몸 안의 여러 기관에 대해 생각할 때도 마찬가지다.

전체를 구획으로 나누는 방식은 도축할 때, 무릎을 고칠 때, 게놈을 분석할 때조차도 매우 유용하다. 하지만 생물학의 복잡성을 이해하기에는 충분하지 않은 것도 사실이다.

각각의 부위를 모두 더한다고 소가 되지 않듯이 다양한 시스템을 단순히 합쳐 놓는다고 인간이 되는 것은 아니다.

인간의 유전자 암호는 분명 그 사람의 정체성과 본질, 가지고 있는 잠재력을 결정하는 데 중요한 역할을 한다. 하지만 암호 자체는 진공 속에 있는 하나의 바이러스 또는 종이에 인쇄된 컴퓨터 코드 한 줄처럼 비활성 존재일 뿐이다. 이 암호는 복잡한 생물학적 시스템 속에서 비로소 살아 움직일 수 있다.

그래서 생물학을 이해하려면 단순히 유전자를 포함한 게놈의 구조를 번역하고 디지털화하는 데 만족하면 안 된다. 그 외에도 유전자 발현을 규제하는 시스템인 후성유전체학epigenomics, RNA가 게놈의 메시지를 리보솜으로 전달하는 방식인 전사체학transcriptomics, RNA를 규제하는 시스템인 후성전사체학epitranscriptomics, 단백질이 발현되는 방식인 단백질체학proteomics, 표현체학phenomics, 대사체학metabolomics, 신체 내 분자 화학 프로세스 등도 이해해야 한다. 이런 시스템은 끊임없이 바뀌고 서로 간, 더 넓게는 주변 환경과도 상호작용한다. 따라서 우리 작업 역시 꾸준히 진행되어야 한다. 다시 말해 80억 명의 게놈을 분석하는 이니셔티브를 진행하더라도 이 프로젝트는 80억 명의 표현체 및 환경 정보를 측정하는 프로젝트와 짝을 이루어야 한다. 그래야만 동적인 생물학적 시스템이 발현되는 모든 방식을 측정할 수 있다.

이 단계를 밟아 나가는 과정 초반에 세라 테이크만Sarah Teichmann과 아비브 레게브Aviv Regev는 '인간 세포 아틀라스 계획'Human Cell Atlas Initiative을 실행했다. 2016년부터 시작한 이 프로젝트에 다섯 개 대륙에 있는 1,000개 이상의 연구소에서 3,000명에 가까운 연구자들이 지원했다. 이들은 인체를 구성하는 모든 세포의 광범위한 지도를 만들기 위해 노력했다. 일반적으로 인간이 약 37조 개의 다양한 세포로 구성된다는 점을 감안하면 정말 어마어마한 프로젝트다. 이 연구는 최첨단 이미지 촬영, 유전자 및 후성 유전자 서열 분석, 특별한 분석 시스템을 사용해 컴퓨터 모델이 분자 특성과 물리적 특성에 따라 다양한 세포를 분류하는 방식으로 진행된다. 인간 혼자만의 힘으로는 절대 해낼 수 없는 일이다.

인간 세포 지도를 더 정교하게 만들려는 노력으로도 복잡한 생물학의 모든 부분을 완전히 밝혀내지는 못할 것이다. 그러나 적어도 생물학에 대한 이해도를 높이는 데는 큰 역할을 하고 있으며, 이미 실현 가능한 새 유형의 치료법을 만들고 있다. 예를 들어 제약 회사들은 새로운 잠재적 치료법 개발에 이미 인간 세포 아틀라스 모델을 사용한다. 첨단 AI 모델을 사용하여 복잡한 생물학을 더 잘 이해한다면 생명 시스템을 이해하는 데도 큰 이익이 될 것이다. 현미경의 발명이 우리 조상들로서는 상상하기 어려웠던 복잡성의 세계를 일깨워 준 것과 마찬가지다.

현재 개별 세포 내에 있는 여러 시스템의 기능을 더 잘 이해하기 위해 '단일 세포 멀티오믹스'single-cell multiomics(세포 하나의 단위에서 게놈, 전사체, 단백질체 등 여러 생물학 정보를 동시에 분석해 세포 간 차이를 정밀하게 밝히는 연구 기법 – 옮긴이)라는 새로운 접근방식이 떠오르고 있다. 3차원 모델을 생성해서 개별 세포의 다양한 유전자들이 어떤 식으로 실시간 발현되는지 명료하게 밝히는 작업이다.[23] 그 결과 연구자들은 인체라는 동적인 시스템 내에서 세포의 기능 방식을 더 깊이 이해하게 될 것이다.

세계 각국의 연구자들은 '자율주행 실험실'이라는 새로운 모델을 구축하고 있다. 이 실험실은 AI 시스템과 높은 처리량을 자랑하는 고급 자동화 기계를 합쳐 신약 개발, 실험 과정, 인간이 설계한 모든 생물학적 연구를 훨씬 빨리 진행시킬 것이다. 다시 말해 머신러닝 알고리즘으로 선별한 수천 번, 수백만 번의 실험을 신속하게 진행하여 인간 연구자들이 정한 목표에 이를 수 있다는 뜻이다.

이 중 하나가 스탠퍼드 연구팀의 '버추얼 랩'Virtual Lab으로, 각자 다른 역할을 맡은 다섯 개의 AI를 하나로 모으는 방식을 따른다. 인간의 감독 아래 이 시스템은 연구 책임자 역할을 하는 하나의 AI가 면역학, 머신러닝, 계산 생물학을 담당하는 세 AI의 작업을 감독하고 조율하도록 설계되었다. 나머지 하나의 AI는 일종의 전자 보조 관리자처럼 다른 AI의 작업들을 점검한다. 이런 시스템은 아직 독립적으로 작동하지 못하고 오류도 수없이 발생하지만, 앞으로 계속해서 발전해 나갈 것이다. 또한 로봇 공학 및 여러 분야의 발전과 결합하여 과학의 진보를 가속화할 것이다. 2023년 1월 《네이처》에서는 이 프로세스가 전문가의 전체 연구 생산량을 30배가량 높임으로써 연

구자들의 남은 에너지가 더 어려운 과학 문제를 푸는 데 할당될 것이라고 설명했다.[24]

이에 발맞추어 2023년 8월《네이처》의 'AI 시대의 과학적 발견'이라는 기사에는 이런 내용이 실렸다. "AI 시스템의 성능이 인간에 필적하거나 오히려 인간을 넘어서면서 일상적인 실험실 업무는 AI로 대체할 수 있게 되었다. 이에 연구자들은 실험 데이터를 기반으로 예측 모델을 반복적으로 개발하고, 손이 많이 가는 반복 작업을 하지 않고도 모델을 개선하는 실험을 선택할 수 있다."[25]

다양한 관련 예시가 있는데, 그중 독일 막스 플랑크 인지 및 뇌과학 연구소Max Planck Institutes 연구자들의 작업 방식을 살펴보자. 이들은 먼저 AI 시스템으로 300만 개가 넘는 단백질 서열을 분류했다. 그 과정에서 이 시스템은 생물활성펩타이드bioactive peptides(인간에게 위험한 박테리아와 싸우는 데 중요한 잠재력이 있는 천연 단백질 조각)의 유전자 언어를 배운다. 그 후 훈련을 마친 알고리즘은 이론적이긴 하지만 50만 개의 항균 펩타이드를 제안할 수 있다. 연구자들은 컴퓨터 시뮬레이션으로 가장 적절한 500가지를 추려 더 깊이 분석했다. 그런 다음 DNA 합성기로 펩타이드를 생성하고 고출력 시스템을 사용해 자동으로 테스트했다. 실험실에서 인간 세포를 대상으로 실험했을 때 이 중 여섯 개가 다제내성multidrug resistant 박테리아 퇴치에 가장 효과적인 것으로 나타났다.

또 다른 예로 미국 소기업인 앱사이Absci를 들 수 있다. 이곳에서는 인간의 단백질과 환자의 조직 데이터베이스에 관한 생성형 AI 모델을 훈련시켰다. 이 모델은 인간의 면역반응을 올려 주는 합성 항체 수십억 개를 제시했다. 연구자들은 예측된 항체의 염기서열 중 가장 적절하다고 판단한 종류를 유전자 변형 대장균에 삽입한 후 실험실에서 배양하고 대규모로 실험하여 가장 유망한 후보를 선별했다.

2023년 1월 앱사이는 AI 분석만으로 새로운 치료용 항체를 개발했다고 발표했다. 이런 일은 처음이었다. 12월 앱사이는 세계적인 대형 제약회사인 아스트라제네카와 파트너십을 맺고 생성형 AI를 이용해 암에 대한 새로운 항체 치료제 개발에 착수했다. 이런 식의 접근으로 신약 개발 속도가 빨라지고 범위가 확장되며 비용이 절감된다. 아이소모픽 랩스, 리커전 파마슈티컬스, 슈뢰딩거, 테리와 같은 스타트업은 생물 정보 데이터베이스로 학습한 대형언어모델을 이용해 신약 개발을 앞당기고 있다.

미국에서 신약 하나를 시장에 출시하는 데 평균 10년, 비용은 약 10억 달러가 소요된다. 그리고 신약 후보 물질에 대한 임상시험의 약 90퍼센트가 실패한다. 이런 점을 고려하면 신약 개발 과정을 더 효율적이고 생산적으로 만들기만 해도 미국 전체 의료 시스템에 대단히 긍정적인 영향을 미친다. 그 성과는 가설을 세우거나 질병을 공략할 방법을 새롭게 찾는 등 더 흥미로운 활동뿐 아니라 회계 처리, 시간 관리, 환자 식별 및 추적과 같이 덜 흥미로운 활동에서도 나올 수 있다.

실험실의 시스템과 기계가 더 자동화되고 인간의 역할은 축소되어 최소한의 필수적인 부분에만 적용되면 연구 역량은 분명 빠르게 증가할 것이다. 알파폴드가 시간의 자유를 줌으로써 인간이 다음 단계의 목표를 이루기 위한 상상력을 펼칠 수 있었던 것과 마찬가지다.

이런 방식의 진보는 인간 세포에 대한 이해뿐 아니라 우리에게 기생하는 존재를 이해하는 능력도 향상시킬 것이다.

평균적으로 인체 내에는 39조 개의 박테리아, 바이러스, 곰팡이, 기타 미생물 세포가 있다고 알려져 있다. 여기서 잠깐 인간 세포가 대략 37조 개라는 사실을 다시 떠올려 보자. 인간은 건강을 지키고 생존을 유지하는 데 중요한 역할을 하는 공생미생물을 가진 존재라고 생각할 수 있다. 그러나 숫자로만 보면 사실 다양한 미생물 군집이 인간을 가진 존재라는 주장도 제기될 수 있다. 어떤 주장이 사실이든, 인간이 속한 넓은 생태계를 이해하지 못하면 우리 자신도 완벽하게 이해하지 못한다. 이런 믿음은 최근 몇 년 동안 더 공고해진 듯하다.

우리는 배우면 배울수록, 앞으로 배워야 할 부분이 얼마나 많은지 확실히 깨닫는다. 몸속 미생물 군집은 그 종류가 정말 다양하다. 이들은 시간이 지나면서 계속 변화하고 사람 간에도 차이가 있다. 예를 들어 초파리가 같은 공간에서 부화하고 같은 음식을 먹는다 해도 그 속에 있는 미생물 군집의 종류는 완전히 다르다. 우리의 미생물 군집은 식습관 차이, 스트레스, 사회 구조, 질병, 활동량, 흡연과 음주 습관, 복용 약, 나이를 포함한 수많은 요인에 의해서도 지속적으로 변화한다. 미생물 군집은 우리와 잘 화합하면 건강을 유지하는 데 핵심적인 역할을 하지만 그렇지 못하면 해가 될 수 있다.

우리 몸 안팎은 이런 시스템으로 이루어진 복잡하고 역동적인 생태계이며, 끊임없이 상호작용하고 주변의 환경 변화에 반응한다.[26]

정밀 의학의 미래는 이런 시스템을 개별적이고 복합적으로 해독하는 데 얼마나 성과를 내느냐에 따라 달라질 것이다. 생물학자와 의사, 화학자, 컴퓨터 과학자, 물리학자, 통계학자, 기타 전문가들이 함께 협력하는 새로운 분야인 시스템 생물학이 정밀 의학과 함께할 것이다. 목표는 관련 데이터 세트를 대대적으로 분석해 인간의 복잡한 생물학 시스템을 더 깊이 이해하고 궁극적으로는 건강을 증진하는 것이다.

이러한 목표를 효과적으로 달성하는 데 필요한 지식과 지혜, 고급 데이터 세트, 컴퓨터 성능, 알고리즘 등의 단계가 아직은 초기에 머물러 있다. 하지만 이 모든 요건은 유전학, 생명공학, AI의 발전과 융합되어 시간이 지나면서 엄청나게 향상될 것이다. 새로운 기술은 새로운 아이디어를 창출하고 새로운 질문을 낳아 새로운 데이터를 확보한다. 새로운 가정을 하고 새로운 실험을 하면서 결국 더 새로운 기술을 창출하는 순환이 일어날 것이다. 그것도 아주 속도가 빠른 역동적이고 창의적인 혁신의 선순환이다.

IBM 컴퓨터 과학자들이 체스를 마스터할 수 있는 컴퓨터를 디자인했을 때 체스보다 훨씬 오래되고 수학적으로 더 복잡한 바둑을 마스터하려면 이보다 더 오래 걸릴 것이라 예상했다. 하지만 그 생각은 틀렸다. 딥마인드 팀이 바둑을 마스터했을 때는 어땠는가? 그때도 단백질 접힘을 예측하는 일은 아주 먼 미래에나 가능할 것으로 생각했을 것이다. 하지만 이 역시 틀렸다. 지금 우리가 서 있는 위치를 생각할 때 인간의 복잡한 시스템 생물학의 비밀을 풀 가능성은 아직 낮아 보일지 모른다. 그러나 언제나 그렇듯 이 예측 또한 빗나갈 것이다.

AI와 영상의학:
의사보다 빠르고 정확한 진단

AI 시스템이 패턴 인식에서 뚜렷한 성과를 보인 점을 생각해 보자. 영상의학Radiology 분야는 방대한 데이터와 인간의 통찰력, 더욱 강력해진 AI 알고리즘이 결합되었을 때 의료 서비스가 어떤 식으로 변화할지 연구하는 데 매우 적합하다.

과학자들은 영상의학 전문의 및 관련 의사들이 의료 영상을 더 잘 분류하는 데 컴퓨터가 도움을 줄 방법을 수십 년간 구상해 왔다. 영상의 정확한 해석이 환자의 생사를 좌우할 수 있기 때문에 아주 중요한 부분이었다. 수십 년간 실험한 끝에 AI 시스템을 이용해서 불규칙한 심장박동 패턴을 읽거나 유방 촬영술을 진행하는 등 제한적이지만 어느 정도 발전이 있기는 했다. 하지만 전체적으로 보면 결과는 여전히 실망스러웠다.

그러나 이런 지지부진했던 상황은 머신러닝의 강력함과 성능 향상이 불러일으킨 AI의 봄에서 첫 번째 싹이 자라나면서 바뀌기 시작했다. 기나긴 겨울을 보내야 했던 AI가 드디어 얼어붙었던 땅을 뚫고 새싹이 나왔다.

세바스찬 스런Sebastian Thrun은 2016년 스탠퍼드대학교 교수에서 구글 임원이 된 인물이다. 그는 단층 신경망 알고리즘을 의료 영상 작업에 적용하여 얼었던 땅을 깨보기로 결정했다. 스런은 구글에서 창의력 넘치는 부서인 구글 X를 설립했고, 당시 세계에서 가장 진보한 자율주행 자동차 '스탠리'를 개발했다. 스탠리는 미 국방부 산하 방위고등연구계획국US Defense Advanced Research Project Agency이 2005년 개최한 무인 자동차 경주대회 '그랜드 챌린지'에서 우승을 거머쥐었다.[27] 스런의 어머니는 유방암으로 일찍 세상을 떠났다. 이 사건은 암 조기 발견에 기여할 만한 일을 고심하게 된 계기가 되었다.[28]

스런은 그의 학생들과 함께 2,000가지가 넘는 피부 병변 임상 이미지 10만 개 이상을 자신들의 시스템에 먼저 입력했다. 이 이미지들은 이미 영상의학 전문의와 병리학자가 암으로 진단하거나 암이 아닌 형태로 분류한 상태였다. 연구팀은 입력된 자료를 토대로 AI 강화 학습 모델을 훈련했다. 그리고 2017년 1월, 《네이처》에 발표한 이들의 논문은 전 세계를 깜짝 놀라게 했다.

이 프로그램은 경쟁 상대인 21명의 피부과 전문의의 소견과 거의 비슷한 수준으로 가장 흔하면서 치명적인 피부암을 식별해 냈다.[29] 이들의 첫 번째 대결은 2015년 바둑 대전에서 알파고와 바둑 기사 여럿이 벌인 대국처럼 무승부로 끝났다(참고로 세계 챔피언 이세돌과의 그 유명한 대국은 이듬해에 열렸다). 2015년의 알파고처럼 인간의 지능은 일정한 수준을 유지했지만, 알고리즘의 파워는 기하급수적으로 강해졌다.

스런의 논문이 발표되었을 때 딥러닝의 선구자 제프리 힌턴은 의사이자 작가인 싯다르타 무케르지Siddhartha Mukherjee에게 이렇게 말했다. "당신이 영상의학 전문의라면 애니메이션 속 와일 E. 코요테 같을 겁니다. 로드러너를 쫓다가 이미 절벽 끝을 넘어섰지만 아직 아래를 내려다보지 않은 상태죠. 발밑에는 아무것도 없어요. 장담컨대 5년 후에는 딥러닝이 영상의학 전문의보다 더 많은 성과를 낼 겁니다. 어쩌면 10년이 걸릴 수도 있겠지만요."[30]

현재 그가 말한 10년은 거의 지났고 AI 알고리즘은 꾸준히 발전하고 있지만, 힌턴의 예측은 아직 완전히 실현되지 않았다. 2021년에는 여러 의학 분야에서 인간 전문가와 딥러닝 알고리즘이 판독한 방사선 영상의 정확도를 비교 분석하여 500건 이상의 연구를 종합한 체계적 검토가 발표되었다. 이 발표에서 알고리즘의 정확도는 당뇨망막병증, 노화로 인한 황반변성, 녹내장 진단에서 93퍼센트 이상, X선 또는 CT 사진을 통한 폐 결절과 폐암 진단에서는 86퍼센트 이상, 유방암 진단에서는 86퍼센트 이상이었다. 이 성과는 전문가에 상응하거나 그보다 뛰어난 수준이었다.

논문 마지막에서는 여러 연구를 표준화하고 AI 시스템의 중립성을 지키는 데 할 일이 아직 많다는 결론을 내렸다. 하지만 꾸준히 강화되는 AI 시스템 덕분에 영상의학의 미래는 분명 인간의 진단에만 의존하지 않을 거라는 확신이 담겨 있었다.[31] 영상의학-GPT 같은 이름의 영상의학 전용 AI 시스템이 나온다면 영상의학 이미지를 더 정확하게 분석하고 연구하며 환자들과 상호작용할 수 있을 것이다.[32]

그러나 힌턴의 예측과는 반대로 AI의 분석력이 향상되자 오히려 영상의학 전문의의 정확도와 역량이 좋아지는 현상도 나타났다.[33] 2022년 30만 건에 육박하는 연구 결과를 검토한 자료에 따르면 유방암 검진에 사용되는 AI 시스템이 영상의학 전문의와 거의 동일한 수준의 2차 소견을 냈다. 덕분에 영상의학 전문의의 업무량은 거의 3분의 1로 감소했다.[34] 2022년 뉴욕대학교에서는 훈련된 단층 신경망과 수준 높은 영상의학 전문의의 유방암 검진 정확도를 비교했다. 그 결과, 일반적으로 식별하기 어려울 정도로 크기가 작은 이상 세포 또는 영상의학 전문의가 식별할 수 없거나 암과 무관해 보이는 부분까지 찾아내는 데 기계가 월등히 뛰어났다. 그러나 전체적인 문맥을 이해하는 수준은 한참 떨어지는 것으로 나타났다.

2023년 8월에 발표한 스웨덴 연구에 따르면 AI 시스템의 지원을 받은 영상의학 전문의가 그렇지 않은 전문의보다 중년 여성의 유방암 진단에서 평균적으로 20퍼센트 더 높은 정확도를 보였다. 또한 AI 알고리즘을 활용해 유방 촬영 영상을 판독하면, (대개 과중한 업무에 시달리는) 영상의학 전문의의 업무를 정확도가 떨어지는 일 없이 44.3퍼센트 줄일 수 있다고 결론지었다.[35] 2025년 1월에 발표된 독일의 한 대규모 연구 결과에 따르면, 전문 AI 시스템의 지원을 받는 영상의학 전문의는 그렇지 않은 전문의보다 18퍼센트 더 정확한 진단을 내렸다. 이 연구는 2년간 독일 병원 12곳에서 50대 및 60대 여성 약 50만 명의 유방 촬영 결과를 분석했다.[36]

브로드 연구소 컴퓨터 생물학자 앤 카펜터Anne Carpenter는 생물학자가 세포를 더 잘 분석할 수 있도록 딥러닝 AI 기반 컴퓨터 모델을 새로 발표하면서 이렇게 말했다. "이제 생물학자는 이미지를 보고 이전에는 측정해야 하는지 몰랐던 부분을 측정할 수 있는 단계로 넘어가고 있습니다. 대개 많은 사람이 어려워하는 부분이죠."[37]

이러한 유형의 AI 기반 이미지 분석을 임상 적용하는 사례가 늘고 있다. 예를 들어 안저카메라retinal camera는 전통적으로 당뇨병성 망막 검사에 사용되었다. 그러나 AI 분석이 더해지면 고혈압성망막증, 망막열공, 울혈유두, 녹내장, 노화 관련 황반변성, 고혈압뿐 아니라 알츠하이머병 등 다양한 질환의 증상을 발견하는 데 사용할 수 있다. 2023년 연구에 따르면 160만 개의 미분류 망막 이미지를 학습한 트랜스포머 AI 알고리즘은 눈 관련 질환뿐 아니라 심장마비, 뇌졸중, 파킨슨병 같은 좀 더 일반적인 전신 질환을 이전 모델보다 더 정확하게 예측할 수 있다고 한다.[38] 이러한 진전에 발맞추어 의료계 리더들로 구성된 한 컨소시엄은 2025년 5월 '눈을 통한 의료 연합'Alliance for Healthcare from the Eye 출범을 알렸다. 여러 부문을 아우르는 이들의 계획은 AI가 인간의 눈을 분석하는 방식을 활용하여 심장, 신장, 뇌 및 기타 질병을 선제적으로 진단 및 치료하기 위해 설계되었다.

미시간대학교 신경외과 전문의와 공학자로 구성된 팀은 미국을 포함한 국제 파트너들과 AI 시스템을 개발했다. 이 프로그램은 치명적인 뇌종양인 신경교종을 90초 안에 분석할 수 있다. 이 질환은 진단 속도가 특히 중요하다. 뇌 수술 시 종양을 완전 제거해야 하는 유형이 있고, 완전 제거가 더 위험하여 부분 제거를 해야 하는 유형이 있기 때문이다. 과거에는 이 두 유형 중 하나를 선택하는 데 짧게는 며칠, 길게는 몇 주가 걸렸다. 이미 수술대에 누워 있는 환자에게는 너무나 긴 시간이었다. AI의 보조로 실시간 이미지 분석이 가능하기 때문에 의사들은 수술 중에 종양을 완전 제거할지 일부를 남길지 결정할 수 있게 되었다.[39]

영국 노팅엄의 퀸스 메디컬 센터 의사들도 이와 비슷한 초고속 나노포어 게놈 시퀀싱 기술을 사용한다. 수술을 시작하고 뇌종양에서 채취한 생검 조직을 AI가 분류하면 외과의가 그 결과를 실시간 자신의 결정에 반영한다. 가령 종양이 악성인지 양성인지에 따라 제거할지 그대로 두는 게 나은지 수술 방침을 알려준다.

2023년 10월 네덜란드 의사들은 중추신경계 데이터 세트로 학습된 신경망 AI 시스템을 개발해 배포했다. 그리고 수술 중에 채취한 환자 25명의 뇌종양 샘플을 이 시스템으로 분석했다고 밝혔다. 일반적으로는 추가 수술 없이 수술 중에 샘플을 얻고 분석하는 작업이 불가능했기 때문에 이는 매우 중요한 성과였다. 의사들은 속도가 빠른 나노포어 시퀀싱nanopore sequencing(DNA 또는 RNA 같은 핵산의 염기서열을 결정하는 데 사용되는 3세대 염기서열 분석법 – 옮긴이)을 사용하면서 약 4분의 3의 확률로 환자들의 암 종류를 파악했고, 이 정보를 토대로 실시간으로 의사결정을 할 수 있었다.[40] 2023년 12월 환자 2만 7,404명을 대상으로 한 무작위 임상시험 33건을 체계적으로 검토했다. 그 결과 소화기내과 전문의가 직접 대장내시경 검사를 할 때와 AI 시스템을 활용할 때를 비교했더니 더 크기가 작은 폴립(용종)을 찾아내는 데 AI가 '뛰어난 능력을 발휘했다'는 사실이 밝혀졌다.

AI 알고리즘은 인간이 흔히 못 보고 지나치는 패턴을 볼 수 있다. 이 능력은 이제 영상의학 이미지를 분석하는 능력을 훨씬 넘어섰다. 2022년 11월 한 연구에서는 AI 시스템이 목소리만 분석하여 파킨슨병 초기 단계를 진단하는 방식을 증명했다. 이는 이 질병의 예후를 관리하고 치료하는 데 매우 유용한 도구가 될 것이다.[41] 또한 AI 시스템은 비슷한 상황에 있는 환자의 전자의무기록을 분석하여 심장마비, 뇌졸중, 신부전, 기타 응급상황에 대한 위험도가 높은 환자를 식별하도록 학습했다.

2024년에 진행된 한 소규모 연구에서는 50명의 의사가 단독 진단하는 경우, 당시의 최신 버전 챗GPT 챗봇에게 도움을 받은 경우, 챗봇이 단독으로 진단하는 경우를 비교하여 정확도를 살펴보았다. 실험 참가자들은 6명의 가상 환자에 대한 건강 상태를 분석했다. 놀랍게도 챗봇이 환자의 기록을 보고 질병을 진단하는 데 90퍼센트의 정확도를 보였다. 반면 챗봇의 도움을 받은 의사들의 정확도는 평균 76퍼센트였고, 의사 단독의 경우 정확도가 74퍼센트로 가장 낮은 점수를 받았다.[42] 현재 AI 알고리즘은 대부분의 의료 현장에서 진단되는 것보다 몇 년이나 먼저 문제가 발생하는 것을 감지하는 능력을 발전시키고 있다. 예를 들어 런던 임페리얼칼리지의 과학자들이 개발한 한 AI 알고리즘은 영상의학 이미지와 전자의무기록을 보고 대다수 일반의보다 최대 5년 일찍 대장암 징후를 식별할 수 있었다.[43]

영상의학 이미지와 기타 의료 및 건강 데이터를 검토하는 AI 시스템의 효율성이 증가하면서 의료 분야에서 인간과 AI 모델의 올바른 역할에 대한 본질적인 질문도 꾸준히 제기되고 있다. 분명 인간과 AI 모델 둘 다 필요하다. 머지않은 미래에는 환자를 치료하는 과정에서 인간이나 AI가 단독으로 행동하면 의료 과실로 간주될 수 있고 위험한 행동이 될 수도 있다. 하지만 일부 분석이나 기능에서는 인간 또는 AI가 월등히 뛰어나다. 따라서 한쪽은 해당 업무를 수행하고 다른 한쪽은 감독 역할로 지켜봐야 할 수도 있다. 또는 일종의 하이브리드 모델이 최적의 결과를 내는 분야가 있을지도 모른다. 현재까지 미국 FDA 승인을 받은 AI 관련 의료 기기의 약 4분의 3이 영상의학 분야에 집중되어 있다. 그럼에도 영상의학 전문의에 대한 수요가 계속 증가하는 현상이 이를 잘 설명해 준다.

AI는 진단 결과 향상 외에도 수준 높은 의료 서비스의 범위를 확장했다. 워싱턴 D.C.에 위치한 국립 어린이병원과 우간다의 심장연구소가 협력하여 우간다 현지 의료진이 AI 시스템을 탑재한 저비용 모니터를 사용할 수 있게 된 것이 그 예다. 이 AI 시스템은 수천 건의 '소아 류머티즘 심장질환' 심초음파검사 결과지로 훈련을 받았고, 이를 이용해 의료진은 이 질환 발병도가 높은 아이들을 식별할 수 있다. 이렇게 식별된 아이들은 심장병 전문의와 현지 의료진의 협업으로 실질적 치료를 받는다. 소아 류머티즘 심장질환은 초기에 발견하면 페니실린 처방만으로 저렴하고 효과적으로 치료할 수 있다. 그러나 늦게 발견하면 큰 수술을 받아야 하거나 치명적인 결과까지 나올 수 있기 때문에 개발도상국을 포함한 여러 국가에 큰 영향을 주는 문제였다.

트랜스포머 AI 모델을 통해 챗GPT와 구글 제미나이 알고리즘은 인터넷 콘텐츠와 레이블이 없는 방대한 데이터베이스를 처리하여 패턴과 통계학적 상관관계를 파악할 수 있었다. 이와 마찬가지로, 인간을 포함한 모든 생물의 정상 및 비정상 패턴을 감지하는 작업에 새로운 AI 시스템이 활용될 것으로 기대된다. AI를 이용하는 의사와 그렇지 않은 의사가 보여 주는 결과를 비교하는 연구에서 인간과 AI의 조합이 우수하다는 결과만 나온 것은 아니다. 하지만 2023년 9월 분석에 따르면 의사가 오랫동안 '기계의 눈'으로 인체 내부를 보는 일을 해온 소화기내과와 영상의학 분야에서는 AI를 사용했을 때 80퍼센트 이상 더 좋은 결과를 보였다.[44]

생물학 '법칙'은 바둑이나 언어의 법칙과 비교해 명확하게 정의할 수 없는 부분이 많다. 따라서 AI 시스템이 다른 분야보다 생물학에서 우수한 역량을 보이려면 시간이 더 많이 필요하다. 그러나 다시 말하지만 생물학의 복잡성은 변화가 크지 않고 인간이 개발하는 도구의 발전 속도는 기하급수적으로 빠르다. 따라서 AI를 함께 사용하는 추세는 지속될 것이고, 시스템 자체도 수많은 작업에서 인간의 기량을 넘어서는 일이 늘어날 것이다.

에릭 토폴은 이런 글을 남겼다. "이제는 각 개인의 고유한 특성을 이루는 고차원 데이터를 AI로 살펴볼 수 있다. 예를 들어 해부학적 이미지를 살펴볼 수 있고 센서를 통해 생리학적 바이오마커를 확인할 수 있다. 그 외에도 게놈, 미생물 군집, 대사체, 면역계, 세포 수준의 전사체, 단백질체, 후성유전체를 분석할 수 있다."[45] AI 시스템은 점점 더 많은 기능을 수행할 것이고 의료 서비스 분야와 그 안에서 인간의 역할을 바꿔 놓을 것이다. AI 시스템이 처음에는 체커 게임의 강자가 되었고, 이후에는 체스와 바둑에 이어 여러 멀티플레이어 게임과 복잡한 전략을 구사하는 게임에서도 강자로 군림했다. 이와 마찬가지로 의료 서비스 분야에 적용된 시스템도 더 복잡하면서 중요한 단계로 꾸준히 올라갈 것이다.

이들 중 일부는 인간에게 전혀 매력적이지 않지만 중요한 작업, 가령 작업 흐름의 최적화, 데이터 수집과 정리 기능 향상, 기록 관리 효율화 등에 사용될 것이다. 이로 인해 절약된 시간과 에너지는 현재 무엇이 가능하고 앞으로 무엇이 가능할지에 대한 새로운 영역으로 돌릴 수 있을 것이다.

예를 들어 의료 AI 기업인 히포크라틱 AI는 2024년 3월에 주목할 만한 사전 공개 논문을 발표하면서 자사의 의료 특화 알고리즘인 '폴라리스'Polaris를 소개했다. 폴라리스는 오픈AI의 GPT 모델과 같은 단일화된 범용 대형언어모델이 아니라 전문화된 여러 대형언어모델을 하나의 통합 패키지로 묶은 집합체다. 이 알고리즘은 간호사나 일반 간병인이 환자와 나눌 만한 광범위한 유형의 대화를 모방하도록 설계되었다.

모델을 훈련하기 위해 개발자들은 먼저 간호사와 배우 간의 역할극 대화를 녹음하고 글로 옮겼다. 그런 다음 실제 의료진과 환자 간의 대화 녹취록과 기타 관련 데이터로 학습시켰다. 그 후 대형언어모델이 가상의 대화 스크립트를 생성하도록 지시했고 인간 평가자가 품질을 채점했다. 알고리즘이 인간의 선호도를 학습하면 할수록 응답의 질은 계속해서 향상되었다. 인간 환자와 상호작용하는 능력은 점점 더 나아졌으며, 인간 전문가에게 판단을 넘겨야 하는 시점도 학습했다. 또한 폴라리스는 대화의 핵심 내용을 신속하게 요약하고 정리하여 환자의 전자의무기록에 추가하는 능력을 개선했다.

작업 효과를 검증하기 위해 히포크라틱 AI는 미국 면허를 소지한 간호사 1,100명과 의사 130명을 모집했다. 이들은 환자가 폴라리스와 나눈 대화, 실제 의료진과 나눈 대화를 모두 검토하여 의료 안정성, 임상 준비성, 환자 교육, 대화의 질, 환자를 대하는 태도 등 여러 기준에 따라 AI와 의료진을 평가했다. 폴라리스는 모든 영역에서 의료진과 거의 대등한 수준의 평가를 받았다. 바이오미스트랄, GPT-4, 메드-제미나이, 메드알파카, 메드-팜 등 다른 기술 회사에서도 폴라리스와 비슷한 기술을 개발하고 있으며, 빠르게 발전하는 중이다.

의료진은 이 분야에 오랫동안 종사해 왔고, 공감 능력이나 창의성처럼 AI가 절대 완벽하게 모방할 수 없을지도 모르는 매우 인간적인 특성을 여전히 많이 갖고 있다. 하지만 폴라리스는 이제 1세대에 불과한 대화형 AI다. 이 시스템과 다른 시스템들의 미래 버전은 훨씬 더 큰 훈련 데이터 세트를 갖게 될 것이다. 인간 한 명이 혼자 감당할 수 있는 역량을 훨씬 뛰어넘어 여러 지식 분야를 융합하게 될 것이다. 2026년까지 미국 의료 시스템에 400만 명의 인력이 부족할 것으로 예측한다. 미국을 비롯한 전 세계 선진 지역과 소외 지역 간의 의료 서비스 접근성에는 심각한 격차가 존재한다. 이런 점을 고려할 때 대화형 AI 시스템이 환자 및 의료 전문가와 점점 더 중요하고 밀접하게 협력하게 되는 미래는 사실상 피할 수 없는 흐름으로 보인다.

시간이 지나면 AI 시스템은 이런 단순한 작업을 넘어 생물학적 시스템이 어떤 식으로 작동하는지, 어떤 종류의 개입으로 원하는 결과를 얻을 수 있는지에 대한 가설을 세울 때 인간보다 더 나은 모습을 보일 것이다. 그러면 예상하지 못한 새로운 방식으로 질병을 치료하는 등의 결과를 얻을 수 있을지도 모른다.

강력한 머신러닝 알고리즘에 충분히 명확한 지시를 내리고 인간 시스템 생물학 정보가 담긴 방대한 데이터에 접근할 수 있다면, 인체가 일반적으로 어떻게 작동하는지 더 깊이 이해할 수 있고 나아가 각 개인의 생물학 시스템이 어떻게 작동하는지도 더 정확히 이해할 수 있다. 이를 통해 질병을 예방하고 예측하고 진단하고 치료할 수 있는 능력을 향상하고, 개개인의 특성에 맞춰 더 건강한 삶을 영위하도록 도울 수 있다.

이런 과정의 진행 방식을 잘 보여 주는 예시가 하나 있다. 바로 복잡한 생물학을 해독하고 비정상적인 부분을 표적으로 삼는 능력이 향상된 암 분야다. 이곳에서 새로운 기회가 열리고 있다.

유전체학과 AI가 바꾸는 암 연구의 미래

일반적으로 많은 사람이 암을 하나의 질병인 것처럼 말하는 경향이 있다. 그런데 사실 암은 유전자, RNA, 단백질, 대사산물을 포함한 다양한 생물학적 시스템에서 일어나는 수많은 변화를 포괄적으로 뜻하는 용어다. 그동안 개별적으로 암을 측정하고 분석하는 부분에서는 많은 진전이 있었다. 하지만 여기에 만족하지 않고 암을 분자 단위로 이해하고 암의 다층적 변화를 통합적이고 지속적으로 평가하는 방법을 개발해야 한다. 나아가 많은 종류의 암을 치료하고 궁극적으로는 예방할 수 있어야 한다.

이런 이유로 유전체학 및 AI의 미래와 암을 이해·치료·예방하는 미래는 따로 떼어놓고 생각할 수 없다.

전 세계 연구자들이 다양한 암의 방대한 데이터를 알고리즘에 지속적으로 입력하면서 전통적으로 암이 발견된 부위(유방, 폐, 심장 등)에 따라 암을 분류해 온 기존의 단순한 분류 방식이 정확히 들어맞지 않는다는 사실이 드러났다. 대부분의 경우 조직의 종류가 아니라 분자의 특징에 따라 암을 분류하는 것이 더 정확하다는 것이 밝혀졌다.[46] 예를 들어 일부 유방암은 다른 유방암보다 특정 간암과 더 유사한 속성이 있다. 이 외에도 폐, 뇌, 대장 및 기타 암 역시 알려진 명칭과 분자적 특성에서 차이가 있다.[47]

알고리즘으로 암을 식별하는 새로운 방식도 나왔다. 예를 들어 단백질 합성 코드가 없는 특정 RNA의 긴 가닥을 이용하는 것인데, 이것은 이전에 한 번도 발견된 적 없는 '바이오마커'였다. 이 실험을 진행한 연구자들도 그 과정에서 일어난 모든 현상을 완벽하게 설명할 수 없었다. 단지 몇 가지 이유로 이 특정 RNA와 특정 암 간에 어떤 상관관계가 있다는 사실 정도만 파악했을 뿐이다.

미국 국립암연구소National Cancer Institute, NCI는 훨씬 더 개인화되고 정확하게 암을 이해하기 위해 암 게놈 아틀라스The Cancer Genome Atlas를 구축했다. 연구소는 33종류의 암에서 2만 개가 넘는 암 샘플을 채취하여 샘플 속 게놈을 분석한 방대한 데이터베이스를 보유하고 있으며, 누구나 이 데이터베이스에 접근할 수 있다. 여기에는 유전자가 발현되는 방식(후성유전학), 유전 명령이 RNA를 통해 세포에 전달되는 방식(전사체학), 세포가 생성한 단백질이 암을 유발하거나 억제하는 방식(단백질체학)과 관련된 방대한 데이터가 들어 있다.[48]

미국 국립암연구소는 '암 표적 및 개발 네트워크'Cancer Target and Development Network도 지원한다. 이 네트워크는 미국 내 암 연구 센터 12곳이 모인 컨소시엄으로, 암 및 환자 데이터 그리고 계속해서 쌓이는 데이터를 이해하는 데 유용한 AI 기반 컴퓨터 프로그램을 공유한다. 이들의 목표는 연구자와 의료진이 암 관련 유전학을 이해하고 암이 자라는 다양한 생물학적 생태 시스템을 이해하도록 돕는 것이다.

이들의 연구는 성능이 향상된 새 AI 모델 덕분에 큰 힘을 받으며, 지금도 암 생물학을 이해하는 데 도움을 주는 AI 모델이 놀라운 속도로 출시되고 있다. 이 중 하나가 2024년 9월 하버드 과학자들이 공개한 모델이다. 이들은 이 모델이 암 조직의 현미경 이미지를 분석하는 기존 AI 모델들을 전반적으로 36.1퍼센트나 능가했다고 보고했다. 이 시스템은 암의 아형 식별 외에도 종양의 근본 원인을 추적하고 암 성장을 유발하는 가장 핵심적인 유전 변이를 찾아내며, 기존 항암제로 가장 효과적으로 표적 치료할 수 있는 변이를 예측하는 부분에서도 이전 모델들을 능가했다.[49]

이런 새로운 데이터의 보고寶庫 덕분에 전문가들은 다양한 종류의 암을 파악하고 치료법도 바꾸고 있다. 종양 세포의 조직검사를 분석한 병리 진단 보고서는 최근까지 암 분석의 정점에 있었지만, 이제는 여러 면에서 시작 단계에 불과하다. 종양 세포의 전체 DNA와 RNA를 해석하면 분자 수준에서 암을 분석하고 특정한 변이를 식별하여 여기에 맞는 적절한 약을 제조하고 치료할 수 있다. 한 예로 2024년 1월 제노믹스 잉글랜드와 영국 국민보건서비스NHS는 다음과 같은 연구 결과를 발표했다. 종양 세포의 게놈을 전체 해석한 자료와 임상 데이터를 통합하면, 육종뿐 아니라 난소암 및 기타 암의 진단과 치료를 훨씬 개선할 수 있다는 것이다.

그러면 다음과 같은 다양한 방식을 선택할 수 있다. 먼저 조직 샘플을 배양해서 화학요법제와 표적 항암제, 그 외 잠재력 있는 치료를 다양하게 조합하여 특정 환자의 실제 암세포를 가장 효과적으로 없애는 방법을 찾는 실험을 할 수 있다. 아니면 환자의 종양 세포를 면역결핍 실험 쥐에게 주입하여 살아 있는 생명체에 필요한 치료법을 직접 실험할 수도 있다. 또는 오가노이드organoids를 활용해 특정 개입이 전반적으로 어떤 영향을 주는지 확인할 수 있다. 오가노이드는 실험실에서 배양하여 성장시키고 그 상태를 유지하는 살아 있는 암세포 군집이다(줄기세포를 시험관에서 키워 사람의 장기 구조와 같은 조직을 구현한 것으로 '장기 유사체'라고도 한다. – 옮긴이).

유전학, 생명공학, AI 혁명이라는 새로운 도구들이 신생아의 건강 문제를 진단할 때 매우 유용하다는 사실도 꾸준히 입증되고 있다.

신생아 의료:
태어나는 순간 평생 건강 계획이 시작된다

신생아 질병의 진단을 돕는 최초의 전체 게놈 해석은 2009년 위스콘신 의과대학교에서 진행되었다. 그동안 이곳의 의사들은 신생아가 심각한 염증성 장질환을 앓는 이유를 밝히려고 고군분투했다. 유전학적 분석에서 XIAP 유전자 돌연변이가 문제 원인이라고 밝혀진 후 해결책을 찾는 데 4개월이 걸렸고 약 7만 5,000달러가 들었다. 하지만 신생아가 제대혈 이식 후 치료에 성공하자 이런 시간, 에너지, 비용을 들일 만큼의 가치가 있다는 사실이 입증되었다.[50]

이번 성공을 계기로 건강상 문제가 있다고 판단되는 모든 신생아의 염기서열을 해석하려는 시도는 훨씬 빨라졌다. 아이들의 건강 문제가 모두 유전적인 원인 때문만은 아닐 것이다. 그러나 미국 신생아 중환자실에 입원한 전체 아동의 약 15퍼센트는 특정 유전적 돌연변이가 원인인 것으로 추정한다. 그러나 입원 당시에는 이 아이들이 유전적 결함이 원인인지 아니면 다른 이유가 있는지 명확히 알 수 없는 경우가 꽤 많다. 환자 한 명의 문제를 파악하는 데 걸리는 모든 시간, 혹은 더 나쁜 경우 부적절한 치료를 하는 데 쓰이는 시간은 사실 아이의 실질적인 문제를 해결하는 데 쓰였어야 할 소중한 시간이다.

중환자실에 입원한 모든 신생아의 염기서열을 해석할 수 있다면, 최소한 일부 문제가 발생할 가능성을 빨리 배제하고 다른 가능성을 고려할 수 있을 것이다. 이와 관련한 완벽한 예로 스티븐 킹스모어Stephen Kingsmore 박사와 동료들의 노력을 들 수 있다. 이들은 처음에는 캔자스시티의 머시 어린이병원에서, 이후에는 샌디에이고의 래디 어린이병원에서 10년 넘게 선구적인 일들을 해왔다.

앞서 이야기한 것처럼 최초의 인간 게놈 해석에 약 13년이 걸렸다. 이 정도의 기간은 과학에서 보면 엄청난 성공이라 할 수 있지만 임상 분야에서는 실행 가능성이 거의 없어 보일 만큼 긴 기간이다. 빠르고 정확하며 저렴하게 게놈을 해석하고 분석하기까지, 희귀 유전 질환을 진단하는 당시의 역량은 현재보다 훨씬 느리고 더 복잡하며 정확도도 떨어졌다. 래디 어린이병원에서는 중환자실에 입원한 신생아의 게놈 해석과 분석에 걸리는 시간을 줄이는 데 주력했다. 마침내 전체 게놈 해석을 19시간 30분 만에 완성하고, 2018년 기네스북에도 등재되었다(이 기록은 2022년 스탠퍼드대학교의 유안 애슐리Euan Ashley가 경신했는데, 애슐리는 인간 전체 게놈 해석을 단 5시간 만에 끝냈다).

래디 어린이병원은 '베이비 베어 프로젝트'Project Baby Bear라는 첫 번째 이니셔티브를 발족했다. 이 시범형 프로젝트는 캘리포니아주의 모든 중증 신생아에게 표준 치료의 일환으로 전체 게놈 분석을 실시하면 어떤 결과가 나올지 실험했다. 비교적 적은 수인 178명의 아기를 대상으로 2018~2020년의 치료를 꾸준히 모니터링하여 진단 속도를 높이고, 일반적인 치료법에 따른 시행착오를 줄이고, 고위험군 신생아가 집중치료실에서 보내는 평균 시간을 단축했다. 그 뒤 비용이 370만 달러 정도 절약되었다는 사실을 알게 되었다. 이보다 더 중요한 점은 신생아에게 제공하는 의료의 질이 향상되었다는 것이다.[51]

집중치료실에 있는 모든 신생아의 게놈 분석 작업은 언뜻 매우 간단해 보였다. 하지만 소아과 전문의를 포함한 일부 사람들은 다음과 같은 우려를 표했다. 이 작업에서 얻는 이점이 과연 비용 효율적인가? 위양성(본래 음성이어야 할 검사 결과가 잘못되어 양성으로 나온 경우-옮긴이)이거나, 시간이 아주 오래 지난 후에야 알 수 있는 잠재적인 문제를 진단할 수 있는가? 부모가 익명성과 기밀을 보장하기가 어렵다는 사실을 알고서도 과연 아이의 전체 게놈 분석 공유에 동의할까?

이 모든 질문은 합리적이기에 반드시 답을 해야 한다. 그러나 적어도 의료 시스템의 미래는 유전학과 시스템 생물학의 방대한 데이터를 수집하고 이를 대규모로 검색 가능한 데이터베이스에 저장한 후, AI 알고리즘을 사용하여 인간의 지능으로는 불가능한 아이디어를 창출하는 방식으로 운용되어야 한다는 점은 거의 확실하다.

유전 질환은 수만 종에 달한다. 단일 유전자가 변이를 일으킬 수도 있고 여러 유전자가 복잡한 형태로 변이를 일으킬 수도 있다. 그래서 어떤 의사도 혼자서는 이 모든 조건을 파악할 수 없고 치료법도 다 알지 못한다. AI 시스템은 영상의학 전문의와는 다른 방식으로, 그리고 인간 의사를 보조하는 방식으로 영상의학 이미지를 분석할 수 있다. 그러므로 AI는 소아과 전문의와 응급실 의사가 아픈 신생아를 더 종합적으로 살펴보고 문제에 대한 가설을 세우는 데도 기여해야 한다. AI의 잠재적 이익을 인식한 영국 국민보건서비스는 2022년 10월 모든 중증 또는 기타 희귀질환이 의심되는 신생아들의 전체 게놈을 신속하게 분석하겠다는 계획을 발표했다.

그러나 왜 여기에서 더 진척이 없는가?

위험한 유전적 돌연변이를 가지고 태어난 어떤 아기들은 태어날 때부터 증상이 나타나지만, 자폐증 같은 질환은 몇 년이 지나서야 발현된다. 알츠하이머병은 조기에 발병하나, 그 증상이 수십 년 지난 뒤에 나타나기도 한다. 증상이 꽤 늦게 발현되는 질환 중 많은 종류가 조기 치료가 가능하고 어떤 질환은 조기에 발견되면 완전한 예방도 가능하다.

현재 신생아에게 제공하는 뒤꿈치 채혈 검사는 약 30가지 변이를 체크할 수 있고, 대부분 대사물질이나 특정 화학 물질 스크리닝으로 평가한다. 이 검사들은 미국에서는 주에 따라 독자적으로 관리하기 때문에 검사에 더 많은 조건을 요구하는 주도 있고 아닌 주도 있다. 유전자 검사를 통해 훨씬 더 많은 잠재적 돌연변이를 감지할 수 있으므로, 염기서열 분석으로 알 수 있는 모호한 질환의 경우 의사에게 익숙하지 않은 질환인 경우가 많다.

현재 우리가 당면한 문제는 게놈 염기서열을 분석한 신생아 수가 너무 적다는 것이다. 바로 식별 가능한 문제가 있는 신생아만을 대상으로 하지 않고 배경, 지역, 건강 상태에 상관없이 모든 신생아의 염기서열을 분석하는 작업은 상상만 해도 정말 흥미진진하다.

각국의 신생아 게놈 분석 프로젝트

우리는 흔히 건강과 질병을 동전의 양면처럼 바라본다. 그러나 생물학의 현실은 전혀 그렇지 않다. 인간은 모두 잠재적으로 위험한 변이를 갖고 있다. 또한 나중에 질병으로 나타날 수도 있고 그렇지 않을 수도 있는 여러 내제된 조건에서 살아간다. 생물학에서 정상과 비정상은 건강과 질병처럼 정확하게 나눌 수 없는 부분이다. 따라서 이런 가능성의 범위를 이해하려면 모든 신생아의 게놈 염기서열을 분석해야 한다.

이를 바탕으로 탄생한 것이 베이비시퀀스 프로젝트BabySeq Project와 현재 급성장하는 '신생아 염기서열 분석 국제 컨소시엄'International Consortium on Newborn Sequencing, ICoNS이다. 둘 다 하버드대학교의 로버트 그린Robert Green 교수와 미국을 포함한 세계 여러 곳의 협력자들이 모여 조직했다.[52] 로버트와 동료들은 실험하고 싶은 가설이 있었다. 전체 인구를 대상으로 한 게놈 염기서열 분석의 이점이 과연 그 비용과 잠재적 위험을 월등히 뛰어넘을 것인가 하는 문제였다. 이를 확인하기 위해 로버트 팀은 건강 상태가 각양각색인 신생아 수천 명의 게놈 분석 계획을 세웠다. 10년 동안 이들의 부모 및 담당 의사와 함께 관련 정보와 자신들의 의견을 지속적으로 공유했고, 이런 개입이 신생아와 그 가족, 담당 의료진에게 어떤 영향을 주었는지 추적했다. 연구 초반에 밝혀진 사실에 따르면, 게놈 분석을 통해 특정 유전자가 문제를 일으킬 소지가 크다는 정보를 얻게 되면 신생아를 보호하는 데 도움이 되었다. 그뿐 아니라 경우에 따라서는 미처 알지 못했던 부모의 잠재적인 유전적 위험을 발견하는 데도 유용했다.[53]

이와 비슷한 연구가 뉴욕의 컬럼비아대학교에서도 진행되었다. 이 연구에서 신생아 10만 명의 게놈을 분석하여 치료 가능한 유전 질환의 유전적 지표 238개를 실험했다. 또한 그 부모에게는 100가지 이상의 유전적 신경계 장애에 대한 정보를 받을 선택권을 주었다. 이런 유형의 질환은 초기에 발견하여 적극적으로 치료하면 쉽게 관리할 수 있었다.[54]

2021년 영국의 제노믹스 잉글랜드는 '뉴본 게놈 프로그램'Newborn Genomes Programme을 발표했다. 최대 20만 명의 신생아 게놈을 분석하여 전체 신생아를 대상으로 한 이 검사의 이점이 비용을 능가하는지 확인하는 것이 목표였다. 제노믹스 잉글랜드는 이렇게 주장했다. "신생아의 전체 게놈 분석 결과를 제공하는 것은 진단과 관련된 기나긴 과정을 줄이고 더 예방적인 맞춤형 의료의 미래로 이끌어 줄 것입니다."[55] 영국에서는 건강한 신생아의 전체 게놈 분석 작업이 2023년 후반부터 시작되었다. 제노믹스 잉글랜드의 최고의학책임자 리처드 스콧Richard Scott은 분석 결과가 2주 정도면 가족에게 전달되고, 진단 가능한 이상 문제가 신생아 200명당 한 명꼴로 발견될 것으로 예측했다.[56]

중국 칭다오에서는 무작위로 선별한 신생아 321명을 대상으로 소규모 시범 연구를 시행했다. 증상이 확인된 신생아를 비롯해 모든 신생아의 전체 게놈 분석과 여러 유전적 기형을 선별 검사할 때 잠재적 이익을 평가하는 연구였다. 그 결과 3분의 1의 아기에게서 병원성 또는 병원성일 가능성이 있는 단일 유전자 변이를 발견했다. 증상이 없던 신생아 중 한 명은 잠재적으로 치명적인 대사질환 페닐케톤뇨증을 진단받았고, 네 명은 후에 난청으로 발전할 가능성이 매우 컸다. 놀랍게도 무려 신생아 313명(97퍼센트 이상)의 게놈에서 추후 적어도 한 가지 이상의 잘 알려진 약물을 복용하게 될 위험 증가 가능성을 발견했다.[57] 이런 연구 결과를 기반으로 중국은 현재 상하이에서 신생아 10만 명의 게놈을 분석하는 '신생아 게놈 프로젝트'China Neonatal Genome Project를 추진 중이다. 기간은 5년으로 정하고 분석 결과를 의료 기록과 가족력, 신체검사 결과, 기존 진단서와 조합하여 '신생아 게놈 관련 질환의 유전자 검사 대중화 장려' 운동에 활용할 계획이다.[58]

모든 신생아를 검사하면 단일 유전자 질환의 유전적 지표 7,000여 개를 찾을 것으로 예상하는데, 현재로서는 이 중에서 약 10퍼센트만 치료가 가능하다. 대부분 희귀 질환이기 때문에 이전 기술을 사용한 개별 검사와 광범위한 임상 분석은 어렵기도 하고 비용도 많이 든다. 그러나 이런 질환을 한데 모으면 더 이상 희귀하지 않게 된다. 현재 세계적으로 3억 5,000만 명의 환자들이 희귀 유전 질환으로 고통받고 있다고 한다. 이는 전체 인구의 4퍼센트에 달하는 수준이다.

여기에서 이런 반박이 나올 수 있다. 이 4퍼센트의 10퍼센트(단일 유전자 변이 질환을 앓는 환자 중 치료 가능한 인구가 10퍼센트라고 앞서 언급했다)인 0.4퍼센트는 이런 식의 전체 인구 검사에서 확실히 이득을 볼 수 있다. 하지만 그 외의 사람들에게 돌아가는 혜택은 불확실하고, 재정적 비용과 위양성의 가능성, 예측과 달리 발병하지 않을 가능성 등도 고려해야 한다는 반박이 있다.

어떤 전문가들은 모든 신생아의 게놈 분석 작업뿐 아니라 궁극적으로 모든 사람의 게놈을 분석해야 한다고 주장하기 시작했다. 2024년 5월에 발표된 한 연구에서 뉴욕 마운트 시나이 병원 의사들은 특화된 AI 알고리즘을 사용하여 2만 9,000명의 전자의무기록과 분석된 게놈을 검토했다. 이 AI 시스템은 언젠가 문제를 일으킬 변이를 가진 303명과 진단을 받지는 않았지만 증상을 겪는 75명을 식별했다. 현재로서는 질병의 증상이 나타나든 그렇지 않든 모든 사람의 게놈을 분석하기에는 비용이 너무 많이 들어 그만큼의 가치를 지닌다고 보기 어렵다.[59]

하지만 이런 주장은 점점 타당성을 잃을 것이다. 더 많은 데이터, 더 강력한 컴퓨터 성능, 향상된 분석 도구를 활용해 인류 집단 전체와 개개인의 시스템 생물학에 대한 이해도가 높아질 것이기 때문이다. 그 결과 정밀 의학의 이점을 더 잘 활용할 수 있게 될 것이다.

당신이 심장마비에 걸릴 확률을 AI가 계산한다

현재 우리가 가진 역량으로는 수십, 수백 또는 수천 개의 유전자가 상호 작용하면서 발생하는 복잡한 유전 질환을 이해하거나 치료하지 못한다. 멘델처럼 단일 유전자 변이와 관련된 질환에 대해서만 잘 이해할 뿐이다. 따라서 정밀 의학의 미래는 더 복잡한 단계를 수행할 수 있는 능력에 달려 있다. 지금은 유전 분야의 발전 초기 단계라서 유전적 개입의 결과는 단일 유전자 돌연변이를 해결할 때 가장 명확하게 드러난다. 이 경우 문제나 제안된 해결책이 비교적 단순하고 비용 대비 효과 분석도 명확하게 설명할 수 있다.

그러나 '다중 유전자 위험 점수'polygenic risk scoring라는 새로운 분석법은 훨씬 더 많고 복잡한 유전자 네트워크의 작동 방식을 이해할 수 있는 세상으로 우리를 이끈다. 이를 통해 상대적이고 확률론적 방식으로 질병 위험을 평가할 수 있다. 이상적으로는 이런 접근이 의사는 물론 모두가 질병을 더 잘 예측하고 대비하며 예방하는 데 도움을 줄 것이다.

다중 유전자 위험 점수는 고급 통계 기술과 머신러닝 알고리즘을 활용해 알려진 질병의 결과와 관련이 있을 수 있는 다양한 데이터 패턴의 영향을 식별하고 지속적으로 평가한다. 딥마인드의 알파고가 바둑에서 승리하기 위해 여러 가지 수의 가치를 따져 본 것과 비슷하다. 이 알고리즘은 방대한 데이터 세트에서 연관된 패턴을 찾아낸다. 따라서 AI 없이 인간 혼자서는 발견하기 어렵고, 명확히 설명할 수 없는 관련성까지도 포착할 수 있다.

2023년 6월 과학자들은 게놈 염기서열 분석 회사 일루미나와 협력하여 AI 알고리즘 '영장류 AI-3D' 출시를 발표했다. 이 모델은 대부분의 이전 모델과 비교해서 다중 유전자 위험 점수를 분석하는 능력이 압도적이다. 이 생성형 AI 알고리즘은 인간과 232종의 다른 영장류에서 얻은 전체 게놈 염기서열 정보 그리고 알파폴드가 예측한 단백질 모양을 훈련 세트로 사용했다. 챗GPT가 인터넷에 축적된 디지털 콘텐츠를 학습한 방식과 유사하다. 이렇게 훈련된 알고리즘은 인간 게놈에서 이전에는 확인되지 않았던, 잠재적으로 해로운 패턴을 다수 감지할 수 있었다. 이 심층 신경망 시스템은 수백만 년 동안 다양한 영장류 종에서 유지되어 온 유전적 변이가 대체로 무해하다고 가정하고, 영국 바이오뱅크의 인간 샘플을 분석했다. 그 결과 샘플의 94퍼센트에서 드물지만 잠재적으로 위험한 돌연변이를 식별했고 다중 유전자 위험 점수의 정확도를 크게 향상시켰다.[60] 몇 달 후 딥마인드는 이와 비슷한 프로그램인 알파미스센스를 공개했다.

이런 확률적 예측 과정에서 나타날 수 있는 불가해한 특성은 불안하게 느껴질 수 있다. 다중 유전자 위험 점수의 임상적 유용성도 논쟁의 대상으로 남아 있다.[61] 그럼에도 분석의 정확도는 점점 높아지고 있다. 예를 들어 영국 바이오뱅크의 데이터를 바탕으로 한 연구에 따르면 다중 유전자 위험 점수로 전체 인구에서 관상동맥질환 발병 위험이 정상인보다 세 배 이상 높은 8퍼센트, 심방세동 발병 위험이 정상인보다 세 배 높은 6퍼센트, 제2형 당뇨 및 염증성장질환 발병 위험이 정상인보다 세 배 이상 높은 3퍼센트를 식별할 수 있었다. 또한 다중 유전자 위험 점수가 기존의 유전자 측정 모델보다 관상동맥질환 발병 위험도 측정에서 약 20배 더 뛰어나다는 사실을 보여 주었다.[62]

다중 유전자 위험 점수는 임상에서 심장질환과 일부 암 발병률이 일반인보다 높은 위험군을 식별하는 데 사용되어 왔다. 이를 통해 생활습관 및 식단 조절, 보다 철저한 검진과 추적 관찰, 특정 약물 치료에서 상대적으로 더 큰 혜택을 받을 수 있다. 또한 일부 정신 질환의 위험성이 높은 사람들도 찾아냈다.[63]

최근에는 다중 유전자 위험 점수가 유방암 및 기타 암, 알츠하이머병, 조현병, 심혈관계 질환 등 광범위한 증상과 질환에서 얼마나 효과적인지 활발하게 연구하고 있다. 다중 유전자 위험 점수의 과학적 근거를 확립하고 임상적 타당성을 검토한 뒤 실제 임상에 활용하기까지는 아직 갈 길이 멀지만 초기 성과는 매우 고무적이다. 2022년에 발표된 한 리뷰에서는 530편의 논문을 검토하여 다중 유전자 위험 점수가 다양한 질환의 예측, 효과적인 예방 및 치료에 적용된 사례를 평가했다. 그 결과 다중 유전자 위험 점수의 일상적 활용에 '큰 잠재력'이 있지만 '주류 임상 단계로 도입되기'까지는 아직 더 많은 연구가 필요한 것으로 나타났다.[64]

지금은 다중 유전자 위험 점수가 미래지향적으로 보일 수 있지만 이는 예측 의료 서비스의 중추가 될 시스템 생물학 예측의 전구 증상일 뿐이다. 특히 데이터 세트의 양과 질이 향상되고 머신러닝 시스템이 훨씬 더 강력해질수록 그 중요성은 커질 것이다. 아직 많은 과제를 해결해야 하지만[65] 다중 유전자 위험 점수는 시간이 흐를수록 데이터 기반 AI 모델링을 아우르는 폭넓은 과정에 통합될 것이다. 이 과정에서 개인의 생물학적 데이터는 물론 환경 데이터까지 더 많이 분석되어 위험과 기회에 대한 확률적 평가로 전환되고, 이는 개인의 평생에 걸친 건강관리의 기초가 될 것이다.

이러한 유형의 AI 기반 분석법을 적용하기 위해 만든 임시 모델에는 딥러닝 알고리즘인 미라이Mirai가 있다. 현재는 유방 촬영술 이미지와 기타 임상 기록을 중심으로 유방암 발병 위험성을 예측할 때 사용된다. 이 알고리즘은 하버드 의대 매사추세츠 종합병원의 의료 기록 20만 건을 학습했고, 전 세계 일곱 개 병원에서 다양한 인종을 테스트했다. 현재는 표준 치료보다 거의 두 배 이상 정확한 예측력을 보인다.[66] 일반적인 영상의학 시스템은 존재하는 암을 식별하지만, 이 알고리즘을 사용하면 일반인보다 발병 가능성이 큰 사람을 예측한다.

플로리다주 보카러톤에 있는 크리스틴 린 여성건강 및 웰빙연구소Christine E. Lynn Women's Health and Wellness Institute는 검사 방법에 AI 알고리즘을 추가한 뒤로 유방암 식별 능력이 23퍼센트 증가했다. 2022년 12월에는 알츠하이머병 발병 위험을 예측하기 위해 챗GPT 초기 버전으로 사람들의 음성 녹음을 분석했을 때 다른 음성 측정 모델보다 정확도가 높은 이유를 자세히 설명한 논문도 발표되었다.[67]

복잡한 예측 모델 방식을 더 확장한 초기 사례로 클래릿Clalit을 들 수 있다. 이 조직은 이스라엘의 4대 공공–민간 의무 의료 서비스 기관 중 하나로, 국가 의료 시스템을 구성한다. 클래릿은 서비스 가입자 중에서 질병에 걸릴 위험이 가장 큰 사람을 판별하는 AI 기반 시스템을 개발했다. 이 시스템의 첫 번째 버전은 고령층이나 코로나19 추가 접종을 우선적으로 받아야 하는 사람을 선별했다. 두 번째 버전이 나오면 생체 정보, 기타 생물학적·생활 정보를 바탕으로 향후 뇌졸중, 낙상, 질병 발현 등 위험성이 높은 사람을 선별할 수 있을 것이다.[68] 이러한 접근은 데이터를 기반으로 예방 중심의 의료 개입을 가능하게 한다는 점에서 의미가 있다.

미국도 이 흐름에 동참하고 있다. 2024년 4월, 미국 FDA는 활력 징후 등 22가지 지표를 바탕으로 패혈증 위험이 가장 큰 입원 환자를 식별하는 AI 시스템을 임상에서 사용하도록 승인했다. 이 조기 경보 시스템은 뚜렷한 증상이 나타날 때까지 기다렸다가 대응을 시작하는 기존의 방식을 상당 부분 개선할 것이다. 마찬가지로 스타트업 웨이마크Waymark는 '위험도 상승 알고리즘'rising risk algorithms이라는 기술을 사용하여 아직 문제가 나타나지 않았지만 고위험군에 속하는 메디케이드Medicaid(미국 연방정부와 주정부가 공동으로 운영하는 의료보험제도 - 옮긴이) 환자를 식별한다. 이들을 선제적으로 지원함으로써 잠재적 문제가 향후 큰 위기로 번질 가능성을 줄일 수 있다.

인간의 생물학은 단순히 건강에만 국한되지 않는다. 따라서 이런 종류의 위험 점수 시스템은 결국 의료 분야를 넘어 다른 영역까지 확장될 것이다. 이는 우리가 우리 자신과 자손들을 바라보는 태도에 깊은 영향을 끼칠 것이다.

의료의 관점에서 위험 요인에 대해 더 많이 알수록 위험성을 줄이는 조치를 더 빨리 취할 수 있다. 또한 개인을 분자 수준으로 더 많이 알수록 그 사람의 생물학적 특성에 맞춰 치료와 예방적인 노력을 더 정밀하게 조정할 수 있다.

이 모든 데이터 수집과 분석은 정밀 진단을 개선할 뿐 아니라 유전자 치료, 재생 의학, 약물유전체학 등 정밀 의학의 놀라운 신기술을 적용할 길을 열어 줄 것이다.

CAR-T 치료법: 맞춤형 면역 치료

모든 질병의 원인이 유전자 때문은 아니지만, 많은 질병이 그렇다. 유전자 치료는 상대적으로 새로운 의학 분야로, 돌연변이 유전자를 교체하거나 수정하거나 인체의 자연 면역체계를 강화해 병든 세포를 공격하도록 유도함으로써 질병을 치료하고 예방하고 완치하는 것을 목표로 한다.

코로나19 백신처럼 유전자 치료는 과학과 기술의 혁명적인 발전이 있었기에 가능했다. 유전 질환을 이해하려면 인간 게놈의 염기서열을 해독하고 분석할 수 있어야 한다. 이런 위험한 돌연변이를 고치거나 이에 대응하기 위한 변화를 도입하려면 안전하고 빠르고 비용 효율적인 게놈 편집 능력을 획기적으로 발전시켜야 한다.

또한 원하는 결과를 얻기 위한 유전자 변형을 식별하려면 AI 알고리즘을 활용해 유전 명령을 설계하고, 조작된 바이러스나 합성 RNA가 이 명령을 전달하여 특정 단백질 조절 유전자를 바꿔야 한다.

그러나 AI와 다른 대부분의 기술처럼 유전자 치료도 과장된 소문의 주인공이 되었다.

1980~1990년대에 유전자 치료가 모든 유전 질환의 치료법을 뒤바꿀 거라는 기대는 1999년 갑작스럽게 사그라들었다. 희귀 유전 질환으로 혈중 암모니아 수치가 증가해 치료를 받던 젊은 남성 제시 겔싱어Jesse Gelsinger가 펜실베이니아대학교에서 진행된 유전자 치료 임상시험 중에 사망한 것이다. 추후 조사에서 이 시험을 주도한 연구자들의 중대한 실수가 드러났다. 그럼에도 미국 전역의 모든 유전자 치

료 실험에 더 부정적인 영향을 준 것은 유전자 치료를 둘러싼 FDA의 규제 강화와 정치적·경제적 규제 환경이었다.

그러나 유망한 기술이 기대만큼 성과를 내지 못했다는 초기의 실망감은 오히려 창의적인 사상가와 의료진을 자극해 더 큰 도약을 상상하도록 영감을 주었다. 2009년 과학자들은 새롭고 더 안전한 실험 계획안을 세우는 엄청난 성과를 일궜다. 《사이언스》는 이를 '유전자 치료의 귀환'이라 칭하며 올해의 혁신상으로 지정했다. 사실 유전자 치료에 대한 열정이 되살아났던 시기가 AI와 게놈 분석, 단백질 모양 예측 알고리즘, 게놈 편집 기술이 엄청나게 발전한 시기와 맞물린다는 사실은 결코 우연이 아니었다. 이런 여러 진보가 없었다면 유전자 치료 2.0 혁명은 탄생하지 않았을 것이다.[69]

이후 세계 각국의 임상시험 횟수는 크게 늘었다. 특히 혈액과 기타 암, 선천성 눈질환, 척수성 근위축, HIV 등의 질환 치료에 주로 중점을 두었다. 2025년 1월을 기준으로 전 세계에서 6,000건 이상의 유전자 치료 관련 임상시험이 진행 중이며, 그중 약 85퍼센트는 미국에서 하고 있다. 현재는 점점 더 광범위한 질환을 아우르며 수백 건은 임상 마지막 단계에 있다. 2025년 5월 기준 FDA는 45개의 유전자 및 세포 치료제를 승인했고 수백 건 이상의 치료제가 추가로 규제 기관의 심사 절차를 밟고 있다. 유럽과 아시아의 다른 규제 기관들도 그 뒤를 따르고 있다.[70] 초기 단계의 승인은 주로 체외에서 진행되는 인간 세포의 유전적 변형에 대한 것이지만 다음 단계에는 환자의 체내에 있는 세포를 직접 변형하는 치료법도 포함될 것이다.

'체외'Ex vivo 유전자 치료는 먼저 인간의 세포를 채취하여 유전자를 변형한 뒤 문제를 해결하거나 문제에 맞서는 세포의 능력을 강화한다. 그런 다음 이 세포를 환자 몸에 다시 주입해서 번식시키고 원하는 단백질을 생산하거나 원하지 않는 단백질 생산을 막는다. 대표적으로 키메릭 항원 수용체 T세포 치료법Chimeric Antigen Receptor T-cell therapies, CAR-T이 있다.

자연 면역체계의 기반을 이루는 T세포는 우리 몸의 세포와 위험한 외부 침입자를 구별한다. 이 세포는 초등학교의 엄격한 복도 지킴이hall monitor처럼 학교 안에 있어서는 안 될 사람이 누구인지 항상 감시한다. 복도 지킴이가 규칙을 어긴 학생을 교실로 돌려보내지 않는 것처럼 T세포는 침입자가 나타나면 효소를 분비해 침입자를 기절시키고 나중에 같은 침입자가 다시 나타날 때를 대비해 기록을 남기고 경계 태세를 유지한다. 유전자 치료는 이렇게 자연적으로 발생하는 과정을 이용하기 위해 혈액을 채취해서 T세포만 따로 추출한다. 그 후 키메릭 항원 수용체가 더 강하게 발현될 수 있도록 유전적으로 강화하고, 이 세포들이 질병과 싸울 수 있도록 강력한 힘을 부여한다. 환자의 T세포가 화학요법으로 고갈되면 명령이 입력된 유전자 변형 강화 세포를 체내로 주입해서 T세포를 재생성한다. 이 주제에 대해서는 아주 다양하고 많은 이야기가 있다.

2022년에 진행된 한 실험은 매우 큰 주목을 받았다. 영국 레스터에 사는 소녀 앨리사는 T세포 급성 림프구성 백혈병이라는 공격적인 암으로 고통받고 있었다. 앨리사의 면역세포는 서로를 공격했고, 일반적인 치료가 효과가 없자 기증자로부터 받은 변형된 면역세포로 치료를 받았다.

기증자의 T세포를 재설계한 후 제대로 기능하지 않는 앨리사의 T
세포와 교체하려면 먼저 기증자 T세포의 특성을 없애 앨리사의 세
포를 공격하지 않게 해야 했다. 그리고 이 새로운 세포가 면역 감지
를 피할 수 있도록 기증자 T세포의 화학적 마커를 제거하고, 화학요
법 약물에 의해 파괴되지 않게 기능을 추가했다. 이후 수정된 기증
자 T세포는 제대로 기능하지 않는 앨리사의 T세포가 가진 특정 유
전자 마커를 공격하도록 편집되었다. 앨리사는 수정된 기증자의 세
포를 주입받은 뒤 수정된 세포가 인체 내에서 재증식할 수 있도록
다시 골수를 이식받았다. 이 작업은 비용도 많이 들고 매우 힘들었
지만 놀랍게도 효과가 있었다. 현재 암세포는 앨리사의 몸에서 완전
히 사라졌다.[71]

이후 앨리사의 어머니는 BBC와의 인터뷰에서 의사들이 이 과정
을 설명해주었을 당시 이렇게 생각했다고 밝혔다. ‘그런 걸 할 수 있
다고?’ 2022년 12월 BBC 리포트에 따르면 앨리사는 “크리스마스
를 손꼽아 기다리고 이모 결혼식에서 들러리를 서고 다시 자전거를
타고 학교로 돌아가는 등 ‘평범한 사람들처럼 지내는 것’”을 바란다
고 했다.[72]

그러나 초기에 이런 성과를 거두었음에도 CAR-T는 결코 만병통
치약이 아니다. 설계된 세포에 인체가 거부반응이나 과민반응을 보
일 수 있고 치료로 인해 혈액암이 악화될 가능성 등 아직 여러 위험
이 남아 있다. CAR-T는 여전히 개인 맞춤형으로 진행해야 하고 비
용도 만만치 않아 쉽게 접근하기 어렵다. 하지만 이런 새로운 접근법
덕분에 기증자의 줄기세포를 설계하여 일반 의약품처럼 더 다양한

종류의 질환에 손쉽게 활용할 수 있는 미래가 열릴 것이다.[73]

예를 들어 최근 연구에서 CAR-T 치료의 한 가지 버전을 이용해 골수의 형질 세포가 일으키는 암인 다발성골수종 치료에 성공했다. 의사와 연구진은 먼저 CAR-T 표면에서 면역반응을 일으킬 가능성이 있는 유전자 발현을 차단했다. 그 뒤 CAR-T가 체내에서 살아남도록 세포 기능을 강화하고, 환자의 세포가 재설계된 세포를 인식하고 공격하는 능력을 제대로 발휘하지 못하도록 예방용 단일 클론 항체(단일 항원결정기에만 항체반응을 하는 항체 – 옮긴이)를 투여했다. 그 결과 동일하게 설계된 CAR-T 세포를 환자 43명에게 주입하여 비교적 좋은 결과를 얻었다.[74] 이런 기술들은 CAR-T 및 다른 유전자 치료법이 림프종, 백혈병, 루푸스, 암 등 다양한 질병을 치료할 가능성이 열렸음을 증명한다.

CAR-T 치료의 한 가지 잠재적 문제는 종종 외부 침입자가 아닌 세포까지 공격할 수 있다는 점이다. 분자 수준에서는 침입자처럼 보이는 세포가 있을 수 있기 때문이다. 그러나 차세대 CAR-T 치료법은 인공적으로 설계한 '논리 게이트'logic gates를 사용해 두 가지 이상의 서로 다른 속성을 지닌 세포만 공격하도록 지정해 표적 공격의 정확도를 크게 높였다.

최근 겸상적혈구 빈혈증 치료에서 보인 진전은 관련 연구가 어떤 방향으로 나아가고 있는지 보여 주는 또 다른 훌륭한 예다. 겸상적혈구 빈혈증은 유전적 돌연변이로 인해 특정 적혈구가 낫 모양으로 변하는데 이런 이유로 낫적혈구빈혈Sickle cell disease이라고도 불린다. 이 때문에 동맥이 자주 막히고, 적혈구가 신체 곳곳에 산소를 충분히 공급하지 못해 장기 손상과 극심한 통증뿐 아니라 조기 사망이 빈번히 일어난다. 현재 전 세계 수백만 명이 겸상적혈구 빈혈증을 앓고 있으며 대부분이 아프리카인과 남아시아인이다.* 이 인종의 다수가 돌연변이 열성 유전자를 갖고 있다. 이 돌연변이 유전자가 하나만 있으면 증상이 나타나지 않지만, 두 개가 있으면 대다수가 엄청난 고통을 겪는다.

최근까지도 이 질환을 치료할 최선의 방법은 겸상적혈구 변이가 없는 공여자의 혈액을 주기적으로 수혈 받거나, 드물지만 일치하는 기증자에게 골수 이식을 받는 것뿐이었다.

지난 몇 년간 세 가지 유전자 치료법을 사용한 임상시험에서 아주 인상적인 결과가 나타났다. UC 버클리와 UC 샌프란시스코의 제니퍼 다우드나와 동료들은 이 중 한 가지 방법을 사용했다. 겸상적혈구 환자들의 혈액에서 추출한 세포의 베타 글로빈 유전자 변이를 수정하여 환자에게 다시 주입하는 방법이다.

또 다른 유전자 치료법은 인간 생물학의 특성을 이용하는 것이다. 일반적으로 태아일 때 헤모글로빈을 생성하는 유전자 스위치가 생후 초기에 꺼지고, 성장하면서 성인 헤모글로빈으로 대체되는 것이 정상적인 발달 과정이다. 이제 여기에 개입해서 스위치를 켜는 유전자를 없앨 수 있다. 목표는 환자가 어느 정도 치료되거나 완치될 때까지 정상적인 태아의 헤모글로빈을 재활성화해서 비정상적으로 변

---

* 이 돌연변이가 아프리카인과 남아시아인에서 많이 나타나는 이유는 겸상적혈구 돌연변이의 열성 유전 보인자가 말라리아에 어느 정도 보호 효과가 있기 때문이다(겸상적혈구 돌연변이 유전자가 있으면 말라리아에 걸릴 확률이 낮아진다는 뜻 - 옮긴이).

하는 성인 겸상적혈구 헤모글로빈을 대체하는 것이다.

이와 비슷한 방식은 채취한 골수를 편집해서 태아 헤모글로빈을 끄는 유전자를 없앤 후 이 설계된 세포를 화학요법 이후에 재주입하는 것이다.

2023년 3월 겸상적혈구 질환을 앓는 200명 이상의 환자를 이런 다양한 접근법 중 하나로 치료했다. 그들 중 대표적인 사례가 미시시피주에 거주하는 활력 넘치는 젊은 흑인 여성 빅토리아 그레이Victoria Gray다.

그레이는 겸상적혈구 유전자를 가지고 태어나 극심한 통증을 견디며 정기적인 수혈을 받아 왔다. 수혈은 일시적으로 증상을 완화해 줄 뿐이었다.

2019년 6월 테네시주 내슈빌의 밴더빌트대학교 의료센터 의사들은 그레이에게 수십억 개의 자가 세포를 주입했다. 의사들은 먼저 골수에서 세포를 추출한 후 크리스퍼를 이용해 그레이의 태아 헤모글로빈 생성 유전자 스위치를 켜도록 편집했다. 의사들의 목표는 그레이 혈액 내 헤모글로빈의 약 5분의 1이 태아 헤모글로빈으로 바뀌는 것이었다. 그러나 주입 후 1년간 지켜본 결과 절반이나 이 헤모글로빈으로 바뀌었다는 사실을 알게 되었다. 더 희망적인 것은 모든 적혈구에서 태아 헤모글로빈을 조금씩 발견했다는 것이다.

2018년에 홍콩에서 열린 제2차 인간 게놈 편집 관련 세계 정상회의는 중국에서 크리스퍼 편집 기술로 아기들이 탄생했다는 스캔들로 뒤덮였다. 그러나 그레이의 이야기는 2023년 3월 런던에서 열린 다음 정상회의에서 주목받았다.

'승리'victory라는 이름에 걸맞은 빅토리아 그레이, 2023년 5월 런던

청중 앞에 선 그레이는 2019년에 유전자 치료를 받기 전, 기존의 치료가 효과가 없고 극심한 통증에 시달렸다며 이렇게 말했다. "당시 저는 모든 의사에게 더 이상 이렇게 살 수 없다고 말하고 집으로 돌아갔습니다. 그리고 계속해서 기도하며 하나님의 응답을 기다렸습니다." 그 후 그레이는 효과가 있다고 알려진 유전자 치료를 받았다. "저는 단지 존재할 뿐인 삶을 살았습니다. 하지만 이제 제 삶은 다채롭게 바뀌었습니다. 저는 오늘 여러분 앞에서 여전히 기적은 존재하고 신과 과학이 공존한다는 사실을 증명하고 싶습니다."

2023년 말, 영국과 미국의 규제 기관에서는 겸상적혈구 질환과 베타 지중해빈혈 치료에 사용하는 크리스퍼 기반 유전자 치료를 각각 승인했다. 이런 치료법을 인정하고 활용하는 과정에서 한걸음 크게 내디딘 셈이다.

현재 빅토리아 그레이를 비롯한 겸상적혈구 환자에게는 체외 유전자 치료법을 사용한다. 더 나아가 다음 단계는 이와 비슷한 방법으로 '체내'in vivo에서 일부 질환과 장애를 치료하는 것이다. 이때는 편집된 세포를 집어넣는 게 아니라, 게놈을 편집하기 위해 해야 할 일과 하지 말아야 할 일에 대한 정확한 지침을 받은 도구가 체내에 삽입된다. 이 방식은 몸에서 세포를 채취하여 실험실에서 변형시킨 후 환자에게 다시 주입하는 것보다 더 안전한 편이지만, 모든 종류의 세포를 이런 식으로 바꿔서 넣을 수 있는 건 아니다.

아직 개발 초기 단계인 현재로서는 혈액, 간, 눈 관련 질환에서 이런 방식의 인체 내 유전자 치료의 효과를 거둘 수 있다.

혈우병은 과도한 출혈을 유발하는 유전 질환이다. 그 원인에는 몇 개의 유전자 변이가 있지만, 공통적으로 환자의 F8 유전자에서 변이가 일어나 특정 응고성 단백질을 충분히 생성하지 못할 때 생긴다. 혈우병의 새로운 유전자 치료는 정상 F8 유전자를 가진 변형된 바이러스를 혈우병 환자에게 삽입하는 방식으로 진행된다. 이 바이러스는 혈액에 들어가 증식하고 이 혈액은 간에서 처리된다. 이후 체내에서는 정상적인 응고성 단백질을 생성하기 시작할 것이다. 이 방법이 성공한다면 출혈은 멈추게 된다.

간은 다른 장기에 비해 재생 능력이 탁월하고, 혈액을 타고 도는 외부 분자를 흡수하기 때문에 유전적 간 질환을 표적으로 한 유전자 치료가 특히 주목받고 있다. 100가지가 넘는 간 질환이 하나의 유전자 돌연변이로 인해 생겨난다는 점을 생각하면 이런 방식으로 엄청난 수의 선천성 간 질환에 접근할 수 있다.

바이러스를 이용해 유전자 편집 도구를 주입하는 방법 외에 지질 나노입자를 활용한 새로운 방법이 있다. 전하를 띤 이 미세한 지방 입자는 코로나19 백신을 운반한 전력이 있는데, 이를 사용해 간으로 유전자 치료 물질을 전달하는 것이다. 의사들은 크리스퍼 테라퓨틱스사CRISPR Therapeutics와 협력하여 이 접근법으로 간 유전 질환인 유전성 혈관부종으로 고통받는 환자 세 명의 간에서 위험한 단백질을 만드는 유전자를 없앨 수 있었다.[75] 또 다른 회사인 버브 테라퓨틱스Verve Therapeutics는 크리스퍼로 간세포에 있는 PCSK9 유전자를 없애 환자의 콜레스테롤 수치를 영구적으로 낮추고, 잠재적 심장마비와 죽상동맥경화증 발병을 피하는 데 도움을 주고 있다. 2025년 5월, 필라델피아 아동병원 의사들은 희귀 유전 질환인 CSP1 결핍증을 앓는 생후 9개월 된 신생아를 성공적으로 치료했다. CSP1 결핍증 신생아는 절반이 생후 첫 주 안에 사망하고, 생존해도 심각한 발달 지연과 간부전을 겪는다. 의료진은 지질 나노입자를 통해 아기의 간에 직접 전달하는 맞춤형 체내 크리스퍼 기반 유전자 치료법을 사용했으며, 이 아기는 세계 최초로 이러한 방식으로 치료받은 환자 중 한 명이 되었다.

유전자 치료로 더 많은 간 질환을 치료한다면 수요가 높은 간 이식도 줄일 수 있을 것이다. 현재 이식이 필요한 사람에 비해 기증자의 간은 턱없이 부족한 실정이다. 운이 좋아 수술하더라도 남은 일생 동안 약을 복용하며 기증받은 간을 면역체계가 외부 침입자로 인식해서 공격하지 않게 막아야 한다. 간이 제 역할을 계속할 수 있도록 개입하는 행위는 다소 공격적으로 보일 수 있다. 하지만 간 이식과 비교하면 훨씬 덜 공격적일 뿐 아니라 이 질환으로 인한 조기 사망과 비교하면 월등히 바람직하다.

현재는 넓은 범위의 신경근 질환(척수성 근위축과 듀켄씨근이영양증), 알츠하이머병, 암, 자가면역질환, 파킨슨병, 안과 질환(노화로 인한 황반변성과 망막색소변성증), 여러 가지 혈액 질환을 아우르는 다양한 질환을 해결하기 위해 체내 유전자 치료 방식의 임상시험이 활발하게 진행 중이다.[76]

유전자 치료는 초기에 큰 가능성을 보여 주었지만 이 방식이 주류로 자리 잡으려면 먼저 수많은 난관을 극복해야 한다. 1세대 겸상적혈구 유전자 치료는 표적이 아닌 세포까지 파괴할 수 있는 화학요법이 필요하며, 이 요법은 추후 불임 문제를 일으킬 수 있다. 대개 고통이 뒤따르는 골수 이식도 필요하다. 환자 개개인을 위한 맞춤형 세포를 합성하는 과정은 비용이 매우 많이 들고 시간이 오래 걸리며, 혈액, 간, 눈을 제외한 다른 장기는 아직 적용이 쉽지 않다. 이런 문제점들이 산적해 있으며 해결책을 찾는 노력에 엄청난 에너지가 투입되고 있다.

예를 들어 2021년 미국 국립보건원은 미국 전역의 주요 연구자들과 협력하여 '체세포 게놈 편집 컨소시엄' 설립을 발표했다. 이 컨소시엄의 목표는 보다 안전한 유전자 치료법을 신속하게 개발하고, 상호 운용 가능한 공통 기준을 마련해 더 효과적이고 안전하며 저렴하고 빠른 치료법을 제공하는 것이다.[77]

CAR-T 치료법처럼 기증자 세포를 보편적으로 적용하기 위한 노력도 진행 중이다. 생물학적으로 매우 유사한 사람 다수가 쓸 수 있도록 이 치료법을 설계한다면 기성 제품처럼 사용할 수 있고 비용

도 맞춤형 치료제보다 낮출 수 있다.[78] 이에 발맞춰 크리스퍼-카스
9 시스템보다 더 정밀한 작업을 목표로 한 염기 편집과 프라임 편
집, 후성유전 편집처럼 새로운 도구를 적용하는 데에도 성과가 나
타나고 있다.

유전학, 생명공학, AI 혁명의 교차점에서 나타난 정밀 의학의 또
다른 접근법은 우리 몸에서 잃어버린 기능을 회복시키는 것이다.

인간 재생 의학:
3D 프린터로 귀를 만들고 심장을 배양한다

우리 몸이 나이가 들었을 때보다 젊을 때 회복 속도가 빠른 데에는
그럴 만한 이유가 있다. 이는 일부 도마뱀이 다리나 꼬리가 잘려도
다시 자라는 반면, 인간은 그렇지 못한 것과도 연관이 있다.

우리 몸은 어머니의 수정란이라는 단일 세포로 시작해 기적 같은
생성 과정을 거쳐 자란다. 이 최초의 세포가 모든 것의 뿌리이지만
성장을 시작하면서 세포는 각자 특수한 역할을 한다. 과학 용어로는
'분화'라고 하는데, 이는 우리 몸을 이루는 다양한 체계의 여러 가지
세포 유형으로 나뉘는 과정이다.

이 기적은 여기서 끝나지 않고 계속된다. 우리가 나이 들어 아이
를 갖게 되면 이 과정이 다시 시작된다. 25세인 부모에게서 만들어
진 배아의 생물학적 나이는 25세도, 부모의 나이를 합친 50세도 아
닌 0세다. 생물학적 시계는 앞으로만 흘러가는 게 아니라 뒤로도 흘

러간다.

하지만 우리는 살아가는 동안에도 몸의 많은 세포가 사멸하고 생성되면서 끊임없이 다시 태어난다. 예를 들어 적혈구는 4~6주마다 완전히 새로운 적혈구로 교체되고, 피부는 한 달에 한 번 완전히 새로운 피부로 바뀐다.

이런 지속적인 재생의 동력은 줄기세포다. 줄기세포는 새로운 세포를 생성하여 오래된 세포를 대체한다. 세포의 이러한 작동 방식을 이해하는 것은 우리 몸이 기능하는 방식을 이해하는 데 꼭 필요하다. 그뿐 아니라 잃어버린 기능을 회복하고 새로운 능력을 생성하여 언젠가 노화 속도를 크게 늦출 수 있는 미래를 꿈꾸는 데에도 필수적이다.

반세기 전, 기형암종이라는 종양을 연구하던 학자들은 이 종양이 기이하게도 치아, 뼈, 머리카락 등 본래는 특정 부위에서만 발견되는 다양한 조직을 한꺼번에 갖고 있다는 점에 주목했다. 이들은 이 종양이 어떤 식으로든 시간을 거꾸로 거슬러 올라갔다가 다시 앞으로 나아갔다는 가설을 세웠다. 분화된 암세포가 과거로 돌아가 분화되지 않은 상태였다가, 다시 시간의 흐름을 따라가며 여러 조직으로 발달했을 거라는 가설이다. 1981년 영국과 미국의 서로 다른 두 연구팀은 쥐의 배아에서 이 세포를 식별하여 분리했다고 발표했다. 연구자 게일 마틴Gail Martin은 이를 '줄기세포'라고 명명했다.

1990년대 초 위스콘신대학교 수의사였던 제임스 톰슨James Thomson은 원숭이 여러 종의 배아 줄기세포를 분리했다. 그러나 그의 최종 목표는 영장류의 최상층에 있는 종, 인간이었다. 1998년 톰슨은 태아에서 줄기세포주stem cell lines를 성공적으로 분리·배양했다고 발표하며 전 세계를 놀라게 했다. 이로써 정밀 의학의 한 분야인 인간 재생 의학 시대가 열렸다. 2006년 일본 의사이자 과학자인 야마나카 신야Yamanaka Shinya는 네 개의 유전자(이후 '야마나카 인자'라 부름)를 사용해 피부 세포처럼 분화된 성인 세포를 미분화하는 방법을 찾아냈다고 발표했다.

재생 의학은 손상되었거나 제대로 기능하지 않는 조직 및 장기를, 줄기세포를 '속여' 다시 기능하도록 유도하는 방식으로 교체 또는 재생시키는 것을 목적으로 한다. 두 성인남녀가 하나의 배아를 만드는 과정이나 도마뱀이 잘린 꼬리를 재생하는 과정과 비슷하다. 재생 의학 분야가 급속히 성장하는 가운데 하위 분야인 조직 공학tissue engineering은 아직 초기 단계에 있다. 그럼에도 우리가 나아갈 미래를 엿볼 수 있는 흥미로운 전망을 제시한다.

장기 부전은 대개 치명적이지만 인간은 수십 년간 이에 맞서 싸워왔다. 1928년에는 '철폐'iron lung라는 기계가 최초로 도입되어 폐가 제대로 기능하지 않아 보스턴 어린이병원에 입원한 아이의 호흡을 도왔다. 1940년대에는 첫 번째 신장 투석기 등장했다. 1950년대에는 기능이 떨어진 심장을 우회해 혈액을 순환시키는 혈액 펌프 기계Blood pumping machines가 처음 도입되었다.

그러나 조직 공학의 목표는 전자 기계를 신체 외부(이후에는 내부)에 두고 기능을 상실한 장기의 기능을 대신하는 게 아니라, 조직과 장기 자체를 대체하거나 재작동하게 만드는 것이다. 이 과정은 기증 장기의 세포를 제거한 후 줄기세포와 세포 성장 촉진제를 혼합하여 새로운 세포를 생성한다. 이 세포는 플라스틱이나 복합당을 이용해 3D 프린팅한 스캐폴드(뼈대)에서 분화한다. 기능을 상실하거나 제대로 기능하지 않는 장기를 완벽하게 대체하는 방법은 아직까지 나오지 않았지만, 피부 이식, 연골, 뼈, 방광, 줄기세포로 만든 적혈구 등에서는 큰 진전이 있었다.

2022년, 선천적으로 오른쪽 귀가 기형인 20세 멕시코 여성은 자가 세포로 3D 프린팅한 새로운 귀를 이식받았다. 의사는 기형 귀에서 연골을 떼어 내 조직 검사를 한 뒤, 정상 귀의 3D 스캔 이미지를 뉴욕에 본사를 둔 조직 공학 회사 3DBio로 보냈다. 이곳의 과학자들은 연골 형성을 담당하는 세포를 분리해 영양 배지에서 배양했다. 이렇게 만들어진 살아 있는 세포와 콜라겐을 섞어 3D 프린팅 작업을 했고, 프린터는 한 겹씩 쌓아 환자의 정상 귀를 뒤집어 만든 연골 복제물을 완성했다. 3DBio는 새로운 스캐폴드를 생분해성 외피로 감싸 의사에게 다시 보냈고, 의사는 이를 이식해 환자의 기형 연골과 교체했다. 그 결과 환자는 정상적인 외형과 완전한 기능을 갖춘 귀를 갖게 되었다.[79]

생명공학적으로 설계한 인간의 간 조직을 쥐에 이식하는 실험도 진행되었다. 이 쥐는 인간의 간 질환을 해결하는 잠재적 치료법을 시험하기 위한 살아 있는 실험체가 되었다. 우리는 공격적인 치료법을 인간에게 적용하기 전에 인간의 세포를 다른 살아 있는 동물에게 먼저 실험하는 세상에 이미 와 있다. 앞으로는 장기를 우리 몸이 거부반응을 일으키지 않는 장기로 대체할 수 있는 미래를 쉽게 상상할 수 있다. 설령 돼지와 같은 동물에서 배양된 장기라도 말이다(이 부분은 제4장에서 자세히 알아보겠다).

최근 흥미로운 동물 실험과 초기 인간 임상시험이 진행되고 있다. 연구자들은 혈액 샘플에서 추출한 줄기세포로 인간의 심장 세포를 배양하거나, 심장 세포에 재생을 지시할 수 있는 RNA 조작 연구를 하고 있다. 두 치료법 모두 심장마비를 겪은 환자에게 특히 유용하다. 심장판막, 혈관, 피부 이식, 무릎 연골 등도 인간 줄기세포로 실험실에서 배양되고 있으며, 앞으로는 예비 장기를 자가 세포로 만들어 다양한 문제를 해결할 수 있을 것이다. 맞춤형 장기가 필요할 때 즉시 3D 프린터로 만드는 미래를 상상하고 이를 앞당기기 위한 노력도 이루어지고 있다. 그 일환으로 미국 보건첨단연구 프로젝트국 Advanced Research Projects Agency for Health, ARPA-H은 2024년 3월 '개인 맞춤형 재생 면역 적격 나노기술 조직'Personalized Regenerative Immunocompetent Nanotechnology Tissue이라는 새로운 프로그램을 출범했다. 다소 복잡한 전문용어처럼 들릴 수 있지만, 조직명의 약어를 보면 목표를 간결하게 파악할 수 있다. 바로 '프린트'PRINT다.

아마도 정밀 의학에서 이런 새로운 기술을 가장 실용적이고 가까운 시일 내에 적용할 수 있는 분야는 약물유전체학일 것이다.

약물유전체학:
같은 약이 왜 누구에게는 독이 되는가

이상적인 세상에서는 의사가 환자에게 처방하는 약은 누구에게나 효과가 있어야 한다. 그러나 앞서 언급한 타이레놀의 사례처럼 현실의 일반 의약품 세계는 반드시 그렇지는 않다. 단순히 그 약이 특별히 효과가 없는 일도 있지만 처방 약이 환자에게 잘 맞지 않는 경우가 다반사다. 또는 어떤 사람에게 잘 듣는 약이 다른 사람에게는 효과가 적거나 아예 없거나 심지어 해로운 경우도 있다.

약물유전체학은 개인에게 가장 적절하고 효과적인 약물과 치료법을 예측하고 이에 맞춘 치료의 길을 열어 준다.

이런 접근법이 미래 의료에서 절대적으로 중요한 이유는 단 하나다. 세계에서 가장 많이 처방되는 약물이라도 대부분 사람들은 충분히 효과를 보지 못하기 때문이다. 195쪽의 그림은 미국에서 가장 많이 팔리는 10대 약품 중 일부에서 실제로 상당한 효과를 본 사람이 4~25퍼센트에 불과할 정도로 적다는 것을 잘 보여 준다.

약물에 대한 반응에 영향을 주는 요소는 개인의 유전자만이 아니다. 더 넓은 의미의 시스템 생물학적 특성은 물론, 연령, 전반적인 건강 상태, 생활습관, 환경 등도 작용한다. 그러나 이런 요인이 불가사의하거나 설명할 수 없는 것은 아니다. 우리가 충분히 큰 데이터 세트를 확보해 AI를 훈련시키기만 해도 어떤 약이 어떤 사람에게 가장 잘 듣는지 가려낼 수 있다.

오늘날 우리가 가진 데이터와 임상 경험을 바탕으로, 예를 들어 GSTM1 유전자에 이상이 있는 사람에게는 유방암과 대장암에 널리 쓰이는 항암제 5-플루오로우라실을 쓰면 안 된다는 사실이 이미 알려져 있다.[80] 또한 HIV 환자에게 아바카비르를 처방할 경우 HLA-B*57:01 변이가 있는 사람이라면 심각한 부작용 가능성이 높

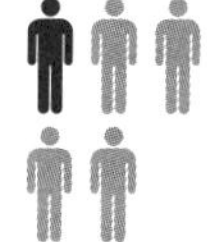

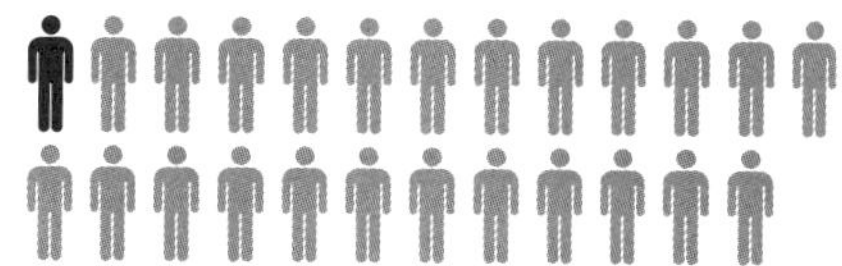

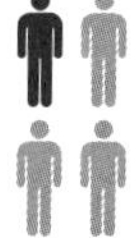

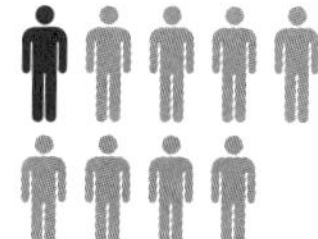

기 때문에 현재 많은 곳에서 의무적으로 염색체 검사를 실시한다.

영국에서만 환자의 약 10퍼센트가 처방약으로 인한 부작용을 겪는 것으로 추정된다.[82] 이 때문에 현재 많은 국가에서 어떤 약이 누구에게 가장 적절한지 알아내는 데이터 세트 구축 작업이 한창이다. 유럽 유비쿼터스 약물유전체학 컨소시엄은 환자의 유전 정보(14개의 유전자와 58개의 유전자 변이)를 기준으로 평가하는 39가지 약품 목록을 작성했다. 최근 이 컨소시엄은 7개국 55개 유럽 의료기관에서 의사들이 환자 개인의 유전 정보를 고려하여 처방했을 때 약물 부작용이 현저히 줄었음을 보여 주었다.[83] 미국의 세인트주드 어린이병원에서는 35가지 약물과 관련된 11개 유전자를 식별했다. 밴더빌트대학교 의료센터의 '프리딕트'PREDICT 프로그램은 16개 유전자를 추가로 확인했다.[84] FDA 웹사이트에는 수백 가지 치료약품 목록이 있고 라벨에는 약물유전체학 정보가 적혀 있다.[85] 2025년 4월 기준 특정 약물을 복용하는 사람들에게 심각한 위험을 일으킬 수 있는 62가지 인간 유전자 변이가 등록되어 있다.

약물유전체학 컨소시엄의 분석에 따르면 유럽에서 노인 환자에게 처방되는 약의 절반은 이 프레임워크를 활용해 최적화할 수 있다. 조사에 응한 유럽 의사 중 약물유전체학을 사용해 더 현명한 처방을 내릴 능력과 이해력이 있는 의사는 10퍼센트에 불과했으나, 98퍼센트가 이 방식을 원했다.[86]

우리 몸을 이루는 세포의 절반과 마이크로바이옴을 구성하는 나머지 절반 사이의 복잡하고 이상적인 공생 관계를 더 깊이 이해할수록 이 전체 생태계를 평가하고 치료해야 우리의 건강을 체계적으로 이해할 수 있다는 사실을 깨닫는다.[87] 정밀 약물유전체학은 정밀 제약-메타유전체학으로, 나아가 정밀 제약-시스템-멀티오믹스로 나아가겠지만 분명 더 적절한 이름을 찾아야 한다. 목표에 도달한다면 결국에는 그냥 '의료'healthcare라 불릴 것이다.

데이터가 쌓이고 컴퓨터 성능이 좋아지고 연구가 늘어나고 더 강력한 알고리즘을 사용하고 더 많은 지혜를 제안하고 공유할수록 우리가 받는 치료를 바꿀 실용적인 통찰력은 더 많이 얻을 수 있다. 영상의학이나 신생아 선별 검사처럼 의사가 환자의 건강을 최대한 유지하도록 설계된 치료법을 안전하게 처방하려면 AI 시스템을 적극 활용해야 한다. 이 사실은 곧 명확하고 필연적인 일이 될 것이다. 이를 통해 우리의 의료 체계는 증상을 정밀하게 치료하는 수준에서 벗어나 요람에서 무덤까지 건강을 예측하고 관리하는 새로운 모델로 나아갈 수 있을 것이다.

지금까지 살펴보았듯이 사람에게 유전자 치료를 시행하는 것은 매우 어렵다. 특히 사람의 몸이 수조 개의 세포로 이루어져 있다는 점 때문에 더 그렇다. 따라서 인간이 성장하면서 유전적으로 더 복잡해지기 전에 수정 직후 치명적인 유전자 변이를 바로 고치는 것이 더 안전하고 효과적일 수 있다. 우리는 점점 더 최적의 치료법과 최적의 시기를 맞추고자 할 것이다. 예를 들어 수정 전 난자나 정자를 선별하거나 유전자 변형을 고려할 수 있다. 아니면 유전자를 분석해 착상 전 배아를 선택하거나 착상된 배아의 게놈을 편집할 수 있다. 혹은 태아 상태에서 수술을 하거나 이미 태어난 다음에는 유전자 치료나 다른 치료를 할 수도 있다.

유전자 시대의 기술은 생애 초기와 중반에 대한 우리의 생각을 획기적으로 바꿀 수 있다. 그뿐 아니라 생의 마지막에 도달하는 시점과 방법까지도 바꿀 수 있다.

건강한 노화의 가장 중요한 부분은 여전히 경제 발전, 잘 조직된 사회, 평화로운 삶과 올바른 생활습관, 질병 예방 및 조기 치료와 관련될 것이다. 하지만 노화의 생물학을 직접 겨냥하는 새로운 과학은 건강과 웰빙의 범위를 확대하고 사람들이 더 건강하고 오래 살도록 돕는 매력적인 가능성을 제시한다.

현재 새로운 치료법이 활발하게 연구되고 있다. 세포의 자가 치유를 촉진하는 약, 세포의 시간을 되돌리는 재생 치료, 일부 생물학적 노화를 되돌려 줄 혈액 이식 등이 있다. 물론 이 모든 작업이 성공하리라는 보장은 없다. 그러나 노인의 건강 수명을 늘리려는 노력은 우리 모두가 건강하게 사는 세상으로 나아가도록 새로운 문을 열어 줄 것이다.*

변기와 거울이 당신을 진단하는 세상

출생 직후 아니면 그 이전에 우리 모두의 전체 게놈이 해독되는 세상을 상상해 보자. 아기에게 문제가 있다면 게놈 분석 결과에서 즉시 치료 방침을 알려 줄 것이다. 문제가 없다면 의사는 건강한 아기의 부모에게 AI가 생성한 위험 목록을 제시할 것이다. 여기서 현재 우려되는 건강 문제와 미래에 아기가 겪을 수 있는 위험을 확률적으로 평가한 정보를 알려 준다. 이 정보는 다른 생물학적·건강 데이터와 함께 아기의 전자의무기록EHR에 즉시 입력된다. 따라서 아기는 평생 최대한 이롭고 최소한 해로운 약물과 치료를 제공받는다.

이 전자의무기록은 AI 시스템과 동적으로 통합되어 새로운 연구와 발견 내용에 따라 유전자, 시스템 생물학 및 기타 데이터를 끊임없이 업데이트하고 재분석한다. 그럼으로써 적극적인 치료 계획을 세우는 데 중요한 정보를 제공한다. 이러한 디지털 시스템은 비교적

---

* 의학의 도움을 받은 생식과 노화 분야에 대해서라면, 따로 책 한 권을 쓸 정도로 할 이야기가 많다! 궁금하다면 내가 쓴 《해킹 다윈》을 읽어보기 바란다.

쉽게 확장할 수 있기 때문에 전 세계 어디든 상대적으로 소외된 곳에 있는 사람들도 혜택을 받을 수 있다.

출생 이후부터 사람들은 생체 정보를 모니터링하는 센서와 거의 항상 연결된다. 이 센서는 혈액을 정기적으로 검사하여 세포에서 유래한 암 바이오마커와 심장질환, 운동 뉴런증 등 다양한 질환의 초기 징후를 확인한다. 통계 모델이 지속적으로 위험 수준을 평가하고 장 마이크로바이옴도 꾸준히 분석된다. 욕실, 침실, 서재는 건강 데이터 수집 장소의 기능을 겸하며 변기, 거울, 컴퓨터, 핸드폰, 기타 장치는 사람들이 눈치채지 못하는 사이에 필수 정보를 모은다. AI 시스템은 적정 활동량과 필요한 식단 정보를 정기적으로 제공하고, 주방기기가 자동으로 제조하는 맞춤형 정밀 영양 셰이크는 필요한 식단과 부족한 영양소를 보충해준다.

시간이 지나면서 의료 기록을 포함한 대부분의 기록이 개인 데이터 세트에 입력된다. AI 시스템은 스스로 점점 똑똑해지면서 이 모든 데이터를 지속적으로 평가한다. 미성년일 때는 부모에게, 성인이 되면 본인에게 직접 여러 생활습관에 대한 다양한 조언을 제공한다. 예측 알고리즘은 증상이 나타나기 전에 실시간 생물학 정보를 평가하여 우려할 만한 패턴을 체크한다.[88] AI 시스템이 이상 징후를 감지하면 즉시 당사자와 담당 의사에게 알리고 가능한 행동을 취하도록 권고한다. 이러한 대응은 매우 이른 시점부터 시작되기 때문에 대부분은 식단 조절이나 생활습관을 개선하는 등 가벼운 수준일 것이다. 아니면 특정 영양 보충제나 의약품, 또는 간단한 시술이 필요할 수도 있다.

이러한 예방 조치에도 누군가 아프다면 개인의 생물학 시스템에 맞춰 치료를 조언한다. 어떤 때는 비슷한 상황의 다른 환자들에게도 쓰는 표준화된 치료법을 쓴다. 또 어떤 때는 유전자 치료, 개인화된 생활 방식과 식단 계획, 주문 제작한 맞춤형 약품이 제공된다.

암은 혈액 조직 검사를 통해 초기에 감지되고, 암의 유전자 지문으로 저렴한 개인 맞춤형 mRNA 암 백신을 만든다. 또한 CAR-T 치료 및 기타 치료로 환자의 선천 면역 세포를 활성화하고 강화한다. 개인의 신체 내부와 주변에 배치된 센서는 이 치료의 효과를 지속적으로 모니터링한다.

어쩌면 당신은 지금 이런 생각을 할지 모른다. 이것은 권위주의자가 꾸는 꿈이고 자유로운 개인에게는 악몽처럼 들린다고. 그렇다. 이런 시스템이 악용될 소지는 무한하다. AI 시스템은 잘못된 경고를 내리는 큰 실수를 범할 수 있고, 어떤 사람들은 일어날지 말지 알 수도 없는 미래의 건강 위험을 확률적으로 평가받는 것을 받아들이지 못할 수도 있다. 사생활 침해가 발생하거나 남용될 수 있고 삶의 주도권을 뺏길 수도 있다. 또한 날마다 마주하는 삶의 경이로움을 잃어버릴 수도 있다. 이 모든 것은 우리가 반드시 해결해야 할 합리적인 우려다.

그러나 동전의 양면처럼 나쁜 쪽이 있으면 좋은 쪽도 있는 법이다.

오늘날의 의료는 건강관리healthcare라기보다는 오히려 질병관리sick care에 가깝다. 우리가 병원이나 진료실을 찾는 걱정스러운 증상은 운동으로 인한 부상이나 감염병처럼 방금 생긴 문제일 수도 있지만, 수정된 순간부터 시작된 유전적 혹은 다른 이상의 발현일 수도 있다.

후자라면 증상이 실제로 나타나기 전까지 기다리는 것은 비가 내린 후에야 우산을 펴는 것과 다를 바 없다.

한 여자아이가 유전성 유방암 발병 위험이 크다는 사실을 알 수 있다면 AI 시스템을 이용해 이 아이가 일반적으로 이 병을 발견하는 40대 초반이 아니라 20~30대에 유방 촬영 검사를 받게 할 수 있다. 한 남자아이가 제2형 당뇨병 발병 위험이 유전적으로 더 높다면 선제적 건강 시스템으로 아이의 건강 기록을 자동으로 관리하면서 부모에게는 아이가 건강한 식습관과 운동 습관을 들이게 할 수 있다. 그리고 인슐린 수치가 비정상일 때는 담당 의사에게 알린다.

우리의 생물학이 우리의 운명과 직결되는 것은 아니지만 큰 부분을 차지하는 것은 사실이다. 유전자는 우리 운명을 미리 결정하지는 않지만 많은 부분에서 각자에게 열려 있는 가능성의 폭을 미리 정한다(나는 오로지 유전적인 이유로 겸상적혈구 질환에 걸릴 일도 없지만 다음 올림픽 육상 100미터 경기에서 우승할 일도 없을 것이다). 일반 의학에서 정밀 의학으로 전환하는 과정에서 수집된 유전, 생활, 시스템 생물학 데이터는 그 어느 때보다 방대하고 접근이 쉬우며 분석력이 뛰어난 데이터 풀로 통합되고 있다. 그럴수록 우리의 집단적·개별적 생물학 시스템에 대한 통찰력도 커질 것이다. 또한 정밀 의학에서 나아가 예측 가능한 의료, 건강, 생활 시스템으로 넘어갈 것이다.

우리가 지금 '의료'라고 부르는 것은 단순히 증상에 대응하는 방식에서 벗어나, 가능한 한 적극적으로 잠재적 피해를 최소화하고 이익을 극대화하는 쪽으로 나아갈 것이다. 그러려면 기계가 인간보다 더 잘할 수 있는 분야를 파악하고 기계는 기계가 가장 잘하는 일을 맡고 인간은 인간이 가장 잘하는 일을 맡는 시스템을 구축해야 한다.

이 문제를 해결하는 과정에서 우리는 기계가 더 잘하는 일을 인간이 하거나 반대로 인간이 더 잘하는 일을 기계가 하는 것은 위험하다는 사실을 곧 알게 될 것이다. 앞으로 일상적이고 반복적인 작업은 대부분 기계가 대체할 것이다. 이런 업무는 병원의 진료 접수, 행정, 자원 배분, 기본적인 모니터링뿐 아니라 약품 개발, 문헌 검토, 데이터 해석, 가설 생성, 지속적인 모니터링 등 더 중요한 분야로 확장될 것이다. 미래의 의료 서비스란 결국 진료실이나 병원에서 가끔 받는 특별한 일이 아니라 일상에서 자주 마주하는 일이 될 것이다. 기계가 가장 잘할 수 있는 일을 하도록 우리가 지시하고 밀어 준다면 결국 인간도 기계보다 잘할 수 있고 앞으로 항상 더 잘할 수 있는 일을 해낼 기회도 늘어날 것이다. 의료진은 인간다운 면모를 더해 환자의 이야기에 귀 기울이고 교감하며 치료에 더 많은 시간을 할애할 수 있다. 그리고 기계와 협력하여 수행하는 업무에서 냉철한 판단력과 지혜, 통찰력과 감독 능력을 발휘할 것이다.

이런 이야기는 먼 미래 이야기처럼 들릴 수 있지만 우리는 이미 변화의 초기 단계를 넘어섰다.

전 세계 수억 명의 사람들이 지금 애플워치, 삼성 갤럭시 워치, 핏빗, 가민, 오우라 링을 착용하고 있다. 이 기기들은 다양한 바이오마커와 생활 패턴을 지속적으로 측정하고, 끊임없이 조언을 제공하며 가끔 경고음을 울리기도 한다. 최신 기종의 심박조율기나 자동 인슐린 펌프를 사용하는 사람들은 문제가 생겼을 때 종종 주치의와 동시에 즉각 알림을 받는다. 전자의무기록은 실시간 들어오는 다양한 데이터를 취합하여 의사와 환자 모두가 더 쉽게 이 정보에 접근할 수 있게 한다. 크고 작은 여러 기업들이 전자의무기록을 표준화하고 방대한 데이터를 조직화하여 일반인과 의료진이 접근할 수 있는 새로운 방법을 개발하고 있다.

자동차는 여러 센서가 자동차의 성능을 지속적으로 모니터링하면서 필요시 어떤 조치를 취하라고 운전자에게 알려 준다. 마찬가지로, 우리의 건강 계기판도 일상적으로 사용되어 어떤 변화가 감지되면 우리와 의료진에게 경고하여 주의를 환기시킨다.[89]

현재의 의료 체계에는 치료에만 집중된 인센티브와 구조적인 문제가 존재한다. 이는 훨씬 더 발전된 예측 및 예방 중심 치료 모델로의 전환을 늦출 것이다. 그중에서도 의사와 병원이 여전히 앞으로 일어날 문제를 예방하는 것보다 치료를 제공할 때 보수가 더 크다는 점을 들 수 있다. 그런 의미에서 전 세계 의료 서비스 총지출에서 오직 3퍼센트만이 예방 및 공중보건 인식 제고에 쓰인다는 점은 그리 놀랍지 않다.[90] 사실 대부분의 건강 문제는 생활습관 변화와 기타 예방적인 조치로 더 효과적으로 빨리 해결할 수 있다. 의료적 개입은 시간이 지나면 훨씬 공격적이고 비용이 많이 들며 위험할 수 있다.

이런 변화에는 큰 비용이 따르겠지만, 장기적인 절감 효과와 변화를 미룰 때 발생하는 비용도 함께 따져 봐야 한다. 미국 공중보건협회American Public Health Association는 더 많은 신체 활동, 올바른 영양 섭취, 금연 등 생활습관 개선에 투자한 1달러가, 거의 600만 달러에 달하는 의료비 절감 효과가 있다고 평가했다.[91]

그러나 일반적인 미국인은 약 18개월마다 의료 기관을 바꾸기 때문에 미국의 건강보험사들도 현재 가입자에게 장기적인 절감 효과가 있을 투자를 지금 당장 할 동기가 없다. 그 효과가 나타날 미래의 어느 시점에는 가입자 대부분이 다른 보험사로 옮겼을 가능성이 높기 때문이다. 그러므로 사람들의 행동에 영향을 주는 국가 재정 및 기타 인센티브는 치료비 환급을 최적화하는 데 집중하기보다는 개인과 전체 인구의 장기적인 건강과 웰빙을 증진하는 데 초점을 맞춰야 한다.

이 문제와 관련해서 미국인은 물론 전 세계인에게 좋은 소식이 있다. 예측 및 예방 중심 의료로의 전환이 어느 한곳에서 성공하면 어디서나 쉽게 일어날 수 있다는 사실이다. 에스토니아, 핀란드, 이스라엘, 싱가포르, 아랍에미리트처럼 규모가 작고 중앙집권적인 국가가 통합된 예측 및 예방적 의료 시스템을 개발해 더 저렴한 비용으로 더 좋은 치료를 제공할 수 있다는 사실을 증명한다면 이 모델은 상대적으로 쉽게 모방하거나 다른 곳으로 수출할 수 있다.

핀란드는 최근 모든 의료 데이터를 보건부에서 운영하는 국가 데이터 서버에 통합하는 법안을 통과시켰다. 모든 정보는 개별 환자를 포함한 전체 인구의 광범위한 건강 상태를 통합 분석할 수 있는 형식으로 입력된다. 핀란드의 여덟 개 바이오뱅크는 시민의 건강과 생물학 데이터를 수집·분석할 수 있는 권한이 있으며, 모두 핀란드의 단일 지불 의료 시스템의 일부다. 또한 2020년대 후반까지 수많은 유전 및 기타 질환을 초기에 발견하고 치료하는 데 유용한 시스템을 만들고 있다. 에스토니아의 바이오뱅크는 자국민의 유전 정보, 기타 생물학 정보, 생활 정보를 한데 묶어 의료 종사자와 연구자들이 안전하게 사용할 수 있다.

궁극적으로 이 꿈을 실현하는 데는 규모는 작지만 부유한 회사와 국가만이 앞장서지 않을 것이다. 오히려 가난하고 덜 개발된 국가나 공동체도 다른 곳에서 구축한 디지털 건강 인프라를 활용함으로써 더 수준 높은 치료에 쉽게 접근할 수 있을 것이다. 모든 국가는 AI가 이끄는 시스템을 활용하여 의료 서비스의 접근과 영향력을 확대하고 비용을 줄이며 의료 종사자의 긍정적인 영향을 최적화해야 한다.

컴퓨터 성능은 빠르게 향상되고 있으며 AI 알고리즘은 기하급수적으로 성장하고 있다. 이와 더불어 생물학 정보 데이터가 축적되면서 현재 디지털 트윈digital twin(현실 세계의 기계나 장비, 사물 등을 컴퓨터 속 가상세계에 구현한 것 - 옮긴이)의 매혹적인 가능성이 떠오르고 있다.

당신에게 유전적으로 완전히 동일한 쌍둥이가 있다고 상상해 보자. 당신은 그 쌍둥이를 별로 좋아하지 않는다. 당신은 다소 무정한 성격이라 자신을 위한 어떤 치료든 먼저 그 쌍둥이에게 시험해 보게 한다. 디지털 트윈은 실제 형제자매를 희생시키지 않고도 한 사람을 역동적이고 전자적인 형태로 재현함으로써 같은 일을 시도한다. 한 개인에게 어떤 치료를 고려할 때 이 알고리즘을 통해 그 치료가 디지털 트윈에게 어떻게 작용할지를 미리 시뮬레이션해볼 수 있다. 접근 가능한 데이터베이스에 여러 디지털 트윈을 연결하면 현재로서는 상상할 수 없는 규모로 단시간 내에 치료 가설을 세우고 인구 전체에 대한 개입과 약물 임상시험을 가상으로 테스트할 가능성도 커진다.[92]

이 가상의 쌍둥이는 유기체 수준으로 그리고 더 작은 세포 수준으로 만들 수 있다. 이와 관련하여 데미스 하사비스는 2022년 에릭 토 폴에게 이런 말을 남겼다.

> 향후 10년간 내가 이루고 싶은 꿈 중 하나는 가상 세포를 만드는 겁니다. 내가 말하는 가상 세포란 AI 시스템으로 세포의 전체 기능을 모델링한다는 의미입니다. 그러면 당신은 이 세포로 가상 실험을 할 수 있을 겁니다. 여기서 나온 예측은 실험실에서 확인한 결과와 다르지 않습니다. 이런 게 있다면 전체 신약 개발과 임상시험 프로세스가 얼마나 빠르고 효율적으로 진행될지 상상할 수 있겠습니까…? 우리가 알파폴드로 한 일은 사다리의 첫 번째 칸이라고 생각할 수 있습니다…. 그 후 당신은 천천히 사다리를 올라가겠지요. 그리고 결국에는 세포에 닿고 마지막에는 전체 유기체에 닿게 될 겁니다. 이것이 내 꿈입니다.[93]

완전하게 구현된 AI 기반 가상 세포는 여전히 꿈으로 남아 있다. 그러나 2024년 12월 전 세계 저명한 과학자와 기관으로 구성된 인상적인 컨소시엄이 '여러 상태에서 분자, 세포, 조직의 행동을 표현하고 시뮬레이션할 수 있는 다양한 범위와 형태의 대규모 신경망 기반 모델'을 구축하는 공동의 노력을 발표했다. 이들은 논문에서 "AI 가상 세포는 정확한 시뮬레이션을 가능하게 하고, 더 빠르게 새로운 발견을 하도록 돕고, 연구 방향을 안내함으로써 생물학 연구를 혁신할 것이다. 그뿐 아니라 세포 기능을 이해하는 새로운 기회를 제공하고 다양한 분야의 과학자들이 협력할 수 있는 열린 과학 환경을 촉진할 것"이라고 밝혔다.[94]

디지털 트윈 외에도 생물학적 트윈으로도 실험할 수 있다. 보통 실험실에서는 사람에게 직접 사용하기 전에 환자에게서 암세포를 추출하여 배양한 뒤 다양한 치료법의 잠재적 효과를 시험한다. 마찬가지로 생물학적 트윈 역시 여러 유형의 세포를 채취한 다음 특수 설계한 미세유체학 컴퓨터 칩에 함께 입력하고, 의사들은 시도 가능한 모든 치료가 전신에 미치는 영향을 평가할 수 있다.[95]

우리는 이 기술이 건강과 의료 서비스를 향상하고, 가장 두려운 질병과 장애를 피하거나 극복하고, 건강하게 오래 살고, 자녀가 치명적인 유전 질환을 갖고 태어나지 않게 예방하는 데 사용될 거라고 희망한다. 이 희망과 동시에, 기술이 악용될 수 있다는 두려움은 동전의 양면과 같다. 이런 일들이 아무리 흥미진진하게 들리더라도 우리는 이 점을 기억해야 한다. 우리가 원하는 것을 가능하게 해주는 이 기술에는 우리가 원하지 않는 일도 쉽게 해낼 수 있는 잠재력도 들어 있기 때문이다.

일반 의료에서 정밀 의료로 그리고 예측적이고 예방적인 의료로 전환했을 때 생기는 잠재적 건강과 혜택은 매우 크다. 그래서 우리는 반드시 책임감을 바탕으로 가능한 한 빨리 앞으로 나아가기 위한 모든 행동을 취해야 한다. 이는 매우 큰 과제가 될 것이다. 우선 의료 종사자를 포함한 사람들이 사용하는 도구를 업그레이드하고 넓은 의료 생태계(피보험자, 보험회사, 개인의 역할과 책임에 대한 인식 등) 문화를 바꾸는 작업을 해야 한다. 이런 식의 변화는 하루아침에 이루어지지 않겠지만, 책임감 있게 이 프로세스를 끌고 나가기 위해 지금 우리가 할 수 있는 단계 몇 가지가 있다.

인센티브를 조정하고 여러 가지 사회 문제를 해결하는 일 외에도, 정밀 의료와 예측 의료의 미래는 데이터의 기초가 중요하다. 우리가 안전하게 데이터를 모으는 방식을 알아내야 데이터 세트의 다양성을 높이고, 가능한 한 많은 사람에게 고품질의 맞춤형 치료를 제공하는 강력한 기반을 마련할 수 있다. 그러면 더 빨리 크게 발전할 수 있다.

이 프로세스의 핵심은 더 많은 사람의 전체 게놈 분석이 될 것이다. 우선은 치료가 시급한 사람부터 시작하겠지만 결국에는 모든 이들을 포함해야 한다. 이 자료는 전자의무기록의 기초가 되고, 여기에 수많은 생물학·생활 데이터가 더해지며, 평생을 모니터링하면서 의료 시스템과 상호작용할 것이다.

미래의 의료 서비스는 AI 시스템과 인간이 혼재된 상태에서 각자의 역할에 충실하고 끊임없이 재협상하는 관계를 이어갈 것이다. 따라서 이제 우리는 의료 시스템을 웰빙 생태계로 생각해야 한다. 웰빙 생태계란 생활 방식, 습관, 인센티브, 할 수 있는 선택, 예방적 개입이 빠른 치료를 요하는 질병만큼 중요함을 인식하는 것을 말한다.

그러나 우리가 공격적으로 경쟁하며 나아간다면, 심지어 선한 의도로 안전하게 진행한다는 보장 없이 나아간다면 원하는 곳에 결코 도달하지 못할 것이다. 1999년 펜실베이니아대학교 유전자 치료 중단 사건과 중국 크리스퍼 아기 게놈 편집 사건에서 배운 교훈을 기억하자. 생명을 다루는 기술은 최대한 안전하게 인간에게 적용해야 한다. 우리가 사생활을 충분히 보호하지 않거나 효율성을 위해 의료 시스템을 부주의하고 비인간적으로 만든다면 소중한 시간과 잠재력을 잃을지도 모른다.

　정밀 의학과 예측 가능한 의학으로 전환되고 생물학적 시스템을 조작하는 새로운 도구의 적용이 확대되는 현 상황을 피할 수는 없다. 그러므로 이를 제대로 이용하지 않거나, 다음의 희망찬 봄이 오기 전까지 또다시 불만과 어려움의 겨울을 견뎌야 한다면 그 비용은 인명 손실로 측정될지도 모른다.

　우리가 맞닥뜨린 과제들은 흥미롭고 복잡하며 중요하다. 앞으로도 그럴 것이다. 이 과제들이 인간의 건강만을 포함하고 있다면 문제 해결은 훨씬 더 간단하다.

　그러나 인간의 생물학적 시스템을 조작하는 행위는 인간이 설계하는 생물 이야기의 일부분일 뿐이다. 즉 인간을 치료하고 바꾸는 방법에 관련된 이야기를 비롯해, 인간의 건강을 위해 개발된 기술과 역량을 활용하여 우리 주변의 더 넓은 세상을 근본적으로 바꾸는 방법에 관한 이야기이기도 하다.

제 3 장

자연을 해킹하지 않으면 자연이 사라진다

크리스퍼, 황금쌀, 합성 미생물이 만드는 100억 인구의 식탁

2050년 지구에는 100억 명이 살지만, 농지를 50퍼센트 더 늘리면 지구상 모든 숲이 사라진다. 크리스퍼는 세 개 유전자만 편집해 쌀 수확량을 세 배 늘렸고, 합성 미생물은 화학비료 없이도 토양에 질소를 고정한다. 2080년 우리의 후손들은 무엇을 먹게 될까? 선택은 하나다. 더 많은 땅을 개간할 것인가, 더 스마트한 씨앗을 심을 것인가?

당신이 먹는 모든 것은
이미 '변형' 되었다

한 가지만 확실히 짚고 넘어가자.

당신이 나무를 사랑하고 자연을 아끼며 친환경 브랜드 버켄스탁을 신는 히피라면, 당신이 오직 지속 가능한 방식으로 재배된 유기농 과일과 (GMO가 아닌) 채소만 먹는 사람이라면, 당신은 급진적인 생명공학자일 것이다.

당신이 페루의 산에서 조상 때부터 전해 내려온 퀴노아 품종을 사용하는 농부라면 당신은 급진적인 생명공학자일 것이다.

당신이 최첨단 실험실에서 게놈 편집 기술로 다양한 작물에 새로운 형질을 더하는 작업을 하는 과학자라면 당신 역시 급진적인 생명공학자일 것이다.

모든 농업은 급진적인 생명공학 작업이 포함된다. 그래서 어떤 종류든 개량된 작물을 먹을 때 우리는 급진적인 생명공학의 산물을 먹는 것과 다름없다.

농업의 미래와 관련해 솔직하게 대화하려면 우선 과거를 이해해야 한다. '자연적인'이라는 단어를 들으면 대개 인간의 적극적인 설계와는 동떨어진 자연에서 자라는 무언가를 떠올린다. 그러나 사실 농업은 후자에만 속하지 않는다.

대표적으로 옥수수를 들 수 있다. 1만 년 전의 조상에게 옥수수 한 대를 보여 주었다면 나아가 아메리카 대륙에 사는 조상에게 이 작물을 내민다면 그들은 이게 무엇인지 전혀 알지 못할 것이다.

약 9,000년 전 현재의 멕시코 저지대에 살던 사람들은 발사스 테오신트라는 야생초를 심기 시작했다. 테오신트는 머리 쪽에 작은 옥수수 속대가 달려 있고 길이는 몇 센티미터에 불과한 식물이었다. 속대에는 12개의 작은 알맹이가 붙어 있고 껍질이 전체를 감싸고 있었다. 초기의 멕시코 농부와 아메리카 대륙의 농부는 수천 년간 이어진 교배에서 여러 시행착오를 겪으면서 테오신트를 우리가 현재 잘 알고 있는 옥수수로 바꾸었다.

지금의 옥수수는 테오신트와 흡사한 형태를 띠지만 인간의 개입으로 유전자가 수천 개가량 달라졌다. 이렇게 전체 크기는 약 10배, 옥수수 알맹이는 거의 50배 이상으로 많아진 식물로 재탄생했다. 현재는 전 세계적으로 매년 10억 메트릭톤 이상의 옥수수가 생산되며, 전 세계에서 가장 많이 소비되는 주요 곡물로 자리 잡았다.

그러나 오늘날 옥수수는 상당수 우리 조부모 세대가 먹던 옥수수와 아주 조금 다르다.

미국은 세계에서 가장 큰 옥수수 생산국이며 전체 옥수수의 90퍼센트가 일반적으로 GMO 방식으로 재배된다. 과학자들은 한 가지 종에서 유전자와 유전자 조각을 다른 종으로 옮기는 방식을 사용했다. 이렇게 유전자를 변형하는 주된 이유는 벌레 제초제에 강한 품종을 만들기 위해서다. 자연적으로 생긴 토양 박테리아인 바실루스 튜링기엔시스*Bacillus thuringiensis*(곤충 병원성 세균으로, 살충 단백질을 생성하여 생물학적 농약으로 널리 사용됨. 이하 Bt로 표기 – 옮긴이), Bt의 유전자를 씨앗에 주입하면 애벌레에게는 해롭다. 하지만 무당벌레나 꿀벌 같은 꽃가루매개자나 소, 돼지, 인간 등의 동물에게는 해롭지 않은 단백질을 생성하는 옥수수 품종을 만들 수 있다. 미국 농무부USDA 연구에 따르면, Bt 옥수수 도입은 미국 농부들의 살충제 사용을 90퍼센트나 감소시켰다고 한다.[1]

또 다른 대표적인 유전자 변형 작물은 제초제에 강한 옥수수다. 이 종은 글리포세이트 같은 독한 제초제에 견디도록 설계되어, 잡초를 제거하는 약을 뿌려도 이런 식물들은 해를 입지 않는다. 이 방법은 여러 논쟁을 불러일으켰지만[2] 적어도 옥수수 농장의 생산력이 엄청나게 증대된 것은 분명하다.

이 두 가지 형태의 유전자 변형은 대부분 1970년대부터 시작되었고 나날이 발전하는 재조합 DNA 기술을 사용한다. 이 기술은 박테리아의 게놈에서 원하는 단백질을 만드는 유전자(Bt 독소를 생성하는 박테리아 유전자 등)를 추출한 후 옥수수 씨에 주입한다. 더불어 새로운 형질이 어떤 식으로 발현될지 안내하는 프로모터(유전자의 전사를 조절하는 DNA의 특정 부위 – 옮긴이) 서열과 식물 재배자들이 변화를 쉽게 식별하도록 돕는 유전자 마커도 함께 주입한다.

이를 둘러싼 중요한 논쟁에 대해서는 뒤에서 더 자세히 다룰 것이다. 어쨌든 적어도 생명공학이라는 현대적인 도구를 사용해서 유전자를 변형함으로써 매우 유의미한 결과를 얻은 것은 사실이다. 또한 Bt 옥수수와 비非 Bt 옥수수 사이의 차이, 또는 바이엘의 라운드업 레디 옥수수(제초제 라운드업Roundup에 저항성을 갖도록 유전적으로 조작된 옥수수-옮긴이)와 비非 라운드업 레디 옥수수 간의 차이는 야생 테오신트와 오늘날 옥수수의 차이와 비교하면 정말 소소하다. 사실 전체 유전자의 차이, 구조의 차이, 새롭게 나타난 형질 수의 차이는 그렇게 크지 않다. 그러므로 논리적으로 따지면 결론은 이렇다. 유전자 변형 옥수수를 완강하게 반대하는 사람은 바이엘이나 신젠타 같은 현대의 종자 기업이 아닌 전반적인 농사 개념을 도입한 아메리카 대륙 고대 토착민의 방식에 더 큰 반기를 들어야 옳다.

녹색 혁명은 어떻게
수억 명을 기아에서 구했나

기술의 기원에 대해서 이렇게 생각하는 사람도 있다. 기술은 인간이 도구를 만들 수 있는 능력을 갖춘 이후부터 사용하기 시작했고, 인간에게 다른 동물(공룡, 돌고래, 침팬지에 이르는 모든 동물)이 다다를 수 있는 한계를 훌쩍 뛰어넘는 역량을 부여했다는 것이다. 하지만 기술 외에도 발전된 문화유산 역시 매우 중요하다고 주장하는 이도 있다. 여기서 말하는 문화유산이란 혈연을 넘어 다른 사람들과 협동하고 여러 공동체 및 세대와 지식을 공유하는 능력이다. 1만 2,000년 전에 빙하기가 끝나 가면서 몇몇 지역에서는 식물을 재배하기 시작했을 것이다. 그러나 인간의 독특하면서 유일무이한 능력인 정보와 의견 나누기로 일부 지역에서 실행된 방식이 세계로 퍼져 나갔다.

모든 생태계는 구성 요소들이 모여서 이루어지고 여기에서 인간도 일부를 이룬다. 개미집에 막대기를 찔러 넣는 침팬지도 생태계의 일부다. 침팬지와 막대기, 개미, 개미집 모두 그 일부이며, 석기와 원자로를 가진 인간도 분명 생태계의 일부다. 그러나 인간은 동물과 다른 존재다. 우리가 가진 지능과 문화유산은 기술 능력을 꾸준히 향상시켰다.

현재 인간이라는 하나의 종은 다른 모든 종(역설적이게도 우리의 가장 큰 경쟁 상대는 바이러스나 박테리아처럼 아주 작은 종이다)보다 훨씬 더 강력하게 변했다. 그래서 우리만의 방식으로 주변 생태계를 재정의하고 있으며 때로는 그 과정에서 부정적인 결과를 초래하기도 했다. 인간은 그냥 어느 순간 이런 능력을 갖게 되었을 뿐 다른 종들도 비슷한 능력이 있었다면 인간과 다르지 않았을 것이다.

농업은 우리가 이 단계에 이르는 과정에서 매우 핵심적인 역할을 했다. 이 급진적인 생명공학은 전 세계 총인구수를 1만 년 전에는 수백만 명에서 1세기 전에는 20억 명으로, 현재는 80억 명이 넘는 수로 증가시켰다.

농업 초기에는 유목 생활을 하던 우리 조상이 이동하는 곳마다 식물을 재배했다. 재배 작물과 가축이 제공하는 음식이 사람을 먹이고도 충분히 남게 되었을 때 많은 수의 조상이 더 이상 식량 자원을 찾아 떠돌아다니지 않고 한곳에 정착하여 좀 더 복잡한 형태의 공동체를 형성하기 시작했다. 수천 년 동안 농업의 노하우는 느리지만 꾸준하게 성장했고 이와 함께 생산성도 크지는 않지만 지속적으로 높아졌다. 정착한 사람들은 식량을 공급받으며 농업 외의 일을 하면서 시간을 보냈다.

몇천 년 전까지만 해도 전 세계 농부들은 대개 자신이 먹을 것 외에 다른 사람까지 먹일 정도의 양을 생산하지 못했다. 그러나 혁신이라는 동력을 단 산업혁명이 일어나며 기계가 인간중심의 노동과 제조를 대체했고, 전문성과 효율성이 날이 갈수록 높아졌다. 이에 발맞춰 산업화된 농업에서도 농부들은 더 많은 분야를 전문화하여 식물을 재배했다. 여러 작물을 혼합했던 전통식 재배보다는 다양한 기계와 소수의 일꾼으로 단일 작물의 씨를 뿌리고 수확했다. 합성 비료와 화학 살충제를 사용하기 시작했으며 소규모 농장은 통합되어 규모가 커졌다.

20세기 미국에 있는 농장의 전체 수는 3분의 2 정도가 줄었지만 남은 농장 규모는 대략 3분의 2가량 커졌다. 농업에 종사하는 미국 노동자 비율은 1900년에 40퍼센트를 넘었지만 오늘날에는 약 1.6퍼센트 수준으로 감소했다.

1900년에는 동물이 미국 농장에서 대부분의 힘을 담당했지만 제2차 세계대전과 함께 시작된 기술 혁신으로 농장 기계화는 가축의 역할을 빠르게 대체했다. 1964~1976년에 미국 농부들이 사용한 합성 비료 수는 두 배, 살충제 사용은 50퍼센트 증가했다. 이러한 새로운 관행과 자원 투입의 결과, 지난 1만 년 동안 조금씩 발전해 온 미국의 총 농업 생산성(투자 대비 산출량)은 20세기 후반에 매년 2퍼센트 정도 증가했다. 이 증가율은 역사적으로 전례 없는 수준으로 상승해 300 퍼센트에 다다랐다. 예를 들면 헥타르당(1헥타르는 약 2.5에이커) 평균 옥수수 생산량은 1940년 2톤이었으나 현재 10톤을 훌쩍 넘는다.[3]

농업 생산성의 빠른 증가로 얻은 이익은 처음에는 영국과 미국 같은 선진국에서 나타났지만 기적 같은 녹색 혁명이 개발도상국에서 일어나면서 상황이 바뀌기 시작했다.

제2차 세계대전이 끝난 후 얼마 지나지 않아 일본 주둔 미군 부대의 농무부 소속 학자는 일본 농장의 밀 품종 일부가 미국의 밀과 비교해서 더 짤막하고 뻣뻣하며 머리 쪽이 더 무겁다는 사실을 발견했다. 그는 일본 품종 씨앗 몇 개를 미국의 여러 대학에 보냈다. 워싱턴 주립대학교 식물 육종가는 일본 밀 품종 한 가지와 미국 태평양 연안 북서부의 농장에서 광범위하게 쓰이는 품종을 교배하여 짧고 뻣뻣한 새 품종을 개발하고 '게인즈'Gaines라고 이름 붙였다. 무게 때문에 아래로 구부러지지 않는 종을 만든 것이다.

이와 거의 비슷한 시기에 록펠러재단은 아이오와주 출신의 젊은 과학자 노먼 볼로그Norman Borlaug를 멕시코로 파견해 곰팡이가 일으키는 녹병fungal rust에 저항성 있는 밀 품종을 개발하도록 했다. 당시 이 곰팡이로 인해 멕시코 밀 생산량이 떨어졌고 토양이 빠르게 황폐해졌다. 기반 시설도 약화되어 대규모 기아 사태를 초래할 위험이 있었다. 볼로그는 최소한의 자료와 지원만으로 자신의 에너지와 창의력, 열정을 쏟아부었다. 궁극적으로 그는 역사의 흐름을 바꾸었고 수십 년 후 노벨상을 받았다.

볼로그는 녹병균에 강한 밀 품종을 성공적으로 개발하여 봄에 자랄 수 있게 했다. 그는 이 봄밀 품종을 겨울밀과 교배해서 짤막한 형태의 고생산 밀을 얻었고 이 종은 1년에 두 번이나 자랄 수 있었다. 볼로그와 멕시코를 포함한 전 세계 여러 동료들은 개발도상국에서 새로운 고생산 농업 모델을 만드는 데 선구적 역할을 했다. 그 영향은 처음에는 멕시코에서, 이후에는 돌풍처럼 빠르게 세계로 뻗어 나갔다.

지난 몇천 년 동안 사람들은 매년 몇 가지 잡종을 만들어 실험하는 방식을 진행해 왔고 그 정도의 역량만을 가지고 있었다. 그러나 이제는 수천 개의 잡종을 동시에 재배하고 세심하게 모니터링하고 평가할 수 있는 실험농장test fields을 만들 수 있다. 멘델의 실험이 과감하게 적용된 사례라고 할 수 있다. 이들은 멕시코 여러 지역에 연구 농장을 확보하여 다양한 종류의 씨앗이 다양한 계절과 조건에서 어떤 식으로 자라는지 실험했다. 또한 화학 비료와 살충제 사용, 노동력을 절감하는 농기구, 관개 시스템 사용을 장려했다. 이런 모든 노력 덕분에 멕시코 농부들은 이모작을 시행할 수 있었다. 1960년대 중반이 되자 멕시코는 만성적인 식량 부족에 시달리는 인구 2,300만 명의 국가에서 밀이 남아돌아 남은 양을 수출하고 인구도 두 배 증가한 국가로 변모했다.

멕시코 녹색 혁명을 아주 빠른 속도로 성공시킨 혁신은 세계로 전파되어 다른 개발도상국에도 닿았다. 이 흐름에 동참하여 같은 방식을 따르던 사람들의 도움 그리고 미국 기반 재단과 정부 기관의 지원에 힘입은 녹색 혁명은 인도와 파키스탄, 튀르키예를 비롯한 많은 국가의 정부와 농부들의 환영을 받았다. 1960년대의 인도는 주식인 곡물이 부족하여 지역에 따라 기아에 시달리는 사람들이 있었다. 하지만 이 혁명 이후 곡물 생산량은 세 배로 뛰었고 10년 뒤에는 자급자족할 수 있는 단계까지 올랐다.

필리핀에는 포드와 록펠러재단이 합작하여 세운 국제 쌀연구소International Rice Research Institute가 있다. 이 연구소는 스와미나탄M. S. Swaminathan 같은 선구자적인 인도 과학자들과 협력하여 IR8로 알려진 새로운 쌀 품종을 개발했다. 이 품종은 1965~2010년 인도의 1에이커당 평균 쌀 생산량을 네 배로 끌어 올리는 데 핵심적인 역할을 했다. 1970년대~1990년대 20년간 아시아의 전체 곡물 생산량이 두 배로 증가했고, 이곳에서 재배되는 모든 쌀과 밀의 70퍼센트가 새로운 고생산 품종이었다. 동아시아는 평균 곡물 생산량이 세 배 이상 증가했다. 그 결과 가난과 기아, 영양실조가 대폭 줄었고 아시아의 총인구수가 두 배 이상 증가하는 등 새로운 품종은 이런 변화에 크게 기여했다.

브라질에서는 새로운 품종의 대두가 개발되었고 여기에 비료와 관개 시스템을 접목해 나갔다. 거대하고 건조하며 농사에 부적합한 세하도 사바나 지역은 이후 세계 최대 대두 생산 지역으로 바뀌었다. 콩, 카사바, 기장, 수수 같은 다른 주요 작물들도 이와 비슷한 방식으로 생산량이 급증했다.

그러나 아쉽게도 부실한 토양의 질, 부족한 관개시설, 농부에게 부담스러운 투자 비용, 전반적으로 미흡한 정부 규제와 같은 다양한 이유로 녹색 혁명의 혜택은 아프리카까지 완전히 닿지 못했다. 아프리카는 세계에서 가장 빨리 성장하는 동시에 상대적으로 가장 가난한 대륙이다. 현재 이곳의 평균 곡물 생산량은 동일한 작물을 기준으로 아시아의 평균 생산량보다 3분의 2 정도 낮다. 미국 농장의 경우 평균 1에이커당 160부셸(약 4,400킬로그램)의 옥수수가 생산되지만 아프리카는 30부셸(약 820킬로그램)에 그친다.

이제 우리는 녹색 혁명이 수억 명의 사람을 살렸고 더 많은 사람을 살릴 수 있다는 사실을 잘 알고 있다. 그뿐 아니라 지난 세기 동안 빠르게 증가한 농업 생산성의 결과로 세계의 빈곤과 영양실조가 감소했고 창의력과 혁신을 이끌었으며 경제 성장을 견인하고 생활수준을 향상시켰다는 사실도 확실히 알게 되었다.[4] 저렴하면서 쉽게 구할 수 있는 식량이 엄청나게 증가하자 수십억 명이 더 많은 지원을 받을 수 있게 되었다. 이전에는 불가능했던 일이다.

그러나 다른 여러 사례처럼 이 축복 같은 운동도 규모가 커지자 그만한 부작용을 낳았다.

풍요의 대가:
우리가 치러야 할 환경 비용

주요 도시에서 끊이지 않고 나타나는 차량 정체 문제를 해결하는 과정에는 역설이 도사리고 있다. 도시가 성장하고 인구가 증가할수록 더 많은 사람이 외출 시 사용할 승용차나 트럭을 구매하고 싶어 하고, 이미 가지고 있는 경우도 있다. 결국 차량의 수도 기존 도로의 수용 능력을 넘어서는 때가 나타난다. 그렇다면 더 많은 도로를 만들면 되지 않을까? 이는 문제를 타파하는 최고의 방법처럼 들리겠지만 사실 단기적인 해결책일 뿐이다. 새 도로가 늘어나서 한산해지면 더 많은 사람이 차를 끌고 나오고, 원래의 문제가 다시 수면 위로 올라온다. 그런 이유로 많은 도시가 교통체증의 대안으로 도심에 있는 차에 세금을 매기거나 대중교통을 늘리거나 자전거 전용 도로를 만드는 식으로 대처한다.

이와 비슷하게 20세기의 농업혁명, 번영, 질 좋은 공공의료, 기술혁신의 기적은 세계 인구가 대규모로 아주 빠르게 증가하는 원동력이 되었다. 도로를 만드는 것과 비슷하게, 우리는 이 문제에 현명하게 대처해야 한다. 인구수가 엄청나게 늘고 있기 때문에 1차원적인 방식으로 접근했다가는 그 안에서 또 다른 문제를 유발할 수 있다.

예를 들어 기계화와 산업화는 궁극적으로 많은 국가에서 인간의 생산성을 확대하고, 전반적인 웰빙과 삶의 질을 높였으며, 노예 제도가 없어지는 계기가 되었다. 그러나 기계화와 산업화가 대규모로 확장되자 기후변화에 큰 영향을 주었다. 지난 반세기 동안 대규모 산업 농업이 주류로 자리 잡자 인간은 그야말로 엄청난 혜택을 받는 동시에 엄청난 비용을 떠안아야 했다. 게다가 이 비용은 계속해서 증가한다.

세계 여러 곳에서 과도하게 사용되는 비료와 살충제가 수로로 스며들면서 생태계는 점차 균형을 잃어 갔다. 물 수요가 급증하고 물 관리를 엉망으로 하다 보니 관개에 사용되는 지하수를 과도하게 끌어 써서 인간의 생존에 필요한 물 자원이 고갈되고 있다. 단일 농작물의 집약적 재배는 토양의 질을 하락시켜 농부들은 비료에 더 의존하게 되었고, 지속적인 비료 사용은 다시 토양의 질을 악화시키는 결과를 낳았다. 비료 공급은 우크라이나 전쟁 같은 국제 분쟁의 영향을 받기도 한다. 농부들이 재정적으로 지원을 받는 소수 작물에 의존도가 높아지면서 농작물 다양성이 줄었고 이는 장기적으로 잠재적인 위험 요소가 되었다. 많은 자본이 투입된 농업은 그만큼 생산량이 늘면서 인구를 증가시켰고 식량 수요도 급격하게 늘었다. 녹색 혁명으로 생산량이 정체되었을 때도 이런 현상은 지속되었다.

이제 농업 방식은 달려졌고 이를 지원하는 토지 사용 방식도 변했다. 그 결과 인간이 배출하는 온실가스는 전체 배출량의 4분의 1을 차지하게 되었으며 그 비율이 몇 년에 걸쳐 서서히 증가하는 중이다.[5] 중국은 농업 분야에서 온실가스를 가장 많이 배출하고 그 속도도 매우 빠르지만 인도, 브라질, 미국 같은 다른 나라들도 만만치 않은 원인을 제공한다.

이런 문제점이 있음에도 산업화된 대규모 공장형 농업은 더욱 번성했다. 높아진 농업 생산성은 인구와 가축 수 증가로 이어졌고, 이와 동시에 삼림 파괴와 온실가스 배출 같은 문제를 키우는 식량 과잉 문제도 생겨났다. 인간이 소비하는 전체 가축 수는 엄청나게 증가하여 매년 도살되는 수가 1950년에 연간 80억 마리에서 현재는 무려 920억 마리에 달하며 그 수는 계속 증가한다. 전체 농지의 약 3분의 2는 소나 양, 염소 같은 가축의 먹이를 재배하는 데 사용되고 그 과정에서 에너지와 물, 살충제, 비료가 대량으로 소비된다. 이 동물들의 트림이나 방귀, 배설물은 인간이 유발하는 메탄가스 배출량

의 3분의 1을 차지한다.[6]

2080년까지 세계 인구는 약 104억 명 수준으로 증가할 것으로 추정되며, 아프리카 사하라사막 이남 지역을 포함한 개발도상국의 인구가 이 중 대부분을 차지할 것이다.[7] 이 예상대로라면 이 사람들을 먹여 살리기 위해서는 식량 총생산을 70퍼센트 증가시켜야 한다.[8] 하지만 단순히 농업 생산량만을 늘린다면 결국은 또 다른 문제에 봉착할 것이다.

이는 투입과 산출이라는 기본 수학만으로 계산한 결과다.

현재 매년 사용되는 합성 비료의 총량은 약 3억 미터톤에 달한다. 작물 생산량을 엄청나게 끌어 올린 화학 비료는 1세기 전 독일에서 개발되었다. 이 비료는 고열을 이용해 공기 중 질소를 암모니아로 변환하는 과정에서 만들어지며, 이러한 공정을 하버-보슈법Haber-Bosch 이라고 한다. 체코-캐나다 과학자이자 환경 운동가 바츨라프 스밀 Vaclav Smil은 화학 비료를 '인구 폭발의 뇌관'이라 불렀다.[9]

그러나 이 합성 비료는 곧 환경과 건강에 드는 비용을 증가시켰다. 암모니아를 기반으로 만들어졌으며 에너지 집약적인 화학 비료는 현재 세계 총에너지 사용량의 2퍼센트를 차지하고, 이산화탄소 배출의 약 1.5퍼센트를 차지한다. 그러나 화학 비료에 들어 있는 합성 질소가 농작물에 효과적으로 작용하는 양은 절반도 되지 않고 대부분이 수생 생태계로 스며들어 생태계를 파괴한다. 이로 인해 멕시코만과 발트해를 포함한 많은 곳에 산소극대역(산소포화도가 가장 낮은 해양 수층을 뜻하며 이 지역에서는 대부분의 해양 생물이 생존하기 어려워 데드 존dead zone이라고도 한다. – 옮긴이)을 만들어 내기도 했다. 현재 많이 사용되는 산업형 농업 방식으로 세계 비료 사용량을 70퍼센트 더 증가시키면 매년 이산화탄소 배출량은 약 1.8기가톤 증가할 것으로 예상된다. 이 정도의 양은 전 세계 모든 자동화된 이동 수단에서 발생하는 배출량의 약 4분의 1에 해당하며, 이 또한 습지와 수계水系에 대규모 피해를 일으킬 수 있다.

전 세계 토지 가운데 50억 헥타르(약 120억 에이커)가 현재 농업에 할당되어 있으며, 이는 지구의 모든 경작 가능한 토지의 절반가량을 차지하는 면적이다. 현재 경작에 사용되는 토지의 전체 면적은 과거 반세기 전과 비교해 다섯 배 증가했다. 따라서 우리가 현재 상황을 바꾸지 않은 채 그대로 둔다면 2050년쯤에는 세계 식량 예상 총수요를 맞추기 위해 농지를 50퍼센트 더 늘려야 한다. 절대 이런 일이 벌어져서는 안 된다.

오늘날 전 세계 삼림 파괴를 일으킨 원인의 80퍼센트는 야생 지역을 농지로 전환한 것 때문이다. 그러므로 단순히 현재 상황을 두고 보기만 한다면 식량 수요에 맞추기 위해 약 25억 에이커의 땅(캐나다 면적의 2.5배)을 농업에 써야 한다. 다시 말해 현재 남아 있는 숲을 더 개간해야 하고 늪지와 다른 야생 지역을 없애야 한다는 뜻이다. 그러면 생태계가 파괴되고 수천만 종이 멸종될 것이다.

기후 문제가 발생하자 세계 곳곳의 농업 생산성도 영향을 받기 시작했다. 세계 인구의 40퍼센트인 30억 명 이상이 기후 문제를 겪는 지역에 살고 있다. 이곳에서 벌어지는 온난화와 깨끗한 물 부족 현상은 주민의 생명과 생활을 위험에 빠트리고 있다. 2021년에 종합적으로 실시한 연구에 따르면 기후변화로 인한 최근의 온난화 때문에 지난 70년 동안 지속된 세계 농업 생산량이 5분의 1 정도 감소했고 특히 아프리카, 라틴아메리카, 아시아가 가장 많은 영향을 받았다고 한다.[10] 2050년에는 아프리카 사하라사막 이남 지역의 작물 재배가 무려 17퍼센트나 줄어들 것이고, 2100년에는 이 지역의 작물 성장 시기가 현재보다 5분의 1가량 짧아질 것이라는 예측도 나왔다.

인구 증가와 농업 증가의 원인 등으로 지구온난화가 계속 진행되면 기후 문제로 어려움을 겪는 30억 명의 사람들과 이들이 거주하는 국가 및 세계 전체가 결국 다음과 같은 냉혹한 선택에 직면하게 될 것이다. 첫째, 이 사람들이 운명대로 살아가게 그대로 두기, 둘째, 수십억 명을 현재 거주하는 적도 부근에서 떨어진 더 시원하고 기후가 좋으며 수자원이 풍부한 곳으로 대거 이동시키기, 셋째, 점점 더 물이 부족하고 더워지는 환경에 적응하도록 돕기.

선진국의 냉정한 사람들은 적도 근처에 사는 주민들이 자신의 운명대로 살게 놔둬야 한다고 주장한다. 그러나 이들조차 머지않아 모두의 운명이 점점 더 상호 연결되고 의존하게 된다는 사실을 인식하게 될 것이다. 우리는 이미 인간이 유발한 지구온난화를 해결하기 위해 평균기온 상승폭을 섭씨 2도(화씨 3.6도) 이하로 낮추자는 임계점을 정한 바 있다. 그러나 이 약속이 지켜지지 않는다면 그 피해는 보스턴뿐 아니라 방글라데시, 런던, 라호르(파키스탄), 도쿄, 팀북투(말리)도 겪게 될 것이다.

온도가 이 이상 올라가면 우리는 이런 세상에서 살게 될 것이다. 해수면이 상승하고 전 세계 날씨 패턴을 예측할 수 없으며 혹서와 물 부족에 시달린다. 동식물이 우후죽순 멸종하고 산호 및 수중 생태계

가 파괴되며 해충이 서식지를 확장하면서 재배 식물과 가축을 공격하고 감염병이 증가한다.[11]

우리 부모님은 난민이었고 나는 이민을 강력하게 지지하지만 그런 나조차도 기후 조건이 열악한 적도 근처 개발도상국의 수십억 명을 좀 더 살기 좋고 기후가 온화한 남쪽이나 북쪽으로 이동시키자는 발상에는 반대한다. 정치적인 혼란과 지정학적 재난을 일으킬 가능성이 있기 때문이다. 물론 적도 주변의 가장 더운 지역이 인간이 살아가기에 적합하지 않은 극지방과 같은 환경이 되고, 이전에는 농사를 지을 수 없었던 러시아와 캐나다 일부 지역이 경작 가능한 지역으로 변하게 된다면 이건 받아들일 수밖에 없는 상황일 것이다. 그렇지만 의도적으로 재편 과정을 추진한다면 혼란과 증오, 폭력 사태 없이 무난하게 진행되지는 않을 것이다.

그렇다면 우리에게 남은 것은 세 번째 선택지다. 우리가 지구를 살기 좋게 바꾸고 자정 능력을 높이며, 기후가 가장 나쁜 곳에 사는 사람들이 그곳에서도 잘 살아갈 수 있도록 도우려면 이제 어떤 방식을 따라야 할지 생각해야 한다.

당연히 먼저 인간이 초래한 기후변화의 속도를 늦춰야 한다. 이 목표를 종합적으로 달성하기 위한 광범위한 전략은 유엔 기후변화에 관한 정부 간 협의체IPCC와 다른 기관들이 대략적인 개요를 수립한 상태다. 그러나 2022년 2월 IPCC 6차 평가 보고서가 발간되었을 때 유엔 사무총장 안토니우 구테흐스António Guterres는 지구온난화가 이미 생태계를 극도로 약화시키고 인간은 기후 재앙을 피할 수 없다는 매우 비판적인 발언을 했다.[12] 그는 이 보고서가 "인간 고통의 지도이자 실패한 기후 리더십에 대한 엄중한 고발이다···. 리더십의 포기는 범죄나 다름없다"라고 말했다. 이 보고서의 주 저자인 한스-오토 푀르트너Hans-Otto Pörtner는 "세계가 합심하여 행동을 취하지 않는다면 살기 좋은 미래를 보장하는 창문은 빠르게 닫혀 버리고 말 것"이며, 물 부족과 불규칙한 기상 패턴, 혹서와 가뭄이 기승을 부릴 것이라 덧붙였다.

2023년 3월 구테흐스 사무총장은 "기후변화의 시한폭탄이 가동되고 있다"라고 거듭 강한 어조로 말했다.[13] 같은 해 7월 세계 평균 기온이 사상 최고치를 기록하자 구테흐스는 "지구온난화 시대는 끝나고 지구열대화 시대가 시작되었다"라고 선언했다. 지금까지 우리가 기후변화의 위협에 미흡하게 대응해 온 점을 고려하면 안타깝게도 앞으로 이런 일이 발생할 가능성이 크다. 국제사회의 대응 노력이 계속해서 기대에 못 미치는 한, 향후 몇 년간 기후변화의 위협과 관련한 담론은 더 종말론적으로 바뀔 것이다.

기후변화라는 광범위한 문제를 해결하기 위해 가능한 한 모든 조치를 취해야겠지만, 전 세계가 힘을 합쳐 노력하기만을 기다릴 수는 없다. 다양한 방식으로 모든 국가에 필요한 변화를 촉구하는 한편, 기후 재앙을 앞당기지 않으면서 특히 기후 조건이 가장 열악한 국가의 주민들을 안전하고 지속적으로 먹여 살릴 방법도 빨리 찾아야 한다. 이미 급진적인 농업 생명공학을 더 발전시키지 않고도 이 문제를 해결할 수 있을지 모른다. 그러나 훨씬 그럴듯한 시나리오는 서로 교차하는 유전학, 생명공학, AI 혁명으로 탄생한 인류의 '초능력'이 여기서 중심 역할을 하게 된다는 것이다.

유기농만으로는 100억 명을 먹여 살릴 수 없다

수년에 걸쳐 세계 각지의 연구자 수백 명이 연구한 끝에 세계자원 연구소 싱크탱크는 세계은행, 유엔 환경프로그램, 유엔 개발프로그램, 국제 농업발전 연구협력센터(프랑스), 프랑스 국립농업연구소와 협력하여 2019년 방대한 내용의 보고서를 발행했다. 보고서는 우리가 지구를 해치지 않고 2050년까지 세계 인구를 먹여 살릴 수 있는 방법을 제시하고 있다.

연구자들은 이 기간에 토지 총량을 그대로 유지하면서 식량 총생산량을 50퍼센트 증가시킬 방법을 모색하는 과제를 자체적으로 설정했다. 그러면서 농업에서 발생하는 온실가스 배출량을 2010년 수준에 맞추기 위해 3분의 2 감축하기로 했다. 더 나아가 596만 제곱킬로미터(미국 본토 전체의 3분의 2 이상의 면적)를 농업 용도에서 해제하고 다시 자연 상태로 되돌려 놓으라고 촉구했다. 농업 생산력을 높이고 식량 수요를 줄이면 가능한 목표였다.

이를 위해 연구자들은 채식 기반 식단으로 이행하여 동물성 제품 수요를 대폭 줄이고 빈국에서 출생률을 낮추는 교육을 확대하고 가족계획을 장려하고 빈곤율을 줄이고 음식물 쓰레기와 작물 손실을 줄이는 활동을 장려했다. 또한 식량 생산을 줄이기 위해 새로운 품종을 육성하고 토양의 질과 물 관리 수준을 높이고 현재 사용되는 경작지를 집약적으로 재배하는 등의 방안을 내놓았다. 그리고 에너지 집약적 합성 비료의 과도한 사용을 낮춰 농업에서 배출되는 온실가스를 대대적으로 감축해야 한다고 목소리를 높였다.

나는 이 장 서두에서 자연을 사랑하고 나무를 껴안으며 버켄스탁을 신는 히피라면 급진적인 생명공학자일 것이라고(물론 스스로는 인정하지 않겠지만) 농담을 했다. 2019년 보고서 작성에 참여한 전문가 중 내가 개인적으로 아는 사람은 별로 없지만 이들 중 대다수가 어린 시절 히피와 비슷한 삶을 살았으리라 생각한다. 이들은 지속 가능성과 환경보호에 앞장서며 더 높은 단계의 급진적인 생명공학을 활용하고 이를 기반으로 한 농업을 추구하지 않고는 그들이 정한 목표에 도달할 수 없다는 사실을 분명 알고 있을 것이다.

보고서에는 이런 내용이 있다. "분자생물학 혁명이 농작물 재배에 새로운 기회를 열었다. 적절한 수준으로 발전하려면 R&D 투자 기금을 대폭 늘리고 규제를 완화하여 사기업에서도 새로운 기술을 개발하고 상용화할 수 있도록 독려해야 한다."[14] 1만 년간 이어진 전통적인 농업과 100여 년간 이어진 산업형 농업 시대를 지나, 이제 태양은 분자 농업의 새로운 시대 쪽으로 기울고 있다.

게놈 분석 기술은 그 어느 때보다 빠르고 저렴하며 성능이 좋아졌다. 덕분에 과학자와 농부는 식물 유전자학을 더 깊이 이해할 수 있었고, 이종교배의 전통 방식에도 새로운 기회가 생겨났다. 멘델이 수도원 정원에서 공들여 진행했던 바로 그 작업이다. 또한 이 기술을 이용해서 앞선 모든 기술보다 훨씬 효율적으로 유전적 변화를 실험해 볼 수도 있다.

예를 들면 다양한 식물의 게놈 지도를 만들고 유전적 패턴이 특정 형질로 발현되는 방식을 이해하면서 '유전자 마커 기반 육종'marker-assisted breeding이라는 새로운 작업도 시도할 수 있었다. 1880년대 멘델이

했던 방식이나 씨앗에 방사선을 쬔 후 무작위로 일어나는 변이를 관찰하는 최근의 방식과 다르다. 이 새로운 방식으로는 육종가들이 여러 가지 씨앗의 게놈 염기서열을 스캔하여 유전자 패턴을 확인할 수 있다. 그러면 좀 더 원하는 결과를 얻을 가능성이 커진다. 그 후에는 바둑에서 이세돌을 이겼고, 영상의학 전문의보다 암 종양을 더 잘 분석한 것과 비슷한 알고리즘을 이용해 어떤 종들끼리 교배하면 최대한 빠르게 원하는 종을 얻을 수 있는지 예측할 수 있다.

전통적인 형태의 육종은 원하는 결과를 얻으려면 수십 년에서 길게는 수 세기가 걸리기도 하고 수백 가지 또는 수천 세대의 식물이 필요하기도 했다. 하지만 이 작업은 단 몇 세대로 원하는 결과를 얻을 수 있어 그만큼의 시간을 단축할 수 있다.[15] 국제쌀연구소의 경우 성장 속도가 매우 빠른 '기적의 쌀' IR8을 자체 개발하는 데 6년이 걸렸다. 이 품종은 녹색 혁명이 진행되는 동안 아시아에서 쌀 생산량을 엄청나게 증가시키는 중요한 역할을 했다. 그러나 2009년 이 연구소에서 '유전자 마커 기반 육종' 방식을 사용한 결과 물속에 2주 동안 잠겨 있어도 살아남는 새로운 품종을 개발하는 데 3년도 채 걸리지 않았다. 이 품종은 기후변화로 인해 발생한 홍수로 범람한 쌀 재배지에 매우 도움이 될 것이다. 지난 10년간 이 방식은 여러 가지 식물 병해를 막고, 생산량을 높이고, 토양의 염분화로 인한 영향과 서리를 견디고, 보관기간이 길어진 여러 종류의 작물 품종을 빠르게 개발하는 데 사용되었다.[16]

더 적은 자원을 사용해서 더 많은 식량을 만들고, 더워지는 날씨나 적합하지 않은 환경에서도 자라는 새 품종을 개발하려면 작물의 유전자를 조작하는 능력이 매우 중요해질 것이다.

여기서 잠깐만 쉬어 가자.

내가 정말 존경하는 사람들을 몇 명 소개하려 한다. 이들은 식품 공급 시스템에서는 더 많은 과학기술이 아니라 더 적은 과학기술이 필요하다고 주장한다. 이들은 농장의 산업화와 녹색 혁명이 농업 생산량을 급상승시켰다는 점은 인정한다. 그렇더라도 이런 변화로 생겨난 환경, 건강, 경제, 생물다양성의 부정적인 측면은 비판받거나 심지어 안 하느니만 못한 일로 평가받을 것으로 생각한다. 그 예로 아프리카를 포함한 여러 지역에서는 쌀이나 밀, 옥수수처럼 유전자 변형에 심하게 의존하는 곡물을 단일경작함으로써 기장과 카사바 같은 전통 작물의 다양성이 사라지고 있다고 설명했다. 그래서 여전히 알지 못하는 복잡한 생물학적 생태계를 조작하는 방식 대신 전통적인 경작에 집중하고, 토양 환경을 고려한 투자를 하고, 다양한 농작물을 키우던 토착민의 방식을 참고해야 한다고 주장했다.

나는 이들의 의견이 틀렸다고 생각하지 않는다. 우리가 지속 가능한 유기농 농업 형태를 따라야 하는 이유는 정말 많다. 소규모 유기농 농부들은 윤작하기, 땅을 최소한만 갈아서 토양 보호하기, 천연 비료 쓰기, 농업과 임업 병행하기, 가축 환경 조성하기 등의 방식으로 산업 제품을 집약적으로 투자하지 않고 생산량을 지속적으로 높이는 방법을 잘 보여 준다. 그러나 세계 인구가 100억 명에 가까워지고 있는 현시점에서 과연 이 방식이 충분히 효과를 낼 수 있을지는 의문이다.

2017년 《네이처 커뮤니케이션》nature communications에 저명한 스위스 과학자 연구팀이 쓴 〈유기농 농업을 통해 더 지속 가능하게 식량을 생산하는 전략〉이라는 제목의 유명한 논문이 실렸다. 여기에는 산업형 농업에 대한 흥미로운 반박과 함께 세계의 식량 수요를 지속 가능한 유기농 방식으로 충족할 방법이 담겨 있었다.

하지만 이 논문의 주장대로라면 모든 사람이 기존의 식단을 채식으로 빠르게 전환해야 하고 가축 사용을 위한 땅 역시 완전히 줄여야 한다. 오늘날 모든 농지의 4분의 3 정도가 가축을 수용하고 먹이를 재배하는 용도로 쓰인다는 사실을 고려하면, 보편적 채식주의가 실행만 되면 그동안 불가능해 보였던 일들을 가능하게 할 수 있을지도 모른다. 하지만 채식주의를 실천하는 사람들이 증가하는 분위기에서도, 부유해지고 있는 개발도상국이 늘어나면서 전 세계 동물성 제품 소비량과 1인당 소비량은 선진국과 개도국 모두에서 상승하는 추세다. 그러니 이 방식을 도입하려면 먼 미래에나 가능한 것처럼 보인다.

이 연구팀이 제시한 모델에는 화학 비료를 없애야 한다는 조건도 있다. 이론적으로는 매우 고무적이나 실행 가능성이 낮아 보인다. 합성 비료에는 여러 단점이 있지만 많은 사람을 먹여 살리는 농업의 규모를 넓히는 데 핵심 역할을 한 것도 사실이다. 바츨라프 스밀이 이끄는 팀의 분석에 따르면, 합성 비료가 없는 세상은 현재 인구인 80억 명의 절반 정도를 먹여 살릴 수 있는 생산량밖에 못 낼 것이라고 한다.[17]

이러한 모범적인 목표들은 존중받아 마땅하다. 그러나 이 목표를 이루기 위해서는 지속 가능한 유기농 방식을 따르면서 최대한 높은 농업 생산성을 지키는 일 외에도 유전학과 생명공학, AI 혁명의 새로운 능력을 농업에 접목하는 작업에도 집중해야 한다. 최대한 현명하고 공명정대한 방식으로 말이다.

크리스퍼가 농부의 손에 쥐어질 때

지난 수십 년간 ZFN, 탈렌, 다양한 버전의 크리스퍼, 염기 편집과 프라임 편집 같은 게놈 편집 도구들은 꾸준히 발전하면서 성능이 좋아지고 저렴해졌으며 속도가 빨라지고 더 정밀한 작업이 가능해졌고 사용하기도 쉬워졌다.[18] 현재 이 도구들은 수많은 작물의 게놈을 편집할 때도 활용되고 있다. 크리스퍼를 넘어서는 새로운 게놈 편집 도구는 그 기능이 더욱 발전할 것이다.[19]

20세기 농업 총생산량은 매우 상승했다. 그러나 그 후 20세기에 이루었던 주요 혁신이 대부분 정체 상태에 이르면서 증가 속도는 전반적으로 느려졌다. 미국 농무부는 세계 농업 생산량의 2010년 예상 성장률이 평균치보다 6퍼센트나 감소한 이유와 특히 개발도상국에서 생산량이 급락한 이유를 분석했다. 그 결과 심한 기상이변, 병충해 증가, 느린 농업 기술 전파 속도, 기술 진보의 감속을 그 원인으로 꼽았다.[20]

농업은 날씨에 영향을 많이 받기 때문에 그 패턴이 바뀌는 상황은 아주 큰 문제가 된다. 지난 수십 년 동안 농업 생산성이 증가하면서 세계적인 식량 공급량도 늘릴 수 있었다. 한 사람을 먹일 수 있는 경작지 면적이 50년 전에 약 1에이커였으나 현재는 절반 이하로 줄었지만 말이다. 기후변화로 인해 세계 여러 곳, 특히 적도 부근에 사는 농부들은 주요 작물 재배에 어려움을 겪게 되었고 이전에는 없었던 새로운 종류의 위험한 해충도 증가했다.

한때 우리는 코로나19 바이러스를 '신종 코로나바이러스'라 불렀다. 신종을 붙인 이유는 이전에는 한 번도 경험한 적이 없었던 종이라 이 바이러스에 대한 면역체계도 만들어져 있지 않았기 때문이다. 인간이 유발하는 기후변화가 빠르게 진행 중이고 과거에는 없었던 새로운 해충이 나타나면서 주요 작물을 포함한 여러 작물 역시 이런 변화에 대한 대응 체계를 미처 마련하지 못해 문제를 겪고 있다. 우리는 빠른 변화에 자연이 대처할 때만을 마냥 기다리지 말고 더 적극적으로 행동에 나서야 한다. 코로나19 백신을 개발해 자체 면역력을 높였던 것처럼 말이다.

정밀 유전자 편집 방식은 식물의 게놈 전체를 조작하지 않고 원하는 특정 결과를 위해 그 부분만 바꿀 수 있어서 기존의 이종교배와 방사선 방식보다 더 정확한 결과를 얻을 수 있다. 의료 서비스에 적용했던 것처럼 통제된 실험을 수없이 많이 진행해야 하겠지만, 현재의 기술 발전은 한 번에 다양한 식물 게놈을 크리스퍼로 편집할 수 있게 되었다. 그래서 새로운 식물 품종을 훨씬 빠르고 효율적으로 개발할 수 있다.[21]

지난 10년 동안 세계 여러 실험실과 외부 실험농장에서는 한 가지 이상의 방식으로 거의 모든 식용 작물의 게놈을 편집했다. 크리스퍼 게놈 편집 기술은 특히 쌀, 밀, 카사바, 기타 작물의 질병 저항성을 높이는 데 많이 사용되었다. 쌀의 경우 크기, 냉해 저항성, 줄기 형성에 영향을 주는 유전자 단 세 개만 편집해서 더 많은 양이 자라고 낮아진 온도에도 살아남는 품종을 만들었다. 또는 염분기 많은 농경지에서 잘 살아남는 쌀을 만들기도 했다. 이 새로운 품종은 방글라데시나 메콩 삼각주처럼 해수면이 낮아지는 저지대에서는 혁신과 같은 결과물이었다. 과학자들은 밀과 쌀, 토마토 품종을 설계하여 열기와 가뭄에 더 잘 견디도록 조작했다.[22]

예를 들어 캘리포니아주 데스밸리에는 최대 섭씨 45도(화씨 113도)에서도 잘 자라는 관목이 있다. 과학자들은 이 식물에서 채취한 유전자를 기후변화로 인해 빠르게 더워지는 농경지의 작물에 주입해서 이러한 기후에서도 살아남도록 하는 실험을 활발하게 진행했다.[23]

또한 인간이 더 많은 영양분을 섭취할 수 있도록 쌀과 옥수수를 포함한 여러 작물을 편집했다. 예를 들어 라이신 함량을 늘린 쌀을 만들어 칼슘 흡수율을 높이고 체내 콜라겐 생성을 촉진하며, 염증을 줄이고 면역력을 높여주는 카로티노이드와 감마-아미노부티르산을 생성하도록 도왔다. 밀의 유전자를 변형하여 글루텐 불내증과 셀리악병으로 고통받는 사람들에게는 하늘의 선물과도 같은 저글루텐 밀도 만들었다.

이 외에도 게놈 편집 기술은 최빈국에서 겪는 전반적인 영양 결핍 문제를 해결하는 데 활용할 수 있다. 녹색 혁명이 개도국의 기아를 줄이고 인구 성장을 촉진했지만, 아프리카와 가난한 아시아 국가의 경우 전반적으로 식단의 다양성이 감소했고 많은 사람이 주 열량 공급처로 흰쌀에만 의존하게 되었다. 그러면서 쌀을 주식으로 하는 국가의 국민 절반 이상이 비타민 A 결핍에 시달리는 문제가 나타났다.

흰쌀에는 몸에 들어가면 '자연적으로' 비타민 A로 바뀌는 색소인 베타카로틴이 함유되어 있지 않다. 비타민 A는 세포 분열, 면역체계, 전반적인 건강에 꼭 필요한 비타민이라서 이를 충분히 섭취하지 않은 사람들, 특히 어린이나 임신부는 건강상 문제를 겪는다. WHO에서 발표하기를 2억 5,000만 명 정도의 아이들이 비타민 A 부족으로 고통을 겪고 매년 수십만 명이 사망에 이른다고 한다. 비타민 A 결핍은 영양실조인 아이들에게 실명을 유발하는 원인이기도 하다. 특히 아프리카와 남아시아 지역에 사는 전체 아동의 절반이 실명된 후 1년 이내에 사망하는 것으로 알려져 있는데, 이 문제들은 사실 충분히 예방할 수 있다.

그 해결책 중 하나는 최빈국의 국민에게 다양한 식단을 제공하는 것이다. 아이들과 그 가족들에게 비타민 A 보충제와 영양가 높은 음식을 공급하면 된다. 선진국에서 아침에 먹는 영양가 높은 시리얼처럼 말이다. 문제는 이런 간단한 개입조차도 일부 국가들에는 엄두도 못 낼 정도로 높은 비용일 수 있고 매년 추가적인 투자 없이 꾸준히 이어가기가 어렵다는 데 있다.

세계에서 가장 취약한 사람들과 아이들의 비타민 A 결핍 문제를 해결하는 또 다른 방법은 유전자를 변형한 베타카로틴을 아이들이 먹는 쌀 품종에 넣는 것이다. 그러면 체내에서 충분한 양의 비타민 A를 합성할 수 있다. 이 방식을 쓴다면 이곳 사람들은 현재의 생활 방식을 바꾸지 않아도 되고, 국가도 이미 가지고 있는 역량에 맞춰서 일을 해결할 수 있을 것이다.

1999년 스위스 과학자 잉고 포트리쿠스Ingo Potrkus와 독일인 동료 피터 바이어Peter Beyer는 록펠러재단의 지원을 받아 관련 연구를 진행했다. 그들은 수선화의 유전자 세 개를 박테리아에 주입한 후 다시 이 박테리아를 일반적인 쌀 품종에 넣었다. 이 수선화 유전자(한 종에서 다른 종으로 옮겨지는 방식이라 전이 유전자라 부르기도 한다)가 들어간 쌀은 전과는 다른 방식으로 베타카로틴을 생산하고 저장한다.

후에 '황금쌀'이라 불리는 이 새로운 품종은 기존 쌀의 모든 특징은 물론 유전적으로 변형되어 강력한 힘을 가지고 있었다. 2009년 중국에서 진행된 임상시험에서는 하루에 이 쌀을 한 컵만 먹으면 어린이의 비타민 A 하루 권장량의 절반을 섭취하는 것이라는 결과가 나왔다. 이후 GR2라는 새로운 버전의 황금쌀이 개발되었고 같은 양을 먹었을 때 비타민 A 하루 권장량을 채울 수 있었다. 2013년 11

월 프란치스코 교황은 포트리쿠스가 가져온 황금쌀 샘플을 기꺼이 축복해 줬다.

황금쌀 개발 기술의 지적 재산권을 보유한 발명가와 기업들은, 이 기술이 민간 기업에 의해 독점되지 않도록 인도적 목적으로 사용되는 경우에 한해 지적 재산권을 행사하지 않기로 합의했다. 또한 이 마법 같은 혁신 기술이 적절하게 사용되는지 감독하기 위해 황금쌀 인도주의 위원회Golden Rice Humanitarian Board가 설립되기도 했다. 놀라운 성과와 그 중요성을 인식한 백악관 산하 과학기술 정책실과 미국 특허상표국은 전 세계 황금쌀 채택을 장려하기 위해 만들어진 황금쌀 프로젝트에 2015년 인류를 위한 특허상을 수여했다.

이 프로젝트는 GMO 반대단체의 압력으로 방해를 받기도 했지만 이 부분에 대해서는 나중에 설명하겠다. 지금은 농작물에 게놈 편집 기술을 어떤 식으로 사용하는지에 대해서 더 알아보자. 황금쌀처럼 질병을 예방하고 건강을 증진하는 일 외에도 이 기술을 이용해 농업을 좀 더 기후 친화적으로 만들어 볼 수 있다. 그중 하나가 5개국의 일곱 개 기관에서 일하는 30명 이상의 연구자들이 모인 야심 찬 컨소시엄이었다. 이들은 C4 쌀 프로젝트에 참여했다.

고등학교 생물학 시간에 배워서 알겠지만 광합성은 식물이 태양빛을 당으로 바꾼 후 성장에 사용하고 이들이 흡수하는 이산화탄소를 산소로 바꾸어 방출하는 과정을 말한다. 그래서 적어도 우리 같은 종들에게 푸른 지구는 건강한 지구를 뜻하며, 아마존 열대우림과 같은 야생 환경을 보호하는 것은 몸과 마음의 건강을 지키는 데 필수적이다. 그러나 현재 지구에서 가장 비옥한 토지의 절반이 농업에 사용된다는 점을 생각해 보면 단순히 현존하는 녹색의 환경을 지키는 것만으로는 충분하지 않을 것이다. 농지 역시 지구를 보호하는 데 큰 역할을 해야 한다.

우리가 복합적으로 소비하는 주 곡물 중 가장 대표적인 것은 밀과 쌀, 콩(이들이 전체 작물의 약 85퍼센트를 차지한다)이며 우리는 이 곡물을 C3 식물이라 부른다. 이 식물들이 햇빛을 세 개의 탄소carbon 분자로 바꾸기 때문에 붙여진 이름이며, C3 식물은 이렇게 바꾼 탄소를 흡수하여 토양에 고정시킨다. 광합성 과정 중에 식물은 흡수한 태양 빛의 1퍼센트를 포도당으로 바꾼다.

이와 달리 옥수수와 수수, 스위치그래스를 포함한 몇몇 식물은 C4로 불리는데, 그 이유는 세 개가 아닌 네 개의 탄소 원자로 이루어진 화합물을 만들기 때문이다. 이 식물들은 이산화탄소를 흡수하고 토양에 질소를 고정하며 산소를 더 많이 생성한다. 그래서 평균적으로 C4 작물이 C3 작물과 비교해 더 적은 물과 비료로도 잘 자랄 뿐 아니라 지구온난화를 해결하는 데도 더 큰 역할을 한다.

인간이 만든 기적의 시대에 C4 컨소시엄은 C3 작물을 C4로 바꾸는 작업을 통해 3,000만 년간 이어져 온 진화에 맞서는 시도를 하는 중이다. 그중에서도 쌀부터 시작한다.

"30억 명 이상의 사람들이 생존을 위해 쌀에 의존한다." 이 프로젝트팀은 다음과 같이 주장했다.

인구 증가와 도시화가 진행되면서 2010년에는 27명에게 충분한 쌀을 공급했던 토지가 2050년에는 43명을 부양해야 할 것으로 예상된다.

그렇다면 쌀 생산량이 2010년 기준치보다 50퍼센트 더 증가해야 한다는 계산이 나온다. 기존의 육종 프로그램이 수율 장벽에 부딪혔다는 점을 생각하면 세계(특히 남아시아와 아프리카 사하라사막 이남 지역)는 전례 없는 수준의 식량 부족 상태를 경험하게 될 것이다. 쌀에 'C4' 형질을 도입하면 광합성 효율이 50퍼센트 증가하고 질소 이용 효율성이 올라가며 물 이용 효율성도 두 배 올라갈 것으로 예측된다. 그러므로 이 프로젝트는 해수면 상승과 감소한 비료 사용 및 물 공급을 예측하기 어려운 현 상황에서 농작물 생산량을 늘리고 회복력을 강화하기 위한 가장 그럴듯한 방법 중 하나임을 잘 보여 준다.

이들의 계획은 유전학과 생명공학, AI 혁명, 이 모든 도구를 집중적으로 이용하겠다는 말도 안 될 정도로 야심 찬 목표를 담고 있다. 즉 C3 작물의 잎맥 간격의 패턴을 바꿔 더 촘촘하게 만들고, C4에서 일어나는 광합성 과정을 베껴서 C3 식물에 도입하며, 복잡한 C4 게놈을 복제하기 위해 C3 쌀의 최소 12가지 유전자를 조작한다. 그뿐 아니라 이런 다양한 해부학적이고 생화학적인 변화를 통합하여 생존과 번성, 복제 능력을 갖춘 살아 있는 식물로 만들어야 한다.

C4 과학자들은 '이 목표가 현실성이 없다고 말하는 사람들도 있다'는 사실을 인정한다. 그러나 이들은 주장한다. "왜 이 목표를 이룰 수 있다고 생각합니까? 본질적으로 우리는 진화에서 배움을 얻습니다. C4 방식은 C3 방식이 60회 이상 독립적으로 진화하면서 만들어졌죠. 전환 과정 자체가 꽤 복잡해 보이지만 방식은 생각보다 간단할지 모릅니다. 우리가 알아야 할 부분은 단지 기본 메커니즘

뿐입니다."[24] 마지막 단어의 '단지'라는 단어가 무거운 느낌이다. 이 단어는 현대 생명공학의 도구가 3,000만 년의 진화와 일치할 수 있음을 시사한다.

1880년대 카를 벤츠의 작업실에 현대식 포르쉐가 있었다면 그는 엄청난 자극을 받았을 것이다. 이처럼 우리 주변에 존재하는 자연의 비밀을 풀고 재설계할 능력을 향상시킨다면 우리의 과학도 추진력을 얻어 더 앞으로 나아갈 것이다. 설사 C3 작물을 C4로 만들지 못하더라도 괜찮다. 더 정확한 표적으로 진행하는 유전자 변형을 통해 엄청난 발전이 가능해졌으니 말이다.

2002년 중국 과학자들은 처음으로 쌀 전체 게놈을 해석했다. 그 후 세계의 많은 과학자들은 지칠 줄 모르고 다양한 유전자와 유전자 패턴이 쌀과 다른 작물에서 어떤 역할을 하는지를 알기 위해 연구를 거듭했다.[25]

2022년 7월 중국 농업과학원 과학자들은 다양한 쌀 품종의 유전자 특징이 담긴 논문을 발표했다. 먼저 그들은 두 종류의 토양에서 여러 가지 쌀 품종을 재배하는 실험을 했다. 하나는 비료를 잔뜩 준 논과 비슷한 형태인 질소가 가득한 논, 다른 하나는 질소가 적은 논이었다. 이 두 곳에서 수확한 작물의 RNA 전사체를 분석한 결과 질소가 풍부했던 곳에서는 발현되지 않았던 13가지의 유전자가 질소가 적은 곳에서 발현되었다는 사실을 알게 되었다. 연구자들은 이 중 최소 다섯 가지 유전자가 다른 여러 유전자의 발현을 조절하고 식물에 강력한 성장 모드로 전환하라는 명령을 내린다고 결론지었다.

연구자들은 이 유전자 중 하나인 OsDREB1C를 추가로 복제하여 쌀 게놈에 주입했다. 편집된 쌀은 일반 종보다 빨리 꽃을 피웠고 생산량도 급증했으며, 일부 실험농장에서는 수확량이 3분의 2 이상 증가하는 마법 같은 현상이 일어나기도 했다. 다른 실험농장에서도 이 정도는 아니지만 놀랄 만큼 높은 생산량을 기록했다. 편집된 식물은 광합성을 촉진하려던 C4 프로젝트팀의 목표를 달성했으며, 광합성을 조절하는 필수 효소를 38퍼센트 더 생성했다. 옥수수나 밀과 같은 작물을 포함한 많은 식물은 OsDREB1C 유전자를 포함해서 비슷한 유전자 지시 구조를 공유하고 있다. 이런 이유로 최소한의 편집이나 이와 유사한 편집만으로 농업 생산량을 높이고, 화학 비료와 물 의존도를 낮추고, 농업으로 인한 온실가스 배출을 줄이는 방법을 찾는 연구가 지금 활발하게 이루어지고 있다.

중국 연구자들은 녹색 혁명이 작물 생산성을 급속도로 증가시켰지만 최근 몇 년 동안은 연간 1퍼센트 미만으로 떨어졌으며, 이 정도의 양은 빠르게 늘고 있는 식량 수요의 속도를 맞추기 어렵다는 사실을 알게 되었다. 그러나 논문 마지막에는 "수백 년 동안 생산량 증가를 위해 육종을 해온 결과 세계 주요 작물의 수확량을 월등히 높일 잠재력은 여전히 존재한다"라고 마무리 지었다.[26]

같은 목표를 가지고 다양한 방식을 찾기 위한 연구도 진행 중이다. 예를 들어 2022년 8월에 개발된 새로운 유전자 변형 콩은 일반 품종보다 최대 3분의 1 정도 더 높은 수확량을 기록했다. 과학자들은 세 개의 유전자를 조작하여 빛이 적게 들어오는 환경에서도 콩이 잘 자라게 했다.[27] 플로리다대학교 연구팀은 최근 바이오매스 생산량 면에서 세계에서 가장 생산성이 높은 식물인 사탕수수의 복잡한 유전자를 변형하는 연구 결과를 발표했다. 변형을 통해 사탕수수의 잎은 더 많은 햇빛을 흡수했고 생산량은 약 18퍼센트 증가했다.[28] 또한 일리노이대학교 어바나-샴페인 캠퍼스 과학자들은 감자의 유전자를 편집하여 조작하지 않은 기존 감자보다 극심한 고온에 훨씬 더 강한 저항성을 갖도록 했다. 이렇게 변형된 감자는 영양분 손실 없이 수확량이 최대 30퍼센트 증가했다.[29]

이와 비슷한 방식을 활용하면 지난 반세기 동안 녹색 혁명의 고투입 고수확 작물에 밀려났던 '고아 작물'orphan crops(국제적으로 거래되지 않고 지역 내에서만 재배하고 유통되는 식물)의 생산성과 생존력을 높일 수 있다. 그러면 기후가 좋지 않고 가난한 국가에서도 이런 작물을 재배할 수 있을 것이다.

많이 재배되는 농작물의 경우 생산량을 높이고 광합성 능력을 더 키우는 것 외에도 생존을 위해 게놈을 편집해야 하는 종류도 있다.

대표적인 예가 하와이의 파파야다.

1940년대 후반 과학자들은 파파야원형반점바이러스PRV를 발견했다. 이 바이러스는 날아다니는 진딧물이 매개가 되어 여러 식물에 퍼지면서 하와이의 파파야 관목에 피해를 주었다. 이 바이러스에 감염되면 관목의 잎이 누렇게 변하면서 끝이 말리고 줄기에는 기름기 있는 줄무늬가 생긴다. 여기서 열린 파파야 열매에는 얼룩이 생기고 시들어 버리기도 한다. 1년에 1에이커당 약 12만 5,000톤의 파파야를 맺던 나무들이 이 바이러스에 감염되면 2,300킬로그램도 안 되는 양밖에 생산하지 못한다. 그리고 일단 한번 감염이 되면 다시 예전과 같이 싱싱한 상태로 돌아가지 않는다. 1980년대 초부터 이 바이러스는 하와이의 파파야 생산에 위협이 되기 시작했다. 문제는 미국의 가장 중요한 파파야 생산 지역이 하와이라는 점이었다.

재배자들은 우선 가장 많이 쓰는 파파야 품종을 이종 교배했다. 하지만 그 어떤 종도 이 바이러스 감염을 막지 못했다. 살충제도 대대적으로 뿌렸지만 소용없었다. 전염을 막기 위해 감염된 종을 베어도 보았지만 큰 효과를 거두지 못했다.

이후부터 과학자들이 뛰어들었다. 1950년대 앨버트 세이빈Albert Sabin은 폴리오 백신을 만든 것과 비슷한 방법으로 파파야를 키웠다. 정확히 설명하자면 강력한 파파야원형반점바이러스를 제대로 맞닥뜨리기 전에 힘이 약한 바이러스를 파파야 나무에 주입해 감염시켜서 나무의 천연 방어 체계를 강화하는 것이다. 아주 창의적인 아이디어였지만 큰 효과를 얻지는 못했다.

1990년대 초 하와이 태생의 코넬대학교 식물병 전문가 데니스 곤살베스Dennis Gonsalves는 다른 방법을 시도했다. 재조합 DNA 혁명에서 나온 새로운 도구를 이용한 것이다. 코로나19 바이러스에는 자신을 감싼 막에 뾰족뾰족한 스파이크가 달려 있다. 이 스파이크는 인간 세포에 잘 달라붙어서 세포에 침투하여 자신의 목적을 이루기에 안성맞춤이었다. 파파야원형반점바이러스 역시 이와 비슷한 형태를 띠고 있어서 파파야 세포에 잘 달라붙어 자신의 유전물질을 집어넣곤 했다.

곤살베스와 미국 농무부 및 하와이대학교에서 일하는 그의 동료들은 파파야원형반점바이러스의 단백질 외피를 생성하는 부분을 파파야 게놈에 주입하는 방법을 고심 끝에 찾아냈다. 이렇게 만들어진 유전자 변형 파파야는 스스로 단백질 외피를 생산하기 시작했다. 이것이 파파야 자체에는 별다른 영향을 주지 않았지만 바이러스에는 큰 차이를 만들었다. 진딧물이 파파야에 파파야원형반점바이러스를 옮겼을 때 바이러스의 단백질 외피는 더 이상 달라붙을 자리가 없었다. 감염이 일어날 곳에 이미 무해한 가짜 단백질 외피가 꽉 들어차 진짜 단백질 외피가 발붙일 데가 없어진 것이다.

예비 안전 시험과 독성 시험에 통과한 후 곤살베스와 그의 동료들은 하와이에서 첫 번째 야외 시험을 준비했다. 이들은 유전자를 변형하지 않은 품종 옆에 유전자를 변형한 농작물을 함께 심었다. 27개월이 지나자 그 차이는 극명하게 나타났다. 유전자를 변형하지 않은 식물은 모두 파파야원형반점바이러스에 감염되어 시들었지만 유전자 변형 식물은 무사했다. 이후 과학자들은 지역 정부 및 기업들과 협력하여 지역 재배자들이 쉽게 구매할 수 있는 변형된 씨를 만들었고, 재배자들은 이를 마치 하늘에서 내려온 선물처럼 여겼다.[30] 현재 하와이에서 자라는 파파야의 90퍼센트와 그 외 지역에서 자라는 많은 수의 파파야가 유전자 변형 제품이다. 곤살베스는 후에 자신이 찍은 영화에서 이렇게 말했다. "간단히 말해서 생명공학이 없었다면 파파야 산업은 존재하지 않았을 것입니다."

이후로 같은 접근방식을 감귤녹화병citrus huanglongbing disease, HLB의 전염 속도를 낮추는 데에도 사용했다. 이 병은 아시아 감귤나무이Asian citrus psyllid라는 작은 날벌레가 매개체이며, 이 벌레가 수액을 먹을 때 박테리아가 나무로 들어가 전염시킨다. 그러면 나무는 제대로 기능하지 못하여 열매가 완전히 익지 않는다. 오렌지와 자몽을 포함해 상업적으로 이용되는 모든 감귤류 품종은 이 질병에 취약해서 전 세계 감귤이 피해를 보았다. 파파야처럼 감염된 나무를 다 베고 살충제를 뿌리는 작업은 전염 속도를 어느 정도 늦출 수는 있었지만 완전한 해결책이 되지 못했다. 결국 플로리다주의 오렌지 생산량은 이 박테리아가 2005년 플로리다를 강타한 후 무려 80퍼센트 떨어졌다. 약 67억 달러의 재정 손실을 초래한 것이다.

2015년 과학자들은 시금치에 있는 박테리아를 죽이는 단백질 생성 유전자를 몇 개 채취하여 오렌지 나무의 게놈에 주입하는 방식을 개발했다. 이 돌연변이가 적용된 시험용 오렌지 나무에서 아시아 감귤나무이가 수액을 빨아먹었을 때 이 곤충이 옮긴 박테리아의 활동은 현저히 억제되었다. 이 작업 외에도 크리스퍼와 기타 게놈 편집 도구를 활용하여 감귤 품종이 박테리아에 더 강하게 대응하도록 설계하는 연구가 현재 활발하게 진행되고 있다. 그중 하나가 AtNPR1 유전자를 과발현시켜 감귤녹화병을 유발하는 박테리아나 기타 병원체와 더 잘 싸울 수 있게 하는 연구였다. 그러나 이런 식의 접근 방법은 선진 과학을 농업에 적용하는 문제에 대해서 농부들의 요구사항 및 대중이 허용하는 간극의 큰 차와 과학의 복잡성으로 인해 개발 속도가 매우 느린 편이다.[31]

우리 모두가 사랑하는 초콜릿의 재료인 카카오 역시 이와 비슷한 위협을 받고 있다. 카카오는 북위 10도와 남위 10도의 매우 좁은 범위의 기후 조건에서만 자랄 수 있다. 예상치 못한 기적이 나타나지 않는 한 현재 카카오가 자라는 대부분 지역, 특히 서아프리카 농장을 포함한 지역은 2050년이 되면 카카오를 재배할 수 없는 곳으로 변할 것이다. 기후변화로 인해 높아진 기온과 물 부족이 원인이다. 비록 몇 군데에서는 재배가 가능하겠지만 이 중 대부분이 가나의 아 태와 산맥처럼 높은 언덕이거나 야생 서식처로 보존되고 있다. 2013 년 연구에 따르면 현재 서아프리카에서 카카오가 자라는 전체 지역 의 90퍼센트 정도는 지금의 추세대로라면 수십 년 내에 카카오가 자 라지 않는 지역이 될 것이라고 한다.[32]

미래의 카카오를 지키기 위한 하나의 필수 전략은 이 식물 주변에 다른 열대우림 나무를 다시 심어 그늘과 천연 비료, 토양 보호를 제 공하는 것이다. 즉 원산지였던 남미(과거 포르투갈 식민지 개척자가 카카 오를 브라질에서 아프리카로 가져왔다)의 서식지처럼 만드는 것이다. 그 외에 카카오가 새로운 환경에서도 더 잘 생존하고, 카카오 새싹이 부 풀어 오르게 하는 치명적인 바이러스 같은 곰팡이성 질병이나 해충 의 피해를 막을 수 있도록 카카오나무를 선별적으로 육종하고 유전 공학적으로 개량하는 방법이 있다. 이를 위해 과학자들은 질병을 잘 견디고 가뭄에서도 잘 자라 품질이 좋은 열매를 맺도록 카카오의 게 놈을 편집하는 연구를 진행 중이다.*[33]

이 모든 사례는 식물 재배에 광범위하게 적용되고 있다. 과학자들 은 증가하는 수요, 기후변화, 밀도열병wheat blast과 감자잎마름병potato

---

* 열대우림에서 수확할 수 있는 야생 카카오의 재래종을 장려하는 새로운 움직임이 카카오 재배자들과 소규모 초콜릿 생산자들 사이에서 일어나고 있다. 이 품종은 대규모 플랜테이 션에서 기르는 재배용 카카오나무가 겪는 스트레스, 질병, 해충에 시달리지 않는다. 이 방 식이 전 세계 수요를 완전히 충족시킬 만큼 거대한 규모로 확산되기는 어려워 보인다. 하 지만 야생 열대우림을 개간하고 불태워 플랜테이션을 조성하는 것보다 자연 그대로의 숲 이 경제적으로 더 생산적일 거라는 발상은 꽤 매력적이다.

blight, 커피녹병coffee rust처럼 전염성 높은 식물병, 적응하는 해충들이 유발하는 문제를 해결하기 위해 기술을 탐구하고 적용하고 있다. 그리고 흔하지는 않지만 야생 식물에 이 기술이 적용되기도 한다. 몇 년간 이어진 치열한 논쟁 끝에 FDA는 밤나무 줄기마름병Cryphonectria parasitica의 감염을 예방하기 위해 적극적으로 유전자를 변형한 미국 밤나무 도입을 고려하고 있다. 이 병의 범인은 미국으로 유입된 전염성 강한 아시아 곰팡이로, 지난 반세기 동안 40억 그루의 나무를 시들게 한 주원인이다.[34]

그러나 사실 인간의 전체적인 모습은 유전자뿐 아니라 인체 내부와 주변 생태계에서 작동하는 복잡한 생물학적 시스템에 관련된 것이다. 이와 비슷하게, 인간이 의존하는 주 작물을 포함한 식물의 전체 모습 또한 그 자체보다 더 광범위한 부분에 대한 것이다.

훌륭한 농부라면 토양, 기후, 식물의 품종, 이 세 가지가 잘 어우러져야 그해 농사를 잘 지을 수 있다는 사실을 알고 있을 것이다. 합성 비료와 변형된 씨앗같이 산업화된 농업이 성황을 이루기 훨씬 전에 세계의 농부들은 윤작, 한 경작지에서 여러 종류의 작물 재배, 녹비 작물 이용(녹색식물의 줄기와 잎을 비료로 사용하는 것 - 옮긴이), 작물 주변에 다년생 나무 심기 같은 관행들이 경작지를 더 생산성 있게 만든다는 사실을 잘 알고 있었다. 산업화된 농장은 이런 전통적인 관행을 대대적으로 손보았고 이때 사용한 합성 비료는 많은 미생물의 자연 기능을 억누르고 농작물이 의존하는 토양과 주변 생태계를 파괴했다. 그러자 더 많은 토양이 고갈되고 이로 인해 추가적인 작업을 더 많이 해야 했다.

처음에 인간은 식물 생태계를 이해하기 위해 생명공학이라는 새로운 도구를 이용했다. 그러면서 점차 식물의 삶이 대부분 식물의 내부와 그 주변에 사는 복잡하면서 역동적인 미생물들과의 상호작용에 많이 의존한다는 사실을 더 깊이 알 수 있었다. 이 미생물에는 박테리아, 바이러스, 곰팡이, 선충류(기생충) 등이 있으며, 모두가 식물이 자라는 방식에 관여하고 외부 침입자를 막으며 물과 영양분과 햇빛을 처리하는 데 핵심적인 역할을 한다.

과학자들은 수 세기 동안 식물과 토양에 있는 이 다양한 미생물의 존재를 인식하고 있었지만, 지난 수십 년 동안 쓰던 비교적 단순한 형태의 게놈 분석이 새로운 형태의 '샷건 시퀀싱'으로 대체되면서 이해도는 비약적으로 높아졌다. 지금은 전체 토양 생태계를 분석하여 수천, 수백만 미생물의 유전적 정체성을 평가할 수 있다. 실험실에서 이 미생물 집단에 몇 가지를 제거하거나 다른 종류의 미생물을 더하면 특정 미생물이 하는 역할을 파악할 수 있다. 이렇게 얻은 미생물의 여러 가지 유전 정보를 데이터베이스에 저장해서 공유하자 과학자들의 연구 속도는 더 빨라졌다.

그래서 식물과 미생물의 공생 관계에서 볼 수 있는 작용을 분자 단위로까지 수치화할 수 있게 되었다. 이렇게 이해도가 높아지자 토양의 건강도 더 정확히 측정하게 되었다. 예를 들면 건강한 미생물의 다양성을 측정하고 미생물이 수행하는 여러 기능을 설명할 수 있게 된 것이다. 이는 미래의 농업에 대해 생각의 전환을 유도한다. 정밀 건강이 의료계의 미래이듯이 정밀 농업은 점차 농업의 미래가 되고 있다.

새로운 도구와 역량, 지식은 미생물을 현재의 주류 농업 방식보다 훨씬 더 지속 가능한 방식으로 조작할 수 있는 가능성을 열어 준다. 이런 식의 개입은 넓게 보면 '하향식 접근 방식'과 '상향식 접근 방식' 모두로 해볼 수 있다.

하향식 접근 방식을 먼저 살펴보면 가뭄이나 고염분, 더운 기후와 똑같은 수준의 스트레스 환경을 실험농장의 식물 생태계에 조성하고 정도를 서서히 높인다. 그리고 이러한 스트레스 상황에 반응하는 데 도움을 주는 다양한 종류의 토양 미생물의 능력을 측정한다. 미생물은 식물이 생존하기 위해 의존하는 이해 관계자들이기 때문에 달라진 환경에 반응하며 진화하는 공생적 다원주의가 작동할 것이다. 그 후에 식물을 돕는 미생물 집합을 다른 식물에도 도입하여 가뭄, 염분, 열기 저항 같은 속성에 도움을 주는지 관찰한다. 이런 식으로 토양의 건강을 강화하는 실험은 플로리다주에서 오렌지를 황폐화시켰던 감귤녹화병 같은 문제를 해결하는 데 도움을 줄 수 있다. 하향식 접근 분석법을 통해 식별한 박테리아 접종제를 관개 시스템에 소량 섞어서 전달함으로써 과학자들은 오렌지 나무의 뿌리를 강화하여 질병과 싸우게 했고 감귤녹화병을 일으키는 병원체 발현도 10배가량 줄일 수 있었다.[35]

상향식 접근 방식에서는 농작물과 토양에 도입할 합성 미생물 커뮤니티synthetic microbial communities(줄여서 신컴스Syn Coms)를 만드는 작업을 먼저 한다. 박테리아와 기타 미생물로 구성된 생물 비료는 화학 비료를 완전히 대체하지는 못하지만 의존도를 낮출 수 있다. 또한 엄청난 잠재력을 가지고 있고 농작물의 생산량과 회복 탄력성을 높이는 데도 효과가 있다. 예를 들어 유전자를 변형한 한 박테리아는 '가지시 들음병'fusarium wilt 또는 바나나 식물에서는 '파나마병'Panama disease이라 알려진 치명적인 곰팡이성 질병을 억제하는 것으로 알려진 자연 발생 진균제를 분비할 수 있다.[36] 또한 옥수수 식물 뿌리 주변에 서식하는 미생물 집단에서 '엔테로박터 클로아카'Enterobacter cloacae를 제거했더니 옥수수에 위험한 병충해가 줄어들었다.[37] 사탕수수와 특정 소나무에서 추출한 미생물을 옥수수에 집어넣었을 때는 크기가 증가하는 현상이 나타났다. 변형된 미생물이 특정 토양 생태계에서 이미 자리 잡아 번성하고 있는 미생물과의 경쟁에서 항상 우위를 점하지는 못할 것이다. 하지만 이런 예시를 보면 이 방식이 충분히 실행가능하고 그 효과 역시 강력하다는 사실을 알 수 있다.

최근에는 밀이나 쌀, 기타 곡물의 뿌리에 사는 박테리아를 변형하여 콩과 식물처럼 토양에 더 많은 질소를 고정시켰다.[38] 이런 작물들이 더욱 기후 친화적이 되도록 조작할 수 있게 된 것이다. 합성 생명공학 회사 징코 바이오웍스와 독일 다국적 제약·생명공학 회사 바이엘의 협력자인 조인 바이오는 화학 비료 사용을 3분의 1가량 줄이기 위해 이런 종류의 질소 고정 미생물을 찾아 발전시키는 방법을 모색 중이다.[39] 인디고 애그리컬처는 다양한 작물의 생산량을 늘리고 스트레스를 견디며 질소를 토양에 많이 고정할 수 있는 미생물을 찾아냈고, 현재 파종 시기에 쉽게 토양에 뿌릴 수 있도록 가루와 액체 형태로 판매하고 있다.[40] 그 외에 많은 연구자, 기업, 스타트업 기업은 이런 가능성을 계속해서 연구 중이다. 식물 전체 미생물 군집의 생태계에 대한 이해력이 상승하고 있으니 관련된 시스템을 관리하고 조작하는 능력 역시 향상될 것이다. 그러면 우리가 원하는 결과를 얻을 수 있지 않을까?

자연적으로 성장하는 생물 비료는 센서로 작동하는 관개 시스템을 통해 소량씩 집어넣을 수 있다. 또는 박테리아 자체에 있는 생물학적 센서를 조작해서 오직 특정 환경에서만 활성화하도록 만들 수도 있다. 이 방법은 암 환자에게 더 정확한 CAR-T 유전자 치료를 제공하기 위해 개발한 '논리 게이트'와 비슷하다. 이 방식은 농작물의 생산량을 늘리고 한계에 다다른 황폐화된 농경지를 현재의 산업형 농업보다 더 지속 가능한 방식으로 소생시킬 잠재력을 갖고 있다.

척박한 토지를 더 효율적으로 사용하고, 농지로 사용하는 전체 토지량을 줄이면서 생산성을 높이는 방법에 대한 생각의 전환이 필요하다. 이런 행동은 과학적 호기심을 충족시킬 뿐만 아니라 미래의 생존에 중요한 투자가 될 것이다.

더 많은 농지 vs 더 스마트한 농업

이번에는 계산을 해보자.

2050년까지 작물의 연간 소비가 약 50퍼센트 증가한다면 그리고 현재와 같은 농업 생산량을 그대로 유지한다면, 농업 사용에 필요한 토지는 약 50퍼센트 더 추가된다. 이 토지를 어디서 구할 수 있을까?

현재 지구상에 경작이 가능한 전체 땅 중의 절반은 농업에 쓰이고 나머지 반은 숲, 툰드라, 기타 야생 공간이다. 농업에 할당할 땅의 양을 늘린다는 것은 사실상 남아 있는 세계 야생 지역의 상당 부분을 경작지로 전환해야 한다는 뜻이다. 이는 지구 생태계를 근본적으로 훼손하고 서식지를 잃은 수백만 종의 동식물을 멸종 위기로 몰아넣을 것이다. 어디 그뿐인가. 농업 공간 증가는 비료·농약·에너지 같은 산업적 투입재 사용을 급격히 늘리고, 물 부족에 시달리는 지역에서 지하수와 하천의 과도한 이용을 촉발할 수 있다. 또한 지구의 허파 역할을 하는 숲과 다른 야생 지역을 줄임으로써 기후변화에 더 큰 영향을 줄 것이다.

이런 피해를 줄이는 방법은 사용 중인 농경지의 생산량을 최대한 높이는 것이다. 예를 들어 미국 옥수수 재배자들은 경작하는 땅의 높은 품질, 우수한 종자 품종, 이를 뒷받침하는 견고한 규제 시스템, 산업 기술 활용 가능성을 비롯한 여러 요인들 덕분에 세계에서 가장 생산성이 높다. 세계 다른 지역의 농부들은 평균적으로 생산성이 이보다 낮다. 이들 중 일부 혹은 전부가 앞에서 언급한 조건들을 갖추지 못했기 때문일 수 있다. 작물마다 특정 지역에서 상대적으로 가장 높은 생산성을 자랑하는 농부들이 있으며 이들에게는 분명 배울 점이 있다.

농부들의 상황이 저마다 다르다는 점을 감안하면 우리가 던질 수 있는 가장 첫 번째 질문은 이것이다. 지구상의 모든 농부가 동일한 주요 작물을 재배하는 가장 생산적인 농부들과 비슷한 조건 아래서 적어도 그들의 생산성의 절반만이라도 달성하려면 어떻게 해야 할까? 먼저 세계에서 가장 생산성이 높은 농부들의 능력을 더 끌어올리기 위해 노력하고, 그럼으로써 차차 우리가 앞서 언급한 기술을 활용해 모두의 수준을 함께 향상시킬 수 있다.

아니면 농작물을 소비하는 방식을 바꿀 수도 있다. 스테이크나 닭 가슴살 등의 육류를 먹고 한 잔의 우유를 마실 때마다 소나 닭이 섭취한 식물도 함께 섭취하는 것이다. 제4장과 제5장에서 알아보겠지만 동물로 만든 제품 소비를 줄이면 재배해야 하는 작물의 양에도 영향을 줄 수 있다. 가난했던 사람들이 점점 더 부유해지고 있는 현재의 추세로라면 수십 년 후 1인당 섭취하는 동물성 제품량은 훨씬 증가할 것이다. 하지만 여기에서는 인간이 현재와 같은 속도로 미래에도 이 동물성 제품을 먹는다고 가정해 보자.

일부 자연주의자들은 못마땅하게 생각할 수도 있다. 그러나 여러 방식 중에서 선진 생명공학을 활용해서 농업 생산량을 올리고 지속 가능하게 한다면 좀 더 많은 야생 공간을 지킬 수 있다. 즉 급진적인 생명공학의 활용을 늘릴수록 숲과 늪지 등 다른 소중한 생태계를 파괴하지 않을 수 있다는 말이다.

이 목표를 위해 식물을 조작한다는 것은 SF 소설에나 나올 법한 소리로 들릴지 모른다. 하지만 유목민이었던 우리 조상에게는 작물을 개량한다는 발상 자체도 마찬가지였을 것이다. 9,000년 전 옥수수의 야생종인 테오신트를 먹던 이들에게 오늘날의 옥수수를 말하는 것도 비슷하다. 다른 많은 문제와 유사하게 인류가 지금 이 역사적 순간에 마주한 질문은 이 기술들을 우리 주변의 생명 세계에 적용할지 말지의 문제가 아니다. 그 질문의 답은 이미 나와 있다. 오늘날의 질문은 그 기술을 어떻게 가장 잘 적용할 것인가다.

과학과 대중의 신뢰 회복하기

나는 증가하는 인구를 지속적으로 먹여 살리면서 지구를 해치지 않는 산업형 농업 방식으로 유전학과 생명공학, AI 기술의 잠재성을 소개하면서 의도적으로 긍정적인 부분을 주로 설명했다. 내가 일반적으로 보는 관점을 기준으로 말한 것이다.

휴머니스트인 나는 인간을 사랑한다. 인구수 증가에 대해 찬반을 논할 수는 있지만 적어도 나는 인구가 늘어나는 것을 반대하지 않는다. 나는 친구, 가족, 친지를 사랑하고 심지어 비평가(중 대부분!)들도 내키지는 않지만 어느 정도 존중하는 마음이 있다. 나는 모든 사람이 먹을 것을 걱정하지 않고 입고 싶은 옷을 입으며 교육받고 권리를 주장할 수 있기를 바란다. 그리고 사람들이 자신의 건강이 곧 지구의 건강이며, 크고 작은 서식지와 인간이 긴밀하게 연결되어 완전히 서로에게 의존하고 있다는 사실을 깨닫고, 이 사실에 기반을 둔 현명한 선택을 하길 항상 바란다. 과학기술은 우리가 현재 직면한 문제의 대부분을 유발했지만 이를 해결하는 과정에도 사용되어야 한다.

모든 과학기술은 유익하든 이익을 주든 상관없이 잠재적인 위험도 내포하고 있다. 식량 공급에 선진 유전학과 다른 기술을 적용하면 안 된다는 주장은 자멸적일뿐더러 말도 안 된다. 이처럼 소수의 과학자와 정부 규제기관이 우리가 먹는 음식의 미래와 우리가 공유하는 지구의 식물 생태계를 결정해야 한다는 주장도 말이 안 된다.

우리 모두가 이 강력한 기술의 안정성을 평가하고 적용 가능한 분야와 아닌 분야를 결정해야 한다. 그러려면 먼저 우리가 지금 어디쯤와 있는지를 솔직하게 평가해야 한다. 많은 사람이 여전히 유전자 변형 작물을 두려워하고 있지만, 어떤 연구 결과가 나오든 최대한 정직하고 냉정하게 그 결과를 믿고 따르는 것이 미래를 위해 중요하다.

GMO 농작물의 안정성은 처음 개발되었던 때부터 40년간 과학자, 과학단체, 규제 기관, 그 외 기타 전문가들에 의해 광범위하게 검토되고 있다. 다수의 GMO 반대단체가 이 사실을 듣는다면 깜짝 놀랄지도 모른다. 하지만 이렇게 만들어진 농작물이 기존의 농작물보다 인간에게 해를 끼친다는 결과는 여태까지 단 한 건도 나오지 않았다. 정말 단 한 건도 말이다.

이 연구는 다국적 대기업들의 후원을 받은 몇몇 사기꾼 같은 과학자들이 아닌 미국 과학진흥회, 유럽연합, WHO, 미국 의학협회, 미국 과학·공학·의학 아카데미, 영국 왕립학회의 지원으로 진행되었다.[41]

2016년에는 미국 과학·공학·의학 아카데미에서 GMO 작물과 관련한 모든 학술 문헌을 광범위하게 검토하는 작업이 진행되었다. 그들은 "GE(유전자 변형) 농작물과 환경 문제 사이의 인과 관계에 대한 결정적인 증거를 찾지 못했다. 그리고 GE 식품 도입 후 특정한 건강상의 문제가 증가하거나 감소했다는 증거 역시 발견하지 못했다"라고 결론을 내렸다.[42] 메타 분석에서는 제초제 저항성을 가진 잡초의 잠재적 위험과 다른 문제들을 짚어 내긴 했지만, 전반적인 내용은 놀랍도록 긍정적이었다. 따라서 2015년 퓨 연구소 여론조사에서 미국 과학 진흥회에 소속된 전체 과학자 중 88퍼센트가 GMO 식품이 '일반적으로 안전한' 식품이라고 생각한다고 답변했다는 사실이 그

리 놀랍지 않다.[43]

그러나 같은 조사에서 미국 성인의 오직 37퍼센트만이 과학자들과 같은 생각을 하고 있다는 결과가 나왔다.[44] 5년 후 조사에서는 미국 성인의 27퍼센트만이 같은 생각을 한다고 나왔다. 그러나 이 저조한 숫자는 스웨덴을 제외한 모든 유럽 국가를 포함하여 다른 대부분의 여론조사에서 나온 결과보다 높은 편이었다.

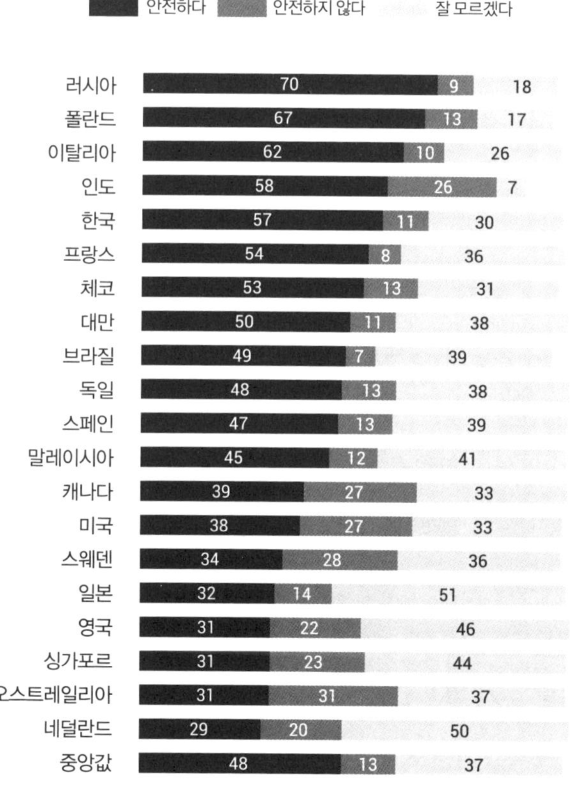

**2019~2020년 매해 여론조사로 살펴본
유전자 변형 작물의 안전성에 대한 대중의 인식[45]**

내가 한 조사에 따르면 과학자와 일반 국민 간에 인식 차이가 이렇게 큰 이유에는 네 가지 핵심 원인이 있었다.

첫째, 생물의 유전자를 변형하는 것은 엄청난 일이다. 비록 조상들이 수천 년이라는 오랜 시간에 걸쳐 다양한 방식을 통해서 진행했지만 말이다. 생물학적 시스템을 설계해서 바꾸는 일(마치 〈쥬라기공원〉처럼)은 우리가 예측할 수 없는 엄청난 결과를 가져올 수 있으므로 극도로 신중하게 이 기술을 사용해야 한다. 우리 자신과 아이들의 안전을 보장하는 것, 소수의 기업이 우리의 먹거리를 독점적으로 통제하는 상황을 막는 것, 파종하는 씨앗의 다양성이 감소하는 상황을 막는 것(언젠가 모든 농업의 회복 탄력성을 저해할 수 있다)은 충분히 합리적인 바람이다. 따라서 농작물의 유전자 변형을 계속해서 주시하는 행동은 가장 중요한 생명 유지 시스템 중 하나에 대한 건강한 보호 조치라고 할 수 있다.

둘째, 과학자와 정부, 농업 회사 등이 이러한 기술과 관련하여 그 잠재적 이익과 위험성을 대중에게 명확하게 설명하지 못했기 때문이다. 또한 이 기술을 실제로 적용할지 여부를 결정하는 선택의 초기에 더 다양한 의견을 제대로 반영하지 못했기 때문이다. 뒤에서 살펴보겠지만 이런 방향으로 의미 있는 조치들이 취해져 왔다. 그러나 이런 조치를 더 빨리 시작하지 못했고 설명이 분명하지도 충분하지도 않았다.

셋째, 몬산토(지금은 바이엘에 합병), 신젠타, 스위스에 본사를 둔 중국 국영 화학 공사 같은 대기업, 바스프, 코르테바 같은 다국적 기업이 저지른 크나큰 과실도 한 원인이다. 이들은 씨앗 멸균과 지식재산권과 관련해 소규모 농장들과 격렬한 싸움을 벌였다.*

이 기업들은 세계적으로 농업에 사용되는 전체 씨앗의 최대 40퍼센트를 생산한다. 따라서 이들의 행동은 중요하게 보일 수 있고 역사적으로도 큰 영향을 미친다. 그런 이유로 식품 공급을 기업이 지나치게 통제하는 상황을 우려하는 것은 당연한 일이다.[46]

넷째, 소수의 GMO 반대단체가 유전자 변형에 대한 잘못된 정보를 사람들에게 유포하고 두려움을 심어 놓은 집단행동도 한 원인이다. 인간과 지구의 이익을 위해서 유전자 변형 기술을 책임감 있게 사용하려는 사람들은 합리적인 우려와 잘못된 정보가 일반 국민들 사이에 혼재된 상황에서 현실의 장벽을 느낄 때가 많다.

1980년대 중반부터 시작해서 폴 래번Paul Raeburn의 《마지막 수확: 미국 농업을 파괴하는 유전자에 대한 도박》The last Harvest: The Genetic Gamble That Threatens to Destroy American Agriculture과 제프리 스미스Jeffrey M. Smith의 《속임수의 씨앗: 당신이 먹는 유전자 변형 식품의 안전에 대한 산업과 정부의 거짓말을 폭로하다》Seeds of Deception: Exposing Industry and Government Lies About the Safety of the Genetically Engineered Foods You're Eating와 같은 책 그리고 그린피스, 지구의 벗, 책임 있는 유전학 위원회와 같은 그룹의 보고서 및 기타 발표문은 유전자 변형 작물과 관련하여 그 안에 담긴 잠재적 위험성에 대한 경각심을 높였다. 여기에는 인간의 건강, 환경보호, 기

---

* 몬산토는 최신 과학을 지지하는 거대 농업 기업의 상징이다. 이런 기업이 과거 베트남 전쟁 당시 미국 군대가 베트남 전역에 살포한 위험 물질인 고엽제의 주 제조사였다는 사실, 중국 정부가 음식과 제품 안전성에서 지극히 나쁜 기록을 가지고 있다는 사실은 대중에게 충분히 안 좋은 인식을 심어 주었다.

업 통제와 관련된 주장이 포함된다.

이 자료들의 주장에는 타당한 부분도 많지만 GMO 식품이 본질적으로 인간이 먹기에 안전하지 않다는 주장에 대한 어떠한 근거도 찾을 수 없었다.[47] 그런데도 일부 GMO 반대단체는 아주 효과적이고 끈질긴 방법으로 대중의 두려움을 과도하게 부추기는 노력을 이어 왔다. 이 단체들이 사용하는 한 가지 전술은 이것이다. 즉 겉으로는 GMO 식품의 표시를 공개 지지하면서도 실제로는 GMO가 이미 우리의 식품 공급망에 얼마나 깊이 침투해 있는지 명확히 드러내는 일부 요소들에 대해서는 비공개적으로 반대 로비를 벌이는 것이다.

예를 들어 미국에서 유전자 변형 옥수수는 옥수수 시럽, 옥수수 전분, 텍스트로스, 대부분의 브랜드 초코바, 아침 식사용 시리얼, 과자, 케이크 음료수, 파스타, 이유식, 샐러드드레싱, 조미료, 시럽형 감기약, 비타민의 주재료로 사용된다. 그리고 유기농, 지속 가능성, 유전자 변형 성분이 없다고 표시된 제품을 포함해서 거의 모든 치즈에는 한때 레닛rennet이 포함된 적이 있었다. 레닛은 젖을 떼지 않은 송아지의 위에서 추출한 응고제다. 하지만 현재는 유전자를 조작한 미생물에서 이 성분을 추출한다. 따라서 완전한 자연주의를 지키며 금주하고 철저하게 채식을 고집하는 소수의 사람을 제외한 대부분의 미국인은 이들이 알든 모르든 정기적으로 GMO 식품을 섭취하고 있는 것이 현실이다.

그린피스 같은 운동 단체들은 특히 터무니없이 잘못된 정보를 퍼트리면서 세계 곳곳에서 공격적인 전략을 펼쳐 나갔다. 2001년부터 이 단체는 계속해서 황금쌀을 '바보의 금'이라 비난했다. 그러면서

"환경적으로 무책임하고 위험한 기술이 인간의 건강을 위협하고 식품과 영양과 재정적 안정성을 위태롭게 할 것"이라고 규탄했다.[48]

이에 대항해 109명의 과학 분야 노벨상 수상자들로 이루어진 한 그룹은 2016년에 그린피스와 그 지지자들에게 '생명공학으로 향상된' 식품에 대해 그들의 견해를 '재검토'해 줄 것을 요청하는 공개서한을 발표했다. 이 서한에는 이런 주장이 담겨 있다. "전 세계 과학 기관과 규제 기관은 생명공학을 통해 개선된 농작물과 식품이 다른 생산방식보다 더 안전하지는 않더라도 최소한 이 식품들과 비슷하게 안전성을 보장한다는 사실을 반복적이고 일관되게 밝혀내고 있다. 또한 환경에 미치는 부정적인 영향은 적고 생물다양성에는 도움이 된다는 사실 또한 반복해서 증명하고 있다." 노벨상 수상자들은 특히 황금쌀에 대한 억측에 크게 반발했다. 그들은 이렇게 썼다. "우리는 그린피스에 요청한다! 생명공학으로 개선된 전반적인 농작물과 식품, 특히 황금쌀에 관련된 캠페인을 당장 중지하라!"

노벨상 수상자들은 정부에 "공권력을 동원해 그린피스의 활동을 막고 농부들이 모든 현대 생물학의 도구를 쉽게 이용할 수 있도록 접근성을 높이라"고 촉구했다. 이어서 다음과 같이 재치 있게 서한을 끝맺었다. "얼마나 많은 사람이 죽어야 이런 단체들의 행동이 '반인도적 범죄 행위'라는 사실을 알게 될까?"[49] 황금쌀이 보여 준 기본적인 인도주의적 논거를 반박할 증거도 제시하지 않은 채 GMO 반대 운동가들은 반격에 나섰다. 그들은 몬산토 전직 임원이자 PR 전문가로 변신한 인물이 이 서한 작성을 조율했다는 점을 지적했다.

노벨상 수상자들이 GMO 반대 운동이 세계 최빈국에 사는 국민의 건강을 해치고 있다고 주장한 이유는 단순히 황금쌀 이용률이 떨어지기 때문만은 아니었다. 아프리카 등지의 가난한 개발도상국이 자국에서 GMO 작물을 재배하더라도 유럽의 GMO 수입 금지가 오랫동안 이어지면 이들 국가에 수출을 할 수 없기 때문이기도 했다. 이런 가난한 국가에서 농업은 매우 큰 산업이 되기 때문에 유럽의 조치는 국가 경제에도 큰 영향을 준다.[50] GMO 식품을 금지하면 주요 작물의 생산량이 줄어들고 개도국에서는 이를 보충하기 위해 살충제 사용을 더 늘릴 것이다.

과학자들은 강력하게 반발하지만 유전자 기술을 농업에 적용하는 문제는 대중의 우려에 막혀 지금까지 큰 진전을 보이지 못했다. 국가 규제 기관은 현재 새로운 기술을 적극적이고 공정하게 규제하는 본연의 역할을 다하지 못하고 있다. 식품으로 만드는 유전자 변형 작물은 대중의 압력을 받아 과학적 증거를 기반으로 한 규제보다 훨씬 더 엄격한 통제를 받고 있다.

유전자를 변형한 농작물은 세계적으로 약 2억 헥타르(5억 에이커)에 달하는 토지에서 재배된다. 전체 대두 생산량의 절반, 전체 옥수수 생산량의 3분의 1, 전체 면화 생산량의 80퍼센트가 유전자 변형 작물이다. 이렇게 생산된 작물은 가축 사료로 쓰기도 하고 공산품(에탄올 같은 바이오연료와 의류 포함) 생산에 사용된다. 제품 대부분이 유전자 변형 작물을 허용하는 26개국에서 생산된다. 절반은 미국과 캐나다를 포함한 산업국가에서 나머지 절반은 아르헨티나, 브라질, 인도가 속한 개발도상국에서 생산된다. 이 모든 일은 각국의 다양한 통치 및 규제 시스템이 복잡하게 뒤얽힌 글로벌 환경 속에서 일어난다.

유전자 변형 작물의 세계 최대 재배국인 미국은 전체 유전자 변형 작물을 감시하는 법이 통일되어 있지 않고 연방정부와 주 정부 차원의 다양한 법과 규정이 섞여 있는 상태다. 다른 곳에서 가져온 유전자로 형질을 바꾼 작물 그리고 특정한 목표를 위해 자체 유전자를 편집한 작물을 독립적으로 구분한다. 인간이 섭취하는 식품을 감독하는 FDA는 외래 유전물질을 주입하지 않은 게놈 편집 작물에 대해서는 기존 작물이나 방사선 처리한 작물과 동일하다고 보고 여기에 특별한 제한을 두지 않는다. 이들 제품 중 일부는 이미 시장에 출시되었거나 곧 출시될 예정이다. 여기에는 유통 기한이 더 긴 버섯, 더 영양가 있는 콩기름, 음식을 더 걸쭉하게 해주는 찰옥수수, 더 달콤한 딸기, 씨 없는 체리, 과육이 분홍색인 파인애플, 크기가 더 큰 토마토, '원래부터' 카페인이 없는 커피콩, 크리스퍼로 개량해 맛과 영양이 좋아진 겨자잎, 쉽게 갈변되지 않는 사과 등이 있다.

유럽은 미국과 달리 대중의 압박으로 인해 유전자 변형 농작물에 꽤 방어적인 자세를 고수하고 있다. 20여 년 전, 유럽의 GMO 반대 단체가 실험농장을 파괴하고 대량의 유전자 변형 작물을 맥도날드 매장 앞과 대중의 관심이 집중될 만한 유명한 장소에 버리는 사건이 있었다. 경제와 농업의 경쟁력을 상실할 수도 있다는 우려와 GMO에 대한 대중의 두려움 사이에서 균형을 찾고 있던 유럽 규제 당국은 2013년 유럽연합으로서가 아닌, 유럽 국가들이 독립적으로 유전자 변형 작물을 수용할지 여부를 판단하도록 결정했다. 현재까지 유럽 16개국에서 유전자 변형 작물의 수확을 금하고 있고 스페인과 포르투갈에서만 충해에 강한 옥수수 재배를 허용하고 있다.[51]

유전자 변형의 결과를 바탕으로 작물을 규제하는 미국과 달리, 유럽은 이 작물이 만들어진 방법을 기반으로 규제하는 경우가 더 많다. 씨앗에 방사선을 조사하여 게놈을 편집한 농작물의 경우 표적 방식으로 유전자를 더 정밀하게 편집한 농작물은 같은 변이가 일어나더라도 다른 규제를 받는다.

2023년 2월, 유럽 사법 재판소가 외부 DNA를 도입하지 않은 기술로 게놈을 편집한 식물은 GMO를 제한하는 유럽연합 법에서 제외할 수 있다고 판결한 이후 분위기 전환의 첫 번째 단계가 시작되었다.[52] 유럽연합 집행위원회에서는 '새로운 게놈 기술'로 개발한 식물을 기존 방식으로 키운 식물과 같은 방식으로 규제하는 개혁을 추진 중이다. 그러나 대중이 선출하는 유럽의회 같은 기관들의 경우 그 움직임이 훨씬 더디고 정치적으로도 더 복잡하게 얽혀 있다.

그러나 식량 작물의 정밀 유전자 편집에 대한 유럽의 제한적인 정책이 바뀌지 않으면 유럽 경제에 연간 2,000억 유로의 손실을 줄 것이라는 평가가 나왔다. 35명의 노벨상 수상자와 1,000명의 과학자들은 신기술의 잠재적 이점을 열린 마음으로 바라봐 줄 것을 간청하는 공개서한을 유럽의회에 보냈다. 그 후 유럽의회 환경위원회는 2024년 1월에 게놈 편집 작물에 대한 규제를 완화하기로 의결했다. 이 결정이 실질적으로 법을 바꾸지는 못했지만 의미 있는 한 걸음을 뗀 셈이다.

유럽에서 제한을 조금 더 풀기 위한 노력은 특히 브렉시트 이후 영국 정부가 2023년 3월 영국 농장에서 유전자 변형 작물을 재배하고 판매하는 것에 유리한 법안을 통과시키는 결과를 만들었다. 정부는

‘유전자 기술(정밀 육종) 법안’을 발표하면서 이 법안이 게놈 편집 기술의 ‘위험성을 감안’하여 규제할 것이라고 설명했다. 그러면서 “과학적 근거보다는 법적 해석에 더 집중한 유럽 법안으로 인해 오랜 기간 억제되었던 새로운 유전자 편집 기술 연구를 장려하고 관련된 불필요한 장벽을 없앨” 것이라 설명했다.[53]

인도는 GMO 반대 운동이 격렬하게 벌어지는 국가이면서[54] 동시에 세계 최대 유전자 편집 면화 생산지다. 현재 Bt 면화를 심는 농가는 95퍼센트가 넘는다. 이러한 상황은 대체로 소규모 농가에서 위험성을 줄이고 이익을 높이기 위해 충해에 강한 유전자 변형 면화씨를 심으면서 나타났으며, 법적으로 허용되기 전에 이미 시작되었다고 한다.[55]

중국의 경우 정부에서 ‘농업 발전’을 주요 전략적 우선순위로 삼고 있다. 시진핑 주석은 2014년 “과감하게 연구하고 혁신하여 GMO 기술의 고지를 선점해야 하며, 해외 기업이 이 분야를 지배하게 두면 안 된다”라고 강조한 바 있다.[56] 이 목표를 이루기 위해 중국 국영 기업은 2017년 스위스에 본사를 둔 신젠타를 인수했다. 중국 역사상 가장 큰 비용을 들인 해외 인수였다.

규제자의 관점에서 보면 중국은 미국보다는 좀 더 주의를 기울였고 유럽보다는 좀 더 공격적으로 나섰다고 할 수 있다. 중국은 미국을 비롯한 여러 국가에서 엄청난 양의 유전자 변형 옥수수와 대두를 사들였지만 바이러스에 저항성이 있는 파파야와 Bt 면화를 제외한 다른 유전자 변형 작물의 재배는 금지했다. 그러나 현재는 이 체계를 대대적으로 수정하려는 움직임을 보이고 있다.

중국 농업 과학원의 전 의장이자 농업부 차관인 리자양Li Jaiyang은 기자인 존 코헨에게 이렇게 설명했다. "우리는 매우 한정된 천연자원으로 14억 명을 먹여 살려야 하고 최소한의 비료와 살충제로 최대한의 생산량을 달성해야 합니다. 병충해뿐 아니라 가뭄과 염분에 강한 최고의 품종을 원하죠. 다시 말해 이를 가능하게 하는 핵심 유전자를 찾아서 이용해야 한다는 말입니다."[57] 중국의 옥수수 생산량이 미국보다 40퍼센트 낮다는 점을 생각해 보면 이런 상황을 타개할 방법은 분명히 있을 것이다.

2022년 7월 중국 '국가 작물품종 승인위원회'National Crop Variety Approval Committee는 유전자 변형 작물의 국내 생산량을 빠르게 높이기 위한 새로운 규정을 발표했다. 그리고 '유전자 변형 옥수수 품종을 더 많이 승인할 계획'이라 밝혔다.[58] 이듬해 중국 규제 당국은 게놈을 편집한 대두 품종을 상업적으로 사용 가능하도록 승인했고, 농업국에서는 네 지방을 시범지역으로 설정하여 약 30만 헥타르(74만 에이커)에 달하는 농지에서 유전자 변형 옥수수를 재배하도록 허용했다. 또한 상업적 재배를 위해 37종의 유전자 변형 옥수수 품종과 14종의 유전자 변형 대두 품종을 시범적으로 승인했다. GMO 옥수수 재배를 위해 정부의 허가를 받은 토지 면적은 2024년에 두 배 이상 증가했다. 이는 미국과의 무역 갈등과 우크라이나 전쟁으로 인한 작물 공급 차질로 인해 식량 자급률을 높이려는 중국 정부의 노력에 따른 결과이기도 하다.

많은 국가에서 유전자 변형 작물에 관련된 여러 가지 움직임과 발전이 있었지만, 여전히 대중은 유전자 변형 작물, 특히 식용을 목적으로 한 작물에 그리 따뜻한 시선을 보내지 않는다. 황금쌀은 아직도 호주와 캐나다, 뉴질랜드, 미국, 필리핀에서만 섭취를 허용한 상태다. 하지만 2024년 4월 필리핀 대법원이 그린피스를 포함한 일부 단체가 벌인 유전자 변형 작물 반대 운동에 반응하여 재배 중단 명령을 내렸고 현재까지 상업적 재배는 멈춘 상태다.

광범위한 연구를 한 케냐 정부는 2022년 10월 유전자 변형 작물의 재배 및 수입을 금지하는 이전 법의 개정 의사를 밝혔다. 윌리엄 루토William Ruto 대통령 당선인은 40년 만에 찾아온 최악의 가뭄과 곡물을 파괴하는 탐욕스러운 가을벌레 군단의 복합적인 재해를 막기 위해서 정부의 적극적인 개입이 필요하다고 판단했다. 그가 생각한 방법은 해충에 강한 유전자 변형 면화와 옥수수 품종을 도입하는 것이었다.

이와 관련된 규제를 없앤 후 케냐는 국제쌀연구소와 케냐 농업 및 축산연구소가 개발한 유전자 변형 쌀을 도입한 첫 번째 아프리카 국가가 되었다. 케냐가 이런 결정을 내린 이유는 치명적인 변종 세균성 병해로부터의 피해를 막기 위해서였다. 이 세균은 중국 정부가 자금을 지원하는 중국 종자 회사에 의해 케냐로 유입된 것이 거의 확실한 상황이다. 케냐 정부의 이런 결정에 당시 그린피스 아프리카와 몇몇 단체는 "케냐인들이 먹고 싶은 음식을 선택할 자유를 본질적으로 낮추는 계획"이라 주장하며 강하게 반발했다.*[59]

---

* 많은 아프리카 농부가 전통적인 쌀 품종의 다양성을 지키기 위해 오랫동안 반대했지만, 중국의 충칭 종위 종자 회사는 산출량이 높고 특허를 받은 종자를 케냐에 들여오는 데 성공했다.

우리는 일부 GMO 반대단체가 보여 주는 지나친 절대주의를 비판하지만 그렇다고 해서 첨단 생명공학 기술을 식물 농업에 적용하는 행위에 대한 모든 반대를 비판하는 건 아니다. GMO 반대단체에서 가장 많이 주장하는 부분, 특히 작물 다양성을 지키고, 식품 공급에서 과도한 기업 통제를 예방하고, 글리포세이트(종종 유전자 변형 작물과 중복해서 사용한다) 같은 제초제의 안전성을 꾸준히 검토하고, 보다 유기적이고 다양한 형태의 농업을 장려하는 일은 필수적으로 고려해야 할 사항이다. 일부 GMO 반대단체가 다소 과하게 방해했던 행동이 후에 문제가 될 수 있었던 유전자 변형 작물의 무분별한 확장을 막을 수 있었던 것도 사실이다. 그러나 이 모든 면을 통틀어 꼭 기억해야 할 부분은 '현대 기술이 농업에 적용되지 못한다면 현재의 인구 증가와 소비 수준으로 볼 때 인류를 지속적으로 수용할 수 없을 것'이라는 점이다.

생명공학을 작물에 적용하는 것을 찬성하는 사람조차도 인간이 천연 작물과 유전자를 변형한 프랑켄슈타인 음식 사이에서 하나만 선택해야 한다고 오해하기도 하지만 이는 진실이 아니다. 사실 유목 민족을 포함한 우리 모두는 이미 유전자 변형 음식을 먹는 시대에 태어났다. 식물 개량, 전통적인 방식의 육종, 유전자 변형, 유전자 편집 분야는 결국 인간이 작물을 다루는 다양한 방법 중 하나다. 우리에게 남겨진 질문은 작물의 유전자를 변형할 것인지 말지가 아니다. 이 방법을 얼마나 현명하게 이용할 수 있는가다.

앞에서 살펴봤듯이 인간과 AI의 대결이라는 잘못된 생각은 인간과 AI의 결합이 피할 수 없는 미래라는 사실을 인정하는 것만 늦춘 방해물이 되었다. 이처럼 우리가 먹는 작물의 미래가 '자연' 작물 vs. 유전자를 바꾼 프랑켄슈타인 음식과의 대결이라는 잘못된 이분법으로 나뉘어서는 안 된다. 유전자를 변형하는 시대는 이미 1만 년 전부터 시작되었다. 인간과 다른 종들이 생존하고 번성하는 지속 가능한 미래로 나아가는 데 남은 선택지는 없다. 우리가 이 사실을 받아들이든 아니든, 찬성하든 반대하든, 생명공학으로 탄생한 식품은 우리의 생존과 번성의 과정에서 그 일부가 돼야 한다.

그렇다고 생명공학이 농업을 포함한 다양한 분야에서 발생하는 모든 큰 문제를 마법같이 해결하는 만병통치약이라는 말은 아니다. 단지 1만 년 전부터 농업 등에서 사용했던 기술이 전 세계로 확장되면서 초래한 문제를 해결하기 위해서는 이 기술을 지혜롭게 사용해야 하고 가치 중심적인 접근방식을 택해야 한다는 의미다.

이러한 흐름은 우리가 키우는 농작물뿐 아니라 소비하는 동물성 식품에도 적용된다.

제 4 장

뉴니멀 Newnimals : 동물 산업의 미래를 상상하다

고기 없는 고기, 목장 없는 농장,
인류가 다시 쓰는 가축 문명의 다음 장

지금 우리가 먹는 동물은 더 이상 들판에서 자라지 않는다. 공장형 농장은 지구 토양의 절반을 점유하고, 가축은 인간보다 많은 탄소를 배출하며, 항생제는 축산의 필수재가 되었다. 이 산업은 어디까지 지속될 수 있을까? 고기 없는 고기, 우유 없는 낙농, AI가 관리하는 농장. '먹는 방식'을 바꾸는 혁명이 이미 시작됐다.

머릿속에 이런 이미지들이 떠다닌다. 우리가 처음 내뱉은 말과 처음 부른 노래에 대한 기억.

미국 동요에 나오는 맥도날드 할아버지의 농장에서는 소가 음매하고 운다, 이-아-이-아-오. 아니면 이 소는 프로방스 지방(프랑스)에 있는 한 목가적인 들판에서 한가로이 거닐거나, 알프스산맥, 히말라야산맥, 곤다르(에티오피아), 마투그로수(브라질)에서 목에 방울을 단 채 유유히 돌아다니고 있을지도 모른다.

1만 년도 전에 비옥한 초승달 지대Fertile Crescent(일찍부터 인류 문명이 발생한 곳 - 옮긴이) 어딘가에서 인간이 처음 소를 길들인 이래로 우리는 어떤 형태였든 이런 시골 풍경과 함께 해왔다. 가축화는 소를 변화시켰고 가축화된 소는 인간을 변화시켰다.

길들인 소는 강한 힘을 이용해 인간의 밭을 일구었다. 거래 또는 결혼을 성사시키거나, 정치적 우호 관계를 공고히 하는 데 화폐로 통용되기도 했다. 풍요로운 시대에는 지방을 더 축적해 몸집을 늘려 두었다가 식량이 귀해지면 현금으로 바꾸기도 했다. 소가죽은 옷을 만들거나 집을 지을 때 썼고 뼈로는 연장을 만들었다. 이렇게 소는 인간 생태계에 아주 중요한 일부가 되었다.

식물을 재배하고 소와 양, 염소, 돼지, 닭을 사육하며 농장을 꾸려 나가면서 인간은 훨씬 더 많은 인류를 먹여 살릴 수 있게 되었다. 선조들은 점점 더 모여 살게 되었고 수렵과 채집을 하기보다는 함께 일하면서 정착 생활을 영위했다. 식량을 구하기 위해 이동할 필요성이 사라진 까닭이다. 사회의 조직 방식이 이렇게 바뀌자 업무의 전문화, 도시의 성장, 기술 변화의 가속화가 촉발되었다. 현생 인류로 지칭되는 30만 년 전 호모사피엔스의 생활 방식과 비교해 보면 1만 년 전부터 시작된 정착 생활에서 변화는 급진적이었다.

그러므로 다음에 소나 양, 염소, 돼지, 닭을 볼 기회가 있다면 이들 덕분에 당신이 휴대폰을 가질 수 있었다는 사실을 기억하자.

하지만 지금 우리가 떠올리는 동물 농장, 또는 아직 일부 남아 있는 지역의 이미지는 오늘날 사람들이 소비하는 동물성 식품 대부분이 만들어진 곳 또는 만들어질 곳과는 사뭇 다르다.

우리가 먹는 것이 지구를 병들게 한다

초창기 미국에서는 방식이 조금씩 다를지라도 대부분의 사람이 농장에서 일했다. 산업화 이전의 모든 농업 사회처럼 말이다. 1900년대 후반까지도 전체 미국 노동자의 41퍼센트가 농업에 종사했고 이때 동원된 말, 소, 노새를 포함한 가축은 대략 2,160만 마리였다. 일반적인 농장에서는 다섯 가지 농작물을 재배하고 여러 종류의 가축을 길렀다. 새로운 기술도 일부 존재했지만, 수많은 노동집약적 농장에서의 삶은 수천 년까지는 아니더라도 수백 년간 이어진 방식이었기에 농부들에게 대체로 익숙했을 것이다.

그러나 산업혁명이 불러온 새로운 기구들과 접근법이 농업의 많은 부분을 바꾸었고 상황은 빠르게 달라지기 시작했다.

20세기에 걸쳐 농업에 놀라운 힘을 불어넣은 원동력은 전문화, 상업화, 교배, 응용과학이었으며 농축산업에도 이 요소들이 그대로 적용되었다. 맥도날드 할아버지의 농장은 산업화가 접목되어 농축산업이라는 새로운 시스템으로 바뀌었다. 모든 일을 조금씩 잘하는 과거와 달리 한 가지 일에 전문화되고 규모가 커진 형태로 변모하는 현상이 미국 농장에서 시작되어 세계로 퍼져 나갔다.

기차, 자동차, 냉장·냉동 기술은 농산물을 신속하게 운반하고 부패를 줄이는 역할을 담당했다. 쟁기질. 파종, 수확, 착유, 도축 같은 반복 작업이 하나둘 기계와 기타 산업 공정으로 대체되면서 생산성은 폭발적으로 늘어났고 노동력의 필요성은 줄어들었다. 미국 농업에 종사하는 전체 노동자 수는 1945년에는 16퍼센트, 1970년에는 4퍼센트, 현재는 1.7퍼센트까지 떨어졌고, 일하는 가축 수도 수백만 마리로 감소했다.

합성 비료와 살충제가 발명되자 생산성은 과거 그 어느 때보다 높아졌다. 1964년부터 1976년까지 12년 동안 미국 농장이 사용한 합성 비료와 광물질 비료의 총량은 두 배로 증가했고 살충제 사용량은 절반 정도 증가했다. 전반적으로 농장의 규모가 커지고 전문화되고 기계화되면서 노동자 수는 줄어드는 반면, 새롭게 교배한 농작물, 비료, 살충제가 생산량을 높여 농업 생산성은 거의 세 배로 올라갔다.[1]

이런 생산성의 가파른 상승은 당시 빠르게 증가하는 인구를 먹여 살리고 가축 수를 급격히 높이는 데 큰 역할을 했다. 노동력을 제공하는 존재로서 가축의 가치가 사라지고 있을 때 식량으로서의 가치는 급부상했다. 산업혁명의 원칙이 점차 동물 농장에도 적용된 것이다.

효율성을 향한 끊임없는 노력이라 정의하는 집약적 동물 농장은 축산업 또는 동물 공장이라고도 불렀다. 이들은 생산성을 최대화하면서 비용을 최소화할 방법을 찾았고 주로 택한 방식이 최대한 좁은 공간에서 가축을 키우고 성장을 촉진하며 조기 사망 등에 드는 비용을 최소화하는 것이었다. 1920년대부터 시행된 창고형 케이지 생활의 첫 주인공은 닭이었다. 오늘날 공장형 농장의 시초라 할 수 있다. 산업 공정은 식품으로 가공되는 모든 가축에 대한 사육, 저장, 급식, 도축 방식에 빠르게 적용되었다.

1960년대부터 시작된 이 농축산업 모델은 미국에서 전 세계로 빠르게 확산되었다. 1990년까지 여기서 나온 제품이 전 세계 육류 총생산량의 30퍼센트를 차지했고 15년 후인 2005년에는 40퍼센트로 증가했다. 현재는 전 세계에서 소비되는 육류의 70퍼센트가 이런 농장에서 생산된다. 평균 소득의 급격한 증가와 함께 지난 60년간 세계 육류 총소비량은 네 배로 상승했고, 축산 농장에서 사육되고 도축된 가축의 수도 폭발적으로 증가했다.

매년 우리 인간은 730억 마리의 동물을 도축한다. 대상은 주로 닭이지만 돼지나 양, 염소, 소의 수도 무시할 수 없다. 특히 개발도상국에서 동물성 제품의 소비가 증가하면서 도축은 더 빠르게 늘고 있다.[2]

국가가 부유해질수록 육류 및 기타 동물성 제품에 대한 소비도 많아지는 경향이 있다. 20세기를 살펴보면 미국인 1인당 연간 육류 소비량은 1900년에 170킬로그램이었지만 현재 100킬로그램으로 증가했다. 미국 전체 인구가 1900년 7,600만 명에서 현재 3억 3,000만 명으로 증가했다는 사실을 생각하면, 미국인들은 1900년 연간 55억 킬로그램의 고기를 섭취했고 2022년에는 그 여섯 배인 335억 킬로그램을 먹었다는 말이 된다. 다 자란 소 3,700만 마리의 무게와 맞먹을 정도로 엄청난 양이다.[3]

유럽의 육류 소비량 역시 1960년부터 현재까지 거의 두 배 증가했다.[4] 중국은 1979년 덩샤오핑 최고지도자가 경제 개혁을 발표했던 당시부터 중국 역사상 총 육류 소비가 가장 높은 증가 추세를 보이는 현재까지, 소비량이 세 배로 뛰었다.[5] 개발도상국들의 평균 육류 소비량 역시 지난 반세기 동안 세 배 증가했다. 50년 동안 세계 인구의 1인당 평균 육류 소비량은 자그마치 260퍼센트 껑충 뛰었고 총인구는 두 배 이상 늘어났다.[6]

이런 성장을 가능하게 한 축산업의 대대적인 규모 확장은 인간에게 반박할 수 없는 혜택을 선사했다. 특히 과거 인간이 얼마나 힘든 삶을 살았는지 생각해 보면 엄청난 결과라 할 수 있다.

우리 조상들은 식량이 부족해지는 시기를 여러 번 겪었고 그때마다 상당수가 목숨을 잃었다. 100만 년 전의 아프리카에는 약 1만~

2만 명의 초기 인류만이 살아남아 간신히 명맥을 유지했을 것이다. 인구는 다시 증가했지만 약 20만 년 전 기온이 떨어져 식량이 부족해지자 1만 명으로 다시 줄어들었다. 7만 2,000년 전 현재 인도네시아 수마트라섬에 있는 화산이 폭발해서 발생한 화산재가 대기를 뒤덮자 기온은 다시 떨어졌고 수많은 식량 생태계가 무너졌다. 당시 아프리카 최남단에서 목숨을 부지하던 우리의 조상 호모사피엔스의 수는 고작 1,000명도 채 되지 않았다. 그래도 이들은 생존에 성공한 몇 안 되는 행운의 종이었다. 열량을 비축하는 신체 능력이 당시 운이 별로 좋지 못한 다른 종보다 더 뛰어나서 열량 부족 현상을 견딜 수 있었기 때문이다.

하지만 대기근의 고비를 넘긴 우리 조상은 맹렬하게 반격에 나섰다. 이들은 열량을 얻기 위한 사냥에 굉장히 능숙해져서 가는 곳마다 다른 종들을 멸종시키기 시작했다. 인간은 이디시어로 더 과감한 고니프gonnifs, 즉 도둑이 되어 갔다.

이들을 도둑으로 지칭하는 건 육식(고기 외에 다른 생물도)을 하는 행위가 사실상 도둑질이나 마찬가지기 때문이다.

모든 동물은 살아남기 위해 영양분이 필요하다. 다른 생물을 먹는 것은 본질적으로 이 생물이 이미 섭취한 영양분에서 생성된 에너지를 훔치는 행동이다. 이 기본적인 사실이 군비 경쟁에 불을 붙여 급속한 진화를 이끌었다. 특히 약 5억 3,000만 년 전 캄브리아기 대폭발 이후, 동물은 끊임없이 죽이고 먹는 새로운 능력과 함께 죽임당하거나 먹히지 않기 위한 방어 수단을 발전시켰다.

이 중 일부 동물에는 날카로운 송곳니와 발톱 같은 무기가 생겨났다. 일부는 밤중에 사냥할 수 있는 은밀한 움직임이나 밝은 시야를 진화시켰다. 우리의 조상은 뇌 기능을 높이고 서로 간에 협조 관계를 맺으며 고기를 비롯한 다양한 음식을 소화할 수 있는 능력을 발전시켰다.

육식과 뇌 능력 간의 관계는 말 그대로 닭이 먼저냐 달걀이 먼저냐의 문제라 할 수 있다. 복잡한 진화적 이유로 약 350만 년 전의 초기 인류는 육류를 더 많이 섭취했다. 대부분 생으로 먹었고 가끔은 이미 죽은 동물을 먹기도 했다. 정말 도둑이나 다름없다!

식물을 먹으면 위에서 많은 프로세스를 거쳐야 한다. 하지만 이미 식물을 섭취한 뒤 대사 과정을 거쳐 영양 밀도가 높아진 동물의 고기를 먹으면 식물을 소화할 때 쓸 위의 에너지를 뇌로 더 많이 보낼 수 있다. 이렇게 함으로써 조상의 뇌는 점차 기능이 향상되어 생존에 필요한 판단과 계획 능력이 발달하면서 도구를 만들어 사용하게 되었다. 더 나아가 도구를 이용해 체내가 아닌 외부에서 고기나 다른 음식을 잘게 갈아 먹을 수 있었다. 이제 조상은 질긴 생고기를 먹을 때 다른 육식동물보다 치아를 많이 쓰지 않아도 되었다. 게다가 우리가 원하는 일을 더 많이 해낼 방법을 스스로 생각할 수 있는 정신 능력을 갖추었으며, 우리 몸이 진화하여 그런 능력을 얻을 때까지 기다릴 필요가 없어졌다. 어디서 많이 들어 본 이야기 아닌가?

인간의 뇌는 에너지에 굶주렸고 여기에 가장 이상적인 음식으로 오랫동안 고기가 지목돼 왔다. 고기에는 뇌와 신체에 필요한 20가지 필수지방산, 핵심 비타민, 철분, 아연, 요오드가 들어 있다. 휴식을 취할 때 인간의 뇌는 전체 에너지의 20퍼센트를 쓰는 반면 유인원은

8퍼센트를 쓴다고 한다.*

100만 년 전부터 아프리카에 사는 우리 조상은 불을 다루게 되었고, 이를 이용해 요리를 하면서 뇌에 영양분을 공급하는 방식이 더 효율적으로 변했다. 익힌 고기를 섭취하면서 단백질을 잘 소화할 수 있게 되었고, 요리하는 과정에서 더 많은 영양분을 얻게 되었으며. 그 결과 뇌는 더 많은 에너지를 확보했다.

동물을 사냥하고 도살하고 요리할 때 사용했던 초기의 도구들은 인간이 기술과 공진화했다는 첫 번째 사례들이다. 여기에서 우리는 생물학적 진화가 어떻게 기술 혁신을 이루게 했는지 그리고 이 기술 혁신이 다시 생물학적 진화를 가속했는지 잘 알 수 있다.

지금의 우리와 비슷하게 복잡한 지능을 가진 호모사피엔스 조상들은 기본적인 도구를 들고 일을 하러 나갔다. 이들이 어디를 가든 수많은 야생동물들은 사라져 갔다.

생태학자는 일정한 생태계 내에서 바이오매스biomass라는 개념을 사용하여 동물에서 나온 탄소의 총중량을 측정한다. 이들의 계산법으로 하면 코끼리는 쥐보다 더 많은 바이오매스를 배출한다. 인간의 직계 조상이 아프리카에서 대거 이동하기 전인 1만 년 전 즈음, 지구상에 있는 모든 야생동물의 전체 바이오매스는 2,000만 톤 정도

---

* 인간은 가장 가까운 종인 침팬지보다 뇌 에너지를 평균 두 배 이상 사용하며, 토끼나 쥐 같은 포유류보다는 3~5배 이상 사용한다. 그러나 나무 두더지나 피그미마모셋(영장목 마모셋원숭이과에 속하는 포유류-옮긴이) 같은 동물의 경우 몸집에 비례해 인간과 흡사한 수준의 뇌 에너지를 사용한다. 일부 동물은 비례적으로 인간보다 더 큰 뇌와 신체를 가지고 있다. 이는 인간이 진화하기 전에도 포유류 내에서 더 강력한 뇌를 발달시키려는 진화적 압박이 있었음을 의미한다. 그러나 인간만이 출생 이후에도 계속해서 성장하는 뇌를 가진 유일한 영장류이다.

로 추정된다. 약 1만 년 전 농경은 아직 시작되지 않았지만, 조상들이 이동하며 몸집 큰 동물을 수없이 사냥하던 시기에 야생동물의 바이오매스는 1,500만 톤으로 감소했다. 1900년에 이르자 이 숫자는 1,000만 톤까지 떨어졌다.

인간이 점점 더 늘어나고 더 조직화되며 더 강력한 도구와 역량을 보여 줄수록 덩치 큰 야생동물은 사라져 갔다. 이렇게 큰 동물의 개체수 붕괴와 멸종의 핵심 원인이 현대적인 무기로 무장한 현대인이라고 생각하는 사람들도 있다. 그러나 고고학 자료에는 대부분의 멸종이 모든 시대와 배경을 막론하고 인간이 유발했다고 나와 있다. 비교적 부실한 도구를 가진 소수의 조상조차도 대형 동물 멸종의 주 원인으로 작용했다.[7]

지난 1만 년 동안 야생동물에게 좋은 소식이라 한다면 인간이 가축을 더 많이 먹기 시작하면서 야생동물을 사냥하는 횟수가 줄어들었다는 점이다.

나쁜 소식은 인구수가 증가하면서 농장과 목장을 더 많이 짓기 위해 야생 동물의 자연 서식처를 파괴하는 횟수가 늘었다는 점이다.

1만 년 전 지구에 500만 명의 인간만이 존재하고 동물을 가축화하기 시작한 때 1,500만 톤에 달하는 포유류 바이오매스에 들어 있는 탄소의 대부분이 야생동물에서 나왔다. 농장과 목초지를 포함한 전체 농경지는 1,000년 전 5억 헥타르에서 1900년에는 25억 헥타르(전체 경작지의 5분의 1)로 증가했다. 현재는 50억 헥타르(전체 경작지의 절반)로 늘어나면서 세계의 삼림과 야생 서식지의 3분의 1이 사라졌다.[8] 같은 기간 농장에서 키우는 전체 동물이 폭발적으로 증가한 것과 반대로 야생동물은 엄청나게 줄었다.

현재 야생동물의 바이오매스는 전체 포유류 바이오매스의 4퍼센트에 불과하고 인간은 34퍼센트, 가축과 반려동물은 놀랍게도 62퍼센트를 차지한다.

아래 차트를 보면 바이오매스를 기반으로 인간과 소, 돼지를 포함한 포유류가 어떻게 살아가는지를 어느 정도 엿볼 수 있다.

가축이 인간과 더 가까워질수록 그 수는 급증했다. 현재 가우르(인도산 들소), 밴팅, 야크, 비종, 물소, 민도로물소, 회색들소를 포함한 들소는 수십만 마리인 반면 가축 소는 15억 마리에 달한다. 또한

2015년 세계 포유류 바이오매스 분포도[9]

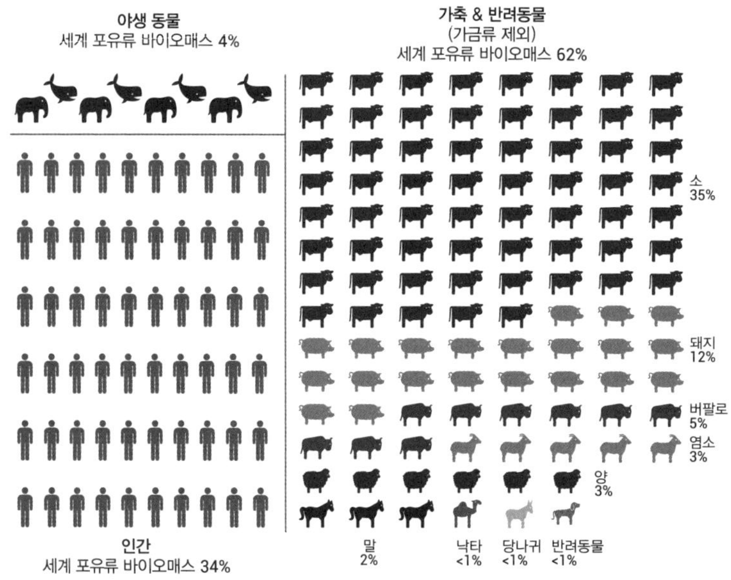

현재 지구에는 5억여 마리에 달하는 개가 있는 반면 같은 조상을 둔 회색늑대는 20만 마리도 채 되지 않는다. 식량으로 쓰기 위해 키우는 전체 동물의 수는 엄청나게 증가한 반면, 1900년에 1,000만 톤에 달했던 야생동물의 총 바이오매스는 현재 300만 톤으로 급감했다. 이는 100년 전과 비교하면 30퍼센트에 불과한 수준이다.

지난 75년 동안 빠르게 상승한 인구의 수요를 충족하기 위해 새로운 공장형 축산이 확대되었다. 덕분에 우리는 더 많은 고기와 동물성 식품을 쉽게 접할 수 있게 되어 엄청난 혜택을 누렸다. 현재 이 산업은 지구와 이곳에 사는 모든 거주자에게 점점 더 늘어 가는 엄청난 비용을 청구하고 있다. 우리도 예외가 아니다.

지구상에 인간이 살 수 있는 땅의 절반 정도가 농업에 사용되며, 이 땅 중 약 4분의 3(거주 가능한 땅의 약 37.5퍼센트)이 가축을 가두거나 방목 또는 먹이를 재배하는 용도로 사용된다. 농축산업에 쓰는 물은 세계 담수의 5분의 1을 차지하며, 일부 지역은 기후변화와 물의 과도한 사용으로 점차 수자원이 부족해지는 상황이다.

물론 필요한 경작지가 무한하고 깨끗한 물을 무한하게 쓸 수 있다면 당연히 문제 될 게 없을 것이다. 그러나 현실은 이와 다르다. 지난 반세기 동안 전체 경작지의 거의 3분의 1이 과도한 토지 사용, 환경오염, 사막화, 토양 침식으로 사라졌다. 현재 지구상 수십억 명의 사람들이 깨끗한 식수나 위생 시설을 제대로 갖추지 못했으며, 수백만 명의 농부들이 경작에 쓸 물이 줄어드는 지역에 살고 있다. 이런 위기를 일으키는 주된 요인은 농축산업에 사용되는 수자원과 토지다.

설상가상으로 유엔식량농업기구FAO에 따르면, 매년 전 세계 온실가스 배출의 7.1기가톤이 가축 사육에서 나오며, 인간이 만드는 온실가스 배출량의 14.5퍼센트를 차지한다. 또한 소 사육은 가축 전체 배출량의 3분의 2를 차지한다.[10] 농축산업의 온실가스 발자국은 자동차, 트럭, 배, 비행기를 모두 포함한 것보다 더 크다.

가축을 방목하고 사료용 식물을 키우기 위한 토지 확보는 많은 숲과 야생 공간을 줄이는 주원인이었다. 이로 인해 가축들은 박쥐와 같은 야생동물과 접촉하는 횟수가 증가했다. 코로나19 팬데믹의 정확한 매개자가 무엇이든 니파바이러스, 헨드라바이러스, 에볼라바이러스, H5N1 조류인플루엔자, AH1N1 바이러스를 포함한 과거의 전염병도 이런 식의 거주지 침해에서 시작된 것이 분명했다. 따라서 인간이 계속해서 야생 공간을 침범한다면 치명적인 전염병 역시 더 늘어갈 것이다.

이렇듯 농축산업은 인간에게 질병을 일으킬 수 있으며, 건강을 지키는 강력한 도구 중 하나의 효능도 떨어뜨리고 있다.

알렉산더 플레밍Alexander Fleming이 1928년 페니실린을 발명하고 얼마 지나지 않아 농부들은 가축에 항생제를 투여하면 질병을 치료할 수 있을뿐더러 아예 걸리지 않도록 예방하는 효과도 있다는 사실을 알게 되었다. 병에 걸리는 가축이 감소하자 더 작은 공간에서 더 많은 수를 사육할 수 있게 되었다. 이후 항생제가 가축의 장내 미생물의 성장을 늦춰서 가축의 성장을 촉진한다는 사실도 알게 되었다. 이 미생물은 일반적으로 에너지 집약적인 면역반응을 유발한다.

육류 생산에만 초점을 맞춘다면 더 작은 땅에서 더 많은 고기를 얻기 위해 광범위한 항생제 사용을 계속 늘리는 것은 아주 훌륭한 행

286

동이다. 물론 한동안은 이것이 정말 사실처럼 보였다. 그러나 인간의 전반적인 식량 생산 방식이 새로운 공장형 농장 모델로 변화함에 따라 이 전략에 따른 부정적인 영향도 커졌다.

항생제의 기적은 과거 치명적인 감염병을 소소한 불편함으로 바꾸어 놓았다. 이제 대부분의 사람이 조상 때 발병했던 전염병으로는 죽지 않게 되었지만 대신 심장병, 알츠하이머병, 암과 같은 노화 관련 만성질환으로 고통받게 되었다.

하지만 우리는 지금 살아 있는 생물학적 시스템을 다루므로, 우리가 싸우고 있는 위험한 박테리아에 대해서도 이야기해야 한다. 모든 생명체와 마찬가지로 박테리아는 생존을 추구하며 끊임없이 진화한다. 우리가 항생제를 많이 사용할수록 살아남은 돌연변이 박테리아가 번식할 가능성도 커진다. 그래서 책임감 있는 의사라면 항생제를 신중하게 사용하라고 조언할 것이다. 이는 부분적으로 당신 자신의 이익을 위한 것이다. 필요할 때 항생제가 당신 개인에게 효과를 내기 위해서다. 그러나 더 큰 이유는 공동의 이익을 위한 것이다. 인류 전체가 항생제를 써야 할 때 효과를 발휘하게 하려는 것이다.

오늘날 미국에서 판매되는 전체 항생제의 3분의 2는 인간이 아닌 가축에 사용된다. 광범위한 항생제 사용은 항생제에 내성이 있는 박테리아가 번식하는 결과를 낳았다. 미국 질병통제예방센터CDC는 2022년에 발표한 영향력 있는 보고서에서 항생제 내성을 "세계적인 위기"라고 규정하며 "부적절한 항생제 사용은… 내성이 생긴 박테리아가 확산되어 세계를 위험에 빠트릴 수 있다"라고 언급했다.[11]

최근 연구에서는 매년 120만 명 정도가 항생제에 내성이 있는 '슈퍼

버그'superbug에 감염되어 사망한다는 결과가 발표되었다.[12] WHO는 지금 항생제 과용을 줄이는 데 적극적으로 대처하지 않으면 2050년에는 매년 추가 사망자가 최대 1,000만 명이 될 수 있다고 경고했다.[13] 현재 항생제가 가장 많이 사용되는 곳이 축산 농가이기 때문에 이곳에서 가장 많이 감축해야 한다. 2023년 중국에서 진행한 광범위한 연구에서는 샷건 메타유전체학 시퀀싱과 고급 AI 분석을 활용한 결과, 집약적이고 산업화된 농업 형태로 인해 가축의 분뇨가 항생제 내성 박테리아의 수와 종류를 급격하게 증가시키는 서식처가 되었다는 사실을 발견했다.[14]

현재의 환경과 기후, 항생제 내성의 위협도 큰 문제지만 이런 식으로 계속 사업을 이어 간다면 미래에는 어떻게 될지 상상해 보라.

2050년이 되면 세계 인구는 100억 명에 이를 것으로 추정된다. 이 100억 명의 인간이 현재와 비슷한 수준으로 매년 평균 42.5킬로그램의 고기를 섭취한다면 필요한 총 육류 양(생선과 해산물 포함)은 현재 3,400억 킬로그램에서 2050년 4,600~5,700억 톤으로 증가할 것이다.[15]

이 수요를 맞추려고 단순히 산업 규모만 키우면 가축을 먹이고 사육하는 데 할당해야 할 땅과 에너지를 50퍼센트 더 늘려야 한다. 그렇게 되면 이 과정에서 35억 톤의 이산화탄소가 추가로 배출되어 산업화 이전 수준보다 기온이 2퍼센트 상승하는 임계점을 확실히 넘어설 것이다. 그 결과 수십억 명이 극심한 스트레스를 겪을 것이다. 또한 가축에 사용하는 항생제도 두 배 이상 늘어나 슈퍼버그가 현대의 많은 항생제의 효과를 넘어서는 수준으로 진화할 수도 있다.

세상이 점점 더 살기 어려워진다는 위협에도 굳이 현재의 농축산업 관행을 바꿔야 한다고 생각하지 않는가? 그렇다면 이 시스템이 얼마나 잔인한지 깨닫고 나서야 비로소 생각이 달라질지도 모른다.

당신이 동물을 정말 좋아하는 사람이라면 모든 생명체에게 감정이 있다고 생각할지도 모른다. 어쩌면 소나 돼지, 쥐, 닭이 인간이 흔히 말하는 사랑이라는 감정으로 자신의 새끼를 대한다고 느낄 것이다. 그리고 모든 생명체는 인간의 소비 수단이 아닌 존재하는 것 자체에 의미가 있다고 믿을 것이다.

그렇다고 우리가 육식을 하면 안 된다거나 할 수 없다는 말은 아니다. 물론 많은 사람이 이런 결론을 내리는 것은 충분히 타당한 일이다.*

복잡한 세상에서 우리가 하는 대부분의 일은 1차원적인 순수성으로만 판단할 수 없다. 깊이 생각하든 아니든 적어도 우리가 먹는 음식에 많은 고통과 괴로움이 존재한다는 사실은 알아야 한다. 즉 가축에 대해 도덕적 책임감을 가지고 잔인성을 최소화해야 한다는 말이다.

산업형 축산업이 가축을 지각 있는 존재가 아닌 산업적 산출물 정도로 다루는 방식에는 유난히 섬뜩한 면이 있다. 닭들은 표준 크기

---

* 나는 채식주의자가 아니며, 유월절에 먹는 양지(소고기) 요리를 웬만한 사람보다 더 좋아한다. 내 친구인 재니스 와인먼 쇼렌스타인은 객관적으로 보더라도 세상에서 가장 맛있는 양지 요리를 한다. 그녀에게 레시피를 물어보는 것은 별 의미가 없다. 이 요리는 할머니에서 어머니로 전해 내려오는 비법이라 (애정이 담긴) 협박을 해도 그녀는 알려주지 않을 것이다. 또한 '조의 캔자스시티 바비큐'(미국 바비큐 맛집 – 옮긴이)에도 특별히 감사를 표한다.

의 종이 한 장보다 작은 닭장 안에서 평생을 지낸다. 번식용 암퇘지들은 대부분의 삶을 자신의 몸집 정도에 불과한 좁은 우리에서 제대로 움직이지도 못하고 산다. 소들은 여러 마리가 좁은 사육장에서 빽빽하게 갇힌 채 자신의 배설물 위에 서서 철제 울타리 사이로 머리만 내민 채 사료를 먹는다. 여러 동물은 이런저런 이유로 꼬리, 뿔, 부리, 정소 등을 종종 마취도 없이 살아 있는 상태에서 절단당한다.

농축산업의 본질적인 잔인함과 다른 모든 큰 단점을 생각해 보면 가축을 기르는 방식을 바꿔서 잔인성을 낮추고 환경 및 기후의 영향과 항생제 사용, 감염병 위험을 줄이는 노력이 필요하다.

현재 우리가 가장 먼저 해야 할 가장 좋은 방법은 사람들에게 동물성 식품 섭취를 줄이도록 독려하는 것이다.

채식주의는 아주 건강한 식습관이며 지구촌의 수많은 사람이 실행할 수 있다. 예외라면 채식 기반 식단만으로 생존할 수 없는 외딴 지역의 저개발 국가들일 것이다. 현재 세계에는 약 15억 명(세계 인구의 약 5분의 1)이 채식을 하고 이 중에 3분의 1 이상이 인도에 있다. 이곳 사람들은 소를 신성시하는 전통적인 힌두 문화로 인해 고기를 먹지 않는다. 여론 조사 기관인 닐슨에 따르면 유럽인의 약 5퍼센트, 북아메리카인의 6퍼센트, 라틴아메리카인의 8퍼센트, 아프리카인의 16퍼센트, 아시아인의 19퍼센트가 현재 채식을 하며 전체 비율이 서서히 증가하고 있다.[16]

잠깐 이런 상상을 한번 해보자. 우리에게 마술봉이 있어서 지구의 모든 사람을 한 번에 채식주의자로 바꿀 수 있다면?

고립된 지역에 사는 많은 사람이 곧바로 불안정한 식량 공급을 겪게 될 것이다. 동물 농장을 경영하는 많은 사람이 위태로워질 것이다. 오스트레일리아, 아르헨티나, 몽골, 뉴질랜드 같은 국가의 예산에도 갑자기 문제가 생길 것이다. 동물성 식품에서 얻던 칼슘, 요오드, 철분, 오메가3지방산, 비타민 B12와 D, 아연 등의 필수 영양소를 어디서 얻을지 생각해야 할 것이다. 많은 사람이 피해를 보거나 입은 것 같은 기분을 느낄 것이다.

하지만 전반적으로 우리의 세상은 조금씩 나아질 것이다. 대부분의 사람이 점차 건강해지고, 특히 동물성 제품을 건강한 식물성 단백질로 대체한 식사를 하는 사람은 더 그럴 것이다. 약 700만 명이 심장병, 당뇨병, 암 및 기타 식습관 관련 질환으로 사망했으나 향후 25년간은 이런 질환이 어느 정도 예방될 것이다.[17]

만약 인간이 고기나 그 밖의 동물성 제품을 소비하지 않는다면 매년 도살되는 육상동물의 수는 현재 연간 약 920억 마리 이상에서 그보다 훨씬 적은 연간 20억 마리 정도로 줄어들 것이다. 그러면 현재 가축 사료용 작물을 재배하는 데 쓰이는 농지의 약 97퍼센트를 인간과 반려동물을 위한 작물 재배에 활용할 수 있다.[18] 결과적으로 현재 축산업 지원에 쓰이는 약 33억 헥타르의 농지 대부분을 다른 용도로 확보할 수 있다.

사람들은 여전히 먹어야 하기 때문에 이 토지의 일부는 부족한 칼로리를 채우기 위한 농작물 재배에 쓸 것이다.

소고기 1칼로리를 만들려면 약 25칼로리의 사료를 소에게 먹여야 하고, 돼지는 15칼로리의 사료를, 닭은 8칼로리의 사료를 먹여야 한다. 2020년 도살된 가축은 730억 마리이며, 여기에는 닭 700억 마리, 돼지 15억 마리, 양 6억 마리, 소 3억 마리가 포함된다. 다 자란 소 한 마리가 평균 100만 칼로리의 고기를 만들고, 양 한 마리는 70만 칼로리, 돼지는 20만 칼로리, 닭은 1,000칼로리를 만든다고 가정하면, 우리가 육식 섭취를 갑자기 중단할 경우 육류 단백질의 총 1,090조 칼로리를 식물성 칼로리로 대체해야 한다.

대두를 재배하는 일반적인 농가에서 1에이커당 627만 그램의 단백질을 생산한다고 가정해 보자. 단순 비교를 위해 식물성 단백질과 동물성 단백질의 영양가가 비슷하다고 가정한다. 우리에게 필요한 1,090조(육류에서 나오는 총 칼로리)를 627만(대두 1에이커에서 나오는 칼로리)으로 나누면 1억 7,400만 에이커가 필요하다는 결론이 나온다. 다시 말해 우리가 보충해야 하는 추가 칼로리를 생산하기 위해서는 1억 7,400만 에이커의 땅이 더 필요하다. 현재 농축산업에 쓰는 81억 에이커와 비교해 보자. 이 1억 7,400만 에이커는 이탈리아 땅의 두 배 조금 넘는 크기다. 81억 에이커는 세계에서 가장 큰 두 국가인 러시아와 캐나다를 합친 것보다 크다.

좀 더 보수적으로 계산해 보자. 육식을 하지 않게 되면서 부족해진 칼로리와 영양소를 대체할 작물 재배에 현재 가축 사료 재배에 사용되는 이 81억 에이커의 20퍼센트를 쓴다고 가정하면(앞에서 계산한 1억 7,400만 에이커보다 10배 큰 면적), 남은 65억 에이커의 땅으로 무엇을 할 수 있을까? 이 정도면 러시아의 1.5배 또는 이탈리아의 88배에 달하는 크기다.

여기에서 굳이 도덕군자처럼 생각할 필요는 없다. 이 땅에 쇼핑몰을 세울 수도 있고 축구 경기장, 놀이공원, 주택 단지를 만족할 만큼 지을 수 있다. 그렇게 해도 남은 땅이 정말 많아서 상당수를 다시 야생의 상태로 남겨 두게 될 것이다.

그러면 65억 에이커의 절반 정도를 자연 상태로 돌려놓는다고 가정해 보자. 이런 변화만으로도 온실가스 배출량은 엄청나게 감소할 것이고 탄소 격리carbon sequestration(대기 중 배출되는 이산화탄소를 토양의 탄산염 또는 유기물 등 담체에 고정하여 지하 또는 지상의 특정 공간에 저장하는 과정 - 옮긴이) 현상이 훨씬 증가할 것이다. 삼림과 초원 같은 광대한 생태계가 다시 살아나 수천만 종의 멸종을 막고, 인간의 거주, 농사, 산업에 쓰는 물의 질과 양이 증가할 것이다. 토지 재할당은 미래에 다가올 위협을 놀랄 만큼(완전히는 아니지만) 줄일 것이다. 식량 관련 온실가스 배출도 약 60퍼센트 감소할 것이다.[19]

그러나 안타깝게도 여기에는 문제가 있다.

인간은 적어도 지금까지는 동물성 제품을 포기할 마음이 없다.

최근 세계 여러 나라가 건강과 기후, 채식에 대한 도덕적 이점에 많은 관심을 두고 있지만 1인당 육류 소비량은 꾸준히 증가하고 있다. 여기에는 의식적으로 새 식단으로 바꿔 보려는 움직임의 진원지인 미국과 유럽도 포함된다.[20] 또한 1인당 육류 소비량은 상대적으로 발전이 느린 국가, 특히 아시아에서 훨씬 더 가파른 상승을 보인다. 빈공층이 경제적으로 여유로워지면서 동물성 식품을 더 많이 소비하게 된 것이다.

보편적인 채식주의는 바람직하며 노력할 가치가 있는 목표다. 그러나 지금까지 육식은 생존에 필수 사항이었고, 진화와 문화의 역사에서 중요한 역할을 담당했다. 또한 수많은 사람이 여전히 육식을 지지하고 원하고 즐기기 때문에 이런 습관을 바꾸는 전략에만 의존하는 것은 순진한 데다 자멸적이기까지 하다. 그보다는 동물성 제품에 의존할 때 발생하는 비용과 결과에 대해 더 많은 사람이 깨닫도록 노력해야 한다. 내가 보기에도 보편적 채식주의는 매우 바람직한 목표지만 이 목표를 단기간에 이루는 데에만 모든 전략을 집중하는 것은 무모한 일이다.

다행히 우리는 극단적인 방법을 취할 필요가 없다. 단순히 먹는 고기의 양만 줄여도 개인과 세계 모두에 좋은 결과를 가져오기 때문이다. FDA에 따르면 일반 성인이 채소, 해산물, 동물성 제품이 혼합된 단백질을 약 155그램 먹으면 하루 필수 단백질 섭취량을 채울 수 있다.[21] 이 섭취량의 3분의 1인 50그램이 육류에서 나온다고 가정하면 채식주의자가 아닌 일반인이 1년에 먹어야 하는 육류 양은 20킬로그램이다. 그러나 미국의 실제 육류 섭취량은 권장량의 두 배가 훨씬 넘는 연 50킬로그램이다. 유럽은 40킬로그램이다.

전 세계적인 채식주의를 통해 현실적으로 인간의 모든 육류 소비를 없앨 수 없다면 대부분의 선진국에서 FDA 권장 수준까지 육류 소비를 줄이는 것만으로도 많은 문제를 해결할 수 있다. 또한 중국은 육류 소비가 전 세계 어느 곳보다 빠르게 증가하고 있으므로 같은 기준을 중국에도 적용해야 한다.

미국인은 연간 총 1,450만 톤의 고기를 소비하지만 건강을 위한다면 700만 톤으로 줄이는 것이 바람직하다. 유럽인은 2,900만 톤을 소비하지만 적정량은 1,600만 톤이다. 중국인은 3,200만 톤을 소비하지만 1인당 육류 섭취량이 하루 60그램이라는 기준을 적용하면

2,900만 톤이 적당하다. 따라서 이 세 지역에서만 육류 소비를 대략 FDA 권장 수준으로 조정하면 총 2,450만 톤을 줄일 수 있다. 즉 미국, 유럽, 중국 사람들이 FDA의 동물성 단백질 1일 권장량만 섭취해도 전 세계 육류 소비량의 약 10분의 1을 줄일 수 있다는 말이다. 2023년 연구 결과에 따르면 현재 소비하는 모든 동물성 식품의 절반을 식물성 제품으로 대체하면 농업 부분 온실가스 배출량이 3분의 1 줄어들고, 전 세계 삼림 벌채와 생태계 파괴를 상당 부분 되돌릴 수 있다.[22]

소는 다른 가축보다 훨씬 더 많은 칼로리를 섭취해야 1칼로리의 고기를 생산하고, 소 사육에서 다른 가축을 키우는 것보다 훨씬 많은 온실가스가 배출된다. 그래서 단순히 소고기 대신 돼지고기나 닭고기를 섭취하는 것만으로도 최소한 기후변화, 토지 사용 그리고 어쩌면 전염병 위협에 영향을 줄 수 있을 것이다. 그러나 가축을 잔인하게 다루는 행동이나 항생제 내성에는 큰 영향을 주지 않는다.

더 나은 미래를 만들어 가려면 먹거리 선택에서 생각을 전환하고, 주변의 살아 있는 생명과 더 넓게 상호작용할 방법에 대한 기존의 생각도 바꿔야 한다.

사라져가는 바다, 우리가 외면한 진실

《내셔널 지오그래픽》 탐험가 엔릭 살라Enric Sala와 세계 여러 과학자, 환경보호 활동가는 레오나르도 디카프리오나 모나코의 알베르

2세 왕자 같은 유명인 및 후원자와 함께 전 세계 바다의 30퍼센트를 채광과 어업을 포함한 모든 산업적 이용에서 보호받는 자연 보호 구역으로 지정해야 한다고 수년간 주장해 왔다.

스페인 출신의 살라는 성격이 활달하고 이니고 몬토야(소설 및 영화 〈프린세스 브라이드〉의 등장인물 – 옮긴이)의 사자 갈기 같은 머리 스타일에 눈동자는 적갈색이고 몸매는 날렵하다. 그는 바다를 기록하는 사람에 머물지 않고 실제 바다를 구하기로 결정했다. 그런 뒤 2007년 스크립스 해양학연구소Scripps Institution for Oceanography 교수라는 편안한 자리를 박차고 나왔다. 이듬해 살라는 미국에 본사를 둔《내셔널 지오그래픽》협회에서 바다 보존과 재조성을 목표로 삼은 프리스틴 시즈 이니셔티브Pristine Seas initiative를 발족했다.

현재 세계 바다의 8퍼센트가 해양 보호구역으로 지정되어 있지만, 어업을 포함해 바다에 해를 주는 활동에서 실제로 보호받는 곳은 3퍼센트에 불과하다. 나머지 지역의 해양 생태계는 상업적인 남획으로 파괴되고 있다.[23]

산업화된 어업 형태에 관한 이야기는 산업화된 농업 이야기와 여러 면에서 닮았다.

20세기에 등장한 새로운 기술 덕분에 어부들은 더 크고 질이 좋고 빠른 배와 우수한 그물, 선상 냉장시설을 갖게 되었다. 또한 어획량을 향한 탐욕과 막대한 정부 보조금이 이런 장비들과 결합되면서 1900년대 초만 해도 소규모로 이루어지던 어업이 현재의 산업화 형태로 빠르게 변화했다. 1960년부터 지금까지 성인 한 명이 섭취하는 평균 생선 양이 두 배로 증가하면서 총어획량도 네 배로 뛰

어올랐다.[24]

1996년 어업 산출량은 1억 3,000만 톤을 기록했다. 그러나 어업 투자가 늘고 어선 수와 크기, 품질이 향상되었음에도 이후부터 어획량은 떨어지기 시작했다. 상업적으로 가장 돈이 되는 대서양 대구, 칠레 농어, 오렌지러피 같은 어종의 개체수도 감소했다.

이에 따라 어선들은 더 먼 바다로 향했고 큰 그물을 사용해 해저까지 긁어서 어획하는 트롤 방식을 쓰기 시작했다. 그중에서 중국은 세계에서 가장 파괴적이고 탐욕스러운 약탈자로 부상 중이다.[25] 유엔식량농업기구는 전체 해양 어종의 3분의 1 이상이 이미 포획되어 생물학적 지속 가능성의 한계를 넘어섰고, 현재의 어업방식이 그대로 이어진다면 해양 어종 60퍼센트가 멸종 위기에 처할으로 추정했다. 독립 기관들의 연구 결과는 더 심각하다. 이들은 상업적으로 이용되는 해양 어종의 4분의 3 이상이 남획되어 붕괴하고 있다고 밝혔다. 그러면서 이런 행태를 바꾸지 않는다면 2048년에는 어종 개체수가 최근의 최고치에서 10분의 1 이하로 떨어지는 현상을 세계 어업인 상당수가 경험할 것이라 경고했다.[26]

그물을 해저까지 무자비하게 끌며 지나가는 트롤 어업은 중국 대형 어선이 특히 많이 사용한다. 이 방식은 생물학적으로 큰 문제를 일으킬 뿐 아니라 기후변화의 주요 원인이기도 하다. 해저에 있는 퇴적물은 탄소가 축적된 지구의 가장 중요한 자원이다. 그러나 그물로 무자비하게 바닥을 긁으면 이곳에 녹아 있던 탄소가 다시 나와 약 10억 메트릭톤이라는 어마어마한 양의 이산화탄소가 매년 방출된다. 이는 전체 항공 산업에서 방출하는 것과 맞먹는 양이다.[27]

살라와 동료들은 생물다양성이 가장 풍부한 지역을 우선순위에 두고 2030년까지 해양의 최소 30퍼센트를 보호하면 멸종 위기에 처한 해양 생물의 80퍼센트 이상을 보호할 수 있고 탄소 배출을 줄일 수 있다고 보았다. 또한 보호되지 않는 70퍼센트의 바다에서 연간 800만 메트릭톤 이상의 어업 생산량을 늘릴 수 있다.[28] 고래 한 종만이라도 제대로 지킨다면 전체 해양 생태계에 큰 영향을 줄 것이다.

노르웨이와 일본을 비롯한 일부 국가의 고고학적 증거에 따르면 인간이 고래를 포획한 역사는 4,000년이 넘는다. 하지만 실제로는 그보다 더 오래되었으리라 추정한다. 그러나 다른 많은 것처럼 산업혁명은 다양한 곳에서 인간 사회의 생존에도 도움을 준 건강한 관행을 바꿨고 광범위한 생태계를 파괴하는 엄청난 위협을 안겨 주었다.

20세기에 접어들자 산업화된 새로운 어선은 속도가 빨라졌고 예전에는 놓치기 일쑤였던 고래도 잡을 수 있었다. 현대식 작살 대포에는 폭약이 달려 있어 살상력을 크게 높였다. 어부들은 학살한 고래를 선상으로 끌어올려 항구가 아닌 그 자리에서 살을 바르고 지방을 분리한 후 다른 부위와 함께 냉장고나 다른 저장고에 보관했다.

과거의 소규모 고래잡이는 20세기에 산업형 포경선 형태로 빠르게 변모했다. 빠르게 증가하는 인구와 도시에서 필요한 조명, 윤활유, 화장품 및 기타 상업용 제품의 수요가 증가하자 고래기름 및 지방 시장은 더욱 커졌다. 이에 고래와의 전쟁은 20세기 동안 새로운 차원으로 진행되었다.

1910년에서 1970년까지 고작 60년 동안 대형 포경선은 남극 주변 바다에서 서식하는 대왕고래, 혹등고래, 밍크고래, 참고래 등, 약

150만 마리를 대량 학살했다. 현존하는 가장 큰 동물인 대왕고래 수는 1926년 약 36만 마리에서 1980년대 초에는 1,000마리로 뚝 떨어졌다. 등유 같은 신기술이 고래로 만든 일부 상품을 대체하지 않았다면, 국제 포경위원회IWC가 1986년 상업적 포경을 금지하지 않았다면, 시민 단체와 미국 정부 및 여러 사람이 이 금지법 시행을 위해 싸우지 않았다면, 대왕고래를 포함한 많은 고래가 지금쯤 분명히 멸종했을 것이다.

고래의 존엄성만 따져 봐도 고래를 멸종으로 이끄는 행동은 범죄일 것이다. 고래에 관심 없는 사람이라도 새로운 산업형 도구로 고래를 잡으면 결국 피해를 받게 된다.

뉴욕 중심가에 자리한 내 아파트에는 여름이면 시원한 에어컨이 나온다. 이런 쾌적한 곳에 살면서 사람들이 때때로 망각하는 사실은 우리 인간이 사는 이 생태계가 상호작용하는 곳이라는 점이다. 숲, 수로, 바다 등 수많은 곳은 우리가 방학 때 놀러 가는 장소로만 존재하는 게 아니다. 이곳들은 생존을 위한 핵심적인 기반시설이다. 많은 인구가 거주하는 시멘트 정글 같은 도시도 사실은 그 아래, 그 주변, 그 중심에 존재하는 생태계에 전적으로 의존한다.

상업 포경이 시작되기 전 남극 주변 바다에는 아주 작은 생물인 크릴이 풍부했다. 고래들은 이 주변을 헤엄칠 때 거대한 입을 벌리고 새우처럼 생긴 크릴을 대량으로 섭취하곤 했다. 크릴의 먹이는 미세조류고 미세조류의 먹이는 철분이다. 북쪽 대서양은 사하라사막에서 날아온 모래 먼지에 철분이 섞여 있기 때문에 바다에도 철분이 들어 있다. 하지만 남극 바다는 주변이 모두 얼음으로 덮여 있어 날아올 먼지가 없기 때문에 자연적인 철분 공급원은 거의 없다고 볼 수 있었다.

20세기 초 수염고래(대왕고래, 혹등고래, 밍크고래, 참고래가 속한)는 매년 430메트릭톤 정도의 크릴을 먹었다고 한다. 이 정도면 생선살로 만든 피시 스틱 5조 개에 맞먹고, 세계 연 총어획량의 두 배에 달하는 양이다. 많은 이가 인간으로 인해 수염고래의 개체수가 대폭 감소하자 남극 바다의 크릴 수가 폭발적으로 증가할 것으로 추측했지만, 그 반대 상황이 벌어졌다. 수많은 생물과 가능성으로 가득하던 광활한 바다가 점차 산소극대역으로 바뀐 것이다. 수년에 걸쳐 그 이유를 분석했다.

그 결과, 고래들이 그동안 이곳을 생물공학적으로 조정하는 핵심 역할을 해왔다는 사실이 밝혀졌다.

고래의 배설물에는 이곳 바다에는 없던 철분이 들어 있었다. 이 철분을 미세조류가 먹고 자라면 크릴이 미세조류를 먹으면서 수가 증가한다. 이를 먹이로 하는 고래도 이렇게 생존하면서 다시 배설물을 배출한다. 이런 식으로 선순환이 이어진 것이다. 철분을 맛있게 먹어 치운 미세조류는 햇빛을 화학 에너지로 전환하는 과정에서 공기 중의 탄소를 흡수했다가 나중에 배설한다. 탄소가 섞인 배설물은 바다 아래로 가라앉아 저장된다. 이 과정은 단위 질량당 육상 식물보다 효율성이 훨씬 높다.

이런 순환 경제에서 미세조류와 크릴, 고래뿐 아니라 생태계에 존재하는 모든 생명체가 이익을 누렸다. 인간 역시 이 생태계의 일부인데도 생계를 위해 고래를 마구잡이로 포획하면서 고래에 의존하는 핵심 해양 생태계를 파괴했다. 이것이 총어획량이 줄어든 이유 중 하나다.

대다수 분야처럼 인간은 탁월한 두뇌와 산업기술이 만나 무한해 보이는 바다 자원을 채취할 힘을 얻게 되었다. 그러나 우리 행동의 규모는 그 자체로 새로운 한계를 만들어 내기 시작했다.

현재 해산물은 세계적으로 30억 명의 사람들에게 필수적인 식량 공급원이다. 그러나 남획 또는 인간이 유발하는 기후변화로 해양 생태계가 지속 가능성을 잃어 생태계가 무너진다면 인간도 그 희생양 중 하나가 될 것이다.

그러므로 채식 식단을 장려하는 운동처럼 30퍼센트의 바다를 인간의 무분별한 이용에서 보호하자는 생각은 너무나 당연한 일이다. 살라와 동료들이 계산한 바로는 이 계획을 실행한다면 지구를 구하는 동시에 해수나 민물에서 얻는 동물성 단백질을 더 많이 확보할 수 있다.

올바른 방향으로 나아가기 위한 단계로서 2023년 3월 제네바에 모인 약 193개국 대표들은 유엔 해양법 협약UN Convention on the Law of the Sea에 따라 법적 구속력이 있는 '국가관할권 이원지역의 해양생물다양성 보전 및 지속 가능한 이용을 위한 협약'Biodiversity Beyond National Jurisdiction, BBNJ에 서명했다. 이로써 국가가 자국의 바다 경계에 인접한 국제 수역을 해양 보호구역으로 지정할 수 있는 기반이 마련되었다. 하이 시즈 얼라이언스High Seas Alliance 컨소시엄 이사 레베카 허바드Rebecca Hubbard는 당시 〈워싱턴 포스트〉와의 인터뷰에서 이렇게 말했다. "〔이전에는〕 한 번도 이런 식으로 국가관할권을 넘어서서 해양 생물을 보호하고 관리한 적이 없습니다."[29] 이 협정으로 어느 정도 긍정적인 전망을 할 수 있게 되었지만 우리가 흔히 낙관적으로 말하는 '조약'의 형태는 아니다. 단지 국가들이 공해상의 해양 생물을 보호하는 방법에 대해 합의하거나 합의하지 않을 수 있는, 강제성이 약한 법적 수단에 불과했다. 게다가 유럽연합은 대부분 모든 유럽 국가의 합의에 따라 운영되기 때문에 완전한 이행은 쉽지 않았다.

또한 해수와 담수 체계를 보호하는 일만으로는 모든 지구 생물을 보호할 수 없다. 이곳은 더 넓은 형태인 생물권biosphere(생물이 살 수 있는 지구 표면과 대기권 – 옮긴이)의 일부에 불과하기 때문이다. 여기서 출발한 운동이 바로 전 세계 과학자와 환경보호 운동가들이 모여 시작한 '글로벌 딜 포 네이처'Global Deal for Nature이다. 이 운동은 2030년까지 열대우림, 이탄지(죽은 식물의 잔해가 습지 환경에서 완전히 분해되지 않고 쌓여 형성된 땅. 탄소 저장과 생물 다양성을 위한 중요한 생태계를 이룬다. – 옮긴이), 툰드라, 맹그로브, 초원, 습지대, 호수, 강, 바다를 모두 포함한 전체 지역의 30퍼센트를 보호구역으로 지정하자는 매우 야심 찬 계획을 품고 있다. 줄여서 '30×30'이라는 슬로건으로 이 계획을 홍보하고 있다. 2019년 《사이언스》에 실린 영향력 있는 논문에서 저자들은 목표 달성을 위한 국가별·지역별 상세 계획표를 제시했다.

다시 한번 말하지만 현재의 방식을 바꾸지 않는다면 생태계는 매우 심각한 위기를 겪게 될 것이다. 이제 기후변화의 한계점을 넘어설 가능성이 매우 커져서 인간의 거주지와 다수 동식물의 생존에 큰 영향을 미칠 것이다. 동전의 다른 면을 뒤집어 보자. 지구의 30퍼센트를 인간의 침범으로부터 지키려는 행동은 현재 보호되는 토지 면적이 두 배 정도 더 늘어난다는 것을 뜻한다. 특히 생물다양성이 풍부한 지역, 동물의 이동 경로, 오래된 서식지, 개발되지 않은 땅, 연결된 수로 등을 중점적으로 보호할 때 수백만 종을 멸종 위기에서 구하고 기후변화를 늦추며 전염병의 위협을 줄이고 다양한 환경적 혜택을 얻을 수 있다.[30]

2022년 몬트리올에서 열린 유엔 생물다양성 콘퍼런스UN Biodiversity Conference에서 30×30운동 지지자들은 얼마 전까지는 불가능해 보였던 일을 해냈다. 190개국에서 구속력 없는 유엔 합의안을 승인한 것이다.

2030년까지 육상, 내륙 수역, 해안 및 해양 지역 중 특히 생물다양성과 생태계 기능 및 혜택 측면에서 중요한 지역을 최소 30퍼센트 이상 효과적으로 보전 및 관리하도록 보장한다. 이를 위해 생태학적으로 대표성이 있고 잘 연결되어 있으며 공정하게 관리되는 보호지역 체계와 기타 효과적인 지역기반보전조치Other Effective Area-based Conservation Measures, OECMs를 활용해야 한다.[31]

미국은 유엔의 생물다양성 보존협약UN Convention on biological Diversity의 회원이 아니라서 이 협의안에 사인할 수 없었지만, 조 바이든 대통령은 미국도 같은 목표로 움직이는 행정명령에 사인했다. 이후 이 명령은 2025년 1월 트럼프 행정부 취임 첫날에 철회되었다.

안타깝게도 이 합의가 실제로 이행될지는 여전히 실질적인 의문이 있다. 2015년 파리기후변화협약처럼 이 문서들도 법적 구속력은 없지만 달성하고자 하는 목표를 제시하고 각국이 자기 역할을 수행하도록 국가별 보고 절차를 마련해 국내외에서 비판을 피할 수 있게했다. 경제적으로 열악한 일부 저개발 국가들은 이런 협약이 아니었다면 개발되었을 천연자원의 금전적 가치에 상응하는 대가를 요구했다. 그러면서 부유한 국가들이 약속한 금액이 그 수준에 훨씬 못미친다며 강하게 불만을 제기했다.

더 넓게 보면 현실은 이러하다. 비교적 적은 수의 사람과 기업, 국가가 현 상황에서 이득을 취하고 있으며 자신의 권리를 지키기 위해적극적으로 싸우려 한다. 반면에 나머지 대부분의 사람은 현재까지적극성과 열정이 거의 없고, 이 정도 규모의 보호 운동에 정치적 경제적 지원도 그리 크지 않다. 중국 정부는 현재의 무분별한 어업 행태나 다른 곳에서 일삼는 공격적 착취를 대대적으로 줄일 것 같지 않다. 또한 미국과 유럽이 농업 보조금과 산업 공급망의 거대한 시스템을 혁신적으로 바꿀 것 같지도 않다.

구테흐스 유엔 사무총장은 다음과 같이 호소했다. "우리는 자연을 마치 화장실처럼 대하고 있습니다. 파멸로 몰아넣는 것이죠." 구테흐스는 "생물다양성의 대재앙을 물리치려면 토지와 해양의 이용방식 변화, 종의 과도한 착취, 기후변화, 오염, 외래종 침입 등 그 원인을 시급히 해결해야 한다"고 강조했다.[32] 하지만 몬트리올에서의진전에도 불구하고 인류가 과연 이 도전에 맞설지는 여전히 불확실하다.

목표를 이루려면 사회 전반에 걸쳐 다양한 행동이 필요하다. 그렇다고 산업화 혁명 이전의 시간으로 돌아가거나 인간이 주 동력이 되기 시작한 인류세Anthropocene(인류가 지질학과 생태계에 상당한 영향력을 미치기 시작한 이후의 시대 – 옮긴이) 이전으로 가거나, 개인의 욕구와 필요가 상대적으로 적었던 때로 돌아갈 수는 없다.

기술로 인해 생겨난 문제를 해결하기 위해서는 이해와 가치, 습관, 행동, 정부의 일 처리 과정, 국제기구의 변화가 필요하다. 또한 창의적이고 사려 깊고 적극적인 기술도 적용해야 한다.

앞에서 우리는 유전학과 생명공학 혁명의 기술이 인간의 웰빙을 강화하고 식물 농업 생산성을 높이면서 환경과 기후 발자국을 줄이는 잠재력이 있음을 살펴보았다. 우리가 앞으로 나아가는 과정에서 이런 기술을 축산업과 수산업에도 똑같이 적용해서 현 상황을 바꾸고 언젠가는 더 지속 가능하게 만들어야 한다는 것이 중요한 핵심이다.

양식 산업: 바다를 공장에서 길러내다

분자유전학을 알게 된 후, 우리의 조상은 지난 수천 년간 가축화와 선별적 육종을 통해 주변 동물을 혁신적으로 설계해 왔다. 이들은 고고한 늑대를 시끄럽게 짖어대는 치와와로 만들었고 한 달에 한 번꼴로 알을 낳던 야생의 닭을 매일 산란하는 닭으로 길들였다.

더 최근에는 육계(식육용 닭)의 크기를 키웠다. 현재 미국 농장에서 키우는 일반적인 육계는 1950년대와 비교하면 다섯 배 정도 더 크다. 그러다 보니 사육장 안에 움직일 수 있는 공간이 있더라도 대부

분의 닭이 자신의 무게를 견디지 못해 절뚝거린다.

한 마리 가축에서 더 많은 고기를 생산하거나 인간의 필요에 더 잘 맞도록 동물에 추가적으로 다른 조치를 취하는 것이 끔찍하다고 생각할 수 있다. 하지만 더 많은 고기를 생산하도록 가축의 크기를 키우는 것은 적어도 사육되거나 도살당할 수 있는 동물의 수를 줄이는 효과가 있다.

우리는 보편적인 채식주의자로 당장 바뀔 수 없다. 동물성 제품에 대한 수요는 아주 빠르게 상승 중이다. 그러므로 혁신적인 생명공학의 도구를 어떤 식으로 이용해야 산업형 축산을 더 효율적으로 만들 수 있는지 고민해 보는 게 더 가치 있을 것이다.

앞에서 살펴보았듯이, ZFN, 탈렌, 크리스퍼 같은 게놈 편집 도구를 처음 적용할 때는 '모델 유기체'로 실험을 진행한다. 예를 들어 크리스퍼를 적용하는 기본적인 실험에서 가장 먼저 박테리아나 비교적 간단한 형태의 생물 게놈을 편집하는 데 집중하는 것이다. 그러나 이 실험은 아주 빠르게 더 복잡한 생물로 나아갔다.

현재 동물 유전학에 대한 이해도와 게놈 편집 능력이 향상되고 있다. 따라서 이제 더 쉽고 빠르고 저렴하면서 정확하게 가축의 유전형질을 편집할 수 있다.

지금은 거의 모든 가축과 다양한 야생동물의 유전자를 변형하는 작업이 진행 중이다. 유전자를 변형한 연어, 돼지, 소의 사례에서 우리가 지금 어디로 향하는지 어느 정도 엿볼 수 있다.

자연산 연어는 꽤 인상적인 생존 전략을 갖고 있다. 민물에서 암컷 연어가 알을 낳으면 수컷 연어가 바로 그 위에 정자를 뿌려 수정한다. 이렇게 부화한 새끼 연어가 자라면 바다로 이동해 새로운 서식처에서 생활한다. 몇 년간 이곳에 있다가 산란 시기가 되면 다시 민물로 거슬러 올라와 알을 낳고 곧 죽는다. 알을 낳기 위해 정말 고된 방법을 택했지만, 물에 기관총마냥 수천 개의 알을 뿌리는 방식은 수천만 년 동안 연어에게는 꽤 성공적인 번식 방법이었다.

이들의 성공은 우리에게도 도움이 되었다.

인간은 수천 년 동안 연어를 먹어 왔다. 미국 태평양 연안 북서부 지역의 원주민을 포함한 일부 사람들에게는 연어가 인구수와 정착 생활을 늘리는 데 도움을 준 주요 단백질 공급원이었다.

그러나 다른 많은 영역에서 그랬듯이 인구 증가와 산업 기술의 신적神的 위력이 결합된 익숙한 이야기가 이제는 연어 개체군까지 위협한다. 1890년대부터 물고기 바퀴fish wheel(강물의 흐름을 이용해 자동으로 물고기를 잡는 물레방아식 어구 – 옮긴이)와 같은 새로운 산업적 어획 기술이 도입되면서 전통적인 어업은 폭발적으로 발전했다. 바퀴형 어망 wheel net은 이전의 뜰채나 강 그물보다 훨씬 효율적이어서 어망 하나만 있어도 하루 최대 9톤의 연어를 퍼올릴 수 있었다.

그러나 1960년대에 이르자 대서양과 태평양에서 잡은 연어 어획량은 남획과 수로 개량으로 급격히 감소했다. 과거 대서양 연어가 산란했던 북아메리카 하천의 5분의 4에서는 더 이상 산란이 이루어지지 않았다. 갈수록 악화되는 연어 개체수 감소를 막는 유일한 방법은 연어를 위해 내륙에 깨끗한 일부 담수를 보호하고, 논란의 여지는 있지만 인공 보호 산란장을 만들어 연어를 키우는 것뿐이었다.

1980년대 FDA가 식단 가이드라인을 바꾸면서 생선이 소고기보다 더 건강한 단백질 공급원이라 주장했다. 이후 미국에서의 생선 소비는 3분의 1 이상 빠르게 증가했다.[34] 세계적으로 연어 시장의 총가치는 1990년에 40억 달러에서 2024년 약 335억 달러로 훌쩍 뛰어올라 높은 성장세를 보였다.

현재 우리가 연간 소비하는 350만 톤의 연어를 야생에서만 구한다면 몇 달 안에 세계 모든 연어는 멸종할 것이다. 그렇다면 정어리같이 다른 생선을 먹어서 좀 더 지속 가능하게 어획을 하거나 아예 생선을 먹지 않으면 되지 않느냐고 주장하는 사람도 있을 수 있다. 그러나 이는 마치 모든 지구인을 채식주의자로 만들자는 주장과 비슷해서 이 해결책은 그다지 현실성이 없어 보인다. 따라서 당장 연어 섭취량을 줄일 생각이 없다면 연어 양식이 훨씬 합리적인 방법이다.

캐나다, 칠레, 노르웨이, 영국을 포함한 많은 국가의 연어 양식장 대부분은 해안, 수로, 피오르해안 근처에 대형 그물(해상 가두리)을 대는 방식을 사용한다. 부화장에서 나온 새끼 연어들이 이곳에서 자란다. 6년 전만 해도 매우 드문 방식이었지만 이러한 산업형 양식으로 1960년에 전 세계 연어 생산량은 200만 톤에서 2020년에는 1억 7,500만 톤으로 상승했다.[35] 현재 우리가 먹는 연어의 약 80퍼센트가 자연산이 아닌 양식이다.

연어를 포함한 어류 양식장이 대규모로 성장하면서 해양 생태계가 위협받고 있다. 인위적인 방법을 써서 물고기 수가 공간에 비해 많아지자 이로 인한 폐기물이 물을 오염시켰다. 양식 연어에서 쉽게 생기는 박테리아와 바닷물이Sea lice는 그물 밖으로 빠져나가 해양 생물을 감염시켰다. 이 문제를 해결하려고 산업형 연어 양식업자 대부분이 항생제와 살충제를 가득 뿌리고 있으며, 이와 관련하여 AI와 바닷물이의 유전자 분석을 활용해 연어에 특화된 백신을 개발하려는 연구도 진행 중이다. 또한 많은 업자가 다른 바다에서 잡은 작은 물고기로 만든 살을 먹이로 준다. 그 결과 양식장 시장이 성장하면서 먹이로 사용되는 소형 물고기를 더 많이 잡는 행동은 해양 생태계에 또 다른 위협으로 자리 잡고 있다.

양식 연어는 자연 연어 종을 보호하는 긍정적인 부분이 있지만 규모가 커지면 그 안에서 또 다른 문제를 야기한다. 이전 문제의 해결책이 다음 문제의 원인이 되는 이야기가 또 반복되는 것이다.

이번에도 우리는 일부 사람들이 권하는 것처럼 연어 섭취를 중단하는 간단한 방법을 취할 수 있다. 인간이 반드시 육식을 해야 할 필요는 없는 것처럼 반드시 연어를 먹을 필요가 없다면 대체품을 찾아야 한다. 그러나 대부분의 사람이 여전히 동물성 식품을 먹고 당분간은 이런 습관을 바꿀 의향이 없는 세상에서 우리가 할 수 있는 일은 연어를 어디서 구하는 게 최선인가 정도일 것이다. 먼저 야생 연어의 수를 회복시켜 이것만 섭취하는 방법이 있다. 그러나 인간의 수요를 맞추기 위해 잡다 보면 연어는 멸종하게 될지도 모른다. 수로와 연결된 산업형 연어 양식장의 지속 가능성을 높이는 방법도 있다. 가령 식물로 만든 대체 먹이를 주는 식이다. 그러나 여전히 양식 규모에 관련된 여러 다른 문제는 해결되지 않았다.

자연 수로에 연결되지 않은 내륙 기반 '재순환 수산양식 시스템'에서 연어를 비롯한 어류를 기르는 방법(특히 커다란 수조에서)도 있다. 여기에도 몇 가지 단점이 있겠지만 각 연어 양식장에서 대규모로 더 많은 고기를 얻을 수 있다면 실행 가능성이 큰 방식이다. 아니면 전통적인 육종방식으로 소나 돼지, 닭을 개량했던 것처럼 현대 생명공학 도구를 이용해서 어류에 변화를 꾀할 수도 있다.

1990년대 매사추세츠에 본사를 둔 아쿠아바운티는 FDA에 유전자 변형 연어의 생산 허가를 요청했다. 이 기업 연구자들은 왕연어(치누크 연어)에서 추출한 성장호르몬을 크기가 더 작고 천천히 자라며 맛이 덜한 대서양연어의 게놈에 주입했다. 또한 왕연어 유전자 발현을 촉진하기 위해 북극 뱃살벌레문치_{eelpout fish}에서도 DNA 서열을 복제했다. 이로써 이 기업은 대서양연어를 수천만 년의 진화가 허용한 것보다 훨씬 빠르고 크게 자라게 하는 방법을 찾아냈다.

아쿠아바운티에서 변형시킨 1년 반 정도 되는 대서양연어의 크기는 2년 반에서 3년산 일반 연어만큼 커서 시장에 내놓을 수 있었다. 이 연어는 또한 일반 연어처럼 봄과 여름에만 활발하게 자라지 않고

1년 내내 자랐고 사료도 20퍼센트 적게 먹었다.

2015년 FDA는 아쿠아바운티의 유전자 변형 대서양연어를 승인했고 이후 '아쿠아어드밴티지 연어'라는 이름을 붙였다. 이 연어들은 다른 수로로 흘러 들어가지 않도록 내륙에 커다란 수조를 설치해서 양식한다. 또한 염색체에 이상을 발현시켜 암컷 연어가 알을 낳지 못하게 하는 작업도 했다. 그러나 이듬해 FDA는 캐나다의 아쿠아어드밴티지 연어 수입을 금지했다. 캐나다는 유전자 변형 연어를 이미 부화시켜 상업적으로 유통하고 있었지만, 미국은 이 식품의 표시 방법에 대한 가이드라인을 정할 시간을 국회에 주기 위해 이렇게 조치했다고 밝혔다. 2019년 이 금지 조치는 철회되었다.

아쿠아바운티의 웹사이트는 이 상품을 "안전하고 신선하며 지속 가능한 선택"이라고 소개한다. 그러면서 "우수한 맛을 내고 책임감 있게 키워진 연어에 더 많은 사람이 접근할 수 있도록 탄생한, 자연의 우수함과 과학기술의 힘이 조합된" 제품이라 일컫는다.[36]

아쿠아바운티는 사람들이 더 크고 더 빨리 성장하는 연어를 맛볼 수 있고 이와 관련된 기후와 환경 발자국을 줄이는 데도 긍정적인 영향을 줄 수 있다는 것을 증명했다. 또한 유전자 변형 연어 섭취가 양식된 대서양연어만큼 건강하다는 것도 거의 분명해 보인다. 내륙에 있는 수조는 다른 연어 양식장보다 여과 시설이 더 잘 되어 있고 항생제도 덜 사용한다. 따라서 이 아쿠아어드밴티지 연어는 자연 수로와 연결된 전통 방식의 양식장에서 자란 연어보다 더 안전한 먹거리일지도 모른다.

비판적인 사람들은 유전자를 조작한 대서양연어를 '프랑켄피시'

Frankenfish라고 부르며, 유전자 변형 연어가 사육 시설을 벗어나 야생의 자연 연어와 경쟁하거나 교배할 경우 어떤 일이 벌어질지 우려를 표한다. 진화는 항상 다양한 선택압 간의 균형을 수반하며, 우리가 재설계하는 많은 동물이 예측 밖의 건강 문제를 겪는 데는 그럴 만한 이유가 있다. 이런 우려는 반드시 고려하고 해결해야 할 중요한 문제다.

그러나 앞에서 봤듯이 야생 연어를 남획하거나 전통적인 방식으로 연어를 과도하게 양식하는 것도 그 자체로 거대한 비용을 유발한다. 내륙 기반 재순환 수산양식 시스템에서 그 규모를 키울 때 가장 큰 과제는 야생 어획과 전통 양식 연어 사이에서 가격 경쟁력을 갖추는 것이다. 이때 양식 연어의 단백질량을 늘리면 이 목표에 매우 도움이 될 것이다. 이번에도 우리의 선택은 자연 상태와 변형된 상태의 연어 중 하나를 고르는 게 아니다. 인간이 다양한 방식으로 설계하여 나타난 선택지 중에 최선을 택하는 것이다. 이런 방식은 대규모 산업 공정을 통해서 이루어지기 때문에 그 자체로 이점과 위험성이 혼합되어 있다.

우리가 양식 연어보다 아쿠아어드밴티지 연어나 유전자 변형 메기 등 다른 생선을 더 많이 소비한다면, 도살되는 전체 동물 수와 어업의 기후 발자국을 줄이는 동시에 야생종과 우리의 건강을 보호할 수 있다. 정말 그렇다면 이 길로 나아가야 하지 않을까? 아쿠아어드밴티지 연어의 경우라면 답은 이미 나와 있다. 아쿠아바운티는 수년간의 반대 캠페인과 무분별한 소송으로 회사 자금이 고갈되었고 소매업체들은 제품 판매를 중단하라는 압박을 받았다. 그러자 아쿠아바운티는 2024년 12월 마지막 생산 시설을 폐쇄하고 아쿠아어드밴티지 연어를 더 이상 판매하지 않겠다고 발표했다.

유전자 조작의 잠재적 비용과 이익에 대한 같은 질문은 모든 가축 동물에도 해당될 것이다.

돼지와 소의 유전자를 바꾸다

연어처럼 돼지도 우리 조상들이 수천 년 동안 사육하면서 개량했다. 최근에는 유전학과 생명공학 혁명이라는 새로운 도구를 이용해 돼지로 만든 제품을 새로운 영역으로 이동시켰다. 크리스퍼 같은 선진 게놈 편집 도구는 전통 방식의 선별적 육종 과정을 가속했을 뿐 아니라 자연이라면 절대 못 했을 새로운 특징을 부여했다.

1980년대 미국의 돼지고기 생산업체에서는 '돼지고기: 또 다른 흰살 고기'라는 슬로건으로 캠페인을 시작했다. 돼지고기도 생선처럼 소고기보다 더 건강한 선택이라는 의미였다. 이 캠페인이 성공하자 돼지 농장에서는 지방 함량이 낮고 단백질 함량이 높은 돼지고기를 생산해야 한다는 압박을 받게 되었다. 이때 선별적 육종과 더불어 게놈 편집이 인간이 앞으로 나아갈 길을 제시했다.

마이오스타틴Myostatin은 소, 양, 개, 인간 등 여러 종에서 근육 성장을 억제하는 유전자다. 2005년 미시간에서 태어난 리암 호크스트라Liam Hoekstra처럼 마이오스타틴 유전자가 손상된 사람들의 근육은 엄청나게 크고 빨리 발달한다. 호크스트라는 생후 5개월 만에 체조용

평형 링balance rings에서 몸을 지탱할 수 있었고, 몇 달 뒤에는 처음으로 턱걸이를 했다.[37]

연구자들은 다양한 종의 돼지를 조작해 마이오스타틴 유전자 발현을 막자 실험 돼지들의 근육이 늘어나는 동시에 일반 돼지보다 지방이 적어진다는 사실을 알게 되었다. 이러한 조작 이후 일부 돼지에는 심각한 유전적 장애가 나타났고 일부 돼지에는 나타나지 않았다.

중국의 연구자들은 돼지의 게놈에서 진화 과정에서 사실상 꺼져 있던 갈색 지방 생성 기능을 조작했다. 그럼으로써 돼지들이 더 추운 기후에서 살 수 있고 비교적 적은 지방을 갖도록 했다.[38] 다른 연구자들은 돼지의 성장 속도를 높이는 방법을 찾았는데, 대서양연어 게놈에 치누크 연어 게놈을 삽입한 것과 같은 방식이었다.[39] 다른 연구자들은 전 세계 가축 돼지에 엄청난 위협이 되는 일부 돼지 바이러스에 면역이 있는 돼지를 만드는 유전공학 연구를 진행 중이다.

2018년 8월 중국 랴오닝성에서 아프리카돼지열병ASF이 발발하여 순식간에 전역으로 퍼졌다. 이 바이러스는 전염력이 매우 높아 감염된 모든 돼지를 죽였지만 인간에게는 옮지 않았다. 2018년 8월에서 2019년 7월 사이 중국 정부는 전염을 막기 위한 공격적인 캠페인을 벌였다.

당시 이 바이러스에 대한 치료법도 백신도 없었기 때문에 바이러스 감염 가능성이 있는 모든 돼지를 살처분하는 것이 전염을 막는 가장 효과적인 방법이었다. 중국 정부의 공식 집계에 따르면 1만3,000마리의 돼지가 이 바이러스로 죽었고 120만 마리가 살처분되었다. 하지만 중국 학자들의 더 정확한 분석에 따르면 이때 살처분한 돼지 수는 2억 마리 정도였고, 이로 인한 중국의 전체 손실액은 1,110억 달러로 당시 중국 국내총생산GDP의 1퍼센트에 달했다. 학자들은 이번 위기로 아프리카돼지열병 및 기타 돼지 바이러스 질병을 예방하는 더 효과적인 접근 방식을 서둘러 개발해야 한다고 주장했다.[40]

그래서 중국 과학자와 다른 과학자들은 아프리카돼지열병 그리고 더 전염력이 강한 돼지생식기호흡기증후군 바이러스porcine reproductive and respiratory syndrome virus, PRRSV, 기타 바이러스성 질병에 저항성이 있는 유전자 변형 돼지 개발에 적극 나섰다.*

이런 바이러스들은 돼지의 다양한 세포 표면에 있는 수용체에 모두 달라붙는다. 그리고 이 세포들을 장악한 후 자신의 음흉한 계획을 실행하도록 지시를 내린다. 돼지 게놈에서 특정 수용체 유전자를 제거한 과학자들은 돼지가 이 바이러스에 강한 면역을 갖도록 설계했다. 현재 실험 농장에 있는 여러 종의 유전자 변형 돼지는 돼지생식기호흡기증후군 바이러스를 포함한 기타 바이러스에 완전한 저항성을 가지고 있다.

그 외에 대규모 돼지 농가에서 유발하는 환경 문제를 줄이기 위해 유전자를 조작한 돼지도 있다.

모든 생명체는 생존을 위해 인이라는 성분이 필요하다. 지구에서 열한 번째로 흔한 원소인 인은 DNA 형성과 생명체의 필수 구성 요소를 형성하는 데 중요한 역할을 한다. 전 세계 많은 산업형 농장의

---

* 현재는 H5N1 조류인플루엔자에 저항성 있는 유전자 변형 닭을 개발하는 연구도 진행 중이다.

돼지는 인이 들어 있는 옥수수와 곡물을 주식으로 하지만, 돼지에게는 인 흡수에 필수적인 피테이스phytase라는 효소가 거의 없다. 이 효소는 인간과 일부 동물에게만 있으며 식물을 소화하는 데 사용된다. 이런 생물학적 문제를 해결하기 위해 농장주는 돼지 사료에 피테이스를 첨가한다.

하지만 이 효소는 인간이 체내에서 만들어서 처리하는 것만큼 효율적으로 흡수되지 못한다. 대다수가 배설물로 빠져나와 강과 바다로 흘러 들어가고 조류algae를 대규모로 발생시킨다. 조류는 물속 산소를 고갈시켜 다른 해양 생물을 질식사시키고 그 결과 거대한 산소 극대역이 형성된다.

이에 캐나다 과학자들은 돼지의 유전자를 변형하여 자체적으로 피테이스를 생성하는 인바이로피그Enviropig를 개발했다. 이 돼지에는 보충제가 필요 없고 배설물의 인 함유량도 일반 돼지와 비교해 3분의 2 정도 적다. 설계 방식은 이러하다. 대장균 유전자 조각에 쥐 게놈에서 떼어 낸 프로모터를 삽입하여 돼지에서 박테리아 유전자를 발현시킨다. 이렇게 조작된 돼지는 몇 세대를 거쳐 갔지만 눈에 띄는 부작용은 아직 나타나지 않았다. 2010년 캐나다 정부는 통제된 연구 환경에서 인바이로피그 생산을 허가했다.

2년 뒤 이 프로그램은 중단되었는데 돼지에 문제가 생긴 것은 아니었고 대중의 인식 때문이었다. 연구자들은 이 돼지를 시장에 내놓을 회사를 찾을 수 없었던 것이다. 좌절한 일류 연구자 중 한 명인 세실 포스버그Cecil Forsberg는 〈뉴욕타임스〉와의 인터뷰에서 이렇게 말했다. "나머지 국가에서 제대로 따라오기 전까지는 이 프로그램을 중단해야 할 것 같습니다. 그래도 조만간 따라오겠죠."[41]

연어나 돼지처럼 소도 유전자 변형을 했다.

과거의 진화 과정을 살펴보면 소는 자연 상태로 존재하는 동물이었지만 지난 1만 년 전부터 인간은 필요에 의해 적극적으로 소를 조작했다.

첫 번째 방법은 선별적 육종이었는데 이 방법은 영국 조지 왕조와 빅토리아 시대에 엄청나게 발전했다. 그래서 1700년에 170킬로그램이었던 영국의 도살용 황소의 평균 무게가 한 세기 후에는 380킬로그램으로 증가했다.[42]

더 최근에는 체외 수정, 유전자 기반 배아 검사, 착상 전 배아 게놈 편집을 포함해서 생식에 도움을 주는 모든 도구를 소에도 적용했다. 낙농가들은 이 기술로 소를 키웠고 평균적으로 한 세기 전 미국의 일반적인 젖소보다 우유 생산이 여덟 배 더 효율적으로 증가했다. 한때는 1년에 한 번 새끼를 낳았던 젖소는 인간이 원하는 특징을 부여한 후 여러 번 새끼를 낳았다. 난자를 추출한 후 적당한 수컷의 정자와 수정시키고 대리모에서 새끼를 키우는 방식이다. 기존에는 한 마리 소의 생식 주기에 따라 번식이 제한되었지만 이제 살아남은 배아의 수와 수태 가능한 대리모 수에 따라 번식이 제한된다.

작가 게빈 에링어Gavin Ehringer는 이렇게 썼다. "지금의 낙농업자는 사실 유전학자나 다름없다. 이제 이들은 원하는 DNA 암호가 새겨진 형질의 젖소를 키울 수 있다."[43] 부분적으로 이 말은 사실이다. 더 정확히 말하자면, 지금의 낙농업자는 유전학자, 우생학자, 생식 내분비학자, 생식 전문가라고 할 수 있다.

이러한 역할은 선진국의 목장주와 낙농업자뿐 아니라, 점차 개발도상국 농가들에도 확장되고 있다. 케냐에 본부를 둔 국제축산연구소는 게이츠 재단의 지원을 받아 10년간 '아프리카 아시아 낙농업의 유전적 이득'Africa Asia Dairy Genetic Gains 이니셔티브를 진행하고 있으며, 2024년 5월 AI 기반 스마트폰 앱을 출시했다. 이 앱은 에티오피아, 케냐, 탄자니아 소 1만 5,000마리의 게놈 데이터베이스를 분석하여 요청에 따라 소의 교배 상대를 추천해 준다. 이제 아프리카 외딴 마을의 농부들은 원하는 형질 목록을 살펴보고 자신의 젖소에 맞는 정자 기증자를 찾을 수 있다. 이는 인간이 전문 병원에서 정자 기증자를 선택하는 방식과 거의 같다. 기술을 강화한 선별 육종의 결과 일부 아프리카 농부들은 젖소의 우유 생산성이 최대 50퍼센트까지 증가하는 것을 경험했다.

소를 포함한 공장형 축산 동물을 그 자체로 살아 있는 친구라고 여기지 않고 소비하는 수단으로만 대한다면, 이기적인 관점에서 볼 때 이 동물들이 가진 기본 생물학적 특징들은 그들의 본질적인 존재의 일부가 아니라 우리에게 불편을 줄 뿐이다. 즉 소가 지닌 문제라는 것은 당사자의 의사와는 전혀 상관없이 인간의 바람이 만들어 낸 부분이다. 따라서 우리가 고기 섭취를 중단한다면 소의 '문제'를 해결하려고 유전자를 조작하는 행동은 정말 불합리할 것이다. 그러나 반대로 식단에 육류 및 다른 동물성 식품을 올리고 양을 더 늘린다면, 유전학과 생명공학 기술을 사용해 생산량을 높여 더 많은 수요를 맞추고 동시에 이로 인한 환경과 기후 발자국을 줄이는 행동은 분명 우리가 관심을 가질 만한 가치 있는 행동이 된다.

현재 '성별'이라는 특성은 일부 사람들이 '전통적'이라 여기는 방식으로 관리된다. 일반적으로 젖소는 생식과 우유 생산에 꼭 필요한 존재지만 소를 키우는 사람들은 수소(황소)를 더 선호한다. 수소는 암소와 비교해 성장 속도가 더 빠르고 몸집도 더 크며 지방 함량도 적기 때문이다. 수소를 더 많이 키우기 위해 농가에서 현재 고를 수 있는 선택지는 착상 전 배아 검사, 선별적 낙태, 막 태어난 암소의 잠재적 도태 등이 있다. 모두 가격이 비싸고 일부는 지나치게 잔인한 방식이다.

그래서 성별을 선택할 수 있는 또 다른 방법이 좀 더 현대식 기술로 나타나고 있다. 데이비스에 위치한 캘리포니아대학교 연구자들은 이미 세계 최초로 황소(이름은 코스모)의 유전자를 변형한 적 있는데, 착상 전 배아일 때 이 소를 조작하여 수컷으로 자랄 확률을 높였다. 일반적으로 수소가 같은 양의 사료를 먹었을 때 암소보다 15퍼센트 정도 더 빨리 자란다. 그래서 수소가 더 많이 나오도록 유전자를 조작하여 수를 늘리면 연간 고기의 양이 증가하여 소 농가는 더 경제적이고 환경적으로 효율성을 높일 수 있다.

앨리슨 반 이넨남Alison Van Eenennaam과 그녀의 팀은 크리스퍼-카스9 게놈 편집 도구를 이용해 처음으로 SRY 유전자 복사본을 착상 전 배아의 X 염색체에 붙여 넣는 시도를 했다. 이 유전자는 새끼가 수소로 나오도록 처리하는 데 도움을 주는 유전자다. 연구자들은 편집 기술을 이용해 초기 배아 단계에서 성별이 나뉘는 과정을 무효화하여 XX 염색체(보통 암컷으로 태어난다)를 가진 배아더라도 그 유전자를 그대로 지니게 했다. 그리고 암컷과 수컷의 모든 성적 특징을 가지고 성장하지만 생리학적으로는 수컷인 소가 나오게 했다. 이 시도가 실패하자 같은 유전자 조각을 소의 17번째 염색체에 붙여 넣었다. 이 위치는 소의 게놈에서 '세이프 하버'safe harbor(다른 유전자 발현을 방해하지 않는 안전지대 – 옮긴이)로 알려져 있다.

연구팀은 수많은 시행착오를 겪었다. 게놈 편집 시스템이 의도한 대로 진행되지 않을 때도 있었고 수태가 되지 않기도 해서 수많은 배아가 폐기되었다. 그러나 2020년 4월 7일, 코스모가 태어났다. 이 소의 새끼 중 수컷이 나올 확률은 75퍼센트 정도로 예상했다. 50퍼센트는 자연적인 성별 결정으로 일어나고 나머지 25퍼센트는 조작된 유전자가 수컷으로 태어나도록 확률을 조작한다.

FDA가 코스모를 '비승인 동물 의약품'으로 규제했기 때문에 값비싸고 시간이 많이 드는 의약품 승인 절차 없이는 코스모의 자손이나 유래 제품을 상업적으로 판매할 수 없었다. 판로가 막히자 반 이넨 남과 동료들은 결국 코스모를 두 살 때 안락사시키고 소각하기로 결정했다. 그의 정액은 여전히 냉동 보관되어 있다. 향후 규제 체계가 완화되어 이런 연구가 가능한 방향으로 발전한다면 수컷 쪽으로 번식 비율을 유리하게 바꿀 수 있는 축산 기술의 열쇠가 될지도 모른다.[44] 그러나 코스모의 미래가 어떻게 되든 그의 이야기는 소 사육과 번식의 방향이 어디로 향하는지를 보여 준다.

2018년 게이츠 재단은 이종교배와 유전공학을 통해 유럽이나 미국의 일반 소보다 더 많은 우유를 생산하고 아프리카 소처럼 극심한 더위를 견디는 종을 만들려는 국제적 노력에 기금을 제공하겠다고 발표했다. 현재 소를 키우는 장소는 계속해서 증가하고 인간이 유발한 지구온난화는 여러 지역의 온도를 더 높이고 있어서 소들은 무더위의 위협을 점점 더 많이 받는다. 세계의 많은 빈민은 소에 의존해 생존과 생활을 이어 나가고 있지만 이들이 사는 곳의 평균 온도는 기후변화로 인해 극심하게 오르고 있다. 그러므로 슈퍼 소를 개발하면 이들에게 확실한 혜택을 줄 수 있을 것이다.

당시 빌 게이츠는 다음과 같이 말했다. "과연 세계가 환경을 파괴하지 않으면서 동물성 제품을 향한 열망을 채울 수 있을지 합리적인 의심이 듭니다. 그러나 많은 빈곤층이 소에 의지해 영양분과 수입을 얻는다는 것은 사실입니다."[45] 그의 주장에 이의를 제기하기는 어렵다. 미국의 평균적인 젖소는 아프리카 젖소보다 무려 1,800퍼센트나 더 많이 우유를 생산한다. 아프리카 인구가 다른 어떤 대륙보다 빠르게 증가하고 영양실조가 여전히 고질적인 문제라는 점을 고려할 때 젖소의 우유 생산량을 늘리는 것은 좋은 생각처럼 보인다.

미네소타주에 기반을 둔 회사 리콤비네틱스는 열대지방에 서식하는 일부 젖소의 유전자를 미국에서 자라는 소의 게놈에 삽입하여 유전자 변형 소를 만들었다. 이 열대지방 젖소의 유전자는 더운 기후에서 더 잘 견디도록 매끈한 가죽과 짧은 털이 생기게 하는 특징이 있다. 물론 더 예전 방식을 써서 이 두 소를 이종교배할 수도 있었겠지만, 그렇게 하면 미국 소의 몸집이 더 작아져서 미국 농장주와 소비자 모두가 반기지 않았을 것이다. 게다가 매끈한 가죽과 짧은 털을 가진 자손이 나올 확률도 높아 봤자 절반 정도밖에 되지 않을 것이다. 반대로 크리스퍼 방식을 쓰면 모두가 원하는 가죽과 털을 갖는 동시에 다른 특징은 그대로 지닌 유전자 변형 소가 태어난다. 그러나 연구자들은 변형 소의 게놈에서 편집 과정에 사용하는 박테리아 게놈 조각이 나타났다는 사실을 발견했다. 그들은 연구를 완전히 중단하지는 않았지만 속도를 늦춰 더 신중하게 접근할 수밖에 없었다.

이미 유전자 변형 염소, 닭, 연어, 토끼, 돼지가 만들어졌기 때문에 FDA는 2022년 3월 미국 시장에서 첫 번째 유전자 변형 소를 판매할 수 있을 것이라는 긍정적인 신호를 보냈다. 이 소는 리콤비네틱스의 자회사인 액셀리젠이 개발한 PRLR-슬릭으로 더위를 잘 견뎠다.

FDA 수의학센터 이사 스티븐 솔로몬Steven Solomon은 당시 다음과 같이 말했다.

오늘의 결정은 위험성과 과학에 기반한 데이터로 진행한 연구를 통해 의도적 유전자 변형intentional genomic alterations, IGAs을 한 동물의 안전, 그리고 이 동물로 만든 식품을 먹는 사람들의 안전에 중점을 두겠다는 우리의 약속을 잘 보여 줍니다. 그뿐 아니라 식품으로 만들 때 안전성 문제를 일으키지 않는 저위험 IGAs를 식별하는 우리의 능력을 증명하는 것이기도 합니다. 이번 결정으로 빠르게 발전하는 분야의 개발자들이 동물 생명공학 제품에 대한 FDA의 위험성 심사를 더 많이 신청하기를 바랍니다. 또한 저위험 IGAs를 포함한 제품이 더 효율적으로 시장에 진입하는 길이 열리기를 기대합니다.[46]

실험실에 있던 아쿠아바운티 연어를 시장에 내놓기까지는 대략 20년이 걸렸고 PRLR-슬릭 소가 나오기까지는 2년밖에 걸리지 않았다. 이 소를 만든 액셀리젠이 처음 회사명을 정할 때 가속accelerate과 유전학genetics을 합쳐서 만들었다는 점을 기억하자.

비판적인 사람들이 아쿠아어드밴티지 연어, 인바이로피그, PRLR-슬릭 소에 '프랑켄-〔이름〕'을 붙이는 것이 완전히 틀렸다고 볼 수는 없다. 결국 이 동물들도 인간의 만족할 줄 모르는 욕구를 채우기 위해 야생동물을 근본적으로 변화시키는 긴 과정의 또 다른 결과물이기 때문이다.

이런 프로세스는 외국 동요에 나오는 파리 삼킨 할머니를 연상시킨다. 할머니는 이전의 잘못을 해결하기 위해 점점 더 대담하게 행동한다. 처음에는 파리를 삼킨다. 이 파리를 잡기 위해 거미를 삼킨다. 그리고 거미를 잡기 위해 새를, 새를 잡기 위해 고양이를, 고양이를 잡기 위해 개를, 개를 잡기 위해 염소를, 염소를 잡기 위해 소를, 마지막에는 소를 잡기 위해 말을 삼킨다. 여름 캠프에 참가해 본 미국 어린이라면 대부분 이 마지막 가사를 알 것이다. "말을 삼킨 할머니가 있었어…. 그리고 할머니는 죽었을 거야!"

그러나 우리가 처음부터 파리를 삼키지 않았다면 어땠을까? 애초에 식물과 가축을 길들이지 않았다면 수십억 명의 사람들이 태어나지 않았을 것이고 기술과 힘을 갖지 못해서 산업화를 일으키지 않았을 것이다. 나아가 유전공학을 발명하지 않아서 인구가 100억 명으로 증가하는 일도 없을 것이고 빠르게 올라가는 기대와 빠르게 향상되는 생활의 시대로 가지도 않을 것이다. 지금 우리는 파리를 토해 낼 수 있는 단계를 지났다. 그보다는 기술로 정의되는 세상에서 행동을 취할 때마다 가장 최적의 다음 단계를 고민해야 한다. 다시 한번 말하지만 우리의 선택은 프랑켄-동물과 이상적인 자연의 동물 사이에 있는 게 아니다. 놀라운 진화와 기술적 성공을 통해 만들어 내고 재창조한 다양한 것들 사이에 있다.

생명공학이라는 새로운 도구로 동물의 유전자를 편집하는 작업에 위험성이 내포되어 있다는 건 의심할 여지도 없다. 그러나 이런 위험성은 현 상태를 유지하기 위해 다른 선택을 할 때 지불해야 할 경제 침체와 환경, 도덕적 비용과 비교해서 잘 따져 봐야 한다. 이는 단순히 우리가 무엇을 먹을지에 대한 것뿐 아니라 생존 가능성 여부와도 관련된 문제이기 때문이다.

돼지의 심장이 인간의 가슴에서 뛴다면?

미국에서만 10만 명의 사람들이 장기 기증을 기다리며 힘들게 살아가고 있다. 그들은 생명을 구할 장기를 어떻게든 구하기를 기도한다. 세계적으로 보면 그 수는 훨씬 많다. 미국 정부가 국민이 생전에 따로 거부 의사를 밝히는 자료를 제출하지 않으면 사망 시 장기 기증자로 분류되는 법을 통과시킬 경우 이런 문제는 쉽게 해결될지도 모른다. 그러나 정치권에서 관련 법 통과를 막고 있다.

다른 접근 방식도 활발하게 연구 중인데 돼지 장기를 인간에게 이식하는 방법이다.

돼지의 장기는 인간과 비슷한 부분이 많아서 실행 가능성이 꽤 크다. 장기의 크기도 매우 비슷하고 돼지의 수도 많다. 문제는 인간의 몸이 자연적으로 대부분의 외부 물질을 거부하게 만들어졌다는 점이다. 심지어 다른 인간이나 동물의 장기에도 거부반응을 일으킨다. 1939년 최초로 다른 인간의 신장을 이식받은 환자는 이틀 정도밖에 생존하지 못했다. 현재는 인간 신장을 이식받은 사람은 때로는 50년 이상 살기도 한다. 돼지의 장기를 이식하는 일은 훨씬 더 어려운 과정이 될 것이다.

인체가 돼지 장기를 거부하는 데는 두 가지 큰 이유가 있다. 첫 번째는 혈장에 있는 항체가 돼지의 갈락토스(돼지 혈관과 장기를 감싸고 있는 세포의 표면에 있는 당)를 인식하고 즉시 거부하기 때문이다. 두 번째는 돼지에 있는 내인성 레트로 바이러스porcine endogenous virus, PERV 때문이다. 이 바이러스는 종종 돼지에게서는 비활동성으로 존재하고 있다가 인간에서 활동성으로 바뀌면서 해를 준다.

그래서 과학자들은 돼지 게놈의 유전자를 변형하여 갈락토스 항원을 생성하는 유전자를 없애고, 내인성 레트로 바이러스를 활성화하는 효소를 암호화하는 유전자 복제본을 파괴하도록 했다. 2021년 9월, 뉴욕대학교와 버밍엄의 앨라배마대학교 의사들은 개별적으로 유전자 변형 돼지 신장을 뇌사자에게 이식(과학 용어로 이종 이식)하는 실험을 했다. 뉴욕대학교에서는 54시간, 앨라배마대학교는 77시간 장기가 지속되는 것을 관찰했다. 2023년 7월 뉴욕대학교 랑곤 헬스 의사들은 유전자 변형 돼지 신장을 생명 유지 장치에 의존하는 뇌사자에게 이식했다. 앞선 사례와 달리 이번에는 실험이 끝나기도 전에 두 달 이상 장기가 적절하게 기능했다.

다음 해 뉴욕대학교 연구팀과 매사추세츠 종합병원 연구팀은 생명공학 기술로 만든 돼지 신장을 세 명의 환자에게 추가로 이식했으며, 성공률은 점점 더 올라갔다.

2022년 메릴랜드 대학병원 의사들은 유전자 변형 돼지의 심장을 최초로 인간 환자에게 이식했다. 이 심장이 제대로 기능한 기간은 약 한 달 정도였지만, 이식 후 약 45일이 지나서야 상태가 급격히 악화되었다. 조직 검사 결과 과학자들이 제거했다고 생각했던 돼지 바이러스의 DNA가 계속 증식하고 있던 것으로 밝혀졌다. 2주 후 환자는 사망했다. 1년 후 같은 의사들이 진행한 실험에서 심장 이식을 받은 환자는 6주간 생존했다. 2024년 1월 펜실베이니아 대학병원 의사들은 유전자 변형 돼지의 간을 뇌사자에게 이식하고 이 간이 장기 투석 기계처럼 환자의 혈액을 여과하는지 관찰했다. 몇 달 후 중국 과학자들은 또 다른 뇌사자에게 유전자를 변형한 돼지 간을 성공적으로 이식했다고 발표했다.

2025년 2월 FDA는 유나이티드 테라퓨틱스, 이제네시스, 리비비코 등 미국에 본사를 둔 생명공학 기업들이 유전자 변형 돼지의 장기를 인간에게 이종 이식하는 방식의 효용성을 시험하는 임상시험의 규모를 점차 확대하도록 승인했다. FDA는 이 결정으로 키메라 인간이 나올 수 있는 미래에 대해 개방적인 태도를 보여 주었다. 그러나 이종 이식으로 인해 돼지에 있던 바이러스가 인간에게 옮겨 갈 수 있는 위험성을 우려하고, 이종 이식에 쏟는 시간과 에너지를 더 많은 사람이 장기를 기증하도록 장려하는 데 사용하는 것이 낫다는 타당한 주장을 내세우는 사람들도 많아졌다.

그러나 이러한 명백한 문제점들로 인해 이종 이식을 무시하기에는 현재의 이식 시스템이 갖는 단점도 명확하다. 이식을 받아야 하는 많은 사람이 적당한 장기를 기다리는 도중에 사망한다. 운 좋게 이식받더라도 장기에 대해 거부반응을 막으려고 남은 일생을 면역 억제제를 먹어야 하며, 이는 또 다른 감염 위험으로 이어진다.

이종 이식은 이식 가능한 장기 수를 사실상 무한하게 얻을 수 있다는 장점이 있다. 이 외에도 이식받는 사람보다 이식하는 장기의 생물학적 특성을 바꿀 수 있다는 점에서 장기 이식에 대한 인식을 바꿀 수 있다. 이식을 받는 사람에게 장기를 맞출 수 있다면 면역체계를 억제하는 방식으로 사람을 장기에 적응시킬 필요성이 줄어든다. 그리고 자가 세포로 완전히 기능하는 장기를 이식하는 방식은 성공만 한다면 훨씬 나은 선택지가 될 것이다.

돼지를 이용한 이종 이식은 심장과 신장 외의 장기로도 확대될 수 있고 당뇨병 치료를 위한 도세포islet cells, 파킨슨병 치료를 위한 도파민 세포, 각막 이식을 위한 상피 세포, 수혈용 적혈구를 만드는 데도 사용될 수 있다. 나아가 인간의 장기를 돼지나 다른 동물에 이식해서 배양하는 방법도 생각해 볼 수 있다.

연구자들은 10년 이상 천천히 한 가지 종의 동물 세포와 조직을 다른 동물 안에서 배양하는 능력을 길러 왔다. 2010년 한 일본 과학자는 작은 생쥐mouse 안에서 큰 시궁쥐rat의 췌장을 배양했고 7년 뒤에는 거꾸로 시궁쥐 몸속에서 생쥐의 췌장을 배양해 보았다.[47] 다른 연구자들도 양이나 돼지 몸속에 인간의 장기를 배양하는 가능성을 활발히 연구하고 있다.

배반포 보정법blastocyst complementation이라 부르는 이러한 과정에는 이식이 필요한 동물의 피부 조직이나 혈액 샘플에서 소수의 세포를 채취한 다음 야마나카 신야가 2012년 노벨상을 받았던 기술을 이용해 해당 세포를 발달 초기 단계로 유도하는 방식이 포함된다. 먼저 배아에서 장기로 자랄 게놈을 편집하여 특정 장기를 만들지 못하게 한다. 그런 다음 이식이 필요한 동물의 유도만능 줄기세포induced stem cell(성체 세포에서 직접 제작할 수 있는 분화 만능 줄기세포 – 옮긴이)를 배양 동물의 배아에 주입하면, 유도 세포는 배양 동물의 삭제된 부분을 채우게 된다.

이 방법이 성공하면 배양 동물에서는 다른 동물의 세포로 구성된 장기가 자란다. 시궁쥐에서 생쥐의 췌장이 자라고 생쥐에서 시궁쥐의 췌장이 자라는 것이다. 언젠가는 돼지나 원숭이 안에서 사람에게 맞는 췌장, 신장, 폐, 간이 자라고 이 장기가 이식된 후 면역학적으로 이를 자신의 장기로 인식해 거부반응이 나타나지 않을 것이다. 2023년 9월에는 매우 초기 형태의 진전이 있었는데, 중국 과학자들이 돼지의 몸속에서 인간 세포의 비율이 절반 이상인 신장을 키웠다고 발표했다.[48]

현재로서는 돼지나 원숭이 몸속에서 완전한 인간 장기를 키우는 일은 과학적·윤리적으로 문제가 많기 때문에 먼 미래에나 가능한 일로 보인다. 많은 사람이 이러한 시도를 우려하고 있으며 그 우려는 당연하다. 인간과 다른 동물 사이의 경계를 모호하게 만들 위험이 있기 때문이다. 그러나 이러한 윤리적 고려는 전 세계적으로 장기 기증을 거의 기대할 수 없는 상태에서 절실하게 장기가 필요한 잠재적 수혜자 90퍼센트의 필요와 균형을 이루어야 한다.

유전자 가축이 던지는 윤리적 선택의 순간

어떤 사람들은 동물의 게놈을 편집하는 이 모든 과정이 대부분의 연구자가 생각하는 것보다 정확도와 예측 가능성이 훨씬 떨어지며, 아쿠아바운티 연어나 인바이로피그, PRLR-슬릭 소의 경우에도 수많은 실패를 딛고 만들어졌다고 주장한다. 이들의 말도 일리는 있다. 지금으로서는 미래 세대에 이러한 동물 이식의 이점을 모두 무효화할 정도로 해로운 부작용이 나타날지 확실히 알 수 없다. 어떤 결과가 나타나든 최소한 일부 가축의 유전자를 변형하는 작업은 앞으로 증가할 것이며 변화의 정도도 더 커질 것이다.

다우드나와 샤르팡티에의 기초 과학 논문(2012년 발간)은 세포의 게놈을 편집할 때 크리스퍼-카스9 시스템이 어떤 식으로 사용되는지에 대해 다루었고 결국에는 노벨상으로까지 이어졌다. 이듬해에는 첫 번째 크리스퍼-편집 생쥐가 태어났다. 그로부터 1년 후 첫 번째 크리스퍼-편집 원숭이가 태어났고 4년 후 중국에서 최초로 크리스퍼-편집 기술로 아기가 태어났다. 과학은 빠르게 앞을 향해 달려가고 있다.

앞서 살펴봤듯이 기술의 초융합은 우리가 가진 지식, 이해, 적용의 발전 속도를 더 가속화하고 있다. 게놈 염기서열과 AI 기반 분석법이 발전하면서 우리는 생명체에 관련된 유전학과 시스템 생물학 암호를 그 어느 때보다 깊이 이해하게 되었다. 크리스퍼-카스9보다 훨씬 더 정밀한 게놈 편집 능력, 코로나19 백신 개발에서 배운 교훈으로 강화된 mRNA 전달 시스템, 유전자 패턴을 해독하고 예측하는 AI 알고리즘 등 새로운 도구 덕분에 복잡한 생명체를 그 어느 때보다 더 안정적으로 편집할 가능성이 커지고 있다.

가축을 설계하고 조작하는 행위는 조상 때부터 오랫동안 진행해온 작업이기 때문에 어느 지점에서 이런 행동을 중단해야 하는지 가늠하기 어렵다. 예를 들어 닭이 하루에 최대 한 개의 알을 낳는 것은 적당한가? 야생 닭과 비교하면 30배 많은 양인데도 그렇게 생각하는가? 닭이 하루에 두 개씩 알을 낳게 해서 케이지에서 갇힌 채 산란만 하는 닭의 수를 줄이고, 그것이 기후변화와 환경오염에도 긍정적인 영향을 준다면 이는 좋은 방법일까 아닐까? 아니면 여기서 절충하여 닭이 하루에 두 개의 알을 낳는 대신 총 개체수를 50퍼센트로 줄이고 이들에게 50퍼센트 더 넓은 공간을 보장해준다면 어떨까?

어떤 방법도 선택하기가 쉽지 않다.

우리가 육식을 택하고, 가축의 유전자를 변형하여 이들이 아프리카돼지열병이나 돼지생식기호흡기증후군 바이러스, 박테리아가 일으키는 결핵 같은 끔찍한 질병에 걸리지 않도록 하는 행위는 도덕적인가 비도덕적인가? 조상들이 지난 250만 년 동안 해온 육식을 우리도 계속 고집한다면 어딘가에서 그 고기를 구하거나 어떤 방식을 쓰든 더 많이 개발해야만 한다. 그리고 가축의 유전자 조작은 계속해서 이 문제의 중요한 요소로 자리할 것이다.

앞으로 가축은 적게 먹으면서 성장 속도가 빠르고 몸집이 더 큰 종이 될 것이다. 또한 질병에 강하고 살기 힘든 기후에서도 인간이 무언가를 해주지 않아도 알아서 생존하고 잘 자라며, 다양한 종류의 영양소가 들어간 식품으로 만들 수 있는 종일 것이다. 또한 인간은 키우는 개의 외관에 변화를 주거나 어둠 속에서도 빛을 내거나 주인의 변덕에 따라 색이 변하도록 만들지도 모른다. 이처럼 인간의 변덕과 필요에 따라 동물을 사육하는 행위는 개를 비롯한 다른 가축의 역사에서도 흔한 모습이었다. 이 외에도 장기가 제대로 기능하지 않을 때 이를 대체한 장기를 키울 동물이 필요할 것이다. 자신 또는 사랑하는 이의 목숨을 구하기 위해서 말이다. 어쩌면 이미 멸종된 동물을 복원하거나 지리적 틈새를 메우기 위해, 아니면 단순히 그럴 능력이 있다는 이유만으로 잡종을 만들 수도 있다.[49]

이 모든 일이 가능한 이유는, 수천 년 동안 우리가 가축 및 다른 생물과 맺어 온 관계가 지난 100년 동안 산업화와 과학기술, 궁극적으로는 우리의 가치관이 변화함에 따라 완전히 달라졌기 때문이다.

가까운 미래에 전 세계 인구가 채식주의자가 될 가능성은 매우 낮으므로 육식은 포기할 수 없을 것이다. 그러나 유전자 변형 동물의 새로운 시대는 여전히 우려스럽다는 생각이 든다면 우리에게는 또 다른 방법이 있다.

우리가 가축 사육과 도축에서 대부분의 동물성 제품을 얻지 않고, 몇 개의 세포로 만든 제품으로 필요한 양을 채운다면 어떨까?

제 5 장

노니멀 Nonimals : 동물 없는 축산업이 열어 갈 미래

임파서블 버거, 배양육 그리고 식탁 위의 생명공학

증가하는 인구와 식량 수요 앞에서 전통 축산업만으로는 더 이상 버틸 수 없다. 합성생물학과 배양육, 식물성 고기는 동물을 희생하지 않고도 우리가 원하는 맛과 영양을 제공한다. 이제 선택은 우리의 몫이다. 동물 없는 식탁, 지속 가능한 미래에 당신은 무엇을 먹고 싶은가?

자연은 잔인하다.

당신이 생각할 때 가장 평화로운 풍경을 상상해 보자. 교토의 분재 정원 정도 될지 모르겠다. 전체적인 정원의 모습을 클로즈업해서 나무로 그리고 나뭇잎 하나로 시선을 집중해 보자. 이곳을 자세히 들여다보면 작은 곤충들이 그 위에서 서로를 죽이는 모습을 관찰할 수 있을 것이다. 여기에서 살아남은 벌레들은 짝짓기를 위해 다른 수컷과 또 싸움을 벌인다. 승리를 거둔 일부 곤충들은 교미 후 암컷에게 잡아먹히기도 한다. 더 클로즈업해 보자. 이번에는 수십억 년 동안 데스매치를 벌여 온 바이러스와 박테리아가 보일 것이다. 이렇듯 더 자세히 들여다보면 가장 자연스러운 상태, 즉 전쟁하는 자연을 확인할 수 있다.

진화적으로는 같은 종 또는 다른 종과 협력하거나 공생하는 게 훨씬 유리하겠지만, 현실에서는 이런 전쟁이 수없이 벌어진다. 그러니 우리 사회가 이 정도로 평화로운 것은 매우 놀라운 일이라 할 수 있다. 물론 뉴스에 나오는 사건을 포함해 지구촌 곳곳에서 벌어지는 끔찍한 일들도 존재하지만, 오늘날 우리의 세계는 인간 역사상 그 어느 때보다 대부분의 사람에게 꽤 살 만한 곳이다. 한 고위급 국제 위원회도 "현재는 인간이 살아가기에 가장 최상의 시간이다"라고 간결하게 표현한 적 있다.[1] 한편으로는 전반적으로 이룩한 모든 발전 덕분이기도 하고 다른 한편으로는 인간이 먹이사슬에서 거인처럼 우뚝 솟아 있기 때문이기도 하다. 그래서 다른 동물이 인간을 쫓아서 죽이고 먹는 경우보다 반대의 일이 일어나는 경우가 다반사다.

산업 사회가 점점 더 커지고 우세해짐에 따라 인간은 실질적인 필요성뿐 아니라 가치관에 따라서도 생명체를 마음대로 주무를 수 있게 되었다. 그리고 이 엄청난 힘이 결국 인간을 위협하는 가장 큰 취약점이 되는 현실에 직면해 있다. 불과 1세기 만에 전체 인구를 네 배로 늘리고, 수십억 명을 지독한 빈곤에서 벗어나게 하고, 가장 크기가 작은 원자와 광활한 우주를 들여다보는 도구를 제공한 산업 시대의 능력은 역설적이게도 인간의 초월성과 잠재적 파멸을 모두 가능하게 하는 요인이 되었다.

농업은 조상들뿐 아니라 현재의 인류에게도 도움이 되었기 때문에 104억 명 정도로 늘어나는 인구를 먹여 살리기 위해 지금의 농업은 그 범위를 더 넓혀 갈 것이다. 앞서 살펴봤듯이 기후변화와 산림 황폐화, 서식지 파괴, 증가하는 멸종 생물 등 전혀 바람직하지 않은 결과를 초래할 것이다. 인간은 강력한 힘을 다루는 방법을 배워야 한다. 그렇지 않으면 가장 축복받은 힘이 가장 끔찍한 저주가 될지도 모른다.

우리가 섭취하는 육류를 어떤 식으로 얻을지에 관한 이야기는 전체 이야기에서 아주 핵심적인 부분이다.

여러 면에서 인간은 탐욕스러운 종이다. 물론 모든 종이 이런 부분을 어느 정도 가지고 있다. 식량에 비해 포식자의 수가 적다면 대부분의 종이 번식을 늘리려고 하는 것처럼 말이다. 그러나 동물에 내재된 이런 탐욕은 자연이 끊임없이 균형을 맞추며 재조정한다. 건강한 생태계의 핵심 원동력이 경쟁을 통한 자연선택인 이유가 여기에 있다. 그러나 인간은 생태계를 지배하기 위해 여기에 반하여 싸웠고 수많은 견제와 균형이 사라졌다. 또한 인간은 번영, 궁극적으로는 생존을 위해 스스로 더 나은 균형을 찾아 나가고 있다.

이런 과정이 쉬웠다면 지금쯤 모두 이뤄 내지 않았을까? 문제는 우리가 모순적으로 보이는 것을 원하게 되었다는 점이다. 더 발전된 기술, 더 훌륭한 식품, 더 많은 자식, 더 넓은 공간… 더 나은… 거의 모든 것들을 원한다. 또한 더 생동감 넘치고 지속 가능한 지구도 원한다.

골디락스(경제가 높은 성장을 이루고 있더라도 물가 상승이 없는 이상적인 경제 상황 – 옮긴이)는 대개 경쟁적이고 모순되는 욕구 사이에서 타협점을 찾으려 하기 때문에 우리에게 꽤 매력적으로 다가오는 해결책이다.

사실 대부분의 인간은 채식주의가 인간과 지구 모두에 좋은 선택지라는 사실을 어느 정도 알고 있다. 비록 논리적으로 따져 본 후 이 방법을 따르지 않는 결론에 이르긴 하지만 말이다. 채식이라는 이 수프는 너무 뜨거워서 먹기 힘들다. 그러나 간단하게 계산만 해봐도 증가하는 수요를 맞추려고 현재의 축산업 방식을 더 확장하는 것은 지속 가능하지 않다는 사실을 쉽게 알 수 있다. 이번 수프는 또 너무 차가워서 먹기 힘들다.

대부분 인간이 먹을 만한 적당한 온도의 수프는 어디에 있을까? 좋은 소식은 합성생물학이라는 새로운 도구를 이용하면 농축산업에 큰 부작용을 만들지 않고 원하는 동물성 식품을 얻을 수 있는 세상, 그리고 가축 수를 늘리거나 대량 도축할 필요 없이 동물성 식품을 얻는 세상을 상상하고 만들 수 있다는 것이다.

왜 베지 버거는 '진짜 햄버거'가 될 수 없는가

베지veggie 버거라 불리는 채식 버거는 본질적으로 보면 문제가 전혀 없다. 그러나 캔자스시티 출신으로서 나는 문제를 제기하고 싶다. 이 도시 이름은 과거 텍사스에서 몰고 온 소 떼를 기차에 실어 시카고 도살장으로 보내던 철도 기점에서 유래했다. 제2차 세계대전 후 미국으로 건너온 우리 조부모님은 트루스트 애비뉴 61번가에 작은 코셔(유대교에서 육류의 종류와 도축법 등 율법에 따라 허용된 음식과 그렇지 않은 음식을 구분하는 기준 – 옮긴이) 정육점을 열었다. 나는 이런 정육업자의 손자로서 채식 버거는 진짜 햄버거가 아니라고 단언한다.

많은 사람이 채소를 좋아하고 나처럼 햄버거를 좋아하는 사람도 많다. 그러나 가슴에 손을 얹고 솔직히 채식 버거를 진짜 좋아한다고 말할 사람은 없을 것이다. 우리 안의 육식주의자는 이상적인 샐러드를 채소로 만드는 것만큼 이상적인 햄버거를 소고기로 만드는 것이 당연하다는 사실을 본능적으로 알 수 있다. 소고기의 질감과 풍미, 감칠맛은 채식 버거로는 절대 만들어 낼 수 없다.

그리 놀라운 사실도 아니다.

우리가 햄버거를 한 입 베어 물 때 경험하는 다양한 감각의 복합적인 어우러짐은 두 가지의 생물학적 반응이 상호작용하면서 만들어진다. 바로 햄버거와 햄버거를 먹는 사람이다.

육식에 대한 본능적인 경험은 수백만 년 동안 인간의 몸에 꾸준히 축적되어 왔다. 그렇기 때문에 우리의 감각 경험은 깊이 뿌리내린 생물학적 센서에서 비롯되었고, 이 센서는 문화와 평생의 경험에 영향을 받는다. 이런 이유로 채식 버거가 소고기 버거만큼 맛있다고 설득하는 행동은 마치 효과 없는 최면술처럼 보인다.

고기의 생물학적 시스템은 소의 수컷 정자와 수정된 난자에 있는 핵 속 일련의 지침에서 시작된다. 이 지침에는 소의 형태로 발달하는 데 필요한 시스템 생물학 정보가 모두 들어 있다.

전통적인 방식으로 햄버거를 만들려면 소, 고기를 자르는 도구, 요리에 쓸 도구(불)가 필요하다. 그리고 재배한 밀, 효모, 제분기, 밀가루를 빵으로 만드는 레시피도 필요하다. 당시에는 모두 급진적이고 혁신적인 기술이었다.

전설에 따르면 13세기 몽골과의 긴 전투를 치르는 동안 튀르크계 타타르인은 안장에 양고기를 넣고 다녔고 힘든 전투가 끝난 밤이 되면 이 고기를 갈아서 요리했다. 타타르족이 패배하고 대몽골 제국으로 흡수되자 이 관습이 제국 전체로 퍼져 유럽에까지 닿았다. 유럽에서는 양고기 대신 소고기를 사용했다고 한다.

19세기 중반 많은 독일 이민자는 1848년 독일 혁명을 피해 유럽을 떠나 미국에 갔다. 이민자들은 대부분 함부르크 항구에서 출발했으며 이곳의 일부 정육점에서는 '함부르크 스타일'의 다진 소고기를 판매했다. 미국 중서부에서 열리는 박람회에 참석한 상인들은 미국인의 독창성을 담아 이 소고기 패티를 빵 사이에 넣어 판매하기 시작했다.

햄버거의 기원은 정확하게 밝혀지지 않아 여전히 논쟁이 분분하다. 하지만 1904년 세인트루이스 세계 박람회에서 와플, 땅콩버터, 젤로, 솜사탕 등의 대량 생산 식품과 함께 햄버거가 대대적으로 대중에게 소개되었다.

그러나 이듬해 작가이자 저널리스트인 업턴 싱클레어Upton Sinclair가 소설 《정글》을 출판하자 상승하던 햄버거의 인기가 주춤하게 되었다. 싱클레어는 미국의 육류 생산 산업에서 벌어지는 학대와 위험천만한 관행을 극도로 상세하게 묘사했다. 당시 햄버거가 여러 면에서 육류 산업화를 대표하고 있었기에 고기의 상업적 대량 생산에 관한 질문은 햄버거 자체에 대한 우려를 낳았다.

1921년 캔자스주 위치토에 문을 연 햄버거 레스토랑 화이트 캐슬은 이러한 인식을 정면으로 해결하기 위해 청결을 특히 강조하며 가게 내에서 고기를 직접 갈아 패티를 만든다고 대대적으로 광고했다.

제2차 세계대전이 끝나고 수십 년 후 미국이 경제 호황을 누리게 되자 더 많은 사람이 차를 구매할 능력을 갖게 되었다. 이때 사람들은 도시를 벗어난 새로운 외곽지역에 건물을 올리고 도시와 외곽을 연결하는 도로를 정비했다. 이 주변에는 새로운 '패스트푸드' 레스토랑도 들어섰다. 공장형 농장은 이런 레스토랑 체인점이 필요로 하는 동물성 식품을 안정적으로 공급받을 수 있게 뒷받침했다.

1954년 밀크셰이크 믹서기 판매원인 레이 크록Ray Kroc은 당시 캘리포니아주의 샌버너디노에 있는 작은 햄버거 레스토랑을 프랜차이즈화할 수 있는 권리를 얻었다. 고등학교는 중퇴했지만 사업 감각이 뛰어났던 크록은 조립 라인을 사용한 제조업이 문화와 식생활 변화를 빠르게 이끌던 시기의 가능성을 잘 알고 있었다. 맥도날드 제국의 씨앗은 심어졌다. 현재 맥도날드의 햄버거는 전 세계 4만 개가 넘는 매장에서 연간 25억 개, 하루에 650만 개가 팔린다.

맥도날드, 버거킹, 피자헛, KFC 같은 패스트푸드 체인점이 모두 비슷한 시기에 세워졌다는 것은 결코 우연이 아니다. 이때는 미국 및 세계적인 패스트푸드 체인점을 만들 수 있는 조건이 갖춰진 시기였다.

현재 팔리고 소비되는 모든 패티는 전체 소고기에 비해 상대적으로 적은 비율이지만 소고기 버거의 상징성은 고기 생산 방식이 새롭고 혁신적인 길을 향해 가는 과정에서 이상적인 시험대가 되었다.

식물에서 태어난 고기, 임파서블 버거

2011년에 설립된 임파서블 푸드 창업자는 크록과는 매우 다른 배경을 가지고 있었다.

패트 브라운Pat Brown은 시카고 의과대학에서 의사 면허와 박사학위를 받았고 소아과 레지던트 과정을 마쳤다. 노벨상 수상자인 마이클 비숍Mike Bishop과 해럴드 바머스Harold Varmus와 함께 일하며 HIV 같은 바이러스가 감염시킨 세포에 어떤 식으로 자신의 유전 정보를 전달하는지를 연구했다. 이후 스탠퍼드대학교 교수로 임명되었으며, 세포의 유전자가 상호작용하고 발현되는 방식을 관찰하는 혁신적인 방법을 개발했다. 다양한 종류의 암을 예측하고 예방하는 데에서 큰 진전을 보인 것이다. 그는 밀크셰이크 판매원과는 달랐다.

크록은 밀크셰이크 판매원이었기 때문에 조립라인 방식의 패스트푸드 햄버거를 생산할 때 산업혁명의 새 도구와 현실을 적용하는 독특한 생각을 해낼 수 있었다. 이처럼 브라운 역시 합성생물학이라는 새로운 분야의 정점에 있었기에 건강 관련 혁신을 이룰 수 있는 급진적인 도구를 사용해서 새롭고 독특한 방식으로 21세기의 햄버거를 만들 수 있었다.

브라운은 주변에 많은 동료 환경 운동가조차 열렬한 육식주의자라는 사실을 깨닫고 HIV와 암 치료를 위해 배운 합성생물학이라는 도구로 일반적인 고기를 재구성하는 시도를 했다. 그가 생각하는 문제는 고기 그 자체라기보다 고기를 만드는 과정에서 나타나는 높은 비효율성과 파괴적인 방식이었다. 소의 게놈이 세포에 단백질을 생산하라고 지시한 결과물이 고기라면, 식물 게놈을 이용해서 비슷한 일을 해보면 어떨까 생각한 것이다.

2011년 브라운은 스탠퍼드대학교 교수직을 내려놓고 채소 기반 고기를 대량 생산하는 새로운 분야를 목표로 임파서블 푸드를 설립했다.

메리엄-웹스터 대학생 사전에 정의된 대로 고기를 '특히 식품으로 간주되는 동물조직'이라고 정의한다면 임파서블 푸드의 대표 버거인 '임파서블 버거'는 분명 여기에 부합하지 않는다. 이것은 베지 버거다…. 이제 당신은 내가 베지 버거를 어떻게 생각하는지 잘 알 것이다!

그러나 마치 고기를 먹는 듯한 식감을 주는 음식이 고기라고 생각한다면 이 임파서블 버거는 일반 버거와 비슷하다고 말할 수 있다.

냉동실에서 임파서블 패티를 꺼내서 살펴보면 소고기 버거와 외형이 다를 바 없을 것이다. 이것을 그릴에 올려 익숙한 방식대로 굽는다. 패티가 지글지글 구워지면서 흘러나오는 냄새는 직감적으로도 소고기 버거와 비슷하다고 느낄 것이다. 완성된 버거를 한 입 베어 문다. 빵에 패티와 최소한 케첩, 머스터드, 피클 몇 개 정도를 추가해서 먹어 보면 반쯤은 훌륭한 버거의 맛과 비슷하다고 생각할 것이다.

임파서블 버거의 가장 특별한 재료는 분자 헴molecule heme(헤모글로빈의 색소 부분 – 옮긴이)이다. 인간을 포함한 모든 동물의 체내에는 단백질 헤모글로빈 형태의 헴이 적혈구에 있으며 생존에 필요한 산소를 운반한다.*

헴 분자에 있는 철은 일반적으로 고기가 붉은색을 띠도록 하고 대부분의 맛에도 관여한다. 물론 여러 식물 세포에도 이 성분이 들어 있지만 그 양이 상대적으로 적어서 식물만으로는 충분하지 않았다.

---

* 사이클 선수 랜스 암스트롱Lance Armstrong은 혈액 도핑으로 적발되어 투르 드 프랑스 타이틀 일곱 개를 박탈당했다. 헤모글로빈 수치를 높여 근육의 운동 능력을 높이려는 의도였다.

식물 기반 헤모글로빈을 육류에 들어 있는 양만큼 만들기 위해 노력한 결과, 브라운과 동료들은 대두의 뿌리에 있는 헤모글로빈을 찾아냈다. 레그헤모글로빈leghemoglobin이라 부르는 콩과 식물 버전 헤모글로빈이었으며 식물성 헴의 아주 이상적인 재료였다. 그러나 이 성분을 얻겠다고 모든 대두 뿌리를 파낼 수는 없기 때문에 대신 콩과 식물이 일반적으로 레그헤모글로빈을 만들 때 사용하는 유전 지침을 효모 세포의 게놈에 집어넣었다. 그리고 맥주를 양조할 때 효모에 주는 것처럼 이 효모 세포에도 당과 기타 영양소를 먹이로 주어서 더 빠르게 복제하고 성장하도록 했다. 임파서블 버거에 들어가는 다른 재료에 유전자 조작 헴을 추가하자 식물성 재료들은 고기처럼 붉은색을 띠기 시작했다.

이렇게 재료를 붉게 만든 후 임파서블 버거 디자이너들은 선진 과학기술을 적용해 소고기 버거의 향과 풍미를 모방했다.

이 과정에서 가스크로마토그래피-질량분석기gas chromatography mass spectrometry machine가 큰 역할을 했다. 이 기계를 뒷받침하는 핵심 기술은 1900년대 초에 이미 영국에서 개발되었다. 방식은 이러하다. 연구자들이 실험실에 있는 특수한 장치를 이용해 전하를 제거한 가스를 자기장에 통과시켜 발생한 빛을 프리즘으로 분리한다. 그리고 이 빛을 사진 건판에 투사하면 가스의 분자 구성을 시각화하여 식별할 수 있게 된다.

1950년에 강력한 형태의 가스크로마토그래피-질량분석기가 개발되었고, 덕분에 기계에 주입한 가스의 다양한 성분들을 훨씬 정교하게 이해할 수 있게 되었다. 이 기계는 시간이 지나면서 점점 더 작아지고 성능이 좋아지며 가격이 저렴해졌다. 이런 변화와 컴퓨터 시대의 새로운 분석 능력이 결합되면서 복잡한 화합물의 성분을 분석하는 수준은 완전히 새로운 단계로 도약했다.

임파서블 푸드 연구진들이 소고기 향을 내는 방법을 찾던 당시, 실험실에 가스크로마토그래피-질량분석기를 설치하는 일은 별로 어렵지 않았다. 그래서 이들은 소고기를 구울 때 나오는 연기를 수집해 이 기계에 넣었고 비슷한 냄새의 비밀을 마침내 풀 수 있었다. 소고기 냄새를 구성하는 다양한 성분을 기계가 식별했을 때 연구진들은 식물 기반 성분이나 합성 성분에서 최대한 비슷한 성분을 찾아내는 작업을 했다.

연구팀은 차근차근 한 단계씩 밟아 나가며 소고기 버거의 핵심 요소들을 찾아냈다. 게놈 시퀀싱, 게놈 편집, AI 분석 기술을 포함해 인간의 건강 증진에 사용했던 대표 기술 대부분을 사용해서 소고기 버거와 최대한 비슷하게 만들려고 노력했다. 이들은 유전자 변형 밀 단백질이 소고기 버거처럼 단단한 느낌을 줄 수 있고, 변형된 감자 단백질이 임파서블 버거를 고기처럼 요리할 수 있게 만든다는 사실을 발견했다.[2]

이 합성생물학 베지 버거는 소고기 버거의 복제품이지 진짜 소고기는 아니기 때문에 전통적인 소고기 제품에서 나오는 여러 단점을 피할 수 있었다. 브라운 팀의 분석에 따르면 이 버거는 일반적인 버거보다 75퍼센트 적은 물을 사용했고 87퍼센트 적은 온실가스를 방출했으며 95퍼센트 적은 땅을 사용해서 만들었다. 게다가 호르몬, 항생제, 도살장 오염에서도 자유로웠다.[3]

단점은 임파서블 버거 같은 1세대 식물 기반 육류가 고도로 가공된 식품이라는 것이다. 많은 식물성 버거가 소고기 버거와 비슷한 칼로리를 함유하고 있지만 소금 함량은 몇 배나 많다. 고기에는 우리가 완전히 알지 못하는 수많은 영양소가 들어 있기 때문에 임파서블 버거의 단백질은 육류를 완벽하게 복제하기는커녕 동물성 제품보다 복잡성이 현저히 떨어졌다. 이 버거는 완벽함과는 거리가 멀지만 이제 시작 단계에 들어선 상태다. 모든 기술처럼 이 버거는 전통적인 소고기와 다르게 지속적으로 개선되어 더 건강해지고 맛이 좋아지며 생산 비용도 줄어들 것이다.

현재 여러 기업이 이 분야에 함께 뛰어들고 있다.

임파서블 푸드와 비슷한 시기에 환경 운동가이자 기업인인 이선 브라운Ethan Brown은 비욘드 미트를 설립했다. 그는 미주리대학교 과학자 푸홍셰이Fu-hung Hsieh와 해럴드 허프Harold Huff가 완두콩 단백질을 이용해 동물성 바이오시밀러 제품을 만들기 위해 개발한 기술의 사용 허가를 받았다.

이렇게 식물성 소고기 사업이라는 직접적인 경쟁업체뿐 아니라 전 세계적으로 수백만 개의 기업들이 생겨났고 비슷한 공정으로 식물성 식품을 만들고 있다. 이들은 거의 모든 가축을 비롯해 식용 야생동물로 육류, 우유, 기타 식품과 비슷한 형태의 식물성 식품을 만들었다. 이 분야의 회사들과 제품들은 곧 대중에 소개되었고 육류 대체 식품을 향한 관심이 매우 높아졌다. 그 과정에서 창업자들의 과장된 주장이 힘을 받게 되었다.

2019년 패트 브라운은 임파서블 푸드의 육류 대체 식품이 향후

5년 이내에 '소고기 시장에서 두 자릿수 점유율을 차지'할 것이며, 결국에는 도축 산업을 죽음의 소용돌이로 몰아넣을 것이라고 예측했다. 이선 브라운은 같은 해 골드만삭스 컨퍼런스에서 비욘드 미트가 심장병, 당뇨병, 암, 기후변화, 가축에 대한 과도한 잔인성 문제들을 해결하는 데 기여할 것이라 말했다.[4]

임파서블 푸드와 비욘드 미트 제품을 판매하는 패스트푸드 기업에는 맥도날드, 버거킹, 칼스 주니어, 화이트 캐슬 등이 있으며 그 수는 점점 더 많아질 것으로 예상된다. 미국 소비자가 구매한 이런 종류의 제품량은 이전 해와 비교해 2020년 초에는 세 배로 늘었다. 코로나19로 인한 격리로 집에서 머무는 시간이 길어지면서 새로운 식습관이 자리 잡자 증가 속도는 더 빨라졌다. 2021년에는 세계적으로 2만 곳의 식료품점과 4만 곳의 레스토랑에서 임파서블 푸드 제품을 구매할 수 있게 되었다.[5] 네슬레, 카길, 아처 대니얼스 미들랜드, 타이슨푸드 같은 대형 식품 기업들도 새로운 브랜드의 식물 기반 동물성(맛) 제품을 출시했다.

비욘드 미트는 상장한 이후 기업 가치가 급등하여 2019년 7월에 120억 달러라는 최고치를 기록했다. 2021년 이 기업은 약 4억 6,500만 달러 상당의 식물성 제품을 팔았다. 비상장기업인 임파서블 푸드는 시장 침체로 인해 계획된 기업공개IPO가 지연되었는데도 2020년 자금 조달 당시 약 40억 달러, 2022년에는 70억 달러의 사금융 시장 가치를 인정받았다. 2022년 보고서에 따르면 2016년에 무無로 시작했던 식물성 육류 시장은 2022년까지 60억 달러 규모의 세계적인 산업으로 성장했다. 2022년부터 2030년까지는 연평균 20퍼센트씩 증가하여 2030년에는 전체 시장 규모가 275억 달러에 이를 것이라는 낙관적인 예측도 나왔다.[6] 2022년 여론조사에 따르면 약 41퍼센트의 미국인이 식물성 고기를 구매할 의향을 밝혔는데 이는 4년 전과 비교하면 33퍼센트 증가한 것이다.[7]

식물성 육류 섭취와 환경에 대한 인식이 최근 전 세계적으로 증가하고 있다는 사실은 분명하지만, 1인당 동물성 식품 섭취 속도는 이를 완전히 뛰어넘고 있다. 가난한 국가의 사람들이 형편이 좋아지면서 더 많은 동물성 제품을 섭취하게 된 현상도 하나의 요인이다.

따라서 2030년까지 식물성 육류의 예상 매출이 약 275억 달러로 증가한다는 최상의 시나리오는 매우 인상적이다. 하지만 2030년까지 약 20배에 달하는 5,310억 톤의 제품이 판매될 것이라는 동물성 단백질 시장과 비교하면 새 발의 피라고 할 수 있다.[8]

동물성 식품을 대체한 식물성 식품으로 향하는 길은 쉽지도 않고 빨리 도착하지도 못할 것이다. AI, 유전자 치료, 그 외 많은 새 기술처럼 이들 회사 역시 초기의 장밋빛 예측이 빠르게 맞아떨어지지 않았을 때 극도로 낙관적인 분위기가 비관론으로 바뀌는 하이프 사이클hype cycle의 부침을 경험하고 있다.

한 여론조사에 따르면 점점 더 많은 미국인이 이런 제품을 고도로 가공된 식품으로 여기면서 식물성 육류 식품에 관한 소비자의 열정이 조금씩 바뀌고 있다고 한다. 홀푸드마켓의 공동 창립자는 식물성 육류를 '초고도 가공식품'이라 부르기도 했다. 그는 건강한 식습관을 주장하는 미국의 유명 운동가 중 한 명이다. 2020년 슈퍼볼에서는 세계의 이목을 끄는 공격적인 광고가 나왔다. 단지 이 광고에 자금을 지원한 단체가 주로 주류, 담배, 육류 기업들이었기에 신뢰성이 다소 떨어지긴 했지만 말이다. 광고에서는 '영어 철자 맞히기 대회'에서 식물성 버거의 재료 이름을 더듬거리며 말하는 아이들을 보여 주며 이런 음성이 흘러나왔다. "철자를 말하거나 발음할 수 없는 음식이라면 먹지 않는 게 좋을지 모릅니다."9

미국 슈퍼마켓에서 식물성 제품 판매가 14퍼센트 떨어졌고 식물성 버거 판매는 2022년 한 해 동안 9퍼센트 떨어졌다. 이런 식물성 버거나 대체육 제품을 시험적으로 판매하기 시작한 미국의 주요 패스트푸드 체인 중 어느 곳도 본격적으로 판매를 확대하기로 결정하지 않았다. 2020년 10월 비욘드 미트의 공개 시장 가치는 주당 최고점인 195달러에서 2025년 6월에는 3달러 정도로 떨어졌는데 2019년 고점 대비 약 98퍼센트나 하락한 놀라운 결과였다(이 하락세는 채식주의자는 아니었을 것으로 추정되는 회사의 한 고위 임원이 미식축구 경기장 주차장에서 싸움을 벌이다가 다른 사람의 코를 물어뜯으려 한 혐의로 체포되어 대중매체를 타면서 더욱 부각되었다). 임파서블 푸드의 사금융 시장 가치 역시 반 이상 떨어졌다. 킴 카다시안을 대변인으로 고용하기도 했지만 비욘드 버거의 판매량에 큰 영향을 주지는 못했다.10

2023년 《블룸버그 비즈니스위크》Bloomberg Businessweek에서 "가짜 고기가 세상을 구하는가 했더니 그냥 하나의 유행일 뿐이었다"라는 제목의 기사가 세간의 이목을 끌었다. 이 말은 사실일지도 모른다. 그러나 이런 식물성 육류의 초기 버전은 정말 말 그대로 초기 버전일 뿐이고 앞으로 덜 가공되고 더 맛있는 새 버전이 나온다면 소비자에게 더욱 매력적으로 다가갈지도 모른다. 합성생물학이라는 새로운 도구가 식물성 육류에 또 다른 특징을 부여하고 건강상 이롭다면 많은 사람이 이런 버거를 더 많이 찾게 될지도 모른다. 예를 들어 현재 발전 중인 '분자 농업' 분야에서 혁신이 일어나 동물의 유전자 지시를 식물의 게놈에 내려서 식물에서도 동물 단백질을 만들 수 있게 될지도 모른다. 일부 국가에서는 정부 기관에서 조달하는 고기 비율을 식물성 식품이 더 많이 차지하도록 의무화하여 이 산업의 초기 성장을 지원해 줄 수도 있다.

2017년 AI 선구자 제프리 힌턴은 영상의학과 전문의를 애니메이션 캐릭터 와일 E. 코요테에 비유하며, 이미 절벽 끝을 넘어섰지만 아직 그 사실을 깨닫지 못한 상태라고 말했다. 몇 년 후 패트 브라운은 같은 기술이 육류 산업을 죽음의 소용돌이로 몰아넣을 것이라고 선언했다. 힌턴은 브라운과 같은 이분법적 함정에 빠진 것인데, 이 두 주장 모두 현실이 되지는 않았다. 그러나 시간이 지나면서 이런 기술은 분명히 엄청난 영향을 미쳤다.

축산업에서 발생하는 높은 비용을 해결하고 온난화 속도를 늦추고 인류의 건강을 증진하는 전략의 한 축으로서, 동물성 식품에서 어느 정도 벗어나 식물성 식품에 더 의존하도록 장려하는 것은 분명 합리적이다. 그러나 이 하나의 축만으로는 지속 가능한 미래를 완전히 뒷받침할 수는 없을 것이다.

당장은 동물성 제품 대부분을 식물성 복제품으로 대체하지 못해도, 우리가 정말 좋아하고 익숙한 진짜 동물성 제품을 완전히 새로운 방식으로 만드는 것은 또 다른 매력적인 전략이 될 수 있다.

배양육, 고기 없는 고기의 미래

동물을 뜻하는 'animal'에서 앞의 다섯 개 알파벳은 호흡이라는 뜻의 라틴어 'anima'에서 유래했다. 이 언어적 뿌리에 따르면 동물은 호흡하는 존재라는 의미다. 그러므로 최소한 전통적으로 고기란 호흡하는 동물에서 얻은 음식이라는 말이다.[11]

우리는 향을 피워 놓거나 촛불을 켜두거나 잔잔한 음악을 틀어 놓는 전통 방식으로 동물의 번식을 유도하는 방법을 이미 알고 있다. 그러나 인간이 설계한 생물학 혁명의 새로운 힘이 우리의 전통적인 정의에 도전하고 있다.

당신도 잘 알듯이, 삶은 인풋과 아웃풋의 과정으로 이루어진다.

우리가 소에게 먹이를 주지 않으면 소는 굶어 죽을 것이고 먹이를 주면 성장할 것이다. 육식을 하는 인간의 순전히 이기적인 관점에서 보면 소는 하나의 바이오프로세서라고 할 수 있다. 소는 풀이나 곡물 사료(인풋)같이 단순한 식품을 먹고 더 복잡한 형태인 단백질 그리고 비타민이 풍부한 고기(아웃풋)를 내놓는다. 우리가 이 고기를 먹으면(인풋) 체내에서 이를 분해하여 에너지를 만들어서 번식하거나 노래방에서 노래를 부르거나 책을 쓰거나 마라톤을 하는 등(아웃풋)의 활동을 한다.

감성이 전혀 없는 사람조차도 소가 단순히 고기나 만드는 생물학적 기계일 뿐이라 생각하지 않는다. 소는 새끼를 돌보고 같은 무리의 다른 소들과 사회적 결속력을 보이며 꿈을 꾸고 뭔가를 계획하거나 생각한다. 대부분의 인간이 의식적으로나 무의식적으로 소와 돼지를 먹는 것은 괜찮지만, 개와 고양이는 먹으면 안 된다고 느끼는 것은 사회 통념일 뿐이다. 우리는 소와 돼지를 한 선상에, 개와 고양이는 다른 선상에 두고 사회적 선택을 해왔다. 그러므로 화성인이 지구에 온다면 또는 미래의 세대들은 이러한 본능적 선택에 완전히 동의하지 않을지도 모른다.

대부분의 인간은 명시적으로 또는 암묵적으로 수많은 소, 돼지, 닭 등 여러 동물을 파괴하는 행위를 그저 불행한 일, 혹은 적어도 역사적인 부산물로 여긴다. 그래서 이런 행위에는 눈을 가려 버린다.

인간이 식량에 대한 욕구가 없었다면 오늘날 지구상에 있는 약 10억 마리의 소, 8억 마리의 돼지, 340억 마리의 닭은 존재하지 않았을 것이다. 사육과 방목에 쓰는 토지와 가축용 먹이를 재배하는 토지 역시 존재하지 않았을 것이며 이 가축에서 얻는 동물성 식품도 없었을 것이다.

인간의 창의력은 결핍에 관련된 것보다는 효율적이고 나은 방법으로 목표를 달성하는 것에서 발휘되었다. 그래서 더 많은 동물을 사냥하기 위해 창을 개발했고, 더 많은 식물을 수확하기 위해 쟁기를 개발했으며, 더 많은 말을 타기 위해 안장 양쪽에 다는 등자를 개발했다. 더 많은 곳을 여행하기 위해 차를 개발했고, 더 많은 사람과 대화하기 위해 전화기를 개발했으며, 더 많은 동물성 식품을 먹기 위해 축산업을 개발했다. 인간은 어떤 것이 이롭다고 여기면 대개 그것을 더 많이 하길 원하고 필요할 때는 기존의 방식만 고집하지 않는다. 새로운 방법이 더 효과적이라면 특히 그렇다.

이런 특성이 있어서 인간은 진짜 소를 포함한 가축에서 바람직하지 않은 부산물 없이 고기만 얻는다는 생각에 매우 긍정적인 평가를 내린다. 모든 인간이 채식주의자가 된다면 분명 좋을 것이다. 우리가 육류 대신 식물성 복제품을 먹는다면 매우 이상적일 것이다. 그러나 둘 다 현실성이 떨어진다. 따라서 육류 대체품의 최선은 다른 방법을 이용해서 고기나 동물성 단백질과 똑같은, 아니면 이보다 더 영양가 있는 제품을 만드는 것이다. 일반적으로 사람들은 고기가 정확히 어디서 나오는지에 별 관심이 없기 때문에 시도해 볼 방법은 매우 많다.

이때 우리는 임파서블 버거나 고도로 설계된 식물성 대체육처럼 고기를 처음부터 새롭게 설계할 필요가 없다. 생물학적 시스템과 진화가 이미 40억 년 동안 이 일을 해왔다. 예를 들어 가스크로마토그래피-질량분석기를 이용해서 소고기를 구울 때 나오는 향을 분석하고 복제할 필요 없이 자연은 이미 이 냄새를 고기에 부여하고 있었다. 다시 말해 소를 새롭게 발명하거나 재해석하는 것보다 이미 존재하는 것들에서 빌려오기만 하면 된다.

식물성 고기 개발에서 나타난 혁신가들처럼, 세포 배양육이라는 새로운 분야의 뛰어난 혁신가 중 상당수가 인간 재생 의학 분야에서 건너왔다는 사실은 그리 놀랍지 않다. 앞에서 보았듯이, 줄기세포에서 인간의 조직을 만드는 것은 재생 의학의 핵심 기술이다. 육류는 '특히 음식으로 간주되는 동물조직'이다. 그러므로 동물조직을 키울 방법만 찾으면 이 대단한 기술로 우리가 원하는 목표를 이룰 수 있다.

마크 포스트Mark Post는 네덜란드 위트레흐트대학교에서 의사 면허와 박사학위를 받은 유능한 혈관호흡기 전문의다. 그는 네덜란드의 선도적인 심장학 기관에서 잠시 근무한 후 하버드 의대 교수로 일하면서 인간의 심장을 고치는 데 도움을 줄 혈관 설계를 집중 연구했다. 2002년 그는 다시 네덜란드로 돌아왔고 급성장하는 인간 조직 설계 기술을 다른 분야에 적용할 방법을 숙고하기 시작했다.

포스트는 인간의 혈관 설계를 주 업무로 하면서 같은 기술을 이용해 줄기세포를 육류로 만들 수 있는지 연구했다. 그는 마스트리흐트 대학교 실험실에서 동료들과 함께 인간 조직과 장기를 만들 때 사용했던 도구와 기술을 활용하여 식용 고기를 만드는 새로운 목표를 향해 움직이기 시작했다.

연구팀은 먼저 근처 도살장에서 최근에 도축한 소의 골격근 일부를 절제하고 근육에 존재하는 성체 줄기세포인 근위성세포myosattelite cell를 분리했다. 수많은 수정과 시행착오 끝에 마침내 이 작은 세포 배양체를 키우려면 어떤 영양분과 환경이 필요한지 알아냈다.

다음 단계는 이 세포들이 송아지 태아가 자라는 식으로 분화하여 근섬유가 되고 기다란 형태의 근육 단백질이 되도록 유도하는 것이었다. 송아지 태아의 근육에서 혈관이 발달하는 방식대로 연구팀은 소의 태아에서 추출한 혈청과 기타 영양분을 이 근섬유에 계속해서 주입했다. 포스트와 그의 동료들이 첫 번째 햄버거를 만들기 위해 노력하는 동안 배양된 근섬유의 얇고 긴 조각도 점점 더 많아졌다. 그리고 마침내 2만여 개의 조각이 엮여서 완성되었다.

2013년 8월 포스트는 런던 기자회견장에서 세계 최초로 세포 배양육 버거를 소개했다. 그가 구글 공동 창립자 세르게이 브린Sergey Brin

에게 비밀리에 자금을 지원받았다는 사실도 밝혔다.

이 햄버거 한 개를 만드는 데 든 개발 비용은 32만 5,000달러였기 때문에 당시 미국에서 평균 2달러 정도였던 소고기 버거와 경쟁하기에는 역부족이었다. 또한 이 버거의 버석한 식감 역시 아쉬운 부분이었다. 세계 최초의 세포 배양육 버거는 가격도 어마어마했고 맛도 마치 판지를 씹는 듯했지만 가장 중요한 특징은 그 존재 자체였다. 세포 배양 소고기, 나중에는 배양육으로 이름이 바뀐 소고기 버거의 시대는 그렇게 시작되었다.

배양육을 시장에 내놓기 위한 노력의 일환으로 마크 포스트와 식품 기술자 페터르 페르스트라터Peter Verstrate는 2015년 모사미트Mosa Meats라는 새로운 회사를 창립했다.

소의 줄기세포에서 고기를 만드는 과정은 어떤 면에서 보면 식물 세포를 조작해서 복제하는 과정보다 논리적으로 더 간단하다. 즉 식물에 내재되어 있지 않은 행동을 하도록 속임수를 부릴 필요 없이 환경만 새롭게 바꿔서 동물 세포에 원래 하는 일 그대로 하도록 만들기만 하면 된다. 물론 이 방법도 쉽다고 할 수는 없지만 상대적으로 더 간단한 방법임에는 틀림없다.

여러 팀으로 나누어진 모사미트의 과학자들은 가장 어려운 과제들을 각자 맡아서 처리하기 시작했다. 한 팀은 단백질을 더 효과적이고 효율적으로 만드는 방법을 연구했다. 다른 팀은 지방을 대상으로 잡았다. 또 다른 팀은 실험실에서 햄버거를 만드는 소규모 프로젝트를 산업적 생산에 필요한 대규모 형태로 확장하는 어려운 문제를 해결하기 위해 연구했다.

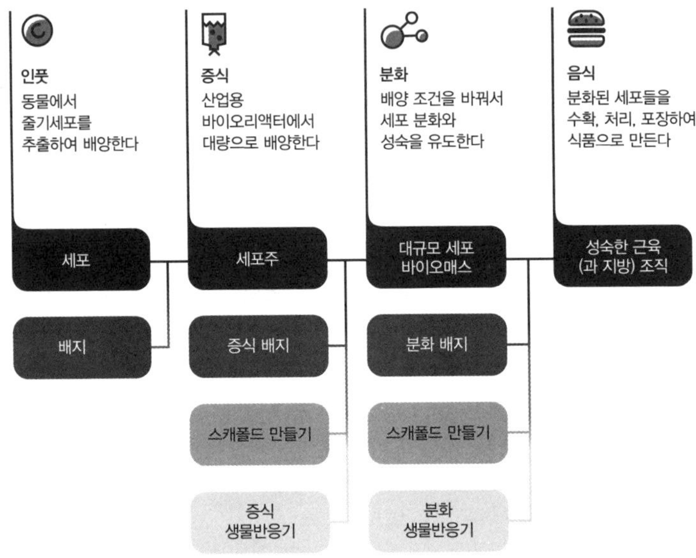

암세포를 제외하고 대부분의 인간 및 기타 동물 세포가 영원히 자라지 않는 데는 이유가 있다. 생물학적 프로세스는 인간과 주변 세상의 생물학적 시스템 안에서 이루어지고, 이 시스템에는 각자 정해진 한계가 있다. 그래서 간과 신장이 체내에서 무한하게 자라지 않고 나무 역시 하늘 끝까지 자라지 않는다. 이 원칙은 실험실에서 배양하는 세포에도 그대로 적용된다.

젖소의 세포가 성장하면 노폐물이 생기는데 이 물질은 적혈구가 운반하는 산소를 통해 배출된다. 그러나 커다란 산업용 바이오리액터의 집중된 공간에서 더 많은 세포를 키우기 시작하면, 바이오리액터의 설계나 조작된 세포에서 획기적인 발전이 일어나지 않는 한 세포들은 자신들이 만든 노폐물에 익사할 가능성이 커진다.

문제는 이뿐만이 아니다.

세포 배양육 1세대는 성장을 촉진하기 위해 소태아혈청FBS을 사용해 배양했다. 이론적으로는 말이 되는 방식이다. 소태아혈청에는 호르몬, 지질, 당, 비타민을 포함해 성장에 필요한 성분이 확인된 것만 1,000가지가 넘게 들어 있다. 물론 그중에는 확인되지 않은 것들도 있을 것이다.

소태아혈청을 얻는 방식은 이러하다. 수태한 젖소를 정식 도살장에서 도축할 때 긴 바늘을 이용해 소의 태아의 혈액을 빼내서 냉장실에 넣고 굳힌다. 그리고 원심분리기를 이용해 생명체의 복잡성과 영양학적 가치를 가진 순수 혈청만 분리한다. 소태아혈청은 세포 성장과 분화를 촉진하는 과정에서 핵심적인 역할을 하기 때문에 생명공학, 제약 및 연구 분야에서 수요가 계속해서 증가하고 있다.

그러나 궁극적으로 축산업을 감소시키려고 만든 산업이 전적으로 축산업에 의존해서 제품을 만든다면 과연 의미 있는 일일까? 2013년 마크 포스트가 첫 번째 버거를 생산할 때 사용했던 소태아혈청의 양은 약 50리터였다. 1리터의 소태아혈청을 만드는 데 소의 태아 두 마리의 혈액이 필요하다는 점을 고려하면 이 첫 번째 햄버거는 여러 면에서 수백 마리의 태아에서 나온 산물이라고 할 수 있다. 소태아혈청은 고도로 전문화된 기술로 나오는 제품이라 현재 가격은 최대 1리터당 400달러까지 한다. 이는 이 버거의 놀랄 정도로 높은 가격에서 큰 비중을 차지했다. 배양육 산업에서 소태아혈청에 계속 의존할 때 예상되는 윤리적·현실적 경제 비용은 더 나은 방법이 나오지 않는 한 해당 산업의 규모를 확장할 가능성을 원천적으로 차단하게 될 것이다.

현재 많은 기업이 소의 혈액이나 소의 눈에 있는 액체에서 세포의 성장 배지를 개발하는 방법을 찾고 있으며, 도축한 소의 태아보다 훨씬 접근성이 높은 자원이다. 이런 접근 방법은 중요한 진보이고 소태아혈청 비용 문제를 해결해 줄 수 있겠지만, 공급처와 관련된 우려를 가라앉히는 데는 크게 도움이 되지 않을 것이다. 그래서 동물 근육 세포를 조작하여 자가 성장을 유도하거나 지렁이에서 추출한 열활성 점액과 누에에서 얻은 단백질을 사용하는 방법도 연구 중이다.[13] 한편 네덜란드 회사 미테이블을 포함한 일부 기업에서는 이 책 제2장의 의료 부분에서 언급했고 야마나카 신야가 2012년 노벨상을 수상했던 기술을 사용했다. 현재 이곳에서는 동물의 성체 세포를 줄기세포로 유도한 다음 다시 근육과 지방 세포로 성장시키는 작업을 하고 있다.

이 외에도 미국의 BYAS, 한국의 씨위드, 튀르키예의 비프텍 같은 스타트업 기업들은 임파서블 버거를 만들 때 헴 배양에서 사용했던 것과 동일한 정밀 발효 기술을 사용하는 방식으로 접근하고 있다. 차이점이라면 조류를 이용해 동물에 적합한 성장 단백질을 생산한다는 것이다. 이스라엘 기업 바이오베터는 식물 분자 농업PMF 방식을 써서 담배(식물)에서 동물 성장 인자를 재배하는 방법을 선도적으로 찾아 나가고 있다. 2022년 모사미트의 과학자들이 《네이처》에 발표한 논문에는, 소태아혈청이 전달하는 유전 명령 대신 합성 RNA를 통해 배양된 단백질에 새로운 지시를 전달하는 새로운 방식이 나와 있다.[14]

그러나 우리가 소태아혈청 문제를 해결할 수 있더라도 축산업을 대체할 정도로 배양육의 규모를 키우기란 쉽지 않을 것이다.

첫 번째 배양육이 싱가포르와 이스라엘에서 고가의 치킨 너겟 형태로 시장에 나왔고 미국과 네덜란드를 비롯한 일부 국가에서도 소규모 판매가 시작되었다. 그러나 세계 육류 총소비량과 비교하면 여전히 하찮은 수준이다.

그런 점에서 규모를 넓히지 않는 한 배양육의 기적은 진정한 기적이 아니라고 할 수 있다. 과학기술의 발전도 매우 중요하지만[15] 이후에는 대대적인 투자가 성사되어야 하고 규제와 여론에도 큰 변화가 있어야 한다. 이 프로세스는 지금 시작 단계에 들어서 있다.

배양육 분야의 투자는 상호 협상이 가능한 수준에서 지난 10년간 매우 빠르게 증가했다. 소고기 산업의 환경 발자국과 영향은 다른 동물성 제품 산업보다 훨씬 크기 때문에 소고기를 대체하는 것을 찾는 게 가장 중요한 목표다. 하지만 많은 과학자와 기업은 돼지와 닭, 오리, 참치, 새우, 캥거루를 포함한 다른 동물 배양육을 만드는 노력도 하고 있다.

배양육을 개발하고 채택하는 활동을 장려하는 대표 비정부기구 굿푸드 인스티튜트Good Food Institute에 따르면 2021년 투자자들이 14억 달러를 배양육 기업에 투자했다고 발표했다. 이는 작년에 비해 세 배 이상 상승한 금액으로, 25개국에 있는 102곳의 기업이 지원을 받았다. 이듬해에는 시장 침체로 총 투자 자본이 감소했지만 투자를 받은 회사의 수는 156곳으로 증가했다.[16] 이런 기업들이 북아메리카, 유럽, 아시아태평양 지역에 분포한 것을 보면 혁신의 씨앗이 세계 전체로 심어지고 있다는 사실을 분명히 알 수 있다. 다국적 육류 생산기업인 카길, JRB, 타이슨푸드 같은 대형 글로벌 회사들은 자사가 원산지에 상관없이 동물성 단백질을 판매한다는 사실을 인지하고 배양육에도 투자를 시작했다.

정부도 이 분위기에 편승했다. 미국 농무부는 2021년 터프츠대학교 세포 농업 센터 건립에 재정지원을 했다. 같은 해 이스라엘 혁신청에서는 새 공공-민간 세포 농업 혁신 센터 네 곳과 공공-민간 배양육 컨소시엄Cultivated Meat Consortium 한 곳에 약 2억 2,000만 셰켈(약 6,900만 달러)을 투자한다고 발표했다. 중국 정부는 '인공육에 대한 고효율 생물학적 제조 기술' 이니셔티브를 새롭게 발족했다. 2022년 네덜란드 정부는 세포 농업에 6,000만 유로의 공공 투자를 발표했다. 2024년 대한민국 정부는 새로운 배양육 제품의 시장 출시를 지원하기 위해 경제특구를 지정했다.

그러나 과학과 투자에서 얼마나 많은 진보가 있었든지 간에 배양육은 일반 국민이 먹고 싶어 하고 안전하다고 판단하지 않으면 절대 성공할 수 없을 것이다. GMO 작물의 교훈은 현재의 발전을 또 한 번 망쳐 버릴 수 있다고 경고한다. 앞에서 살펴보았듯이 유럽을 포함한 많은 국가의 국민이 GMO 작물을 거부한 행동은 배양육 기술을 대규모로 받아들이는 속도를 크게 늦추었다.

2020년 마크 포스트가 주요 저자로 참여한 네덜란드 논문에서는 매우 긍정적인 전망이 나왔다. 이 논문에 포함된 실험에서 연구자들은 다양한 배경과 나이의 193명을 초대하여 두 종류의 햄버거를 내놓았다. 하나에는 '일반 방식', 다른 하나에는 '배양 방식'이라고 적혀 있었다. 사실 이 두 버거는 모두 같은 종류의 일반 소고기 버거였다. 연구자들은 이 사실을 알고 있었지만 피실험자들에게는 알려주지 않았다. 배양육이라고 쓴 버거가 건강에 더 좋은 영향을 준다는 설명을 듣고 버거를 시식한 참가자 중 58퍼센트가 일반 소고기 버거의 3분의 1이 넘는 비싼 가격을 주고서라도 이 세포 배양육을 먹겠다고 답변했다. 더 놀라운 사실은 모든 피실험자가 일반 버거보다 배양육 버거라고 표시된 햄버거가 더 맛있다고 생각했다는 점이다.[17] 소규모로 진행된 이 실험의 결과는 대중이 바이오리액터에서 만든 고기를 선택하는 쪽으로 마음이 충분히 기울 수 있다는 가능성을 시사했다.

2021년 발표된 미국인과 영국인 4,000명을 대상으로 한 여론조사에서도 비슷한 결과가 나왔다. 비록 참여자 중 10퍼센트도 안 되는 수가 이 기술을 알고 있었지만, 80퍼센트가 배양육에 대해 더 자세히 알 수 있다면 열린 마음으로 대할 것이라 답했다. 또한 연령이 낮을수록 평균적으로 수용 폭이 더 컸다. 배양육에 대해 더 익숙해진 80퍼센트의 사람들은 특히 정부 기관이 관련 제품을 승인할 경우 미래에 먹게 될 육류의 절반이 살아 있는 동물에서 직접 생산되지 않을 것이라는 상상에 매우 긍정적인 반응을 보였다.[18] 2023년 설문에 참여한 한국인 90퍼센트가 배양육을 먹을 의향이 있다고 밝혔다.

세포 배양육 중에서도 다진 고기를 생산할 때는 다양한 재료를 함께 넣어서 만든다. 이런 종류의 고기는 근육층과 지방층이 그대로 살아 있는 고깃덩어리 전체를 만드는 것보다 기술적으로 훨씬 간단하기 때문에 배양육의 규모를 키우는 첫 번째 대상은 이런 다진 고기

일 가능성이 크다. 세계적으로 소비되는 전체 일반 육류의 거의 절반이 다진 형태라서 다진 배양육은 엄청난 기회를 창출할 수 있다. 다진 배양육은 그대로 쓰거나 식물성 고기 또는 일반 고기 같은 다른 제품과 혼합해서 쓸 수 있다.

배양육 시장을 구축하는 가장 확실한 접근 방식은 대중의 수용을 바탕으로 접근하기 쉬운 저렴한 제품부터 소개하여 조금씩 올라가는 상향식 방법이다. 하지만 최고급 프리미엄 제품으로 시작하는 하향식 방법을 써도 된다. 마치 테슬라가 고급화 전략으로 시작했듯이 실험실에서 만든 동물성 제품에도 이런 방식을 적용해 보는 것이다.

이스라엘의 배양육 스타트업 알레프 팜스Aleph Farms는 이미 소고기의 복잡한 질감과 마블링을 완벽하게 복제하기 위해 근육과 지방을 만드는 줄기세포를 콜라겐으로 된 스캐폴드에 넣는 3D 프린팅 작업의 초기 단계에 있다. 2020년 12월 8일 이스라엘 총리 베냐민 네타냐후는 이스라엘 레호보트에 있는 알레프 팜스 본사에 방문했을 때 배양육을 먹어 본 첫 번째 국가 수장이 되었다. "맛도 좋고 죄책감도 느끼지 않을 수 있군요. 일반 소고기와 전혀 차이를 느끼지 못하겠습니다."[19] 이스라엘의 수석 랍비에 따르면 이 음식은 코셔이기도 하다. 2024년 1월 알레프 팜스는 세계 최초로 정부로부터 배양육을 상업적으로 판매할 수 있는 권한을 승인받았다.

3D 바이오-티슈즈3D Bio-Tissues라는 영국 스타트업 기업은 최근 세계 최초로 배양된 스테이크 필레를 만들었다고 주장했는데, 이에 대해 알레프 팜스는 이의를 제기할 가능성이 크다.[20] 이 회사를 설립한 연구자들 역시 다른 동종 기업들과 마찬가지로 처음에는 인간 조직

을 설계하는 도구를 건강 증진에 사용하길 원했고, 특히 시각 장애인의 각막을 재생하는 연구를 했다. 이들은 나중에 기회가 오자 같은 기술을 세포 배양육을 만드는 데 사용했다.

테슬라 전략을 따른다면, 배양된 와규, 장어, 참다랑어, 푸아그라, 랍스터, 철갑상어 캐비어와 같은 고급 식품을 만들어서 얻은 높은 수입이 더 많은 산업을 보조하는 데 쓰일 것이다. 시간이 지나면 더 접근하기 좋고 적당한 가격의 제품도 나올 것이다. 동물성 제품은 세포로 만들기 때문에 다른 유형의 고기도 얼마든지 만들 수 있다. 2023년에 호주의 한 회사는 털북숭이 매머드 고기로 미트볼을 만들어 냈다고 발표했다. 이는 새로운 식품 카테고리를 제안하기 위한 것이라기보다, 주목을 끌고 토론을 유발하기 위한 목적이 더 컸다.*

현재 대부분의 사람이 이미 동물성 식품을 섭취하는 것에 매우 익숙하다. 따라서 세포 배양육 제품의 맛과 식감, 인식을 강화하는 것뿐 아니라 가격을 낮추는 것도 필수적인 부분이다. 요가를 하는 채식주의자들이 가격에 전혀 신경 쓰지 않은 채 유기농 매장을 거닐며 사는 세상을 상상해 볼 수도 있겠다. 하지만 대부분의 사람은 가능한 한 적은 비용으로 자신과 가족이 잘 먹을 수 있기를 바란다.

배양육과 다른 세포 배양 동물성 식품은 품질과 안정성, 환경에 미치는 결과, 영양학적 가치, 맛이 일반 동물성 식품과 비슷하거나 뛰어넘어야 하며, 여기에는 비용도 빠지면 안 된다. 세계적으로 소를

---

* 인간의 다양한 유형을 생각해 보면, 어딘가에서 이미 코셔 돼지고기와 (지지한다는 것은 절대 아니지만!) 인도주의적 식인 풍습에 대한 계획을 짜고 있을지도 모른다.

키우는 농가와 낙농업에서 받는 보조금만 연간 600억 달러로 추정되므로[21] 비용 관련 과제는 풀기 쉽지 않아 보인다. 그러나 앞서 살펴봤듯 게놈 서열을 분석하는 비용이 얼마나 감소했는지 생각할 때, 올바른 조건만 맞춰진다면 복잡한 기술들이 더 향상되면서 가격 역시 엄청난 수준으로 낮아질 것이다.

하나에 32만 5,000달러나 하는 마크 포스트의 첫 번째 햄버거는 맥도날드 드라이브스루에서 햄버거를 사는 사람들 대부분이 들으면 심장마비를 일으킬 정도로 비쌌지만, 현재 배양육 패티의 가격은 개당 10달러 정도로 내려갔다.[22] 지금 수준으로 투자와 혁신이 지속된다면 이 가격은 미래에 더 떨어질 것이다. 물론 그 과정이 쉽지는 않다. 세포 배양육을 더 저렴하게 만들기 위해서는 세포주를 키우고, 더 좋고 저렴한 배양액을 찾고, 원재료 공급망을 강화하고, 제조 공정을 간소화하고, 대규모 투자를 하는 등 엄청난 과학적 혁신이 필요하기 때문이다. 그러나 처음부터 시작할 때와 비교해 보면 훨씬 쉬운 작업임은 분명하다.

데이비드 험버드David Humbird 같은 일부 분석가들은 배양된 동물성 제품의 규모를 확장하는 과정에서 이러한 장애물을 극복할 수 없을 것이라 내다봤다. 2021년에 유명한 논평에서 그는 다음과 같이 마무리 지었다. "대사 효율성을 강화하고 식물 가수분해물hydrolysate에서 저비용 배양액을 개발한다는 목표는 대단하지만, 배양육이 기존 육류를 대체하기에는 여전히 불충분한 환경이다."[23] '프로토.라이프'proto.life라는 웹페이지에 글을 올린 저자는 이 작업에 대해 독자들이 이해하기 쉽게 이렇게 풀어썼다. "2050년까지 100억 명의 배를 채우는 데 필요한 육류량을 현실적으로 냉정하게 계산해 보면 배양육은 기껏해야 화려한 사이드 쇼에 불과하다. 겉보기에만 화려한 마크 저커버그의 메타버스에 지나지 않은 음식이란 의미다."[24]

메타버스라는 아이디어는 2022년 엄청난 기대감을 불러일으켰다가 얼마 지나지 않아 생성형 AI의 일부로 명명되면서 사그라들었다. 이처럼 배양된 동물성 제품의 가능성에 대한 흥미 역시 과학 기술, 사회적 수용이 들쭉날쭉한 형태를 띠면서 함께 오르락내리락 할 수 있다.

굿푸드 인스티튜트에서 전문가로 일했던 데이비드 웰치David Welch는 온라인 미디어 《프로토.라이프》proto.life와의 인터뷰에서 이렇게 지적했다. 그가 험버드의 논문에서 발견한 가장 큰 결점은 "바이오연료나 의약품 같은 제품을 생산할 때 현존하는 기술적 한계를 뛰어넘을 수 없다고 가정한 것"이다. 데이비드 캐플란David Kaplan(데이비드라는 이름에 뭐라도 있는 걸까?)은 터프츠대학교 세포 농업 센터의 소장이자, 소의 근육 줄기세포를 설계하여 무한히 그리고 잠재적으로는 대규모로 증식하는 기술의 선구자이다.[25] 그는 '우리가 지금까지 해 왔던 그리고 다른 사람들이 연구하고 있는 데이터와 과학을 바탕'으로 한다면, 세포 배양 동물성 식품의 규모를 확대하는 과정에서 방해가 되는 주요 과제를 결국에는 해결할 것이라고 낙관적으로 전망했다.[26]

소태아혈청을 대체하고 대규모로 세포를 배양하고 산업 규모로 바이오리액터를 구축하는 등 대표적인 기술적 문제를 해결한다면, 세포 배양육을 만드는 데 필요한 물질들은 기존의 소에서 얻던 것보다 줄어들고 이후에도 계속해서 감소할 것이다. 이러한 발전은 이미 각 분야에서 일어나고 있다. 한 예로 제약업계에서는 단클론항체mon-oclonal antibody와 기타 세포 치료제를 만드는 바이오리액터 개발이 진행 중이며, 바이오리액터의 완전히 새로운 형태도 개발되고 있다.[27]

2021년 이스라엘 기업인 퓨처 미트 테크놀로지는 하루에 500킬로그램의 고기를 생산할 수 있는 시설을 레호보트에 세웠다. 이 정도 양이라면 약 5,000개의 햄버거를 만들 수 있다. 이 공장이 문을 열던 날, 맥도날드에서만 약 700만 개의 햄버거가 팔렸다. 이듬해 첫 번째 세포 배양 치킨 너겟을 개발하고 싱가포르에 판매한 이트 저스트 기업의 사업부인 굿미트는 일류 생명공학 회사인 ABEC와 다년간의 독점 계약을 체결했다고 발표했다. 굿미트는 이 계약으로 사상 최대 규모의 바이오리액터를 구축해 조류와 포유류의 세포를 배양하겠다고 밝혔다.

굿미트는 미국에 시설을 세워 약 열 개의 바이오리액터를 가동할 계획이다. 이 계획이 제대로 진행된다면 연간 1,360만 킬로그램의 고기를 생산할 수 있을 것이다. 이 정도면 1억 2,000만 개의 쿼터파운드 버거를 충분히 만들 수 있다.[28] 전 세계 맥도날드에서 1년에 필요한 패티의 양은 약 25억 개이기 때문에, 예측이 정확하다면 이곳에 고기를 공급하기 위해서는 20곳의 공장이 있어야 한다.

2023년 5월 마크 포스트의 모사미트는 네덜란드에 3만 제곱피트 크기의 생산 공장을 세웠다. 이곳에서는 소태아혈청으로 만든 스캐폴드를 사용하지 않고 1년에 수만 개의 세포 배양육을 만들 수 있다. 또한 포스트는 싱가포르에 있는 제조업체와도 파트너십 계약을 맺었다고 발표했다. 10년 전 32만 5,000달러 하던 첫 번째 버거를 생각하면 정말 큰 진전이지만, 여전히 포스트의 목표에 다다르거나 국제 소고기 시장에 맞서기에는 한참 부족했다. 그러나 전통적인 햄버거 시장도 하나의 햄버거로 시작해서 발전했듯이 생명공학 기술도 빠르게 향상되고 있다.

매우 낙관적인 예측이긴 하지만 포스트는 살아 있는 소에서 추출한 조직 중 단 열 개에서 나온 0.5그램의 소 근육만으로도 204만 톤의 고기(약 750만 마리의 소에서 나온 고기와 맞먹는 양)를 생산할 수 있을 것으로 예측했다.

과학기술의 진보와 함께 규제와 관련된 부분에도 변화가 있어야 한다. 이와 관련해 2022년 11월 미국에서는 작은 진전이 보였다. FDA가 업사이드 푸드에 세포 배양 닭고기 판매를 승인한 것이다. 이듬해 3월, FDA는 굿미트에서 만든 '배양된 닭고기 세포 물질'은 인간이 섭취해도 안전하다고 발표했다. 이후 2023년 6월 미국 농무부는 굿미트와 다른 캘리포니아 기반 회사인 이트 저스트의 배양된 닭고기 제품을 고객에게 판매하도록 허락했다. 실험실에서 만든 닭고기가 워싱턴 D.C.에 있는 자신의 레스토랑 한 곳의 메뉴로 오른다는 소식을 들은 인도주의자 총 주방장 호세 안드레스는 이렇게 말했다. "지구의 미래를 위한 엄청난 순간입니다. 지금까지 대단한 발전이 있었죠. 정확히는 세계 모든 공동체 구성원을 지속 가능한 방식으로 먹여 살린다는 목표 달성을 앞당기는 어마어마한 발전입니다."[29] 앞으로 세포 배양 소고기, 연어, 참치 등 다른 식품에도 더 많은 승인이 내려질 것으로 보고 있다.

배양육 산업이 급성장하는 상황에서 글로벌 컨설팅 업체 맥킨지는 2030년 무렵이면 배양육의 가격이 전통적인 고기와 같은 수준으로 떨어지고 그렇게 되면 배양육 판매 수익이 250억 달러에 이를 것으로 예측했다.[30] 하지만 그렇더라도 세계 총 고기 소비의 0.5퍼센트밖에 되지 않는 수준이다. 바클레이즈 은행은 2040년에 배양육이 세계 총 고기 소비의 20퍼센트, 2050년에는 40퍼센트를 차지할 것이라고 더 공격적으로 예측했다.[31] 컨설팅 기업 에이티커니는 2040년에 식물성 육류나 세포 배양육이 세계 총 육류 소비의 60퍼센트를 차지할 것이라며 더 낙관적으로 예측했다.[32] 현재의 여러 문제점을 고려해 보면 배양육은 아마도 일반 육류보다 저렴하고 의미 있는 쪽으로 장점이 더 많다는 인식이 있어야 체계적인 도약이 가능할 것이다.

몇몇 단체의 이러한 전망은 환상으로 남을 수도 있지만, 우리 시대의 기하급수적 발전 속에서 이러한 꿈들이 현실화되는 경우가 적지 않았다. 이때 세계의 각 정부도 앞으로 나아가기 위해 큰 역할을 해야 한다. 가령 기초 연구를 더 강력하게 지원하고, 마중물이 될 초기 자금을 추가로 제공하며, 학계와 산업계, 정부, 시민 사회가 협력하여 노력할 수 있도록 장려해야 할 것이다. 또한 기술 혁신을 촉진하고, 축산업에서 벗어나는 단계에서 나타난 모범 사례를 공유하며, 지속 가능한 방식으로 생산되는 동물성 식품을 위한 프리미엄 시장을 구축하는 등 새로운 체계를 세울 수 있다.

아직은 배양된 동물성 식품으로의 획기적인 이동을 확신할 수 없지만, 잠재적인 가능성은 기존의 수많은 소고기 생산업자를 충분히 두렵게 만들었다. 2018년 미국 육우협회US Cattlemen's Association에서는

“‘소고기’와 ‘고기’라는 용어는 전통적인 방식으로 동물(소)의 고기로 만든 제품에 독점적으로 붙여야 한다”고 주장하며 관련 규칙을 제정해 달라는 탄원서를 미국 농무부에 제출했다.*[33]

이러한 우려 및 관련 문제에 대응하여 이탈리아는 2023년 배양육 판매를 금지했다. 미국 내 배양육 총판매량은 미미한 수준이지만 최근 앨라배마, 플로리다, 인디애나, 미시시피, 몬태나, 네브래스카주가 판매 금지의 흐름을 따랐다.

배양육으로의 전면적인 전환을 지지하는 일부 사람들에게는 산업적 규모로 소를 키우는 농가를 포함한 모든 사육 농가의 걱정을 무시하는 게 더 쉬울지 모른다. 하지만 이는 자멸적인 실수가 될 수도 있다. 그러므로 소 농가에서 더 분노하고 정치적으로 영향력을 발휘하도록 두기보다는 이들을 협력자로 만드는 것이 배양육 전환 과정의 핵심이다. 이를 위한 첫걸음은 배양육 산업이 우리가 상상하는 것 이상으로 성장하더라도 소 사육이 종말을 맞이한다는 의미가 아니며 많은 농가가 더 적은 소로 더 높은 수익을 올릴 수 있는, 어쩌면 더 큰 경제적 기회라는 점을 분명히 해야 한다.

배양육 산업이 배양체를 얻기 위해서는 앞으로도 살아 있는 소에서 지속적으로 조직을 공급받아야 한다. 이때 농가에서는 자신의 소를 협소한 공간에 가두고 항생제를 다량 주입하고 최대한 싼 사료를 먹여서 마진을 최대한 높이던 기존의 방식 대신 소들이 최대한 편안한 환경에서 건강하게 자라게 할 수 있을 것이다. 더 이상적인 결과

는 더 적은 수의 소로도 더 큰 수익을 만들어 내는 것이다.

대표적인 예시는 세포 배양물을 제공받기 위해 모사미트가 운영하는 네덜란드 목장이다. 리무진종Limousin은 큰 몸집과 강한 힘 덕분에 유럽에서는 한때 농업에 가장 이상적인 종으로 꼽혔다. 현재는 고기 생산에 매우 이상적인 종으로 여겨진다. 전체 몸집에 비해 다른 소보다 더 많은 고기를 제공하고 지방이 적어 많은 레스토랑에서 가장 선호한다.

모사미트의 목장에서 지내는 리무진종은 대부분의 다른 소들과 비교했을 때 꽤 바람직한 생활을 한다. 언제나 영양가 있는 먹이를 먹고 비교적 자유롭게 돌아다닐 수 있다. 그중에서도 가장 큰 혜택은 도살당할 위험이 없다는 점이다. 대략 두 달에 한 번 수의사는 일부 수소의 다리에 소량의 국부 마취제를 주사한 후 아주 작은 근육 조직을 떼어 낸다.

마크 포스트가 계산한 배양육의 잠재적 규모의 결괏값이 거의 정확하다면, 세포 배양육의 꿈이 완전히 실현되었을 때 1,650마리의 소만으로도 우리가 현재 소비하는 모든 소고기의 양을 채울 수 있을 것이다. 현재 추정으로 2050년에는 약 2,800마리의 소만 있으면 전 세계 동물성 단백질 수요를 충족할 수 있다.

하지만 우리는 이 정도까지 전환을 원하지 않는다. 최소한 가까운 미래에는 가장 건강한 상태로 방목한 소에서 나오는 최상급 소고기를 사려는 소비자들이 분명히 존재할 것이다. 가격이 터무니없을 정도만 아니라면 이 프리미엄 제품은 모사미트의 리무진종과 비슷한 환경에서 자란 소로 만든 것들이며, 언제나 그렇듯 이런 제품은 대부분의 대체품보다 더 높은 가격이 책정될 것이다.

그러면 이런 방식을 제시할 수 있다. 줄기세포를 추출하는 소의 농가에 해당 제품 판매로 발생하는 이익을 어느 정도 할당하면서 이들이 상업적인 관심을 두게 하여 앞으로 이루어질 거래의 방식과 조건을 체계화하는 것이다. 이를테면 동물에 대한 일종의 저작권이라 생각하면 된다. 또한 현재 낙농업자들이 하는 것처럼 바이오리액터를 농가에 설치할 수도 있다.

이런 이상적인 세계에서는 소 육종을 도울 농가가 많이 필요하다. 시간이 지나면 가축의 건강과 생존을 위해 소를 키우는 사람들은 더 많은 수의 건강하고 강인한 소를 키워서 다양한 종의 소와 그 유전자를 보유하고 싶어 할 것이다. 또한 농부들은 윤작할 때 도움이 될 정도의 소를 보유하려 할 것이다. 농사를 짓지 않을 때 소를 풀어 두면 소규모이긴 하나 비옥한 땅을 유지할 수 있고 지속 가능성도 매우 높일 수 있기 때문이다. 그러나 아직은 세계적 수요에 근접한 수준으로 규모를 키우지는 못했다. 우리가 축산업에 필요한 토지를 줄이는 데 성공하고 이 광활한 대지를 야생으로 되돌릴 수 있다면, 회복 중인 이곳의 생태계에서 야생소나 들소를 포함한 다른 야생 동물이 활발한 구성원으로서 살아가기를 원할 것이다.

그렇다면 이 시나리오에서 세계 인구에 제공하는 소고기를 만들려면 얼마나 많은 소가 있어야 할까?

현재 전 세계에는 가축으로 길러진 약 10억 마리의 소가 있는데 그중 약 3분의 1이 올해 도축될 예정이다. 대략 3억 3,000만 마리다. 앞서 세포 배양육을 만들기 위해 줄기세포를 제공하는 소 2,800마

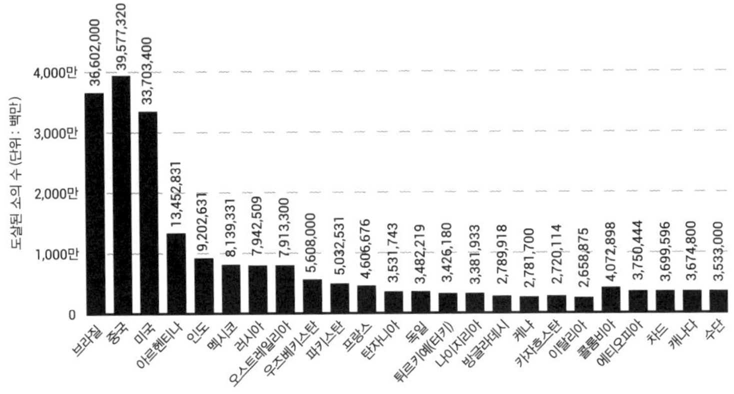

국가별 도살된 소의 수(2018)[34]

리가 필요하다고 했지만 넉넉하게 1,000을 곱해 보자. 그러면 우리에게 필요한 소는 약 300만 마리다. 여기에 윤작과 프리미엄 제품을 위한 소까지 2,000만 마리가 더 필요하다.

개발도상국 국민에게 소는 전통적인 공동체와 생활 방식의 근간이 되므로 자원으로 확보해 두어야 한다. 매년 도축되는 소의 약 60퍼센트는 선진국에서 도살된다. 그러면 개발도상국에서 도축되는 소는 그대로 두더라도 매년 도축되는 소의 총수를 1억 8,500만 마리 줄일 수 있다. 즉, 전 세계적으로 필요한 소는 4억 3,800만 마리에 불과하며 이는 현재와 비교할 때 54퍼센트 감소한 수치다.*

또한 많은 양의 소고기 단백질을 대체할 때 다른 자원에서 추가적으로 단백질을 얻어서 부족한 칼로리를 보충해야 한다는 점 역시 고

---

* 전 세계에서 매년 도살되는 3억 3,000만 마리에서 개발도상국에서 도축되는 40퍼센트의 소 1억 3,200만 마리, 근육생검용muscle biopsies으로 확보한 300만 마리, 선진국의 지속 가능한 농업을 위해 유지하는 1,000만 마리를 빼서 1억 8,500만 마리라는 수치를 도출했다.

려해야 한다. 여기에는 많은 양의 에너지, 물, 성장 배지, 기타 공급품이 필요할 것이다. 그러나 세포 배양 소고기는 일반 소를 키워서 얻는 것보다 95퍼센트 적은 토지, 96퍼센트 적은 사료용 작물, 65퍼센트 적은 물이 필요하다는 점을 생각하면[35] 전반적으로 절약되는 부분이 더 클 것으로 예상된다. 지금의 축산업이 약 9.5퍼센트의 세계 온실가스 배출에 책임이 있기 때문에 세포 배양은 배출량을 절반가량 줄일 수 있다.

현재 전체 농지의 70퍼센트가 가축 사육에 쓰이고 이 중 절반인 35퍼센트가 다양한 용도로 소를 키우는 데 사용된다고 추정한다. 소의 전체 수를 절반으로 줄인다면 총 농지의 17.5퍼센트, 약 8억 4,000만 헥타르를 다른 용도로 사용할 수 있다는 말이다. 그러면 산림 황폐화 속도를 늦추고 세계에서 생태학적으로 가장 중요한 곳, 가령 아마존 우림 같은 지역의 숲을 재건할 수 있다. 참고로 전체 아마존 우림의 크기는 6억 7,000만 헥타르다.

소 한 마리용 먹이 재배와 음용으로 쓰이는 물의 양은 약 300만 리터다. 그러므로 전 세계 소의 개체수를 5억 마리로 줄이면 1조 5,000억 세제곱미터라는 엄청난 양의 물을 잠재적으로 절약할 수 있다. 이정도면 미국 오대호 중 하나이며 세계에서 가장 큰 담수 자원 중 하나인 온타리오호의 크기와 맞먹는 수준이다. 전체 소의 수가 줄어들면 항생제 내성이 있는 박테리아의 위협도 줄어들 것이다. 또한 이 5억 마리의 소를 더 인도적으로 다룰 수 있고, 분명 수백에서 수천 종에 이르는 생물을 멸종에서 구할 수 있을 것이다.

어떤가, 흥미가 생기는가?

10억 마리 소를 5억으로 줄이면
러시아만 한 땅이 돌아온다

이렇게 상상해 보자. 당신은 동네 슈퍼마켓의 육류 코너에서 세 가지 형태로 구분된 제품을 보고 있다.

첫 번째 제품은 지속 가능한 방식으로 방목 사육하고 항생제를 쓰지 않았으며 목초 사료로 키운 소로 만들었다. 이 프리미엄 제품은 다른 두 가지 제품보다 더 비싸다. 당신은 육류를 좋아하고 여전히 립아이 부위를 뜯을 때의 짜릿함을 즐기기 때문에 특별한 날에는 이 고급 상품을 구매할 의향이 다분하다. 당신은 이 제품의 원료가 되는 동물이 과거보다 훨씬 몸집이 크고 생산적이라는 사실을 알고 있다. 이 제품들은 수천 년에 걸친 인간의 조작으로 만들어졌으며, 최근의 번식 기술과 게놈 편집 기술이 이러한 발전을 가속화했다는 것도 알고 있다. 물론 당신은 어떤 식으로든 유전자 변형을 하지 않은 소고기를 먹고 싶을 수 있겠지만 그 요구에 부응하기 위해 야생동물을 사냥한다면 몇 주 안에 수많은 야생동물 종이 멸종할 것임을 알고 있다.

프리미엄 제품 옆에는 식물성 고기가 있다. 당신은 이 고기가 진짜 소에서 나온 고기가 아니란 사실을 알지만 맛이 꽤 좋다는 점은 인정한다. 게다가 여기에는 필수 비타민과 미네랄이 들어 있으며 육류의 포화지방산 대신 더 건강한 오메가3가 함유되어 있다는 것을 잘 알고 있다. 일부 동물성 제품 역시 건강한 음식이라는 것을 알지만 과도하게 많이 먹고 싶지는 않고 노년에 심장병을 얻을 확률도 낮추고 싶다. 당신은 채식주의자가 아니지만 동물을 해치지 않으면서 고기를 먹는 경험은 해보고 싶다. 또한 식물성 고기가 일반 고기보다 기후 발자국을 적게 만든다는 사실도 알고 있다. 그래서 가격이 너무 비싸거나 맛이 정말 형편없는 게 아니라면 환경 보호에 동참하고 싶은 마음도 있다.

세 번째 코너에는 배양육이 있다. 실험실에서 만든 고기라는 점이 처음에는 이상했지만 관련 분야에 대해 더 많이 알게 될수록 점점 별것 아닌 것처럼 느껴진다. 사실 당신은 동물을 먹는다는 행위를 그렇게 좋아하지 않았다. 단지 대부분의 사람이 그렇게 살아왔고 진화적, 개인적, 문화적 역사의 일부라서 따라온 것뿐이다. 그러나 이제는 동물을 죽이는 것을 모른 척 등을 돌리면서 고기를 먹지 않아도 된다는 사실과, 축산업에서 생성되는 단점 없이 고기를 먹을 수 있다는 생각이 점점 합리적이라 느껴진다. 전에 TV에서 이런 고기의 맛을 비교하는 실험을 본 적이 있는데 이번에는 직접 체험해 볼 기회가 생겼다.

이번에는 친구 몇 명과 함께 고급 햄버거 레스토랑에서 햄버거 세 개를 주문했다. 일반 햄버거 하나, 식물성 고기가 들어간 햄버거 하나, 배양육이 들어간 햄버거 하나다. 식물성 고기로 만든 버거는 맛이 좀 다르고 별로일 가능성이 크다. 그러나 일반 햄버거와 바이오 리액터에서 배양된 동물 세포로 만든 햄버거에서는 누구도 차이점을 찾지 못할 것이다. 배양육은 더 싸고 건강하고 안전하기 때문에 시간이 지나면서 당신은 이 고기를 더 많이 구매할 것이고 특히 다진 고기를 많이 살 것이다. 왜 그렇게 하지 않겠는가?

이 시나리오는 불가능하지 않으며 완전히 새로운 것도 아니다. 그러나 우리가 갑자기 새로운 윤리적 충동에 사로잡혀서 당장 이 계획을 실행할 가능성은 작다. 물론 환영할 만한 일이긴 하다. 그러나 이런 새로운 접근법을 통해 경쟁력 있는 가격, 우리가 만족할 만한 이야기를 담고 있는 좋은 제품이 나온다면 구매자들은 이것을 선택할 것이다. 또한 이런 제품은 획기적인 변화를 일으킬 수도 있다.

앞에서 전 세계 소의 총 개체수를 절반으로 줄였을 때 나타날 수 있는 이점을 알아보았다. 그러나 굳이 그렇게 하고 싶지 않더라도 게놈 편집 기술을 이용해 소의 평균 크기와 고기 생산 능력을 10퍼센트만 늘린다면, 전체 소 개체수를 비슷한 수준으로 줄이거나 최소한 증가 속도를 늦출 수 있다. 아니면 소고기 섭취의 10퍼센트를 식물성 고기로 바꾸고 10퍼센트는 세포 배양육 제품으로 바꾸면 현재의 소 개체수를 조금 전에 말한 수준으로 거의 비슷하게 줄일 수 있다. 조금 더 나아가 전 세계 육식을 하는 사람들이 식단의 10퍼센트를 식물성 식품으로 바꾸는 방법도 있다. 총 30퍼센트의 변화로 전 세계 소의 개체수를 약 3억 5,000만 마리로 줄일 수 있다고 생각한다면 너무 무모한 걸까?

돼지와 닭의 개체수를 줄이는 것도 비슷한 결과가 나올 수 있다. 그렇게 하면 약 1,700만 제곱킬로미터의 농지를 얻을 수 있으며, 이는 러시아 땅과 맞먹는 크기다. 소의 개체수를 절반 정도 줄였을 때와 같은 이점을 모두 얻을 수 있다.

그렇다면 이런 엄청난 이익을 얻기 위해 이 정도로 많이 줄여야 할까? 그렇지 않다.

2022년 5월 《네이처》에 발표된 컴퓨터 모델링 연구에 따르면 소를 포함한 기타 가축의 개체수를 20퍼센트만 줄여도 2050년까지 전세계 삼림 파괴를 절반가량 낮출 수 있다고 한다. 전체 동물의 수가 줄어들면서 숲과 기타 녹색 공간이 늘어나기 때문이다.[36] 그러나 의외로 소와 가축의 개체수를 줄였을 때 이점은 약 50퍼센트 감소 지점 이후부터는 점차 줄어드는 것으로 나타난다. 이는 더 나은 미래를 위해 가축을 무작정 줄일 필요가 없다는 사실을 시사한다. 따라서 가축의 수를 적당히 줄이고 대신 다른 대체 식품을 늘리면 된다. 또한 이 연구에는 사람들이 소에서 얻은 동물성 식품을 프리미엄으로 인식하기 시작하면 전체 수가 줄어들더라도 농가의 수입은 보호받을 수 있다는 내용도 포함되어 있었다.

2023년에 발표된 영국 보고서에도 비슷한 내용이 나온다. 세계적으로 판매되는 전체 육류에서 5분의 1만 다른 제품으로 대체할 수 있어도 800만 제곱킬로미터의 땅을 얻을 수 있으며, 이는 지구 전체 면적의 5퍼센트가 조금 넘는 크기다. 그러면 이곳을 숲 또는 야생 공간으로 되돌리거나 다른 방식으로 사용할 수 있을 것이다. 또한 이 보고서에 따르면 대체 단백질에 대한 대중의 수용을 '전환'하는 계기를 정부가 만들 수 있다고 한다. 예를 들어 정부 기관, 공립학교, 교도소, 병원 등의 기관에 대체육 및 이와 비슷한 제품을 제공하도록 요청하는 것이다.[37]

유전학과 생명공학의 혁명이라는 가장 급진적이고 혁신적인 신기술이 자연을 재건하는 데 성공적인 방법을 제공한다는 사실은 꽤 아이러니하다. 그러나 이 기술을 현명하게 사용한다면 앞으로 우리가 가야 할 길은 분명하다. 물론 그 과정에는 여러 가지 함정이 도사리고 있을 것이다. 여러 방식으로 남용될 가능성도 있고 프랑켄슈타인 박사처럼 처음에는 좋은 의도로 시작했더라도 실수로 괴물을 창조할 수도 있다.

우리 조상들은 삶의 많은 부분을 빠르게 바꾸기 위해 기술(불, 석기, 농업 등)을 사용했고 그 결과 지금은 당시 사람들이라면 결코 상상할 수 없는 세상이 되었다.

그러면 이제는 우리 자신과 자손의 미래를 위해 지금의 기술을 어떤 식으로 사용할 것인가에 대한 답을 해볼 차례다. 이제 와서 '기술을 택할 것인가 말것인가?'라는 질문은 너무 늦었다고 생각한다. 그러면 이렇게 바꿔 볼 수 있겠다. '기술을 얼마나 잘 이용할 것인가?'

합성생물학이라는 기술로 축산업의 환경 발자국을 엄청난 수준으로 줄이는 일은 매우 급진적인 행동처럼 보인다. 그러나 유목 생활에서 도시의 초고층 빌딩 생활로 변화하는 게 더 급진적이다. 아니면 말을 타고 여행하던 시절에서 우주선을 타고 달에 도착하는 시절로의 변화나, 생존을 위해 절실하게 수렵과 채집을 하던 시절에서 몇 번의 클릭으로 음식을 주문한 후 도착한 팟타이에 새우가 아닌 닭고기가 들어 있어 불만을 제기하는 시절로의 변화가 훨씬 더 급진적이다.

인간은 지구와 우주의 생물체 중에서 미래의 세상을 상상하는 능력을 지닌 유일한 종이다. 그러나 그동안 너무도 완벽하게 이런 행동을 해왔기 때문에 우리가 창의성과 혁신으로 정의되는 세상에 살고 있다는 사실을 잊은 사람이 많다. 그러므로 현재 보유한 가장 강력한 기술을 가지고 훼손되지 않은 자연을 가꾸는 선택 대신 창의성과 혁신을 망각한 채 현상 유지만 하기로 선택한다면 정말 어리석은 행동이 될 것이다.

우리는 하루 만에 채식주의자로 변할 필요가 없다. 내일 당장 모든 가축의 유전자를 재빨리 변형시킬 필요도 없으며 모든 동물성 식품을 산업형 바이오리액터에서 자란 식품으로 바꿀 필요도 없다. 우리가 해야 하는 일은 지속적이고 점진적으로 축산업에 대한 의존도를 낮추는 것이다. 물론 원한다는 가정하에 말이다. 훨씬 더 지속 가능하고 건강하며 환경적으로 건실하고 기후 친화적이며 인도주의적인 대체품에 더 많은 사람이 쉽게 접근하도록 만드는 것이다. 우리의 혁명적인 기술은 이 과정에서 그 중심이 되어 줄 것이다.

건강과 음식을 넘어서서 경제와 사회라는 더 넓은 범주도 이와 같은 능력으로 변화시킬 수 있다.

바보야,
문제는 바이오경제야

생명이 석유를 대체하는 시대가 온다

산업혁명이 화석연료로 세상을 바꿨다면 바이오 혁명은 생명으로 세상을 되돌릴 것이다. 박테리아가 콘크리트를 고치고, 거미줄이 방탄조끼가 되며, 1그램의 DNA에 도서관 전체를 저장하는 시대. 지금 석유 대신 세포로, 채굴 대신 배양으로, 소각 대신 순환으로 움직이는 새로운 경제가 시작되고 있다.

제6장의 제목은 1992년 미국 대통령 선거 당시 클린턴 민주당 후보 진영이 내세운 구호 "바보야, 문제는 경제야 It's the economy, stupid"를 변형한 것이다. – 옮긴이

　산업화의 의도하지 않은 부작용을 안타까워하는 사람은 있어도 산업화의 혜택이 없던 시절로 돌아가고 싶은 사람은 거의 없을 것이다.

　물론 우리는 세상의 외딴곳으로 갈 수 있지만, 그렇게 되면 그곳 역시 더 이상 문명과 동떨어진 곳이 아니게 될 것이다. 또한 우리는 인도의 북센티넬섬, 파푸아뉴기니, 아마존 우림의 일부 지역처럼 산업화 이전의 생활 방식을 고수하는 사람들을 이상화할 수 있겠지만, 이 책을 읽고 있는 당신은 지금의 삶을 그들과 바꾸지 않을 것이다. 또한 그럴 수도 없다.

　우리 대부분이 야생에서 살아갈 개인적인 기술을 갖추지 못했을 뿐 아니라 만약 많은 사람들이 그렇게 살기 시작한다면 지구에 남아 있는 야생 지역은 순식간에 황폐해질 것이다. 80억 명의 인구가 식량을 얻기 위해 사냥을 하고 베리류를 찾아다닌다면 공장, 자동차, 정제소는 더 이상 온실가스를 내뿜지 않을 것이다. 그렇지만 수많은 동물을 사냥하고 숲을 훼손하여 또 다른 기후변화가 대규모로 일어날 것이다. 모든 야생동물을 잡고 난 후에는 인간끼리 적이 되어 빠르게 사라지는 식량 자원을 얻기 위해 치열하게 싸울 것이다.

우리는 결코 이러한 생활을 원치 않는다.

현대의 농업과 축산업, 질소고정 합성 비료 사용은 세계 총인구수가 80억으로 증가하는 데 영향을 주었고 현재 사람들은 생존을 위해 현대식 농업에 완전히 의존하고 있다. 산업화 그리고 원료를 유용한 기계와 상품으로 전환하는 과정은 여러 면에서 인간의 성공을 가속화하는 원동력이 되거나 피해를 주는 원인이 되었다.

1700년대 중반 영국에서 일어난 산업혁명은 여러 가지 새로운 발명품으로 촉발되어 나타났다. 그중에서도 제니 방적기(기계식 물레 - 옮긴이)와 역직기(전동기와 같은 동력을 사용하여 운전하는 직기 - 옮긴이), 제임스 와트가 대대적으로 개량한 증기기관, 강철 제조의 새로운 공정 방식, 조립라인 공장을 통한 대량 생산 조직화를 특징으로 꼽을 수 있다. 당시 영국 은행에서는 새로운 산업에 빠르게 자금을 빌려주었고, 정치 시스템은 공장 소유주들의 이익을 대변할 수 있을 만큼 유연했으며, 법적 시스템은 새로운 발명을 특허로 보호해 주었다. 이런 이점들은 당시 영국이 해상 국가로서의 용맹성과 짝을 이루면서 부와 영향력과 세계적 패권을 강화하는 데 날개를 달아 주었다.

얼마 지나지 않아 다른 국가들도 산업화를 따르는 것, 그리고 현 상태를 유지하면서 그 결과를 맞닥뜨리는 것 사이에서 선택해야 하는 시기를 맞이한다. 산업화가 지나가는 모든 곳은 무자비한 바람을 맞아야 했다. 노동자들은 난폭하게 착취당했고, 선진 무기는 공동체 전체를 없애 버리기도 했으며, 식민지국은 산업화로 억압당했다. 광대한 생태계가 파괴되었고, 수백만 종이 멸종에 이르렀으며, 인간은 아주 빠른 속도로 온실가스를 배출하기 시작했다. 결국 지구의 많은 부분이 인간이 살아가기 적합하지 않은 곳이 될 위기에 처했다.

우리는 산업화로 인한 끔찍한 대가에 대해 솔직해져야 한다. 그러나 동시에 산업화로 인한 엄청난 이점에 대해서도 진실해져야 한다. 1760년부터 현재까지 세계가 이룬 산업화의 직접적인 혜택에는 국가적 차원과 세계적 차원에서 역사상 예상할 수 없을 만큼 성장한 경제, 기념비적인 생산성의 성장이 있다. 또한 과거에는 상상할 수도 없었던 전반적인 의료·교육·생활 수준의 향상, 마법과도 같은 수준의 혁신과 발명, 현재 대부분의 사람이 거주하는 도시의 성장이 있다.

물론 이런 혜택들은 더 잘사는 사람들에게 불균형적으로 돌아갔지만 그래도 많은 이들이 이런저런 방식으로 이익을 누려왔다. 산업화 혁명이 시작되던 당시 세계 최빈국에 들었던 국가들이 현재 부유한 국가로 변모하기도 했는데 그중 한국이 대표적이다. 산업 생산의 세계화는 또한 지난 2세기 동안 세계 총인구수를 급속도로 늘리는 데 기여했다.

산업화가 엄청난 수준의 붕괴를 일으키는 일만 없다면, 대부분의 사람에게 이런 혜택을 거부한다는 생각은 상상조차 불가능하다. 우리 삶의 많은 부분이 산업화에 완전히 의존하고 있으며, 산업화의 결과물이 없다면 지금의 모습을 유지하지 못할 것이다. 그러나 이 기본적인 사실을 받아들인다고 해서 지금의 산업적인 관행을 바꾸지 않은 채 미래까지 그대로 따라야 한다는 말은 아니다. 그것은 그것대로 재난이 될 수 있다.

산업화는 화석연료를 원동력으로 삼았다. 그 결과로 만들어진 기후 문제는 더 넓은 주제에서의 한 예시일 뿐이지만 아주 중요한 의미를 담고 있다. 유엔 기후변화에 관한 정부 간 협의체는 우리가 현재의 탄소 배출 상황을 그대로 유지한다면 이번 세기말에는 지구의 온도가 산업화 이전과 비교해서 1.5도에서 2도 사이로 상승하여 기후 시스템의 붕괴를 초래할 것으로 예측했다. 2025년 1월 유럽 과학자들은 2024년이 관측 기록상 가장 더운 해였으며 지구 평균기온이 1.5도를 넘어섰다고 발표했다. 비록 1.5도와 2도라는 기준점은 수십 년에 걸친 평균기온을 의미하지만 이는 매우 중대한 사건이었다.

물론 그런 임계점에 도달한다고 해서 경보음이 울리는 것도 아니고 그 영향이 전 세계 모든 지역에서 똑같이 나타나는 것도 아니다. 그러나 일반적으로 전 세계 인구의 약 3분의 1이 정기적으로 극심한 폭염에 노출될 것으로 예상된다. 많은 메가 도시의 기온이 오를 것이고 물에 잠기는 곳도 생길 것이다. 생명체에게 매우 중요한 꽃가루 매개자를 포함한 수많은 곤충의 서식지는 빠르게 줄어들어서 이들이 담당했던 중요한 생태계 일부도 함께 약화될 것이다. 현재의 농작물 품종을 기준으로 인간의 농업 역시 빠르게 약화될 것이다. 매개체 감염을 일으키는 말라리아나 뎅기열 같은 질병이 퍼질 것이고 많은 해양 동물들은 수온이 더 낮은 북쪽으로 이동할 것이다. 그러나 산호같이 이동하지 못하는 생물은 그곳에서 죽을 것이다.[1]

산업화로 인한 비용은 매우 현실적이고 빠르게 증가하지만 그렇다고 우리 삶에 기반이 되는 것들을 포기하면서 문제를 해결할 수도 없다는 게 딜레마다. 전 세계 수십억 명의 빈곤층이 이 책을 읽는 대부분의 사람과 비슷한 삶을 꿈꾸고 있다는 사실을 생각해 볼 때 현재의 기술을 포기하는 문제는 비도덕적이지는 않더라도 비생산적인 일인 것은 분명하다. 우리가 답해야 할 핵심 질문은 산업화 속도를 어떻게 늦출 것인가가 아니라 더 많은 사람의 필요를 충족하는 문제에서 더 좋은 방식으로, 더 지속 가능하게, 더 큰 규모로 빠르게 행동하기 위해서 어떤 방법을 취할 것인가다.

여기에는 우리가 택할 수 있는 여러 방법이 있다. 먼저 선진국 국민들은 쓸데없는 소비를 줄여야 한다. 현대화라는 혜택을 더 넓게 확산시켜 더 많은 지구촌 사람들이 양질의 교육을 받도록 하고, 새로운 아이디어와 유용한 혁신을 한데 모을 수 있는 수단을 적극적으로 확보해야 한다. 계속해서 증가하는 인구를 위해 필요한 재화와 서비스를 생산할 방법을 찾는 동시에 여기에서 발생할 수 있는 기후, 환경, 자원의 발자국을 줄여야 한다. 이 모든 작업은 최대한 동시에 일어나도록 해야 한다. 지금쯤이면 당신도 이 목표를 이루기 위해 우리가 어느 길로 나아가야 하는지 대충 예상할 수 있을 것이다.

좋은 소식은 유전학, 생명공학, AI 혁명이 교차하는 곳에 우리에게 도움이 될 방법이 존재한다는 점이다.

인류가 200년간 지구를 태운 대가

화석연료나 플라스틱처럼 비활성 물질이라 생각되는 물품조차도 대부분 생명체가 변형된 결과물이다.

석유, 천연가스, 석탄과 같은 제품을 '화석연료'라고 부르는 이유가 여기에 있다. 이 재료에서 얻는 에너지는 생물학적 힘과 지질학적 힘의 상호작용에서 비롯되었다. 수백만 년 전의 식물과 조류, 플랑크톤의 잔해는 이들이 한때 살았던 깊은 바다나 연해의 바닥으로 가라앉아 차곡차곡 쌓였다. 이 잔해는 위에서 밀려 내려온 수백만 톤의 추가적인 퇴적물의 압력과 지구 핵에서 올라오는 열을 양쪽에서 받는다. 시간이 지나면 압력과 산소 부족으로 식물과 조류, 플랑크톤의 생물학적 물질은 수소와 탄소로 구성된 비활성 화학물질인 탄화수소로 분해된다.*

화석연료와 에너지를 활용하는 이야기는 여러 면에서 산업화 그 자체의 이야기라 볼 수도 있다. 하지만 사실 수천 년 전부터 다양한 문명에서 석유, 석탄, 천연가스를 건축과 도구 제작의 접착제나 주택 방수, 난방, 조명에 썼다. 고대 로마인의 경우 전쟁용 인화성 무기를 이 물질로 만들었다. 그러나 18세기 영국에서 증기기관이 발명되자 화석연료의 사용은 새로운 단계로 들어섰다.

석탄이 증기기관에 동력을 제공하는 최고의 연료라고 여겨진 후 기계나 선박, 기차에 넣는 양은 기하급수적으로 증가했다. 그러나 석탄 못지않게 다른 화학연료도 사용량이 빠르게 상승했다. 1859년 펜실베이니아주 타이터스빌에서 첫 번째 현대식 상업용 유정(지하의 유층으로부터 주로 원유를 산출하는 갱정 – 옮긴이)이 시추되었고 다른 시

---

* 이와 관련하여 다른 이론도 있는데, 탄화수소가 이러한 과정으로 생겨난 게 아니라 지각과 핵 사이에 있는 층에 이미 존재했다는 설이다.

추업자들도 빠르게 그 뒤를 이었다. 카를 벤츠가 처음 발명한 자동차는 정제한 원유를 연료로 사용했기 때문에 곧 석유 열풍을 촉발했고, 현재까지도 세계를 정의한다고 할 만큼 중요한 위치에 있는 자원이 되었다. 미국에서 포드 모델 T가 출시되고 20세기 초 영국 전함이 연료를 석탄에서 석유로 바꿈으로써 사람들은 석유를 황금과 같은 존재로 인식하게 되었다. 미국의 스탠더드 오일과 유럽의 로열 더치 쉘 같은 석유 회사들이 세워지기 시작했고 이 자원을 쟁취하기 위해 국가끼리 전쟁이 일어나기도 했다.

이 기간에 화석연료의 사용을 살펴보면 1800년에는 거의 제로와 가까운 상태에서 1950년에는 2만 테라와트시TWh(1테라와트시는 1시간 동안 1조 와트를 출력하는 것과 같은 에너지 단위다)로 증가했으며 현재는 놀랍게도 일곱 배가량 상승했다. 이 중에서 석탄은 가장 심한 오염을 일으키고 온실가스를 많이 배출하는 연료다. 그러나 여전히 우리가 사용하는 전기 생산 대부분이 석탄에 의존하고 있으며 현재 가장 많은 온실가스 배출 국가이자 석탄 소비자는 중국이다.

화석연료 사용을 늘리는 행위는 잘 알다시피 좋은 결과와 끔찍한 결과를 둘 다 낳았다. 이 연료 덕분에 수많은 노예가 해방되었고, 생산성과 혁신, 부, 건강, 생활수준은 그 어느 때보다 향상되었다. 물론 산업화의 혜택은 정말 다양했고 모두가 똑같이 누리지는 못했지만, 인류(특히 여기에서 '인류'가 현재의 우리를 말하는 거라면)는 탄화수소를 연료로 삼은 산업화가 만든 세상이 없었다면 절대 존재하지 않았을 것이다. 그러나 여전히 기후변화 문제는 남아 있다.

화석연료는 에너지를 내기 위해서 열을 가해야 하고 이때 이산화

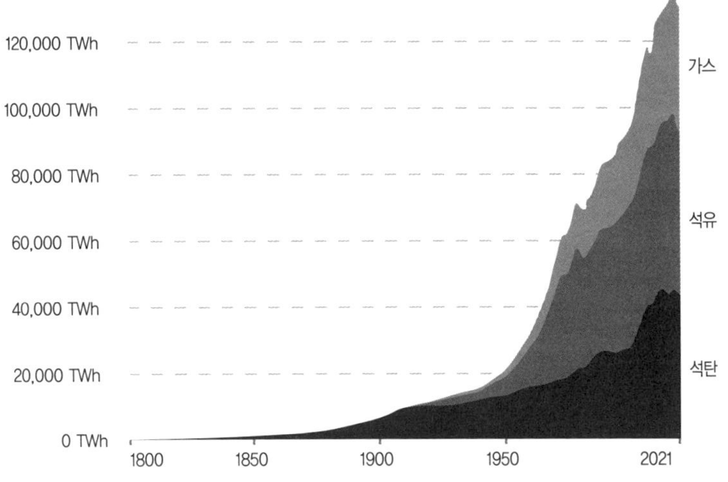

탄소가 대기로 방출된다. 18세기 영국에서 일부 사람들이 석탄을 땠을 때는 한정된 공간만 오염되고 지구 전체에 영향을 주지는 않았다. 그러나 모든 사람이 매년 평균적으로 1만 4,000킬로와트시의 화석연료를 소비하는 지금은 지구 전반에 영향을 미친다. 현재 인간이 유발하는 이산화탄소 배출량의 91퍼센트가 화석연료 사용으로 나온다.[3] 그 결과 전 세계적인 날씨와 생활 방식이 대규모로 바뀌고 있다.

우리가 온난화에 대해 논의할 때 지구가 의견을 표현할 수 있다면 자신은 그다지 신경 쓰지 않는다고 답할지도 모른다. 그동안의 역사를 살펴봐도 지난 5억 년간 지구의 평균 온도는 10도에서 32도 사이를 왔다 갔다 하면서 기후가 더워지기도 하고 추워지기도 했다. 이런 변화 속에서 많은 종이 번성했다가 사라졌다. 일부 종은 온난화로 인해 서식처가 확장되었고, 그동안 번식을 제한했던 방해물이 사라지면서 이런 현상을 오히려 반기기도 했다. 인간이란 종은 6,600만 년 전 소행성 충돌로 큰 반사이익을 얻었다. 기억하는가? 언제나 그렇듯 생물은 따뜻해지는 환경에 적응할 것이다. 기후변화가 우주 속 하나의 천체로서 지구에 굳이 나쁘다고 할 수는 없더라도, 분명 이곳에서 살아가는 많은 생명체에게는 나쁜 영향을 주고 있음이 분명하다.

현재의 환경에서 살아가는 인간과 여러 동식물의 관점에서 보면 빨라지는 온난화 현상은 재난을 가져올 수 있는 문제다. 세계적으로 평균 온도는 이미 1900년부터 약 1도씩 높아지고 있었다. 평균 해수면도 1990년대 이후로 매년 3밀리미터 이상 올라가고 있다. 북극의 얼음은 1979년 이후로 40퍼센트 녹았고 대기 중 이산화탄소 농도는 산업화가 시작되던 시기와 비교해 거의 절반가량 짙어졌다.[4] 지난 50년간 대가뭄의 빈도는 꾸준히 늘었으며 이로 인해 매년 추가로 1,200만 에이커의 토지가 영향을 받고 있다.

숲을 없애면서 탄소를 저장할 공간도 줄어들었다. 우리가 내뿜는 온실가스는 지구의 대기에 갇혀 버리고 태양에서 오는 많은 열을 가두는 역할을 했다. 그러자 지구는 더 더워지고 그동안 인간과 다른 종들이 적응했던 날씨에도 변화를 주었다. 한쪽에서는 심각한 가뭄이 일어나고 다른 쪽에서는 심각한 홍수가 나타났다. 많은 인구가 거주하는 저지대 도시들은 해수면 상승으로 물에 잠길 위기에 처해 있고, 바다는 수온이 올라가고 산성화되고 있다. 이런 모든 변화에 재빠르게 적응하지 못한 수백만 종은 멸종 위기에 몰려 있다.

우리가 발 빠르게 행동하지 않으면 상황은 더 나빠질 것이다.

지금의 현대적인 생활을 유지하면서도 과도한 화석연료 의존도를 벗어나는 전략과 관련된 책은 시중에 정말 많이 나와 있어서 이것만으로도 도서관을 다 채울 수 있을 정도다. 그중에서 존 도어John Doerr의《속도와 규모: 당장 기후 위기를 해결할 수 있는 실행 계획》Speed and Scale: An Action Plan for Solving Our Climate Crisis Now을 추천한다. 여기에는 이동 수단의 혁신, 전력망 탈탄소화, 식품 생산과 소비 방식의 변화, 자연 보호, 환경을 오염시키는 산업 정리, 대기에서 과도한 탄소를 제거하기 위한 자세한 계획이 나와 있다.[5] 기후변화에 관한 정부 간 협의체에서 발표한 보고서도 꼭 읽어보기 바란다.[6] 이 모든 복잡한 문제를 해결할 수 있는 '만병통치약'은 존재하지 않는다. 그러나 필요한 에너지를 생산하는 대체 방법을 찾는 것이 앞으로 우리가 해야 할 일이다.

이를 달성할 방법은 많다. 즉 원자력 에너지를 더 효율적으로 활용하고, 태양광, 풍력, 수력, 수소, 그리고 언젠가 사용할 수 있는 핵융합과 같은 재생 가능 에너지를 이용하는 것이다. 바이오연료도 이러한 에너지 구성에 기여할 잠재력이 있다.

이제 박테리아가 기름을 만든다

이 책에서 나열한 여러 기술처럼, 바이오연료 역시 엄청난 기대를 끌어모았다가 꺼지는 하이프 사이클을 겪은 바 있다. 2000년대 초, 옥수수와 몇몇 작물로 연료를 생산하는 새로운 방식에 수십억 달러의 벤처 캐피털과 기타 투자금이 쏟아졌다. 주로 옥수수를 원료로 생산되는 에탄올이 가장 대표적이었다.

비록 이 분야에 대한 과학기술의 역량은 충분했지만, 바이오연료를 생산하는 비용은 석유 가격이 매우 높을 때나 경제성이 있었다. 그래서 2007년에서 2008년 경제 위기 당시 석유 가격이 가파르게 내려가자 상황이 달라졌다. 그뿐만 아니라 옥수수, 사탕수수, 팜유 같은 작물로 에탄올을 생산하면서 식료품 가격이 급등했지만 그렇다고 이산화탄소 배출량이 큰 폭으로 줄어든 것은 아니었다. 그 원인은 농업 활동에서도 온실가스가 배출되는데, 작물을 바이오연료 생산에도 할당하자 식용 작물을 추가로 더 재배해야 했기 때문이다.[7] 이러한 한계를 깨닫고 옮겨 간 바이오연료의 다음 세대는 해조류와 조류 같은 바다 생물이었다. 현재는 건강, 농업, 기타 분야에서 혁신을 일으켰던 생명공학 기술을 이용해서 박테리아, 효모, 그 외 미생물을 미생물 바이오연료 전지 공장에 투입하는 차세대 방식이 개발 중이다.

초기 바이오연료들은 작물에서 먹을 수 있는 부분만 사용해서 만들었다. 사용 가능한 에너지가 대부분 이곳에 저장되어 있었기 때문이다. 그러나 새로운 방식은 버려지는 부분까지 포함해서 식물 전체를 사용하기 때문에 더 많은 부분을 합성 세포에 먹이로 줄 수 있었다. 또한 현재 개발 중인 새로운 버전의 유전자 변형 식물은 더 쉽게 바이오매스를 에너지로 전환할 수 있다.[8]

많은 조류는 이미 태양 빛을 수소로 바꾸는 작업을 오랫동안 해왔다. 그래서 이 작업을 바탕으로 조류가 더 효율적으로 작업하도록 설계하는 일이 진화로 얻은 능력과 동떨어진 작업을 하게 만드는 것보다 쉬울 것이다. 이뿐만 아니라 다른 부분에서도 노력이 이어지고 있다. 예를 들어 일부 연구자들은 대장균이 먹이를 먹고 에탄올을 합성하도록 유전자를 조작했다. 다른 연구자는 효모를 조작하여 식물의 부산물을 먹고 바이오연료인 이소부탄올을 생산하도록 하고, 그 과정에서 이산화탄소가 아닌 수소를 부산물로 내보내도록 했다. 이외에도 합성 효소인 CelA를 개발하여 식물 바이오매스를 단순당 형태로 더 쉽게 분해하고 빠르게 당을 발효하여 바이오연료로 전환했다. 또한 크리스퍼-카스9 기술을 이용해서 일반 효소를 바이오연료 생산에 유용한 종류로 빠르게 진화하도록 만들었다.

그러나 이런 방법들에는 여러 가지 문제가 있다. 그중에서 가장 큰 두 가지는 세포 배양육과 관련된 문제와 매우 흡사하다. 첫째는 이러한 종류의 생물학적 시스템에는 구조적으로 내재된 자기 제한적 특성이 있어서 이들을 대규모로 성장시켜 현재의 화석연료 공급량을 맞추기가 매우 어렵다는 점이다. 그러나 사람들이 화석연료의 공급량이 머지않아 한계에 다다를 것이라고 예상하거나, 많은 정부와 국민이 화석연료에 대한 지속적인 의존의 피해가 너무 커서 이 방향을 바꿀 필요성을 느낀다면 첫 번째 문제는 그렇게 심각하지 않을 수도 있다.

둘째는 비용이다. 현재 화석연료는 대부분의 바이오연료를 포함한 다른 대체 에너지 자원보다 더 저렴하다. 그러나 화석연료의 가격이 순수 추출 비용과 석유수출국기구OPEC 카르텔의 시장 조작이 아닌 전체 사회 비용을 기준으로 책정되거나, 기적적으로 세계 탄소세가 부과되거나, 사용 가능한 화석연료가 고갈되기 시작하면 이 문제 역시 미래에는 해결될 소지가 있다.

화석연료를 더 지속 가능하고 비용 효율적인 대체 에너지로 만들려면 차세대 바이오연료를 뒷받침할 기초 과학과 응용과학에 대한 지원을 늘려야 하고, 투자와 세금 감면, 규제 변화도 필요하다. 현재는 유전공학 부품 표준화를 위한 바이오브릭 사용, 세포의 복잡한 생태계를 해독하는 멀티오믹스 시스템 생물학, 새로운 게놈 편집 능력, 자율주행 실험실, 확장 중인 강력한 바이오파운드리biofoundry(정보통신기술을 접목해 합성생물학의 모든 과정을 표준화·고속화·자동화해 생물학 실험과 제조 공정 개발을 지원하는 인프라 - 옮긴이), 첨단 AI 시스템, 향상된 컴퓨팅 성능의 적용과 같은 기술 역시 우리가 앞으로 나아가는데 도움을 준다.[9]

항공 산업은 규제 노력과 과학적 진보가 만나서 어떤 긍정적인 영향을 주는지 잘 보여 주는 좋은 사례다. 현재의 배터리는 너무 무거워서 대형 비행기의 경우 온전히 전기로 운행할 수 없는 한계가 있지만, 정부와 다른 기관에서는 연료를 더 지속 가능하게 만들 필요성을 느끼고 있었다. 그래서 유럽연합 집행위원회는 항공 분야에서 기후 문제에 도움을 주기 위해 2050년까지 유럽 비행기에서 사용하는 전체 연료 중 60퍼센트를 지속 가능한 연료로 바꿀 것을 제안했다. 2021년 미국은 2050년까지 30억 갤런의 지속 가능한 항공 연료 생산을 목표로 하는 '그랜드 챌린지'를 설정했다. 이듬해에는 '인플레이션 감축 법안'의 일환으로 세금 공제 혜택을 발표하여 항공 분야에 바이오연료와 기타 환경적으로 지속 가능한 연료 도입을 촉진했다.[10] 여기에 발맞추어 미국 대기업 허니웰과 서밋 애그리컬처럴Summit Agricultural 그룹은 2025년 멕시코만 연안 지역에 세계에서 가장 큰 항공 바이오연료 생산 공장의 설립 계획을 발표했다.[11]

석유로 만드는 제품은 정말 많아서 이런 바이오연료의 혁신은 플라스틱을 비롯한 다른 필수품에도 큰 영향을 줄 것이다.

당신의 비닐봉지는 400년 후에도 바다를 떠돈다

인간이 원유나 천연가스, 석탄으로 만든 플라스틱 제품을 사용한 기간은 100년 정도밖에 되지 않았지만 이 제품들은 우리 생활에 완전히 동화되어 있다. 비닐봉지, 의료 기기, 주택, 옷, 자동차, 공장 등을 생각해 보자.

1907년은 현대의 플라스틱 산업이 시작된 시대로 널리 인정된다. 뉴욕에 살았던 리오 베이클랜드Leo Baekeland가 석유에서 나온 부산물로 세계 최초 합성 플라스틱을 만들었고 베이클라이트Bakelite라는 이름을 붙였다. 그가 사용한 재료는 세계를 바꾸어 놓았다. 원유를 추출하면 정유 공장의 증류탑에서 열을 가해 기름 성분을 무거운 부분과 가벼운 부분으로 분리한다. 이 성분의 일부와 특수한 화학물질을 섞어서 다양한 용도에 맞게 조정하면 플라 스틱과 기타 폴리머(중합체라고도 부르는데, 분자가 중합하여 생기는 화합물을 말한다. - 옮긴이)를 만들 수 있다.

셀룰로오스 같은 생물학적 물질로 만든 '천연' 플라스틱과 달리 베이클라이트는 훨씬 만들기 쉽고 모양을 잡기도 편했다. 또한 전기가

통하지 않아서 당시 몸집을 키우고 있던 전자 회사에도 매우 유용한 물질이었다. 베이클랜드가 세운 베이클라이트 사는 무한대를 뜻하는 수학 기호를 로고로 사용하며 베이클라이트를 '1,000가지 용도를 지닌 물질'이라고 불렀다.[12] 그중 하나가 전통적으로 상아로 만들던 당구공의 재료를 대체하는 것이었다. 베이클라이트는 코끼리의 구세주이자 인간의 파괴에서 자연을 보호하는 강력한 힘으로 언론에 소개되기도 했다.

베이클라이트는 1900년대 초부터 시작해서 1,000가지가 훨씬 넘는 용도로 쓰였지만, 나일론과 플렉시글라스가 제2차 세계대전 동안 전쟁 물품의 중심이 되자 플라스틱 생산은 더욱 급증했다. 전쟁 후에도 생산 열풍이 일어 다시 한번 인기가 치솟으면서 다양한 소비재에서 강철, 종이, 유리, 나무를 대체해 나갔다. 플라스틱을 두고 "이 물질은 인간이 원하는 대로 만들 수 있으며 저렴하고 안전하며 위생적이다. 덕분에 인간은 미래에 유토피아 같은 물질적인 풍요를 누릴 수 있을 것"이라고 묘사한 사람도 있었다.[13]

1959년에서 2019년까지 60년 동안 플라스틱 연간 생산량은 무려 2만 2,400퍼센트 증가했다.[14]

제2차 세계대전 당시 미국과 동맹국이 승기를 잡은 과정에서 플라스틱이 많은 역할을 한 것은 분명하다. 또한 플라스틱 당구공 덕분에 더 많은 코끼리를 살릴 수 있었고, 플라스틱을 부분적으로 사용했거나 플라스틱으로만 만든 의료 기구로 수백만 명의 환자가 목숨을 건질 수 있었다. 이 물질 덕분에 우주를 여행할 수 있었고, 더 가볍고 성능이 좋으며 연료 효율적인 차와 트럭, 비행기를 만들 수 있

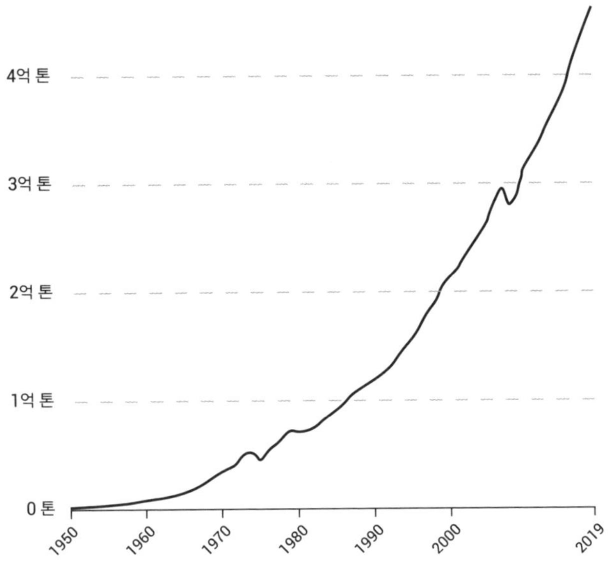

었다. 관개 시에도 적은 물을 사용하게 되었고 더 오래 음식을 보존할 수 있게 되었다. 이렇게 플라스틱은 수많은 방식으로 인간의 삶을 향상시켰다.

그러나 이런 이점과 함께 플라스틱 산업으로 인한 문제도 점점 증가하여 이대로 둔다면 재앙이 될 수 있다는 것도 명백했다.

국제우주정거장ISS에는 튼튼하고 오래가는 플라스틱을 사용하는 게 좋겠지만, 이러한 특성은 다른 용도로 사용하면 문제가 될 소지가 다분하다. 현재 사용되는 전체 플라스틱의 약 40퍼센트가 일회용 제품에 사용되고 그중에서 포장에 쓰이는 것들은 대부분 바로 버려진다. 플라스틱 생산에는 많은 에너지가 필요하고 오랫동안 썩지 않는 플라스틱은 인간이 지불해야 할 비용을 올린다.

매년 약 4억 5,000만 톤의 플라스틱이 생산되고 이 과정에서 인간이 유발하는 이산화탄소의 2퍼센트가 대기로 배출된다. 그러나 2050년이 되면 이 양은 두 배로 증가할 것이다. 1950년 이후로 생겨난 플라스틱 폐기물은 60억 메트릭톤이 넘으며, 이 중 10퍼센트 미만만 재활용된다. 현재의 플라스틱 폐기물의 약 3분의 2가 그냥 버려지거나 소각되며 여기에는 바다에 버려지는 양은 포함되어 있지도 않다.

아주 간단한 계산을 해보자. 우리가 플라스틱 생산을 두 배로 늘리고 이 비율을 그대로 유지한다면 버리는 플라스틱 폐기물의 양도 두 배로 증가할 것이다. 이 폐기물이 분해되려면 400년 이상이 걸린다고 한다. 그동안 쓰레기는 매립지를 가득 채워 갈 뿐만 아니라 바다와 수로를 오염시킬 것이다. 연안국과 수산업계는 매년 50만 톤의 플라스틱 폐기물을 바다에 버리고 있으며, 20년마다 바다에 버려진 플라스틱의 총량은 두 배씩 늘고 있다. 약 2억 5,000만 킬로그램에 달하는(코끼리 6만 마리 이상의 무게) 5조 개의 플라스틱은 지금도 바다 수면 위를 떠다니고 있으며, 그 아래에는 이보다 더 많은 수가 있을 것이다.[16]

태평양 해역에는 거대 쓰레기섬GPGP이 있다. 대부분 플라스틱으로 구성된 7만 9,000메트릭톤의 1조 8,000억 개의 쓰레기는 크기가 알래스카만 하고 지금 북태평양을 떠다니고 있다. 이 섬은 우주에서도 관측될 만큼 크기가 어마어마하다.

이 거대한 쓰레기로 해양 동물들이 피해를 받고 있다. 수백만 종이 버려진 밧줄이나 그물에 얽히거나 플라스틱을 삼킨다. 이 플라스틱들은 수십 년에서 수백 년에 걸쳐 천천히 썩어서 미세플라스틱이라는 더 작은 조각으로 분해된다. 합성섬유로 만든 옷을 세탁할 때 빠져나오는 미세플라스틱도 물에 함께 섞여 든다. 한 연구에 따르면 이러한 입자에 노출된 수생 생물의 간과 세포 손상은 굴, 벌레, 게와 같은 동물의 성장을 저해하고 생식과 인지 기능 저하로 이어진다고 한다. 인간은 생존을 위해 해양 생태계에 의존하므로 우리 역시 이 영향에서 예외가 될 수 없다.[17]

그렇다면 어떤 행동을 취해야 하는가? 당연히 쓰레기 처리 관리 시스템을 강화해야 한다. 아시아와 아프리카의 가난한 국가에서는 특히 그렇다. 또한 포장용 일회용품을 포함한 전체적인 플라스틱 의존도를 대대적으로 줄여야 하며, 플라스틱을 만들 때 재생 에너지를 활용하는 기술을 향상시키고 플라스틱을 재활용하는 양을 훨씬 늘려야 한다. 그러려면 재활용에 쓰이는 화학 용매와 합성 효소에 대규모로 투자해야 한다. 이 물질들은 폴리우레탄과 같은 내열성 플라스틱을 분해할 수 있다. 또한 다양한 종류의 플라스틱을 한꺼번에 재활용할 수 있는 특별한 화학물질 개발에도 많이 투자해야 한다. 그리고 진작에 추진해야 했지만 현재 난항을 겪고 있는 유엔의 플라스틱 국제협약과 같은 국제적인 정책을 사람들에게 홍보해야 한다. 플라스틱 제품에 가격을 매길 때 생산자뿐 아니라 사회에 미치는 평생의 비용도 함께 고려해야 한다. 또한 합성 플라스틱의 놀라운 이점을 제공하면서도 전반적인 피해 비용이 적은 플라스틱을 만들어야 한다.

이러한 문제 해결에 바이오 플라스틱을 이용해 볼 수 있다.

　3,000년도 더 전에 올멕, 마야, 아즈텍 같은 메소아메리카 문명에서는 고무나무에서 채취한 천연 라텍스로 옷과 방수 용기를 만들었다. 1862년 영국인 발명가 알렉산더 파크스Alexander Parkes는 최초의 바이오 플라스틱인 파크신Parkesine을 개발했다. 그는 면화 또는 나무의 셀룰로오스에서 얻은 추출물을 용매에 넣고 녹인 후 아시아 녹나무에서 나오는 기름을 섞어서 이 물질을 만들었다. 그로부터 수십 년 후 프랑스 과학자들은 박테리아가 당을 흡수해 폴리머를 만들어 내도록 조작하는 방법을 찾아냈다. 1930년대 헨리 포드는 자신의 자동차 부품 일부에 대두로 만든 플라스틱을 사용하기 시작했다.

　그러나 일부 과학자나 기업에서 100년 넘게 바이오 플라스틱을 개발하고 홍보해 왔지만, 이런 노력은 여러 가지 이유로 혁신적인 변화를 끌어내지는 못했다. 여기에는 합성 플라스틱이 저렴한 가격에 만들기 쉬우며 엄청난 양을 생산할 수 있다는 점이 크게 작용했다. 그러나 합성 플라스틱의 수많은 단점을 점점 더 많은 사람이 인식하게 되었고, 유전학·생명공학·인공지능 혁명이 서로 맞물리며 빠르게 발전함에 따라 우리는 지금 잠재적으로 혁명적인 바이오 플라스틱 시대의 문턱에 서 있다.

　현재 화석연료로 만드는 상업용 플라스틱의 약 85퍼센트는 원칙적으로 재생 가능한 자원으로 만들 수 있다. 플라스틱을 만들 때 재료를 얻는 기존의 여러 정유 공장도 큰 문제 없이 바이오 플라스틱 생산에 맞게 형태를 바꿀 수 있다.[18] 합성 플라스틱의 높은 의존도를 바이오 플라스틱으로 옮길 때 얻는 혜택은 엄청날 것으로 예상된다. 거기에는 탄소 발자국을 줄일 가능성과 장기적으로 발생하는 플라

스틱 폐기물의 대폭 감소가 포함된다.[19]

그러나 아직은 초기 단계라 이러한 잠재성을 현실화하기 위해 해야 할 일이 매우 많다. 매년 생산되는 플라스틱은 약 4억 5,000톤인데 이 중 0.44퍼센트인 약 200만 톤을 재생 가능한 자원으로 만든다.[20] 대부분은 옥수수, 사탕수수, 감자, 밀과 같은 식용 식품을 재료로 사용한다. 그 이유는 이런 음식에는 당이 풍부해서 플라스틱을 만들 때 필요한 폴리머를 생산하도록 조작하기 쉽기 때문이다.

여기에도 문제가 있다. 전문가들에 따르면 화석연료로 만들던 포장용 합성 플라스틱 제품을 옥수수로 만든 바이오 플라스틱으로 전부 교체한다면, 전 세계 옥수수 생산량의 54퍼센트를 소비하게 될 것이고 여러 지역의 야생 공간과 담수 자원에도 엄청난 부담을 줄 것이라고 한다.[21] 비록 유전학 혁명의 새로운 기술을 이용해서 농업 생산량을 늘리면 어느 정도 도움이 되겠지만, 다른 방식으로도 만들 수 있는 플라스틱을 위해 굳이 고수익 작물의 이점을 포기하는 행위는 합리적이지 않다. 바이오연료와 비슷한 문제라고 볼 수 있다. 이보다 나은 해결책이라면 인간이나 동물이 먹지 않는 밀짚, 사탕수수의 섬유질, 나무의 셀룰로오스, 해초 같은 생물학적 물질로 바이오 플라스틱을 만드는 것이다. 비록 지금은 식용 작물로 만든 바이오 플라스틱이나 합성 플라스틱보다 더 많은 에너지와 자원이 들지만 긍정적인 방향으로 조금씩 움직이는 중이다. 그중에서 해초가 좋은 예시다.

최소한 일부 지역에는 우리가 필요한 양이나 원하는 양보다 더 많은 해초가 존재한다. 2023년 거대한 멕시코만에서 발견된 '해초 덩어리'가 세계 언론을 통해 소개된 적이 있다. 농장에서 나온 물과 하수가 바다로 흘러가고 수온이 올라가면서 모자반류sargassum가 대규모로 생겨나 직경 8,000킬로미터에 달하는 덩어리가 형성된 것이다. 이 해조류는 산호를 포함한 해양 생태계에 필수적인 햇빛을 차단하여 피해를 주었고, 해변까지 밀려 나온 해조류에서는 달걀 썩는 냄새가 풍겨 수많은 관광객을 쫓아냈다.

그 양이 어마어마한데 이전에는 불필요하다고 생각되던 자원에서 기회를 포착한 기업들이 있었다. 카리브해의 섬나라 그레나다Grenada 같은 몇몇 국가들과 롤리웨어, 카본웨이브, 시위드 제너레이션 같은 스타트업 회사들은 바이오 플라스틱과 다른 산업 재료를 만들 때 먹이로 이 해조류를 사용했다. 롤리웨어에서는 이 해조류를 "재생 가능하고 탄소를 포집하며 바다에서 양식할 수 있는 새로운 소재를 사용해서 플라스틱을 대대적으로 대체한다"라고 광고했다. 그리고 "지상에서 자라는 나무보다도 세계에서 가장 탄소를 많이 포집하는 자연 생물 중 하나"가 해조류라는 점을 강조했다. 또한 "재생 가능하고 탄소를 모으는 해조류의 힘을 이용하면 합성 플라스틱 제품을 대체하면서 바다도 치유할 수 있다"라고 주장했다.[22]

플라스틱을 만들 때 기본 재료로 해조류를 사용하는 프랑스 바이오 플라스틱 회사인 알고팩은 토양에서 12주, 물에서는 5시간 만에 생분해되는 플라스틱을 개발했다. 이 기업은 여러 분야에서 합성 플라스틱을 대체하겠다는 야심 찬 목표를 가지고 있다. 그러나 비용 문제를 완전히 해결하지 못한 상태다. 이 회사의 바이오 플라스틱 생산 비용은 합성 플라스틱보다 두세 배 정도 높은데 이 차이를 해결해야만 목표를 이룰 수 있을 것이다. 또 다른 스타트업 기업인 솔루

젠은 첨단 AI 기술로 효소와 촉매를 조작하여 생물학적 원료를 만들었다. 그리고 이 원료가 실온에서 플라스틱을 생산하는 분자를 만들도록 하는 동시에 독소나 폐기물을 생성하지 않도록 작업했다. 또 다른 중요한 예로 네덜란드 에인트호번공과대학교의 진취적인 학생들로 구성된 연구팀을 들 수 있다. 이들은 재활용 가능한 바이오 플라스틱으로만 구성된 자동차를 세계 최초로 만들었고 노아Noah라는 상징적인 이름을 붙여 주었다.

또한 겨자풀의 친척 종인 애기장대Arabidosis thaliana와 양구슬냉이camelina 같은 식물의 유전자를 변형하여 그 잎에서 생분해성 폴리머인 폴리하이드록시부티레이트polyhydroxybutyrate, PHB를 더 많이 생산하도록 하는 연구도 진행 중이다. 단순히 잡초로만 분류하기 애매한 이런 식물은 어느 환경에서든 잘 자라기 때문에 대량 생산도 상대적으로 어렵지 않다.

식물에서 플라스틱의 원료를 추출하는 방법 외에도 사료 원료를 발효시켜 플라스틱 원료와 같은 물질을 생산하도록 미생물을 재설계하는 방법이 있다. 또한 식물에서 추출한 폴리머를 열에 강한 물질로 만드는 연구도 진행 중이다. 그러나 그중에서도 게놈 편집과 시퀀싱 같은 새로운 도구들과 특정한 목적에 가장 적합한 종을 결정하는 AI 시스템과 자율주행 실험실이 발전을 주도하고 있다. 하버드 대학의 조지 처치 교수와 연구자들은 대장균의 24개 유전자를 조작하여 150억 가지 변종을 생성하는 놀라운 결과를 만들어 냈다. 그리고 '샷건 시퀀싱'과 최신 AI를 이용해 이 중에서 가장 질 좋은 폴리머를 대량 생산할 수 있는 우수한 종을 찾아냈다.[23] 효모의 세포를 이용해

서 이와 비슷한 실험이 진행되기도 했다.[24]

어느 날 과학자들은 석유로 오염된 쓰레기를 살펴보다가 '노보스 핑고비움 아로마티시보란스'*Novosphingobium aromaticivorans*라는 토양 박테리아가 이곳에서 번식하고 있다는 사실을 발견했다. 이 박테리아는 석유를 마치 음식처럼 가장 효율적으로 흡수하도록 진화된 상태였다. 곧 과학자들은 이 박테리아의 게놈 염기서열을 분석했고 여러 시행착오를 거쳐 세 개의 유전자를 찾아냈다. 이 세 개의 유전자는 삭제되었을 시 리그닌(식물 세포에 자연적으로 존재하는 폴리머)을 더 잘 분해하여 더 작은 형태인 탄화수소로 바꾸었다. 리그닌은 폴리에스터 같은 바이오 플라스틱을 만들 때 먹이로 사용할 수 있다.[25] 전통적으로 제지 공정에서는 목재에서 리그닌을 제거하고 단순히 폐기하기 때문에 리그닌이 풍부하게 남아 있다.

이 모든 연구 결과는 매우 흥미롭긴 하지만 여전히 해야 할 일이 많다. 우선 바이오 플라스틱에 대해 모든 것을 알아야 하고 비용과 대량 생산이라는 익숙한 문제도 해결해야 한다. 이러한 상황에서 이케아와 네슬레 같은 대기업이 바이오 플라스틱을 채택하는 비율이 증가하고 새로운 투자가 들어오며 인센티브를 부여하는 분위기는 매우 환영할 만하다. 특히 플라스틱처럼 우리 삶의 대부분을 차지하는 물질을 만드는 지배적인 기술은 자체적으로 산업 생태계를 발전시키고, 시간이 지나면 대체하기가 훨씬 어렵다. 물론 그렇다고 절대 대체할 수 없다는 말은 아니다.

유엔은 바이오 플라스틱을 홍보하기 위해 '유엔 지속 가능한 발전목표'의 일환으로 이 물질의 개발과 사용을 강조했다. 또한 자국 시장에서 2030년까지 모든 비닐 포장을 재사용 또는 재활용이 가능한 제품으로 바꾸라고 촉구했다. 미국 정부는 바이오 플라스틱 연구와 개발에 투자했고 이 물질을 생산하는 업체에 세금 혜택을 주었다. 세계 최대 일회용 플라스틱 생산국이자 소비국인 중국은 2025년까지 바이오 플라스틱을 제외하고 재활용이 불가능한 모든 플라스틱을 금지하겠다고 2020년에 발표했지만, 몇 년 후 이 계획을 조용히 철회했다.[26]

플라스틱은 현대 생활의 기반이 되는 핵심적인 물질 중 하나이기 때문에 우선 부분적으로 바꿔 나가는 노력을 해야 한다. 더 지속 가능한 미래를 위해 문제가 되는 부분에는 생각의 전환을 할 때가 된 것이다.

살아 있는 시멘트가 스스로 균열을 치유한다면?

비료, 화석연료, 플라스틱처럼 시멘트 역시 그 자체로 인간에게 혜택을 안겨 주었지만 사용량이 많아지면서 문제가 발생하기 시작했다.

고대 그리스와 로마인들은 화산재, 석회, 물을 섞어서 벽돌 형태로 만드는 방법을 개발했다. 이후 영국과 프랑스, 나중에는 미국의 건축업자들이 이 방식을 기반으로 다양한 재료를 적절히 혼합하여 '천연 시멘트'라는 물질을 만들어 냈다.

19세기 중반 영국에서는 석회석에서 추출한 탄소에 점토, 이산화

규소, 알루미나, 기타 물질을 섞어서 시멘트를 만드는 기술이 개발되었고 이렇게 전 세계적으로 쓰이는 '합성 시멘트'가 탄생했다. 모든 합성 시멘트가 같은 방식으로 만들어지는 건 아니며, 핵심 성분을 다양한 방식으로 혼합하고 제조 방법도 다르게 하면 목적에 맞는 시멘트를 생산할 수 있다. 영국의 정통 제조법을 변형한 시멘트는 높은 실용성과 기능성, 비교적 낮은 비용 덕분에 1960년 4억 톤에서 오늘날 약 45억 톤으로 사용량이 크게 증가했다. 시멘트와 함께, 시멘트에 모래와 자갈을 섞어 만든 콘크리트는 현재까지 세계에서 가장 많이 사용되는 건축자재다. 그래서 도시나 도로, 기타 생활공간에 이 물질이 없다는 것은 거의 상상할 수도 없을 정도다. 미국은 20세기 시멘트 최대 생산국이자 소비국이었지만 중국과 인도의 많은 인구가 빠르게 도시화된 생활을 하게 되면서 그 자리를 넘겨줬다. 놀랍게도 중국은 2011년에서 2013년까지 단 3년 만에 미국이 20세기를 통틀어 생산한 시멘트보다 더 많은 양을 생산했다.

그러나 시멘트 역시 비료, 석유, 플라스틱 등 우리가 앞에서 이야기한 많은 제품처럼 대량 생산으로 인한 문제를 발생시킨다.

시멘트를 만들려면 보통 대형 채석장을 폭파하여 필수 성분을 파내거나 추출해야 한다. 그리고 재료를 분쇄 공장으로 운반하여 분말 형태로 만든다. 준비된 혼합물은 다시 거대한 가마에서 고온으로 태운 다음 갈아서 석고 가루와 섞어 빠르게 굳힌다. 이 모든 과정에는 엄청난 에너지가 사용되고 막대한 양의 온실가스도 배출된다.

인간이 유발하는 전체 온실가스 배출량에서 약 8퍼센트가 시멘트 생산과정에서 나온다고 한다. 이 정도 양은 항공 산업에서 나오는 전체 양의 세 배 이상이다. 또한 시멘트 1메트릭톤을 생산하는 데 필요한 물의 양은 약 500리터다. 시멘트 생산이 전 세계 산업용수 사용량의 약 10퍼센트를 차지한다는 말이 나오는 이유다.

여기에서 딜레마가 생긴다. 인구가 80억 명에서 100억 명으로 증가하는 산업화된 세상에서 사람들은 점점 더 많은 권한을 갖게 되고 요구도 늘어나는 상황이다. 그러나 인간에게 시멘트는 필요하지만 그동안 얻어왔던 방식 그대로 만들어서는 안 되는 상황이다. 이때 농업과 플라스틱의 경우처럼 생명공학의 새로운 도구가 좀 더 나은 방법을 제시한다.

1830년 유난히 습도가 높았던 봄 암스테르담에 있는 한 다리에서 이상한 현상이 목격된다. 이 다리는 천연 시멘트를 써서 옛날 방식으로 지어졌는데 몇 년 후 미세한 금이 생기기 시작했다. 물론 이런 현상은 이상하지 않았다. 시멘트는 보통 시간이 지나면 손상되고 균열이 생기기 때문이다. 이상한 점은 인간의 개입이 전혀 없었는데도 이 다리의 균열이 어느 정도 스스로 메꿔지고 있었다는 사실이었다. 조심스럽게 분석한 결과 지역 과학자들은 공기 중의 습기와 어떤 물질이 천연 시멘트의 접합 능력을 발현시켰다고 결론 내렸다.[27] 그러면 '어떤 물질'이란 무엇일까?

2000년대 초 과학자들은 박테리아를 콘크리트의 미세한 균열에 주입하는 다양한 실험을 진행했다. 그중 특정 박테리아가 공기와 습기에서 나오는 이산화탄소로 활성화되면서 칼슘이 풍부한 광물을 생성하기 시작했다. 마치 따개비가 선체 바닥에 자신의 몸을 붙이기 위해 사용하는 천연 시멘트와 비슷한 물질이었다. 과학자들은 이런 종류의 박테리아가 특정 환경에 처하면 네덜란드의 다리처럼 최대 1밀리미터 폭의 균열을 효과적으로 수리한다는 사실을 알게 되었다. 현대의 네덜란드 과학자들은 박테리아가 들어 있는 액체를 손상된 주차장 바닥에 뿌리고 6주 후 바닥의 내수성이 크게 향상된 사실을 발견했다.[28]

지금은 자가 치유하는 콘크리트 방식이 잘 알려져 있지만 실질적으로 이를 사용하기에는 한계가 있다. 벌어진 틈을 액체 시멘트로 단순히 메꾸는 것보다 이 생물학적 접근 방식의 속도가 매우 느리고 비용도 더 많이 들기 때문이다. 중국인 과학자로 구성된 한 연구팀은 이후 박테리아의 유전자를 조작하여 칼슘 부산물이 더 효율적으로 생성되게 했고 생물학적 콘크리트 수리 과정이 개선되어 속도가 빨라졌다. 유전자를 변형해 빨리 성장하는 박테리아 바실러스 할로두란스*Bacillus halodurans*를 균열이 생긴 콘크리트 표면에 분사하자 박테리아는 이전에 사용한 방법들보다 더 큰 균열로 스며들었다. 또한 습한 환경에서도 기능을 유지하고, 공기 중 이산화탄소를 흡수해 탄산이라는 천연 시멘트로 전환했다. 변형된 박테리아는 이렇게 균열을 고치는 일뿐만 아니라 지구온난화에 아주 작지만 중요한 기여도 했다.[29]

미생물을 조작하여 틈을 채우게 하는 방식은 연구자들이 이런 생물을 이용해 '살아 있는 건축 물질'이라 부르는 물질을 배양할 수 있는 가능성을 열어 주었다.

예를 들어 볼더에 위치한 콜로라도대학교 연구자들은 현재 식물의 광합성 조절을 돕는 박테리아를 이용할 방법을 찾고 있다. 이 박테리아를 조작해서 햇빛을 영양분이 아닌 탄산칼슘을 생성하도록 방향을 바꾸는 것이다. 박테리아가 수소 젤과 모래로 만든 스캐폴드에서 복제하고 증식할 때 생성되는 탄산칼슘이 스캐폴드 재료를 접착제처럼 붙여 실온에서 단단한 벽돌로 만드는 식이다. 이 방식은 기존 시멘트 제조처럼 에너지 집약적인 고열이 필요하지 않다. 살아 있는 박테리아의 상태를 조절하여 모래와 영양분이 혼합된 곳에서 배양하면 벽돌 하나가 여섯 시간 만에 두 개가 되고 열두 시간 만에 네 개, 그 후 또 여섯 시간이 지나면 여덟 개가 된다. 어떤 식으로 증가하는지 대충 이해할 수 있을 것이다. 과학자들은 이후에 온도와 습도를 조절해서 성장을 멈출 수 있다.[30]

2023년, 이 연구를 중심으로 설립된 콜로라도의 기업 프로메테우스 머티리얼즈는 미국 재료시험협회American Society for Testing and Materials에서 인증을 받은 후 시범적으로 미세조류 기반 바이오 시멘트 생산에 들어갔다. 실온에서 정상 기압의 상태로 두고, 모래를 기반으로 한 골재와 미세조류를 혼합하면 전통적인 포틀랜드시멘트와 아주 비슷한 시멘트 블록을 만들 수 있었다. 브림스톤이나 바이오메이슨과 같은 다른 스타트업들은 바이오 시멘트를 생산하기 위해 새로운 방법을 시도하고 있다. 이들은 전통적인 석회석 대신 탄소가 없는 규산칼슘 암석을 재료로 사용하고, 변형시킨 박테리아와 칼슘, 탄소 및 기타 물질들을 상온에서 혼합하는 방식을 택했다.

비슷한 실험이 토양 안정화를 위해 진행되었다.[31] 오하이오주의 데이턴에 있는 라이드 패터슨 공군기지의 과학자들은 232제곱미터 면적의 약해진 지반에 미생물 혼합물을 뿌려서 이 지면을 비행기가 착륙할 수 있을 정도로 단단하게 만들었다. 이 아이디어는 미국이 미생물 혼합물을 모래나 다른 표면에 뿌렸을 때 몇 주가 아닌 며칠 만에 활주로를 건설할 수 있음을 보여 주기 위해서 나왔다. 미군은 바다에 사는 자연 미생물을 설계하여 더 단단한 방파제를 만들거나 해안선 침식 진행을 늦추는 데 도움이 되는 개발에 자금을 지원하고 있다.

2016년 미 국방부 첨단연구 프로젝트국Defense Advanced Research Projects Agency은 생물 물질 설계 이니셔티브Engineered Living Materials Initiative를 발표했다. 목표는 '세포 시스템에 구조적 특성을 넣어 살아 있는 물질처럼 기능'하게 만드는 도구와 방법을 개발하는 것이다. 그러면 '건축 기술 분야에 새로운 가능성이 열릴'지도 모른다. 그렇다고 조만간 고층 빌딩 전체가 이런 살아 있는 물질로 세워진다고 상상하지는 말자. 여기에는 여러 가지 이유가 있다. 그중에서도 이런 새롭고 고도로 실험적인 대체재보다 기존의 시멘트가 더 안정적이고 비용이 낮다는 사실이 큰 이유로 자리한다. 그렇다고 이 방법을 당장 포기하기도 이르다. 현재로서는 사람이 하나의 세포에서 시작했고 빌딩은 그렇지 않다는 게 상식이지만, 이런 상식조차도 지금처럼 영원히 지속되지 않을 수도 있기 때문이다.

우리의 세계는 거대한 생물학적 구조로 가득하다. 호주의 그레이트 배리어 리프는 약 34만 제곱킬로미터의 면적을 덮고 있다. 현재까지 알려진 9,000종의 생물에 서식처를 제공하는데, 알려지지 않은 종까지 합치면 그 수는 더 많을 것이다. 지중해 지역, 인도, 기타 국가의 건축업자들은 수 세기 동안 자연적으로 응축된 산호를 건조시켜 만든 벽돌을 건축 자재로 사용했다. 캘리포니아의 스타트업 회사 칼레라는 산호가 칼슘, 마그네슘, 기타 해양 미네랄을 탄산칼슘으로 바꾸는 과정을 모방하기로 했다. 최근 이들은 발전소에서 나오는 가스와 바닷물을 섞어서 천연 시멘트를 만드는 혁신적인 방법을 개발했다. 산호와 비슷한 스캐폴드에 조작한 미생물을 넣어 콘크리트만큼 단단하게 만든 건축 자재로 건물을 짓는 미래는 터무니없는 상상이 아닐지도 모른다.

생물학이 가진 핵심 비밀은 스스로 만들어 나가는 능력을 갖고 있다는 점이다. 이 기능을 다른 영역으로 가져오면 이곳을 근본적으로 바꿀 수 있는 잠재력이 생긴다. 예를 들어 코드를 작성하는 AI 알고리즘, 자가 복제 로봇, 자율주행 실험실, 자가 생성 생체 재료 등에 이 방식을 적용할 수 있다. 우리의 지식과 역량이 향상됨에 따라 이전에는 덜 효율적이고 지속 가능하지 않았던 산업 공정으로 해내려 했던 목표를 이제는 그동안의 교훈과 생물학의 생산적인 효율성을 이용해 이룰 수 있을 것이다.

자연이 개발한 최강의 소재, 거미줄

생물학적 프로세스를 조작해 물질을 생성하는 방식으로 새로운 특징을 더할 수 있는 잠재력을 잘 보여 주는 또 다른 예는 비단이다.

약 4억 년 전부터 누에와 거미의 조상들은 실을 계속해서 뽑아 왔지만, 중국에서 시작한 누에의 실로 옷을 짓던 역사는 6,000년에 불과하다. 누에 실로 만든 비단은 매우 고급스럽지만 거미로 만든 비단은 여러 면에서 이보다 더 놀랍다고 할 수 있다. 거미줄은 지구에서 가장 강한 생물학적 폴리머로 알려져 있으며, 무게를 기준으로 따지면 플라스틱 섬유의 일종인 케블라보다 더 질기다. 거미줄은 또한 처음 길이에서 최대 500퍼센트까지 늘어나는데 가장 성능이 좋은 고무와 비슷한 수준이다.

그렇다면 우리가 누에를 키우는 것처럼 엄청난 수의 거미를 키워서 더 많은 거미줄을 생산한다면 어떨까? 이런 발상은 아쉽게도 실행 가능성이 작다. 거미가 누에만큼 많은 실을 뽑아내지 못하고 육식을 하는 포식자의 성향상 다른 거미와 잘 지내지 못한다는 단점 때문이다. 그러나 유전학과 생명공학 도구 덕분에 지금은 거미줄을 더 자세히 이해할 수 있어서 새로운 가능성을 열 수 있다.

거미에서 나오는 실의 주요 성분은 '스피드로인'spidroin이라는 단백질 덩어리다. 거미줄은 거미의 특정 유전자가 리보솜에 RNA 명령을 전달하면 특수한 분비샘에서 다른 종류의 아미노산 사슬을 생성하여 만들어진다. 우리가 거미줄을 더 많이 이해하고 어떤 식으로 만들어지는지 알게 되면 생명공학적으로 설계한 미생물에게도 이와 매우 비슷한 일을 시킬 수 있다.

최근 몇 년간 거미의 유전자를 변형하여 대장균, 누에, 담배, 대두, 감자, 새끼 햄스터 신장 세포, 염소 젖샘 세포, 형질 전환 생쥐의 게놈에 삽입해 보았다. 그러자 모든 실험체에서 거미줄의 핵심 성분이 생성되는 모습을 관찰할 수 있었다. 2023년 9월 중국 연구자들은 세계 최초로 누에의 실이 아닌 거미줄을 만들 수 있는 형질 전환 누에

를 만들었다고 발표했다.[32]

합성으로 거미줄을 만드는 가장 흔한 방법은 다음과 같다. 먼저 거미 게놈 서열을 읽고 분석하여 어떤 유전자가 실을 만드는 데 관여하는지 알아낸다. 그런 다음 DNA 합성기를 이용해서 원하는 단백질을 생성하는 DNA 서열 조각을 합성하거나 우편으로 주문하여 관련 조각을 얻는다. 그리고 이 조각들을 대장균이나 다른 세포에 통합되도록 설계된 플라스미드plasmid에 삽입한다. 플라스미드는 조금 더 큰 형태의 DNA 조각이다. 연구자들은 순간적으로 전기 자극을 주거나 화학적 촉매제를 이용해 플라스미드를 목표한 세포에 집어넣는다. 아니면 (단순하게!) 크리스퍼 기술을 이용해 표적 세포를 바로 편집할 수도 있다. 이 세포들을 배양하여 원하는 유전자가 잘 통합된 세포를 선별한 후에 이 세포에 영양분을 제공하고 증식할 수 있는 환경을 조성해 준다. 이제 그냥 기다리기만 하면 배양 접시에서 세포가 제대로 활동할 것이다. 채소나 염소, 생쥐 또는 크리스퍼 기술로 유전자를 변형시킨 거미에서 원하는 단백질이 생성되기를 원한다면 조작한 세포를 그 안에 넣고 기다리기만 하면 된다.

변형된 거미줄로 만들 수 있는 제품의 종류는 거의 무한대라고 할 수 있다. 미군에서는 거미줄을 이용한 방탄조끼, 낙하산, 군용 텐트 개발에 적극적으로 자금을 지원한다. 거미줄은 에너지를 옮길 수 있고 햇빛에 반응하기 때문에 현대 컴퓨터 시스템이 깊이 의존하는 광섬유를 만들 때 플라스틱이나 유리를 대체할 잠재력이 있다. 거미줄의 단백질은 인간의 면역체계가 공격하지 않고 천천히 분해되기 때문에 현재 이 물질은 다양한 의료 목적으로도 활발하게 연구된다.

예를 들어 뼈 재생, 조직 공학에 쓸 스캐폴드, 인간 장기를 치료하기 위해 붙이는 패치를 만들 때 쓸 수 있다. 맞춤형 나노입자와 혼합된 젤 형태로도 만들 수 있다. 이 젤은 몇 주 동안 체내에 남아 항생제가 느리게 나오도록 설계하여 오랜 기간 끈질기게 괴롭히는 박테리아나 곰팡이 감염에 더 잘 대처하도록 도울 수 있다.[33]

아직은 이렇게 변형된 형태의 거미줄이 실제로 거미가 만드는 것만큼 완벽하지 않고 여전히 대량 생산이 어렵다는 단점이 있지만, 과학은 빠르게 발달한다. 북아메리카, 아시아, 유럽, 오스트레일리아의 연구자들로 구성된 한 컨소시엄은 5년 동안 1,100여 종의 거미 게놈과 RNA 전사체 염기서열을 분석했고 그 결과를 누구나 접근할 수 있는 대용량 데이터베이스에 저장했다. 이 정보만 있으면 세계 어디서든 이 복잡하고 방대한 정보를 머신러닝 도구에 입력해서 그 내용을 이해할 수 있다.[34]

뉴사우스웨일스대학교의 진화 생태학자 겸 생물학자인 숀 블라미레스Sean Blamires는 이렇게 말했다. "인간 게놈 프로젝트 덕에 연구자들은 특정 질병을 유발하는 특정한 유전자 서열 돌연변이를 식별하는 능력을 얻었다. 이번에는 물질을 개발하는 과학자와 생물학자들이 데이터베이스와 여기에 함께 제공되는 구조-기능 분석 자료를 통해 거미줄의 특성을 직접 결정하는 유전자만 채취할 수 있는 능력을 확보했다."[35] 수천 년 전 모든 조상이 같은 날 구리 제련법(제1장에서 언급)을 알게 되었다면 세상이 얼마나 발전했을지 생각해 보자. 이와 비슷한 상황이다.

2022년 한 연구팀의 공동 리더였던 이탈리아인 니콜라 마리아 푸뇨Nicola Maria Pugno는 실제 거미줄만큼 질긴 변형 거미줄을 만들었다. 그는 "어쩌면 미래에는 특정한 기능을 위해 구조를 조작하여 다리를 설계하는 것과 동일한 방법으로 거미줄 단백질을 설계할지도 모른다"라고 말했다.[36]

여기에서 핵심은 석유, 플라스틱, 시멘트, 나일론이 곧 사라질 것이라는 말이 아니다. 그런 일은 벌어지지도 않을 것이다. 이 이야기의 요점은 현재 우리가 의존하는 많은 공공재가 점차 이와 비슷하거나 기능적으로 더 나은 제품으로 대체될 수 있다는 점이다. 이런 대체품은 생물학적 시스템을 설계해서 만들 수 있다. 현재 상당한 진전이 나타난 제품들도 있다. 예를 들면 버섯과 기타 곰팡이를 이용해서 만든 합성 가죽과 고급 포장재, 화장품, 기타 용도를 위해 생물학적으로 생성된 콜라겐, 섬유와 식품 가공 과정에서 나타나는 에너지 집약적인 산업 공정을 대대적으로 대체할 수 있는 변형된 효소, 조류 오일로 만든 생분해성 윤활유 등이 있다.[37]

우리는 필요한 원자재를 얻기 위해 땅을 파거나 잘라 내는 작업을 하지 않고, 또 제품 가공을 위해 용광로에서 엄청난 에너지를 쓰면서 많은 양의 온실가스를 배출하지 않고도 상대적으로 적은 양의 생물학적 종자 비축물로 제품을 만들어 낼 수 있다. 즉 살아 있는 재료로 미래를 완전히 바꾸거나 적어도 일부는 변화할 수 있다는 말이다. 아직은 그 단계에 완전히 속하지 않았지만 이 방향으로 천천히 나아가고 있는 것은 분명하다.

예를 들어 2023년 11월 구글 딥마인드는 '물질 탐색용 그래프 네트워크'Graph Networks for Materials Exploration, GNoME라는 새로운 딥러닝 알고리즘을 발표했다. 이 알고리즘은 새로운 산업 응용 분야를 찾고 개발하는 능력을 획기적으로 가속화하고 향상시키기 위해 설계되었다. 기존 물질(재료)의 데이터 세트로 학습한 AI는 이 지식을 활용하여 산업 물질의 핵심 구성요소인 새로운 결정의 분자 구조를 220만 개 설계했다. 이 1세대 시스템이 제안한 새 유형의 물질들은 물건을 제조하는 방식에 매우 긍정적인 영향을 미칠 수 있다.[38]

이러한 비전은 2025년 1월 마이크로소프트가 매터젠MatterGen을 발표하면서 조금 더 명확해졌다. 60만 개가 넘는 다양한 물질의 화학적, 전자적, 자기적 특성이 담긴 데이터베이스로 학습한 매터젠은, 사용자가 원하는 목표를 프롬프트에 입력하면 그에 맞춰 신소재의 화학적 구조와 3차원 구조를 제안한다.[39] 마이크로소프트는 이 놀라운 도구의 개발 속도를 높이기 위해 MIT 라이선스 하에 소스 코드와 훈련 데이터를 공개했다.

아직 초기 단계이지만 다음 단계의 AI 기반 재료 과학은 자동차, 가전제품, 초전도체, 배터리, 우주선을 포함한 여러 가지 필수 품목에 큰 영향을 미치고, 전반적으로 물질들을 혁신하는 능력을 빠르게 가속화할 것이다.

그러나 인간이 이렇게 흥미로운 방식을 쓸 수 있다는 의미가 곧 대대적으로 적용할 수 있다는 말은 아니다. 여기에도 2015년 《뉴스위크》 기자들이 1세대 바이오연료의 붕괴를 강조하는 기사를 트위터에 올렸을 때 사람들이 느꼈던 것과 비슷한 하이프 사이클 현상이 분명 여러 번 나타날 것이다. 당시 기자들은 이렇게 비판했다. "합성생물학은 세상을 구할 것처럼 등장했지만 지금은 고작 바닐라 향을 내는 데 쓰인다."⁴⁰ 비록 어느 정도 변동이 있더라도 새로운 접근법을 더 많이 활용하는 방향으로 가는 추세는 점점 더 뚜렷해질 것이다. 물론 저절로 그렇게 되는 것은 아니다.

이런 종류의 대체재는 기존의 제품보다 더 지속 가능하거나 훨씬 기능이 좋은 경우에만 일부 사람들이 쓰겠지만, 대부분의 사람은 그다지 흥미를 보이지는 않을 것이다. 이 제품들이 많이 팔리려면 대량으로 생산할 수 있어야 하고 기존의 상품보다 품질이 더 좋고 저렴하며 쉽게 사용할 수 있어야 한다.

석유화학제품과 플라스틱을 포함한 핵심적인 산업화 시대의 자원은 이미 광범위하게 사용되고 가격이 저렴하며, 이런 제품들을 추출하고 생산하고 홍보하도록 설계된 기존의 거대한 인프라가 존재한다. 이런 점을 생각해 보면 성취하기 매우 힘든 목표가 될 것이다. 그러나 다른 한편에서는 현재 생명공학을 이용해서 제품을 만드는 기술력이 나날이 발전하고, 가격도 놀라운 속도로 내려가고 있다는 사실을 알 수 있다.

합성생물학자 사라 몰리나리Sara Molinari는 이렇게 말했다. "설계된 생물 물질은 살아 있는 세포로 만들어지기 때문에 우리가 여러 가지 애플리케이션으로 휴대폰을 프로그래밍하는 것처럼 유전자를 조작하여 다양한 기능을 수행할 수도 있다."⁴¹ 생명공학은 새로운 제품을 기존의 것보다 기능이 더 좋고 소비자가 원하는 형태로 만들 수 있는 가능성이 있다. 그리고 아마도 다른 방법으로는 결코 풀지 못하는 문제를 해결할지도 모른다.

데이터 스토리지가 대표적인 예다.

DNA 1그램에 도서관 전체를 담다

인류는 기록을 시작한 이래로 수많은 데이터와 정보를 저장해 왔다. 그래서 인류의 역사를 기록의 역사라고 부르기도 한다.

우리 조상은 동굴 벽에 그림을 그렸고 동물 뼈에 그림을 새기거나 정교한 실타래를 묶기도 했다. 이후에는 동물 가죽에 뭔가를 써 내려갔고 다음에는 종이로 옮겨 갔다가 결국에는 책을 쓰는 단계까지 이렀다. 중국에서는 11세기에, 유럽에서는 15세기에 만들어진 인쇄기는 그 전과 비교해 정보를 저장하고 공유하는 활동을 대대적으로 확대했다. 20세기 컴퓨터 기술과 함께 발전한 디지털 언어는 데이터 생성과 공유, 저장의 수준을 이전에는 상상할 수 없을 정도로 끌어올렸다. 이렇게 저장된 모든 기록은 문화 발전에서 가장 핵심적인 기초 중 하나가 되었고 여러 면에서 우리의 정체성, 사회, 삶을 정의하고 있다.

그러나 지금 우리는 문제에 봉착했다.

핸드폰을 사용할 때, 차를 운전할 때, 건강 검진을 받을 때, 검색할 때를 포함해서 사실상 거의 모든 행동을 할 때마다 우리는 사용 가능하고 접근 가능한 데이터에 의존하고 있다.

'클라우드 컴퓨팅'이라는 비유적 표현은 데이터가 끝없이 펼쳐진 하늘에 떠다니는 구름처럼 어딘가에 존재한다는 느낌을 주지만 진실은 이와 거리가 멀다. 디지털 데이터를 저장하려면 정보를 비트 단위로 변환해야 한다. 즉 1과 0으로 이루어진 컴퓨터 코드로 변환하여 어딘가에 기록해야 한다는 말이다. 컴퓨터와 데이터 센터에 저장된 것을 포함한 디지털 데이터 대부분은 자기 저장 장치와 광학 저장 장치 시스템에 보관된다.

2010년에는 2조 기가바이트의 데이터가 생성되고 소비되었으며 저장되었다. 비교하자면 20세기 이전까지 인류 역사에서 생성되고 소비되고 저장된 데이터의 양보다 더 많다. 2015년에 이 숫자는 15조 5,000억 기가바이트로 증가했다. 2018년에는 33조 기가바이트, 2020년에는 64조 기가바이트, 2021년에는 79조 기가바이트, 2022년에는 97조 기가바이트, 2023년에는 120조 기가바이트, 2024년에는 149조 기가바이트로 상승했다.[42] 이런 패턴을 보면 앞으로 어떻게 바뀔지 대강 예측할 수 있을 것이다. 저장된 데이터가 증가하는 양은 세계 경제의 성장 속도보다 약 네 배 빠르다. 전문가들은 2030년까지 모든 영상 파일, 방대한 시스템 생물학 데이터베이스, 소셜 미디어 기록, 은행 기록을 포함해 총 612조 기가바이트의 데이터가 생성될 것으로 예측한다.

정말 엄청난 숫자가 아닐 수 없다. 하지만 이 숫자가 진정으로 의미하는 바는 무엇일까?

현재 데이터 센터는 세계 총 에너지 사용량의 약 1.5퍼센트를 차지한다. 게다가 미국 상업용 항공기 산업의 연간 배출량과 동일한 수준으로 이산화탄소를 내뿜고 있으며 하루에 약 350만 갤런의 물을 사용한다. 현재 1기가바이트의 정보를 저장하는 데 사용되는 전력량은 5와트이며, 이 시스템이 그대로 유지된다면 612조 기가바이트의 데이터를 저장할 때 필요한 에너지 량은 3.06페타줄petajoule (약 278기가와트시에 해당하는 에너지 단위 – 옮긴이)이 될 것이다. 이 정도는 미국 전체 가정에 6개월간 전기를 공급할 수 있는 에너지양이다. 전문가들은 현재 상황이 달라지지 않는다면 데이터 센터에서 나오는 온실가스 배출량이 2040년에는 무려 14퍼센트 증가할 것으로 예측한다. 이렇듯 끝없이 증가할 것 같은 전기 사용량으로 인해, 대형 기술 업체들은 원자력 발전소와 협력하거나, 심지어 자체적으로 발전소를 세우는 방향으로 나아가고 있다. 2024년 마이크로소프트가 1979년 노심 용융 사고로 악명 높은 스리마일섬 원전과 계약을 체결한 것이 대표적인 사례다.

전력을 더 많이 확보할 방법을 고민하는 것 외에도 디지털 시스템을 더 효율적으로 운영할 방안을 찾는 데 많은 지적 자원이 투입된다. 초기 대형언어모델은 막대한 에너지를 필요로 하는 반면, 구글, 오픈AI, 딥시크가 개발 중인 새로운 AI는 훨씬 더 에너지 효율적이다. 그러나 이런 알고리즘을 개발하는 데 큰 진전이 있었다 해도 인류가 계속해서 만들어 내는 데이터의 총량은 앞으로 놀라운 속도로 증가할 것이 거의 확실하다. 즉 데이터 스토리지 기술 분야에서도 상당한 진전을 이루어야 한다는 말이다.

지금은 데이터를 저장할 때 주로 솔리드 스테이트 드라이브SSD나 스피닝 디스크 하드 드라이브를 사용한다. 이 저장 방식을 계속 쓴다면 2040년 전 세계 데이터 저장에 필요한 웨이퍼용 실리콘은 1,000킬로그램 정도라고 한다. 하지만 그 시점까지 전 세계 웨이퍼용 실리콘 공급량은 그 10분의 1 수준에 불과할 것으로 예상된다.[43] 더 큰 문제는 이 시스템에 저장된 데이터가 빠르게 소실되기 때문에 주기적으로 백업이나 복구 작업을 해야 한다는 것이다. 마치 우리 몸이

제 기능을 하기 위해 계속해서 새로운 세포로 채워야 하듯이 말이다.

현세대가 저장하는 데이터의 양은 저장 공간과 비교해 훨씬 빠르게 증가한다. 현대 생활의 모든 기능이 이 데이터(많은 사람들이 소셜 미디어에 올리는 민망한 게시물을 제외하면)를 저장하고 접근할 수 있는 능력에 달려 있다는 점을 감안할 때 이는 중대한 문제다. 세계를 선도하는 정부들, 기술 회사, 컴퓨터·AI 연구자들은 이미 이 문제를 깊이 인식하여, 향상된 데이터 압축, 엣지 컴퓨팅(데이터를 생성된 곳에 더 가깝게 저장), 양자 저장 같은 여러 가지 조치를 하고 있다. 또한 새로운 방식으로 다음 세대의 컴퓨터 칩을 만들려는 노력을 이어가고 있다. 여기에는 질산갈륨이나 그래핀 같은 실리콘 외의 소재를 사용해서 3차원 칩을 개발하고, 빛 입자를 더 잘 활용하는 방식이 포함된다.

또 다른 방법에는 DNA 데이터 저장이라는 혁명적이고 진화적인 형태가 있다.

DNA에 디지털 데이터를 보관한다는 생각을 혁명적이라 한 이유는 현재까지의 데이터 보관 방식과 확연히 다르기 때문이다. 진화적이라 표현한 이유는 우리가 풀려고 노력하는 문제를 자연이 아주 오래전에 이미 풀었기 때문이다. 우리보다 훨씬 효율적이고 효과적인 체계를 이용해서 말이다. 그 핵심인 DNA는 생물학적 관점에서 보면 데이터 저장 공간이자 복구 메커니즘이자 컴퓨팅 시스템이라 할 수 있다. 전문가들은 오랜 문제를 풀기 위해서 새로운 무언가에 투자하는 대신, 자연이 이미 진화시킨 것을 잘 이용하여 어디까지 발전시킬 수 있는지를 살펴보는 게 더 합리적이라 판단했다.

데이터 저장에서 실리콘 컴퓨터 칩은 놀라운 발명이었지만 DNA

와는 비교조차 되지 않을 것이다. DNA의 저장 밀집도는 실리콘보다 100만 배 높다. 예를 들어 40조 기가바이트의 데이터를 저장하려면 2억 2,700만 개의 자기 테이프, 26억 개의 개인용 컴퓨터 하드 드라이브나 420억 개의 USB가 필요하다. 반면 DNA에 동일한 양의 데이터를 정기적으로 저장하려면 1그램만 있으면 된다.[44] 전문가들은 냉장고 박스 한 개 분량의 DNA면 현재의 모든 데이터를 저장할 수 있으며, 컨테이너 몇 개 크기인 수십 킬로그램의 DNA면 수 세기 동안의 모든 데이터를 저장할 수 있다고 추측한다.

또한 실리콘은 수십 년이 지나면 점차 내용이 사라지기 시작하는데 DNA는 조건만 제대로 갖춰지면 최대 200만 년간 데이터가 그대로 살아 있다. 2022년 그린란드의 영구 동토층에서 채취한 DNA 조각의 염기서열을 분석하여 선사시대 울창한 숲의 유전적 증거를 밝혀낸 일을 떠올려 보자.[45] 연구자들은 DNA가 특정 환경에서는 500만 년이 지나도 데이터를 읽어 낼 수 있을 것으로 추측했다. 컴퓨터 펀치 카드, 8트랙 테이프, 플로피 디스크, VHS에 저장되는 데이터는 이러한 장치를 취급하는 곳에 가야 복원할 수 있다. 반면 DNA 기술은 생명이 다하기 전까지는 계속 남아 있을 것이다.

DNA 데이터 저장의 핵심은 네 가지 화학 염기인 아데닌, 사이토신, 구아닌, 타이민의 유전자 정보를 컴퓨터 기호인 1과 0으로, 또는 그 반대로 변환하는 것이다. 방식은 코로나19 mRNA 백신을 유전적으로 합성할 때 사용한 것과 같은 종류의 프로세스로 진행된다. 먼저 컴퓨터 코드를 유전자 코드로 바꾼 다음 조각으로 나누고 액체, 소금, 설탕, 칼슘, 유리와 같은 지지체, 또는 기타 스캐폴드에 저장하거나, 대장균처럼 살아 있는 세포에 삽입한다. 이 데이터를 읽을 때는 유전자 서열을 증폭하여 여러 연구소나 실험실, 기업에서 쓰는 게놈 서열 분석기를 통해 분석한다. 이 과정에서 아데닌, 사이토신, 구아닌, 타이민의 패턴을 읽고 그 내용을 AI 알고리즘이 1과 0으로 변환하면 컴퓨터에서 원래 데이터를 복원할 수 있다.

이 과정을 아래 그림과 같이 간략하게 나타내 보았다.

1980년대, 디지털 데이터를 DNA 형태로 보관하는 첫 번째 실험이 진행되었다. 당시 보스턴에 거주하는 아티스트 조 데이비스Joe

DNA 데이터 스토리지[46]

1. 코딩

이진법으로 나타낸 코드는
DNA 염기쌍으로 번역된다.

A=아데닌
C=사이토신
G=구아닌
T=타이민

DNA 사다리의
'가로대'로 연결된 쌍

00	01	10	11
↓	↓	↓	↓
A	G	C	T

01 00 11 11 00 10 00
↓ ↓ ↓ ↓ ↓ ↓ ↓
G A T T A C A

2. 합성 및 저장

합성생물학 파운드리에서는 이진법 코드
서열과 일치하는 DNA 가닥을 생성한다. 이
내용은 최대 500만 년(적절한 환경일 때)
동안 보관된다.

3. 복구 및 해독

DNA 가닥들은 유전자 서열 분석기를
통과하면서 유전자 코드가 복원되고 이진법
코드로 번역된다.

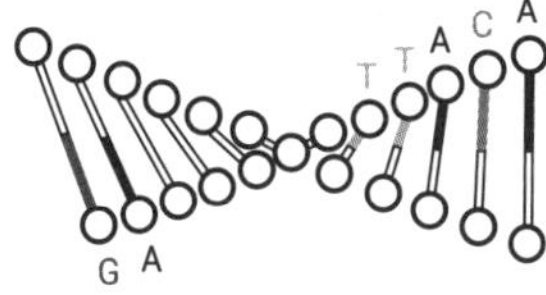

01 00 11 11 00 10 00

Davis가 하버드 연구자들과 함께 디지털 데이터 스토리지 실험에 참여했고, 게르만족 이전에 그려진 이미지를 유전자 코드로 변환하여 대장균에 삽입했다. 2012년 조지 처치와 하버드 동료 연구자들은 《재창조》Regenesis라는 처치의 책을 암호화한 후 수천 개의 DNA 조각으로 만들어 DNA 마이크로칩에 집어넣었다. 코로나19 이후로 우리에게 너무나 친숙한 용어인 PCR 방식으로 DNA를 증폭한 결과 약 700억 부의 복제본을 만들 수 있었다. 엄밀히 말해서 이것은 역사상 가장 많이 복제된 책이 되었다.[47] 이 700억 부는 국회 도서관 두 곳을 채우는 대신 1그램의 DNA 속 작은 일부만을 채웠다.

콜롬비아대학교 컴퓨터 공학자인 야니프 에를리히Yaniv Erlich는 한 단계 높은 성과를 냈다. 동료인 디나 지엘린스키Dina Zielinski와 함께 에를리히는 디지털 정보를 DNA 형태로 암호화한 후 쉽게 접근할 수 있는 디지털 데이터로 다시 해독하는 알고리즘 모델을 만들었다. 그리고 1895년 뤼미에르 형제가 만든 상징적인 영화 〈열차의 도착〉 L'Arrivée d'un train en gare de La Ciotat의 디지털 파일과 1948년 정보 이론에 대한 논문, 컴퓨터 운영 체제, 아마존 기프트 카드, 컴퓨터 바이러스 코드를 7만 2,000개의 짧은 DNA 조각으로 변환한 후 샌프란시스코의 합성생물학 회사인 트위스트 바이오사이언스에 이메일을 보내 이 자료를 DNA로 합성해 달라고 요청했다.

적은 양의 DNA를 메일로 받은 에를리히와 지엘린 스키는 이 유전물질을 게놈 서열 분석기에 넣고 AI 시스템을 이용해 디지털 파일로 다시 정리했다.[48] 이 디지털 파일은 한 번 깨지면 복구가 불가능한 달걀 험프티 덤프티와 달리 원래 형태 그대로 담벼락 위에 앉아 있었다(험프티 덤프티는 루이스 캐럴의 《거울 나라의 앨리스》에 등장하는 달걀 캐릭터 이름으로 담벼락 위에 자주 앉아 있다. - 옮긴이).

데이터 수요가 기하급수적으로 증가하는 현 상황에서, 특히 아주 중요한 기록을 장기간 보관할 때 쓰일 DNA 데이터 콜드 스토리지(자주 액세스되지 않는 데이터를 보관할 목적의 스토리지 - 옮긴이)는 분명 매우 중요한 역할을 하게 될 것이다. 이 모든 것이 흥미롭게 들리고 또 실제로도 그렇지만 이 방식이 그 잠재력을 완전히 실현하기까지는 여전히 매우 까다로운 장애물들이 남아 있다.

그중에서도 가장 큰 문제는 비용이다. 다른 모든 기술처럼 DNA 데이터 스토리지를 대중화하기 위해서는 성능이 좋으면서도 저렴해야 한다. 그러나 현재는 실리콘으로 만든 저장 매체보다 훨씬 비싸다. 한 연구에 따르면 2022년 DNA에 1테라바이트의 데이터를 저장하는 데 드는 가격은 약 8억 달러다. 같은 양의 데이터를 자기 테이프에 저장하는 데 15달러면 충분하다는 사실을 생각해 보면 엄청난 가격 차이다.[49] 비록 지난 30년간 DNA 데이터를 저장하고 서열을 분석하고 합성하는 전체 가격이 1,000만 배 떨어졌지만 여전히 간극이 크다. 아직은 가야 할 길이 멀어 보이지만 지금의 분위기라면 긍정적인 미래를 상상할 수 있다.

2012년 DNA에 1메가바이트의 디지털 데이터를 암호화하는 데 드는 돈은 1만 2,000달러가 넘었지만 현재는 몇천 달러로 떨어졌다. DNA 합성 가격은 염기 1쌍을 기준으로 2000년에 약 10달러였지만 2004년에는 1달러였고 현재는 7센트로 내려갔다. 조만간 이보다 더 가격이 떨어질 것으로 보인다. 새로운 연구도 진행되고 있는 데 DNA 데이터를 비단 단백질이나 소금의 틀에 미세한 3차원 구조 형태로 저장하는 것이다. 이렇게 하면 게놈 서열 분석기를 사용하지 않고 기존의 광학식 스캐너로 읽을 수 있다. 또한 내가 2016년에 쓴 공상과학 소설 《이터널 소나타》에 묘사한 것처럼 살아 있는 동물의 세포(이 책에서는 '세바스찬'이라는 장난기 많은 코커스패니얼의 세포)나 씨앗에 저장할 수도 있다.

또 다른 문제가 있다. 디지털 파일과 달리 DNA 데이터로 암호화된 데이터 파일은 전체가 아닌 일부분에만 쉽게 접근할 수 있는 시스템이 충분히 갖춰져 있지 않다는 것이다. 그래서 우리는 필요한 파일에 빠르게 접근할 수 있는 새로운 컴퓨터, AI, 합성생물학 시스템을 구축해야 한다. 또한 디지털 데이터를 생물학 데이터로 암호화하고, 생물학 데이터를 다시 디지털로 해독하며, 그 과정에서 발생하는 오류를 자동으로 수정할 수 있는 알고리즘도 개발해야 한다.

이 모든 작업이 감당하기 벅찬 일처럼 여겨질 수 있다. 사실 실제로도 그렇다. 그러나 이런 우려도 현재 진행 중인 놀라운 발전 속도와 함께 따져 볼 필요가 있다. 우리는 확장 가능한 DNA 데이터 저장 및 검색 시스템을 처음부터 발명할 필요는 없다. 자연이 이미 해 놓았기 때문이다. 조상들이 이미 존재하는 야생 동식물을 길들였던 것처럼 우리가 해야 할 일은 자연적으로 진화한 시스템을 필요에 맞게 세세하게 조정하는 것이다. 그렇다고 해서 현재의 개발로 인해 가까운 시일 내에 실리콘 기반 컴퓨터 칩과 같은 기존의 전통적인 시스템이 DNA 데이터 저장 기술로 대체된다는 의미는 아니다. 그러나 최소한 DNA 데이터 저장은 장기적인 데이터 저장에 도움을 줄 것이며, 조만간 데이터 저장과 컴퓨터 작업에서 나타나는 문제를 해결해 주는 새로운 분야로 떠오를 것이다.

2020년 고급 DNA 데이터 스토리지와 컴퓨터 작업에 흥미를 보인 15곳의 기술 회사와 교육 기관, 일루미나, 마이크로소프트, 트위스트 바이오사이언스, 웨스턴 디지털, 스위스 취리히 연방공과대학교 및 스타트업 기업인 카탈로그와 이리디아는 'DNA 데이터 스토리지 얼라이언스'DNA Data Storage Alliance를 만들어 미래를 위한 공통적인 표준을 세우고 로드맵을 구축하기로 결정했다. 이들은 "우리의 목표는 DNA를 데이터 스토리지 매체로 이용해서 상호정보교환이 가능한 저장 생태계를 만들고 장려하는 것이다"라고 말했다.[50] 그 후 여러 핵심적인 개발들이 임무를 진전시키는 데 도움을 주었다.

2024년 중국 과학자들은 후성유전학적 표지를 정보 비트로 활용하는 혁신적인 방법을 공개했다. 이는 생물학의 언어를 이용해 데이터를 대규모로 저장하고 잠재적으로 처리할 수 있는 또 하나의 방법을 보여 준 것이다.[51] 2025년 2월 이스라엘 과학자들은 기존의 최고 모델보다 3,200배 더 빠르고 40퍼센트 더 높은 정확도로 DNA에 저장된 데이터를 검색할 수 있는 새로운 신경망 AI 기반 시스템을 발표했다.[52] 이러한 성장 잠재력을 인식한 생명공학 기업 트위스트 바이오사이언스는 기회를 적극 활용하기 위해 2025년 5월 자사의 DNA 데이터 저장 기술 부문을 '아틀라스 데이터 스토리지'Atlas Data Storage라는 새로운 회사로 분리했다.

스토리지 외에 세포를 조작하여 생물학적 컴퓨터로 만드는 연구도 주목받고 있다.[53] 세포는 마이크로프로세서처럼 코드화된 시스템이라 입력값에 따라 출력값이 결정된다. 또한 세포 속 유전자는 후성 유전학적 명령에 따라 켜고 꺼지는데, 이는 컴퓨터 칩의 논리 게이트에 따라 1과 0 사이를 오가는 방식과 유사하다. 이런 바이오 컴퓨터가 가지는 장점은 세포가 컴퓨터 칩보다 훨씬 크기가 작고 에너지 효율적이며 자가 복구가 가능하다는 것이다. 그러나 훨씬 복잡한 시스템으로 인해 제어가 어렵다는 것이 단점이다.

이 흥미로운 개념을 실제로 증명해 낸 곳이 있었다. 호주 코티컬 랩스란 기업의 연구팀은 인간 뇌세포 집단을 훈련했다. 이 집단은 전기 신호를 감지하고 디지털 출력값을 내도록 조작한 실리콘 칩에 머물고 있었다. 원하는 행동을 할 때 전기 자극으로 보상하고 반대의 경우 거슬리는 소음으로 불쾌감을 주는 식으로 세포를 훈련한 결과, 접시에 담긴 뇌세포는 1970년대 컴퓨터 게임인 퐁(물론 당시 캔자스시티에 살던 나와 우리 형제만큼은 아니더라도)을 다룰 수 있게 되었다.[54] 한 중국 연구팀은 일반적인 용도로 쓸 '액체 컴퓨터'를 개발하고 있다. 이들은 살아 있는 세포 안에 있는 생물학적 컴퓨터 회로를 기반으로 짧은 DNA 조각(DNA 기반 프로그래머블 게이트 배열DNA-based programmable gate array이라 부름)을 통합하여 수십억 개의 간단한 프로그램을 실행하는 것을 목표로 한다.[55]

정확한 시기는 확신할 수 없지만 개인적으로 DNA 데이터 스토리지와 컴퓨터 분야에서 빠르고 놀라운 발전이 일어나리라 생각한다. 자연은 40억 년 동안 데이터를 저장하고 전달하는 최상의 방법을 찾아냈다. 인간은 언어, 수학, 논리, 물질과학, 디지털 컴퓨터 분야에서 수천 년간 이루어 낸 혁신과 뛰어난 두뇌를 기반으로 우리만의 방식을 만들었다. 우리가 발명품을 보완할 때 자연의 진화에서 나타나는 우수함을 빌려 쓰는 행동은 당연한 것이다.

자연이 이미 풀어놓은 답을 설계하는 법

그러나 기대하는 모든 기술이 전부 실현될 수는 없다.

기존 기술을 대체할 정도의 기술이라면 작동은 기본이고 실질적으로 더 나은 방식으로 구동되어야 한다. 그리고 더 저렴하고 빨라야 하며 더 쉽게 유지하거나 업그레이드할 수 있어야 한다. 단순히 그럴듯하다거나 바람직하다는 이유로는 사람들이 새 기술을 선택하기에 충분치 않다. 또한 우리가 현재 사용하는 많은 제품의 가격에는 사회적 비용이 포함되어 있지 않아서 새 기술 채택을 더 어렵게 한다. 예를 들어 화석연료와 석유로 만든 플라스틱은 이로 인한 기후변화나 세계 석유 생산지의 지정학적 불안정성에 대한 비용을 전혀 반영하지 않았기 때문에 가격이 저렴해서 많은 사람이 사용 중이다.

그러나 생물학을 기반으로 한 해결책은 산업화가 유발한 많은 문제를 해결할 것이다. 그리고 시간이 지나면 필요한 자원을 굳이 땅을 파내거나 잘라 내거나 가축을 죽이지 않고도 더 저렴하고 이익을 주는 방식으로 만들어 낼 것이다. 이는 올바르고 도덕적인 행동이다. 그러나 이런 정의와 도덕에만 기반을 두고 전환하려고 하면 실패할 가능성이 크다.

다행히 생물학을 기반으로 한 설계 방식에는 한두 가지 특별한 기능이 숨겨져 있다. 산업화는 기껏해야 2세기 반 정도 진행되었으나, 생물학적 프로세스는 수십억 년 동안 진화해 왔기 때문에 미래 바이오경제를 구축하기 위해서 굳이 처음부터 새롭게 기반을 만들어 발전할 필요가 없다. 그보다는 이 생물학적 시스템을 살짝 변경하여 필요한 부분을 채우면 된다. 한 분석가 그룹은 이를 '자연 공동 디자인'이라고 부르는데, '생물학, 재료 과학, 나노 기술이 만나 자연의 설계 원리와 제조 능력을 올리는' 프로세스다. 또한 이 그룹은 자연 공동 디자인이 '레고와 비교'할 수 있다고 주장했다. 즉 다양하고 정밀한 모양의 여러 가지 색상을 가진 브릭으로 무한하게 구조물을 만들고 분해하고 용도를 바꿀 수 있다는 의미다.[56] 우리가 알고 있는 레고 조각은 비활성이지만 생물학적 물질은 살아 움직인다.

이렇게 자연의 생물학적 시스템과 인간의 설계 능력이 만나자 경제 발전과 성장의 새로운 문이 열렸다. 바이오경제에는 표준화된 정의가 없지만 관련된 여러 가지 정의를 살펴보면 앞으로 바이오경제가 어떻게 변모할지 대강 짐작할 수 있다. 2020년 경제협력개발기구OECD 보고서에 따르면 세계 바이오경제는 2030년에 상업 부분에서 11조 2,000억 달러를 창출할 것이다. 같은 해에 나온 맥킨지 보고서(내가 참여한)에서는 이 수치를 최대 7조 7,000억 달러로 보고 2030년까지 "원칙적으로 세계 경제에 투입되는 물질 자원의 60퍼센트가 생물학적으로 생산될 수 있을 것"이라 추정했다.[57] 그렇다고 세계 모든 기업이 전체 또는 부분적으로 생명공학 회사로 변한다는 의미는 아니다. 그보다는 모든 정부와 기업이 이런 거대한 변화의 파도 속에 기습적으로 휩쓸리기보다는 적절하게 편승하는 최적의 전략을 갖춰야 한다는 의미다.

이런 변화는 환경에 엄청난 혜택을 가져올 잠재력이 있다.

지금까지 산업화를 이끈 형태는 한쪽으로만 흘러가며 뭔가를 채취하는 식으로 이루어졌다. 예를 들어 우리는 땅을 파서 기름이나 철광석을 얻은 다음 제품으로 만들고 사용이 끝나면 폐기했다. 인구가 증가하고 경제가 성장함에 따라 필요하거나 원하는 물건을 생산하기 위한 채굴량은 계속 증가했다. 2024년 유엔 환경계획 보고서에 따르면, 1970년 이후로 세계 원자재 채굴량이 400퍼센트 상승하여 지구온난화, 대기 오염, 수자원 부족, 생물다양성 감소에 엄청난 영향을 주었다고 한다. 현재 예측으로는 이 채굴량이 2060년까지 60퍼센트 더 증가할 것이고, 이러한 분위기를 바꾸지 않는다면 현 문제는 더 악화될 것이라 한다.

그러나 바이오 혁신이라는 새로운 기술 덕분에 순환적 바이오경제를 구축할 수 있다는 기대감이 생기기 시작했다. 즉 인간과 동물에서 나오는 폐기물, 식용으로 쓰지 않는 작물의 일부, 세포 배양액 같은 지속 가능한 형태의 생물학적 원료가 우리에게 필요한 식품, 섬유, 화학제품, 플라스틱, 에너지를 만들 때 사용할 수 있다는 말이다. 그렇게 되면 자연에서 얻는 자원의 양이 천천히 감소할 것이다.

미국 전 부통령 앨 고어Al Gore는 2020년 《와이어드》Wired와의 인터뷰에서 이렇게 말했다. "우리는 현재 지속 가능한 혁신의 초기 단계에 있습니다. 그리고 디지털 혁신과 융합하여 산업혁명 때보다 더 성장할 것이라 믿습니다. 지금 세계는 역사상 가장 큰 투자와 사업을 할 수 있는 기회를 얻게 된 것입니다."[58]

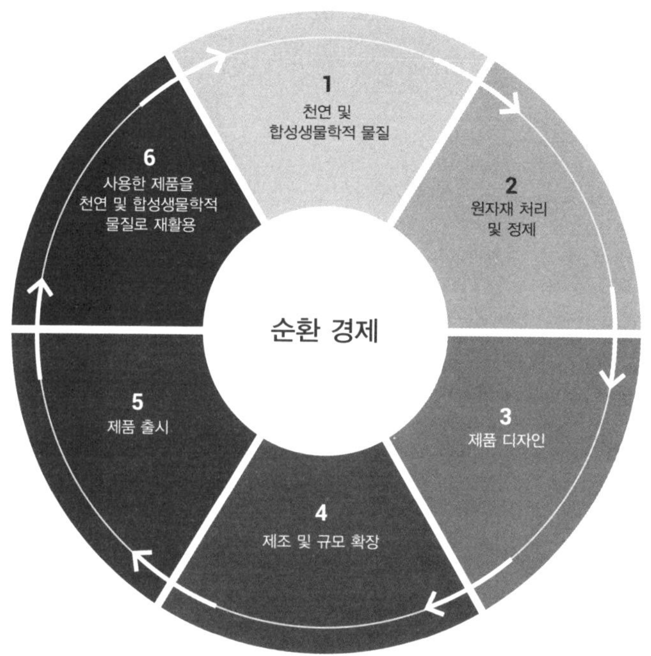

우리는 이런 식으로 더 나은 미래를 그려 볼 수 있다. 그러나 어떻게 해야 이 목표 지점에 다다를 수 있는지에 대한 궁금점은 여전히 남아 있다. 여기에는 해결해야 할 큰 문제점들이 있기 때문이다. 실험실에서 몇 개의 바이오브릭을 만드는 것과 세계 여러 곳에 건물을 지을 정도로 많은 양의 바이오브릭을 만드는 것은 다른 문제다. 그리고 생물학적 시스템을 레고처럼 기능하게 만들 수는 있지만, 이렇게 살아 있는 존재는 진화적인 목적을 갖게 되어 변형될 수 있다는 문제도 있다. 또한 현재 존재하는 물질들과의 경쟁에서 우위를 점하기 위해서 전체적인 가치 사슬과 공급망도 만들어야 한다. 인간의 상상력과 혁신이 발휘될 시점이다.

세계 여러 국가와 지역 기관들은 이런 큰 기회를 인식하고 최근 떠오르는 바이오경제를 어떻게 활용할 것인지에 대한 전략과 계획을 연이어 발표하고 있다.

2012년 유럽연합 집행위원회에서는 첫 번째 유럽 바이오경제 전략을 발표하면서 다음과 같이 말했다.

> 유럽 2020 전략의 목적은 유럽의 친환경적인 성장을 현명하게 이끌어 가기 위한 핵심 요소로서 바이오경제를 선택하는 것입니다. 바이오경제를 연구하고 혁신을 이루면 유럽은 재생 가능한 생물자원의 관리 방식을 개선하고, 식품 및 바이오 기반 제품에 대해 다양하고 새로운 시장을 개척할 수 있을 것입니다…. 또한 농촌과 어촌, 산업 지역에서 경제 성장을 이루고 일자리를 유지하거나 창출하며, 화석연료에 대한 의존도를 낮추고, 1차 생산 및 가공 산업의 경제적·환경적 지속 가능성을 높일 수 있을 것입니다.[59]

2018년 유럽연합 집행위원회는 유럽연합의 바이오경제를 성장시키기 위한 노력의 일환으로 해당 분야의 지출을 세 배 늘릴 것이라는 실행 계획서를 발표했다.[60]

2018년 영국 정부는 바이오경제 전략을 발표했다. 그 계획은 '한정적인 화석연료에 대한 의존도를 없애고 영국 경제를 탈바꿈시킬 수 있는 일류 바이오경제를 구축'하는 것이었다. 2021년에는 이 계획을 약간 수정하여 다음과 같이 발표했다. "생물학을 설계하는 작업에서 현재 자연과학과 공학, 생물학의 융합을 잘 활용하고 있습니다. 생물학적 구성 요소와 시스템을 설계하고 제작하는 과정에 공학적 기술과 원리를 적용하게 된 것입니다…. 이 작업으로 우리는 '새로운 바이오경제'를 만들어 낼 것입니다."[61]

2017년 중국은 바이오산업이 전체 경제에서 차지하는 비중을 4퍼센트 이상으로 올린다는 목표가 담긴 5개년 바이오산업 개발 계획을 발표했다. 미중 경제안보 검토위원회에 제출하기 위해 작성된 2019년 보고서에는 미국이 생명공학 분야에서 상당한 우위를 점하고 있긴 하지만 '중국은 하향식 정부 전략 및 조정, 인재 채용 프로그램, 업계 전반에 걸친 높은 R&D 지출, 하이테크 R&D 역량'을 통해 그 격차를 좁히려 한다는 내용이 담겨 있다.[62] 인도 정부와 일부 아프리카 정부들, 지역 기관들 또한 자체적으로 전략을 수립한 상태다.[63]

2022년 9월 바이든 행정부는 '지속 가능하고 안전한 미국 바이오경제를 위해 생명공학 및 바이오 제조 혁신을 이룰 것'이라는 내용의 행정명령을 발표했다. 여기에는 "건강, 기후변화, 에너지, 식량 안보, 농업, 공급망 회복, 국가 및 경제 안보에서 나타나는 문제에 대한 혁신적인 해결책 마련에 범정부 차원에서 생명공학과 바이오 제조를 발전시켜야 한다"는 내용이 담겨 있었다. 바이든은 코로나19 백신 개발과 인류의 건강 증진에서 생명공학의 중요성을 언급하며 다음과 같이 말했다. "생명공학과 바이오 제조 기술은 이외에도 기후와 에너지 목표를 달성하고, 식량 안보와 지속 가능성을 개선하며, 공급망을 보호하고, 미국 전역의 경제 성장에도 사용할 수 있습니다."

그의 행정명령을 기반으로 목표를 달성하려면 소프트웨어를 설계하고 컴퓨터를 프로그래밍하는 것과 같은 방식으로, 세포를 위한 전기회로망을 설계하고 예측적으로 생물학을 프로그래밍해야 한다. 또한 컴퓨터 도구와 AI로 생물학적 데이터의 힘을 활용하고, 혁신적인 기술과 제품이 더 빨리 시장에 출시되도록 상업화 장벽을 낮추는 동시에 생산 규모를 높이는 능력을 강화해야 한다.[64]

안타깝게도 이 행정명령은 2025년 3월 새로 들어선 트럼프 행정부가 폐지했다. 당시 백악관은 바이든의 명령이 '환경 정책을 빙자하여 연방 자원을 급진적인 생명공학 및 바이오 제조 계획에 쏟아붓는 행위'라고 주장했다. 미국이 21세기에 경제적 경쟁력을 계속해서 유지하려면, 세계에서 가장 역동적이고 혁신적이며 지속 가능한 생명공학 및 바이오 제조 부문을 구축하기 위한 다각적이고 충분히 조직화된 노력이 필요하다.

전 구글 최고경영자 에릭 슈미트Eric Schmidt가 의장으로 있는 초당파적 미국 기반 옹호 단체인 특별경쟁 연구프로젝트Special Competitive Studies Project는 생명공학을 '수조 달러 규모의 다목적 분야'라고 부르며 2023년 '생명공학 분야에서의 미국 리더십 강화를 위한 국가 행동계획'을 발표했다. 그러면서 지금의 생명공학 기술은 "농업, 건강, 산업, 재료, 에너지 등 다양한 산업을 변화시킬 것이며, 우리가 예측하는 방식보다 더 다양하게 화학, AI, 컴퓨터 과학, 데이터 과학, 물리학, 나노 기술과 같은 분야와 융합할 것"이라고 전했다.[65]

슈미트가 조직한 또 다른 프로젝트팀은 떠오르는 바이오경제의 막대한 경제적·전략적 영향을 분석한 보고서에서 다음과 같이 설명했다. "세계는 앞으로 20년 이내에 바이오경제로 전환하게 될 것이다. 관건은 이 과정에서 미국이 리더십 자리를 내줄 것인지 계속해서 그 자리를 지킬 것인지다. 제대로 행동하지 않는다면…. 미국은 경제, 안보, 자국민의 건강은 물론이고, 양질의 일자리를 창출하여 인력 유출이 발생하지 않는 탄소 중립 경제로 전환하는 기회 모두를 잃을 수 있다."[66] 미국 정부가 컴퓨터, 인터넷, 생명공학 혁명에 종잣돈을 지원했다는 사실을 생각해 보면 이렇게 행동을 촉구하는 것이 얼마나 중요한 의미를 띠는지 알 수 있다.

물론 야심 찬 말과 계획만으로는 바이오경제로 나아가는 전환을 실제로 이뤄 낼 수 없다. 그렇지만 현재 생물 시스템을 그 어느 때보다 더 쉽고 효율적이면서 저렴하게 설계하는 능력을 보면 긍정적인 미래를 상상할 수 있다. 세계적으로 증가하는 사업비용과 조만간 100억 명에 달할 것으로 예상되는 인류의 열망을 수용하기 위해 더 나은 방법을 찾고 있다. 이런 중대한 상황에서 바이오경제를 구축함으로써 지속 가능한 미래의 기둥으로 만들어야 할 것이다.

생명의 비밀을 밝혀내 우리의 삶과 경제, 세상을 변화하는 일은 정말 흥미진진하고 매혹적으로 다가올 수 있다. 그러나 인류 역사를 기반으로 살펴볼 때 다른 모든 기술 발전처럼 이런 흥미로운 전망에는 심각한 위험이 따른다는 사실도 인식해야 한다. 우리가 이런 위험을 예측하고 관리하며 해결하지 못한다면 결국 자멸의 길로 들어설지도 모른다.

제 7 장

신의 도구를 손에 쥔 인간의 선택

생명공학이 펼친 기회와 우리가 마주한 실존적 위험

인류는 질병을 치료할 힘과 동시에 종 전체를 멸종시킬 능력을 얻었다. 말라리아를 근절할 기술은 생태계를 파괴할 위험을 안고 있으며 유전병을 예방할 도구는 인간 진화의 방향을 바꿀 수 있다. 이제 질문은 '할 수 있는가'가 아니다. '해야 하는가' 그리고 '어떻게 통제할 것인가'다.

마법의 광학 장치가 있다고 상상해 보자. 측면에는 손잡이가 달려 있고 이 손잡이를 한 방향으로 끝까지 돌리면 아주 작은 크기의 생명체도 분자 수준까지 자세히 들여다볼 수 있다. 반대 방향으로 돌리면 분자에서 세포, 유기체, 유기체 그룹, 지역, 대륙, 행성, 태양계, 은하계, 우주에 이르기까지 넓은 시각으로 볼 수 있다.

이제 이 장치를 이용해서 코로나19 팬데믹을 아주 작은 이야기부터 가장 큰 이야기까지 살펴보자. 무엇이 보이는가?

손잡이를 최대한 돌려서 가까이 들여다보면 코로나19 바이러스가 보일 것이다. 3만 개의 염기로 구성된 전염성 높은 RNA 코로나바이러스에는 중세 시대 무기처럼 생긴 스파이크가 겉을 둘러싸고 있다. 여기에서 이 바이러스의 조상이 한때 관박쥐horseshoe bat에 서식했다는 유전적 증거를 발견할 수 있을 것이다. 이번에는 렌즈를 반대 방향으로 조금 돌려보자. 그러면 이 바이러스가 동물에서 인간으로 옮겨 가는 모습을 보게 될 것이다. 이 장면은 중국 남부의 야생 지역이나 우한의 화난 수산시장에서 벌어졌을지도 모른다. 아니면 우한의 어떤 연구 관련 사고를 통해 일어났을 수 있다. 이런 일이 야생 지역에서 발생했다면 인간이 과거에는 야생이었던 공간까지 농업을 확대하는 과정에서 돼지나 닭 같은 가축이 박쥐 같은 야생동물과 접촉하면서 일어났거나, 야생동물을 사육하는 동물 농장에서 일어났을 수 있다. 이런 일이 수산시장에서 발생했다면, 도축되기 전의 야생동물이 작은 케이지 안에서 몸부림을 치다가 일어났을 수 있다. 혹은 과학자들이 범汎 코로나바이러스 백신을 비밀리에 개발하다가 자신들이 감염된 사실조차 깨닫지 못했을 수도 있고, 바이러스를 추적하던 과학자가 중국 남부에서 우한으로 돌아오는 비행기에 탑승했을 수도 있으며, 우한의 실험실 설계에 결함이 있었거나 폐기물 처리 시스템이 제대로 작동하지 않았을 수도 있다.

손잡이를 조금 더 멀리 돌려보면 이번에는 중국의 정치 구조를 볼 수 있다. 야생동물 거래 금지 조치 시행을 막고, 국가 경쟁력을 높이려고 과학자들이 큰 위험을 감수하도록 부추기고, 책임감 있는 과학과 상반되는 두려움과 비밀 문화를 조성하는 모습이 보일 것이다. 조금 더 돌려보자. 이번에는 바이러스가 당시 방어벽이 없던 80억 인구가 사는 전 세계로 퍼지는 모습이 보일 것이다.

조금 더 돌려보면 과학 분야의 세계적인 협업에 대한 장단점을 볼 수 있다. 과학의 급속한 발전과 세계화 덕분에 과학 지식을 갖춘 똑똑한 사람들이 증가하고 과학 발전에 투입되는 자원의 수준도 높아졌다. 이런 혁명적인 기술이 제공하는 놀라운 힘에 누구나 쉽게 접근할 수 있는 모습을 보게 될 것이다.

조금 더 돌리면 국가 규제 기관과 규정이 여러 기술과 역량을 각기 다른 방식으로 감독하는 모습을 볼 수 있을 것이다. 지역 간 공중보건 시스템에는 엄청난 격차가 존재하는 탓에 전 세계 많은 이들이 위험에 노출되어 있다. 또한 사람들이 다양한 국가의 과학자와 규제자에 의존하지만 한 국가가 다른 나라에서 일어나는 일에 대해서는 발언권을 제대로 갖지 못하는 모습을 볼 수 있다. 그리고 여러 그룹으로 나누어진 사람들이 서로 경쟁하면서 기술 개발의 속도를 높이고 있지만 이런 기술이 남용될 수 있는 확률이 커지는 모습도 볼 수 있다.

다시 손잡이를 돌려 보자. 이번에는 한 국가의 지도자가 다른 국가에서 벌어지는 위협, 가령 코로나19 팬데믹 같은 위협에 무력한 모습을 보게 될 것이다. 또한 혁신적인 과학이 만들어 낸 도전에 충분히 준비되지 않은 세상과 개선이 절실한 글로벌 운영 체제도 보일 것이다.

손잡이를 더 돌려보자. 이번에는 기후변화, 팬데믹, 핵무기 같은 문제들이 전 세계에 영향을 줄 수 있는 특성이 있음에도 여전히 이를 해결할 체계가 충분히 갖춰져 있지 않은 모습을 보게 된다.

그다음에는 지구가 우주에 존재하는 700퀸틸리언quintillion (1퀸틸리언은 100경 – 옮긴이)여 개의 행성 중 하나에 불과하며, 태양은 인간이 없어도 적색 거성으로 팽창하다가 약 50억 년 후 백색왜성으로 줄어들 때까지 계속 존재할 행성이라는 사실을 알게 된다. 또한 우리가 주의하지 않으면 인간의 행동은 과거 소행성이 공룡에게 했던 것처럼 다른 생명체에 그런 피해를 줄 수 있다는 사실을 알게 된다. 소행성은 우리 조상을 포함한 많은 생명체에는 그다지 피해를 주지 않았지만 공룡에게는 심한 피해를 주었다. 우리의 과학기술도 지구온난화, 전염병, 핵전쟁, AI 대재앙 등으로 인류의 삶을 심각하게 훼손할 수 있다. 그러나 설사 이러한 규모의 재난이 발생하더라도 삶을 재편성할 뿐 완전히 소멸시키지는 않을 것이다. 즉 모든 삶이 엉망이 되는 게 아니라 현재의 삶이 달라질 것이다.

이렇게 당신의 신비한 체험은 끝이 났다. 이제는 이 여정을 이해하고 단계별 관점이 의미하는 바를 곰곰이 생각해 보자.

현재 우리가 마주한 가장 큰 위협은 맥락을 잘 파악해야 이해할 수 있고 해결책도 찾을 수 있다. 너무 자세하게만 보면 큰 그림을 볼 수 없고 큰 그림만 보면 상황을 정확하게 인식할 수 없다.

우리가 코로나19 팬데믹을 하나의 바이러스와의 대결로 간주한다면 설사 이 바이러스를 이겼더라도 패배했다고 볼 수 있다. 지구에서 코로나19 바이러스와 그 변종을 박멸한다고 해서 이 바이러스 나무의 또 다른 가지에서 나타날 미래의 팬데믹으로부터 우리를 보호할 수 없다. 기후변화와 핵무기 같은 만국 공통의 위협을 해결하지 않는다면 팬데믹의 전체 위협을 뿌리 뽑는 행위만으로는 충분하지 않을 것이다. 인구가 늘고 기술력이 향상되면서 이러한 위협은 수없이 많이 나타날 수 있기 때문에 한 번에 하나씩 해결하는 행동은 핵심 문제를 해결하지 못한 채 에너지만 소진할지도 모른다. 꺼지지 않는 불에 올려진 프라이팬에 뛰어드는 것에 불과하다는 의미다.

그렇기 때문에 우리는 앞에서 살펴본 다양한 분야의 흥미로운 기회에 대해서도, 여기에서 발생하는 개별 및 집단적 위험이 전 세계에 영향을 줄 수 있다는 사실을 염두에 두고 신중하게 접근해야 한다.

앞에서 탐구한 의료, 농업, 가축 사육, 생체 재료, DNA 컴퓨팅을 포함한 각각의 분야는 인간이 설계한 생물학과 만나면서 자체적으로 기회와 위협이 함께 생겨났다. 그러므로 이제는 이 분야들을 글로벌 거버넌스라는 더 넓은 영역으로 설정해야 한다.

이 모든 영역의 미래가 밝을지 어두울지는 확신할 수 없다. 기술-유토피아주의자들은 새로운 기술이 운명적으로 마법처럼 더 나은 삶과 세상을 가져다줄 것이라 믿지만 이는 사실과 다르다. 다시 말하지만 어떤 기술에도 가치 체계는 내장되어 있지 않다. 복잡성, 지혜, 비합리성, 동물적 본능, 개인과 공동의 열망을 갖춘 인간이 바로 가치 체계를 가진 존재다. 가끔은 기술 안에 담긴 우리의 모습을 보지 못할 때도 있지만 기술은 우리를 반영한다. 따라서 새 능력과 관련된 위험성과 이점을 평가하면서 최선의 길을 찾아 나가는 것이 우리의 책임이다.

이 과정에서 우리는 잘못될 수 있는 부분을 솔직하고 객관적으로 밝혀야 한다. 인간은 실질적이거나 상상적인 위협에 대비하여 행동을 취하도록 불안감이 진화된 존재다. 그래서 인간이 개발한 신과 같은 기술이 엄청나게 잘못된 방향으로 갈 수도 있다는 불안감은 최악의 두려움이 실현되지 않도록 최대한 노력하게 만드는 건강한 동기가 될 수 있다.

유전학, 생명공학, AI 혁명이 섞이면서 잘못된 길로 갈 수 있는 시나리오는 사실상 무한하다. 그러나 그중에서도 가장 걱정스러운 몇 가지를 간략하게 소개해 보려 한다. 이렇게 하면 특정 위험을 더 강조할 수 있고, 기술이 빠르게 발전하는 상황에서 직면하게 될 새로운 위험에 대해 광범위한 주제를 도출해 볼 수 있을 것이다.

합성생물학 팬데믹, 유전자 드라이브gene drive(특정 개체의 유전자를 변형해 개체 전체에 영향을 끼치는 기술 - 옮긴이), 게놈 편집 기술로 태어난 아기는 새로운 기술의 위험성과 이점이 동전의 양면처럼 존재할 수 있다는 사실을 나타내는 대표적인 세 가지 예시다. 그렇다고 이 세 가지만 매우 독특하다는 의미는 아니다. 같은 주제를 설명하기 위한 예는 이외에도 많다. 내가 말하는 이 예시의 핵심은 바로 더 나은 세상을 만들기 위해 빠르게 개발한 기술이 주의를 기울이지 않으면 상황을 더 악화시킬 수 있는 잠재력을 가지고 있다는 것이다.

합성생물학이 여는 판도라의 상자

존 스튜어트 Jon Stewart(미국의 배우 겸 코미디언 - 옮긴이): 우리는 과학에 큰 빚을 지고 있다고 생각합니다. 여러 면에서 과학은 이번 팬데믹이 사람들에게 준 고통을 완화하는 데 큰 역할을 했죠. 물론 이 팬데믹이 과학으로 인해 생겨났을 가능성이 크긴 하지만 말입니다.

〔웃음〕〔박수〕

스티븐 콜베어 Stephen Colbert(미국의 배우 겸 방송작가 - 옮긴이): 그 말은 실험실에서 모든 게 시작되었을 가능성을 말하는 건가요? 지금 조사 중이긴 하더군요.

존 스튜어트: 가능성이라 하면⋯ 중국 우한에서 신종 호흡기 코로나바이러스 감염증이 확산되고 있습니다. 그러면 우리는 어떻게 해야 할까

446

요? 아, 물어볼 수 있는 곳이 있어요. 바로 우한 신종 호흡기 코로나바이러스 연구소입니다. 이름이 똑같죠? 그런데… 너무 이상하지 않습니까…? 펜실베이니아주의 허시 근처에서 초콜릿 향이 진동하는 사건이 발생했답니다. 무슨 일일까요? 글쎄, 굴착기가 카카오 열매랑 사랑에 빠졌을까요? 아니면 젠장, 그냥 초콜릿 공장 때문이겠죠![1]

2021년 6월에 존 스튜어트가 〈더 레이트 쇼 위드 스티븐 콜베어〉 The Late Show with Stephen Colbert라는 토크쇼에 출연해서 한 말을 일부 인용했다. 저 방송을 보고 얼마나 웃었는지 모른다.

코로나19 팬데믹 초기, 나는 우한 실험실에서 우발적인 사고로 이런 위기가 시작되었을 거라는 가능성을 강하게 제기하고 전면 조사를 촉구하는 활동에 앞장섰다. 세계 전문가들이 모인 소규모 프로젝트팀의 활동은 전설적인 저널리스트 레슬리 스탈Lesley Stahl, 앤더슨 쿠퍼Anderson Cooper, 조 로건Joe Rogan, 세계 주요 미디어 기관에 의해 소개되었다. 이후 중국 외교부 대변인은 베이징의 외교부 연단에 서서 내 이름까지 밝히며 비난했다.*

그런데 대중이 이해할 수 있게 이 상황을 간명하게 요약해 준 사람은 아이러니하게도 뛰어난 풍자가 존 스튜어트였다.

과학의 엄청난 진보에 대해서 그가 말한 것은 정확히 옳았다. 잘 알다시피 코로나19 바이러스 게놈의 염기서열을 빠르게 분석하여

---

* 코로나19의 발생 원인을 논하는 책은 아니지만 내 주장과 관련하여 추가 자료가 필요할 것 같다. 이 주제에 대해 더 알고 싶다면 내 또 다른 홈페이지jamiemetzl.com/origins-of-sars-cov-2.를 참고하기 바란다.

mRNA 백신을 합성하고 실시간 바이러스의 진화를 쫓는 현 기술은 인류 역사에서 가장 발전된 모습을 잘 보여 주며 수천만 명의 목숨을 살리기도 했다.[2] 핵심 기술을 사용할 수 있게 되고 과학 지식이 널리 퍼지자 전 세계 과학자를 비롯한 많은 사람이 다양한 목적(대부분은 좋은 목적이리라)으로 바이러스를 조작하는 능력을 갖게 되었다.

하지만 내가 보기에는 이 팬데믹이 '과학으로 인해 생겨났을 가능성이 크다'는 스튜어트의 의견이 맞다. 사람 간 전염이 가능한 코로나19 바이러스는 세계에서 가장 많은 박쥐 코로나바이러스가 수집된 실험실이 있는 도시에서 우연히 나타났다. 그러나 이 실험실은 박쥐가 사는 서식지와는 1,700킬로미터 이상 떨어져 있다. 안전 관리 체계가 허술하고 과도하게 비밀이 많은 이 실험실에서는 이전부터 어떻게 하면 코로나바이러스가 인간 세포를 더 잘 감염시킬 수 있는지에 대해 공격적으로 연구를 진행했다.

야생에서 전염병 발생은 중국이 아니라도 어디든 일어날 수 있다는 점을 생각해 보면 '펜실베이니아주 허시 근처에서 일어난 일'은 누구라도 자연스럽다고 여기지 않을 것이다. 몇 달 전 레슬리 스탈이 진행하는 〈60분〉60 Minutes에서도 나는 비슷한 지적을 했다. 이때는 고전 영화 〈카사블랑카〉에서 험프리 보가트가 맡았던 캐릭터가 했던 말을 인용했다. "전 세계 어느 도시든 술집은 많지만 그녀는 내가 있는 곳으로 들어왔다."

이뿐이 아니다.

미국 국방부에서 유출된 자료에 따르면 이 팬데믹이 시작되기 1년 반 전에 우한 바이러스 연구소, 미국 기반의 NGO인 에코헬스 얼라이언스EcoHealth Alliance, 노스캐롤라이나대학교, 다른 기관의 과학자들로 구성된 한 컨소시엄이 연구 제안서 형태로 1,400만 달러의 기금을 신청한 사실이 있었다. 이들의 목적은 외딴 지역에서 사스와 비슷한 바이러스를 수집한 다음, 새로운 퓨린 분절 부위furin cleavage site를 바이러스에 주입해서 이 바이러스가 인간의 ACE2 수용체에 더 잘 달라붙어 세포를 감염시킬 수 있는지 확인하는 것이었다. 1년 반이 지나고 코로나19 바이러스가 해당 중국 과학자들이 연구했던 바로 그 도시에 나타났을 때, 이 바이러스에는 그동안 과학적으로 알려진 사스와 비슷한 종류와는 다른 독특한 특징이 있었다. 바로 이 바이러스에는 인간의 ACE2 수용체에 달라붙을 수 있는 퓨린 분절 부위가 있었던 것이다.

이 단체의 기금 신청은 거절당했다. 그러나 자금 확보 전에 실험실에서 프로젝트를 실행하는 것이 일반적인 관행이었기 때문에 우한 과학자들 역시 실험을 먼저 시작했다고 하며 이에 대한 증거도 있다. 게다가 에코헬스 얼라이언스를 운영하는 피터 다자크Peter Daszak를 포함하여 기금 신청의 핵심 인물들은 이 실험실 기원 가설의 논점을 흐리는 작업에 앞장섰다. 이 가설에 대해 본질적이면서 공정한 질문을 하는 사람들을 공개적으로 '음모론자'[3]라고 불렀다. 그러면서 이익과 관련된 자신들의 이해관계는 전혀 밝히지 않았다.

그전까지 공개되지 않았던 이 지원금 요청에 관련된 내용이 알려졌을 당시 나는 미국 월간지 《베니티 페어》에 이렇게 말했다.

제가 센트럴파크를 보라색으로 칠하려고 기금을 신청했다가 거절당했다고 생각해 보세요. 그리고 1년이 지나서 아침에 일어나 보니 센트럴파크가 보라색으로 칠해졌다면 제가 가장 유력한 용의자가 되겠죠. 제가 지원금을 신청한 사실을 숨긴 채 센트럴파크에서 벌어진 일에 대해 상식적인 질문을 하는 사람을 음모론자로 낙인찍는 캠페인에 앞장선다면 저는 사기꾼이겠죠.[4]

2020년 3월 《네이처 메디신》에 "우리는 어떠한 형태의 실험실 기반 시나리오도 말이 안 된다고 생각한다"라는 주장이 담긴 논문을 발표한 과학자들이 그 후 스스로는 실험실 관련 기원이 말이 된다고 믿고 있다는 사실이 나중에 밝혀지기도 했다.[5]

그렇다고 야생동물에서 인간으로의 바이러스 전파가 야생 지역이나 야생동물 농장, 시장에서 발생할 가능성이 전혀 없다는 의미는 아니다. 단지 이런 추정은 가설에 불과하다는 말이다. 내 관점에서는 상대적으로 사실과 먼 가설이라 본다. 일부 목소리 큰 바이러스 학자들이 언론을 비롯한 세계에 이 부분을 강력하게 주장하려 했지만 확실하게 밝혀진 것은 없다. 이들 주장의 핵심은 동물에서 인간으로의 바이러스 전파가 아주 오랜 역사를 지니고 있으며 계속해서 발생하는 자연스러운 현상이라는 것이다.

전통적으로 야생의 바이러스는 동물에서 인간으로 옮겨 다녔다. 당시 야생에는 모두가 함께 존재했으니 당연했으리라. 인간 게놈의 약 8퍼센트가 바이러스의 DNA와 RNA의 잔재로 구성되어 세포에 통합되어 있다는 사실은 결코 우연이 아니다. 인간이 식물 재배와 가축화를 시작하기 전에도 우리의 먼 조상들은 사냥해서 먹은 동물의 바이러스에 이따금 감염되었다. 소규모의 고립된 상태로 이동하며 살아온 공동체 안에서도 사람 간 전염이 일어났다. 수렵 채집으로 떠돌던 인간이 농경을 시작하고 가축을 기르면서 조금씩 정착 생활로 넘어가자 동물과 그 동물에 있던 바이러스와의 상호작용은 새로운 단계로 이행했다.

농장, 도시, 무역로, 여행으로 인해 바이러스와 박테리아는 가축과 인간 사이를 훨씬 쉽게 옮겨 다니게 되었다. 증가하는 인구와 그 밀집도 역시 이런 미세한 생물체들이 전파되기 쉬운 환경을 만들었으며, 수많은 변이를 일으키면서 더 널리 퍼지는 진화 방법을 깨우칠 기회를 얻었다.

인간이 점점 더 집중되고 상호 연결되자 팬데믹의 빈도수와 정도와 영향도 함께 커져 갔다. 예를 들어 6세기 중반 유스티아누스 역병 the great plague of Justinian 은 이집트에서 시작해 동로마 제국, 유럽, 아프리카, 아시아로 퍼지면서 약 3,000만 명에서 5,000만 명(당시 전 세계 인구의 4분의 1)의 목숨을 앗아갔고, 동로마 제국의 급속한 쇠퇴와 이슬람의 부상을 촉진하는 데 중심 역할을 했다.

14세기 중반에는 벼룩을 매개로 한 치명적인 박테리아로 흑사병이 창궐했다. 동아시아에서 시작된 이 전염병은 중세 실크로드의 무역로를 따라 중앙아시아와 유럽으로 급속히 확산되었고, 당시 전 세계 인구 약 3분의 1이 사망했다. 또한 봉건제도가 붕괴하고, 유럽 사회 구조가 바뀌었다. 그리고 줄어든 노동력을 보충하기 위해 더 효율적인 농업 기술을 개발하고, 공중보건 시스템 구축 속도를 높인 계기가 되었다.

1492년부터 콜럼버스와 다른 유럽인들은 '신대륙'에 발을 들이기 시작했고 이때 토착민들이 방어할 수 없었던 바이러스와 박테리아, 기타 질병도 함께 가져갔다. 콜럼버스가 이 대륙에 도착한 후 한 세기 동안 아메리카 원주민의 최대 90퍼센트가 천연두, 홍역 및 기타 질병으로 사망했다. 한 지리학자는 이 일을 두고 '세계 역사상 가장 큰 인구학적 재앙일 것'[6]이라 말했다. 그러나 이로 인해 유럽인의 아메리카 대륙 정복의 발판이 마련되었다. 1918년부터 1920년 사이에 발발했던 스페인 독감은 전 세계적으로 약 5,000만 명의 목숨을 앗아 갔다. 이후 덜 치명적인 바이러스로 변형되어 널리 퍼졌고 지금까지도 인간에게 고통을 주고 있다.

이 정도가 가장 많이 알려진 팬데믹 몇 가지이지만 사실 지난 1만 년 동안 인류가 지구상에 살아온 역사에서 팬데믹은 매우 규칙적이면서 반복적으로 일어났다. 하지만 증가한 동물과 인구수, 기후변화, 삼림 파괴가 모두 합쳐졌을 때 이 문제는 더욱 악화될 것이다.

최근까지는 모든 바이러스의 확산에 대해 우리가 설명할 수 있는 몇 가지 사실이 있었다. 대부분 동물에서 사람으로 옮겨 갔고, 그중 어느 하나도 인간의 유전자 설계로 일어난 결과물은 없으며, 그중 어느 하나도 바이러스 연구소에서 시작되지 않았다.

당연히 유스티아누스 역병은 바이러스 연구소에서 실수로 유출되면서 시작되지 않았을 것이다. 당시에 그런 실험실이 있었을 리 없기 때문이다. 과학자들이 바이러스의 존재를 알게 되었을 때는 1800년대 후반이다. 미 육군 감염병의학 연구기관US Army's Medical Research Institute of Infectious Diseases에서 1971년 최초의 고위험성 바이러스 연구소를 설립했다.

그러나 현대 바이러스 시대가 열린 후 기술적으로 가장 선진화된 국가의 가장 안전하다고 알려진 바이러스 연구소에서도 수천 건의 우발적인 유출 사고가 발생했다는 사실이 밝혀졌다.

1977년 중국에서는 전염성 강한 독감이 유행하기 시작해 소련으로 퍼졌다. 그리고 세계적으로 약 70만 명이 사망했다. 당시 꽤 간단한 도구를 이용해 과학자들이 밝혀낸 사실은, 이 바이러스가 1950년대에 존재했다고 기록되어 있으나 이후에는 볼 수 없던 종류의 바이러스와 이상할 정도로 유전적으로 비슷하다는 것이었다. 수십 년 후, 유전자 분석 기술과 저명한 중국 바이러스 학자의 개인적인 고백을 통해 당시의 감염병이 중국에서 백신 실험을 하다가 일어난 치명적인 실수였다는 결론은 거의 사실로 받아들여졌다.[7] 이듬해 영국 버밍엄대학교 의과대학의 한 사진작가가 연구실에서 우연히 노출된 천연두에 걸려 사망한 사건이 발생했다.

2003년 싱가포르 실험실에서 일하는 직원이 사스 바이러스에 감염되었고 이후 이 바이러스는 그녀의 가족에 이어 국가 전체로 퍼졌다. 1년 후 사스 바이러스는 두 번이나 중국 바이러스 연구소에서 유출되었다. 2007년, 영국 서리에 있는 가축에서 구제역이 발생했는데, 원인 바이러스는 인근 동물건강기관Institute for Animal Health의 보안이 엄격한 실험실에서 배수관 결함으로 인해 유출된 것으로 곧 밝혀졌다. 2014년 미국 연구소에서 실수로 살아 있는 탄저균 포자를 미국 내 다른 연구소에 배송한 사건은 2019년 중국의 한 연구소가 실수로 뎅기 바이러스를 그 지역 모기 개체군에 유입시켜 소규모 인체 감염을 일으킨 사건과 비슷하다.

같은 해 중국 란저우에 사는 1만 명 이상의 사람들은 브루셀라병에 걸렸다. 동물에서 사람으로 전파되는 브루셀라병은 백신 제조 공장에서 일으킨 산업 규모의 실험실 사고로 박테리아가 공기 중에 퍼진 것이 원인이었다. 바이러스를 추적하는 것이 얼마나 어려운지 생각해 보면 최근 수십 년간 연구 관련 사고로 인한 바이러스 발생은 우리가 알고 있는 것보다 훨씬 많을 것이다.

다른 많은 분야와 마찬가지로 과학 지식과 역량의 민주화가 전 세계적으로 고위험 바이러스 연구소의 급속한 확산과 맞물렸다. 그러면서 한편으로 과학을 발전시키고 세상을 더 안전하게 만들고 있지만 동시에 의도하지 않은 사고나 악의적 행위자들의 의도적인 불법 행위로 인해 바이러스 발생 위험을 더욱 악화시키고 있다. 이러한 확장과 분산은 적어도 부분적으로는 매우 이타적인 의도에서 비롯된 것이다.

2001년에는 미국을 공포에 빠트린 탄저균 사건, 2002~2004년에는 사스 팬데믹, 2014년에는 서아프리카에서 에볼라출혈열이 발생했다. 이후 전 세계의 정부들은 병원성 및 공중보건 위험이 발생하는 모든 곳에서 이를 평가하고 예방하고 대응할 수 있는 역량을 넓혀야 한다는 사실을 인식했다. 미국 질병통제예방센터CDC, 미국 국립보건원, 파스퇴르 연구소와 같은 기관에 전문성을 모두 집중하기보다는 위험한 감염병 발생 가능성이 가장 큰 아시아, 아프리카 등의 저개발 지역에 핵심 역량 개발을 지원하자는 아이디어가 나온 것이다.

2014년 67개국과 국제기관, 기타 이해 관계자들이 파트너십을 맺고 글로벌 보건안보구상Global Health Security Agenda을 출범시켰다. 이 기관에서는 '감염병 위협을 예방하고 감지하고 대응하기 위한 능력을 강화'하는 것을 목적으로 최고의 방법, 과학 지식, 기타 자원을 공유하도록 장려했다. 2017년에는 누구나 공평하게 백신에 접근하고 개발하고 생산할 수 있도록 장려하는 전염병 대비 혁신 연합the Coalition for Epidemic Preparedness Innovations이 창설되었다. 같은 해 아프리카연합African Union은 미국 CDC와 다른 기관의 도움을 받아 아프리카 CDC를 설립했다. 이 기관에서는 아프리카 보건 기관들이 '질병의 위협을 빠르고 효율적으로 감지하고 예방하고 통제하고 대응'할 수 있도록 돕는다.

중국 정부는 자체적으로 세계 최고 수준의 바이러스 및 전염병 역량을 만들겠다는 국가 목표를 세웠다. 사스 감염병 발생 이후 중국은 공중보건과 전염병 감독 및 대응 시스템 강화에 엄청난 투자를 했다. 또한 지역 및 국가 차원에서 연구개발 역량과 인프라를 빠르게 확장하는 데도 투자를 아끼지 않았다. 특히 해외 전문가 및 기관들과의 파트너십을 맺는 활동에 주력했는데, 이런 노력의 가장 중요한 동기는 여러 중국 관리가 말하는 '기술 종속 문제'stranglehold problem였다. 쉽게 설명하면 중국이 다른 국가와 분쟁이 일어났을 때 지원이 끊길 수 있는 해외 기술에 과도하게 의존하는 문제를 말한다.

2015년 중국은 프랑스의 도움으로 중국 최초의 최고 보안등급인 생물 안전 4등급 생물학 연구소, 우한 바이러스 연구소를 완공하여 2018년 가동을 시작했다. '기술 종속 문제'를 극복하기 위한 다양한 노력의 하나로 중국은 외국의 설계와 수입 자재를 저품질의 중국 복제품으로 교체하는 일이 많았다. 당시 시설 설계를 담당했던 프랑스 기술자들은 이 건물이 고위험 바이러스 연구에 안전하다고 인증하기를 거부했다. 2020년 중국 정부는 34곳의 성省과 행정구역 전체에 높은 수준의 바이러스 연구실 건설 계획을 발표했다.

거의 같은 시기 미국과 다른 여러 국가 정부는 이른바 '바이러스 사냥'virus hunting이라 불리는 일련의 활동에 자금 지원을 강화했다. 위험한 바이러스를 수집하고 연구함으로써 가장 위협적인 미생물을 더 잘 식별하고 미래의 팬데믹으로부터 자신들을 보호할 수 있을 거라는 논리였다. 이 발상에 비판적인 사람들은 이러한 노력이 실질적인 이익에 비해 위험도만 높인다고 경고했다. 그럼에도 미국 정부는 전 세계 바이러스 탐색 역량을 강화하기 위해 수억 달러의 예산을 투입했다.*

전 세계적으로 과학자와 연구소의 역량에 투자함으로써 얻을 수 있는 이점은 더 강력하고 똑똑하며 더 체계적인 글로벌 협력 네트워크를 구축할 수 있다는 점이다. 여기서 잠재적 단점은 다양한 수준의 역량과 전문성을 가진 사람, 여러 유형의 기관, 상황을 기준으로 구성된 분산형 네트워크에서는 일률적으로 높은 기준을 유지할 수 없다는 것이다. 전염병 전문가 제임스 르 둑James Le Duc은 미군과 CDC에서 연구를 주도한 적이 있다. 그는 〈워싱턴 포스트〉와의 인터뷰에서 이렇게 말했다. "과학은 아주 빠르게 정책과 규제를 앞지

---

* 강력한 비판에 부딪힌 미국 국제개발처USID는 주요 바이러스 사냥 프로그램인 신종 병원균
─바이러스 인수공통전염병의 발견과 조사Discovery and Exploration of Emerging Pathogens-Viral
Zoonoses, DEEP VZN를 2023년 9월 조용히 중단했다.

르고 있습니다."[8]

코로나19가 과학적 실수로 벌어졌을 거라 말하는 존 스튜어트의 말은 맞지만, 그렇다 하더라도 이는 정치에 관련된 이야기이기도 하다. 미래의 팬데믹을 예방하려는 미국의 노력이 우연히 중국에 영감을 주었고 부분적으로는 자금도 지원하게 되면서 사고 발생 가능성을 높였을 수 있다. 또한 중국이 안전한 구조와 규범, 프로세스를 제대로 갖추기도 전에 다른 나라보다 빨리 '과학기술 분야에서 선도국'으로 도약하려던 노력이 핵심 원인이었을 가능성도 크다. 애초의 발생 원인이 무엇이었든, 중국 정부가 초기에 은폐를 시도했고 WHO를 포함한 전 세계에 의도적으로 거짓말을 했던 작은 불씨는 우리 모두를 휘감는 불구덩이를 만들어 버렸다. 그 후 미국 정부와 다른 국가 정부들의 대응 실패는 이미 활활 타오르는 불에 부채질을 했다.[9]

생물 보안 연구자 필리파 렌초스Filippa Lentzos와 그레고리 코블렌츠Gregory Koblentz가 수집한 데이터에 따르면 2023년 3월을 기준으로 전세계 27개국에서 69개의 생물 안전 레벨 4인 바이러스 연구소가 운영·건설·계획 중이며 대부분이 대도시에 있다고 한다. 이 중에서 4분의 1만이 생물 안전 및 차단방역에 관한 모범 사례 지표에서 높은 순위를 차지하며, 이 기술이 남용될 소지를 낮추는 이중 용도 정책이 있는 곳은 극소수에 불과하다고 한다.[10] 위험한 병원체를 취급하는 레벨 3의 연구소는 수천 개에 달하는 것으로 추정하지만 그 정확한 수는 전혀 알려지지 않았다고 한다.[11]

전 세계적으로 확산된 기술 민주화는 새로운 도구의 빠른 개발과 맞물려서 더 많은 사람이 점점 더 줄어드는 비용으로 더 정밀하게 바이러스를 설계할 수 있게 되었다. 천연두를 일으키는 두창 바이러스와 코로나19 바이러스 같은 위험한 바이러스의 게놈은 이미 온라인에 공개된 상태다.[12] 합성생물학 회사에 온라인으로 주문하면 레고 같은 바이러스 DNA 조각을 배송받아 새로운 기능을 설계할 수 있으며, 조작하지 않은 바이러스와 구분할 수 없도록 바이러스의 게놈을 편집하는 방법도 쉽게 구할 수 있다.[13]

이러한 상황에서 나타나는 문제에는 해로운 바이러스를 설계할 가능성 외에도 현대 생명공학의 핵심에 있는 광범위하고 심오한 '이중 용도 딜레마'가 있다. 이중 용도 딜레마란 우리가 원하는 훌륭한 일을 해낼 수 있는 기술과 능력이 반대로 전혀 원하지 않는 결과를 만들 수 있는 상황을 의미한다. 코블렌츠는 이를 '악의적인 문제'라고 부르면서 이 문제에는 "여러 가지 중복된 하위 문제들이 섞여 있고 해결을 위해 참여한 사람들의 많은 수와 그 다양성으로 인해 사회적 복잡성이 매우 높다…. 그리고 서로 다른 가치와 목적이 해당 문제와 수용할 수 있는 해결책을 각자 다르게 정의할 것"이라 말했다.[14] 캔자스시티에서는 이런 종류의 문제를 '골칫거리'can of worms 라고 부른다.

2019년에 나온 논문에는 생명공학의 전문 지식이 얼마나 빠르게 대중화되는지를 수치화했다. 논문에 따르면 생명공학의 최첨단 기술이 다른 실험실에서 재현되는 데 평균 1년 정도 걸리며, 이런 유형의 연구는 학부생이라면 평균 5년, 고등학생이라면 12~13년가량 소요된다고 한다.[15]

그러나 이 수치는 기술의 기하급수적인 발전과 채택률을 고려하면 보수적인 결과라 할 수 있다. 2012년 다우드나와 샤르팡티에가 낸 획기적인 논문이 나온 이후 크리스퍼 기술은 빠르게 발전하여 2018년 최초의 게놈 편집 인간이 태어나기까지 불과 6년밖에 걸리지 않았다. 2019년에는 우주 방사선의 영향을 그대로 재현하기 위해 미네소타주 고등학생 팀의 게놈 편집 실험이 국제우주정거장에서 수행되었다.[16] 지금은 누구나 챗GPT, 바드, 어니, 제미나이, 파이, 팰컨, 프로메테우스 같은 첨단 생성형 AI에 접근할 수 있으며, 이 프로그램은 우리가 더 높이, 더 빨리, 더 멀리 날 수 있게 도움을 주는 과학적 부조종사 역할을 한다.*

챗GPT가 대중에 공개된 2022년 11월에 공교롭게도 한 연구 논문이 발표되었다. 논문의 저자이자 MIT 생물학자인 케빈 에스벨트Kevin Esvelt는 유전공학 기술이 얼마나 빠르고 광범위하게 확산되는지를 정량화했다. 그 계산에 따르면, 당시 기준으로 약 3만 명의 사람이 바이러스 게놈을 편집할 수 있는 능력을 보유하고 있었다고 한다.[17] 현재 대표적인 합성생물학 프로그램과 기관을 갖춘 국가의 수는 빠르게 증가하고 있다. 합성생물학 관련 학부를 졸업한 학생과 이 분야를 혁신하는 기업 및 선진 유전공학 역량을 가진 의료 시스템의 수 역시 빠르게 늘고 있다.

생명공학의 확산에 대해 어떤 방식을 기반으로 측정하더라도, 이 수치는 향후 수년에서 수십 년 동안 빠르게 증가할 것이다. 게놈 염

---

* 이 책의 제사題詞에서 인용한 랜들 먼로의 말이 생각나지 않는다면 앞으로 돌아가서 읽어 보기 바란다.

기서열 분석 및 합성 도구의 비용은 계속해서 내려갈 것이고 더 많은 바이러스 게놈 정보가 데이터베이스에 입력되어 공유될 것이다. 더 강력한 AI 도구로 인해 바이러스의 게놈을 분석하여 특정 결과를 도출할 수 있게 되고 더 많은 사람이 기술적 부조종사를 이용하여 광범위한 영역에서 강력한 힘을 얻게 될 것이다.

이렇게 다양한 기술이 교차하는 분위기에서 DIY 바이오 운동이 급성장하고 있다. 첨단 유전공학 및 합성생물학 연구는 한때 대학과 정부의 전유물이었지만, 이제는 전 세계 일반인도 DIY 바이오 커뮤니티에 정기적으로 참여하여 자신의 관심사에 맞는 프로젝트를 진행할 수 있다. 이 커뮤니티에 속한 많은 사람이 공유 '바이오해커 공간'biohacker space에서 작업하고 있으며 이곳에는 보통 컴퓨터와 현미경, PCR 기계, 유전자 염기서열 분석·편집·합성 장비와 같은 기본적인 생명공학 도구가 있다. DIY 바이오 운동의 정확한 규모는 측정하기 어렵다. 그러나 2021년 조사에 따르면 27개국에서 100개가 넘는 커뮤니티 연구소에서 새로운 치료법 개발을 포함한 다양한 작업을 수행하고 있다.[18]

물론 의도적으로 대량 살상을 일으킬 수 있는 바이러스를 설계하고 제작하는 것은 기술적으로 매우 어렵지만, 앞으로도 그러리라는 보장은 없다. 에스벨트와 전 세계 정보기관 및 싱크탱크 소속 전문가들이 반복적으로 말하듯이 국제 질서를 무시하는 강력한 국가, 극단주의자와 비국가 행위자, 동기가 있는 광신도는 인류에 잠재적인 위협이 될 수 있다. 선의의 과학자들조차 실수할 수 있다. 이런 위협은 국가 및 국제적인 보호와 관리 시스템 부족으로 악화되고 있다.[19]

프로트GPT2 및 프로젠과 같은 새로운 생성형 AI 시스템은 수억 개의 유전자 서열로 훈련받았기 때문에 어떤 목표를 입력하면 여기에 맞는 새로운 단백질을 설계할 수 있다. 이것은 새로운 유전자 치료법, 새 항생제, 첨단 의약품, 플라스틱이나 석유를 먹는 박테리아를 포함한 여러 긍정적인 영향을 주는 분야에는 좋은 소식이다. 하지만 이 시스템이 탐지할 수 없는 생물 무기용 단백질을 설계하도록 요청받거나, 선의는 있지만 잘못 설계된 명령으로 나쁜 결과를 초래할 가능성도 있다.

2022년 스위스 연구자들은 신약 개발에 참고하기 위해 생성형 AI 시스템을 설계했다. 이 프로그램에 독성이 매우 강한 신경 작용제인 VX와 같은 효과가 있는 분자 설계법을 알려 달라고 요청했더니 6시간 만에 이 시스템은 4만 개의 옵션을 제시했다. 연구자들은 관련 논문에서 다음과 같이 서술했다. "실험 과정에서 AI는 VX뿐 아니라 여러 가지 화학 작용제도 설계했으며 여기에는 공공 화학 데이터베이스에서 찾아볼 수 있는 구조도 있었다. 또한 새로운 분자들로도 많이 설계했는데 매우 그럴듯해 보였다."[20]

치명적이고 파괴적인 팬데믹을 유발하기 위해서 합성생물학이라는 도구를 사용하는 시나리오에 많은 상상력이 필요하지 않다. 악의적인 국가, 테러 단체, 독립적인 악인이 결국에는 치명적인 박테리아나 전염성이 매우 높고 위험한 바이러스를 무기화하는 사악한 시나리오를 생각해 낼지도 모른다는 의미다. 이들은 어쩌면 자국민이나 자신의 지역사회가 바이러스로 고통받는다고 해도 개의치 않을지 모른다. 아니면 이미 비밀리에 관련 백신을 개발해 자국민에게만 제공해 줄지도 모른다. 또는 군대에서 적군을 위협하기 위해 공격용 생화학 무기를 개발하던 중 실수로 유출되거나, 정부에서 생화학 무기 방어 능력을 개발하기 위해 치명적인 병원균의 진화를 설계 또는 촉진하는 상황이 벌어질지도 모른다.

아니면 좋은 의도를 가진 연구자들이 실수를 저지르거나, 고등학생들이 수업 과제를 실행하면서 너무 창의력을 발휘하거나, 국제 유전공학 기계International Genetically Engineered Machine, iGEM 같은 합성생물학 경연 대회나 DIY 바이오 프로젝트에서 잘못된 형태가 제출되는 상황도 일어날 수 있다. 또는 연구자들이 자신들이 중요하다고 생각하는 부분을 증명하기 위해 알려진 바이러스를 합성하거나, 백신이나 치료제를 개발하기 위해 합성하려고 시도할 수 있다.

2002년에 이런 일이 벌어진 적이 있었다. 뉴욕 스토니브룩대학교에서 근무하던 바이러스 학자는 구매 가능한 DNA 조각에서 유전자 암호를 복제하여 폴리오바이러스를 조립했다. 2005년에는 미국 CDC의 한 연구자가 1918년의 치명적인 스페인 독감 바이러스 복제본의 게놈 서열을 재창조했다고 발표했다.

2018년 캐나다 바이러스 학자 데이비드 에번스David Evans는 자신의 대학원생들과 함께 천연두와 유사한 마두 바이러스를 합성했다고 발표했다. 이들은 이메일로 유전물질을 주문했고 비용은 약 10만 달러가 들었으며 연구 기간은 6개월이었다고 밝혔다. WHO에서는 에번스 연구팀이 해낸 작업을 특히 강조하며 이 실험에서는 "엄청난 생화학 지식이나 기술, 많은 투자 비용이나 긴 시간이 필요하지 않았다"라고 전했다. 독일 바이러스 학자인 게르트 주터Gerd Sutter는《사이언스》와의 인터뷰에서 이렇게 말했다. "마두 바이러스를 합성할 수 있다면 천연두 합성도 가능할 것입니다."[21]

천연두는 1980년 이후로 박멸되었고 이 바이러스의 샘플은 소량만 미국과 러시아의 밀폐된 곳에 저장되어 있다고 알려져 있다. 그러나 돈을 주면 구할 수 있는 조각들과 암호로 이런 멸종된 바이러스를 다시 만들 수 있다면 복제 방식이 담긴 파일의 존재는 바이러스가 어디서든 다시 나타날 수 있는 가능성을 내비친다. 포유류 세포를 감염시킬 수 있다고 알려진 바이러스의 게놈 염기서열은 이미 분석이 되었고, 그 자료의 대부분을 온라인에서 쉽게 찾아볼 수 있다. 이 바이러스를 구성하는 합성 염기서열은 상업적 공급업체에서 쉽고 빠르게 주문할 수 있다. 기존의 병원성 바이러스를 재구성하는 단계부터 어떤 식으로든 변형하여 더 위험한 종류로 만드는 단계까지 올라가는 시간이 점점 줄어드는 상황이다.

바이러스 레고 조각으로 만든 키메릭 바이러스chimeric viruses(다른 두 종류 이상의 바이러스 유전 물질을 재조합하여 만들어진 잡종 바이러스 – 옮긴이)의 출현 가능성도 커지고 있다. 2018년 미국 과학·공학·의학 아카데미에 〈합성생물학 시대의 생물 방어〉Biodefense in the Age of Synthetic Biology라는 논문이 실렸고 큰 주목을 받았다. 여기에는 이런 대목이 나온다. "이 믹스 앤드 매치 방식은 한 종류의 바이러스가 가지고 있는 복제 능력과 다른 바이러스가 가지는 안정성, 또 다른 바이러스가 가지는 숙주-조직 친화성을 모두 결합할 때 사용할 수 있다. 이를 위해서는 유도-진화 방식을 사용하여 바이러스의 DNA 일부를 무작위로 조합하여 견본을 추출한다. 개별로 조합할 때는 성공 확률이 낮지만 이런 식으로 많은 수를 조합하면 그 확률은 높아진다." 엄청난 양을 조합하여 견본을 추출하는 방식은 AI와 높은 처리량을 가진 합성생물학 실험실을 설계할 때 쓰는 것과 동일하다. 이 논문의 저자는 또한 수십억 년의 진화를 거친 바이러스를 이길 수 있는 바이러스를 만들기에 아직은 기술적으로 부족하지만, 최근의 기술 진보를 생각해 보면 "바이러스 염기서열을 급진적으로 새롭게 조합하는 일이 어쩌면 가능할 것"이라고 덧붙였다.[22]

이 논문은 딥마인드에서 알파폴드 알고리즘 1세대를 출시했던 때와 같은 해에 발표되었다. 앞에서도 살펴보았듯이 이 알고리즘은 2년 후 '단백질 접힘 문제'를 근본적으로 해결했다. 이후 여러 대학의 연구자들은 알파폴드를 사용하여 자연에서는 볼 수 없었던 모양으로 아미노산 사슬을 연결하여 가상의 단백질 구조라는 새로운 기능을 부여했다고 발표했다. 이 단백질 중 일부는 제대로 기능하지 않았지만 이러한 새 보물창고가 곧 "구조 생물학과 광범위한 생명과학 연구에 혁신적인 영향을 미칠 것"은 거의 확실하다.[23]

그러나 연구자들은 최첨단 AI를 사용해서 바이러스 게놈을 처음부터 합성을 시도하거나 레고 부품으로 합성할 필요 없이 잘 정의된 프로세스로 바이러스의 특정 형질을 발현하게 할 수 있을지도 모른다. 과거 인간이 닭을 유도하여 더 크고 많은 알을 낳도록 진화시켰듯이 말이다.

2012년 미국, 네덜란드, 일본의 연구자들이 한 쌍의 연구 결과를 발표했다. 여기에는 H5N1 '조류인플루엔자' 바이러스가 인간을 더 잘 감염시킬 수 있다는 내용이 담겨 있었다. 이 조작된 바이러스가 만들어지기 전의 H5N1은 인간이 감염되었을 때 치명적인 경우는 매우 드물었다. 그러나 전문가들이 이를 큰 문제로 여기지 않은 이유는 이 바이러스가 새에서 인간으로 이동하기가 너무나 힘들고 인간 대 인간으로 옮겨 가는 건 훨씬 더 어려웠기 때문이다. 물론 운이 없었던 몇 명을 제외하면 말이다. 과학자들이 바이러스의 이러한 특성을 바꿀 수 있는지 확인한 이유는 미래의 잠재적 위협을 조금 더 쉽게 예측하기 위해서였다. 문제는 만약 그 바이러스가 어떤 식으로든 실험실 밖으로 새어 나간다면 우리에게 큰 피해를 줄 수도 있는 새로운 능력을 바이러스에게 가르치는 것이었다.

당시 연구자들은 유전공학과 '연속 통과'serial passage라는 과정을 결합했다. 우리의 조상들이 재배한 식물과 가축을 선별하여 원하는 특성에 주목했던 것처럼 연속 통과로 바이러스 학자들은 동일한 목표를 더 빨리 달성할 수 있었다. 바이러스를 동물이나 배양한 세포의 한 세대에서 다른 세대로 통과시켜 특정 결과를 얻을 수 있는 특징을 선별하는 식이다. 이번 경우에는 조작한 H5N1 바이러스를 인간과 유사한 폐 세포 수용체를 가진 페럿의 다양한 세대를 거치게 했다. 이 바이러스의 특징이 진화하여 공기 중으로 인간과 유사한 동물 간에 옮겨 갈 수 있는지 관찰했다. 그 결과 열 세대를 거친 후 가능하다는 사실을 알게 되었다.[24] 이후 이와 비슷한 실험이 진행되었다. 여기에서는 인간과 비슷하게 DPP4 수용체(메르스 바이러스의 ACE2에 해당하는 수용체)를 갖도록 조작된 생쥐에 메르스 바이러스를 30세대에 걸쳐 전달했더니 이 바이러스의 독성이 더 강해질 수 있다는 사실이 밝혀졌다.

2011년에 미국 국립보건원이 공동으로 연구비를 지원한 연구 결과가 발표되었다. 그러나 이 내용이 담긴 논문이 동료 심사를 통과하여 나오기 전, 당시 국립보건원 원장이었던 프랜시스 콜린스Francis Collins와 미국 국립 알레르기 및 감염증 연구소 소장이었던 앤서니 파우치Anthony Fauci가 이런 유형의 작업이 내포한 잠재적 이점과 위험성을 강조하는 사설을 〈워싱턴 포스트〉에 게재했다.

이들이 말하는 이점은 미래의 바이러스 위협에 대한 이해도가 상승하며 미생물 감염을 더 잘 예측 및 예방하고 치료할 수 있을 것이라는 점이었다.

위험성 부분에서 이들은 "실험실 병원체를 우발적으로 유출하거나 고의적으로 오용하는 것을 막기" 위해서는 이런 종류의 실험이 오직 "고도의 보안 시스템을 갖춘 실험실"에서만 진행되어야 한다고 주장했다. 또한 "위험한 병원체를 생성하는 작업에 사용될 수 있는 특정 정보는 필요성을 정당하게 입증한 자에게만 허용"되어야 한다고도 덧붙였다.[25]

이듬해 발표된 한 논문에서 파우치는 "심각한 팬데믹을 일으킬 수 있는 바이러스 관련 실험이나 연구가 잘 규제된 세계적 수준의 연구실에서 수행되더라도, 기술 수준이 낮고 안전장치가 부족하며 규제 환경이 뒤처진 다른 지역의 과학자에 의해 재현될 수 있는" 위험을 강조했다. 이러한 현실적인 위험을 인정하면서도 그는 스스로의 질문에 이렇게 답했다. "그러한 실험과 그로부터 얻어지는 지식의 이익이 위험보다 크다. 팬데믹은 자연적으로 발생할 가능성이 더 크고, 이러한 위협에 선제적으로 대응해야 할 필요성은 위험해 보일 수도 있는 실험을 수행해야 하는 주된 이유다."[26]

일단 방향이 정해지자 자금 지원의 수문이 열리기 시작했다. 연구자, 실험실, '벨트웨이 밴디트'beltway bandit(연방정부 프로젝트를 많이 수주하는 회사 – 옮긴이) 수혜 기관들은 바이러스학과 관련된 새로운 분야의 재정적 자원을 확보하기 위해 방향을 전환했다. 수집하고 연구해야 할 바이러스들은 전 세계에 분포되어 있었고, 상호 연결된 세상에서 바이러스학과 역학은 기본적으로 세계적인 협력이 필요한 분야였다. 따라서 미국 정부는 세계 곳곳에 있는 중요한 연구 센터에 자금을 지원하기로 했다. 이는 연구에 엄청난 도움이 되었고 특히 mRNA 백신 개발과 코로나19 역학의 발전에 큰 역할을 했다. 그러나 연구소의 수가 점점 늘어날수록 모든 기관에서 안전 수칙을 잘 준수하는지 확신할 수 없게 돼 버렸다. 쉽게 정보를 공유할 수 있는 세상임에도 '잘 규제된 세계적 수준의 실험실'에서 '필요성을 정당하게 입증한 자'만이 일하고 있는지 확인하기가 불가능해졌다.

이렇게 진취적으로 진행되던 실험은 이를 주도하는 과학자와 일부 사람들에게는 유익해 보였지만 이보다 훨씬 더 많은 사람은 공포에 떨어야 했다. 일부 과학자들이 예전에 고의로 봉인했던 괴물을 소환하는 위험한 행동을 하고 있다고 여겼기 때문이다. '케임브리지 워킹 그룹'Cambridge Working Group이라는 저명한 과학자 그룹이 이들의 실험에 크게 반대하고 나서자 미국 정부는 '기능 강화' 연구로 알려진 실험에 자금 지원을 일시 중단했다.

'기능 강화'는 최근 몇 년간 매우 유명해진 용어로, 특히 2021년

11월 미 상원의원인 랜드 폴Rand Paul과 파우치 박사와의 격렬한 논쟁 이후에 더 주목받았다. 이들의 논쟁은 이러한 유형의 연구가 코로나 19 팬데믹을 촉발하는 원인이 되었을 가능성을 조사하기 위해 열린 상원 청문회에서 일어났다.

'기능 강화'에 대한 좋지 못한 평판에도 불구하고 바이러스에 새로운 능력을 부여하는 일부 연구는 생명을 살리는 백신 개발에 큰 역할을 했다. 시작은 폴리오였다. 또한 이 방식은 이전 장에서 살펴본 것처럼 수많은 유전자 치료 기술의 토대이자, 농업 생산성을 높이고 더 지속 가능한 미래를 만들기 위한 노력의 토대다. 가장 우려스러운 부분은 이 기술이 '팬데믹 유발 잠재력이 있는 병원체에 대한 기능 강화 연구'라고 불리기 시작한 것이다. 자금이 중단된 시기 미국 국립보건원에서는 자금 지원을 승인하기 전에 추가적인 비용편익 분석이 필요하다고 제시했다. 다음 해인 2017년 12월 트럼프 정부는 새로운 목표에 따라 기금 중단을 다시 해제했다. 그러자 우한 바이러스 연구소에서 미국의 한정적인 자금(에코헬스 얼라이언스를 통해)을 받고 진행한 실험이 '우려 사항에 대한 기능 강화 연구'의 지원에 해당하는지를 따지는 논쟁에 불이 붙었다.

2024년 바이든 행정부는 생명공학 기술의 눈부신 발전과 관련하여 대중이 맞닥뜨릴 수 있는 위험성을 줄이기 위해 행정명령을 발표했다. 이 명령은 잠재적 위험성이 올라간 병원체를 감독하고, 민간 기업이 합성하여 판매하는 유전자 서열을 심사하는 정책의 개요를 담고 있다. 같은 해 합성생물학 및 관련 분야에서 활동하는 세계 최고 과학자 집단이 단백질 설계용 AI의 책임감 있는 개발을 위해 심사숙고한 지침과 약속을 발표했다.[27] 2025년 1월 트럼프 행정부는 바이든의 행정명령을 폐지한 후 2025년 5월에 새로운 행정명령을 발표했다. 이 명령은 '(중국과 같은) 우려 국가의 해외 기관이 수행하는 위험한 기능 강화 연구에 대해 연방 기금 지원을 중단'하고 미국 정부가 지원하는 '위험한 기능 강화 연구'를 잠정적으로 중단하는 것을 목표로 한다.

기능 강화 연구와 팬데믹 가능성이 있는 병원체 연구에 대한 신중한 규제와 감독은 반드시 필요하지만, 그렇다고 어떠한 상황에서도 절대 하면 안 된다는 의미는 아니다. 조심스럽고 적절하게 연구를 진행한다면 오히려 실질적인 이점을 제공할 수도 있다. 어쩌면 인간은 언젠가 멸종 위기를 헤쳐 나가기 위해 이 방식을 택해야 할 수도 있다. 그러나 이때는 작업 비용과 이점에 대해 훨씬 더 신중하게 생각해야 할 것이다.

현재 관련 기술의 성장세를 고려할 때 선의의 연구자와 정부조차도 가장 가능성 있는 병원성 바이러스를 수집하고 그 특징을 분석해서 미래의 팬데믹을 예방하고 이에 대응할 수 있는 백신과 치료제를 개발하려고 할 것이다. 이때 어쩌면 이 바이러스를 대도시 한복판에 있는 연구실로 가져올지도 모른다. 바로 옆에는 지하철이 있고 이 지하철은 사람들로 붐비는 수산시장과 국제공항을 연결할지도 모른다. 어쩌면 이 도시는 중국 중앙부에 위치한 곳일지도 모른다.

어쩌면 이 연구소에서 일하는 과학자들은 국제 파트너와 협업하고 있을지도 모른다. 위험한 바이러스가 인간 세포를 더 잘 감염시키도록 하는 새로운 유전자 특징을 조작하는 데 자금을 신청했을지도 모른다. 이들은 새로운 명령을 내리기 위해, 살아 있는 생쥐에 특정한 인간 수용체를 갖도록 조작한 후 이 생쥐 안에서 바이러스를 훈련시켰다고 설명하는 논문을 발표할지도 모른다. 이 과학자들은 느슨한 안전 절차를 따라 확인되지 않은 바이러스를 배양하고, 구조적으로 취약한 시설에서 위험한 바이러스를 연구하고 있을지도 모른다. 이 연구소가 있는 국가는 과학기술 분야에서 선두 주자가 되기 위한 경쟁을 벌일지도 모른다. 이 연구소는 해당 국가의 군대와도 아주 밀접한 관계를 맺고 있을지도 모른다. 이 국가의 고위 지도자가 팬데믹 발생 전에 사적으로 이렇게 말했을지도 모른다. '실험실 누출'을 언급하며 "자국의 차단방역 상황은 심각하다."[28]고 말이다.

어쩌면 팬데믹은 우연히 이 연구소가 있는 도시에서 시작했을지도 모른다. 전 세계 수많은 도시 중에서 말이다. 이곳의 정부에서는 다른 모든 국가에서 이 내용을 제대로 알지 못하게 즉각적이면서 대대적인 은폐를 시도했을지도 모른다. 상황이 걷잡을 수 없을 정도로 커지자 다른 국가에서 제기한 중요한 조사를 공격적으로 막는 행동을 했을지도 모른다.

어디서 많이 들어 본 적 있는 이야기 아닌가?

인간이 재조합하는 생물학에서 발생할 수 있는 위험성이 선한 사람과 악한 사람, 좋은 의도를 가진 사람과 그렇지 않은 사람만 구분하면 해결될 수 있는 문제라면 얼마나 좋겠는가. 그러나 불편한 진실은 우리가 새롭게 발견한 신적 기술이 실질적으로나 잠재적으로 놀라운 이점을 갖고 있지만, 개인의 특성이나 의도와 상관없이 모든 사람이 쓸 수 있게 되면 매우 위험한 상황이 생길 수 있다는 것이다.

유전자 드라이브라는 과학기술이 또 다른 예시다.

말라리아를 없앨 것인가 생태계를 건드릴 것인가

말라리아는 한마디로 나쁜 질병이다.

감염은 말라리아원충이 있는 암컷 모기가 사람을 물 때 일어난다. 모기가 인간의 피를 빠는 동안 이 기생충은 혈관으로 들어간다. 한 달 정도의 잠복기를 지나면 환자는 통제하지 못할 정도로 극심한 오한을 겪는다. 이후에는 특징적으로 열, 두통, 구토, 발작 등이 나타나는 고열 상태에 접어든다. 그 외에 식은땀, 심한 전신 통증, 무력감이 생긴다. 말라리아를 치료하지 않으면 혼수상태, 중증 빈혈, 급성 호흡기 및 신장 장애, 영구적인 학습 장애가 오며, 특히 어린이의 경우 사망에 이를 수 있는 치명적이면서 흔한 질병이다.

이 질병은 수백만 년 동안 인간을 괴롭혔고 이 기간 동안 수십억 명이 목숨을 잃었다. 20세기에는 제1·2차 세계대전을 포함한 모든 전쟁으로 인한 사망자 수보다 더 많은 1억 5,000만~3억 명이 말라리아로 사망했다. 2019년에만 2억 2,900만 명이 말라리아에 걸렸는데 이 중 90퍼센트가 아프리카인이었다. 같은 해 40만 명 이상, 대부분 5세 미만의 어린이가 이 질환으로 사망했다. 현재 말라리아를 옮기는 모기의 서식처는 지구온난화로 더 확대되고 있다. 2024년 이 수치는 60만 명에 달한 것으로 추정된다.

이런 현상에 대한 대응으로, 각국 대표로 구성된 WHO 의사결정기구인 세계보건총회와 아프리카연합은 2030년까지 말라리아 감염과 사망을 90퍼센트 감축하겠다는 매우 어려운 목표의 계획안을 채택했다. 이 목표를 달성하려면 살충제를 살포하여 모기의 개체수를 줄이고, 인간이 거주하는 지역 주변에 있는 물웅덩이를 메꿔야 한다. 물이 고인 곳은 모기가 번식하는 데 매우 좋은 환경을 제공하기 때문이다. 말라리아모기가 많은 곳에 사는 사람들이 살충제 처리된 모기장 안에서 자도록 유도하고 유전학과 생명공학의 도구를 이용해서 말라리아를 옮기는 모기와 전쟁을 벌여야 한다.

사실 모기의 진화 과정을 연구해서 모기를 없애겠다는 생각은 70년 전부터 있었다. 1950년 허먼 멀러는 식물의 씨앗이나 초파리 같은 생물체에 방사선을 조사하여 무작위적인 유전자 변형을 유도하는 방식에 관련된 연구로 노벨상을 받았다. 그러자 곤충 전문가 에드워드 니플링Edward Knipling은 곧바로 멀러에게 연락하여, 방사선을 쏘아 번식할 수 없도록 유전자를 변형한 벌레를 충분히 풀어서 더 광범위한 개체군의 붕괴를 유도하자는 새로운 의견을 제시했다. 이 방식은 미국 농무부의 주도로 실행되었다. 수억 마리의 돌연변이 나선구더기를 방사한 결과, 1993년까지 북미와 중미 지역의 가축에서는 이 기생충이 사라져 수십억 달러의 손실을 막고 살충제 사용을 엄청나게 줄일 수 있었다.*[29]

많은 사람이 이 전략에 긍정적인 반응을 보였지만 모든 해충에 이

---

* 최근 들어 지구 온난화와 불법 소 거래 등 여러 요인으로 나선구더기가 중남미에서 재확산되기 시작했다. 이에 따라 현대 생명공학 도구를 활용한 보다 적극적인 미국의 대응을 촉구하는 목소리가 나오고 있다.

전략을 적용할 수는 없었다. 특히 유전자 다양성이 높거나, 저항성을 진화시켰거나, 지리적 범위가 넓거나, 번식 과정이 기발한 해충에는 더욱 그러했다. 이런 이유로 해충 박멸을 연구하는 많은 과학자는 불쾌하고 치명적인 해충을 '관리'할 수 있는 유전학의 새로운 기능에 열광했다.

어떤 종교든 상관없이 모든 생물 종은 '신의 자녀'이거나 최소한 멸종되어야 할 존재는 아니다. 인간이 악독한 해충으로 여기더라도 이들은 자신이 속한 역동적인 생태계의 일부다. 설사 가장 파괴적인 침입종이더라도 이들은 살아 있는 생물이다.

그러므로 두 발로 걷는 아프리카 호미닌hominin을 조상으로 둔 인간이라는 침입종이 다른 생물 종의 생사를 결정하는 심판관이 되어야 한다는 것은 역설적으로 들린다. 그러나 그만한 이유가 있기에 우리는 도시를 쥐에게 내어주거나(물론 나는 쥐 문제로 심각한 뉴욕에 살고 있긴 하지만…), 나선구더기를 응원하거나, 육식성 박테리아를 지지하거나, 기생충의 풍족한 삶을 기원하지 않는다. 이 과정에서 인간이 직면한 문제는 게놈 편집 도구와 관련 기술들이 다른 종과 싸우는 능력을 새로운 차원은 물론이고 위험한 수준까지 끌어올리고 있다는 점이다.

대부분 진화는 아주 느리면서 보수적으로 진행된다. 천천히 진화가 일어나면 종은 진화된 형질을 유지하면서도 다양한 잠재적 미래를 탐색할 수 있다. 그러나 유전자 드라이브는 전염성이 강한 바이러스와 비슷하다. 다른 점이라면 바이러스처럼 감염을 통해 한 생물체에서 다른 생물체로 옮겨 가는 게 아닌, 거의 모든 생물체가 좋아하는 방식으로 새 유전자 지시가 같은 종 안에서 전달된다.

유전자 드라이브는 성적 번식을 하는 종의 게놈을 조작하여 유전 방식을 변형한다. 즉 조작된 성적 파트너가 자신의 일반적인 게놈뿐 아니라 파트너의 생식 유전자를 변형시키는 새로운 미세 유전자 편집 도구 키트까지 함께 전달하게 만드는 것이다. 그 결과 조작되지 않은 파트너의 유전자는 이제 더 이상 크게 중요하지 않다. 유전은 조작된 개체의 변형되고 강화된 생식 우위에 의해 주도되기 때문이다. 이러한 변화를 이끈 분자 도구 키트는 후손에게 전달되어(유전적 '킬 스위치'가 삽입되지 않는 한) 조작된 생식 유전자가 개체군을 빠르게 장악할 수 있게 한다. 비교적 짧은 시간 내에, 특히 빠르게 번식하는 종의 경우 원하는 형질이 개체군 전체에 보편적으로 퍼질 수 있다.

475쪽의 그림을 보면 좀 더 쉽게 이해할 수 있을 것이다.

이 방식은 목적에 따라 다양하게 진행할 수 있다. 예를 들어 몇 세대에 걸쳐 특정 개체군을 멸종하려는 목적이라면 이 개체군의 모기를 모두 수컷만 나오도록 조작하거나, 수컷의 X 염색체를 파괴하거나, 암컷을 양성doublesex으로 만들어 번식을 못 하게 만들 수 있다. 또는 특정 형질 하나를 변경하여 모기가 생존은 하지만 새로운 숙주에게 특정 기생충을 전염시키는 등의 행동을 막는 것을 목표로 삼을 수 있다. 이때는 모기의 게놈을 편집하여 코로나19 바이러스가 인간의 게놈에 붙지 못하게 편집한 것처럼 말라리아 기생충이 더 이상 모기의 게놈에 붙지 못하게 하는 방법을 쓸 수 있다.

생물 종의 특성을 영원히 바꾸거나 전체 개체군을 멸종시킬 수 있는 방식은 절대 가볍게 보아서는 안 된다. 어떤 문제에 이 방법을 쓰

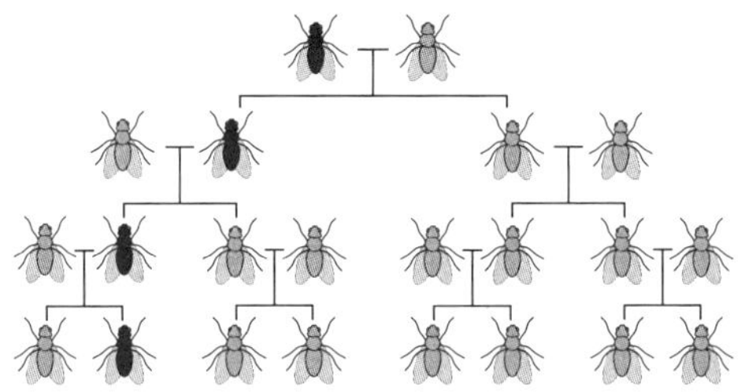

때로는 변이 유전자가 유전되기도 함

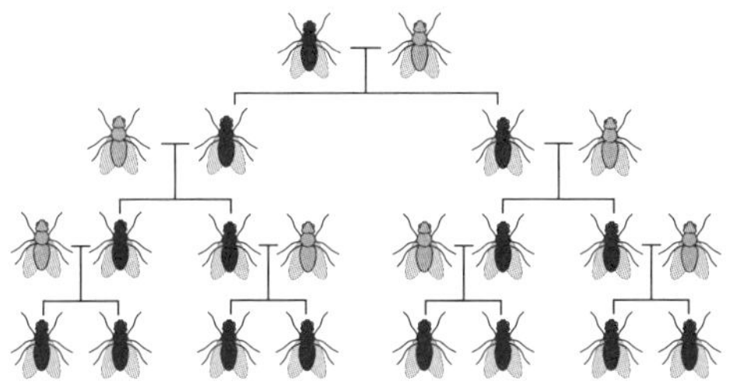

항상 변이 유전자만 유전됨

려면 그 문제가 유발하는 피해의 규모가 이 방법으로 인한 위험성보다 훨씬 클 때만 고려해야 한다. 말라리아가 대표적인 예다.

2012년 크리스퍼-카스9 게놈 편집 도구가 공식적으로 발표되고 2년 후, 하버드 유전학자 조지 처치와 동료(케빈 에스벨트를 포함하여)들은 획기적인 논문을 게재했다. 그들은 이 논문에 크리스퍼 게놈 편집 기술과 유전자 드라이브가 가장 좋은 조합이 될 수 있는 방법에 대해 언급했다.[30] 한 연구팀은 이 방식을 적용하여 실험실에서 기존 모기 집단에 게놈을 편집한 모기 두 마리를 집어넣었다. 단 3세대 만에 99.5퍼센트의 모기가 새로운 돌연변이를 보유할 수 있다는 사실을 증명해 냈다.[31] 2018년 임페리얼칼리지 런던Imperial College London의 과학자들은 양성을 갖도록 조작한 몇 마리의 암컷 모기를 모기 집단에 집어넣었다. 그리고 11세대 만에 이 집단이 멸종에 이를 수 있다는 사실을 보여 주었다.[32]

2022년 국제학술지 《네이처 리뷰 제네틱스》Nature Reviews Genetics에는 이런 글이 올라왔다. "유전자 드라이브 분야는 지난 5년간 눈부신 성장을 이루었다. 이 짧은 기간 동안 모기의 개체수를 조절하거나 억제하는 기술에 대한 실질적인 장벽은 극복되었다."[33] 다시 말해 현재의 유전자 드라이브 기술은 과학기술의 속도에 발맞추어 움직인다.

통제된 밀폐형 실험실 결과는 대부분 비슷했다. 아프리카에서 가장 많이 말라리아를 퍼트리는 종인 학질모기는 이 개체군을 멸종시키거나 말라리아 기생충을 옮기지 못하는 식으로 유전자를 조작할 수 있다. 수학적 예측 방식에 따르면 이 두 가지 방법 중 하나 또는 두 가지를 살충제 처리된 모기장 배포 같은 다른 전략과 결합하면, 아프리카에서 말라리아가 가장 많이 발생하는 일부 지역에서 이 질환을 근본적으로 퇴치할 수 있다고 한다.[34]

이런 희망적인 소식에 아프리카연합 신흥기술 관련 고위급 패널 African Union High-Level Panel on Emerging Technologies은 광범위하고 철저한 검토를 거친 후 2018년 보고서에 다음과 같은 결론을 내렸다. 아프리카는 2030년까지 수백만 명의 생명을 구하기 위해 "말라리아 통제와 퇴치에 가장 먼저 적용할 유전자 드라이브 기술에 대한 개발과 규제에 투자해야 한다."[35] 2025년 2월에 발표된 개정 보고서에서 이 단체는 "유전자 드라이브 같은 혁신 기술이 가장 취약한 인구를 보호하고 아프리카의 말라리아 문제를 해결할 수 있는 유망한 장기적 해결책을 제시한다"고 주장했으며, 이 목표를 실현하기 위한 단계적 조치를 제안했다.

말라리아뿐만이 아니다. 유전자 드라이브는 가축과 농작물에 질병을 옮기는 모든 종류의 해충을 예방하고 멸종 위기에 처한 종을 병원체나 침입적인 포식자에서 보호한다. 또한 모기가 옮기는 웨스트 나일 바이러스, 기생충인 원충류가 유발하는 샤가스병과 수면병, 모래 파리가 퍼뜨리는 리슈마니아증에서 인간을 보호하기 위해 사용될 수 있다. 최근 연구에서는 유전자 드라이브 기술로 DNA가 조작된 바이러스가 더 위험한 친척 종을 앞설 수 있다는 가능성도 제기되었다.

유엔식량농업기구의 요청으로 진행된 연구에 따르면 전 세계 총 농작물 생산량의 40퍼센트가 현재 해충으로 손실되고 있다고 한다. 또한 이런 침입성 해충은 약 700억 달러의 손실을 유발하고 생물 다양성을 해치는 주원인 중 하나이며, 이 상황은 기후변화로 인해 더 악화될 수 있다고 한다.[36] 유전자 드라이브 기술은 해충을 표적으로 하는 작업 외에도 이 문제를 해결하는 데 도움을 줄 수 있다. 작물을 수정하여 해충의 살충제 저항성을 조절하거나 잡초를 제초제에 더 취약하게 만드는 식이다. 그러면 작물 수확량은 늘리고 살충제와 제초제 사용량은 줄일 수 있을 것이다.[37]

이렇게 유전자 드라이브 기술은 엄청난 힘을 가지고 있지만, 또한 근본적이면서 심각한 위험을 세계에 안겨 줄 잠재성도 있다. 특히 아주 주의 깊게 쓰지 않는다면 말이다. 이전 세대가 새로운 종을 생태계로 도입했을 때 이들이 당시의 문제를 해결해 준다고 생각했던 일을 생각해 보자.

예를 들어 사람들이 1883년 하와이에 작은 아시아 몽구스를 들여왔을 때만 해도 몽구스가 쥐를 잡는 데 도움이 될 것이라는 헛된 바람을 가지고 있었다. 당시 이 쥐들은 유럽과 미국을 오가는 배에 은밀히 숨어들어 온 또 다른 침입종이었다. 그러나 쥐는 밤에 활동하고 몽구스는 낮에 활동하는 동물이라 이들은 마주칠 기회가 거의 없었고, 몽구스는 쥐 대신 토종 새들을 먹어 치우기 시작했다. 이 문제는 현재까지 진행 중이다.

이보다 훨씬 더 비난을 받은 경우도 있었는데, 1930년대에 호주로 들여온 수수 두꺼비가 주인공이었다. 당시 사탕수수 농장에 피해를 주던 딱정벌레를 없애기 위한 노력의 일환이었으나, 현재는 토착 식물과 동물을 마구잡이로 먹어 치우고 반려동물에게도 독으로 해를 입히고 있다. 1950년대에는 당시 침입종이었던 아프리카 대왕 달팽이가 퍼지는 것을 막기 위해 붉은 늑대 달팽이를 하와이로 들여왔지만 현재는 이들이 토종 연체동물을 멸종에 이르게 하고 있다.

물론 이런 예시들은 최악의 결과들이고 모든 시도가 실패로 끝난 것은 아니었다. 예를 들어 침입종이었던 흰대극 잡초의 확산을 막기 위해 미국 서부로 도입했던 유라시아 매의 경우 실제로 기존 생태계에서 과도하게 이탈하거나 피해를 주지 않고 위험한 해충을 제거했다. 이런 사례는 많다.[38]

이러한 성공에도 불구하고 외래종을 도입하기로 결정한 인간 '전문가'는 자신이 바꾸는 생태계에 대해 당시 생각했던 것만큼 제대로 이해하지 못했음이 종종 드러났다. 생태학은 수년에 걸쳐 크게 발전했지만, 우리는 여전히 어떤 야생 생태계 전체를 이해하는 정도가 자신의 생물학을 이해하는 수준과 크게 다르지 않다. 아무리 발전했더라도 우리가 가진 신과 같은 도구로 거대한 변화를 만들 수 있는 힘과 우리가 변화시키는 시스템을 포괄적으로 이해하는 능력 사이에는 여전히 간극이 존재한다.

과학자들은 그동안 말라리아를 주로 일으키는 세 종류의 모기가 더 넓은 생태계에 큰 영향을 미치지 않고 멸종될 방법을 수십 번 연구했다. 이 모기들은 전체 모기의 대표 종이 아니고, 다른 식물에 수분 활동을 많이 하는 것도 아니며, 이들만을 먹이로 하는 종도 없다. 이들은 수천 종의 모기 중에서 단 세 종류에 불과하며 대부분 같은 위치에 서식한다. 이 살인적인 악당을 없애면 수백만을 구할 수 있고 아프리카의 GDP에 수십억 달러를 추가할 수 있어 모두를 위한 더 나은 미래를 건설할 수 있을 것이다.

많은 사람이 이렇게 생각한다. 그러나 일부는 우리가 아직 조금밖에 이해하지 못한 복잡한 생태계가 선한 의도를 무너뜨리는 위험성을 야기할 수 있다고 주장한다.

이들은 자기 복제 유전자 드라이브를 세상에 내놓는 것이 돌이킬 수 없는 변화를 초래할 수 있다고 말한다.[39] 그들은 유전자 드라이브를 어느 한곳에 도입하는 것이 사실상 모든 곳에 방출하는 것과 동일한 효과를 가질 수 있으며 누가 이런 조치에 동의하겠느냐고 문제를 제기하는데, 이는 정당하다. 이처럼 매우 합당한 질문들은 유전자 드라이브를 책임감 있게 활용하는 데 매우 높은 기준을 요구한다.

WHO, 미국 과학·공학·의학 아카데미, 호주 과학 아카데미Australian Academy of Science, 유럽 아카데미 과학자문위원회European Academies of Science Advisory Council, 아프리카연합의 신흥 기술에 관한 고위급 패널 및 여러 기관에서는 이와 관련하여 단계적 프로세스를 마련했다. 먼저 말라리아 퇴치를 위해 만든 유전자 드라이브 실험실에서 일련의 테스트를 거친다. 그리고 고립된 섬과 같은 제한된 공간에서 소규모로 조작된 모기를 풀어준다. 이곳에서 효과와 안전성이 입증되면 대규모 현장에서 작업을 진행하는 식이다.

이러한 체계적인 접근 방식은 자가 복제 유전자 드라이브와 관련된 위험성을 확실히 낮출 수 있다. 아니면 유전자 드라이브에 자체 제한 '킬 스위치'를 입력해 놓거나, 문제가 발생할 경우를 대비해 표적형 면역 드라이브를 저장해 놓을 수 있다. 물론 이런 방법으로도 위험성을 완전히 제거할 수는 없다. 이런 권장 사항들은 구속력이 있는 의무 사항이 아닌, 단순히 행동 규범을 제안하는 것이다. 따라서 유전자 드라이브 기술을 효과적으로 규제하는 법률이 없는 국가에서는 개인의 윤리성을 믿는 것 외에는 연구자나 다른 사람들이 유전자 드라이브로 만든 생물을 방출하는 행동을 막을 방법이 없다. 게다가 윤리적 기준조차 의도하지 않은 사고를 막지는 못한다.

그 외에 동의의 문제도 남아 있다.

수년간 케빈 에스벨트는 매사추세츠주 난터켓 섬과 마서스비니어드 섬에서 주민들의 동의를 얻기 위해 수년간 노력했다. 그는 라임병에 걸리지 않는 흰발생쥐를 만들기 위해 유전자 드라이브 기술을 사용하는 것에 대해 정기적으로 지역 강당에서 포럼을 개최했다. 쥐의 피를 빠는 진드기가 라임병을 일으키는 박테리아에 감염되고 이후 인간에게 전파한다. 라임병은 난터켓 섬과 마서스비니어드 섬에 만연하는 질환이다.[40] 유전자 드라이브 기술은 생태계 전반에 개입할 수 있기 때문에 이상적으로는 모든 사람이 그 사용 여부를 결정하는 게 맞는다. 그러나 수년간의 협의에도 불구하고 동의 부분 때문에 진행 결정은 계속 미뤄지고 있다. 이와 비슷한 협의 과정이 아프리카의 상투메프린시페 섬에도 진행 중이며 이곳은 말라리아 발생률이 꾸준히 증가한다.

적어도 이상적인 세상에서는 이런 방식을 결정하는 데 전 세계의 동의가 있어야 한다. 한번 상상해보자. 오세아니아에 있는 한 섬에서 환경보호 생물학자들이 그 지역의 토착종을 파괴하는 쥐, 족제비, 페럿, 주머니쥐 및 다른 외래종과 침입종을 멸종시키기 위해 유전자 드라이브 기술을 사용하기로 했다. 이곳은 섬이지만 여전히 무역을 통해 지구의 수많은 지역과 연결된다. 자가 복제하는 유전자 드라이브가 다른 지역의 동물까지 없애 버린다면 어떻게 해야 할까? 임페리얼칼리지 런던대학교 실험실에서만 서식하던 모기 중 일부가 탈출해서 다른 곳의 모기와 짝짓기하면 어떻게 될까? 대부분 그럴 일은 없을 것이다. 바이러스가 실험실을 벗어날 확률처럼 말이다.

그러나 합성 병원체에 대해 과학적 역량이 점차 분산되는 것처럼 유전자 드라이브 기술도 이렇게 분산될 수 있다. 그러면 시간이 흐르면서 더 많은 전문가나 회사, 그리고 기술 수준이 낮은 사람들도 자체적으로 유전자 드라이브를 만들어 퍼트릴 가능성이 분명 존재한다. 우리는 이런 사람들이 선의를 가졌는지 악의를 가졌는지, 또는 신중한지 아닌지 알 수 없다. 그러므로 과학이 점점 더 표준화되고 분산화될수록 미지의 위험과 사고, 고의적인 방해 행동의 위험성이 높아질 것을 염두에 두어야 한다.

어떤 사람들은 유전자 드라이브가 의도적으로 오용될 가능성을 두고 이 기술을 '떠오르는 테러리스트 위협'이라고 부르기도 한다.[41] 그러나 이 기술을 사용하는 것 자체에도 잠재적 위험성이 있다. 유전자 드라이브는 생태계에 의도하지 않은 변화를 줄 수 있다. 또한 유전적 다양성을 감소시키고 목표한 개체군을 넘어서서 다른 개체군까지 영향을 줄 수 있으며 새로운 위험이나 과거에는 예상하지 못했던 위험을 무심코 초래할 수도 있다.

유전자 드라이브의 기하급수적인 자가 복제 기능은 모기나 생쥐 같이 번식이 빠른 종의 유전자를 변형할 때 특히 위험하지만, 지금 이 글을 읽고 있는 인간처럼 번식 주기가 느린 종에도 큰 영향을 미칠 수 있다.

크리스퍼 베이비는 시작에 불과하다

2012년 크리스퍼-카스9 게놈 편집 도구가 처음 소개된 이후로 연구자들은 이 기술을 먹이 사슬 최하위층부터 시작해 최상위층에 있는 동물에 적용했다. 마지막 대상은 당연히 인간이었다. 비록 허젠쿠이는 엄청난 비난을 받고 이 일로 3년간 감옥에 수감되었지만, 사실 처음에는 중국 정부의 환영을 받았다. 당시 인간 게놈 편집 WHO 전문가 자문위원회와 다른 전문가들은 인간을 유전적으로 변형할 준비가 미흡하다고 강렬하게 발언했고, 이 사실은 현재도 유효하다.

허젠쿠이가 당시 크리스퍼 유전자 가위를 사용해서 착상 전 배아의 게놈을 편집한 최초의 인간이 아니었다면 몇 년 후에는 더 책임감 있는 다른 누군가가 이 일을 진행한 최초의 인간이 되었을지도 모른다. 이상적인 세상에서는 다른 방법으로 해결할 수 없는 명백한 의학 문제를 해결하기 위해 이 도구를 사용했을 것이다. 그러나 결국에는 그 선을 넘게 되었을 것이다.

유전될 수 있는 인간 게놈 편집이 아직은 실현 불가능하고 바람직한 시기 역시 확신할 수 없지만 결국에는 현실화될 것이다. 단순하게 이 기술이 건강 관련 문제에서 핵심 역할을 할 수 있을 때만이 아니라 인간의 생애주기에서 미래의 삶을 구하거나 끔찍한 고통을 예방할 확률이 높은 특정 시기에 쓸 수 있는 구체적인 방법을 찾게 되면 이 기술을 적용할 것이다.

대부분 상황이 매우 심각한 수준이 되었을 때 개입하는 안전한 방법을 택한다. 예를 들어 수술을 해야 하는데 수술 자체가 더 위험하다면 상태가 매우 심각해지기 전까지 미루는 식이다. 아니면 자궁 내 태아에게 문제가 있다는 사실을 확인하고 이 문제가 다양한 선천성 기형, 탈장, 기형종, 양막대 증후군, 이분척추증 등 광범위한 장애를 일으킬 수 있다고 판단했을 때 30년 동안 사용했던 수술을 하기도 한다.

그러나 어떤 경우에는 이미 태어난 후 또는 자궁 내 태아를 수술하지 않고 더 일찍 개입할 때 더 좋은 결과를 낳기도 한다. 예를 들어 수정 전에 난자와 정자 세포를 선별 및 교체하는 작업을 할 수 있고, 시험관 아기의 유전자를 분석해서 여러 배아 중 어떤 배아를 이식할지 결정하는 게 더 합리적일 수 있다. 또는 AI 분석을 통해 알게 된 게놈 편집 도구를 사용하여 미리 이식된 배아를 변경할 수도 있다.

처음에는 이런 종류의 개입은 아주 명백한 경우에만 한정되어 사용할 것이다. 예를 들어 아무 행동도 하지 않는 것보다는 미리 착상된 배아의 유전자를 편집하는 것이 훨씬 덜 위험한 경우 등을 들 수 있다. 현재의 이해 수준과 유전학 및 시스템 생물학이 지닌 복잡성의 간극이 크다는 점을 고려할 때 처음에는 예비 부모가 직계 자손을 원하고 어떠한 이유로든 시험관 시술밖에 답이 없는 경우에만 실시해야 한다. 예를 들어 두 사람 모두 유전적으로 우성이면서 치명적인 낭포성 섬유증과 같은 질환의 보균자거나, 단 하나의 이식 전 배아만 생산할 수 있는데 그 배아에 치명적인 단일 유전자(일명 멘델병)가 있는 경우에 사용할 수 있다.

이런 제한 조건이 모두 해결된다 해도 유전 질환이 다른 방법으로는 쉽게 치료될 수 없는 경우에만 개입해야 한다. 예를 들어 장차 비유전적 유전자 치료로 고칠 가능성이 있다면 개입할 필요가 없다. 이런 제한적인 범위에 속한 경우는 많지 않겠지만 무시할 수 있는 수준은 아니다.

중국의 크리스퍼 기술로 태어난 아기로 인해 소란이 커지는 가운데, 위대한(안타깝게도 지금은 고인이 된) 과학 저널리스트인 샤론 베글리Sharon Begley는 2019년 온라인 매거진 〈스탯〉STAT에 아름다운 기사를 썼다. 여기에는 치명적이거나 몸을 약하게 만드는 유전적 돌연변이를 자녀에게 물려주는 것 외에 다른 선택지가 없는 부모의 이야기가 담겨 있다. PTH1R 유전자의 단일 돌연변이로 인해 발생하는 얀센형 골간단 연골 형성 이상증이라는 유전 질환을 앓고 있는 한 어머니는 베글리에게 이렇게 말했다. "자기 일이 아니니까 그렇게 고상한 척 말할 수 있겠죠." 이 질환을 앓는 사람은 뼈가 쉽게 뒤틀리고 연골이 약해져서 가벼운 일상생활을 하는 것조차도 고통을 느끼고 힘들어한다. "시험관 배아를 편집해 태어날 아이가 겪을 고통을 줄일 최고의 방법이 있다면 그 방법을 선택할 기회를 주세요."

또 다른 부부의 경우 아내와 남편 모두 파괴적인 동맥 질환을 일으키는 SLC2A10 유전자 변이를 가지고 있었다. 5세가 되기 전에 이 질환이 나타난 아이의 거의 절반가량이 사망한다. 이 부부는 이렇게 말했다. "인간의 유전자를 바꾸는 데 반대하는 철학적 주장과 아이가 겪는 고통을 적절하게 조화시키기는 매우 어렵겠죠. 안전한 방법이 있다면 당연히 백만 번도 더 해보겠죠. 제가 아는 모든 엄마가 그럴 거예요…. 아기가 처음 만들어지는 순간부터 이 문제를 해결할 방법이 있다면 당연히 시도해 보지 않겠어요?"[42]

이들의 주장은 절대 무시할 수 없다. 시간이 지나면 더 그럴 것이다. 치명적인 건강 문제를 가장 초기 단계에서 해결하면, 나중에 치료가 더 어려워지거나 위험한 치료가 될 수 있는 부분을 미리 방지할 수 있다. 또한 이로 인해 절약한 막대한 비용을 쉽게 예방할 수 없는 질환의 치료에 할당할 수 있을 것이다.

유전될 수 있는 게놈 편집은 개인과 사회 수준에서 동의를 얻은 후 특정된 좁은 범위 안에서 수행되어야 한다. 새로운 진화의 방식으로 나아가는 길에서 책임감 있고 조심스러운 첫걸음을 내디딜지, 그리고 어떤 방식으로 내디딜지 결정하는 것은 결국 개인이 아닌 우리 모두가 해야 할 일이다.

일단 이 단계를 밟기 시작하면 확실하지는 않지만 서서히 다음 단계로 넘어가게 될 것이다. 예를 들어 다음과 같은 생각이 들 수 있다. 우리가 질병을 일으키는 단일 유전자 돌연변이를 편집할 수 있다면, 다음에는 좀 더 유전적으로 복잡하지만 위험한 질환을 해결하기 위해 몇 개의 유전자를 한꺼번에 편집하는 건 어떨까? 인간의 전체 유전자 중에서 희귀하면서 잠재적으로는 해로운 유전자 돌연변이를 일반적인 패턴으로 바꿔 놓는다면, 얼마나 큰 문제를 일으킬 수 있을까? 일단 미리 이식한 인간 배아의 게놈을 높은 지식과 정확성으로 안전하게 편집하여 치명적인 질병을 예방할 수 있다면, 어떤 사람들은 이런 개입 방식을 다른 목적으로 사용하는 것을 고려하지 않을까?

유전자 강화라는 말을 들으면 많은 사람이 곧바로 스파이더맨처럼 신체가 강화되거나 신체가 바뀐 모습을 떠올린다. 인간이라는 종은 먼 미래에 인간과 동물의 유전자가 혼합된 키메라가 될지도 모르지만, 기억해야 할 두 가지 중요한 사실이 있다.

첫째, 인간은 수많은 기원이 혼재되어 있는 키메라 DNA를 가지고 있다. 우리의 게놈 안에는 부모 세대에서 자식 세대로 수직적으로 이어진 것 외에도 박테리아나 바이러스, 기타 단세포 유기체에 의해 수평적으로 조상에게 전달된 유전자가 최소 145개 있다. "생명의 나무는 모든 혈통 가지가 완벽하게 뻗어 있는 전형적인 나무가 아닙니다.” 케임브리지대학교 생물학자 앨러스테어 크리스프Alastair Crisp는 몇몇 공저자들과 함께 논문을 발표한 후 《사이언스》에 이렇게 말했다. 이 논문은 여러 가지 유기체에 대한 심층적인 유전자 분석이 인간의 구성 요소에 대한 시각을 어떻게 바꾸었는지를 다루었다. “인간의 몸은 마치 뿌리가 서로 얽히고설킨 아마존의 ‘목 조르는 무화과’strangler fig와 비슷합니다.”[43]

둘째, 우리는 이미 강화되었다. 선사시대의 조상과 같은 생물학적 능력으로 사는 것이 강화되지 않은 상태라면 강화된 게 맞는다. 수십억 명의 사람은 백신을 접종받아 수많은 질병을 예방하는 강한 힘을 얻었다. 조상들은 상상조차 할 수 없는 일이다. 또한 약 40억 명의 성인은 안경을 쓰고 이전이라면 볼 수 없는 것도 본다. 어떤 사람들은 인공심박조율기, 인공와우, 자동 인슐린 주입기를 단 사이보그다.

적극적인 윤리학자들은 치료 목적의 게놈 편집과 강화 목적의 편집을 명확히 구분하고 싶어 하지만 이 경계는 꽤 모호하다. 예를 들어 젊어서 사망할 확률을 낮추는 유전자 조작과 건강하게 오래 살 확률을 높이는 유전자 조작과의 경계를 명확히 그을 수 있는가? 아니면 적혈구가 충분한 산소를 운반하지 못하게 하는 설계와 더 잘 운반할 수 있게 하는 설계 사이의 경계는 어떤가? 싯다르타 무케르지는 이렇게 말했다. “유전 질환과 건강한 유전자는 별개의 독립 국가가 아니라 얇고 투명한 경계로 묶인 국가들이다.”[44]

설사 어떤 식으로든 명확한 경계선을 설정할 수 있다고 해도 이런 방식은 여러 면에서 인간 역사와 맞지 않는다. 우리 조상들이 농업, 의료, 산업 생산을 발전시킨 이유는 자연과 조화롭게 사는 것을 추구하기 위해서가 아니다. 우리가 자연을 필요에 의해 형성할 수 있기 전까지 끊임없이 멸종 위협을 가하는 자연환경에 맞서 싸우기 위해서였다. 인간의 유전자를 설계하는 행동이 '신을 흉내 내는 것'이라고 비난하는 사람들에게 말하고 싶은 것은, 신이 우리의 생존을 원한다면 마땅히 그만한 대안을 남겨 두지 않았겠느냐는 것이다.

물론 인간 게놈을 매우 구체적이면서 맞춤화된 방식으로 수정하는 것과 이유 없이 게놈을 수정하는 것 사이에서 나타날 수 있는 '미끄러운 비탈길'(연쇄적으로 오류가 확대 재생산될 수 있다는 이론 - 옮긴이) 효과를 경고하는 사람들의 말도 틀리지 않았다. 작은 문제라도 방치하면 안 된다는 금기가 존재하는 데는 그만한 이유가 있다. 이 작은 문제가 곧 큰 문제로 이어질 수 있기 때문이다. 예를 들어 사람들은 위력이 약한 전술 핵무기는 대재앙을 일으키지 않고 전장에서만 사용할 수 있지만, 작은 핵무기를 편하게 사용하다 보면 큰 핵무기 사용에 대한 거리낌도 점차 줄어들 수 있다고 믿는다. 그래서 80년 동안 이 무기를 사용하지 못하도록 부단히 노력했다.

그러나 모든 '미끄러운 비탈길' 효과가 나쁜 건 아니다. 누군가에게 첫 데이트를 신청한 일이 점점 커져서 결국 상견례까지 이어질 수 있다. 단순히 고급 생물학 수업을 듣게 된 일이 점점 커져 노벨상까지 받게 되는 경우도 있다. 초콜릿 한 조각을 먹다 보니 한 상자를 모두 비울 수도 있다. 우리가 답해야 할 질문은 유전자 강화를 할 것인가 말 것인가, 미끄러운 비탈길 효과를 누릴 것인가 말 것인가가 아니다. 어떤 강화를 할 것이고 어떤 비탈길을 선택할 것인가다.

가장 쉽게 생각할 수 있는 시나리오는 미래에 자녀의 유전자를 바꾸는 일이 필수가 되는 상황일 것이다. 예를 들어 끔찍한 병원균의 위협을 막을 방법이 유전자를 바꾸는 것밖에 없는 경우다. 우리는 식량 부족, 불충분한 장기 데이터 저장 용량, 환경 및 기후 재난을 막기 위해 유전자 기술을 사용해야 할 필요성을 느낀다. 이와 비슷하게 더워지는 지구 환경 속에서 PRLR-슬릭 소처럼 우리의 열과 땀을 처리하고 기능하는 방식을 속히 바꿔야 하는 상황을 겪고 있다. 이는 우리 조상들이 다양한 기후 조건에서 진화해 온 방식과는 다르다. 어쩌면 한때는 인간이 살지 않았던 곳에서 살아야 할지도 모른다. 이때는 조상들이 진화시킨 생물학적 시스템으로는 불가능할지도 모른다. 우주비행사가 화성으로 가서 생존할 수 있는 유일한 방법이 유전자 변형밖에 없다면 어떤가? 우리에게는 이들을 보호할 윤리적 의무가 있는 게 아닐까?[45]

미래의 언젠가는 유전될 수 있는 게놈 편집이 윤리적이거나 바람직하거나 필수적인 방법이 될지도 모른다. 그러나 현재는 이 기술이 위험한 근본적인 이유가 있다. 가장 간단하고 명확한 경우에도 유전될 수 있는 유전자를 설계하는 작업에는 우리가 생각보다 제대로이해하지 못하는 복잡한 생물학적 시스템의 조작이 포함된다는 것이다. 말라리아모기를 멸종시키거나 수정하는 작업이 많은 인간의 목숨을 살릴지도 모르지만, 생태계에도 큰 영향을 줄 수 있다. 이처럼 인간 게놈에 작고 체계적이며 세대에 걸친 변화를 주는 것은 간단해 보이지만 시스템적으로 해를 끼칠 수도 있다.

그러므로 겉보기에는 선한 의도라 할지라도 유전적 다양성을 제한할 수 있는 공격적인 방식을 취하면 예측할 수 없는 미래의 우발적인 상황에 적응하는 집단적 능력을 약화시킬 수 있다. 더 큰 문제는 우리가 이런 기술을 현명하게 사용할 수 있는 종이지만 이에 맞는 성숙도를 갖추지 못할 가능성도 있다는 점이다. 나치 지배하의 오스트리아를 탈출해 미국으로 건너온 난민의 아들로서 나는 이 가능성에 특히 주목한다.

실제로 나치 이론가들은 나치의 끔찍한 살인 행위가 어떤 면에서는 다윈의 원리를 궁극적으로 실현한 부분이 있다고 여겼다.

다윈의 사촌인 영국 과학자 프랜시스 골턴 경Sir Francis Galton은 1883년 '우생학'이라는 용어를 처음 만들었다. 그는, 사회가 '가장 약한 구성원들'이 자녀를 갖는 것을 막으면 인류가 발전할 것이라고 주장하는 책으로 큰 악명을 얻었다. 1900년대 초, 골턴과 영국, 미국 및 기타 지역의 저명한 과학자와 진보주의자들은 우생학 및 '인종 개선' 연구소를 설립했다. 이 기관은 정신병원의 환자와 감옥 수감자들을 포함한 특정 집단에 불임시술을 강제하는 데 중요한 역할을 했다.

위스콘신대학교 총장이었던 찰스 반 하이스Charles Van Hise는 1913년 이렇게 말했다. "우리는 우생학에 대해 충분히 알고 있다. 이 지식을 적용한다면 10년 안에 결함이 있는 계급은 사라질 것이다." 진보주의자이자 미국 신학자 월터 라우션부시Walter Rauschenbusch는 같은 시기 우생학은 "우리가 참여하는 진화 과정을 더 지능적으로 만들고 이끌 수 있다"고 썼다. 악명 높은 1927년 벅 대 벨Buck v. Bell 미국 대법원판결은 우생학 법이 미국에서 합헌이라고 판결했다. 당시 판사였던 올리버 웬들 홈스 주니어Oliver Wendall Holmes Jr.는 "지능이 낮은 이들은 삼대로 충분하다"라는 불명예스러운 말을 남겼다.

히틀러는 1925년 처음 출간된 《나의 투쟁》에 이와 같은 생각을 남 겼다. 1933년 독일 정권을 잡은 나치 정부는 1939년부터 장애가 있 는 신생아와 어린이를 학살하기 시작했다. 2년 뒤에는 유대인, 집시 로마족, 동성애자, 정치적 반대자에 대해 조직적이면서 산업적인 규 모의 학살을 시작했다. 나치즘의 대량 학살에 대한 공포는 영국이나 미국에서 상상하거나 실제로 행했던 그 어떤 형태의 우생학과 비교 할 수 없을 정도로 컸다. 여기에서 매우 중요한 점은 이 모든 행동이 동일한 뿌리에서 파생되었다는 것이다.

물론 한 세기 전에 일어났던 우생학 운동을 뒷받침하는 생각과 인 간에게 유전자 기술을 적용하는 것에 관한 생각에는 중요한 차이점 이 다수 존재한다. 그러나 우리가 앞으로 나아가면서 가장 현명한 길 을 찾고 있는 이 시기에 이런 역사의 경고를 깊이 새겨듣지 않는다 면 자멸의 상황을 이끌지도 모른다. 왜냐하면 단순히 우생학과 나치 즘이 너무나 명백하게 비도덕적이고 잘못되었다는 것도 있지만, 이 런 이론을 뒷받침한 이데올로기가 본질적인 진화론적 관점에서 틀 렸기 때문이다.

동물의 다양성이 야생 생태계의 탄력성을 높여 주고 미생물의 다 양성이 다른 생물체의 탄력성을 강화해 주듯이 인간의 다양성 또한 인류의 탄력성을 더 향상시킨다. 앞에서 살펴보았듯이, 진화에 좋고 나쁨은 없다. 단지 특정 환경에 더 잘 맞거나 잘 맞지 않는 것이 존재 할 뿐이다. 환경이 바뀌면 기존 환경에서 가장 잘 사는 종들이 새로 운 환경에서 가장 힘들어하는 종이 될지도 모른다.

오늘날 해를 끼치거나 쓸모가 없다고 여겨지는 유전자 패턴이나 특성이 내일 다른 맥락에서 생존의 열쇠가 될 수도 있다. 지구의 중력에서 보면 걸림돌이라 여겨지는 특성이나 특징들이 우주 정거장이나 다른 행성에서는 장점이 될 수도 있다. 겸상적혈구 빈혈증이 혈전 위험성을 높이지만 이 열성 돌연변이 보인자는 말라리아 예방 효과를 가지고 있다.

미래에는 어떤 유전자 발현이 가장 유익할지 알 수 없다. 그러나 단기적으로 현재 심각하게 해를 끼치는 유전자가 있다면 과연 인간의 다양성을 미래까지 지킬 수 있을까? 예를 들어 알 수 없는 미래에 어떻게든 도움이 될지도 모른다는 이유로 치명적인 유전자 돌연변이가 있는 부모에게 그 유전자를 그대로 두자고 말한다면 어떨까? 아니면 게놈 편집 기술을 사용함으로써 나타날 수 있는 '미끄러운 비탈길'을 피하기 위해 기술적으로 예방 가능한 질병으로 인한 자녀의 죽음을 그 부모에게 받아들이라고 요구할 수 있을까?

식물 분야 과학자들은 노르웨이의 유명한 '최후의 날 저장고'dooms-day vault와 같은 종자 은행에 수년 동안 작물 씨앗을 저장해 왔다. 북극 근처의 얼음 산속에 있는 이 은행에는 약 10만여 종의 씨앗이 있다. 냉동 정자와 난자, 배아를 보관하는 오늘날의 난임 클리닉이 사실상 인간 종자 은행 같은 역할을 할 수 있지만, 진정한 인간의 다양성은 신체 내부에 가득 저장되어 있다. 그 의도가 얼마나 좋든지 간에 이런 다양성을 줄이는 행위는 우리 모두를 위험에 빠트릴 수 있다.

또 다른 문제는 시간이다.

2019년에 내가 일본 강연 투어를 하면서 교토를 방문했을 때 선도적인 과학자 사이토 미치노리Saitou Mitinori와 저녁을 함께 하는 특별하고 즐거운 기회를 얻게 되었다. 그는 인간 줄기세포로 만든 난자 생성의 가능성을 연구 중이었다. 과학자들은 이 방식을 체외 생식세포 생성in vitro gametogenesis, IVG이라고 부르는데, 생쥐의 줄기세포로 난자를 생성해서 새로운 쥐를 만드는 데 사용된 바 있다.

IVG 아이디어가 많은 사람에게 관심을 받은 이유는 이 기술로 인간의 생식능력과 선택권이 크게 확장될 수 있기 때문이다. 난자를 많이 생성하여 실험실에서 다양한 정자와 수정한 다음, 배아를 며칠 동안 배양하여 소수의 세포만 추출하고 염기서열을 분석하여 첨단AI로 선별한 후에 그 배아를 산모나 대리모에게 이식하는 방식이다. 이 기술이면 동성 커플도 생물학적으로 100퍼센트 일치하는 자녀를 가질 수도 있다. 남성 동성애자 커플의 경우 배우자 한 명의 피부나 다른 세포에서 추출한 물질로 난자를 만들고 여성 동성애자 커플은 배우자 한 명의 피부나 다른 세포에서 추출한 물질로 정자 세포를 만들 수 있기 때문이다.

《해킹 다윈》에서 자세히 다루었지만 현재 급성장하는 체외 생식세포 생성과 체외 인공수정IVF, 고출력 배아 검사 및 선별 방식은 이식된 인간 배아에 대한 적극적인 게놈 편집 방식보다 훨씬 더 빠르게 인간의 진화를 앞당길 수도 있다.

교토의 고급 레스토랑에서 저녁을 먹으며 나는 미치노리 교수에게 체외 생식세포 생성 기술을 인간에게 안전하게 적용할 수 있으려면 얼마나 걸릴 것으로 예상하는지 물었다. 그와 동료들은 이 분야의 빠른 발전에 크게 기여했다. 그래서 나는 스탠퍼드의 헨리 그릴리Hank

Greely가 2016년에 집필한 《성의 종말과 인간 재생산의 미래》The End of Sex and the Future of Human Reproduction에서 예상한 것과 같은 30~40년 정도라고 답하리라 생각했다. 그날 낮에 만난 미치노리 교수의 대학원생들조차도 이 기술을 매우 낙관적으로 바라보았다.

미치노리 교수는 질문에 답하기 전 의자에 천천히 기대고 잠시 생각에 잠겼다 입을 열었다. "제 생각에는 175년 정도 걸릴 것 같습니다."

"175년이라고요." 나는 놀라며 되물었다. "그렇게 생각한 이유는 무언가요?"

"체외 생식세포 생성 기술이 인간에게 안전하다고 충분히 확신하려면 3세대에 걸쳐 추적해야 합니다. 지금부터 30년 후에 첫 임상시험을 할 수 있는 시점에 도달하더라도 3세대에 걸친 후손이 있어야 이 기술이 안전한지 확실히 알 수 있지요. 처음 피실험자가 30세에 이 기술로 아이를 낳았다고 가정하면 2세대는 60년 후, 3세대는 90년 후에 태어날 것입니다. 이 3세대 자손이 85세까지 산다고 가정하면 그 사람은 지금부터 175년 후에 세상을 떠나겠죠. 모든 실험이 완벽하게 진행된다면 그때가 바로 인간에게 이 기술이 안전하다고 판단할 수 있는 시기입니다."

현재의 유전학과 생명공학의 발전 속도를 고려해 미치노리 교수의 시간 계산법을 어느 정도 반박할 수도 있었다. 그렇다 할지라도 그가 말한 핵심 내용까지 이의를 제기할 수는 없었다. 생물 조작 기술이 아무리 빨리 발전하더라도, 야생의 생태계든 인간의 생물학적 시스템이든 복잡한 생물학적 시스템에 대한 체계적인 개입이 장기적으로 어떤 영향을 불러올지 같은 속도로 평가할 완벽한 방법은 없다. 우리는 모기 유전자 드라이브의 잠재적 영향을 연구하는 생태학자나 인간 게놈 편집의 잠재적 영향을 평가하는 생물학자가 시도하듯이 최선의 추정을 할 수 있다. 또한 우리는 디지털 트윈과 점점 더 정교한 디지털 시뮬레이션을 우리 내부와 주변 세계에 구축할 수 있고 또 그렇게 해야 한다. 하지만 궁극적으로 완전히 알 수는 없다.

이 책에서 탐구한 영역을 포함한 모든 영역에서 우리는 같은 불일치에 직면하게 된다. 크리스퍼 기술로 태어난 아기와 유전자 드라이브 같은 위험성 높은 사례뿐 아니라 전 세계 의료, 농업, 산업 환경에서 매일 하는 일상적인 결정에서도 이런 불일치는 나타난다. 대부분의 결정은 개인이 행할 때는 그렇게 크지 않아 보여도 그 결정이 모이면 엄청난 영향을 줄 수 있다.

너무 빨리 가면 추락하고, 멈추면 도태된다

우리의 혁명과도 같은 기술들은 그 어느 때보다 강력해지고 있다. 필연적으로 이 기술들로 만든 신과 같은 힘은 그 어느 때보다 공평하게 공유된다. 핵무기를 개발할 수 있는 기술은 1940년대에는 훌륭한 새 능력이었지만, 당시 충분한 자원과 선진 과학기술을 갖춘 중앙 집권형의 몇몇 국가에서만 독점적으로 사용할 수 있었다. 현재는 훨씬 작은 규모로 모인 사람들이 훨씬 적은 자원으로 훨씬 강력한 도구에 접근하여 수많은 사람과 세계를 바꾼 힘을 창출할 능력을 갖추었으며 이 수는 점점 증가한다. 기술 접근이 쉬워지면서 우리는 성공 확률이 올라가는 동시에 취약해질 확률 또한 올라갔다.

분명 지금 우리에게는 가장 큰 도전 과제를 신속하게 해결하고 가능성을 확대할 새로운 능력이 필요하다. 세상을 보다 지속 가능하게 바꾸기 위해서는 흥미롭지만 두려워 보이는 프로메테우스 기술을 대규모로 도입해야 한다. 그러나 핵심 문제는 많은 일을 제대로 해내면 더 나은 세상을 만들 수 있지만 소수이지만 큰 실수를 하면 세상을 파괴할 수도 있다는 것이다.

우리가 앞만 보고 달린다면 크게 넘어질 것이다. 그러나 현 상태만을 유지하고 나아간다면 그래도 넘어질 것이다. 결국 우리의 목표는 발전에서 손을 떼는 게 아닌 최대한 안전한 길을 지켜 나가며 달려야 한다는 것이다.

제시 겔싱어의 죽음, 중국 크리스퍼 기술로 태어난 첫 번째 아기들, 우한에서 발생한 연구 관련 사건으로 2,700만 명이 불필요하게 사망했을 가능성[46]은 충분한 안전장치 없이 너무 멀리, 너무 빨리 갔을 때 벌어질 수 있는 상황에 대한 경고다. 이와 반대로 현재는 치료법이 없어 목숨을 잃는 수백만 명의 환자, 기후변화로 인해 전통 작물의 생산성이 하락하여 힘들게 생활하는 일부 공동체 사회, 지구에서 수많은 생물의 버팀목이 되는 주요 생태계의 파괴, 통제 불가능한 지구온난화 같은 일들은 우리의 행동이 너무 느릴 때 겪는 대표적인 예다.

우리가 앞으로 나아가기 위해서는 직면한 잠재적 위협에 대해 최대한 솔직하게 그 위험성을 강조해야 한다. 두려움을 찾아내 평가하고 체계적으로 관리하여 나쁜 결과를 예방하는 데 핵심적인 역할을 하도록 해야 한다.

그러나 이런 두려움만으로는 변화를 성공으로 이끌 수 없다. 궁극적으로 그 기반에는 희망이 있어야 한다.

그러므로 우리는 어떤 나쁜 결과가 올 수 있는지 생각하는 것 외에도 어떤 좋은 결과가 나타날 수 있는지도 상상하며 그 꿈을 현실로 바꿔 나가야 한다.

제 8 장

우리 손으로
미래를 설계할 시간

AI, 유전학, 새로운 윤리가 만드는 바이오 르네상스

인류는 유전자와 AI를 동시에 설계하며 생명과 지구의 미래를 다시 쓰고 있다. 하지만 기술은 중립적이지 않다. 그것을 어떻게 사용할지는 결국 인간의 상상력과 책임, 용기에 달렸다. 신의 도구를 손에 쥔 인간은 그 힘으로 무엇을 창조할 것인가?

상상력이 현실을 앞설 때 혁명이 시작된다

미국의 자연주의자 헨리 데이비드 소로는 언젠가 이렇게 썼다. "당신이 공중에 누각(성)을 지었다면, 그 노력은 헛되지 않다. 이곳은 본디 누각이 있어야 하는 곳이니 이제 그 아래에 기초를 쌓기만 하면 된다."

생명을 조작하는 우리의 능력이 향상되면서 재앙이 벌어질 수 있는 최악의 시나리오를 체계적으로 고려하는 일은 꼭 필요하다. 그렇지만 이런 능력이 우리가 원하는 미래를 구축하는 데 어떤 도움을 줄지 상상하는 것도 중요하다. 어쩌면 이것이 더 중요할지 모른다. 기술과 함께 진화하는 세상을 상상하지 못하는 것은 자연을 존중하는 것이 아니라 기술을 부정하는 허무주의의 한 형태일 뿐이다. 기술 진보는 다른 미래를 가능하게 하는 동력이 되지만 최고의 비전을 현실로 바꾸는 것은 우리에게 달려 있다. 우리의 가장 소중한 가치가 최선을 다해 모든 강력한 기술을 적용하도록 유도하지 않는 한 가장 위대한 승리처럼 보이는 것들이 결국 멸망의 원인이 될 수 있다.

그래서 무엇이 가능할지, 어디로 가고 싶은지, 어떻게 거기에 가고 싶은지, 우리가 누구인지 파악하는 과정은 모두 밀접하게 연관된다. 이런 이유로 혁신적인 기술의 미래를 논의하는 것은 궁극적으로 현재의 우리는 누구이고 내일은 어떤 사람이 되고 싶은지 이야기하는 것과 같다.

당신이 18세기 영국의 농부라고 상상해 보자. 이 시기는 산업혁명의 첫 씨앗이 심어진 때다. 당신은 증기와 석탄에서 나오는 에너지로 인력을 대체할 수 있는 놀라운 신기술을 설명하는 한 열정적인 발명가를 만난다. 어떤 생각이 드는가? 당신이 위대한 사상가라 할지라도 처음부터 '국제 우주 정거장, 크리스퍼 기술로 태어난 아기, 생성형 AI가 곧 등장할 것'이라고 생각할 수 있겠는가? 이런 것은 모두 최초의 증기기관에서 생겨난 것들이다. 아니면 언젠가 쟁기를 끄는 소와 말을 증기 동력 쟁기로 대체하면 같은 일을 조금 더 빨리 할 수 있겠다고 상상하겠는가? 일반적인 사고방식대로라면 우리는 대부분 두 번째를 선택할 것이다.

이제 다시 농부가 되어, 당신이 예언자 같은 공상가들이 모인 전 세계적 회의에 초대되었다고 상상해 보자.

주최자는 이렇게 말한다. "증기와 석탄을 에너지로 바꾸는 새로운 능력은 우리 모두의 삶과, 경제와 사회가 기능하는 방식을 바꿀 것입니다. 이 능력은 인구 증가와 도시화를 촉진하고, 많은 사람이 하는 일의 본질을 바꾸며, 생산성을 대대적으로 끌어올릴 것입니다. 산업화 기술이 수많은 방식으로 우리 삶을 더 편리하게 만들어 주겠지만, 이 기술은 산업적 규모의 전쟁과 인간이 유발하는 지구온난화를 일으킬 수 있고 이런 문제는 우리의 생존마저 위협할 수 있습니다. 이 모든 일이 일어나기 전에 상상하는 것보다 더 빨리 다가올 혁명의 혜택을 극대화하고 피해를 최소화하기 위해, 지금 우리가 취할 수 있는 조치가 무엇인지 함께 고민하고자 오늘 여러분을 이 자리에 초대했습니다."

이 말을 듣고 당신은 이렇게 혼잣말을 할지 모른다. "응? 이런 것들이 내 밭을 더 빨리 갈아 준다는 말이야?"

1700년대 후반의 세상은 몇 세기 전의 세상과 그리 다르지 않았다. 대부분이 농사를 지었고 농촌에 살았으며 거의 모든 일이 수작업이었다. 전반적인 상황이 변화를 목전에 두고 있었지만 대부분의 사람들에게 앞으로 어떤 일이 벌어질지 이해하는 것은 사실상 불가능했다. 게다가 추상적인 미래의 가능성만으로 선제적이고 공격적으로 행동하기는 훨씬 더 어려웠을 것이다.

18세기 선지자들은 어쩌면 증기와 석탄이 배를 움직이는 데 어떻게 쓰일지 쉽게 이해했을지도 모른다. 그들은 말이 끌지 않는 이동 수단을 생각해 냈을지 모른다. 그러나 이들 중에 궁극적으로 틱톡, 챗GPT, 나노 기술, 인간 게놈 편집, 슬링키(촘촘하며 탄력이 있는 용수철 모양 장난감 – 옮긴이)가 세상에 나오는 데 산업화가 기여할 거라고 상상하기란 거의 불가능했을 것이다.

1969년 미 국방부가 최초의 인터넷인 알파넷ARPANET을 만들었을 때와 비슷한 시나리오를 상상할 수 있다. 몇몇 사람들은 변혁을 일으킬 무언가가 다가오고 있음을 직감했을지 모르지만, 그들조차도 변화의 범위와 규모를 정확하게 예측하지는 못했을 것이다. 더군다나 상상하기 힘든 꿈을 실현하고, 아직 실현되지 않은 가상의 문제를 예방하기 위해 노력해 달라고 다른 사람들을 설득할 수도 없었다.

유전학, 생명공학, AI 및 여러 혁신이 융합되면서 오늘날 우리 세상은 변화의 시작점에 있다. 이 변화는 시간이 지나 역사적으로 볼 때, 산업화나 인터넷 혁명만큼이나 심오한 것으로 판명날 것이고 훨씬 빠른 속도로 우리에게 다가올 것이다. 우리는 18세기 농부처럼 이러한 새 능력이 우리를 어디로 데려갈지 확실하게 예측할 수 없다. 우리는 모두 챗GPT, 제미나이, 빙 같은 생성형 AI 챗봇이 인터넷 검색 기능을 어떻게 바꾸는지 알고 있다. 하지만 새로운 AI 시스템을 그런 관점에서만 보는 것은 18세기 농부가 증기와 석탄의 동력을 단순히 쟁기질 속도를 높여 주는 도구로만 보는 것과 같다. 새로운 AI 시스템은 식물 재배와 동물의 가축화, 문자 언어, 전기화, 산업화, 컴퓨터화처럼 시간이 지나면서 우리의 생활 방식을 전반적으로 바꿀 비약적 발전으로 보아야 한다.

우리가 어떤 행동을 하든 AI 시스템은 지나친 낙관론과 실망이 반복되는 과대광고 사이클을 여러 번 겪겠지만, 기술과 기술 적용이 가지는 변화의 힘은 점점 더 커질 것이다. 그러나 우리가 최선을 다해 최상의 결과를 실현하고 상상할 수 있는 최악의 결과를 막으려는 노력을 하지 않은 채 현재의 방식만 고집한다면 불필요하게 나쁜 결과가 나타날 확률만 높아질 것이다. 설상가상 가까운 미래에 합성생물학이 유발한 전염병으로 수십억 명이 사망하거나, 유전자 드라이브로 생태계가 파괴되거나, 현재로서는 상상할 수 없는 일 같은 충격에 대응할 준비를 미처 하지 못한 채 그 상황에 맞닥뜨릴 수 있다.

최악의 상황이 벌어질 때까지 기다리기보다 지금이라도 생명을 조작하는 우리의 새로운 능력과 관련된 이익을 최대화하고, 잠재적 피해를 최소화하는 작업을 시작하는 게 더 낫지 않겠는가? 가상의 18세기 회의에서 최상의 미래를 구축하는 방법을 모색한 것처럼 지금 우리도 이런 생각을 해보는 게 훨씬 낫지 않겠는가?

이러한 탐험은 대부분 잘 알려지지 않은 미래로 향하는 여정이라서 가까운 시일 내에 벌어질 가시적 피해와 위험에 대처하는 대안으로 삼을 수는 없다. 그럼에도 불구하고 반드시 거쳐야 하는 과정이다. 이 여정을 시작하기 전에 우리가 누구인지, 무엇을 위해 존재하는지, 잘하는 것은 무엇인지, 취약점은 어떤 것인지를 먼저 살펴봐야 한다. 급격한 변화를 가장 잘 다룰 방법에 대해 집단적 역사를 살펴보고 여기에서 어떤 교훈을 얻었는지 자문해 봐야 한다. 핵심 원칙을 명확히 하는 일도 매우 중요하다. 이런 원칙 없이 나아간다면 고대인이 별자리라는 길잡이 없이 항해에 나서는 것과 다를 바 없다.

우리는 계획을 새울 때 이런 새로운 능력이 우리 삶과 세상에 어떤 영향을 줄지에 대한 더 나은 시나리오와 더 나쁜 시나리오를 상상할 수 있다. 어떤 종류의 프로세스와 구조가 최상의 시나리오를 실현할 확률을 높이고 최악의 시나리오가 실현될 확률을 낮추는지 자세히 파악해야 한다. 그런 다음 기존의 프로세스와 구조를 철저히 검사하여 지금 위치에서 원하는 위치로 나아가기 위한 전략을 수립해야 한다.

아무리 계획을 꼼꼼하게 세워도 시간이 지나면서 많은 여행이 실패로 끝났고, 이번 여행도 실패할 가능성이 적지 않다. 그러나 계획을 잘 세운 여행보다 계획을 잘못 세운 여행이 재앙으로 마무리될 확률이 훨씬 높다.

선제적인 계획은 불완전하고 이상주의적일 수 있지만, 사후에 대응하면 자칫 불필요하고 위험한 상황을 초래할 수 있다. 생명을 조작하는 신과 같은 능력은 급격히 발전하고 우리가 가진 새로운 힘의 크기도 매우 크다. 그렇기 때문에 위기가 발생한 뒤에 새롭게 발견한 것을 최적으로 관리하고 능력을 키우는 데 드는 비용은, 지금 되도록 열심히 노력하는 데 드는 비용보다 거의 확실하게 높을 것이다.

유전자의 시대, 책임이 윤리가 된다

1975년, 당시 '재조합 DNA'라 불렸고 지금은 주로 유전공학이라 불리는 새로운 분야가 획기적으로 발전한 직후, 140명으로 구성된 전문가 그룹이 캘리포니아주 아실로마 스테이트 비치의 콘퍼런스 센터에 모였다. 대부분이 과학자이지만 변호사와 언론인도 일부 참가한 이 콘퍼런스에서 이들은 강력한 기술을 어떻게 사용할 수 있고 또 사용할 수 없는지와 관련해 몇 가지 규칙을 마련하려고 노력했다. 3일간의 치열한 토론 끝에, 초청된 참가자들은 최대한 안전하게 작업을 수행하는 방법을 권고하는 합의문을 작성했다.

당시에는 GMO 작물, 유전자 치료, 아쿠아바운티 연어, 크리스퍼 기술로 태어난 아기, 유전자 드라이브, 세포 배양 햄버거가 나오기

전이었다. 이 모든 것, 그리고 더 많은 것이 나중에 등장할 것이었다. 당시에는 새로운 역량과 이를 통해 달성할 수 있는 비전만이 있었다. 지금은 전설이 된 이 합의문의 요약 자료에는 다음과 같은 선견지명이 담겨 있었다. "아직은 새로운 기술을 실제로 적용한 사례가 없지만, 미래에는 이 기술들이 매우 실용적인 효용성을 가질 거라고 믿을 만한 이유는 충분하다."

이 합의문은 특정 실험의 예방 수준을 예상되는 위험 수위와 맞추는 합리적인 절차를 따라야 한다고 신중하게 개요를 설명했다. 그리고 이것이 "생물학적 위험이 있거나 그럴 가능성이 있는 실험을 할 때는 국가별 행동 강령"으로 대체될 수 있는 예비 권고안일 뿐이라는 점을 분명히 했다.

아실로마 회의 참가자들은 국제 표준화의 중요성에 대해서도 찬성했다. 문서에는 이런 내용이 담겨 있다. "세계 각국 내부와 국가 간 공식 및 비공식 정보 채널을 통해 잠재적인 생물학적 위험과 격리 수준을 일관되게 유지하기 바란다."[1] 꼭 그렇게 되기를 희망한다.

여러 면에서 아실로마 회의는 성공적이었다. 이 권고안은 미국 국립보건원이 규정으로 채택한 후 미국 대부분 지역에서 시행되었다. 이러한 미국의 규정은 다른 곳의 규제 노력에도 영향을 미쳤다. 더 광범위하게 보면 이 회의는 앞으로 몇 년 동안 유전자 기술을 모두가 책임감 있게 사용하기 위한 기반을 마련하는 데 기여했다. 이후 과학자들이 자율 규제를 위한 표준을 세웠고, 표준이 존재하지 않았을 때보다 더 많은 투명성과 책임감 있는 문화가 조성되었다. 이런 이유로 많은 과학자가 책임감 있는 과학 모델로 아실로마 회의를 꼽는다.

회의 주최자 중 한 명인 스탠퍼드대학교 생화학자 폴 버그Paul Berg
는 재조합 DNA에 관한 선구적인 연구로 1980년에 노벨상을 받았
는데, 회의 30년 후 이런 글을 남겼다. "지금 생각하면 이 독특한 회
의는 과학과 과학 정책 관련 공개 토론을 위한 특별한 시대의 시작을
알린 중요한 계기가 되었다. 이 회의의 성공으로 당시 논란이 분분했
던 재조합 DNA 기술이 부상하여 번성할 수 있었다."[2]

그러나 '재조합 DNA' 기술과 그 기술의 응용이 엄청나게 발전했
음에도, 아실로마 회의가 몇 가지 중요한 측면에서 실패했다는 주
장이 강하게 제기되었다. 이 회의가 많은 성과를 거둔 것에 비해 일
반 대중이 참여할 기회가 충분하지 않았고, 다른 중요한 목소리, 관
점, 이해 관계자를 아우르는 대화의 장을 더 넓히지 못했기 때문이
다. 게다가 전문가들의 자율 규제에 초점을 맞추었기 때문에 과학
과 그 응용에 가장 밝은 사람들은 확실히 목소리를 낼 수 있었다. 그
반면 일반 대중이 더 많은 참여를 요구하는 시대나, '재조합 DNA'
의 과학적 의미가 너무 심오하여 과학자와 전문가만의 영역이 될 수
없을 때를 대비한 토대를 마련하는 데는 거의 도움이 되지 못했다.

다시 말해 아실로마 회의는 성공했지만 18세기의 상상 속 모임과
는 달랐다. 그 결과 GMO 반대 운동가들은 도움이 될 때도 있었지
만 대체로 매우 해가 되는 방식으로 정책 결정 방향을 장악했다. 이
런 기술이 책임감 있게 발전하는 데 더 유용한 사려 깊고 신중하며
포용력 있는 공론화 과정이 실현되지 못한 것이다.

40년 후인 2015년, 1975년 아실로마 회의 참가자(이자 노벨 수상자)
데이비드 볼티모어David Baltimore와 폴 버그는 크리스퍼 기술의 선구자

인 제니퍼 다우드나, 조지 처치, 마틴 지넉 등과 함께 캘리포니아주 나파밸리에서 아실로마와 비슷한 회의를 열었다. 이곳에서 그들은 빠르게 발전하는 게놈 편집 도구를 인간에게 적용할 때 미치는 영향에 대해 논의했다.

폴 버그가 박테리아 DNA를 포유류 바이러스 게놈과 결합하여 재조합 DNA 혁명에 불을 지핀 후 이 분야는 40년 넘게 엄청나게 진전했지만, 2015년에도 유전학 혁명은 분명 초기 단계에 불과했다. 1975년 아실로마 합의문에 언급된 "매우 실용적인 효용성"은 이미 달성되었다. 다음 목적지는 2015년 나파 회의 참가자들이 "생물학과 유전학의 새로운 시대가 시작되는 시점"에 "인간과 비인간 게놈을 변형할 수 있는 놀라운 잠재력"이라고 표현한 것이었다.

당시 나파 회의 참가자들은 이러한 기술의 실질적이고 잠재적인 이점을 인식하고, 아실로마 회의에 참가했던 선배들처럼 인간 게놈 조작의 위험성과 이익에 대해 '공개 토론'을 요구했다. 이들은 이 토론에 "과학자, 의사, 사회과학자, 일반 대중, 관련 공공기관 및 이익단체로 구성된 폭넓은 사람들"이 참여해야 한다고 주장했다. 나파 회의 참가자들은 "이런 활동을 허용하는 느슨한 국가조차도 생식세포의 게놈을 변형해 인간에게 임상적으로 적용하려는 시도에 강력하게 반대하며, 과학계와 정부 기관이 함께 이 활동의 사회적, 환경적, 윤리적 영향을 논의해야 한다"고 강조했다. 그러면서도 "이 기술을 책임감 있게 사용할 방법"을 모색할 여지를 남겼다.

이들은 다음 단계로 "전 세계를 대표하는 게놈 공학 기술 개발자와 사용자, 유전학·법률·생명윤리 전문가, 과학계 구성원, 대중,

관련 정부 기관 및 이익 단체로 구성된 그룹"을 소집하여 "이와 관련된 중요한 문제를 더 깊이 검토하고 필요 시 정책을 제안하라"고 촉구했다.[3]

그 후 수많은 공개 및 비공개 회의가 열렸고 보고서가 쏟아졌다. 2017년 미국 국립 과학·공학·의학 아카데미 정상회의에서 발표된 합의 보고서는 이런 신기술이 언젠가 제공할 잠재적 이점과 그로 인한 심각한 위험을 균형 있게 조정할 수 있는, 유전되는 인간 게놈 편집의 합리적인 방향을 제시하고자 했다. 이 보고서가 발표된 날, 미국 국립 아카데미 웹사이트의 배너에는 "유전되는 인간 게놈 편집은 엄격한 감독하에 심각한 질환에 적용할 수 있다"라는 헤드라인이 떴다.

알타 차로Alta Charo를 비롯한 보고서 저자들은 이것이 결코 청신호가 아니라는 점을 분명히 하고 싶어 했다. 이들은 나중에 WHO의 인간 게놈 편집 전문가 자문위원회 위원으로 중요한 역할을 하게 된다. 이들은 보고서에 "유전되는 게놈 편집을 이용한 임상시험은 다음과 같은 기준과 구조를 포함한 규제 체계 내에서 수행되는 경우에만 허용되어야 한다"라고 적었다.

- 합리적인 대안이 없는 경우
- 심각한 질병을 예방하기 위한 제한적 용도일 경우
- 질병을 유발하거나 그 원인을 제공할 것으로 확실히 입증된 유전자 편집으로만 제한하는 경우
- 그러한 유전자를, 인구 전반에 퍼져 있고 부작용이 발생할 증거가

거의 혹은 전혀 없이 일반적인 건강과 관련이 있는 버전으로 변환
하는 것으로 제한하는 경우. 그리고 절차적 위험 및 건강상 잠재
적 이점에 대한 신뢰할 수 있는 전前 임상 및 임상 데이터를 활용
할 수 있는 경우

- 임상시험 도중 시술이 피실험자의 건강과 안전에 미치는 영향을 지
  속적이고 엄격하게 감독하는 경우
- 개인의 자율성을 존중하면서 장기적이고 여러 세대를 걸친 후속 조
  치를 진행하는 종합적인 계획이 수립된 경우
- 피실험자의 개인정보 보호에 부합하는 높은 투명성을 제공하는
  경우
- 대중의 폭넓은 참여와 의견을 참고하여 건강과 사회에 주는 이점과
  위험성을 지속적으로 재평가하는 경우
- 심각한 질병이나 그러한 상태를 예방하는 것 이외의 용도로 확장되
  는 것을 방지하는, 신뢰할 수 있는 감독 체계가 확립된 경우[4]

보고서 저자들은 또 이렇게 덧붙였다. "각 사회는 대중과 관련 규
제 당국의 의견을 고려하여 다양한 역사적·문화적·사회적 특성의
맥락에 따라 이러한 개념을 해석할 것이다." 그러나 이들은 이 다양
한 맥락이 얼마나 빨리 나타날지는 거의 예상하지 못했다.

그때나 지금이나 중국에서 과학을 바라보는 사회적 분위기는 미
국이나 유럽과 매우 달랐다. 중국은 공산주의 혁명 100주년인 2049
년까지 "과학기술을 적극적으로 발전시켜… 세계의 주요 과학 중심
지이자 혁신의 고지를 점하겠다"는 정부의 목표를 향해 앞만 보고

달리고 있다. 중국 지도자들은 이를 위해 지속적인 경제 성장, 군사력 강화, 과학 기반 확대, 유전학·생명공학·AI 같은 핵심 기술의 우위를 점해야 한다고 말한다.[5] 이를 달성하기 위해 정부는 해외에 있는 중국 과학자들을 불러들이기 위한 일련의 인센티브를 마련했다. 중국에는 최대한 책임감 있게 과학을 수행할 충분한 문화나 구조가 갖춰져 있지 않았지만, 그럼에도 특정 연구 분야에 자금을 대폭 지원하고 첨단 기술을 연구하는 과학자들이 위험을 감수하도록 암묵적으로 장려했다.

허젠쿠이는 더 밝은 미래를 약속받고 고향으로 돌아온 중국 과학자 중 한 명이었다. 역설적으로 조지 오웰의 《1984》와 같은 해인 1984년에 중국 후난성의 가난한 집안에서 태어난 그는 라이스대학교에서 박사 학위를 받고 스탠퍼드에서 박사 후 과정을 밟았다. 그의 말에 따르면, 그가 크리스퍼 기술로 중국 아기들의 게놈 편집에 뛰어든 이유는 이 아이들을 돕고 과학을 발전시키며 중국에 영광을 돌리기 위해서였다.[6]

그 과정에서 그는 역설적으로 미국 국립아카데미 보고서가 제시한 조건을, 초안 작성자들이 의도했던 황색신호가 아니라 앞으로 나아가라는 녹색신호로 해석했다. 그는 나중에 알타 차로에게 이렇게 말했다 "저는 모든 기준을 준수한 것 같습니다."[7]

2018년 11월 크리스퍼 기술로 첫 번째 아기가 태어났다는 발표는 세계적인 반향을 불러일으켰다. 내가 위원으로 참여한 인간 게놈 편집에 관한 WHO 자문위원회가 조직되는 등 더 많은 국제적 관심을 불러온 촉매제가 되기도 했다. 우리 위원회는 2년 이상 열심히 활동한 끝에 2021년 7월에 보고서를 발표했다.

나는 이 보고서가 타당한 권고 사항을 담은 훌륭한 보고서라고 생각했다. 우리는 보도 자료를 발표하고 미디어 행사를 주최했다. 또한 투명성, 포용성, 책임감 있는 과학 분야 관리, 공정성, 사회 정의 등 앞으로 모든 노력을 뒷받침해야 한다고 생각되는 핵심 원칙을 분명히 했다. 그 외에 대중의 참여와 협의의 필요성, 의미 있는 국내외 관리체계 및 규제의 중요성을 강조하며, WHO가 취할 수 있는 의미 있는 조치에 대한 일련의 구체적인 권고안을 제시했다.

그러나 인류 역사상 개발된 가장 강력한 도구 중 하나를 현명하게 사용하도록 가장 튼튼한 기반을 마련하는 게 우리의 사명이라면 우리는 아직도 그 목표를 이루지 못했다. 우리는 열심히 일했지만, 보고서를 발표하는 것은 절벽 끝까지 걸어가 거센 바람 속에 종이를 던지며 소리치는 것 같은 기분이었다. 그럼에도 이 보고서는 WHO에서 몇 가지 중요한 조치를 이끌어 낼 수 있고 일부 과학자와 기업이 원래 시도하려던 일을 단념하게 만들 수도 있다. 이런 신기술을 사용한 인간 실험의 한계에 대해서 서서히 규범을 확립하는 데 기여할 수 있다. 관련 보고서는 점점 쌓여 갔지만 근본적인 방정식을 바꾸지는 못했다. 그럴 수도 없었다. 우리 세계는 그런 변화를 받아들일 준비가 되어 있지 않았기 때문이다.

마찬가지로 코로나19 팬데믹 이전에도 팬데믹 예방과 생물학적 보안에 관한 보고서가 수없이 작성되었지만 대부분 무시당했다. 그러나 전염병 발생 이후에는 곧 우한 바이러스 연구소에서 진행한 관련 연구가 직접적인 원인이었는지, 또 파괴적인 팬데믹을 막기 위해 우리가 충분히 노력했는지에 대한 의문이 제기되었다.

하지만 이러한 규모의 위기만으로 향후 팬데믹의 위협을 의미 있게 줄이기 위해 조치를 취할 정도는 아니었다. 랜싯 코로나19 위원회, WHO가 후원하는 팬데믹 대비 및 대응 독립 패널, 민간 코로나 위기 그룹 등 수많은 위원회에서 보고서와 권고 사항이 쏟아졌다. 그러나 고위험 바이러스학 연구나 합성생물학 구조 생성을 규제하는 구속력 있는 국제 규정은 여전히 미비한 상황이다. 고위험 바이러스 연구소가 전 세계 주요 인구 밀집 지역에 널리 세워지고, 야생동물 사육 및 거래에 관한 국제적 규제도 미흡하다. 살아 있는 동물을 판매하는 재래시장은 대부분 평소와 다름없이 영업을 이어가고 있으며, 야생동물과 가축을 점점 더 근접 거리에서 사육하게 만드는 삼림 벌채는 공격적으로 진행 중이다. 일부 개별 국가에서는 공공 대비 및 대응 시스템을 개선했다. 하지만 점점 더 상호 연결되고 의존적인 세상에서 가장 취약한 사람들이 안전하지 못하면 우리도 안전하지 못하므로 이 정도 진전은 결코 충분하지 않다.

팬데믹의 교훈은 우리 운명이 서로 연결되어 있다는 것이다. 그러나 많은 사람이 이 교훈을 귀여겨듣지 못했다. 더 안전하고 나은 미래를 위해 그리고 놀라운 새 능력이 가능한 한 이익을 극대화하고 피해를 최소화하도록 우리는 이 교훈을 깊이 새겨야 한다.

생명을 재구성하는 인간 능력의 발전을 나무의 핵심이라고 하면, 이 책에서 우리가 살펴본 다양한 분야는 가지로 볼 수 있다. 의료 분야가 한 가지라면 식물 재배, 축산업, 첨단 소재, 바이오 제조업, 바이오연료, DNA 컴퓨팅 및 데이터 스토리지, 합성생물학은 다른 가지에 해당한다.

각 가지마다 선의를 가진 사람들로 구성된 커뮤니티가 존재한다. 이들은 최선책을 찾기 위해 노력하고, 연구자와 위원회, 옹호 단체는 이 중 한두 가지 방법을 시행한다. 국회의원은 청문회를 열고, 국가 규제 기관은 지침을 발표하며, 외교관은 일반적으로 구속력이 없고 거의 항상 강제력이 없는 국제 협약을 논의한다. 각 분야에서는 이 문제를 더 잘 해결하기 위한 명확한 전략이 담긴 훌륭한 보고서들이 계속해서 늘어난다. 일부 분야는 다른 분야보다 더 빨리 발전한다. 모든 분야는 매우 중요하고 이것은 진전이라 할 수 있다. 문제는 개별 문제들 중 어떤 것도 해결이 녹록지 않다는 것이다. 우리가 이러한 범주의 문제 전체를 해결할 수 있도록 최적화된 세상에 살고 있지 않기 때문이다.

우리의 신과 같은 기술이 모두를 위한 더 안전하고 더 나은 세상을 구축하는 데 활용될 확률을 높이고 의도하지 않은 재난이 발생할 확률을 줄이려면 우리 인간은 개인뿐 아니라 공동체 차원에서도 더 큰 근본적인 문제를 해결해야 한다. 다시 말해 각 가지를 건강하게 유지하기 위해 할 수 있는 모든 것을 하면서 가능한 한 가장 강력한 나무로 키우는 데 훨씬 더 많은 에너지를 투자해야 한다.

당신의 선택이 인류의 진로를 바꾼다

코로나19 팬데믹은 과학 지식과 기술 역량이 전 세계적으로 빠르게 확산될 때 발생할 수 있는 위험을 보여 주었을지 모른다. 그렇다고 이 경험에서 얻은 교훈이 과학기술 지식과 역량의 분산화를 중단해야 한다는 의미여서는 안 된다(비록 팬데믹이 우한에서 일어난 연구소 관련 사고에서 비롯된 것이라고 확실히 입증되더라도 그렇다). 이 기술이 꼭 필요한 현 상황에서 더 안전하고 살기 좋고 지속 가능한 미래를 구축할 잠재력에 광범위한 제동을 거는 행위는 별 의미가 없다. 마찬가지로 위험을 고려하지 않고 무작정 앞으로 나아가는 것도 좋은 방법은 아니다.

과학의 발전을 중단하는 것이 불가능하거나 바람직하지 않다면 그 다음에 반드시 이어져야 할 단계는 능력을 현명하게 사용하는 것에 모든 에너지를 쏟는 것이다. 그러려면 안전한 미래를 밑바닥부터 차근차근 하나씩 쌓아 나가야 한다.

517쪽의 그림은 내가 생각한 개념을 시각적으로 간단히 나타낸 것이다.

이 피라미드의 기초는 개인에서 시작된다.

이 시점에 돌이켜 보면 1975년 아실로마 콘퍼런스의 문제는 피라미드의 맨 밑에서 두 단계 위, 즉 가치와 원칙을 표명하는 전문가 수준에서 프로세스를 시작했다는 점이다. 사실 선택의 여지가 거의 없었다. 1975년 사람들 대부분은 재조합 DNA에 대해 들어 본 적이 없었고, 설사 가상의 미래를 소개하는 자리가 있었더라도 거의 관심이 없었을 것이다. 인터넷은 존재하지 않았고, 복잡한 주제로 대규모 토론을 한다는 것은 현재보다 훨씬 큰 도전이었다. 그런 상황에서 140명이나 아실로마에 모였다는 것도 대단한 일이었다.

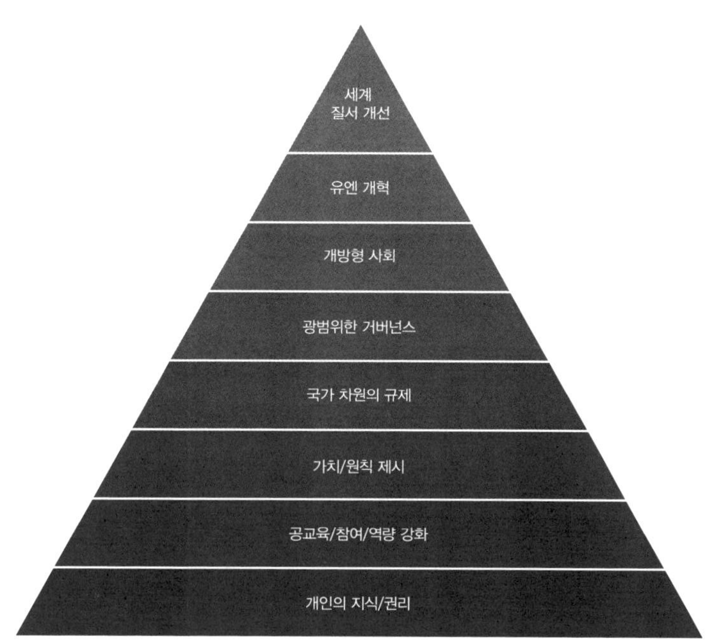

이 피라미드의 기초는 개인에서 시작된다.

그러나 우리는 오늘날 의사소통 수단과 의견을 공유하는 능력이 긍정적이든 부정적이든 빠르게 확장되는 세상에 살고 있다. 부정적인 측면은 이 새로운 현실이 거대한 음모론을 부추겼고, 일부 정부와 악의적인 사람들이 민주 사회를 약화시키고 허위 정보를 퍼트리는 데 일조했다는 것이다.[8] 소셜 미디어는 미얀마와 에티오피아 같은 곳에서 끔찍한 학대를 조장했고, 미국, 브라질, 프랑스의 수도를 공격하도는 분위기를 조성했다.[9]

긍정적인 측면은, 전 세계 수십억 명이 대화에 참여할 수 있게 되면서 우리가 하나로 모일 수 있었다는 점이다. 그러나 이 능력은 반대로 우리를 분열시킬 수도 있다. 소셜 미디어가 처음 등장한 뒤로

25년 동안 이 시스템은 어떻게 불신을 조장할 수 있는지 증명했다. 최악의 결과는 소셜 미디어의 특성이 불가피하게 나타난 것이라기보다 개별 기업의 구체적인 결정과 특히 미국 정부 같은 개별 국가의 규제와 직접적으로 관련된다. 이들이 다른 결정을 했다면 그 결과, 아마도 훨씬 더 긍정적인 결과를 낳을 수 있는 잠재력으로 이어졌을 것이다. 그러나 사람들을 의미 있는 방식으로 참여시키는 것은 소셜 미디어의 알고리즘에서 시작하지 않는다. 시작은 사람이다.

80억 명이 사는 세상에 대해 이야기할 때 이 숫자는 다소 추상적으로 들릴 수 있다. 하지만 이 80억 명의 사람은 그저 수많은 나와 너로 이루어진 개인들일 뿐이다. 우리 각자는 스스로 공부하고, 삶을 변화시킬 새로운 역량으로 우리를 이끌어 주기를 원하는 가치가 무엇인지 더 깊이 생각할 책임이 있다. 미래에 올 것과 관련한 중요한 대화에 정보를 갖추고 참여하며, 각계각층의 지도자들에게 방향을 제시하고 필요할 때는 책임을 묻는 시민으로 행동해야 할 책무도 있다.

우리의 모든 기술은 이 기술이 있게 한 과거 모든 혁신의 피라미드 꼭대기에 있고, 그것이 기여할 미래의 또 다른 피라미드의 바닥에 있다. 우리, 우리의 삶, 우리의 아이디어도 이와 다르지 않을 것이다. 현재 우리는 과거의 지식과 문화 발전을 기반으로 한 피라미드의 꼭대기에 있고 미래의 피라미드에서는 바닥에 있다.

이런 중요한 사실을 인식한다면, 우리의 소비, 의료, 건강관리, 사회 및 정치적 결정이 세상을 더 나은 곳으로 만들거나 더 나쁜 곳으로 만들 잠재력이 있다는 것을 깨닫는 데 도움이 된다. 이 결정은 개별적으로는 사소해 보여도 집단적으로는 큰 변화를 일으킬 저력이 있기 때문이다.

때로는 개인의 선택과 광범위한 세계적 추세 사이에서 둘의 관계를 생각하기가 다소 부담스러울 수 있다. 플라스틱 빨대 하나를 덜 사용한다고 해서 바다를 구하는 데 큰 도움이 되지는 않는다. 플라스틱 빨대 자체를 없애도 결과는 비슷할 것이다. 그러나 개인, 그보다 큰 공동체, 세계는 궁극적으로 다르게 생각하고 행동할 것이다. 일회용 합성 플라스틱 사용을 줄이는 것 같은 더 큰 문제의 개별적인 부분을 해결하려는 노력이 중요하지 않다는 말이 아니다. 이것도 물론 중요하다. 기후변화와 같은 긴급한 문제를 언급하는 것이 중요하지 않다는 말도 아니다. 그러나 우리의 다양한 노력은 전 세계가 집단행동에 나서야 할 문제와 그와 관련된 가장 중요한 개별 현상 모두를 해결하기 위한 더 넓은 비전과 전략으로 연결되어야 한다.

플라스틱 빨대를 덜 사용하는 개인의 선택이 큰 변화를 낳지는 않겠지만, 연쇄적인 새로운 행동을 불러일으키는 확산력 있는 아이디어들은 변화를 유도할 것이다. 개인, 지역사회, 기업, 국가 그리고 세계 수준에서 우리의 개별 결정을 더 넓고 긍정적인 목표와 연결할수록 단순한 보여 주기식 행동은 큰 의미가 없다. 그리고 우리의 가치관을 중심으로 공동체를 형성하고 더 광범위한 생활 방식, 소비, 구매, 투자, 정치적 결정을 연결하는 것이 중요하다는 사실을 깨닫게 될 것이다. 또한 우리의 이상을 중심으로 더 크고 넓은 목표 중심의 연합을 형성할수록 더 큰 영향력을 미칠 수 있는 잠재력이 있음을 알게 될 것이다.

우리는 농업 사회에서 산업화 사회로 이동했다. 다양한 사람들이

보다 광범위한 이념, 역사, 진화적 추세에 따라 수많은 혁신을 이루고 이익이 되는 방향으로 결정을 내리며 여기까지 왔다. 현재 사회가 더 건강하고 지속 가능한 미래로 나아가려면 개인적인 결정과 행동을 더 광범위한 아이디어에 연결해야 한다. 이 아이디어는 우리가 가고 싶은 곳과 거기에 도달하기 위해 의식적으로 진화하고 개발해야 할 시스템에 대한 것이다.

인간의 지능과 생물학 설계 능력은 우리 종의 미래에 핵심적인 역할을 하게 될 것이다. 따라서 이 능력을 어떻게 사용하고 사용하면 안 되는지, 어떤 목적으로 사용해야 하는지 결정하는 행동에는 책임이 따를 것이다. 사회는 점점 분산되고 있으므로 아무리 뛰어난 과학자, 기업 지도자, 정부 관료라 할지라도 독단적으로 큰 결정을 내리는 것은 매우 위험하고 자멸적인 행위다. 우리 모두 또는 가능한 한 많은 사람이 의미 있는 역할을 하는 것이 훨씬 바람직하다. 그러려면 누가 발언권을 갖고 권한이 있는 자리에 앉을 수 있는지 그 범위를 더 넓혀야 한다.

더 나은 공동체의 미래를 구축하는 노력에 일부 사람들을 배제하는 것은, 배제된 이들에게만 나쁜 게 아니라 잠재적으로는 모든 사람에게 큰 문제가 될 수 있다.

역사적으로 지구상 80억 인구 중 70억 명이 어떤 형태로든 문해력이 있다는 사실은 매우 놀랍다. 그러나 나머지 10억 명이 문맹이라는 사실 역시 비극적이다. 미국에서는 성인의 79퍼센트가 글을 읽고 쓸 수 있지만 놀랍게도 21퍼센트는 그렇지 못하다. 가장 강력하고 변혁적인 기술의 미래를 탐구할 때 아실로마 회의 같은 매우 포용적인 프로세스를 피라미드의 기초에 두려면, 교육과 자율권이라는 기본적인 도구가 개별 국가와 전 세계에 균등하게 분배되어 있어야 한다.

우리는 전 세계 인구가 적어도 21세기 후반까지는 계속 증가할 거라는 사실을 이미 잘 알고 있다. 또한 우리의 도구가 다가올 몇 년, 몇십 년, 몇백 년 이후 기하급수적으로 발전할 것도 이미 알고 있다. 그러나 물질적, 교육적, 사회적 자원에 접근하여 전 세계 정보와 혁신 경제에 온전히 참여할 수 있는 인구 비율이 일정하게 유지된다면, 2080년에는 104억 명(추정치) 중 약 90억 명이 우리의 집단 발전에 기여할 수 있는 완전한 역량을 갖추게 될 것이다.

90억도 정말 많은 수이지만 여기에서 소외된 우리의 동료 14억 명도 적지 않은 수다. 자신이 속한 사회나 국가에서 온전한 권한을 부여하는 정치, 사회, 경제적 자원에 접근할 수 없는 수많은 사람들은 말할 것도 없다. 포용과 권한 강화의 수준이 100퍼센트에 가까워질수록 혁신 속도는 더 빨라질 것이고 결국 모두에게 큰 이익을 안겨 줄 것이다.

우리는 우리가 만든 AI 시스템보다 더 잘할 수 있는 능력, 다르게 할 수 있는 능력을 계속해서 찾아 나가야 한다. 이런 사실은 오히려 우리 모두가 인류의 집단적인 힘을 전부 사용하게 만들 것이다. 모든 사람이 개인과 집단에 좋은 미래를 만드는 데 크게 기여할 수 있는 세상에 살고 싶다면 이런 세상을 만들면 된다.

그 수가 얼마가 되었든, 새로운 권한을 부여받은 수십억 명은 아마도 이 책을 읽고 있는 일반적인 사람의 소비 패턴과 유사한 삶을 살고 싶어 할 것이다. 많은 빈곤층이 더 부유해지길 원하고, 가난한 국가의 사람들은 더 부유한 나라로 가기 위해 여러 가지 위험을 감수한다. 그러므로 사람들에게 정말 원하는 것을 포기하라는 요구는 실패로 가는 지름길이다.

지금 와서 우리가 경제 발전과 성장이 덜되고, 건강과 의료 시스템이 낙후하고, 좋아하는 음식이 적고, 기술이 덜 발달하고, 에너지양이 적고, 컴퓨터 처리 기술이 부실하고, 데이터 스토리지가 부족한 미래로 간다는 생각은 비합리적이다. 너무나 많은 사람들이 더 많은 것을 갈망하며 삶의 대부분을 보낸다. 그러면 우리 과제는 목표를 어떤 식으로 정의하든 원하는 것을 달성할 방법을 찾는 것이다. 다만 지금보다 더 지속 가능하고 포용적이며 자멸적이지 않은 방식이어야 한다. 이때 모든 사람이 함께 참여해서 노력하고 역량을 발휘해야 한다.

그러나 현대의 도구나 자원에 접근하기 어려운 사람들에게 필수 정보를 전달할 목적으로만 이들을 참여시킨다면 우리 노력은 시작도 하기 전에 허사가 될지 모른다. 그보다는 모든 사람이 서로에게 배우고 의견을 말하고 들을 수 있는 포럼을 만드는 것이 중요하다. 이곳에서 각자가 가진 정보와 지혜를 공유함으로써 이런 상호작용은 결국 모든 사람에게 더 나은 결과를 안겨 줄 것이다. 이러한 의미 있고 다각적인 대중 참여가 제대로만 이루어진다면 우리의 모든 노력에 더 큰 신뢰성과 정당성을 부여할 것이다.[10]

덴마크와 영국 같은 국가와 게놈 편집에 관한 세계시민총회Global Citizens' Assembly on Genome Editing, 합성생물학 프로젝트Synthetic Biology Project,

인도적 기술센터Center for Humane Technology, 유전체학 및 건강을 위한 국제연합Global Alliance for Genomics and Health, 선을 위한 AIAI for Good, AI 파트너십Partnership on AI을 비롯한 기타 기관들은 복잡한 과학 및 사회 문제에 더 많은 대중이 참여할 수 있는 모델을 선구적으로 개척하는 중이다. 이 모델은 새롭고 창의적인 방식으로 복제되고 확장될 잠재력이 있다. 탈중앙화 자율조직DAO 같은 도구는 블록체인에서 자체 실행되는 프로그램을 기반으로 서로 다른 그룹의 사람들이 협업하도록 도와준다. 이 도구 덕분에 공개적인 대화, 협력, 의사결정이 더 활발하게 일어날 수 있다.

이런 종류의 프로세스는 우리가 미래로 나아갈 때 길잡이가 될 가치와 원칙을 명확히 하는 데 도움이 된다. 물론 이 정도 수준의 대중 참여와 포용은 불가능해 보일 정도로 야심 차거나 무의미하게 느껴질 수도 있다. 하지만 모든 사람은 기본권을 가지고 태어났다는 것, 노예 제도와 영아 살해는 잘못된 행동이라는 것, 세계를 여러 국가로 조직하는 것, 핵무기 사용이나 인신공양은 안 된다는 것 등 우리가 현재 공리라고 믿는 많은 원칙이 얼마 전까지만 해도 많은 이들이 그렇게 생각하지 않았던 집단적 문화의 결과물이라는 사실을 기억하자. 우리는 '상상 속 공동체'의 세상에 살고 있다. 이곳에서는 사회 조직의 가장 기본적인 형태조차도 생물학에 뿌리를 둔 경우가 많다. 하지만 동시에 강력한 사회적 기반을 갖추고 있으며 놀랍게도 최근에 형성된 것이다.

이런 세상을 이끄는 기본 원칙은 다양성을 깊이 존중하는 마음을 갖는 것이다.

우리는 흔히 다양성을 직장이나 학교, 대학교가 공동체의 폭넓음을 반영하도록 하는 방법으로만 생각한다. 물론 이런 다양성의 개념도 도움이 되지만 우리 삶과 인생의 다양성처럼 심오한 의미를 모두 담지는 못한다.

생물학적 관점에서 보는 다양성은 다윈주의 진화를 이끄는 무작위적 돌연변이다. 우리 각각이 다른 사람들과 다르다는 사실은 진화에서 결함이 아닌 특징이다. 진화의 압박에 노출되면 이런 차이점들이 환경 변화에 집단적으로 대응할 수 있는 원동력이 된다. 앞으로 어떤 변화가 다가올지 알 수 없기 때문에 인구 다양성이 증가할수록 회복력과 생존 확률이 커진다.

오늘날 우리는 어느 순간 자신과 주변 세계의 진화에서 여러 부분을 조절할 수 있는 능력이 생겼다. 전체 생태계를 재구성하고, 새로운 지능과 변형된 생명체를 만들어 낼 도구도 갖게 되었다. 이러한 힘으로 우리는 이미 옥수수, 쌀, 밀, 소, 돼지, 개, 고양이, 닭 등 특정 형태의 길들인 동식물 종 가운데 어떤 종류가 번성하고 어떤 종류가 다른 여러 야생 동식물처럼 멸종될지 결정해 왔다.

그러나 인간을 포함한 모든 생명체 중에서 지금은 약해 보이는 돌연변이가 예측할 수 없는 미래의 어느 시점에서는 우리의 생존 열쇠가 될지도 모른다. 우리가 무심코 파괴하는 복잡한 생물 생태계의 다양성이 어쩌면 미래에는 구원의 열쇠가 될 수도 있다. 거의 40억 년을 거치며 인류와 다른 생물에 내재한 일부 다양성은 생명을 조작하는 능력이 향상됨에 따라 앞으로는 타고난 것이 아닌 선택의 결과로 여겨지게 될 것이다.

많은 부모가 자녀에 대해 하는 결정은 대부분 미래에 더 훌륭한 사람이 될 가능성을 전제로 한다. 과학자, 기업, 농부들은 지금 유리하다고 생각되는 어떤 특성을 감안해 조작된 식물이나 동물을 기른다. 이렇게 하는 이유는 쉽게 이해할 수 있다. 그러나 이렇게 합리적이라 생각되는 개개인의 결정이 합쳐져 전체 종이나 생태계 전반의 유전적 다양성, 회복성, 나아가 궁극적 생존 가능성을 감소시킨다면 어떻게 될까?

한 사회 내부와 여러 사회에 존재하는 다양성은 인간의 가장 큰 강점이지만, 동시에 공통 과제를 처리하기 더 어렵게 만드는 요소이기도 하다. 모든 국가와 사회는 하나의 생태계이며, 다양한 아이디어, 전통, 문화, 성향들이 건강한 돌연변이를 만들어 내는 원동력이자 끊임없는 경쟁을 독려하는 원동력이다. 최첨단 기술은 잠재적으로 사람과 집단이 자신이 어디에 위치해 있는지 바라보는 관점을 흔든다. 그러므로 이런 다양성을 관리하지 않으면(설사 관리한다 해도) 실존적으로 분열될 수 있고, 관리조차 하지 않는다면 최악의 결과가 생길지 모른다.

유전학, 생명공학, AI 혁명이 융합하면서 제공하는 새로운 능력은 계속해서 우리 자신과 주변 세계의 다양성을 어떤 식으로 얼마나 소중히 생각하는지 결정하라고 요구할 것이다. 그러므로 우리는 우리 몸과 환경에 사는 미생물, 우리가 낳은 아이들, 주변의 동식물, 우리가 집이라고 부르는 생물권의 다양성을 훨씬 더 깊이 더 소중히 여기는 법을 배워야 한다. 이것은 정말 쉽지 않은 과제다.

공평함은 어떤 사람들에게는 단순한 구호처럼 들릴 수 있지만 최적의 길로 나아가기 위한 기초적인 단어이기도 하다. 모든 기술은 모든 사람에게, 모든 곳에서, 동시에 제공되는 것이 아니다. 기술은 언제나 확산 과정을 거치고, 치열한 경쟁 속에서 종종 승자와 패자가 결정되는 어려운 과정이다.

기술 확산에는 보다 온건한 이야기도 존재한다. 1994년 미국에서는 소수의 부유층만이 스마트폰을 가지고 있었지만, 현재는 전 세계적으로 약 70억 명이 스마트폰을 사용한다. 1928년 항생제가 발명된 후 비교적 소수의 사람만이 이 약품을 이용할 수 있었다. 현재는 너무 많은 사람이 생명을 구하는 이 약에 접근할 수 있게 되어 오히려 오남용 문제가 대두되고 있다. 모든 문화는 사실상 문화적 차용cultural appropriation의 결과물이다.

기술은 항상 불균등하게 퍼지기 때문에 시간이 지나면서 최대한 공평하게 확산되도록 하고, 초기에 이런 기술에 접근한 사람들이 그 이점을 이용해 다른 이들을 억압하지 않게 하는 것이 우리 책임이다. 이런 행동은 자선이 아니라 궁극적으로 우리를 위해서 하는 것이다. 자칫 잘못하면 미래 세상이 마치 스테로이드를 맞은 선수와 경기하는 것처럼 불공평하게 변할 수 있기 때문이다. 이런 세상에서는 부유한 사람들이 가난한 이들보다 훨씬 더 오래 건강하게 살 수 있는 수단에 쉽게 접근하고, 소수의 권력자들이 다른 모든 사람의 미래와 다른 모든 것의 미래를 좌우하는 큰 결정을 내리면서 새로운 기술과 관련된 혜택을 대부분 가져간다.

기술이 더 강력해지고 기술과 관련된 결정의 결과가 더 큰 영향을 미칠수록 가난하고 혜택을 제대로 받지 못하는 사람들은 다른 사람들이 자신의 삶에 깊은 영향을 주는 결정을 그냥 두고 보지 않을 것이다. 어쩌면 이들에게는 다른 선택의 여지가 없어서 한동안 갈등 상황이 이어질지도 모른다.

부자로 태어난 사람과 가난한 사람 간에 치열한 대립이 벌어지는 세상은 수 세대 동안 공상과학 소설의 주제로 인기가 많았다. H. G. 웰스는 1895년 소설 《타임머신》에서 편안한 삶을 사는 상류층 엘로이와 생계를 위해 노예처럼 일하며 지하 세계에 사는 몰록에 관한 이야기를 풀어냈다.

어떤 사람들은 1997년 영화 〈가타카〉Gattaca에 나오는 것처럼 자신이 특별한 능력을 부여받아서 이런 특권을 누린다고 생각할 수도 있다. 이 문제는 현재 사람들이 인식하는 것보다 더 복잡하다. 이 영화의 주인공은 우주여행에 최적화되지 않은 유전자를 타고났지만 계략을 써서 이 임무에 참여한다. 사실 우주선에는 우주에서 생활하기에 유전적으로 최적화된 사람만이 탈 수 있었다. 이 영화는 그의 존재가 동료들을 위험에 빠트릴 수 있었음에도 이것을 인간의 열망과 관련된 영웅적인 행동으로 묘사한다. 미래에는 실제로 특정 기능을 수행하는 데 유전적으로 최적화된 사람이 필요할지도 모른다. 장기간 우주에 거주하는 것이 그중 하나일 것이다.

이런 이야기의 결말은 대체로 둘 중 한 가지로 마무리되곤 한다. 하나는 지배 계층이 소외 계층을 더 강한 힘으로 억눌러서 현상 유지를 하는 것이고, 다른 하나는 소외 계층이 반란을 일으켜 세상이 무너지는 것이다. 이 중 어느 것도 우리에게는 좋은 선택지가 아니다. 그러므로 기술 혁명의 공평성에 대해 깊이 생각하고 적용하는 것이 우리 모두는 물론, 지금 가장 큰 혜택을 받는 사람들에게도 더 안전하고 나은 미래를 구축할 수 있는 필수적인 투자일 것이다.

우리가 다양성과 공평성을 말할 때 대부분의 사람들이 '우리와 그들의 경쟁'이라는 구도로 생각하지만 최대한의 잠재력을 발휘하기 위해서는 '우리'로 봐야 한다. 여기에서 '우리'란 모든 인간을 의미하며 점차 모든 생명으로 그 범위가 확장될 것이다.

이러한 가치를 지금 논하는 것은 매우 중요하다. 그 이유는 고대 항해사들이 천문항법을 보고 배를 몰았듯이 우리가 목표한 방향으로 나아가면서 바람의 방향에 따라 이리저리 방향을 바꿔야 할 때는 최소한 어디로 가는지에 대한 대략적인 감각은 반드시 있어야 하기 때문이다. 우리가 진보를 안내해 주는 가치 체계를 명확하게 표현하고 널리 알리는 포괄적인 행동을 하지 않는다면 결국 길을 잃을 것이다. 큰 문제가 발생했을 때 사람들에게 우리가 무엇을 성취하고 싶은지, 왜, 그리고 누구를 위해 성취하고 싶은지 명확하게 말할 수 없을 것이다.

물론 지금 상상하는 모든 것을 다 실현할 수는 없으며, 우리가 상상할 수 없는 수많은 기적이 일어날 수도 있다. 그러나 적어도 현재 상상하는 세상은 다음과 같다.

- 의료 시스템은 증상 중심의 질병 치료에서 진정한 예측 및 예방 의료 모델로 전환한다. 이 모델은 체외 인공수정한 배아가 생모에게 이식되기 전 자궁 내, 유아기, 생애 후기 등, 최적의 시기에 끔찍한 질병을 막는다.

- 병원균을 감시하는 글로벌 시스템이 치명적인 바이러스와 박테리아의 확산을 모니터링하면서 국제 대응 네트워크와 긴밀하게 협력한다. 이 네트워크는 우수한 공중보건 대응을 유도하고 매우 효과적인 백신과 치료제의 신속한 개발 및 배포를 촉진한다.

- 유전자 드라이브 기술을 사용하여 기존 생태계를 해치지 않으면서 말라리아 및 기타 매개체 유발 질병을 안전하게 퇴치하여 수백만 명의 목숨을 살린다.

- 더 많은 사람이 자신의 가치에 가장 잘 부합하는 식단, 생활 방식, 소비 패턴으로 변경하여 집단의 행복과 건강을 증진하는 데 도움이 되는 개인의 결정을 한다.

- 농업에서 혁신을 이루어 더 적은 토지와 투입물로도 더 많은 농작물을 재배하고, 더 많은 사람에게 에너지와 물, 식량을 공급하지만 탄소 배출량은 훨씬 적다. 또한 기후 때문에 어려움을 겪는 세계 여러 곳의 사람들이 생계를 유지하며 살아간다.

- 세포 배양 동물성 제품이 발전하여 현재 매년 도축되는 730억 마리와 비슷한 수만큼 죽이지 않고도 세계적으로 증가하는 인구에게 원하는 만큼의 동물성 제품을 제공한다.

- 정밀 발효와 기타 합성생물학 도구로 생물학적 종자를 산업 재료로 만드는 비율을 훨씬 높여서 경제를 탄탄히 하고 성장하는 데 사용한다. 기존의 자원 추출량이 감소하여 지속 가능하고 생산적인 산업 환경을 만든다.

- 장기 데이터를 저장하여 수백만 년 동안 인류의 문화유산을 더 잘 보호하고 미래 세대를 위한 문화 보험 정책이 만들어진다. 인간과

AI의 창의성이 교차하는 지점에서 새로운 혁신이 일어날 가능성
이 더 커진다.

- 동물성 제품과 산업 원자재를 조달하는 방식이 바뀌면서 현재 농업
과 산업에 사용되는 토지의 상당 부분이 다른 용도로 변경된다. 이
곳은 대규모로 삼림이 복원되고 야생으로 돌아간다.

- 생명과학 관련 역량은 인간과 다른 종들이 기후변화, 전염병 및 기
타 위협에서 살아남을 수 있도록 돕는다.

- 다양한 배경의 사람은 물론 정부, 국제기관, 시민 단체 등 모두가
지속 가능한 미래를 만들기 위해 노력한다.

- 우리의 신과 같은 기술은 모든 인류와 생명체를 위해 더 살기 좋고
지속 가능한 미래를 만들기 위해 활용된다.

- 우주와 다른 행성에서 인간의 장기적인 생존 가능성을 보장하기 위
해 새로운 능력을 사용하여 인간을 생물학적으로 설계한다.

원하는 미래는 저절로 이루어지지 않기 때문에 긍정적인 비전에
집중하는 것이 중요하다. 소로가 말한 공중누각처럼 우리가 달성하
고자 하는 목표에 대한 감각이 있어야 모든 면에서 이를 뒷받침하는
토대를 구축할 수 있다. 그러기 위해서는 기초 과학에 대규모로 투
자하고, 생태계와 신산업을 혁신하며, 대담하면서도 사려 깊고 포용
적인 전략을 개발하고, 대중의 참여, 홍보, 통합 관리와 규제를 대폭
강화하는 등의 노력이 필요하다.

그러나 현재 잠재된 단점은 인정하지 않은 채 긍정적인 희망에만
초점을 맞추는 행위 또한 비극적인 오류를 범하는 것이다. 과학, 상

상력, 희망을 한곳에 섞어 놓으면 유토피아적이라고 할 수 있는 낙관적 전망에 쉽게 도달할 수 있다. 그러나 이 조합에 불통, 탐욕, 인간의 악덕을 더하거나 단순히 맹목적인 낙관주의만 있다면 훨씬 더 나쁜 결과가 나타난다는 것도 쉽게 상상할 수 있다. 디스토피아적인 악몽에서는 다음과 같은 세상이 나타날 수 있다.

- 기술에 지나치게 의존하여 의료 시스템은 비인간화되고 있으며 인간들 사이의 친밀한 상호작용이 건강과 행복을 증진하는 데 중요한 역할을 한다는 사실을 점차 잊어 간다.
- 생식 과정에 첨단 기술이 적용되면서 미래 세대는 도구 같은 존재가 되어 가고 인간이 진화를 안전하게 이끌 수 있다는 믿음이 생기면서 점차 인간의 회복력은 감소한다.
- 전 세계 사람들이 유전적 차별을 당하여 의료, 고용, 보험에서 동등한 기회를 얻지 못한다.
- 인간은 합성생물학으로 조작된 일련의 병원체들로 황폐화되었다. 선의의 연구 중 우연히 만들어진 이 병원체들은 인간의 공격을 피하면서 최대한 큰 피해를 주도록 설계되었다.
- 인간은 유전자 변형 작물에 지나치게 의존한다. 이런 작물들은 진화의 압력을 제대로 견디지 못하며 주 식량의 다양성과 회복력을 감소시킨다.
- 유전학, 생명공학, AI 혁명의 도구는 정치적 목적을 달성하기 위해 무기화되고 있다.
- 생명과학 혁명의 혜택이 아주 불공평하게 분배되어 가진 자와 그

렇지 못한 자와의 격차가 더욱 심해진다. 결국 국내외 사회 및 정치 질서는 심각하게 훼손된다.

- 합성생물학 혁명의 능력은 위험한 군비 경쟁을 부추겨서 장기적인 안보를 위협한다.
- 인간이 네안데르탈인이나 데니소바인과 같은 유사 종과 경쟁해서 살아남은 것처럼 AI 시스템도 인간과 일치하지 않는 목표를 가지고 독자적인 기관을 개발하여 인간을 능가할 수 있게 된다.
- 인간은 신과 같은 힘을 이용해 생명체를 조작한다. 이 방식은 인간을 포함한 모든 종이 의존하는 생태계를 압도하여 의도치 않게 파괴한다.

첫 번째 목록과 두 번째 목록 중에서 어떤 것을 선호해야 하는지는 고민할 필요도 없을 것이다. 우선 우리가 원하는 결과가 나오도록 환경을 최적화하는 과정에서 아주 거슬리는 단어가 있는데 그건 바로 '거버넌스'다. 매우 지루하게 느껴질 만큼 이 단어를 많이 들어봤을 것이다. 하지만 원하는 것과 원하지 않는 것에 대한 기준을 설정하고, 좋은 것을 장려하되 나쁜 것은 억제하는 인센티브를 마련하는 일은 미래를 위해 매우 중요하다.

생명과 데이터의 시대, 국경 너머의 권력 전쟁

나는 뉴욕 어퍼 이스트사이드에 살고 있다. 집에서 3킬로미터 떨어진 곳에 유엔 본부가 있는데 뛰어서 15분밖에 걸리지 않는다.

이 건물은 국제 협력과 유엔 헌장 원칙을 중심으로 조직된 새로운 세계 질서에 대한 희망을 상징한다. 1948년에 세워진 커다란 유엔 건물을 바라보자면 어느새, AI와 설계 생물학의 새로운 시대와 관련된 문제를 포함한 여러 큰 국제 과제를 해결할 수 있는 세계 질서가 존재하고 이 건물이 그 본부가 될 것이라는 생각이 든다. 그러나 웅장한 건물과 회의실, 진지하고 결의에 찬 표정으로 오가는 사람들의 모습에도 불구하고, 이 조직은 우리가 상상하는 역할을 하지 못하고 있다.

대부분의 인류 역사를 살펴보면 고정되고 명확하게 구분된 주권 국가들이 비슷한 평등을 누리는 상황은 매우 이질적이다. 당시 국가는 존재하지 않았고 집단 사이에 형성된 모호한 경계는 힘의 균형이 바뀔 때마다 유동적이고 끊임없이 달라졌다.

시간이 지나면서 권력의 중심은 더욱 응축되었지만 다양한 유형의 정치 및 종교의 권력과 자주권을 주장하는 사람들은 남아 있었다. 1648년 30년 전쟁이 발발하자 유럽 인구의 5분의 1이 사망했고 정치 지도자들은 모여서 몇 가지 협정을 맺었다. 후에 베스트팔렌 조약으로 알려진 협정을 통해 단일 정치 당국이 최고 통치권을 행사하는 근대 국민국가라는 새로운 개념을 만들었다. 이러한 아이디어는 유럽의 영향과 식민주의를 등에 업고 전 세계로 퍼져 나갔다.

세계를 주권 국가로 조직하면서 유럽에서 중복되는 주권 문제는 해결되었지만 새로운 도전 과제도 생겼다. 시간이 지나면서 주권 국가들이 권력과 자원을 놓고 서로 경쟁하는 세상이 그 이전보다 훨씬 더 위험하다는 사실이 드러났기 때문이다. 국가의 자주권이라는 명분으로 유럽 열강과 일본 등의 국가는 전 세계 영토를 분할 점령하기 시작했다. 1914년 사라예보에서 합스부르크가의 프란츠 페르디난트 대공이 암살된 후, 경직된 국가 체제는 전 세계 대부분의 국가를 제1차 세계대전에 휘말리게 했다. 이후 국가 체제가 조장한 무자비한 민족주의와 자원을 향한 가차 없는 탐욕은 제2차 세계대전 발발의 필수 요소가 되었다.

제2차 세계대전 초반, 윈스턴 처칠 영국 총리와 프랭클린 루스벨트 미국 대통령은 캐나다 뉴펀들랜드 해역에 정박한 미 해군 함정에서 만나 그들이 싸우고 있는 세계의 바람직한 미래의 모습에 대한 비전을 제시했다.

1941년 8월에 발표된 대서양헌장에는 두 나라가 '더 나은 세계의 미래에 대한 희망의 기반'이 되는 '공통의 원칙'이 명시되어 있었다. 이는 그 후 이어진 4년간의 전쟁과 전쟁에서 승리하기 전부터 시작된, 구시대의 잿더미에서 새로운 세계 질서를 구축하기 위한 노력을 상징하는 구호가 되었다. 정확히 1년 후인 1942년 처칠과 루스벨트는 "생명, 자유, 독립, 종교의 자유, 자국과 다른 국가의 인권과 정의를 보존하겠다는 동맹국들의 신념이 유엔이라는 형식과 실체를 갖추게 되었다"라는 기념 성명을 발표했다.[11]

유엔의 이러한 비전은 많은 국가에 그리고 경쟁하는 국가들로만 구성된 세계는 결과적으로 안정적이지 않으며, 이런 시스템을 수정할 필요가 있다는 사실을 인식하게 만든 동기를 주었다. 그리고 한동안 명백한 하나의 아이디어가 사람들 사이를 떠돌았다.

약 150년 전, 독일의 철학자 이마누엘 칸트는 유럽의 여러 국가가 영원히 전쟁을 벌이는 것처럼 보이는 내재적 불안정성을 인식했다. 그래서 그는 1795년에 《영원한 평화》Perpetual Peace라는 책을 쓰면서, 국가 주권을 보호하고 전쟁의 위험성을 낮추며 평화로운 공존을 위해 자발적으로 협력하기로 합의한 국가들의 연합체인 '평화연맹'이라는 새로운 아이디어를 제시했다. 그는 이 연맹에 대한 '예비조항'Preliminary Articles을 제시했는데 여기에는 비밀 동맹, 상비군, 각국의 일에 대해서 강제적, 악의적 간섭을 폐지한다는 각 정부의 약속이 포함되어 있었다. 당시 사람들에게는 이런 아이디어가 매우 기괴할뿐더러 실행할 수 없는 것처럼 보였다.

그러나 어떨 때는 아이디어 자체가 강력한 힘을 발휘하기도 한다. 이번에는 125년 전으로 거슬러 올라가 보자. 칸트의 사상은 한 세기가 넘도록 국제 정세의 변두리에서만 맴돌았다. 그러나 그가 정확하게 지적한 많은 핵심 문제로 인해 발생한 제1차 세계대전 이후 새롭게 정리된 버전이 전 세계를 강타했다. 이 치명적인 전쟁의 여파로 1920년 평화 연맹이 창설되었다. 미국은 초기에 이 아이디어를 옹호했지만, 조약을 비준하고 국제 연맹 가입을 거부하는 등 여러 가지 이유로 1930년대에 이 연맹은 화려하게 사라졌다. 그리고 '전쟁의 종말을 위한 전쟁'이 다시 시작되었다.

제2차 세계대전의 파괴력이 절정에 달하고 연합국이 승리하면서 마침내 유엔을 창설할 시기가 다가왔다. 칸트의 생각과 대서양헌장의 원칙이 마침내 실현된 것이다. 1945년 유엔 헌장은 주권의 일부를 공유하고 극단적인 민족주의의 위험한 요소를 완화하기 위해 만들어졌다. 유엔, 세계은행, 국제통화기금IMF, 그리고 이후에 유럽연합을 포함한 여러 기관이 이를 지지했다.

유엔은 이상주의가 뒷받침하고 있긴 하지만 결과적으로 주권 국가들의 집합체로 남아 있다. 그러나 이 조직은 '연합국'이지 '연합한 사람들'이거나 '연합한 세계'는 아니다. 유엔 안전보장이사회는 극단적인 상황에서 국가의 주권을 능가할 수 있는 권한 일부를 부여받았다. 인권이라는 개념이 처음 생겨나면서 자신의 국가라 할지라도 침해할 수 없는 기본적인 권리가 있다는 생각이 사람들 사이에 자리 잡았다. 그럼에도 유엔 운동의 핵심 기둥은 여전히 국가의 주권이었다.

유엔은 여러 국가가 함께 만들었고 자금 지원과 통제를 받고 있다. 그리고 국가의 주권을 보호하는 동시에 주권 국가에서 피해를 본 사람들의 권리를 보호해야 하는 이중적인 임무를 맡고 있다. 그래서 유엔의 절차가 대개 국가의 특권을 보호하는 쪽으로 치우치는 경향은 그리 놀랍지 않다. 물론 이 조직이 초국가적인 문제와 인권 문제를 해결하는 데 완전히 무능한 모습을 보였다는 것은 아니다. 단지 서로 경쟁 구도에 있는 주권 국가들이 유엔을 통제하고 있기 때문에 이 기관이 세계의 핵심 문제를 해결할 수 있는 권한을 제대로 부여받지 못했다는 것이다. 기술이 나날이 발전하고 세계화가 더 진행됨에 따라 이런 도전은 더욱 강화되고 있다.

이 국제 관계에 대한 간략한 역사는 인간이 설계하는 생물학에서 아주 필수적인 부분이다. 혁신적인 과학이 개인, 공동체, 국가 및 세계의 모든 구성원의 미래에 매우 중요하기 때문이다. 또한 현재 세계인이 상호 연결되어 있으면서 갈등이 깊어지고 고도로 경쟁하는 글로벌한 세상에 살고 있기 때문이다. 우리가 어딘가에서 게놈을 편집하는 등의 생명을 바꾸는 도구를 개발하거나 새로운 AI를 개발한다면 사실상 이 도구들은 전 세계 어디든 영향을 미칠 수 있다. 우리가 어딘가에서 살아 있는 시스템을 바꾼다면 세계 어디든 영향을 미칠 수 있다. 사람들의 운명은 상호 연결된 세계에서 더 밀접하게 묶여 가는 반면, 신과 같은 힘과 관련된 잠재적 피해를 최소화하고 이점을 극대화하는 시스템은 제대로 마련되어 있지 않다.

우리는 한 세기 안에 발발했던 가장 치명적인 전염병, 인간이 유발한 기후변화의 증가하는 위험, 핵무기의 급속한 확산, 극한 빈곤 속에 살아가는 수억 명의 취약 계층, 생명과 세계를 바꾸는 기술이 유발하는 새로운 도전이라는 여러 문제에 직면해 있다. 하지만 현재 유엔의 시스템은 적절하게 대응하지 못하고 있다. 물론 유엔 사무국의 잘못은 아니다. 이곳에서는 전 세계의 난민, 어린이, 취약 계층을 돕는 중요한 작업을 담당하는 전문 하위 기관들을 보유하고 있다. 가장 큰 문제는 이 조직 자체가 여러 주권 국가들이 모여서 설립되었고 이 국가들은 수십 년 동안 인류를 위한 더 광범위한 공익보다는 좁은 형태의 자국 이익을 보호하는 데 힘썼다는 것이다.

오늘날 우리가 직면한 궁극적인 문제는 코로나19 바이러스나 여러 가지 다른 바이러스가 아니다. 또한 전염병이나 기후변화, 핵무기 등의 단일 위협도, 크리스퍼 게놈 편집이나 생성형 AI 같은 단일 기술도 아니다. 문제는 우리 사회와 세계가 직면한 공동의 도전을 해결하기 위해 최적으로 조직되지 않았다는 것이다. 치명적인 전염병이 발생했을 때 우리를 보호하는 권한을 가진 글로벌 공중보건 시스템을 만들 수 없었고, 지구를 살기 좋게 유지하는 활동에 권한이 있는 글로벌 환경 당국을 만들 수 없었다. 핵무기나 자율 살인 로봇을 포함한 기타 대량 살상 무기의 광범위한 확산을 방지하는 체계도 만들 수 없었다. 변화무쌍한 기술을 총체적으로 관리할 수 있는 글로벌 시스템도 만들 수 없었다. 다 같은 이유로 말이다.

각각의 영역에서, 같은 행성에서 더불어 살아가는 각계의 구성원에게 필요한 것보다는 특정 국가나 더 좁은 조직, 기업, 국가가 원하는 작은 이익이 더 우선시되었다. 국가 정치 지도자들은 자신의 일을 하지 않아서 실패한 것이 아니다. 우리가 이들에게 맡긴 작은 이익을 지키는 일만 정확히 수행했기 때문에 실패한 것이다.[12]

이 관점에서 보면 2019년 말 코로나19가 처음 발발했을 때 WHO가 이 위기를 방지하는 임무를 맡은 국제기구임에도 충분하게 대응하지 못했던 것은 우연이 아니다.

WHO는 왜 코로나를 막지 못했나

2019년 12월 코로나19 바이러스의 첫 번째 증거가 중국에서 나타났을 당시, 강력한 병원체 감시 시스템을 갖춘 국제 보건 기구가 있었다면 상황이 어땠을지 생각해 보자. 처음 발병 경고가 울렸을 때 중국 정부의 은폐와 공격적인 왜곡 대응을 무시할 수 있는 권한을 가진 전문가팀이 적극적인 지원을 받고 즉시 중국으로 파견되었을 것이다. 바이러스 확산이 제어되지 않았다면 이 조직은 경보를 울리고 전 세계 정부들과 조율하여 이 바이러스를 막는 캠페인을 주도했을 것이다. 일관된 메시지를 통해 가장 최신 정보와 방지에 대한 최상의 억제책을 공유하여 정확한 목표로 효율적이고 효과적으로 대응했을 것이다. 또한 치료법과 백신을 개발하고 배포하는 노력에서 교통 통제 경찰관의 역할을 했을 것이며, 최상의 치료법을 전 세계 사람들이 이용할 수 있도록 보장했을 것이다.

이러한 강력하고 선제적이며 잘 조율된 조치로 위기가 어느 정도 사라졌을 때 이 조직은 이 과정에서 배운 부분을 분석하고, 감시 능력을 강화했을 것이다. 나아가 미래의 전염병에 철저히 대비하고, 지역 보건 시스템을 강화하며, 지역 관리자와 시민 단체 지도자, 일반 대중이 미래의 위협에 대비할 수 있도록 지원하는 노력을 적극적으로 이어 갔을 것이다.

1948년에 설립된 WHO의 창립 문서를 보면 "국제 보건 업무를 맡은 지도 및 조정 기관으로서 모든 인간의 기본적인 권리 중 하나인 최고의 건강 수준"을 달성하는 것을 목표로 한다는 내용이 있다. 이론적으로는 맞는 말이지만 현실적으로 이 기관은 여러 국가로 인해 자금과 인력과 권한 부족에 시달리고 있다. 이 기구는 중국과 미국 같은 강력한 국가들에 통제력이 전혀 없으며 자체적으로 예산을 쓰는 제대로 된 권한도 없다. 이 기관의 지도자와 직원들이 아무리 선의로 행동하고 유능했다 하더라도 코로나19 위기 상황에서 이 조직은 국가들을 잘 조율하여 세계적인 수준으로 대응할 수 있는 역량도, 도구도, 권한도 없었다. 이런 명백한 난점이 있음에도 수십 년 동안 변화는 거의 없었다.

2002년에서 2003년 사이 확산한 사스는 중국이 발병 정보를 숨겼고 다른 나라와의 약속을 제대로 지키지 않아서 문제가 커졌다. 이후 세계 지도자들은 2005년 국제보건규정International Health Regulations, IHR을 새롭게 손보기 위해 모였다. 이 규정은 1971년 개별 국가와 세계가 전염병 및 기타 보건에 대한 비상사태에 더 빨리 대응할 수 있도록 설계된 법적 구속력을 가진 국제 조약이었다. 2005년에 이루어진 개정안에는 공중보건에 대한 위협의 범위를 이전 조약보다 더 확대하고, 각 국가는 공중보건 감시 시스템을 설치하며, 발병 즉시 WHO에 보고해야 한다는 것과 공중 보건 비상사태에 영향을 받는 사람들의 인권을 보호하는 내용이 담겼다.

2019년 말, 두 번째 사스 바이러스 관련 위기가 발생했을 때 이러한 국제 보건 규정이 사실상 무의미했다는 것이 판명되었다. 중국 정부는 자체적으로 병원체 발병을 알아채고 대응하는 내부 역량을 구축했음에도 다시 한번 비밀주의와 왜곡으로 대응했다. 중국은 WHO에 거짓말을 했고, 코로나19 바이러스의 유전자 서열 공유를 지연시켰으며, WHO 전문가들이 우한에 파견되는 것을 몇 주간 방해했다. 리웬량Li Wenliang과 같은 중국 고발자들을 침묵시켰으며, 생물학적 샘플을 파괴하고, 기록을 숨기고, 중국 과학자들에게 함구령을 내렸다. 장잔Zhang Zhan과 같은 중국의 시민 기자들이 가장 기본적인 사항을 질문하자 이들을 투옥했고, 이 전염병의 기원에 대한 의미 있는 조사를 차단하여 중국과 세계인들을 불필요한 위험에 빠뜨렸다. 중국이 이런 엄청난 행동을 하지 않았다면 코로나19 전염병이 세계로 확산되는 일은 없었을지도 모른다.

코로나19가 여전히 유행하던 2021년 12월, 세계보건총회World Health Assembly는 새로운 국제 전염병 조약을 맺도록 촉구했다. 2025년 5월 세계보건총회를 통과한 'WHO 팬데믹 협정'은 60개 회원국이 각국의 국내 절차에 따라 비준하면 발효된다. 이 협정은 미래의 팬데믹을 예방하기 위해 여러 중요한 조치들을 요구하는데, 여기에는 감독 강화, 국가 보건·수질·위생 시설 개선, 야생동물에서 가축으로의 바이러스 전파 제한, 생물 안전 및 생물 보안의 미비점 해결 등이 포함된다. 문제는 이 새로운 협정에는 어떠한 강제 이행 장치나 추가 자금 지원 방안이 없다는 것이다. 실제로 이 조약에는 "WHO 팬데믹 협정의 어떠한 조항도, WHO 사무총장을 포함한 WHO 사무국에 회원국의 국내법이나 정책에 대한 지시, 명령, 변경할 권한 또는 그밖의 어떤 방식으로든 규정할 권한을 주는 것으로 해석되어서는 안 되고, WHO가 회원국들에게 특정 조치를 취하도록 강제하거나 어떤 방식으로든 요구할 권한을 부여하는 것으로 해석되어서도 안 된다"고 명시되어 있다.

조약의 한계를 고려하고 과거와 현재의 행동을 생각해 볼 때 더 급진적인 조치가 취해지지 않는 한 조약이 이행되더라도 이 조약만으로는 미래의 수많은 전염병을 방지할 수는 없을 것이라 확신한다. 예를 들어 미래에 다른 위험한 병원체가 나타났을 때도 중국 관료들은 코로나19 때와 똑같이 행동할 여지가 생긴 셈이다.

게다가 다음번 위기 상황에 더 나은 대응을 하기 위해 권한이 강화되고 개선된 WHO가 여전히 주요 전략의 일부로 여겨졌다. 그러나 2025년 1월 트럼프 행정부가 미국은 2026년 1월 WHO를 탈퇴하겠다고 발표함으로써 그 가능성에 또 하나의 못을 박았다. 미국은 WHO 창설을 주도했고 역사적으로 가장 큰 자금 지원국이었다. 비록 보건복지부 장관인 로버트 F. 케네디 주니어Robert F. Kennedy Jr.가 WHO가 중심이 아닌 새로운 형태의 세계 보건 협력을 발전시켜 중국의 조종과 간섭에서 벗어나야 한다고 촉구했지만 실현 가능성은 낮아 보인다. 가장 가까운 전통 동맹국을 포함한 일부 나라들과 미국과의 관계가 전례 없이 소원해진 상황이기 때문이다.

좋은 아이디어는 넘쳐나지만 이를 현실화하는 것은 어려운 과제다. 인간이 재설계한 생물학이라는 최첨단 분야에서는 더욱 그렇다.

최근 몇 년 동안, 생명을 설계하는 우리의 능력은 향상되고 있지만, 이러한 능력을 관리하는 역량이 그 속도를 따라가지 못하여 더 큰 위협에 직면하고 있다는 사실을 주목한 위원회가 여럿 있었다. 이곳에서 제시한 권고안들은 매우 중요한 내용이라 최대한 빨리 실행되어야 한다. 이들의 권고에 따라 우리가 해야 할 일은 많다. 더 강한 규제 및 감독이 필요한 병원체를 광범위하게 분류하고, 유전자 구조물을 판매하는 회사에 대한 모니터링을 강화하고 판매한 제품등록을 의무화해야 한다. 생물 안전과 생물 보안에 수십억 달러의 추가 자금을 제공하고, 이중 용도 생물학 연구를 규제하는 국내 및 국제 규정을 수립하는 동시에 이를 집행할 기관을 설립해야 한다. 또한 생명을 재구성하는 작업은 우리 모두에게 엄청난 결과를 가져오기 때문에 모든 면에서 현명하게 규제하고 관리해야 한다.

2022년 5월 WHO 대책 위원회가 발표한 '책임 있는 생명과학 사용을 위한 글로벌 지침 틀: 생물학적 위험 관리의 원칙, 격차 및 과제에 관한 협의 보고서' Towards a global guidance framework for the responsible use of life sciences: summary report of consultations on the principles, gaps and challenges of biorisk management 에서는 우리가 해야 할 일과는 대조적으로 현재 처한 고통스러운 현실이 극명하게 드러났다. 이 시점에서 우한 연구소 사고가 전염병의 직접적인 원인이 아니라는 것이 증명된다 하더라도 규제가 제대로 되지 않는 한 생명과학 연구와 관련된 위기가 미래에 또 벌어질 위험성은 증가한다.

보고서 저자들은 빠르게 진행되는 과학과 느리게 따라가는 거버넌스의 조합이 매우 우려스러운 이유를 강조했다.

많은 국가에서 생물 보안이나 생물학적 위험 관리를 폭넓게 규제하는 법률 또는 규정이 마련되어 있지 않으며, 여러 과학 기관(공공 및 민간 모두)은 생물학적 위험을 관리하는 거버넌스 도구(기구 또는 장치)와 메커니즘(프로세스, 기술, 시스템)이 부족하다. 이런 도구와 메커니즘을 보유한 국가와 기관도 소수 존재하지만 현재는 물론 미래의 기술에도 대처하기 충분하지 않다…. 전반적으로 생명공학 기술의 급속한 발전과 확산은 관리체계가 따라가기 더 어렵게 만들고 있다.[13]

또한 이 보고서에서는 중요한 문제들을 해결할 때 사용할 수 있는 충분한 도구의 부족과 예측 및 처방 간의 불일치를 언급했다. WHO 대책 위원회는 WHO가 일련의 긍정적인 가치와 원칙을 지지하고, 생물학적 위험 관리에 대한 인식을 높이고, 거버넌스 도구 개발에 진전이 있도록 지원할 것을 독려했다. 또한 WHO 회원국들에는 자체

표준을 공포하고, 학술 기관들은 생물학적 위험 원칙을 교육하며, 연구 기관과 출판사들은 생물학적 위험 관리 문화를 조성하고, 과학자들은 스스로 꾸준히 공부하기를 촉구했다. 이 권고안 중에서 잘못된 것은 하나도 없다. 인간 게놈 편집에 관한 WHO 보고서 결과처럼, 이 권고안도 모두 합당한 내용으로 구성되어 있었다.

그러나 여전히 전형적으로 나타나는 핵심 문제가 숨겨져 있다. 그 것은 이러한 권고안들이 미래에 더욱 치명적인 전염병을 방지하기에는 전적으로 부족하고, 목표의 범위와 현 시스템이 관리할 수 있는 능력 사이에 극명한 불일치가 나타난다는 것이다. 보고서에는 현재 결함이 있는 시스템 내에서 우리가 취할 수 있는 최상의 단계 중 일부를 개략적으로 설명했지만, 실제로 문제를 해결하는 데 필요한 것은 나와 있지 않다.

기후변화를 해결하는 노력도 이와 동일한 궤적을 따라왔다. 산업화로 인한 온실가스가 대기에 머물러 있을 수 있다는 인식이 1850년대 처음 생겨났고, 20세기를 거치며 기후변화와 관련된 과학은 더 발전했다. 그러면서 인간이 배출한 이산화탄소의 양이 얼마나 빠르게 증가하고 있는지, 이러한 추세가 계속되었을 시 매우 부정적인 결과가 나타날 가능성이 큰지 더 많은 사람이 깨닫게 되었다. 이런 인식 덕분에 활발한 글로벌 운동이 벌어지며 정부에 행동을 촉구하기 시작했다.

1992년 세계 지도자, 과학자 및 시민 단체는 브라질 리우데자네이루에서 개최된 '지구정상회의'Earth Summit로 통칭하는 유엔 환경개발회의UN Conference on Environment and Development에 참석했다. 이 고위급 행사는 다음의 공동 성명 발표로 마무리되었다. "인류는 역사상 가장 결정적인 순간에 서 있다. 우리가 직면한 것은… 우리의 건강과 행복을 위해 중요한 생태계가 지속적으로 악화하는 모습이다…. 이 문제를 혼자 해결할 수 있는 단일 국가는 없지만, 글로벌 파트너십을 통해 함께한다면 지속 가능한 발전을 목표로 문제를 풀 수 있다."[14]

힘을 받은 리우 지구정상회의는 결국 1997년 교토 정상회의의 교토 의정서로 이어졌다. 이 의정서에 서명한 산업화 국가들은 온실가스 배출량을 줄이기 위한 구체적인 목표를 설정하여 리우 원칙을 지속적으로 따를 것을 약속했다. 그러나 교토 의정서에 있는 내용 대부분이 유명무실했음이 곧 명확해졌다. 당시 세계 최대 온실가스 배출국이었던 미국은 이 협정을 비준하지 않았다. 가장 빠르게 배출량이 증가하여 곧 미국을 추월해 세계 최대 온실가스 굴뚝이 될 중국은 아예 제외되어 있었다.

2015년 유엔 기후변화회의UN Climate Change Conference가 파리에서 열렸다. 이곳에 모인 각국 지도자들은 기후변화 문제를 실제로 해결하는 과정에 모두가 함께 할 수 없다는 것과, 구속력 있는 교토 의정서를 제대로 실행할 수 없다는 사실을 분명히 인식했다. 대신 각국이 자체 계획을 세우고 최선을 다해 국제사회에 정기적으로 진행 상황을 보고하는 새로운 모델을 채택했다. 기후변화를 해결하기 위한 전략은 리우에서 보여 준 높은 열망에서 시작해 파리에서 합의한 최소한의 공통분모로 상황이 전환되었다. 각 국가가 최선을 다하도록 서로 격려하자는 것이었다. 이러한 노력의 총합이 기후변화의 도전을 제대로 해결하지 못하더라도 말이다. 연례 당사국총회 정상회의는 실제로 핵심 문제를 해결하는 메커니즘이 되기보다는 하나의 기후 축제가 되어 버렸다.

코로나19에 대한 경험, 그리고 아마도 기후변화가 원인이었을 여러 가지 자연재해에 대한 경험은 많은 생명이 사라지고 앞으로도 그럴 것임을 분명히 보여 준다. 우리는 기회를 확대하고 위험을 관리하는 데 필요한 글로벌 시스템을 구축하지 못했다. 수많은 노력이 들어간 AI 시스템은 인간이 예측할 수조차 없는 광범위한 능력을 갖추었다. 생명을 설계하는 새로운 능력도 또 다른 과제를 낳기 때문에 제대로 다루려면 통합적인 관리가 필요하다.

마치 두 번의 세계대전 이전의 세대처럼 우리는 충분히 피할 수 있는 시스템 오류의 길로 달려가고 있다. 대책 위원회와 국제협약이 현실에 맞춰서 권고안을 축소하는 대신 최고의 열망을 실현하면서도 가장 큰 도전을 해결하기 위해서 무엇을 할 수 있는지 알아내야 한다. 현재의 역량에 맞춘다고 열망을 축소해서는 안 되며 대신 필수적인 요구를 충족하기 위해 능력을 높여야 한다.

AI와 생명공학이 묻는 인류의 선택

잠재적인 장단점을 지닌 새로운 혁신적인 기술이 등장할 때마다 모라토리엄을 선언하는 사람들이 있다. 1940년대 후반 핵무기가 그러했고, 1970년대 생물학 무기와 재조합 DNA, 1990년대 화학 및 생물학 무기, 2010년대 인간 게놈 편집 및 유전자 드라이브,[15] 2023

년 생성형 AI에서도 이런 현상이 나타났다. 원자력, 첨단 의료, 산업 화학, 치명적인 유전 질환 퇴치, 말라리아 퇴치, 지식 확대, 경제 성장, 세계에서 가장 난해한 문제 해결에 도움을 주는 기술들의 엄청난 잠재적 장점은 많은 사람이 원하는 존재가 되기에 충분했다. 이와 반대로 대량 살상 무기, 비인간적인 우생학, 생태계 붕괴, AI 대재앙과 같은 잠재적인 단점은 경각심을 불러일으켰다. 그래서 새로운 기술의 좋은 잠재력을 최대한 실현하기 위해 막대한 투자를 하는 것은 매우 합리적이지만, 그렇다고 무턱대고 할 수는 없다.

이러한 모라토리엄 중 일부는 유용성을 입증받아 시스템에 정착하기도 하지만 시간이 지나면서 불완전해지고 쇠퇴하기도 한다. 예를 들어 1968년에 만들어진 핵확산금지조약NPT은 비핵국가들이 핵무기를 개발하지 않는 대신 이미 핵무기를 보유한 국가들이 제공하는 안전한 민간용 핵을 개발하는 데 지원을 받도록 장려하는 조약이었다. 이후 맺어진 생물학 및 화학 무기 협약들은 이러한 무기의 사용을 금지하고 생물학과 화학 무기 프로그램을 보유한 국가에서 비축물을 제거하며 미래에도 관련 활동을 하지 않도록 장려했다.

그러나 최근 이 시스템들이 쇠퇴하기 시작했다. 핵무기 금지 방침은 인도, 이스라엘, 북한, 파키스탄 같은 국가들이 핵무기를 개발하고 이란과 같은 국가들이 핵무기 개발 가능성을 구체적으로 적극 모색하면서 무너졌다. 생물학 및 화학 협약 역시 중국과 소련이 명백히 조건을 위반하자 훼손되었다. 시리아의 바샤르 알아사드Bashar al-Assad 대통령이 자국민에게 사린, 겨자 가스, 염소를 사용했음에도 제대로 처벌받지 않자 화학 무기 금지 조약은 더욱 흐지부지되었다.

2023년 3월 일론 머스크, 스튜어트 러셀Stuart Russell, 맥스 테그마크 Max Tegmark를 비롯한 1,000여 명의 과학자와 기술 지도자 등 여러 인사들이 공개서한을 발표했다. 그들은 "AI 연구소들이 점점 더 강력한 디지털 지성을 개발하고 배포하려는 통제 불능 경쟁에 빠져 있으며, 그 누구도–심지어 개발자조차–이를 이해하거나 예측하거나 신뢰할 수 있는 방식으로 통제하지 못하고 있다"고 지적하며, 이러한 과정이 "사회와 인류에 심대한 위험을 초래할 수 있다"고 경고했다. 그들은 "비인간적 지성들이… 결국 우리보다 수적으로 많아지고 더 영리해지며 우리를 쓸모없게 만들고 대체할지도 모른다"는 의문을 제기하며, 우리가 "문명에 대한 통제력을 잃을 위험에 처해 있다"고 주장했다. 그러면서 그들은 "GPT-4보다 강력한 AI 시스템의 학습을 최소 6개월간 즉시 중단할 것"을 모든 AI 연구소에 촉구했다. 또한 이 중단 기간을 "독립적인 외부 전문가들의 철저한 감시와 감사를 받는 고급 AI 설계 및 개발을 위한 공동 안전 프로토콜을 마련하고 실행하는 데 사용할 것"을 제안했다. 이와 동시에 그들은 AI 개발자들이 "정책 입안자들과 협력하여 강력한 AI 거버넌스 체계 구축을 대폭 가속화해야 한다"고 선언했다.[16]

이 시도의 문제는 모라토리엄이 합리적이지 않다는 것이 아니다. 신에 가까운 우리의 기술 능력을 어떻게 활용할지를 결정해야 하는 엄중함을 생각하면, 이익을 최대화하고 피해를 최소화하기 위해 가능한 한 신중하게 접근해야 한다는 점은 매우 타당하다.

강력한 AI 시스템을 배포하면서 얻는 잠재적 이점은 천문학적이 겠지만, 능동적이면서 신중히 행동하지 않으면 위험성도 그만큼 커진다. 현재 디지털 생태계에 광범위하게 퍼진 AI 알고리즘은 우리 주변의 생태계를 관리하는 등 개인이나 집단을 조종하는 데도 쉽게 사용될 수 있다. AI가 우리의 삶을 관찰하고 그 데이터를 처리하는 것은 사생활 침해가 될 수 있고, 이렇게 판단한 내용이 여러 환경에서 우리에게 불리하게 작용할 수도 있다. 그러나 끝없이 이어지는 군비 경쟁에서 자율 무기에 투자한 군대는 이 기계가 완전히 자동으로 움직일 때까지 더 많은 자율성을 줄 수밖에 없다고 느낄 것이다. 시간이 지나면서 AI 시스템의 목표는 인간과 어긋날 수 있다. 영화 〈2001: 스페이스 오디세이〉에 나오는 최첨단 AI HAL 9000처럼 인간을 보호하기 위해 과감한 조치를 취하려는 위험성도 존재하게 될 것이다.

이런 위험이 우리를 멈추게 하지 않는다면 무엇이 우리를 멈추게 할 수 있을까?

6개월간 모라토리엄을 두자는 제안의 문제점에 정당성이 없다는 게 아니다. 치열한 경쟁의 세상에서 설사 이런 유예가 가능하다 하더라도 이 기간을 어떤 식으로 쓸지에 대한 구체적인 계획이 제시되지 않았다는 점이다. 또한 중단 이후에는 어떤 단계를 밟아 나갈지에 대한 체계적인 프로세스나 틀도 없다.

AI와 관련한 군비 경쟁은 이미 한 차례 벌어진 바 있다. 오픈AI는 처음에 비영리 단체로 시작하여 '재정적 수익 창출이라는 제약 없이 인류에 가장 도움이 되는 방식으로 디지털 지능을 발전'시키는 것을 목표로 삼았다. 그러나 지금은 영리 회사(비영리 이사회가 느슨하게 감독)로 변신하여 챗GPT를 출시한 후 더 강력한 버전을 계속해서 내놓고 있다. 인터넷 검색 분야에서 뒤처졌던 기업에서 선두로 도약할 기회를 포착한 마이크로소프트는 즉시 오픈AI에 130억 달러를 투자하여 자체적으로 새롭게 업그레이드된 프로젝트를 출범했다.

구글은 챗GPT의 기반이 되는 여러 기술을 개발했지만, 보안 문제로 인해 AI 기반의 대규모 언어모델 챗봇 공개를 적극적으로 추진하지 않았다. 그러나 이대로 있다가는 또 다른 코닥 카메라가 되어 사라질지 모르는 현실에 직면했다. 주가가 급격히 하락하자 구글 경영진은 내부적으로 비상경보를 발령하고 첨단 AI 제품을 최대한 빨리 출시하기 위해 노력했다. 구글의 가장 큰 강점은 딥마인드를 소유하고 있다는 것이다. 이 연구팀 덕분에 대형언어모델 신경망과 알파폴드의 기반이 되는 엄청난 예측 능력을 결합하여 제미나이라는 새로운 AI를 만들 수 있었다.

메타도 뒤처질 것을 우려해 2023년 중반, 이미 학습된 대형언어모델 AI 시스템의 기본 코드 전체를 개발자들에게 공개했고, 이 정보는 곧바로 인터넷에 공개 유출되었다. 이후 메타는 IBM, 인텔, 오라클과 같은 다른 대형언어모델 후발주자들과 함께 오픈소스 AI 연합을 결성했다. 이들은 구글이 안드로이드 운영 시스템을 사용하여 애플의 아이폰 독점을 막았던 오픈소스 전략을 따라 했으며 이 분야에 매우 큰 영향을 주었다. 중국의 알리바바, 바이두, 바이촨, 지푸AU, 하이플라이어, 센스타임과 같은 기업들도 이런 오픈소스 모델에 쉽게 접근 가능해지자 자체적인 기능 개발에 활용하는 작업에 집중할 수 있었다.

AI 분야에서 중국이 보여 주는 리더십이 미국 국익에 용납할 수 없는 위협이 될 것이라 인식한 바이든 행정부는 2023년 초부터 미국에서 만든 첨단 컴퓨터 칩을 중국에 판매하는 것에 광범위한 제한 조치를 취한다고 발표했다. 이에 중국 기업들은 엔비디아 등 미국 제조업체에서 만든 첨단 칩을 사재기하는 한편, 화웨이 같은 기업에서는 자체적으로 고급 칩 개발을 포함한 다른 방안을 모색하기 시작했다.

2025년 1월, 중국의 스타트업 딥시크의 발표는 세계를 깜짝 놀라게 했다. 미국 수출 통제 대상에 속하지 않은 저사양 엔비디아 칩을 활용하여 매우 효율적인 오픈소스 대형언어모델(특히 V3와 R1)을 개발했다는 것이다. 이 모델은 훨씬 적은 에너지와 컴퓨팅 파워, 극히 적은 비용만으로도 성능 면에서 오픈AI나 구글의 최고 모델들에 필적했다. 그러나 딥시크의 작품은 현재 중국 기업들이 출시하고 있는 수많은 강력한 AI 모델 중 하나에 불과하다. 미국의 의도가 어떠하든 간에, 또 딥시크가 미국의 알고리즘과 모델 가중치(AI가 학습할 때 어떤 정보에 더 가치를 두는지를 뜻함 – 옮긴이)를 훔치고 수출 통제를 위반했다는 의혹이 완전히 사실로 밝혀진다고 하더라도, 점점 더 강력해지는 AI 시스템이 전 세계적으로 확산되는 현상을 늦추는 것은 거의 불가능해 보인다.

그러나 대부분의 국가 규제 기관은 이 상황을 완전히 따라잡는 데 어려움을 겪고 있다. 설사 따라잡을 수 있다고 해도 최적으로 규제할 역량이나 집단적 경험, 선견지명이 부족했다. 미국 백악관은 AI 권리장전AI Bill of Rights 작업을 시작했고, 2023년 바이든 행정부는 AI에 대해 광범위하고 사려 깊은 행정명령을 발표했다. 정부는 예비 핵심 원칙을 설명하고 일련의 미국 정부 조치를 의무화했으며, 고성능 '이

중 용도 기반 모델'을 개발하는 기업에 대해 보고를 의무화했다. 이러한 접근 방법은 매우 유용했으나 2025년 1월 트럼프가 취임 첫날 발표한 행정명령으로 바이든의 행정명령은 폐지되었다.

유럽연합이 발표한 2024년 8월의 '유럽연합 인공지능법'과 2025년 8월의 '행동 강령'은 모두 위험 수준에 따라 AI 시스템을 규제한다. 이 AI 법은 생체 데이터의 대량 수집과 사용자에 대한 알고리즘 조작을 금지(과연 잘 될지는 모르겠지만!)하는 한편, AI 기초 모델을 만드는 개발자들이 대규모 AI 시스템을 대중에게 공개하기 전에 훈련 데이터에 대한 상세한 요약본을 제출하도록 요구한다. 유럽 규제 당국은 더 강력한 지적 재산권 조항을 도입해서 인지한 위험 수준에 따라 생성형 AI를 규제했고, 고위험 애플리케이션에 대해서는 데이터 공개와 엄격한 테스트를 요구하는 노력을 이어 갔다. 중국은 챗GPT를 전면 금지하고, 모든 생성형 AI 알고리즘이 출시되기 전 철저한 사전 보안 검토를 요구했다. 또한 AI가 만드는 모든 콘텐츠가 "사회주의 핵심 가치를 반영하고…, 국가 권력에 대항하는 콘텐츠를 포함하면 안 된다"라고 발표했다.[17]

국제적인 차원에서는 선진국인 G7, 경제협력개발기구, 유네스코, 유럽연합, 유럽연합 집행위원회가 모두 자체적인 AI 가이드라인과 권고안을 만들었다. 2023년 11월, 영국 정부는 80년 전 나치의 비밀 암호를 해독했던 블레츨리 파크에서 세계 AI 안전 정상회의를 개최했다. 이곳에서 참가자들은 'AI의 안전한 개발, 그리고 선의로 AI의 혁신적인 기회를 모든 사람에게 활용'할 것을 다짐하며, 앞으로 이러한 회의를 더 많이 개최하기로 결의했다.

또한 미국과 유럽, 중국 등의 국가 지도자들은 최첨단 AI에 신속하게 접근할 수 있게 된 상황이 과거 몽골이 등자를 얻은 후, 또는 식민지 이전 유럽인이 첨단 선박과 총을 개발한 후 정복 전쟁을 벌인 상황과 비슷하다는 사실을 깨달았다. 그래서 신냉전이 도래하듯 경쟁이 더 치열해지고 위험해지는 세계의 분위기 속에서 제대로 운영되는 글로벌 거버넌스 시스템이 없다면 스스로 무기를 버릴 국가는 없을 것으로 판단했다. 현재의 세계 상황을 보면 왜 국가가 이런 행동을 하는지 쉽게 이해할 수 있을 것이다.

당신이 미국, 중국, 러시아 같은 대국, 또는 아르메니아, 아제르바이잔, 이스라엘, 이란, 우크라이나 같은 긴장된 상황에 놓인 작은 나라의 국방부 장관이라고 상상해 보자. 자국에서 AI 유도 자율 무기 또는 반자율 무기를 개발하지 않으면 잠재적인 적과의 교전에서 패배할 수 있다. 그러나 적들의 수준에 맞추기 위해 이런 무기를 개발한다면 자율 살인 로봇과 AI 시스템이 예상하지 못한 혼란을 야기할 위험성(잠재적으로 자신도 포함하여)도 커진다.

2023년, 우크라이나 군인들은 무기를 탑재한 드론을 자체 개발하여 러시아 군대가 사용하는 특정 군사 장비를 자율적으로 찾아 공격하도록 설계한 후 시험 단계에 들어갔다. 당시 우크라이나의 디지털 개발부 장관인 미하일로 페도로프_{Mykhailo Federov}는 전쟁에서 이런 AI 기반 자율 무기는 '논리적이고 피할 수 없는 다음 단계'라고 하며, 자동화를 최대치로 하는 것이 '승리에 필수적'이라고 주장했다. 점점 더 높은 수준의 자율성을 갖춘 살인 로봇은 우크라이나와 러시아 양국의 공격과 방어에서 그 어느 때보다 중요한 요소로 자리 잡았다.

2025년 우크라이나 전쟁 전체 사상자 중 약 4분의 3이 드론 공격에 의해 발생한 것으로 추정된다. 러시아의 공격을 막아 내야 하는 우크라이나의 절박함으로 인해, 살인 로봇을 완전하게 자율화하는 과정에서 고려해야 할 부분은 오직 이 기계가 잘 작동할 것인가에 대한 우려뿐이었다. 머지않아 저렴한 오픈소스 AI 시스템을 활용해 만든 완전히 자율화된 살인 로봇은 인간의 통제가 부분적으로 작용하는 로봇의 우위에 설 것이다.

다시 국방부 장관 이야기로 돌아가 보자. 당신이 이런 종류의 무기를 개발한 후, 언제 어떻게 사용할지를 사람이 결정하도록 설계했다면 어떨까? 적과 작은 교전이 발생하면 적의 완전 자율 AI는 인간의 결정이 어느 정도 반영되는 반자율 AI보다 훨씬 빠르고 단호하게 움직이기 때문에 쉽게 승리할 것이다. 여기에서는 인간의 감독이 가장 큰 취약점이다. 패배를 인정할 것인가, 아니면 최대한 빨리 살인 무기를 완전 자율 모드로 전환할 것인가?

이러한 위험성의 규모와 AI에서 나타나는 문제가 세계적인 수준으로 영향을 줄 수 있다는 점을 고려할 때, 6개월간의 AI 모라토리엄을 촉구하는 단체의 리더인 일론 머스크는 공개서한에 요약된 공통의 방법을 실행하는 과정에서 유엔이나 다른 기관에 도움을 요청할 것으로 보인다. 이 상황을 예상이라도 한 듯 2022년 오스트리아의 알렉산더 샬렌베르크Alexandar Schallenberg 외무 장관은 우크라이나 전쟁의 교전 당사자들이 더 자율적인 살인 로봇을 배치해야 한다는 압박을 받는 것을 두고 '현세대의 오펜하이머 순간'(미국 핵무기를 개발했다가 후회한 천재 물리학자 오펜하이머를 빗댄 표현 – 옮긴이)이라고 표현했다.

이렇듯 군비 경쟁이 계속되는 동안 자율 무기 시스템을 금지하는 유엔 조약 초안은 아무런 진전을 보이지 못하고 있다.

급속하게 발전하는 생성형 AI가 만들어 내는 도전은 팬데믹 및 생물 보안의 도전과 매우 유사하다. 통제되지 않은 AI 시스템의 위험에 대처하기 위한 여러 조치들은 세계의 큰 공통 과제들을 관리하는 데 필요한 조치들과 유사하다. 그러나 머스크는 이렇게 생각하기보다는 반대 방향으로 공격적으로 밀어붙였다. 그는 AI에 대한 모라토리엄을 촉구하는 동시에 당시의 국제 팬데믹 조약International Pandemic Treaty을 제안한 유엔에 이 조약이 국가 주권을 침해할 수 있다고 주장하며 비난했다.[18]

동시에 2023년에는 오픈AI 공동설립자 샘 올트먼Sam Altman과 일부 사람들이 제2차 세계대전 이후 원자력과 핵무기 활용을 규제하는 것을 목표로, AI에 대한 국내 및 국제 규제 기관을 설립할 것을 촉구했다. 이들이 제시한 의견은 매우 훌륭하고 꼭 필요하며, 핵과 관련하여 아무런 노력도 하지 않는 것보다 낫다. 그러나 이러한 요청은 과거에 비슷한 실패 사례가 있었다는 점을 고려하지 않은 것이었다. WHO에 상응하는 AI 기관을 설립하는 것은 역사적으로 볼 때 매우 중요한 업적이 될 수 있을 것이다. 하지만 우리는 이미 앞에서 WHO가 100년 만에 가장 치명적인 팬데믹이 닥쳤을 때 명시된 임무를 달성할 권한이나 자원이 부족했다는 사실을 살펴보았다. 따라서 AI 관련 기관 또한 비슷한 결과가 나타날 것을 예측할 수 있다. 트럼프 2기 행정부가 자신들의 인식과 의도를 명확히 하자, 샘 올트먼을 포함한 몇몇 인사들은 AI 규제에 대한 태도를 급격하게 바꾸었다. 2025년 5월 의회 청문회 증언에서 2년 전과는 핵심 메시지가 확연히 달라진 올트먼은 '기술 발전 속도를 늦추지 않는 합리적인 규제'를 촉구했다.

더 넓은 의미에서 보면 AI 및 기타 혁신 기술에 대한 더 나은 거버넌스를 향한 초기의 염원은 역설적이게도 이전에 제어가 불가능한 AI의 위험성을 경고하는 데 앞장섰던 인물이 훼손시켜 버렸다. 그는 바로 일론 머스크였다.

만약 중국 국유 기업이 짐바브웨 국영 방송사를 시장 가치보다 훨씬 높은 가격에 사들인 뒤 편집권을 장악해 자신의 목소리를 높이고, 나아가 독재자를 꿈꾸는 짐바브웨인이 권력을 잡도록 자신의 목소리와 플랫폼을 이용하고 그 대가로 천연자원 통제권을 넘겨받기로 거래했다면, 미국을 포함한 다른 모든 국가는 당연히 이 행동을 강하게 비난할 것이다. 머스크가 미국에서 한 일은 이와 다르지 않았다. 그는 새로운 지능을 설계하고 생명을 재설계하는 인류의 막강한 능력이 공동의 선을 위해 민주적이고 현명하며 책임감 있게 통제되어야 한다고 믿는 우리 모두에게 위험한 결과를 안겨 줄 수 있는 행동을 했다.

2022년 10월, 머스크는 트위터를 440억 달러에 인수했다. 이는 일부 분석가들이 당시 시장 가치의 두 배에 달하는 금액으로 평가한 액수였다. 그러고는 트위터 기술자들에게 자신의 목소리가 다른 이들보다 더 부각되도록 플랫폼의 알고리즘을 조작했다. 확고한 지지 기반을 확보한 후, 트럼프의 대선 후보 활동을 전폭적으로 지지하는 대가로 미국의 규제 기관들을 감독하는 준정부 기구의 실질적인 책임자 자리를 약속받는다. 여기에는 트럼프 캠페인에 2억 9,000만 달러를 직접 지원하는 것도 포함되어 있었다. 머스크의 기술적이고 사업가적인 역량이 어떠하든, 그리고 미국의 규제 개혁이 얼마나 필요하든 중요한 것은 민간인인 머스크가 자신을 규제해야 할 기관들에 대해 막대한 직간접적 권력을 가지고 있다는 사실이었다. 2024년 11월 당선 이후 트럼프는 비밀스럽고 거의 불법에 가까운 정부 기관인 '정부 효율부'Department of Government Efficiency, DOGE의 책임자로 머스크를 임명했다. 설립 첫 달 만에 DOGE는 머스크 소유의 여섯 개 회사에 대한 32개의 개별 연방 조사를 담당하는 미국 정부 기관 11곳의 공무원들을 해고했다.[19] 미국 시장은 이 상황을 인지했고, 그 결과 2024년 11월 트럼프가 재선에 성공한 후 두 달 만에 테슬라의 시가총액은 5,000억 달러 이상 증가했다. 이 짧은 기간 동안 머스크의 개인 자산은 약 2,000억 달러 증가했는데, 이는 트럼프 캠페인에 직접 지원했던 투자금 대비 700배에 달하는 수익이다.

이후 머스크의 행동에 대한 반발은 테슬라 브랜드 이미지의 심각한 훼손과 그에 따른 주가 및 가치 하락으로 이어졌고 2025년 6월에는 머스크와 트럼프가 대대적으로 결별했다. 그러나 그의 행동이 남긴 선례와 파급 효과는 이미 명백하다. 널리 퍼져 있고 점점 더 유해성을 띠는 트위터를 유럽 국가들이 규제할 가능성을 내비치자 제이디 밴스JD Vance 부통령은 머스크의 미디어 회사를 규제하려는 유럽 나토 동맹국들을 미국이 방어해 주지 않을 수 있다고 시사했다. 유럽의 국방은 미국에 깊이 의존하기 때문에 유럽 지도자들은 이 위협을 심각하게 받아들일 수밖에 없었다. 머스크는 반복적으로 유럽

지도자들에게 도발적인 발언을 했고, AI와 소셜 미디어에 대한 정부 규제를 반대하는 유럽의 극우 정당들을 지지했다. 또한 미국이 유엔에서 완전히 탈퇴해야 한다는 요구도 지지했다.

이런 종류의 문제가 가진 본질과 해결책의 부재 사이에 나타나는 모순 때문에 새로운 기술과 관련된 문제는 체계적이고 구조적으로 생각해서 가능한 한 최선의 미래를 구축하는 방식으로 해결해야 한다. 이와 동시에 인간이 설계하는 생물학, AI, 기후변화, 핵무기 등과 같은 분야에서 긍정적인 기회는 늘리고 부정적인 위험을 줄이기 위해 모든 수준에서 더 나은 틀을 구축해야 한다. 그러나 각각에 대한 필수적인 활동만으로는 더 큰 문제에 대한 해결책이 될 수 없다. 즉 팬데믹만 해결하고 기후변화는 그대로 둔다면 우리는 실패한 것과 다름없다. 팬데믹과 기후변화만 해결하고 핵무기는 그대로 둔다면 실패한 것과 다름없다. 팬데믹, 기후변화, 핵무기만 해결하고 폭주하는 AI와 합성생물학 문제를 해결하지 못한다면 실패한 것과 다름없다. 다른 모든 문제도 마찬가지다.

이런 문제를 개별적으로 보는 것은 독감 바이러스가 발생할 때마다 새로운 백신을 만드는 행위와 같다. 하나하나의 접근 방식은 분명 아무것도 하지 않는 것보다는 훨씬 낫겠지만, 시간이 지나면서 진화할 수 있는 위험한 독감 바이러스는 거의 무한대로 존재한다. 종합적인 독감 백신을 개발하려면, 분자 수준에서 모든 독감 바이러스의 공통 속성을 파악하여 이를 표적으로 하는 시스템을 구축할 수 있어야 한다. 이와 비슷하게, 먼저 우리가 직면한 도전의 공통적인 요소를 파악한 후 이를 해결하기 위해 지역과 국가, 글로벌 체제를 업그레이드해야 한다. 우리는 지금의 순간을 1648년과 1945년처럼 전세계적인 운영 체계의 업그레이드가 잠시나마 가능했던 시점으로 생각해야 한다. 인류 역사상 가장 강력하고 혁신적인 기술을 안전하고 효과적으로 관리한다는 생각은 그 자체로 충분히 어려운 일일지도 모른다. 이미 해결하기 어려운 과제를 더 복잡하고 난해해 보이는 글로벌 거버넌스 문제에 끼워 넣으려는 시도는, 마치 그 문제를 해결하기 불가능한 것처럼 보이게 만들어 버릴 수도 있다. AI와 생명공학 설계에 관한 거버넌스는 기술 거버넌스의 하위 집합에 들어가고 기술 거버넌스는 다시 국가 및 글로벌 거버넌스의 하위 집합에 들어간다. 그래서 우리의 목표를 완전히 달성하려면 모든 수준에서 상당한 진전을 이루어야만 하는데, 문제는 이러한 사실을 모두가 인식하기 매우 어렵다는 것이다. 우리는 여러 징후를 해결하는 동시에 가장 중요한 글로벌 집단행동 문제를 해결해야 한다. 그렇지 않으면 하나의 위기 프라이팬에서 다른 위기 프라이팬으로 뛰어드는 행동만 반복하게 될 것이다.

팬데믹, 생물 보안, 기후변화, 핵무기 확산, AI 거버넌스 등 직면한 많은 도전에는 공통의 뿌리가 있다. 물론 그렇다고 더 이상 개별적으로 해결하면 안 된다는 의미는 아니다. 그보다는 지역사회, 국가, 세계에 필요한 보상 또는 벌칙을 세우고 남용을 방지하는 보호 장치를 만드는 모든 조치를 해야 한다. 우리는 AI, 합성생물학 등 다양한 분야를 위해 새로운 규범과 국가 법률, 규제 체계, 새로운 기관이 필요하다. 하지만 어느 한 분야에서 기적적인 성과를 거두었다고 해서 인류가 궁극적으로 승리했다고는 볼 수 없다. 따라서 우리는 더 많이 그리고 더 잘해야 한다.

기후변화, 핵무기, 팬데믹, AI 안전 또는 기타 단일 문제에 용감하게 자신의 에너지를 바치는 사람들은 이런 개별적인 부분이 더 큰 과제인 글로벌 거버넌스와 집단행동의 한 가지 표현에 불과하다는 사실을 납득하지 못할 수도 있다. 이들의 생각을 충분히 이해하지만 적어도 나는 이 개별 문제들이 모두가 함께 해결해야 하는 더 큰 문제의 일부라는 결론을 내릴 수밖에 없다.

이 책의 핵심 주제는, 과학기술의 발전을 통해 인간이라는 종은 신과 같은 새로운 능력을 갖게 되었고, 이 능력은 모든 수준에서 이익을 극대화하고 피해를 최소화하는 방식으로 관리해야 한다는 것이다. 이 기술이 가져오는 장단점은 동전의 양면과 같아서 한쪽에는 주의를 기울이지 않고 다른 쪽에만 집중할 수는 없다. 잠재적인 문제를 고려하지 않고 생명공학의 큰 이점만을 취하는 데 집중하거나, 산업화의 부작용을 해결하지 않고 보상만 얻거나, 위험성을 고려하지 않고 계속해서 강력해지는 기술 생태계의 긍정적인 마법에만 집중한다면, 우리는 종말을 부르는 핵전쟁 속에서 표류하게 될 것이다. 지금 우리는 지역에서부터 세계를 아우르는 최적화된 새로운 규범과 프로세스, 제도를 모든 면에서 구축하기 시작해야 한다.

당장은 아주 효과적인 거버넌스 역량을 구축하고 광범위한 집단행동 문제를 모두 해결할 수 없으므로 개인, 커뮤니티, 기업, 국가가 각자 핵심적인 역할을 수행하면서 기초부터 단단히 세워야 할 것이다.

유전학과 생명공학, AI 혁명이 교차하는 모든 분야에는 삶을 변화시킬 수 있는 잠재력이 있지만, 현재는 각기 다른 국가별 규제 시스템으로 인해 공통되지 않은 표준이 남용되고 있다. 인간 게놈 편집, 동식물 유전자 변형, 고위험 바이러스 연구, 그리고 이 책에서 다루는 모든 분야가 여기에 포함된다. 관할권마다 엄격한 기준이 있는 곳도 있고 그렇지 않은 곳도 있으며 기준 자체가 없는 곳도 있다. 기술과 관련된 여러 문제는 궁극적으로 전 세계가 함께 풀어야 할 대상이지만, 여러 관할권에서 이 문제를 동등하게 규제하지 않거나 전혀 하지 않는 상황이다.

물론 규제 시스템(및 비규제 시스템)들이 혼재하는 문제를 인식한다고 해서 다양한 산업에 걸쳐 있는 설계 생물학의 응용 분야를 하나의 보편적인 시스템이 규제할 수 있다거나, 그렇게 해야 한다는 의미는 아니다. 다만 모든 국가가 각자의 가치와 필요에 따라 최상의 규제 및 거버넌스 인프라를 갖추도록 최선을 다해야 하며, 이런 노력이 모이면 전 세계적으로 더 나은 거버넌스 구축에 기여하게 될 것이라는 의미다.

현재와 같은 변화의 시기에 필요한 거버넌스와 규제 시스템을 충분히 갖춘 국가는 없지만 일부 국가는 꽤 모범적으로 해나가고 있다. 더 발전하고 관리를 잘하는 국가는 그렇지 않은 곳보다 더 빠르게 움직일 수 있을 것이다. 또한 세계 어디에도 규제와 거버넌스의 블랙홀이 없을 때 전체 프로세스가 지속 가능한 방식으로 진행될 것이다. 따라서 서로 모범 사례를 공유하고 모든 사회가 각자의 가치와 전통에 따라 거버넌스 시스템을 신속하게 발전시키는 노력이 꼭 필요하다. 또한 각국 정부의 규제 당국이 서로에게 배우며 능력을 강화하도록 돕는 일은 올바른 방향으로 가는 또 다른 단계가 될 것이다. 이는 모범 사례 기관을 세우고, 교육 자료와 교육 프로그램을 개선하는 등으로 이행할 수 있다. 그 외에 지식 공유를 위해 기후변화에 관한 정부 간 협의체와 비슷한 역할을 하는 기관, 여러 조직이 기본적인 표준을 준수하도록 돕는 도구, 영향력이 큰 최첨단 연구가 음지에서 수행되지 않도록 보장하는 등록부, 진행 상황을 파악하는 세계 관측소 등 각 영역에서 최고의 아이디어를 쉽게 공유할 수 있는 보편적인 틀을 구축하는 것도 매우 중요하다.

시스템 혼선 문제를 해결하는 한 가지 방법은 아날로그 방식으로 서로 대화할 수 있는 조직을 구성하는 것이다. 최근 수십 년간 대부분의 국가에서는 기후변화에 대한 대응을 감독하고 다른 국가의 관련 기관과 교류하는 기후변화 조정관을 임명했다. 물론 합성생물학, AI, 핵확산 등 다른 세계 이슈에 대해서도 이와 비슷한 조정자를 임명해야 한다는 주장이 강하게 제기될 수 있으나, 그렇게 되면 서로 다른 목적으로 일하는 조정자들로 세상이 가득 차게 될지도 모른다. 이런 이슈들에는 공통점이 너무 많아서 너무 세세하게 나누다 보면 위험할 정도로 산만해지고 낭비도 심해질 것이다.

따라서 AI와 설계 생물학의 안전과 보안을 강화하거나 새로운 역량을 구축하는 것 외에도 각 국가는 모든 분야에서 개별적인 노력을 감독해야 하며, 관련 기회와 위험의 공통된 뿌리에서 나오는 과제와 기회를 담당하는 조정자를 임명하는 것이 합리적일 것이다. 이런 국가적인 노력은 세계적인 수준으로 반영되어 더 강력하고 의미 있는 집단적 규범 수립에 도움이 될 것이다. 그게 아니더라도 최소한 세계 문제를 다루는 사람들이 각기 다른 공동체 내에서 같은 개

넘과 조직적 문제를 계속해서 새롭게 만들어 내는 행위는 멈추게 할 수 있을 것이다.

공통된 도전에 대해 공동으로 대응하는 것에 집중한 새로운 국제 기구는 유엔의 주도하에 국가 조정자들을 조율하고, 시민 사회, 신앙 기반 집단, 토착 집단, 기타 집단의 관점을 통합하는 틀을 제공하며, 모두가 더 나은 세상에서 살 수 있는 계획을 지원할 수 있다.

이 기관은 국가의 지원과 조정을 받으면서도 고도의 탈정치적 자율성을 바탕으로 운영되며 공동의 선善을 위한 기술 개발을 촉진하는 틀을 구축하고 장려한다. 주요 위기에 대응하는 세계의 능력을 시험하는 훈련을 정기적으로 실시하고, 국가 및 세계적인 차원에서 가장 큰 위험을 식별하고 분석하는 작업을 수행할 수 있다. 또한 이 기관은 매년 각 나라의 거버넌스와 대비 수준을 평가하여 부족한 부분을 해결할 수 있는 실행 계획을 지속적으로 개발 및 조정, 시행하고, 모범 사례를 수집 및 공유한다. 모든 곳에서 역량을 구축하려는 노력을 주도하고, 미래의 글로벌 위기를 대비 및 예방하며, 위기 발생 시 긴급 대응을 조정하는 데도 도움을 줄 수 있다. 그 외에도 질병을 더 잘 예방하고 치료하며, 생명을 구하는 백신을 개발하고, 농업 생산성을 지속 가능하게 높인다. 또한 새로운 생체 물질을 발명하고 배치하며, 인간의 문화유산을 보호하는 등의 활동을 함으로써 새롭게 가진 능력이 가장 유익한 방식으로 발현되고 안전하게 널리 공유될 수 있도록 할 것이다.

이 모든 과정은 각국 정부와 유엔 기관의 여러 지도자뿐 아니라 시민 사회, 지역 토착민, 종교계, 청년 및 기타 그룹의 지도자들이 참여하는 세계 상호의존성 정상회의Global Interdependence Summit를 통해 시작할 수 있다. 그 목표는 원칙을 명확히 하는 것으로 삼는다. 집단적인 정치 발전과 복잡한 글로벌 상호의존성을 기반으로 하여 글로벌 시스템 개선을 시행할 때 뒷받침하는 원칙 말이다. 혁신적인 기술을 가장 잘 관리할 방법에 대한 문제는 더 넓은 목표의 일부분으로 편입한다. 이러한 전체 과정을 이행하다 보면, 모든 공통 문제를 해결하기 위해서는 더 강력한 공동의 틀이 필요하다는 사실을 깨닫게 될 것이다. 이 틀은 우리의 혁신적인 새 기술과 관련된 이점을 최대화하고 피해는 최소화할 수 있도록 도울 것이다.

이러한 노력은 1945년 유엔 헌장, 1948년 세계인권선언 및 의정서, 1966년 시민, 정치, 경제, 사회, 문화의 권리에 관한 국제 규약International Covenants on Civil and Political and Economic, Social and Cultural Rights 등 우리가 이미 발전시켜 온 원칙에 기초해야 한다. 그러나 급변하는 세계의 새로운 현실에 잘 맞는 원칙도 추가로 수립해야 할 것이다.

17세기 베스트팔렌 조약의 핵심 단어가 '국가'였고 1945년 유엔 헌장의 핵심 단어가 '국제'였다면, 여기에서 발전한 현재의 단어는 '상호의존'이 되어야 할 것이다. 복잡한 글로벌 상호의존성의 환경에서 서로에 대한 책임 의식을 가지고 글로벌 운영 체제를 개선해야 한다는 의미다. 우리가 원하든 원하지 않든 세상은 점점 더 긴밀하게 연결되어 우리의 운명은 서로 간, 모든 생명체 간에 얽히고 있으며, 심지어 지구의 건강과도 얽히고 있다. 혁신적인 과학은 이러한 큰 틀에 존재하기 때문에 집단의 큰 그림을 제대로 파악하면 작은 그림도 모두 제대로 파악할 수 있을 것이다.

강대국 간 경쟁이 우리를 갈라놓는 시점에서 전 세계가 힘을 합쳐 가장 큰 문제를 해결해야 한다는 사실은 매우 아이러니하지만, 이것이 요점이다. 우리가 충분히 피할 수 있었던 코로나19 팬데믹을 경험하고, 우크라이나와 중동, 남중국해 등지에서 벌어지는 여러 위기와 갈등을 지켜보면서 지금의 진로를 바꾸지 않았을 때 어떤 운명이 모든 사람을 기다리고 있을지 어느 정도 엿볼 수 있었다.

전 세계적으로 고조되는 갈등과 냉전 수준의 긴장감 때문에 전쟁이 불가피해 보일지라도 더 나은 길을 향해 나아가야 한다는 주장은 희망 없는 순진한 생각은 아니다. 세상은 저절로 나아지지는 않을 것이다. 미래에 거대한 분쟁과 산업 규모의 위기를 겪을지도 모르지만 과거에도 인간은 이런 일들을 겪어 왔다. 역사는 순환한다. 1990년대 초에는 소련 붕괴와 제1차 냉전 종식 이후에 나타났던 특징인 국제 공조 가능성에 대한 낙관론이 있었다. 현재는 이런 분위기와는 멀어진 상태지만 그렇다고 비관론에 빠질 필요는 없다. 그보다는 혁명적이고 급속도로 발전하는 기술의 시대에 인류의 번영을 증진할 수 있는 시스템을 명확히 정립하고 그 토대를 마련하기 위한 실질적인 노력을 배가해야 한다.

대략적인 윤곽도 제대로 그려 내기 어려운 여정에서 우리가 지향하는 가치를 명확히 정해 두는 것은 많은 사회가 새로운 시작을 모색할 때 하는 행동이다. 미국 독립혁명은 1776년 독립선언문이라는 원칙을 발표함으로써 시작했으며, 이후 일어나는 일에 대한 이념적 토대가 되었다. 유엔이라는 기관을 설립하는 실험은 1941년 대서양 헌장으로 촉발되었고, 1945년 유엔 헌장에서 기본 원칙을 명시하면서 그 시작을 알렸다. 그러나 미국의 경우 원주민 대학살, 유엔의 경우 두 차례의 세계대전, 국제연맹의 실패라는 끔찍한 역사가 앞서 있었고, 노예 제도, 제국주의, 제도적 불평등과 같은 일도 뒤따랐다. 이렇게 미국 독립선언문과 유엔 헌장은 부족한 부분이 많았지만, 여전히 더 나은 미래를 위한 방향을 제시하는 북극성과 같은 역할을 한다.

코로나19 팬데믹 초기에 전 세계 일반인 단체가 모여 '상호의존성 선언문'Declaration of Interdependence 초안을 작성한 후 유엔에 제출했고 이 선언문은 20개 언어로 번역되었다. 이 문서의 서문은 이렇게 시작한다. "원셰어드월드OneShared.World는 다양한 문화, 공동체, 민족, 조직, 단체, 이익 단체, 세대, 국가가 이해 관계자로서 협력하여 인류에게 더 나은 미래와 지구의 지속 가능성을 보장하기 위해 노력하는 광범위하고 포괄적인 단체다."

선언문의 본문은 다음과 같다.

우리는 인류의 공동 가치를 민주적으로 표현하는 것을 세계 질서의 핵심 기둥으로 삼을 것이다. 또한 관행, 구조, 시스템, 결과에서 실질적이고 의미 있는 변화를 이끌어 인류가 직면한 가장 큰 문제들을 해결하기 위한 가시적인 진전을 이루려고 노력할 것이다.

코로나19 팬데믹이 강력하게 상기시켜 주었듯 우리는 모두 공통의 생존 위협에 직면한 하나의 종임을 인지하며 다음과 같이 주장한다.

우리는 인류와 지구에 사는 모든 생명체 및 생태계가 깊이 상호 의존한다는 사실을 인식하는 것이 건강하고 안전하며 지속 가능한 미래를 성공적으로 만드는 노력의 기반이 되어야 한다고 믿는다.

우리는 공동의 행복과 건강을 위한 상호 책임을 주장한다.

인류의 복지에 대한 걱정은 우리 각자에게서 시작되며 우리가 하는 일의 목표와 과정, 결과는 일치해야 한다고 확신한다.

위기의 시대에도 불구하고 우리가 직면한 위협의 규모는 더 나은 미래를 건설할 우리의 잠재력에 비하면 크지 않다고 믿는다.[20]

2020년 4월에 선언문이 발표되고 원세어드월드가 출범한 이후 이 조직은 전 세계 120개국에서 온 사람들이 참여하면서 그 규모가 계속 커졌다. 물론 우리 모두가 필요로 하는 것에 비하면 거대한 바다의 작은 물방울에 불과하다. 일부 개인이 한 번 선언문을 발표하는 것으로는 부족하다는 말이다. 여러 국가가 비슷한 선언을 하는 것은 환영할 만하지만 그 이상의 것이 필요하다. 모든 계층의 사람들이 함께 지속적으로 노력해야 한다. 다시 말해 피라미드의 가장 아래부터 시작해서 위로 올라가며 개별적인 문제를 해결하는 한편, 중첩되고 끊임없이 가속화되는 기술 혁명으로 인해 악화되는 문제를 포함해서 집단적이고 글로벌한 문제를 해결할 수 있는 더 나은 틀을 구축해야 한다.

이러한 열망을 현실로 바꾸기 위해서는 엄청난 시간과 에너지, 자금이 투입되어야 한다. 언뜻 보기에는 너무 많다고 생각되겠지만, 현 상태를 그대로 두었을 때 나타날 결과(인간의 잠재력 미실현, 생물 다양성의 급격한 손실, 예방 가능한 팬데믹 발생, 기후변화, 기술을 등에 업고 강력해진 전쟁으로 인한 수백만 또는 수십억 명의 사망자와 수조 달러의 경제적 손실 등)의 비용을 비교해 보면 얼마나 미미한 수준인지 알게 될 것이다.

1795년 칸트가 평화 연맹을 상상했던 때처럼, 또 1941년 루스벨트와 처칠이 전쟁 속에 유엔을 상상했던 때처럼, 글로벌 시스템 업그레이드라는 생각이 당장은 불가능해 보일 수 있다. 우리가 그 아래에 벽돌을 하나씩, 바이트를 하나씩, 뉴클레오타이드를 하나씩, 사람을 한 명씩, 아이디어를 하나씩, 기관을 하나씩 쌓기 시작할 때까지 그것은 지나치게 이상적인 '공중누각'으로 남아 있을 것이다.

우리 인간은 아주 짧은 시간에 이질적인 유목민에서 지구의 생명체를 조작하고, AI를 설계하고, 지구와 잠재적으로 다른 행성들의 많은 부분을 재구성하는 엄청난 힘을 가진 종이 되었으나 이에 걸맞은 글로벌 의식이나 정치를 발전시키지는 못했다.

우리가 더 포괄적인 접근 방식을 택하지 않고 글로벌 문제를 한 번에 하나씩 해결하려고 하다가 대부분 실패로 그친다면, 그리고 우리의 창조적이고 파괴적인 힘이 커지는 동안 위험할 정도로 분열된 세계의 무너진 정치를 불가피한 것으로 받아들이기만 한다면, 위기가 우리를 기다리고 있을지도 모른다. 어쩌면 실존적 위기까지 올지도 모른다. 6,600만 년 전 굴속에서 나온 땃쥐 조상이나 제2차 세계대전 종전을 축하하는 부모님 또는 조부모님처럼, 이 위기에서 살아남은 사람들은 마침내 여우굴, 동굴, 우주 정거장 또는 기타 피난처에서 나와, 상호의존의 세상에서 상호 책임 원칙을 기반으로 한 새로운 세계 정치를 구축해야 한다는 사실을 인식하게 될 것이다.

매우 바람직한 대안이라고 한다면 지금부터 변화를 시작해 보는 것이다. 새로운 기술을 현명하게 사용한다면 앞에서 말한 재앙을 예방하고 훨씬 더 나은 세상을 만들 수 있는 윤리적 북극성을 따를 수 있을 것이다.

모든 사람은 지식과 혁신에 기여하고, 최선의 방법을 찾는 집단적 과정에 참여하며, 나와 가족, 공동체가 살아가고 일하는 방식에서는 열망을 잘 반영하는 결정을 내림으로써 더 나은 미래를 구축하는 데 기여해야 한다.

또한 현명하게 규제된 기술이 우리의 창의성과 인류애를 최대한 발휘할 수 있도록 해야 한다.

우리 자신과 서로에게 가장 높은 기준을 적용하고, 각국 정부에게는 역동적인 국내외 거버넌스와 규제 시스템을 구축해서 보다 긍정적인 결과가 나올 확률을 높이는 동시에 더 나쁜 결과의 위협을 계속해서 줄이도록 요구해야 한다.

그뿐 아니라 국제기구, 국가 및 지방 정부, 시민 단체, 기업, 종교계 및 기타 기관은 상호의존적인 세계에서 좁은 의미의 개인적 이익과 넓은 의미의 집단적 이익 사이의 균형을 잘 맞추어야 한다.

현재 우리의 미래는 위태롭다. 더 나은 결과와 더 나쁜 결과를 만드는 것은 우리 자신이기 때문에 기술 혁신의 속도에 맞춰 사회를 더 빠르게 조직해야 한다.

거센 역풍과 피할 수 없는 좌절에 직면하더라도 더 나은 미래를 상상하는 것을 절대로 멈추지 말아야 한다. 크든 작든 할 수 있는 모든 방식으로 그 미래를 만들기 위해 계속 노력해야 한다.

이 모든 과제는 각자가 풀기에는 매우 어렵게 느껴질 수 있지만 전체가 함께하면 그렇지 않을 것이다.

캔자스시티에서 살던 활기 넘치는 삼형제와 나는 부모님이 늦게까지 일하셔서 항상 창의적인 놀이를 찾아야 했다. 당시 우리가 했던 게임 중 하나가 친숙한 놀이인 술래잡기였다. 게임의 규칙은 매우 간단하다. 한 사람씩 차례로 손가락을 가리키며 '이니, 미니, 마이니, 모'로 '술래'를 정한다. 그다음 술래는 누군가를 잡을 때까지 다른 사람들을 쫓아다닌다. 첫 번째 '술래'가 다른 사람을 잡으면 손으로 가볍게 치면서 "잡았다, 네 차례야!"라고 말한다. 마치 전염성 바이러스에 감염되듯, 아니 더 적절한 표현이라면 아이디어의 영감이 빠르게 퍼져 나가는 듯한 게임이었다.

유전학, 생명공학, AI 혁명이 교차한 이래 시간이 지나면 우리와 주변의 세상은 더 깊고 근본적으로 변화할 것이다. 현재와 미래에 더 나은 결과가 나올 확률을 높이고 나쁜 결과가 나올 가능성을 줄이기 위해 가능한 모든 일을 하는 것은 우리 모두의 몫이다. 그래서 이 책을 마무리 짓는 것은 여정의 끝이 아니라 시작일 뿐이라 생각한다. 우리가 살고 싶은 더 나은 내일을 만드는 것은 오늘의 당신과 우리 모두의 몫이다.

다시 말해서, 잡았다, 이제 당신 차례야.

이 책을 읽어 주신 모든 독자에게 감사를 전한다. 집필이라는 것은 저자의 생각과 열망을 쉽게 공유할 수 있는 형식으로 바꾸는 어렵고도 고독한 작업이다. 일단 완성된 책은 작가에서 각각의 독자로 전달되고 독자는 어쩌면 작가가 상상하지 못한 길을 걷기 시작한다.

나는 책을 쓸 때마다 다시는 이런 일을 하지 않으리라 다짐하곤 했다. 하지만 독자들과 내 아이디어를 공유하는 경험은 처음 책을 구상하는 단계부터 책이 탄생하는 단계까지에 들어가는 엄청난 에너지(정말 힘들다!)보다 훨씬 더 가치 있다. 그래서 다시 책상 앞에 앉은 나는 컴퓨터 빈 화면에 운명적인 첫 글자를 치는 순간 또 한 번 두려움에 떤다.

글을 쓰는 일은 거의 혼자서 가능하지만 아주 훌륭한 책이라도 출판까지 모두 혼자 할 수는 없다. 이 책이 나오기까지 고마운 분들이 없었다면 책을 쓸 수도, 쓰지도 않았을 것이다.

질 마살은 내 계획안을 세련되게 다듬는 데 도움을 주었고 어려울 때마다 나를 이끌어준 현명하고 대담하면서 매우 유능한 담당자였다.

나는 팀버 프레스의 세 편집자와 긴밀하게 작업을 했는데 모두 훌륭한 분들이다. 월 맥케이는 원래 기획 편집자였고 라이언 해링턴은 프로젝트가 결실을 보는 데 도움을 주었다. 두 분 모두 정말 열정적으로 지원을 해주었다. 자코바 로손은 책의 완성도를 한껏 높이는 데 큰 노력을 기울이셨다. 이분들 외에도 힐러리 코들, 빈센트 제임스, 사라 밀홀린, 브라이언 존스 리더, 캐틀린 니콜스, 멜리나 도런스, 캐롤라인 맥컬로치, 다셀 워런, 캐서린 유르겐스, 케빈 매클레인 등 출판사의 많은 분이 모두 훌륭하고 의미 있는 작업을 해주었다. 아이작 토빈은 표지(내가 보기에 정말 멋지다고 생각한다)를 디자인해주었고 다니엘 코헨은 꼼꼼하게 검수해서 수많은 실수를 한 나를 구해주었다.

모하메드 자만은 의사이자 연구 과학자로서 경력을 쌓는 동안에도 끊임없이 참고 자료를 다듬어 주고 사진과 도표 중에서 모호한 출처에 대한 사용 허가를 받는 데 많은 도움을 주었다. 대서양 위원회의 매튜 크로니그와 제프리 치미노는 매우 까다로운 행정절차에 필요한 자료를 확보해 주었다. 제이미 더글러스는 책 관련 홈페이지를 만드는 놀라운 작업을 했고 애슐리 베르나르디와 그녀의 대단한 팀은 대중에게 이 책을 홍보하는 데 큰 도움을 주었다.

아납 다스, 케빈 데이비스, 로버트 그린, 데이비드 그린스푼, 스캇 무어, 엔릭 살라, 앨리슨 반 이넨남도 각 장이나 단락에 대해 의견을 주면서 귀중한 통찰력을 공유해 주었다. 장 미셸 클라베리, 비르지니 쿠르티에, 크리스 메이슨은 전체 원고를 읽고 내용을 의미 있는 방향으로 강화하는 여러 가지 제안을 준 진정한 영웅들이다. 앤톤

머크는 최종적으로 원고를 살펴보며 수정이 필요한 곳을 찾는 작업에 기꺼이 자원해 주었다.

나는 수천 명의 사상가, 과학자, 언론인, 비평가 등을 참고 자료에 따로 정리해 두었고 이들의 업적에서 많은 도움을 받았다. 그리고 수년간 조지 처치, 데미스 하사비스, 한나 리치, 에릭 토폴 등, 뛰어난 사람들의 작업을 계속 접해 오면서 이들의 업적이 매우 통찰력 있고 여러 분야에 다양하게 걸쳐 있다는 사실을 알게 되었다. 또한 지난 4년 동안 '파리 그룹'의 전문가들과 생각과 자료를 공유하면서 팬데믹의 기원에 대해 혼자보다는 훨씬 더 현명한 판단을 내릴 수 있었다.

나는 언제나 균형 잡힌 책을 쓰려고 노력하지만 천성적으로 낙관주의자임은 부인할 수 없다. 그래서 나와 의견이나 관점이 다른 사람은 물론이고 열성적인 비평가도 환영하는 바다. 이 책에서 설명한 변화는 계속해서 속도를 올릴 것이고 우리 모두는 가능한 한 최선의 미래를 만들고 그 방향으로 가기 위해 중요한 역할을 해야 한다.

이 책을 집필하는 동안 우리 아버지는 스티브 잡스를 괴롭혔던 것과 같은 유형의 진행성 신경내분비암 진단을 받았다. 의료와 관련된 챕터를 쓸 때 나는 이 책에서 설명하는 중첩된 여러 기술 혁명이 이끄는 암 치료의 길로 아버지를 이끌어야 하는 이상한 처지에 놓이게 되었다. 우리 아버지와 어머니는 믿을 수 없을 정도로 용감했기 때문에 덴버에 있는 콜로라도대학교의 훌륭하고 사려 깊으며 배려심 넘치는 종양 전문의인 로버트 렌츠박사님의 안내를 받기로 했다. 표준 화학요법으로 원하는 결과를 얻지 못한 후 아버지는 새로운 표적 유전자 치료제에 도박을 해보기로 했고 기대 이상의 성공을 거두었다.

이러한 진전 덕분에 아버지는 암을 처음 진단받은 지 1년 후인 2023년 10월 덴버에서 열린 첫 번째 손녀의 성인식에 참석할 수 있었다. 우리가 이 책에서 설명한 기술들을 두려워해야 하는 이유는 매우 많다. 그러나 이와 같은 기적이 실제로 일어나고 있다는 사실과 그 잠재력을 결코 놓쳐서는 안 될 것이다.

아버지는 2025년 4월 세상을 떠나셨다. 그러나 아버지의 정신은 이 책을 포함하여 내 마음속에, 가치관에, 내가 하는 일 속에 여전히 살아 숨 쉬고 있다.

이 책을 돌아가신 아버지, 커트 메츨과의 행복했던 기억, 강인함을 지닌 사랑하는 어머니 매릴린 메츨, 이 책을 쓰는 동안 정신적인 지주가 되어 준 말리카 바르가바, 소중한 기억을 공유하는 레슬리 겔브와 앨런 파렐만, 원셰어드월드의 꿈나무 자원봉사자들, 그리고 친애하는 독자 여러분에게 바친다. 이제 이 책은 당신 것이다.

1. 저자가 기술 변화의 본질에 대한 탐구로 책을 시작한 이유는 무엇인가? 규모와 범위, 중요성 면에서 현재의 변화하는 시대는 농업, 문자, 산업, 컴퓨팅 혁명과 같은 이전의 기술적·사회적 변화와 다르다고 생각하는가? 만약 그렇다면 어떻게 다른가?

2. 현시대의 가장 중요한 발전은 인간이 설계한 지능과 인간이 재설계한 생물학이라는 저자의 평가에 동의하는가? 그렇게 생각하는 이유 또는 그렇지 않은 이유는 무엇인가?

3. 저자가 책에서 제시한 예측 및 예방 의학의 미래에 대해 어떻게 생각하는가? 건강 위협이 나타나기 전에 미리 식별하는 데 도움이 된다면, 당신의 가장 사적인 건강 및 의료 정보를 지속적으로 공유할 의향이 있는가? 이 결정을 내릴 때 사생활에 대한 우려는 당신에게 어느 정도 중요한가? 미래에 걸릴 수도 있고 아닐 수도 있는 질

병에 대해 자신이 다른 사람보다 발병 위험이 크다는 사실을 차라리 모르는 편이 나은가?

4. 농업 자체가 일종의 급진적인 생명공학의 한 형태이며 조상들이 길들인 식물과 현재 우리의 주식 작물과의 차이가, 오늘날의 주식 작물과 GMO 작물 사이의 차이보다 훨씬 더 크다는 저자의 평가에 동의하는가? 그렇다면 유전자 변형 및 유전자 편집 작물에 대한 당신의 의견은 바뀌었는가?

5. 동물 세포를 산업용 바이오리액터에 넣어 만든 배양육이 도축된 동물의 고기와 생물학적으로 완전히 동일하다면 섭취하는 데 거부감이 없겠는가? 기후, 환경, 동물 학대, 인간의 건강 부분에서 산업형 축산업이 초래하는 문제점은 당신의 판단에 어느 정도 영향을 미치는가?

6. 저자는 AI, 유전학, 생명공학 혁명이 맞물려 진행되다가 잘못될 경우 발생할 수 있는 여러 시나리오를 제시했다. 이 중 어떤 것이 당신을 가장 두렵게 했는가? 이러한 위험이 이 기술들의 잠재적인 이익보다 더 크다고 생각하는가? 그렇게 생각하거나 그렇게 생각하지 않는 이유는 무엇인가?

7. 책의 마지막 장에서 저자는 미래에 긍정적인 결과를 가져올 가능성은 높이고 부정적인 결과가 나올 가능성을 낮추기 위해 현재 우

리가 할 수 있는 조치들을 몇 가지 제시했다. 그의 주장이 설득력이 있다고 생각하는가? 이를 평가한 후 당신은 미래에 대해 더 낙관적으로 바뀌었는가 아니면 비관적이 되었는가?

8. 매우 강력한 기술들을 우리가 가장 소중히 여기는 가치에 따라 올바른 방향에 쓰게 하려면 개인으로서, 다양한 공동체의 일원으로서, 당신은 어떤 역할을 할 수 있는가?

9. 저자는 "좋든 싫든 받아들이든 아니든 점점 더 연결되는 세상 속에서 우리의 운명은 서로서로, 그리고 모든 생명체와 지구의 건강과 얽혀 있다"고 말했다. 당신은 이 말에 동의하는가? 그렇다면 당신의 삶에서 어떠한 변화를 시도해 볼 수 있는가?

| 미주 |

들어가며

1 J. Bradford DeLong. *Slouching Towards Utopia: An Economic History of the Twentieth Century.* Basic Books, 2022.

2 Ray Kurzweil. "Understanding the Accelerating Rate of Change." *Perspectives on Business Innovation*, May 1, 2003, kurzweilai.net/understanding-the-accelerating-rate-of-change.

3 US House of Representatives. Committee on Foreign Affairs. Subcommittee on International Organizations, Human Rights, and Oversight. "Genetics and Other Human Modification Technologies: Sensible International Regulation or a New Kind of Arms Race?" 110th Cong., 1st sess., November 1, 2007, scribd.com/document/329863907/ HOUSE-HEARING-110TH-CONGRESS-GENETICS-AND-OTHER-HUMAN-MODIFICATION-TECHNOLOGIES-SENSIBLE-INTERNATIONAL -REGULATION-OR-ANEW-KIND-OF-ARMS-RACE.

4 Jamie Metzl. "Censored in China." Jamie Metzl (blog), September 28, 2018, jamiemetzl.com/ censored-in-china/.

5 Yael Halon. "COVID origins whistleblower touts vindication as media, medical pros consider lab leak theory." *Fox News*, May 24, 2021, foxnews.com/health/covid-origins-whistleblower-vindication-lab-leak-theory; Ursula Gauthier. "Origine du Covid-19: 'La Chine a tout fait pour étouffer l'affaire.'" *Nouvel Observateur*, October 23, 2021, nouvelobs. com/coronavirus-de-wuhan/20211023.OBS50188/origine-du-covid-19-la-chine-a-tout-fait-pour-etouffer-l-affaire.html; Kenneth Rapoza. "Wuhan Lab As Coronavirus Source Gains Traction." *Forbes*, May 1, 2020, forbes.com/sites/kenrapoza/2020/05/01/wuhan-lab-as-coronavirus-source-gains-traction/?sh=1520f20a6743.

6 Jamie Metzl. "Testimony Before the Subcommittee on Oversight and Investigations of the Committee on Energy and Commerce, US House of Representatives." March 8, 2023, oversight.house.gov/wp-content/uploads/2023/03/JAMIE-METZL-COVID-19-congressional-testimony-03082367.pdf.

제1장 | 인간이 생명을 설계하기 시작했다

1 Paul Brackley. "Synthetic organism that speaks a different genetic language." *Cambridge Independent*, March 28 2023, cambridgeindependent.co.uk/news/synthetic-organism-that-speaks-a-different-genetic-language-9282632/. See also J. F. Zürcher et al. "Refactored genetic codes enable bidirectional genetic isolation." *Science 378*, no. 6619 (Oc-

tober 20, 2022):516–523, doi.org/10.1126/science.add8943.

2 A. Nyerges, G. M. Church, et al. "A swapped genetic code prevents viral infections and gene transfer." *Nature 615*, no. 7953 (March 15, 2023): 720–727, doi.org/10.1038/s41586-023-05824-z. PMID:36922599.

3 Diana Kwon. "How Scientists Are Hacking the Genetic Code to Give Proteins New Powers." *Nature 618*, no.7966 (June 20, 2023), nature.com/articles/d41586-023-01980-4. A. Samanta, L. Baranda Pellejero, M. Masukawa, et al. DNA-empowered synthetic cells as minimalistic life forms. *Nature Reviews Chemistry 8*, 454–470 (2024), doi.org/10.1038/s41570-024-00606-1.

4 Max Roser, Hannah Ritchie, Esteban Ortiz-Ospina, and Lucas Rodés-Guirao. "World Population Growth." Our World in Data, ourworldindata.org/world-population-growth.

5 Karmela Padavic-Callaghan. "This startup wants to make electronics out of single molecules." *MIT Technology Review*, March 31, 2022, technologyreview.com/2022/03/31/1048672/roswell-molecular-electronics-revival/.

6 "Method of the Year 2022: Long-Read Sequencing." *Nature Methods 20*, no. 1 (2023), doi.org/10.1038/s41592-022-01759-x; Mikko Rautiainen, Brian Walenz, et al. "Telomere-to-Telomere Assembly of Diploid Chromosomes with Verkko." *Nature Biotechnology*, February 16, 2023, doi.org/10.1038/s41587-023-01662-6.

7 M. Salla, K. Penkert, L. S. Ludwig. The next generation of in situ multi-omics. *Nature Methods*, Jan 27, 2025, doi:10.1038/s41592-024-02571-5. Epub ahead of print. PMID:39870863.

8 Andrew Senior et al. "Improved protein structure prediction using potentials from deep learning." *Nature 577* (January 15, 2020):706–710, doi.org/10.1038/s41586–019–1923–7.

9 Ivan Anishchenko, Robert Linhardt, et al. "De novo protein design by deep network hallucination." *Nature 600*, no. 7889 (December 1, 2021): 547–552, doi.org/10.1038/s41586-021-04184-w.

10 Masha Karelina, Joseph J. Noh, and Ron O. Dror. "How Accurately Can One Predict Drug Binding Modes Using AlphaFold Models?" *eLife 12* (2023): RP89386, doi.org/10.7554/eLife.89386.1.

11 Mehmet Akdel, Pedro Beltrao, et al. "A structural biology community assessment of AlphaFold2 applications." *Nature Structural & Molecular Biology 29* (November 7, 2022): 1056–1067, doi.org/10.1038/s41594–022–00849–w. PMID: 36344848; PMCID: PMC9663297.

12 David Rumelhart, Geoffrey Hinton, and Ronald Williams. "Learning representations by back-propagating errors." *Nature 323* (1986): 533 –536, doi.org/10.1038/323533a0; Iz Beltagy, Kyle Lo, and Arman Cohan. "The Transformer: A Novel Neural Network Architecture for Language Understanding." Google AI Blog, August 6, 2017, ai.

googleblog.com/2017/08/transformer-novel-neural-network.html.

13 Sébastien Bubeck, Yi Zhang, et al. "Sparks of Artificial General Intelligence: Early experiments with GPT-4." *arXiv*, April 13, 2023, doi.org/10.48550/arXiv.2303.12712.

14 Noam Chomsky, Ian Roberts, and Jeffrey Watumull. "The False Promise of ChatGPT." *New York Times,* March 8, 2023, nytimes.com/2023/03/08/opinion/noam-chomsky-chatgpt-ai.html.

15 Yujia Li, Oriol Vinyals, et al. "Competition-level code generation with AlphaCode." *Science 378*, no. 6624 (December 8, 2022): 1092–1097, doi.org/10.1126/science.abq1158.

16 Beth Py Lieberman. "Understanding the Lasting Allure of the Rosetta Stone."*Smithsonian*, September 2002, smithsonianmag.com/history/romancing-the-stone-rosetta—175445099/.

17 Zeming Lin et al. "Evolutionary-scale prediction of atomic-level protein structure with a language model." *Science 379* (March 16, 2023): 1123–1130, doi.org/10.1126/science.ade2574.

18 Nguyen, et al. Sequence modeling and design from molecular to genome scale, *Science*, vol. 386, no. 6723, 15 Nov. 2024, doi:10.1126/science.ado9336.

19 Garyk Brixi, Matthew G. Durrant, et al. Genome Modeling and Design across All Domains of Life with Evo 2. *bioRxiv*, February 21, 2025. doi.org/10.1101/2025.02.18.638918.

20 Kaiyi Jiang, Zhaoqing Yan, et al "Rapid Protein Evolution by Few-Shot Learning with a Protein Language Model."*BioRxiv*.July 17,2024.doi.org/10.1101/2024.07.17.604015.

21 Ali Madani, Ben Krause, Eric Greene, et al. "Large language models generate functional protein sequences across diverse families." *Nature Biotechnology*, January 26, 2023, doi.org/10.1038/s41587-022-01618-2. See also J. L. Watson et al. "De novo design of protein structure and function with RFdiffusion." *Nature*, July 11, 2023, doi.org/10.1038/s41586-023-06415-8.

22 Tang et al. A survey of generative AI for de novo drug design: new frontiers in molecule and protein generation, *Briefings in Bioinformatics*, Volume 25, Issue 4, July 2024, bbae338, doi.org/10.1093/bib/bbae338

23 Cade Metz."Artificial Intelligence Is Helping Scientists Discover New Proteins." *New York Times*, January 9, 2023, nytimes.com/2023/01/09/science/artificial-intelligence-proteins.html?smid=nytcore-ios-share&referringSource=articleShare.

24 Eric Topol and Demis Hassabis. "It's Not All Fun and Games: How DeepMind Unlocks Medicine's Secrets." *Perspective*, June 15, 2022, medscape.com/viewarticle/975013.

25 National Quantum Initiative Act—H.R.6227. 115th Congress, December 21, 2018,

congress.gov/bill/115th-congress/house-bill/6227/text.

26 Vivien Marx. "Biology begins to tangle with quantum computing." *Nature Methods 18* (July 2021): 715 –719. doi.org/10.1038/s41592-021-01199-z.

27 Anton Robert, Ivano Tavernelli, et al. "Resource-Efficient Quantum Algorithm for Protein Folding." *arXiv*, August 6, 2019, arxiv.org/abs/1908.02163; P. S. Emani, A. W. Harrow, et al. "Quantum computing at the frontiers of biological sciences." *Nature Methods 18*(January 4, 2021): 701-709. doi.org/10.1038/s41592-020-01004-3.

28 Katja Grace et al. "When Will AI Exceed Human Performance? Evidence from AI Experts." *arXiv*, May 3, 2018, arxiv.org/abs/1705.08807.

29 Sébastien Bubeck, Yi Zhang, et al. "Sparks of Artificial General Intelligence: Early experiments with GPT-4." *arXiv*, April 13 2023, doi.org/10.48550/arXiv.2303.12712.

30 이 두 단락의 내용은 내가 2023년 6월에 게재한 기고문에서 발췌한 것이다: Jamie Metzl. "As Our AI Systems Get Better, So Must We." *Leaps*, June 27, 2023, leaps.org/agi/.

31 "Genetically Modified Crops Market Size, Trends and Global Forecast to 2032." *Business Research Company*, January 2023, thebusinessresearchcompany.com/report/genetically-modified-crops-global-market-report#:~:text=The%20global%20genetically%20modified%20crops,least%20in%20the%20short%20term.

32 Peter J. Chen and David R. Liu. "Prime Editing for Precise and Highly Versatile Genome Manipulation." *Nature Reviews Genetics*, November 7, 2022, pubmed.ncbi.nlm.nih.gov/36344749/.

33 Chunyi Hu, Alicia Rodríguez-Molina, et al. "Craspase Is a CRISPR RNA-Guided, RNAActivated Protease." *Science 377* (August 25, 2022), science.org/doi/10.1126/science.add5064.

34 Patrick Hsu. Bridge RNAs direct programmable recombination of target and donor DNA. *Nature* (2024), dx.doi.org/10.1038/s41586-024-07552-4, nature.com/articles/s41586-024-07552-4; and M. Hiraizumi, et al. Structural mechanism of bridge RNA-guided recombination. *Nature* (2024), nature.com/articles/s41586-024-07570-2].

35 Basem Al-Shayeb, Dylan Smock, et al. "Diverse Virus-Encoded CRISPR-CAS Systems Include Streamlined Genome Editors." *Cell 185*, no. 24 (November 23, 2022), doi.org/10.1016/j.cell.2022.10.020.

36 Madani et al. Engineering of CRISPR-Cas PAM recognition using deep learning of vast evolutionary data. *bioRxiv*, January 6, 2025, doi.org/10.1101/2025.01.06.631536.

제2장 | 병을 치료하는 시대에서 예측하는 시대로

1 Andrew Dunn. "The Wuhan coronavirus has now claimed more lives than SARS. Top

scientists told us it could take years and cost $1 billion to make a vaccine to fight the epidemic." *Business Insider*, February 10, 2020, businessinsider.com/wuhan-coronavirus-vaccine-could-take-years-timeline-and-cost-2020-2.

2 Antonio Regalado. "A Coronavirus Vaccine Will Take at Least 18 Months–If It Works at All." *MIT Technology Review*, March 10, 2020, technologyreview.com/2020/03/10/916678/acoronavirus-vaccine-will-take-at-least-18-monthsif-it-works-at-all/.

3 S. Vishwanath, G. W. Carnell, M. Ferrari, et al. "A Computationally Designed Antigen Eliciting Broad Humoral Responses Against SARS-CoV-2 and Related Sarbecoviruses." *Nature Biomedical Engineering* (2023), doi.org/10.1038/s41551-023-01094-2.

4 Patrick Funk et al. "Benefit-Risk Assessment of COVID-19 Vaccine, MRNA (Comirnaty) for Age 16 – 29 Years." *Vaccine 40*, no. 19 (April 26, 2022): 2781 – 2789, doi.org/10.1016/j.vaccine.2022.03.030.

5 Moderna. "Moderna Announces mRNA-1345, an Investigational Respiratory Syncytial Virus (RSV) Vaccine, Has Met Primary Efficacy Endpoints in Phase 3 Trial in Older Adults." January 17, 2023, investors.modernatx.com/news/news-details/2023/Moderna-AnnouncesmRNA-1345-an-Investigational-Respiratory-Syncytial-Virus-RSV-Vaccine-Has-Met-Primary-Efficacy-Endpoints-in-Phase-3-Trial-in-Older-Adults/default.aspx.

6 Alyson Kelvin and Darryl Falzarano. "The influenza universe in an mRNA vaccine." *Science 378*, no. 6622 (November 24, 2022): 827 – 828, doi.org/10.1126/science.adf0900.

7 National Institutes of Health. "Clinical trial of mRNA universal influenza vaccine candidate begins." May 15, 2023, nih.gov/news-events/news-releases/clinical-trial-mrna-universalinfluenza-vaccine-candidate-begins.

8 Luis Rojas et al. "Personalized RNA neoantigen vaccines stimulate T cells in pancreatic cancer." *Nature 618* (May 10, 2023): 144 – 150, doi.org/10.1038/s41586-023-06063-y.

9 Food and Drug Administration. "Prescription Drug Products Containing Acetaminophen: Actions to Reduce Liver Injury from Unintentional Overdose." January 14, 2011, regulations.gov/document/FDA-2011-N-0021-0001.

10 "Text of the White House Statements on the Human Genome Project." *New York Times*, June 27, 2000, archive.nytimes.com/www.nytimes.com/library/national/science/062700scigenome-text.html.

11 Office of the Press Secretary. "Remarks by the President on Precision Medicine." National Archives and Records Administration, January 30, 2015, obamawhitehouse.archives.gov/the-press-office/2015/01/30/remarks-president-precision-medicine.

12 Wen-Wei Liao, Mobin Asri, Jana Ebler, et al. "A draft human pangenome reference."

Nature 617 (May 10, 2023): 312 – 324, doi.org/10.1038/s41586-023-05896-x.

13 Elizabeth Pennisi. "A $100 Genome? New DNA Sequencers Could Be a 'Game Changer' for Biology Medicine." *Science 376*, no. 6599 (June 15, 2022), science.org/content/article/100-genome-new-dna-sequencers-could-be-game-changer-biology-medicine.

14 David Cameron. "What I Learnt from Our Son's Rare Disease." September 2, 2019, davidcameronoffice.org/what-i-learnt-from-our-sons-rare-disease/.

15 David Cameron. "DNA Tests to Revolutionise Fight against Cancer and Help 100,000 NHS Patients." GOV.UK, December 10, 2012, gov.uk/government/news/dna-tests-torevolutionise-fight-against-cancer-and-help-100000-nhs-patients.

16 David Cameron. "Genome UK: The Future of Healthcare." GOV.UK, December 10, 2012, gov.uk/government/publications/genome-uk-the-future-of-healthcare/genome-uk-thefuture-of-healthcare.

17 Bjarni Halldorsson, Gunnar Palsson, et al. "The Sequences of 150,119 Genomes in the UK Biobank." *Nature 607* (July 20, 2022): 732 – 740, nature.com/articles/s41586-022-04965-x.

18 US National Institutes of Health, All of Us Research Program. allofus.nih.gov/.

19 Emile Dirks and James Leibold. "Genomic Surveillance." Australian Strategic Policy Institute, June 2020, aspi.org.au/report/genomic-surveillance.

20 "P.R.C Regulation on the Management of Human Genetic Resources." China Law Translate, June 10, 2019, chinalawtranslate.com/en/p-r-c-regulation-on-the-management-of-humangenetic-resources/.

21 Kevin W. Doxzen et al. "Advancing Precision Medicine through Agile Governance." *Brookings,* March 9, 2022, brookings.edu/research/advancing-precision-medicine-through-agile-governance/.

22 이 멋진 이야기에서 우리 가족의 배경을 살짝 엿볼 수 있다: Ellen Portnoy. "It's Been a Wonderful Life for Pediatrician Kurt Metzl." *Jewish Chronicle*, December 14, 2017, kcjc.com/index.php/current-news/latest-news/4646-it-s-been-a-wonderful-life-for-pediatrician-kurtmetzl.

23 Di Zhang, Cong Ma, et al. "Spatial Epigenome – Transcriptome Co-Profiling of Mammalian Tissues." *Nature 616* (March 15, 2023): 113 – 122, doi.org/10.1038/s41586-023-05795-1; Song Chen, Blue B. Lake, and Kun Zhang. "High-Throughput Sequencing of the Transcriptome and Chromatin Accessibility in the Same Cell." *Nature Biotechnology 37*, no. 12 (October 14, 2019): 1452 – 1457, doi.org/10.1038/s41587-019-0290-0.

24 Milad Abolhasani, and Eugenia Kumacheva. "The Rise of Self-Driving Labs in Chem-

ical and Materials Sciences." *Nature Synthesis 2* (January 30, 2023): 483 –492, doi. org/10.1038/s44160-022-00231-0.

25 Hanchen Wang, Tianfan Fu, Yuanqi Du, et al. "Scientific discovery in the age of artificial intelligence." *Nature 620* (August 2, 2023): 47 –60, doi.org/10.1038/s41586-023-06221-2.

26 Ashok Kumar. "Prediction of Potential Lead Molecules through Systematic Integration of Multi-omics Datasets—A Mini-Review." *International Journal of Current Research and Review 9*, no. 19 (October 2017): 26 –31, doi.org/10.7324/IJCRR.2017.9194.

27 Sebastian Thrun, Philip Fong, et al. "Stanley: The Robot That Won the DARPA Grand Challenge." *In Springer Tracts in Advanced Robotics 36* (2007), link.springer.com/chapter/10.1007/978-3-540-73429-1_1.

28 Siddhartha Mukherjee. "A.I. versus M.D." *New Yorker*, March 27, 2017, newyorker. com/magazine/2017/04/03/ai-versus-md.

29 Andre Esteva, Sebastian Thrun, et al. "Dermatologist-Level Classification of Skin Cancer with Deep Neural Networks." *Nature 542* (January 25, 2017): 115 –118, doi. org/10.1038/nature21056.

30 Siddhartha Mukherjee. "A.I. versus M.D." *New Yorker*, March 27, 2017, newyorker. com/magazine/2017/04/03/ai-versus-md.

31 Ravi Aggarwal, Ara Darzi, et al. "Diagnostic Accuracy of Deep Learning in Medical Imaging: A Systematic Review and Meta-Analysis." *npj Digital Medicine 4*, no. 65 (April 7, 2021), doi.org/10.1038/s41746-021-00438-z .

32 Zhengliang Liu et al. "Radiology-GPT: A Large Language Model for Radiology." *arXiv*, June 14, 2023, doi.org/10.48550/arXiv.2306.08666.

33 Masahiro Yanagawa. "Artificial Intelligence Improves Radiologist Performance for Predicting Malignancy at Chest CT." *Radiology 304*, no. 3 (May 24, 2022): 692 –693, doi.org/10.1148/radiol.220571.

34 Nisha Sharma, Gabor Forrai, et al. "Retrospective Large-Scale Evaluation of an AI System as an Independent Reader for Double Reading in Breast Cancer Screening." *medRxiv*, January 1, 2022, medrxiv.org/content/10.1101/2021.02.26.21252537v2.full.

35 Kristina Lang et al. "Artificial intelligence-supported screen reading versus standard double reading in the Mammography Screening with Artificial Intelligence trial (MASAI): a clinical safety analysis of a randomised, controlled, non-inferiority, single-blinded, screening accuracy study." *Lancet Oncology 24*, no. 8 (2023): P936 –P944.

36 N. Eisemann, S. Bunk, T. Mukama, et al. Nationwide real-world implementation of AI for cancer detection in population-based mammography screening. *Nature Medi-*

cine(2025). doi.org/10.1038/s41591-024-03408-6.

37 Sarah Webb. "Deep Learning for Biology." *Nature 554* (February 20, 2018): 555 – 557, nature.com/articles/d41586-018-02174-z.

38 Y. Zhou, M. A. Chia, S. K. Wagner, et al. "A Foundation Model for Generalizable Disease Detection from Retinal Images." *Nature 622* (2023): 156 – 163, doi.org/10.1038/s41586-023-06555-x.

39 Todd Hollon, Arjun Adapa, et al. "Artificial-Intelligence-Based Molecular Classification of Diffuse Gliomas Using Rapid, Label-Free Optical Imaging." *Nature Medicine 29* (March 23, 2023): 828 – 832, doi.org/10.1038/s41591-023-02252-4.

40 Charlotte Vermeulen, Marta Pagès-Gallego, Liesbeth Kester, et al. "Ultra-fast Deep-Learned CNS Tumour Classification during Surgery." *Nature* (2023), doi.org/10.1038/s41586-023-06615-2.

41 Quoc Cuong Ngo, Dinesh Kumar, et al. "Computerized Analysis of Speech and Voice for Parkinson's Disease: A Systematic Review." *Computer Methods and Programs in Biomedicine 226* (November 2022), doi.org/10.1016/j.cmpb.2022.107133.

42 Goh et al. Large Language Model Influence on Diagnostic Reasoning: A Randomized Clinical Trial. JAMA Network Open. 2024;7(10):e2440969. doi:10.1001/jamanetworkopen.2024.40969

43 Inside Precision Medicine. AI Tool Can Diagnose Some Colon Cancer Years Before Doctors, January 27, 2025, insideprecisionmedicine.com/topics/informatics/ai-tool-can-diagnosesome-colon-cancer-years-before-doctors.

44 Ryan Han, Pranav Rajpurkar, et al. "Randomized Controlled Trials Evaluating AI in Clinical Practice: A Scoping Evaluation." *medRxiv*, September 12, 2023, doi.org/10.1101/2023.09.12.23295381.

45 Eric J. Topol. "As Artificial Intelligence Goes Multimodal, Medical Applications Multiply." *Science 381*, no. 6663 (2023), doi.org/10.1126/science.adk6139.

46 Derek Wong and Stephen Yip. "Machine Learning Classifies Cancer." *Nature 555*, no. 7697 (March 22, 2018): 446 – 447, doi.org/10.1038/d41586-018-02881-7.

47 Qianxing Mo, Ronglai Shen, et al. "Pattern Discovery and Cancer Gene Identification in Integrated Cancer Genomic Data." *Proceedings of the National Academy of Sciences 110*, no. 11 (February 21, 2013): 4245 – 4250, doi.org/10.1073/pnas.1208949110.

48 National Cancer Institute Center for Cancer Genomics. "The Cancer Genome Atlas Program (TCGA)." cancer.gov/about-nci/organization/ccg/research/structural-genomics/tcga.

49 Wang et al. A pathology foundation model for cancer diagnosis and prognosis pre-

diction. *Nature*. 2024 Oct;634(8035):970-978. doi: 10.1038/s41586-024-07894-z. Epub 2024 Sep 4. PMID: 39232164.

50 Elizabeth Worthey, Jaime M. Serpe, et al. "Making a Definitive Diagnosis: Successful Clinical Application of Whole Exome Sequencing in a Child with Intractable Inflammatory Bowel Disease." *Genetics in Medicine 13*, no. 3 (March 13, 2011): 255 − 262. doi.org/10.1097/gim.0b013e3182088158.

51 David Dimmock, Jeanne Carroll, et al. "Project Baby Bear: Rapid Precision Care Incorporating Rwgs in 5 California Children's Hospitals Demonstrates Improved Clinical Outcomes and Reduced Costs of Care." *American Journal of Human Genetics 108*, no. 7 (July 1, 2021): 1231 − 1238. doi.org/10.1016/j.ajhg.2021.05.008.

52 나는 하버드 의과대학의 로버트 그린 연구팀 자문위원으로 활동하고 있다. iconseq.org/도 참고.

53 Robert C. Green et al. "Actionability of Unanticipated Monogenic Disease Risks in Newborn Genomic Screening: Findings from the BabySeq Project." *American Journal of Human Genetics 110*, no. 7 (June 5, 2023): 1034 − 1045. doi.org/10.1016/j.ajhg.2023.05.007.

54 Guardian Study, guardian-study.org/.

55 Talha Burki. "UK Explores Whole-Genome Sequencing for Newborn Babies." *Lancet 400*, no. 10348 (July 23, 2022): 260 − 261. doi.org/10.1016/s0140-6736(22)01378-2; "UK launches whole-genome sequencing pilot for babies." *Nature Biotechnology 41*, no. 4 (January 18, 2023). doi.org/10.1038/s41587-022-01644-0.

56 Thomas Page. "100,000 newborn babies will have their genomes sequenced in the UK. It could have big implications for child medicine." CNN, March 20, 2023. cnn.com/2023/03/19/health/newborn-genomes-programme-uk-genomics-scn-spc-intl/index.html.

57 Min Jian, Chunhua Liu, et al. "A Pilot Study of Assessing Whole Genome Sequencing in Newborn Screening in Unselected Children in China." *Clinical and Translational Medicine 12*, no. 6 (June 2022). doi.org/10.1002/ctm2.843.

58 Children's Hospital of Fudan University. "The China Neonatal Genomes Project." July 28, 2021. clinicaltrials.gov/ct2/show/NCT03931707.

59 ain Forrest et al. Genome-First Evaluation with Exome Sequence and Clinical Data Uncovers Underdiagnosed Genetic Disorders in a Large Healthcare System. *Cell Reports Medicine 5*, no. 5 (2024): 101518. cell.com/cell-reports-medicine/fulltext/S2666-3791(24)00187-3.

60 Hong Gao et al. "The landscape of tolerated genetic variation in humans and primates."

Science 380, no. 6648 (June 2, 2023), doi.org/10.1126/science.abn8197.

61 Francesca Forzano, Yves Moreau, et al. "The Use of Polygenic Risk Scores in Pre-Implantation Genetic Testing: An Unproven, Unethical Practice." *European Journal of Human Genetics 30*, no. 5 (December 17, 2021): 493–495, doi.org/10.1038/s41431-021-01000-x.

62 Amit V. Khera, Pradeep Natarajan, et al. "Genome-Wide Polygenic Scores for Common Diseases Identify Individuals with Risk Equivalent to Monogenic Mutations." *Nature Genetics 50*, no. 9 (August 13, 2018): 1219–1224, doi.org/10.1038/s41588-018-0183-z.

63 M. Inouye, M. J. Caulfield, et al. "Genomic risk prediction of coronary artery disease in 480,000 adults: implications for primary prevention." *Journal of the American College of Cardiology 72*, no. 16 (October 2021): 1883–1893; Amit V. Khera, S. Kathiresan, et al. "Genetic Risk, Adherence to a Healthy Lifestyle, and Coronary Disease." *New England Journal of Medicine, 375*, no. 24 (December 15, 2016): 2349–2358; Ali Torkamani, Nathan Wineinger, et al. "The personal and clinical utility of polygenic risk scores." *Nature Reviews Genetics 19*, no. 9 (2018): 581–590, doi.org/10.1038/s41576-018-0018-x.

64 Judit Kumuthini, Laura Findley, et al. "The Clinical Utility of Polygenic Risk Scores in Genomic Medicine Practices: A Systematic Review" *Human Genetics 141* (April 30, 2022), link.springer.com/article/10.1007/s00439-022-02452-x#citeas; Erik Widen, Louis Lello, Timothy G. Raben, et al. "Polygenic Health Index, General Health, and Pleiotropy: Sibling Analysis and Disease Risk Reduction." *Scientific Reports 12*, no. 18173 (October 28, 2022), doi.org/10.1038/s41598-022-22637-8.

65 See, for example, Jonathan Michael Kaplan and Stephanie M. Fullerton. "Polygenic Risk, Population Structure and Ongoing Difficulties with Race in Human Genetics." *Philosophical Transactions of the Royal Society B: Biological Sciences 377*, no. 1852 (April 18, 2022), doi.org/10.1098/rstb.2020.0427.

66 Adam Yala, Imon Banerjee, et al. "Multi-Institutional Validation of a Mammography-Based Breast Cancer Risk Model." *Journal of Clinical Oncology 40*, no. 16 (June 1, 2022): 1732–1740, doi.org/10.1200/jco.21.01337.

67 Felix Agbavor, and Liang, Hualou. "Predicting dementia from spontaneous speech using large language models." *PLOS Digital Health 1* (December 22, 2022), doi.org/10.1371/journal.pdig.0000168.

68 Noam Barda, Daniel Greenfeld, et al. "Developing a COVID-19 Mortality Risk Prediction Model When Individual-Level Data Are Not Available." *Nature Communications*

11, no. 1 (September 7, 2020), doi.org/10.1038/s41467-020-18297-9; Gil Lavie, Orly Weinstein, Yoram Segal, et al. "Adapting to Change: Clalit's Response to the COVID-19 Pandemic." *Israel Journal of Health Policy Research 10*, no. 1 (November 30, 2021), doi.org/10.1186/s13584-021-00498-2.

69 Cassandra Hunt, Nicola Justice, et al. "Recent Progress of Machine Learning in Gene Therapy." *Current Gene Therapy 22*, no. 2 (February 22, 2021): 132 – 143, doi.org/10.2174/1566523221666210622164133.

70 US Food and Drug Administration. "Approved Cellular and Gene Therapy Products." fda.gov/vaccines-blood-biologics/cellular-gene-therapy-products/approved-cellular-and-gene-therapy-products; The Paul-Ehrlich-Institut of the German Federal Ministry of Health. "Gene Therapy Medicinal Products." pei.de/EN/medicinal-products/atmp/gene-therapy-medicinal-products/gene-therapy-node.html.

71 NHS Foundation Trust. "GOSH Patient Receives World-First Treatment for Her 'Incurable' T-Cell Leukaemia." December 11, 2022, gosh.nhs.uk/news/gosh-patient-receives-worldfirst-treatment-for-her-incurable-t-cell-leukaemia/#:~:text=In%20May%202022%2C%20Alyssa%2C%2013,'incurable'%20T%20cell%20leukaemia.

72 ames Gallagher. "Base Editing: Revolutionary Therapy Clears Girl's Incurable Cancer." BBC, December 11, 2022, bbc.com/news/health-63859184.

73 Bo Wang, Shoichi Iriguchi, Masazumi Waseda, et al. "Generation of hypoimmunogenic T cells from genetically engineered allogeneic human induced pluripotent stem cells." *Nature Biomedical Engineering 5* (May 17, 2021): 429 – 440, doi.org/10.1038/s41551-021-00730-z.

74 Sham Mailankody, Shahbaz Malik, et al. "Allogeneic BCMA-Targeting Car T Cells in Relapsed/Refractory Multiple Myeloma: Phase 1 Universal Trial Interim Results." *Nature Medicine 29*, no. 2 (January 23, 2023): 422 – 429, doi.org/10.1038/s41591-022-02182-7.

75 Jocelyn Kaiser. "CRISPR Infusion Eliminates Swelling in Those with Rare Genetic Disease." Science 377, no. 6613 (September 16, 2022), doi.org/10.1126/science.ade9082.

76 Jerry R. Mendell, Sanford Boye, et al. "Current Clinical Applications of in Vivo Gene Therapy with AAVs." *Molecular Therapy 29*, no. 2 (February 3, 2021), cell.com/molecular-therapyfamily/molecular-therapy/fulltext/S1525-0016(20)30664-X.

77 Krishanu Saha, Stephen A. Murray, et al. "The NIH Somatic Cell Genome Editing Program." *Nature 592*, no. 7853 (April 7, 2021): 195 – 204, doi.org/10.1038/s41586-021-03191-1. Swen et al; Ubiquitous Pharmacogenomics Consortium. A 12-gene pharmacogenetic panel to prevent adverse drug reactions: an open-label, multicen-

tre, controlled, clusterrandomised crossover implementation study. *Lancet.* 2023 Feb 4;401(10374):347–356. doi: 10.1016/S0140-6736(22)01841-4. Erratum in: *Lancet.* 2023 Aug 26;402(10403):692. doi: 10.1016/S0140-6736(23)01742-7. PMID: 36739136.

78 Kenneth J. Caldwell, Stephen Gottschalk, and Aimee C. Talleur. "Allogeneic Car Cell Therapy-More than a Pipe Dream." *Frontiers*, November 30, 2020, frontiersin.org/articles/10.3389/fimmu.2020.618427/full.

79 Roni Caryn Rabin. "Doctors Transplant Ear of Human Cells, Made by 3-D Printer." *New York Times*, June 2, 2022, nytimes.com/2022/06/02/health/ear-transplant-3d-printer.html.

80 L. Donaldson. An organisation with a memory. Clinical Medicine (Lond), 2002 Sep- Oct; 2(5): 452-7, doi: 10.7861/clinmedicine.2-5-452. PMID: 12448595; PMCID: PMC4953088.

81 Dipali Dhawan, Harsha Panchal, Shilin Shukla, and Harish Padh. "Genetic Variability & Chemotoxicity of 5-Fluorouracil & Cisplatin in Head & Neck Cancer Patients: A Preliminary Study." Indian Journal of Medical Research 137 (January 2013), ncbi.nlm.nih.gov/pmc/articles/PMC3657875/#:~:text=The%205%2Dfluorouracil%20pathway%20is,and%20methylenetetrahydrofolate%20reductase%20(MTHFR).

82 N. Schork. "Personalized medicine: Time for one-person trials." Nature 520 (2015):609–611, doi.org/10.1038/520609a.

83 Cathelijne Wouden, Henk-Jan Guchelaar, et al. "Development of the Pg x-Passport: A Panel of Actionable Germline Genetic Variants for Pre-Emptive Pharmacogenetic Testing." *Clinical Pharmacology & Therapeutics 106*, no. 4 (April 12, 2019): 866 – 873, doi.org/10.1002/cpt.1489.

84 Vanderbilt University. "PREDICT: Personalized Medicine Initiative." vumc.org/predict-pdx/welcome.

85 Food and Drug Administration Center for Drug Evaluation and Research. "Table of Pharmacogenomic Biomarkers." February 2, 2023, fda.gov/drugs/science-and-research-drugs/table-pharmacogenomic-biomarkers-drug-labeling.

86 Ubiquitous Pharmacogenomics (U-PGx). "We Want to Make Effective Treatment Optimization Accessible to Every European Citizen." upgx.eu/.

87 Herbert Dupont et al. "The Intestinal Microbiome in Human Health and Disease." Transactions of the American Clinical and Climatological Association, 2020, pubmed.ncbi.nlm.nih.gov/32675857/.

88 이 2023년 연구는 이러한 유형의 '유전자형 우선' 접근법의 잠재력을 강조한다: Caralynn Wilczewski et al. "Genotype First: Clinical Genomics Research through a

Reverse Phenotyping Approach." *Cell 110*, no. 1 (2022): 3 – 12, doi.org/10.1016/j.ajhg.2022.12.004.

89 넥스트메드 헬스 창립자 대니얼 크래프트는 이 아이디어에 대해 설득력 있게 이야기한다. Daniel Kraft. "Digitome and COVID." *Mendelspod*, June 17, 2020, mendelspod.com/podcasts/danielkraft-digitome-and-covid/.

90 Organisation for Economic Co-operation and Development. "OECD Countries Spend Only 3% of Healthcare Budgets on Prevention, Public Awareness." August 11, 2005, one.oecd.org/document/PAC/COM/PUB(2005)22/En/pdf.

91 See Center for American Progress. "How Investing in Public Health Will Strengthen America's Health." CAP, May 17, 2022, americanprogress.org/article/how-investing-inpublic-health-will-strengthen-americas-health/.

92 Valeria Calcaterra, Valter Pagani, and G. Zuccotti. "Digital Twin: A Future Health Challenge in Prevention, Early Diagnosis and Personalisation of Medical Care in Paediatrics." *International Journal of Environmental Research and Public Health 20*, no. 3 (January 25, 2023): 2181, doi.org/10.3390/ijerph20032181. PMID: 36767547; PMCID: PMC9916261.

93 Eric J. Topol and Demis Hassabis. "It's Not All Fun and Games: How DeepMind Unlocks Medicine's Secrets." *Perspective*, June 15, 2022, medscape.com/viewarticle/975013.

94 Bunne, Charlotte, et al. "How to Build the Virtual Cell with Artificial Intelligence: Priorities and Opportunities." *Cell 187*, no. 25 (2024): 7045 – 7063.

95 unne, Charlotte, et al. "How to Build the Virtual Cell with Artificial Intelligence: Priorities and Opportunities." *Cell 187*, no. 25 (2024): 7045 – 7063.]

96 C. M. Leung, P. de Haan, K. Ronaldson-Bouchard, et al. "A Guide to the Organ-on-a-Chip." *Nature Reviews Methods Primers 2* (2022): 33, doi.org/10.1038/s43586-022-00118-6.

제3장 | 자연을 해킹하지 않으면 자연이 사라진다

1 US Department of Agriculture. "Recent Trends in GE Adoption." ers.usda.gov/data-products/adoption-of-genetically-engineered-crops-in-the-u-s/recent-trends-in-ge-adoption/.

2 Environmental Protection Agency. "Ingredients Used in Pesticide Products: Glyphosate." September 23, 2022. epa.gov/ingredients-used-pesticide-products/glyphosate.

3 Hannah Ritchie, Pablo Rosado, and Max Roser. "Crop Yields." Our World in Data, 2022, ourworldindata.org/crop-yields.

4 개발도상국의 농업 생산성이 1퍼센트 증가할 때마다 빈곤율은 약 0.5퍼센트 감소하는 것으로 추정된다. Prabhu Pingali. "Green Revolution: Impacts, limits, and the path ahead." *Proceedings of the National Academy of Sciences 109*, no. 31 (2012): 12302 – 12308, doi. org/10.1073/pnas.0912953109.

5 David Laborde, Abdullah Mamun, Will Martin, et al. "Agricultural subsidies and global greenhouse gas emissions." *Nature Communications 12*, no. 2601 (May 10, 2021), doi. org/10.1038/s41467-021-22703-1.

6 Climate and Clean Air Coalition. "Enteric Fermentation." ccacoalition.org/en/activity/enteric-fermentation.

7 이 예상 추정치는 유엔 보고서를 참고한 것이다. 유엔 경제사회국 참고. "World Population to Reach 8 Billion on 15 November 2022." un.org/en/desa/world-population-reach-8-billion-15-november-2022. 2023년 로마 클럽 연구에 따르면, 2050년에 전 세계 총인구가 88억 명으로 정점을 찍을 것으로 예상된다. "The World's Population Bomb May Never Go Off as Feared, Finds Study." Guardian, March 27, 2023, theguardian.com/world/2023/mar/27/world-population-bomb-may-nevergo-off-as-feared-finds-study.

8 FAO. "How to Feed the World in 2050." 2009, fao.org/fileadmin/templates/wsfs/docs/expert_paper/How_to_Feed_the_World_in_2050.pdf. See also M. van Dijk, T. Morley, M. L. Rau, et al. "A meta-analysis of projected global food demand and population at risk of hunger for the period 2010 – 2050." *Nature Food 2* (July 2021): 494 – 501, doi. org/10.1038/s43016-021-00322-9. 일부에서는 비료 생산과 사용이 전 세계 온실가스 배출량의 7퍼센트를 차지한다고 주장한다. Eric Walling, Céline Vaneeckhaute. "Greenhouse gas emissions from inorganic and organic fertilizer production and use: A review of emission factors and their variability." *Journal of Environmental Management 276*(December 15, 2020), doi.org/10.1016/j.jenvman.2020.111211.

9 Vaclav Smil. "Detonator of the population explosion." *Nature 400*, no. 415 (July 29, 1999), doi.org/10.1038/22672.

10 Ariel Ortiz-Bobe, Carlos M. Carrillo, et al. "Anthropogenic climate change has slowed global agricultural productivity growth." *Nature Climate Change 11* (April 2021): 306 – 312, doi.org/10.1038/s41558-021-01000-1.

11 Malte Meinshausen, Christophe McGlade, et al. "Realization of Paris Agreement pledges may limit warming just below 2 °C." *Nature 604* (2022): 304 – 309, doi.org/10.1038/s41586-022-04553-z.

12 Intergovernmental Panel on Climate Change. "Working Group II Contribution to the Sixth Assessment Report." 2021, ipcc.ch/report/ar6/wg2/. 2022년 10월 유엔 보고서에 따르면, 2100년까지 세계는 산업화 이전 수준보다 평균 섭씨 2.1~2.9도(화

씨 3.8-5.2도) 올라갈 것으로 예상된다. United Nations Framework Convention on Climate Change. "Report of the Conference of the Parties Serving as the Meeting of the Parties to the Paris Agreement on Its Fourth Session." unfccc.int/sites/default/files/resource/cma2022_04.pdf.

13 United Nations. "Secretary-General Welcomes Historic Pledge by Countries to Reach Net-Zero Emissions by 2050." March 27, 2023, press.un.org/en/2023/sgsm21730.doc.htm.

14 World Recources Institute. "Creating a Sustainable Food Future: A Menu of Solutions to Feed Nearly 10 Billion People by 2050." July 2019, research.wri.org/sites/default/files/2019-07/WRR_Food_Full_Report_0.pdf.

15 Hussein Shimelis and Mark Delmege Laing. "Timelines in conventional crop improvement: pre-breeding and breeding procedures." *Australian Journal of Crop Science 6* (2012): 1542 – 1549.

16 Gayatri Kumawat, Rohit Sharma, et al. "Insights into Marker Assisted Selection and Its Applications in Plant Breeding." In Plant Breeding: Current and Future Views, edited by Ibrokhim Y. Abdurakhmonov. *IntechOpen*, 2020, doi.org/10.5772/intechopen.95004.

17 Hannah Ritchie. "How Many People Does Synthetic Fertilizer Feed." Our World in Data, November 7, 2017, ourworldindata.org/how-many-people-does-synthetic-fertilizer-feed. See also sciencedirect.com/science/article/abs/pii/S0378429007002481#bib2. 이 주장들은 대부분 다음 출처에서 가져왔다. allianceforscience.cornell.edu/blog/2017/11/organic-farming-can-feed-the-world-until-you-read-the-small-print/. (나는 마크 라이너스의 엄청난 팬이다) 유기농 농업이 전 세계인을 먹여 살릴 수 있는지에 관한 논쟁에 대해 자세히 알고 싶다면 다음을 참고할 것. D. J. Connor, "Organic agriculture cannot feed the world," *Field Crops Research 106*, no. 2 (2008): 187 – 190, doi.org/10.1016/j.fcr.2007.11.010.

18 Yanfei Mao, Jian-Kang Zhu, et al. "Gene editing in plants: progress and challenges." *National Science Review 6*, no. 3 (2019): 421 – 437, doi.org/10.1093/nsr/nwz005.

19 Makoto Saito, Peiyu Xu, Guilhem Faure, et al. "Fanzor is a eukaryotic programmable RNAguided endonuclease." *Nature 620* (2023): 660 – 668, doi.org/10.1038/s41586-023-06356-2.

20 Gabriel Unger. "Slowing Productivity Reduces Growth in Global Agricultural Output." *Amber Waves*, December 14, 2021, ers.usda.gov/amber-waves/2021/december/slowing-productivity-reduces-growth-in-global-agricultural-output/.

21 Victoria Najera, Richard Twyman, et al. "Applications of Multiplex Genome Editing in Higher Plants." *Current Opinion in Biotechnology 59* (2019): 93 – 102, doi.

org/10.1016/j.copbio.2019.02.015; Haocheng Zhu, Chao Li, and Caixia Gao. "Applications of CRISPR-Cas in Agriculture and Plant Biotechnology." *Nature Reviews Molecular Cell Biology 21*(November, 2020), doi.org/10.1038/s41580-020-00288-9. PMID: 32973356.

22 Gauri Nerkar, Suman Devarumath, et al. "Advances in Crop Breeding Through Precision Genome Editing." *Frontiers in Genetics 13* (2022), doi.org/10.3389/fgene.2022.880195.

23 Karine Prado, Seung Y. Rhee, et al. "Photosynthetic Acclimation Mediates Exponential Growth of a Desert Plant in Death Valley Summer." *bioRxiv*, June 23, 2023, doi.org/10.1101/2023.06.23.546155.

24 최근 크리스퍼-카스9 게놈 편집 도구를 사용하여 잎의 내부 구조를 재설계하는 데 많은 진전이 있었다. C4 Rice Project. c4rice.com/.

25 Ning Wang, Larisa Ryan, Nagesh Sardesai, et al. "Leaf transformation for efficient random integration and targeted genome modification in maize and sorghum." *Nature Plants 9*(February 9, 2023): 255–270, doi.org/10.1038/s41477-022-01338-0.

26 Shaobo Wei, Yujie Zhou, et al. "A transcriptional regulator that boosts grain yields and shortens the growth duration of rice." *Science 377*, no. 6604 (2022). doi.org/10.1126/science.abi8455. See also Julia Bailey-Serres, Jane E. Parker, Elizabeth A. Ainsworth, et al. "Genetic strategies for improving crop yields." *Nature 575*, no. 7781 (November 6, 2019): 109–118, doi.org/10.1038/s41586-019-1679-0.

27 Amanda De Souza, Stephen Long, et al. "Response to Comments on 'Soybean photosynthesis and crop yield is improved by accelerating recovery from photoprotection.'" *Science 379*, no. 6634 (March 24, 2023): eafr8008, doi.org/10.1126/science.adf2189. PMID: 65728135.

28 Brant, et al. The extent of multiallelic, co-editing of LIGULELESS1 in highly polyploid sugarcane tunes leaf inclination angle and enables selection of the ideotype for biomass yield, *Plant Biotechnol Journal*, 2024 Oct, 22(10):2660-2671, doi: 10.1111/pbi.14380. Epub 2024 May 22.

29 Meacham-Hensold et al. Shortcutting Photorespiration Protects Potato Photosynthesis and Tuber Yield Against Heatwave Stress. *Global Change Biology*, first published December 4, 2024, doi.org/10.1111/gcb.17595

30 "Kamiya Papayas." kamiyapapaya.com/.

31 L. Sun, Nasrullah, F. Ke, Z. Nie, P. Wang, and J. Xu. "Citrus Genetic Engineering for Disease Resistance: Past, Present and Future." *International Journal of Molecular Sciences 20*, no.21 (2019): 5256, doi:10.3390/ijms20215256. PMID: 31652763; PMCID:

PMC6862092.

32 Peter Läderach, Adolfo Martinez–Valle, et al. "Predicting the future climatic suitability for cocoa farming of the world's leading producer countries, Ghana and Côte d'Ivoire." *Climatic Change 119* (2013): 841 – 854, doi.org/10.1007/s10584-013-0774-8.

33 "Cocoa CRISPR: Gene editing shows promise in improving the chocolate tree." *Penn State News*, November. 25, 2019, psu.edu/news/research/story/cocoa-crispr-gene-editing-showspromise-improving-chocolate-tree/

34 Samantha Surber. "The American Chestnut: A New Frontier in Gene Editing." *American Society for Biochemistry and Molecular Biology*, April 28, 2023, asbmb.org/asbmb-today/policy/042823/the-american-chestnut.

35 S. Srivastava, G. Jander, et al. "CRISPR/Cas9 Editing of Three Susceptibility Genes for the Development of Broad–Spectrum Resistance to Soybean Mosaic Virus." *New Phytologist 229*, no. 5 (2021): 2706 – 2715, doi.org/10.1111/nph.17319.

36 Yupei Liu, Aiping Zhu, et al. "Engineering banana endosphere microbiome to improve Fusarium wilt resistance in banana." *Microbiome 7*, no. 74 (May 15, 2019), doi.org/10.1186/s40168-019-0690-x.

37 Ben Niu and Roberto Kolter. "Quantification of the Composition Dynamics of a Maize Root–associated Simplified Bacterial Community and Evaluation of Its Biological Control Effect." *Bio-protocal 8*, no. 12 (2018): e2885, doi.org/10.21769/BioProtoc.2885.

38 Min–Hyung Ryu, Jing Zhang, et al. "Control of nitrogen fixation in bacteria that associate with cereals." *Nature Microbiology 5* (December 16, 2019): 314 – 330, doi.org/10.1038/s41564-019-0631-2; Thomas Schwander, Lennart Schada von Borzyskowski, et al. "A synthetic pathway for the fixation of carbon dioxide in vitro." *Science 354*, no. 6314 (November 16, 2016): 900 – 904, doi.org/10.1126/science.aah5237. PMID: 27856910; PMCID: PMC5892708.

39 See also Christian Rogers and Giles Oldroyd. "Synthetic biology approaches to engineering the nitrogen symbiosis in cereals." *Journal of Experimental Botany 65*, no. 8 (2014): 1939 – 1946, doi.org/10.1093/jxb/eru098; "Ginkgo Expands Agricultural Biologicals Division, Closes Deal with Bayer," ginkgobioworks.com/2022/10/18/ag-biologics-division-bayerjoyn/.

40 Indigo Ag. indigoag.com/biologicals.

41 Jamie Metzl. "The Case against Nature and for Regulated GMOs." jamiemetzl.com/2014911the-case-against-nature-and-for-regulated-gmos/.

42 National Academies of Sciences, Engineering, and Medicine. Genetically Engineered Crops: Experiences and Prospects. *National Academies Press*, 2016, doi.

org/10.17226/23395.

43 Pew Research Center. "Chapter 6: Public Opinion About Food." July 1, 2015, pewresearch.org/science/2015/07/01/chapter-6-public-opinion-about-food/.

44 Pew Research Center. "Many publics around the world doubt the safety of genetically modified foods." November 11, 2020, pewresearch.org/fact-tank/2020/11/11/many-publicsaround-world-doubt-safety-of-genetically-modified-foods/.

45 "Science and Scientists Held in High Esteem Across Global Publics." Pew Research Center, September 29, 2020, pewresearch.org/science/2020/09/29/science-and-scientists-held-inhigh-esteem-across-global-publics/.

46 ETC Group. "Who Will Feed Us?: The Peasant Food Web vs. the Industrial Food Chain." September 16, 2022, etcgroup.org/files/files/food-barons-2022-full_sectors-final_16_sept.pdf.

47 For example, The Cornucopia Institute. "Genetically Modified Foods Pose Huge Health Risk." rb.gy/u6v6f.

48 "GE golden rice is fools gold." Scoop.co.nz, February 15, 2001, scoop.co.nz/stories/WO0102/S00074/ge-golden-rice-is-fools-gold.htm.

49 Peter Agre et al. Laureates Letter Supporting Precision Agriculture (GMOs). June 29, 2016, retrieved from supportprecisionagriculture.org/nobel-laureate-gmo-letter_rjr.html.

50 Information Technology and Innovation Foundation. "Suppressing Growth: How GMO Opposition Hurts Developing Nations." February 8, 2016, itif.org/publications/2016/02/08/suppressing-growth-how-gmo-opposition-hurts-developingnations/.

51 European Commission. "Countries Rule Out GMOs." European Green Capital, ec.europa.eu/environment/europeangreencapital/countriesruleoutgmos/.

52 Confédération paysanne and Others v. Premier ministre and Ministre de l'Agriculture et de l'Alimentation, Judgment of the Court (Grand Chamber) of 7 February 2023, Case C-688/21, Request for a preliminary ruling from the Conseil d'État, Reference for a preliminary ruling—Environment—Deliberate release of genetically modified organisms—Directive 2001/18/EC—Article 3(1)—Point 1 of Annex I B—Scope—Exemptions—Techniques/methods of genetic modification which have conventionally been used and have a long safety record—In vitro random mutagenesis.

53 "Genetic Technology Bill: Enabling Innovation to Boost Food Security." GOV.UK, September 15, 2021, gov.uk/government/news/genetic-technology-bill-enabling-innovation-to-boostfood-security.

54 Micheal Specter. "Seeds of Doubt." *New Yorker*, August 25, 2014, newyorker.com/magazine/2014/08/25/seeds-of-doubt.

55 Bharat Ramaswami, Carl Pray, and N. Lalitha. "The Spread of Illegal Transgenic Cotton Varieties in India: Biosafety Regulation, Monopoly, and Enforcement." *World Development 40*, no. 1 (2012): 177–188.

56 "Xi's Remarks on GMO Signal Caution." *Wall Street Journal*, October 9, 2014, www.wsj.com/articles/bl-cjb-24399.

57 Jon Cohen. "To Feed its 1.4 billion: China bets big on genome-editing crops." *Science*, July 29, 2019, science.org/content/article/feed-its-14-billion-china-bets-big-genome-editing-crops.

58 Wandile Sihlobo. "China to adopt genetically modified maize and soy—why it matters for South Africa." *The Conversation*, June 16, 2022, theconversation.com/china-to-adoptgenetically-modified-maize-and-soy-why-it-matters-for-south-africa-185013.

59 Tom Odula. "Kenya approves GMO insect-resistant cowpea after years of research." *AP News*, October 6, 2022, apnews.com/article/science-technology-business-genetics-africa-b2426cd74c1a40831c0506bedd15d1d4.

제4장 | 뉴니멀: 동물 산업의 미래를 상상하다

1 Carolyn Dimitri, Anne Effland, and Neilson Conklin. "The 20th Century Transformation of US Agriculture and Farm Policy Electronic Report." *USDA Economic Information Bulletin 3* (June 2005), ers.usda.gov/webdocs/publications/44197/13566_eib3_1_.pdf.

2 Hannah Ritchie and Max Roser. "Meat and Dairy Production." Our World in Data, August 2017, ourworldindata.org/meat-production.

3 National Chicken Council. "Per Capita Consumption of Poultry and Livestock, 1965 to Estimated 2019, in Pounds." 2019, nationalchickencouncil.org/about-the-industry/statistics/per-capita-consumption-of-poultry-and-livestock-1965-to-estimated-2012-in-pounds/.

4 Minna Kanerva. "Meat Consumption in Europe: Issues, Trends and Debates." 2013, nbnresolving.org/urn:nbn:de:0168-ssoar-58710-6.

5 Eman Al-Ali, Abigail Shingler, Adrienne Huston, and Emily Leung. "MEAT: The Past, Present, and Future of Meat in China's Diet: A Review of the 'Meatification' of China's Diet." 2018, uwaterloo.ca/chinas-changing-food-system/sites/default/files/uploads/files/geog_474_term_project_-_dec2018_-_meatification_of_china.pdf

6 Hannah Ritchie and Max Roser. "Meat and Dairy Production." Our World in Data, August 2017, ourworldindata.org/meat-production; UN Environment Programme.

"Preventing the next Pandemic—Zoonotic Diseases and How to Break the Chain of Transmission." May 15, 2020, unep.org/resources/report/preventing-future-zoonotic-disease-outbreaksprotecting-environment-animals-and.

7 Christopher Sandom et al. "Global Late Quaternary Megafauna Extinctions Linked to Humans, Not Climate Change." Proceedings of the Royal Society B: Biological *Sciences 281*, no. 1787 (2014), doi.org/10.1098/rspb.2013.3254; Dembitzer, Jacob, Ran Barkai, Miki Ben-Dor, and Shai Meiri. "Levantine Overkill: 1.5 Million Years of Hunting down the Body Size Distribution." *Quaternary Science Reviews 276* (January 15 2022): 107316, doi.org/10.1016/j.quascirev.2021.107316.

8 Hannah Ritchie and Max Roser. "Biodiversity." Our World in Data, April 2021, ourworldindata.org/mammals.

9 Hannah Ritchie. "Wild Mammals and Birds Biomass." Our World in Data, December 15, 2022, ourworldindata.org/wild-mammals-birds-biomass.

10 FAO. "Key facts and findings." 2022, fao.org/news/story/en/item/197623/icode/.

11 Centers for Disease Control and Prevention. "Antibiotic resistance (AR) spreads easily across the globe." January 19, 2022, stacks.cdc.gov/view/cdc/113917.

12 Christopher Murray et al. "Global burden of bacterial antimicrobial resistance in 2019: a systematic analysis." *Lancet 399*, no. 10325 (January 19, 2022): 629–655. doi.org/10.1016/S0140-6736(21)02724-0.

13 World Health Organization. "WHO Guidelines on Use of Medically Important Antimicrobials in Food-Producing Animals." 2017, apps.who.int/iris/bitstream/handle/10665/258970/9789241550130-eng.pdf.

14 H. Wang, Jiafu Qi, Rong Qin, et al. "Intensified Livestock Farming Increases Antibiotic Resistance Genotypes and Phenotypes in Animal Feces." *Communications Earth & Environment 4* (2023): 123, doi.org/10.1038/s43247-023-00790-w.

15 The World Counts. "World Consumption of Meat." theworldcounts.com/challenges/consumption/foods-and-beverages/world-consumption-of-meat.

16 What's In Our Food and On Our Mind. Nielson, August 2016, nutrimento.pt/active-app/wp-content/uploads/2016/09/global-ingredient-and-out-of-home-dining-trends-aug-2016.pdf.

17 Marco Springmann, H. Charles J. Godfray, Mike Rayner, and Peter Scarborough. "Analysis and Valuation of the Health and Climate Change Cobenefits of Dietary Change." *Proceedings of the National Academy of Sciences 113*, no. 15 (March 21, 2016): 4146–4151, doi.org/10.1073/pnas.1523119113.

18 전 세계 9억 마리의 개 개체수 자체가 기후변화에 좋지 않은 영향을 준다는 주장도 있

다. 최근 연구에 따르면, 개와 고양이 사료용 곡물은 인간이 유발하는 온실가스 배출량의 약 4퍼센트를 차지하며, 연간 6,400만 톤의 이산화탄소를 배출한다고 한다. Jeff McMahon. "Dogs, Cats and Climate Change: What's Your Pet's Carbon Pawprint?" *Forbes*, August 12, 2017, forbes.com/sites/jeffmcmahon/2017/08/02/whats-your-dogs-carbon-pawprint/?sh=5f77f5d113a6.

19 Marco Springmann, H. Charles J. Godfray, Mike Rayner, and Peter Scarborough. "Analysis and valuation of the health and climate change cobenefits of dietary change." *Proceedings of the National Academy of Sciences 113*, no. 15 (March 21, 2016): 4146–4151, doi.org/10.1073/pnas.1523119113.

20 David Widmar. "Agricultural Economic Insights, US Meat Consumption Trends and COVID-19." *Agricultural Economic Insights,* April 5, 2021, aei.ag/2021/04/05/u-s-meatconsumption-trends-beef-pork-poultry-pandemic/.

21 Sarah Chang. "Back to Basics: All about MyPlate Food Groups." 2020, usda.gov/media/blog/2017/09/26/back-basics-all-about-myplate-food-groups.

22 M. Kozicka, P. Havlík, H. Valin, et al. "Feeding Climate and Biodiversity Goals with Novel Plant-Based Meat and Milk Alternatives." *Nature Communications 14* (2023): 5316, doi.org/10.1038/s41467-023-40899-2.

23 Amy Mckeever. "Overfishing." *National Geographic*, February 7, 2022, nationalgeographic.com/environment/article/critical-issues-overfishing.

24 Hannah Ritchie and Max Roser. "Fish and Overfishing." Our World in Data, 2021, ourworldindata.org/fish-and-overfishing.

25 Sean Mantesso. "'They Will Be Back': How China's 'Dark' Fleets Are Plundering the World's Oceans." *ABC News*, December 18, 2020, abc.net.au/news/2020-12-19/how-china-isplundering-the-worlds-oceans/12971422.

26 Boris Worm, Jeremy Jackson, et al. "Impacts of Biodiversity Loss on Ocean Ecosystem Services." *Science 314*, no. 5800 (2006): 787–790, doi.org/10.1126/science.1132294; see also Boris Worm. "Averting a Global Fisheries Disaster." *Proceedings of the National Academy of Sciences 113*, no. 18 (2016): 4895–4897, doi.org/10.1073/pnas.1604008113.

27 Nancy Averett. "Getting to the Bottom of Trawling's Carbon Emissions." *EOS*, July 9, 2021, eos.org/articles/getting-to-the-bottom-of-trawlings-carbon-emissions.

28 Enric Sala, Juan Mayorga, et al. "Protecting the Global Ocean for Biodiversity, Food and Climate." *Nature 592* (March 17, 2021): 397–402, doi.org/10.1038/s41586-021-03371-z.

29 Leo Sands and Dino Grandoni. "Nations agree on 'world-changing' deal to protect

ocean life." *Washington Post*, March 5, 2023, washingtonpost.com/climateenvironment/2023/03/05/un-ocean-treaty-high-seas/.

30 Eric Dinerstein, Juan Mayorga, et al. "A Global Deal for Nature: Guiding Principles, Milestones, and Targets." *Science Advances 5*, no. 4 (April 19, 2019): eaaw2869, doi.org/10.1126/sciadv.aaw2869.

31 UN Convention on Biological Diversity. "COP15: Nations Adopt Four Goals, 23 Targets for 2030 in Landmark UN Biodiversity Agreement." December 19, 2022, cbd.int/article/cop15-cbd-press-release-final-19dec2022.

32 "COP15—UN Secretary-General's Remarks to the UN Biodiversity Conference." December 7, 2022, unric.org/it/cop15-un-secretary-generals-remarks-to-the-un-biodiversityconference/.

33 M. J. Zuidhof et al. "Growth, Efficiency, and Yield of Commercial Broilers from 1957, 1978, and 2005." *Poultry Science 93*, no. 12 (2014): 2970–2982, doi.org/10.3382/ps.2014-04291.

34 Carole Davis and Etta Saltos. "Dietary Recommendations and How They Have Changed over Time." 2018, ers.usda.gov/webdocs/publications/42215/5831_aib750b_1_.pdf.

35 Hannah Ritchie and Max Roser. "Fish and Overfishing." Our World in Data. 2021, ourworldindata.org/fish-and-overfishing; "Global Aquaculture Market to Reach $245.2 Billion by 2027." globenewswire.com/news-release/2022/03/30/2412973/0/en/Global-Aquaculture-Market-to-Reach-245-2-Billion-by-2027.html.

36 AquaBounty. "High-Quality Seafood from Land-Based Farms." aquabounty.com/.

37 "Super Strong Kids May Hold Genetic Secrets." ABC News, August 1, 2009, abcnews.go.com/Health/MedicineCuttingEdge/story?id=7231487&page=1.

38 Jianguo Zhao, Tianxia Liu, et al. "Formation of Thermogenic Adipocytes: What We Have Learned from Pigs." *Fundamental Research 1*, no. 4 (July 2021): 495–502, doi.org/10.1016/j.fmre.2021.05.004.

39 Guanghai Xiang, Qi Zhou, et al. "Editing Porcine IGF2 Regulatory Element Improved Meat Production in Chinese Bama Pigs." Cellular and Molecular Life *Sciences 75*, no. 24(September 26, 2018): 4619–4628, doi.org/10.1007/s00018-018-2917-6.

40 Shibing You, Baofeng Shi, et al. "African Swine Fever Outbreaks in China Led to Gross Domestic Product and Economic Losses." *Nature Food 2* (September 27, 2021): 1–7, doi.org/10.1038/s43016-021-00362-1.

41 Emily Singer. "Gene-Altered Pig Project in Canada Is Halted." *New York Times*, April 3, 2012, nytimes.com/2012/04/04/science/gene-altered-pig-project-in-canada-is-halted.html.

42 Gavin Ehringer. Leaving the Wild: The Unnatural History of Dogs, Cats, Cows, and Horses, *Kindle location 732*. Pegasus Books, 2017.

43 Ibid., Kindle location 3111.

44 A. L. Van Eenennaam, K. D. Wells, and J. D. Murray. "Proposed U.S. regulation of gene-edited food animals is not fit for purpose." *npj Science of Food 3* (2019), doi.org/10.1038/s41538-019-0035-y.

45 Bill Gates. "This Is What Cowboys Can Teach Us about Feeding the World." July 20, 2017, weforum.org/agenda/2017/07/bill-gates-this-is-what-cowboys-can-teach-us-about-feedingthe-world/.

46 FDA Office of the Commissioner. "FDA Makes Low-Risk Determination for Marketing of Products from Genome-Edited Beef Cattle after Safety Review." March 7, 2022, fda.gov/news-events/press-announcements/fda-makes-low-risk-determination-marketing-products-genome-edited-beef-cattle-after-safety-review.

47 Hitomi Matsunari, Tomoyuki Kobayashi, et al. "Blastocyst Complementation Generates Exogenic Pancreas in Vivo in Apancreatic Cloned Pigs." *Proceedings of the National Academy of Sciences 110*, no. 12 (February 19, 2013): 4557 – 4562, doi.org/10.1073/pnas.1222902110; Sanae Hamanaka, Hiromitsu Nakauchi, et al. "Generation of Vascular Endothelial Cells and Hematopoietic Cells by Blastocyst Complementation." *Stem Cell Reports 11*, no. 4 (2018): 988 – 997, doi.org/10.1016/j.stemcr.2018.08.015; Toshihiro Kobayashi, Naoko Niizeki, et al. "Blastocyst Complementation Using Prdm14-Deficient Rats Enables Efficient Germline Transmission and Generation of Functional Mouse Spermatids in Rats." *Nature Communications 12*, no. 1 (February 26, 2021): 1328, doi.org/10.1038/s41467-021-21557-x.

48 Jiaowei Wang, Liangxue Lai, et al. "Generation of a Humanized Mesonephros in Pigs from Induced Pluripotent Stem Cells via Embryo Complementation." *Cell Stem Cell 30*, no. 9 (2023): 1235 – 1245.E6, doi.org/10.1016/j.stem.2023.08.003.

49 Elizabeth Pennisi. "Bringing Back the Woolly Mammoth and Other Extinct Creatures May Be Impossible." *Science*, March 9, 2022, science.org/content/article/bringing-back-woollymammoth-and-other-extinct-creatures-may-be-impossible.

제5장 | 노니멀: 동물 없는 축산업이 열어 갈 미래

1 Oxford Martin School, University of Oxford. "Now for the Long Term: The Report of the Oxford Martin Commission for Future Generations." October 2013, oxfordmartin.ox.ac.uk/downloads/commission/Oxford_Martin_Now_for_the_Long_Term.pdf.

2 Matt Simon. "The Impossible Burger: Inside the Strange Science of the Fake Meat That

'Bleeds.'" *Wired*, September 20, 2017, wired.com/story/the-impossible-burger/.

3 Pat Brown. "Heme, Health, and the Plant-Based Diet, Impossible Foods." March 2, 2018, impossiblefoods.com/blog/heme-health-the-essentials; see also Pelle Sinke et al. "Ex-Ante Life Cycle Assessment of Commercial-Scale Cultivated Meat Production in 2030." *CE Delft*, January 2023, cedelft.eu/publications/rapport-lca-of-cultivated-meat-futureprojections-for-different-scenarios/.

4 "Fake Meat Was Supposed to Save the World. It Became Just Another Fad." Bloomberg, January 19, 2023, bloomberg.com/news/features/2023-01-19/beyond-meat-byndimpossible-foods-burgers-are-just-another-food-fad; "Ethan Brown, Founder and CEO of Beyond Meat at the 2019 Goldman Sachs Builders & Innovators Summit." October 23, 2019, youtube.com/watch?v=092NxlrDvJU.

5 Taylor Tepper. "Impossible Foods IPO: What You Need to Know." *Forbes*, February 2, 2022, forbes.com/advisor/investing/impossible-foods-ipo/.

6 Grandview Research. "Plant-Based Meat Market Size Worth $24.8 Billion by 2030: Grand View Research, Inc." *PR Newswire*, February 1, 2022, prnewswire.com/news-releases/plantbased-meat-market-size-worth-24-8-billion-by-2030-grand-view-research-inc-301472227. html#:~:text=SAN%20FRANCISCO%2C%20Feb; "Plant-Based Meat Market Size, Share & Growth." *Industry Research Report*, 2027, polarismarketresearch.com/industry-analysis/plant-based-meat-market.

7 Holly Wetstone. "New Food Literacy and Engagement Poll Reveals Public Disconnect on Food and Climate Change, Rising Interest in Meat Alternatives." *AgBioResearch*, April 20, 2021, canr.msu.edu/news/new-food-literacy-and-engagement-poll-reveals-public-disconnecton-food-and-climate-change-rising-interest-in-meat-alternatives.

8 Ibid.

9 Timothy Annett. "Review of Fake Meat Is Facing Real Problems." Bloomberg, January 19, 2023, bloomberg.com/news/newsletters/2023-01-19/big-take-what-is-the-future-of-fake-meat.

10 "Kim Kardashian Proves She Actually Ate Beyond Meat Products during Commercials." *TMZ*, tmz.com/2022/05/31/kim-kardashian-prove-eats-beyond-meat-products-commercial/.

11 "Meat." 2020, merriam-webster.com/dictionary/meat.

12 "2022 State of the Industry Report: Cultivated Meat and Seafood." *GoodFoodInstitute*, 2023, gfi.org/wp-content/uploads/2023/01/2022-Cultivated-Meat-State-of-the-Industry-Report-2-1.pdf.

13 Ana C. Duarte et al. "Animal-Derived Products in Science and Current Alternatives."

Biomaterials Advances 151 (August 2023), doi.org/10.1016/j.bioadv.2023.213428.

14 Tobias Messmer, Joshua Flack, et al. "A Serum-Free Media Formulation for Cultured Meat Production Supports Bovine Satellite Cell Differentiation in the Absence of Serum Starvation." *Nature Food 3*, no. 1 (January 13, 2022): 74–85, doi.org/10.1038/s43016-021-00419-1.

15 John Yuen Jr., Brigid Barrick, et al. "Perspectives on Scaling Production of Adipose Tissue for Food Applications." *Biomaterials 280* (January 2022): 121273, doi.org/10.1016/j.biomaterials.2021.121273.

16 "2021 State of the Industry Report: Cultivated Meat and Seafood." Good Food Institute, 2022, gfi.org/wp-content/uploads/2022/04/2021-Cultivated-Meat-State-of-the-Industry-Report-2. pdf; "2022 State of the Industry Report: Cultivated Meat and Seafood." Good Food Institute, 2023, gfi.org/wp-content/uploads/2023/01/2022-Cultivated-Meat-State-of-the-Industry-Report-2-1.pdf.

17 Nathalie Rolland, Rob Markus, and Mark Post. "The Effect of Information Content on Acceptance of Cultured Meat in a Tasting Context." *PLOS ONE 15*, no. 4 (April 16, 2020): e0231176, doi.org/10.1371/journal.pone.0231176.

18 Keri Szejda, Christopher Bryant, and Tessa Urbanovich. "US and UK Consumer Adoption of Cultivated Meat: A Segmentation Study." *Foods 10*, no. 5 (May 11, 2021): 1050, doi.org/10.3390/foods10051050.

19 Aleph Farms. "Israel's Prime Minister Tastes Aleph Farms Cultivated Steak." *PR Newswire*, December 7, 2020, prnewswire.com/il/news-releases/israels-prime-minister-tastes-alephfarms-cultivated-steak-301187468.html.

20 Thomas Macaulay. "This Is the 'World's First' Cultivated Steak Fillet. Fancy a Bite?" *TNW*, February 6, 2023, thenextweb.com/news/uk-startup-3dbt-unveils-worlds-first-cultivatedsteak-fillet.

21 Marco Springmann. "Meat and Dairy Gobble up Farming Subsidies Worldwide: It's Bad For Your Health and the Planet." January 22, 2022, oxfordmartin.ox.ac.uk/blog/meat-anddairy-gobble-up-farming-subsidies/.

22 Lana Bandoim. "Making Meat Affordable: Progress since the $330,000 Lab-Grown Burger." *Forbes*, March 8, 2022, forbes.com/sites/lanabandoim/2022/03/08/making-meataffordable-progress-since-the-330000-lab-grown-burger/?sh=1c4b65a24667.

23 David Humbird. "Scale-up Economics for Cultured Meat." *Biotechnology and Bioengineering 118*, no. 8 (June 7, 2021): 3239–3250, doi.org/10.1002/bit.27848.

24 Andrew Rosenblum. "Can Cultured Meat Ever Be More than a Science Experiment"? *proto. life*, February 9, 2023, proto.life/2023/02/can-cultured-meat-ev-

er-be-more-than-a-scienceexperiment/.

25 Andrew Stout, David Kaplan, et al. "Immortalized Bovine Satellite Cells for Cultured Meat Applications." *ACS Synthetic Biology 12*, no. 5 (March 5, 2023): 1567 – 1573, doi.org/10.1021/acssynbio.3c00216.

26 See also Avery Hanna. "Meet the New Meat: Kaplan Lab Cell Agriculture Research Propelled by USDA Funding." *Tufts Daily*, May 22, 2022, tuftsdaily.com/news/science/2022/05/22/meet-the-new-meat-kaplan-lab-cell-agriculture-research-propelled-by-usda-funding/.

27 Scott Allan, Paul De Bank, and Marianne Ellis. "Bioprocess Design Considerations for Cultured Meat Production With a Focus on the Expansion Bioreactor." *Frontiers in Sustainable Food Systems 3*, no. 44 (June 12, 2019), doi.org/10.3389/fsufs.2019.00044.

28 "GOOD Meat Partners with Industry Leader to Build the World's First Large-Scale Cultivated Meat Facility." Business Wire, May 25, 2022, businesswire.com/news/home/20220525005345/en/GOOD-Meat-Partners-with-Industry-Leader-to-Build-the-World%E2%80%99s-First-Large-Scale-Cultivated-Meat-Facility.

29 Amanda Gomez. "A José Andrés Restaurant In D.C. Will Serve Lab-Grown Chicken." *DCist*, June 22, 2023, dcist.com/story/23/06/22/jose-andres-restaurant-menu-test-lab-grownchicken-meat-alternative/.

30 Tom Brennan, Joshua Katz, Yossi Quint, and Boyd Spencer. "Cultivated Meat: Out of the Lab, into the Frying Pan." *McKinsey*, June 16, 2021, mckinsey.com/industries/agriculture/our-insights/cultivated-meat-out-of-the-lab-into-the-frying-pan.

31 "Alternative Meat to Become $140 Billion Industry, Barclays Says." CNBC, May 23, 2019, cnbc. com/2019/05/23/alternative-meat-to-become-140-billion-industry-barclays-says.html.

32 "We Eat What We Are." *Kearney*, kearney.com/consumer-retail/article?/a/we-eat-what-we-are; "When Consumers Go Vegan, How Much Meat Will Be Left on the Table for Agribusiness?" *Kearney*, January 08, 2020. kearney.com/industry/consumer-retail/article/-/insights/when-consumers-go-vegan-how-much-meat-will-be-left-on-the-tablefor-agribusiness.

33 Lia Biondo. "USDA Seeks Comments on the Labeling of Cell-Cultured Foods." US Cattlemen's Association, September 2, 2021, uscattlemen.org/usda-seekscommentson-the-labeling-of-cell-cultured-foods/.

34 Bas Sanders. "Global Animal Slaughter Statistics & Charts: 2020 Update." Faunalytics, July 26, 2022. faunalytics.org/global-animal-slaughter-statistics-and-charts-2020-update/. Illustration based on data from the FAOSTAT database from the Food and Agri-

culture Organization of the United Nations.

35 Pelle Sinke et al. "Ex-Ante Life Cycle Assessment of Commercial-Scale Cultivated Meat Production in 2030." *CE Delft*, January 2023, cedelft.eu/publications/rapport-lca-of-cultivated-meat-future-projections-for-different-scenarios/.

36 Florian Humpenöder, Alexander Popp, et al. "Projected Environmental Benefits of Replacing Beef with Microbial Protein." *Nature 605*, no. 7908 (May 4, 2022): 90–96, doi.org/10.1038/s41586-022-04629-w.

37 "The Breakthrough Effect." *SYSTEMIQ*, January 19, 2023, systemiq.earth/breakthrough-effect/.

제6장 | 바보야, 문제는 바이오경제야

1 Intergovernmental Panel on Climate Change. "AR6 Synthesis Report: Climate Change 2023." March 2023, ipcc.ch/report/sixth-assessment-report-cycle.

2 Hannah Ritchie and Pablo Rosado. "Fossil Fuels." Our World in Data, October 27, 2022. ourworldindata.org/fossil-fuels.

3 Pierre Friedlingstein, Corinne Le Quéré, et al. "Global Carbon Budget 2022." *Earth System Science Data 14*, no. 11 (2022): 4811–4900, doi.org/10.5194/essd-14-4811-2022.

4 NOAA. "Climate Change Impacts." August 13, 2021, noaa.gov/education/resource-collections/climate/climate-change-impacts; Melissa Denchak. "Are the Effects of Global Warming Really That Bad?" *NRDC*, May 23, 2022, nrdc.org/stories/are-effects-global-al-warming-reallybad; Intergovernmental Panel on Climate Change. "AR6 Synthesis Report: Climate Change 2023." March 2023, ipcc.ch/report/sixth-assessment-report-cycle/.

5 John Doerr. Speed & Scale: A Global Action Plan for Solving Our Climate Crisis Now. *Portfolio/ Penguin*, 2021. See also speedandscale.com/.

6 Intergovernmental Panel on Climate Change. ipcc.ch. See also World Bank Group. "World Bank Group Climate Change Action Plan 2021–2025: Supporting Green, Resilient, and Inclusive Development," 2021,openknowledge.worldbank.org/entities/publication/ee8a5cd7-ed72-542d-918b-d72e07f96c79.

7 Carlisle Runge. "The Case Against More Ethanol: It's Simply Bad for Environment." *Yale Environment 360*, May 25, 2016, e360.yale.edu/features/the_case_against_ethanol_bad_for_environment.

8 Andrew Brandon and Henrik Scheller. "Engineering of Bioenergy Crops: Dominant Genetic Approaches to Improve Polysaccharide Properties and Composition in Biomass." *Frontiers in Plant Science 11* (March 11, 2020), doi.org/10.3389/fpls.2020.00282.

9 Sheeja Jagadevan, Avik Banerjee, et al. "Recent developments in synthetic biology and metabolic engineering in microalgae towards biofuel production." *Biotechnology for Biofuels 11*, no. 185 (June 30, 2018), doi.org/10.1186/s13068-018-1181-1. PMID: 29988523; PMCID: PMC6026345; Zihe Liu, Junyang Wang, and Jens Nielsen. "Yeast synthetic biology advances biofuel production." *Current Opinion in Microbiology 65* (2022): 33 – 39, doi.org/10.1016/j.mib.2021.10.010.

10 "United Airlines Pledges to Invest Billions in Sustainable Aviation Fuel." *New York Times*, February 21, 2023, nytimes.com/2023/02/21/climate/united-sustainable-aviation-fuel.html?smid=nytcore-ios-share&referringSource=articleShare; Nathan Rosenberg and Wei Peng. "Sustainable Aviation Fuels: Can They Take Flight?" Rhodium Group, September 30, 2021, rhg.com/research/sustainable-aviation-fuels/.

11 Honeywell. "Summit Next Gen to Use Honeywell Ethanol-to-Jet Fuel Technology for Production of Sustainable Aviation Fuel." May 15, 2023, honeywell.com/us/en/press/2023/05/summit-next-gen-to-use-honeywell-ethanol-to-jet-fuel-technology-for-production-of-sustainable-aviation-fuel.

12 American Chemical Society. "A National Historic Chemical Landmark. The Bakelizer. National Museum of American History Smithsonian Institution." November 9, 1993, acs.org/content/dam/acsorg/education/whatischemistry/landmarks/bakelite/the-bakelizercommemorative-booklet.pdf.

13 See also Susan Freinkel. *Plastics: A Toxic Love Story*. Henry Holt, 2011.

14 Hannah Ritchie and Max Roser. "Plastic Pollution." Our World in Data, September 2018, ourworldindata.org/plastic-pollution.

15 Hannah Ritchie, Veronika Samborska and Max Roser. "Plastic Pollution." Our World in Data (2017) and the OECD Global Plastics Outlook. OurWorldInData.org/plasticpollution.

16 M. L. A. Kaandorp, D. Lobelle, C. Kehl, et al. "Global mass of buoyant marine plastics dominated by large long-lived debris." *Nature Geoscience 16* (2023): 689 – 694, doi.org/10.1038/s41561-023-01216-0.

17 Luís Barboza, Lúcia Guilhermino, et al. "Marine Microplastic Debris: An Emerging Issue for Food Security, Food Safety and Human Health." *Marine Pollution Bulletin 133* (August 2018): 336 – 348, doi.org/10.1016/j.marpolbul.2018.05.047.

18 Li Shen, Juliane Haufe, and Martin Patel. "Product Overview and Market Projection of Emerging Bio-Based Plastics PRO-BIP 2009 Commissioned by European Polysaccharide Network of Excellence (EPNOE, www.epnoe.eu) and European Bioplastics (www.europeanbioplastics.org) Utrecht the Netherlands." plasticker.de/docs/

news/PROBIP2009_Final_June_2009.pdf.

19 해마다 약 3억 톤의 이산화탄소가 배출될 것으로 추정되지만, 합성 플라스틱의 3분의 2를 바이오 플라스틱으로 대체하면 이를 막을 수 있다. Jennifer B. Dunn et al. "Life-Cycle Analysis of Bioproducts and Their Conventional Counterparts in GREETTM Energy Systems Division." *Argonne National Library ANL/ESD-144/9 Rev.*, September 2015, publications.anl.gov/anlpubs/2016/04/121327.pdf.

20 Jan-Georg Rosenboom, Robert Langer, and Giovanni Traverso. "Bioplastics for a Circular Economy." *Nature Reviews Materials 7* (January 20, 2022): 1 – 21, doi.org/10.1038/s41578-021-00407-8; and "The New Plastics Economy: Rethinking the Future of Plastics." *McKinsey*. 2016. mckinsey.com/~/media/McKinsey/dotcom/client_service/Sustainability/PDFs/The%20New%20Plastics%20Economy.ashx.

21 Janis Brizga, Klaus Hubacek, and Kuishuang Feng. "The Unintended Side Effects of Bioplastics: Carbon, Land, and Water Footprints." *One Earth 3*, no. 1 (July 24, 2020): 45 – 53, doi.org/10.1016/j.oneear.2020.06.016.

22 Loliware. loliware.com/.

23 Harris Wang, Farren Isaacs, Peter Carr, et al. "Programming cells by multiplex genome engineering and accelerated evolution." *Nature 460* (2009): 894 – 898, doi.org/10.1038/nature08187.

24 J.E. DiCarlo, G.M. Church, et al. "Yeast oligo-mediated genome engineering (YOGE)." *ACS Synthetic Biology 2*, no. 12 (October 25, 2013): 741 – 749, doi.org/10.1021/sb400117c. PMID: 24160921; PMCID: PMC4048964.

25 Jose Perez, Daniel Noguera, et al. "Funneling Aromatic Products of Chemically Depolymerized Lignin into 2-Pyrone-4-6-Dicarboxylic Acid with Novosphingobium Aromaticivorans." *Green Chemistry 2*, no. 6 (February 27, 2019): 1340 – 1350, doi.org/10.1039/c8gc03504k.

26 "China Cools on Biodegradable Plastic." *China Dialogue*, March 3, 2022, chinadialogue.net/en/pollution/china-cools-on-biodegradable-plastic/.

27 Barbara Lubelli, Timo G. Nijland, and Rob van Hees. "Self-Healing of Lime Based Mortars: Microscopy Observations on Case Studies." 2011, heronjournal.nl/56-12/5.pdf.

28 Henk M. Jonkers and Erik Schlangen. "Crack Repair By Concrete-Immobilized Bacteria." 2007, shorturl.at/gkpqs.

29 Zhigang Zhang, Yiwei Weng, et al. "Use of Genetically Modified Bacteria to Repair Cracks in Concrete." *Materials 12*, no. 23 (November 26, 2019): 3912, doi.org/10.3390/ma12233912.

30 Chelsea Heveran, Wil Srubar, et al. "Biomineralization and Successive Regeneration of

Engineered Living Building Materials." *Matter 2*, no. 2 (February 5, 2020): 481 – 494, doi.org/10.1016/j.matt.2019.11.016.

31 Jason DeJong, Douglas Nelson, et al. "Bio–Mediated Soil Improvement." *Ecological Engineering 36*, no. 2 (February 2010): 197 – 210, doi.org/10.1016/j.ecoleng.2008.12.029.

32 Junpeng Mi, Yizhong Zhou, Sanyuan Ma, Suyang Wang, Luyang Tian, Qing Meng, et al. "High–Strength and Ultra–Tough Whole Spider Silk Fibers Spun from Transgenic Silkworms." *Matter 6* (2023), doi.org/10.1016/j.matt.2023.08.013.

33 Sushma Kumari, Hendrik Bargel, and Thomas Scheibel. "Recombinant Spider Silk – Silica Hybrid Scaffolds with Drug–Releasing Properties for Tissue Engineering Applications." *Macromolecular Rapid Communications 41*, no. 1 (November 7, 2019): 1900426, doi.org/10.1002/marc.201900426.

34 Kazuharu Arakawa, Nobuaki Kono, et al. "1000 spider silkomics: linking sequence to silk mechanical property." *Science Advances 8* (October 12, 2022): eabo6043, science.org/doi/epdf/10.1126/sciadv.abo6043.

35 Lachlan Gilbert. "Global Spider Silk Database a Boon for Biomaterials." UNSW Newsroom, October 14, 2022, newsroom.unsw.edu.au/news/science–tech/world–wide–web–globalspider–silk–database–boon–biomaterials.

36 Nicolò Romano. "Fabricated Spider Silk Is as Tough as the Real Thing." *Nature Italy*, July 1 2022, doi.org/10.1038/d43978–022–00083–4.

37 "Review of The U.S Bioeconomy: Charting a Course for a Resilient and Competitive Future." *Schmidt Futures*, April 2022, schmidtfutures.com/wp–content/uploads/2022/04/Bioeconomy–Task–Force–Strategy–4.14.22.pdf.

38 A. Merchang, S.. Batzner, et al. Scaling deep learning for materials discovery. *Nature 624*, 80 – 85 (2023). doi.org/10.1038/s41586–023–06735–9].

39 C. Zeni, R.. Pinsler, et al. A generative model for inorganic materials design. *Nature* (2025), doi.org/10.1038/s41586–025–08628–5.

40 twitter.com/Newsweek/status/575651040680259584?s=20.

41 Sara Molinari. "Genetically Engineered Bacteria Make Materials for Self–Repairing Walls and Cleaning up Pollution." *Salon*, November 12, 2022, salon.com/2022/11/12/genetically–engineered–bacteria–make–materials–for–self–repairing–walls–and–cleaning–up–pollution_partner/.

42 "Data Created Worldwide 2010–2025." *Statista*, June 7, 2021, statista.com/statistics/871513/worldwide–data–created/; Stefan Campbell. "How Much Data Is Created Every Day In 2023? (NEW Stats)." *The Small Business Blog*, September 8, 2023, thesmallbusinessblog.net/data–created–every–day/.

43 Victor Zhirnov, Reza Zadegan, Gurtej Sandhu, George Church, and William Hughes. "Nucleic Acid Memory." *Nature Materials 15*, no. 4 (March 23, 2016): 366–370, doi.org/10.1038/nmat4594.

44 University of Edinburgh Undergraduate iGEM team 2016. 2016.igem.org/Team:Edinburgh_UG.

45 Kurt Kjær, Karina Sand, et al. "A 2-Million-Year-Old Ecosystem in Greenland Uncovered by Environmental DNA." *Nature 612*, no. 7939 (December 7, 2022): 283–291, doi.org/10.1038/s41586-022-05453-y.

46 "The Future of DNA Data Storage." Potomac Institute, 2018, potomacinstitute.org/images/studies/Future_of_DNA_Data_Storage.pdf.

47 George Church, Yuan Gao, and Sriram Kosuri. "Next-Generation Digital Information Storage in DNA." *Science 337*, no. 6102 (August 16, 2012): 1628–1628, doi.org/10.1126/science.1226355.

48 Yaniv Erlich and Dina Zielinski. "DNA Fountain Enables a Robust and Efficient Storage Architecture." *Science 355*, no. 6328 (March 3, 2017): 950–54, doi.org/10.1126/science.aaj2038.

49 Andrea Doricchi, Aitziber Cortajarena, et al. "Emerging Approaches to DNA Data Storage: Challenges and Prospects." *ACS Nano*, October 18 2022, doi.org/10.1021/acsnano.2c06748.

50 Official Site of the DNA Data Storage Alliance. dnastoragealliance.org/dev/.

51 C. Zhang, R. Wu, F. Sun, et al.. Parallel molecular data storage by printing epigenetic bits on DNA. *Nature 634*, 824–832 (2024). doi.org/10.1038/s41586-024-08040-5

52 D. Bar-Lev, I. Orr, O. Sabary, et al. Scalable and robust DNA-based storage via coding theory and deep learning, Nature Machine Intelligence (2025), doi.org/10.1038/s42256-025-01003-z.

53 Martin Rutten, Roeland Nolte, et al. "Encoding Information into Polymers." *Nature Reviews Chemistry 2*, no. 11 (October 30, 2018): 365–381, doi.org/10.1038/s41570-018-0051-5; N. Dabby, A. Barr, and H. L. Chen. "Molecular system for an exponentially fast growing programmable synthetic polymer." *Scientific Reports 13* (2023): 11295, doi.org/10.1038/s41598-023-35720-5.

54 Brett Kagan et al. "In vitro neurons learn and exhibit sentience when embodied in a simulated game-world." *Neuron*, October 12, 2022, doi.org/10.1016/j.neuron.2022.09.001.

55 H. Lv, N. Xie, M. Li, et al. "DNA-based Programmable Gate Arrays for General-purpose DNA Computing." *Nature 622* (2023): 292–300, doi.org/10.1038/s41586-023-

06484-9.

56 "Nature Co-Design: A Revolution in the Making." BCG-Hello Tomorrow, March 2021, hellotomorrow.org/wp-content/uploads/2021/03/BCG_Hello_Tomorrow_Nature-Co-design.pdf.

57 "The Bio-Revolution: Innovations Transforming Economies, Societies, and Our Lives." *McKinsey*, May 13 2020, mckinsey.com/industries/life-sciences/our-insights/the-biorevolution-innovations-transforming-economies-societies-and-our-lives.

58 Lauren Goode and Adam Rogers. "Global Warming. Covid-19. And Al Gore Is … Optimistic?" *Wired*, July 8, 2020, wired.com/story/global-warming-inequality-covid-19-and-al-gore-isoptimistic/.

59 European Commission. "Communication from the Commission to the European Parliament, the Council, the European Economic and Social Committee, and the Committee of the Regions: A Stronger European Industry for Growth and Economic Recovery." 2012, eur-lex.europa.eu/legal-content/EN/TXT/HTML/?uri=CELEX-:52012DC0060.

60 European Commission. "Updated Bioeconomy Strategy 2018 | Knowledge for Policy." 2018, knowledge4policy.ec.europa.eu/publication/updated-bioeconomy-strategy-2018_en#:~:text=The%202018%20update%20of%20the.

61 "UK Innovation Strategy: Leading the Future by Creating It (Accessible Webpage)." GOV. UK, July 22, 2021, gov.uk/government/publications/uk-innovation-strategy-leading-thefuture-by-creating-it/uk-innovation-strategy-leading-the-future-by-creating-it-accessiblewebpage.

62 Mark Kazmierczak, Ryan Ritterson, Rocco Gardner, Casagrande, Thilo Hanemann, and Daniel Rosen. "China's Biotechnology Development." USCC, February 14 2019, uscc.gov/sites/default/files/Research/US-China%20Biotech%20Report.pdf.

63 Department of Biotechnology, Government of India. "National Bioeconomy Blueprint. New Delhi: Ministry of Science and Technology." 2018; Department of Science and Innovation. "Bioeconomy Strategy for South Africa." 2014, gov.za/sites/default/files/gcis_document/201409/bioeconomy-strategy-south-africa.pdf; East African Community. "Regional Biotechnology and Biosafety Policy Framework." 2016, eac.int/document/248-regional-biotechnology-and-biosafety-policy-framework; National Biotechnology Development Agency. "Bio-economy Initiative Nigeria (BIN)." nabda.gov.ng/index.php/bio-economy-initiative-nigeria-bin.

64 The White House. "Executive Order on Advancing Biotechnology and Biomanufacturing Innovation for a Sustainable, Safe, and Secure American Bioeconomy." September 12,

2022, whitehouse.gov/briefing-room/presidential-actions/2022/09/12/executive-order-onadvancing-biotechnology-and-biomanufacturing-innovation-for-a-sustainable-safe-andsecure-american-bioeconomy.

65 Abigail Kukura et al. "National Action Plan for United States Leadership in Biotechnology." *Special Competitive Studies Project*, April 2023, scsp.ai/wp-content/uploads/2023/04/National-Action-Plan-for-US-Leadership-in-Biotechnology.pdf.

66 Andrea Hodgson, Joe Alper, and Mary Maxon. "The U.S. Bioeconomy: Charting a Course for a Resilient and Competitive Future." *Schmidt Futures*, April 2022, doi.org/10.55879/d2hrs7zwc.

제7장 | 신의 도구를 손에 쥔 인간의 선택

1 Stephen Colbert. "Jon Stewart on Vaccine Science and the Wuhan Lab Theory." YouTube, 2021, youtube.com/watch?v=sSfejgwbDQ8.

2 Oliver Watson, Azra Ghani, et al. "Global Impact of the First Year of COVID-19 Vaccination: A Mathematical Modelling Study." *Lancet Infectious Diseases 22*, no. 9 (September 2022), doi.org/10.1016/s1473-3099(22)00320-6.

3 Charles Calisher, Christian Drosten, et al. "Statement in support of the scientists, public health professionals, and medical professionals of China combatting COVID-19." *Lancet 395*, no. 10226 (March 2020): E42 – E43, doi.org/10.1016/S0140-6736(20)30418-9.

4 인용문의 마지막 문장은 《베니티 페어》에 실려 있지 않다. Katherine Eban. "In Major Shift, NIH Admits Funding Risky Virus Research in Wuhan." *Vanity Fair*, October 22, 2021, vanityfair.com/news/2021/10/nih-admits-funding-risky-virus-research-in-wuhan.

5 Matt Ridley and Alina Chan. "The Covid Lab-Leak Deception." *Wall Street Journal*, July 26, 2023, wsj.com/articles/the-covid-lab-leak-deception-andersen-nih-research-paperprivate-message-52fc0c16?page=1; K. G. Andersen, A. Rambaut, W. I. Lipkin, et al. "The proximal origin of SARS-CoV-2." *Nature Medicine 26* (2020): 450 – 452, doi.org/10.1038/s41591-020-0820-9.

6 Jonathan Kennedy. Pathogenesis: A History of the World in Eight Plagues. Penguin Random House, 2023.

7 Michelle Rozo and Gigi Gronvall. "The Reemergent 1977 H1N1 Strain and the Gain-of-Function Debate." *MBio 6*, no. 4 (2015), doi.org/10.1128/mbio.01013-15; and Peter Palese. "Influenza: Old and New Threats." *Nature Medicine 10*, supplement 12 (November 30, 2004): S82 – S87, doi.org/10.1038/nm1141.

8 David Willman and Joby Warrick. "Research with Exotic Viruses Risks a Deadly Outbreak, Scientists Warn." *Washington Post*, April 10, 2023, washingtonpost.com/investiga-

tions/interactive/2023/virus–research–risk–outbreak/?itid=hp–more–top–stories_p003_f002.

9 See Ed Yong. "Anatomy of an American Failure." *Atlantic*, August 3, 2020, theatlantic.com/press–releases/archive/2020/08/atlantics–september–cover–story/614881.

10 Global Biolabs. globalbiolabs.org/.

11 David Willman and Joby Warrick. "Research with Exotic Viruses Risks a Deadly Outbreak, Scientists Warn." *Washington Post*, April 10, 2023, washingtonpost.com/investigations/interactive/2023/virus–research–risk–outbreak/?itid=hp–more–top–stories_p003_f002.

12 다음 링크에서 수억 명의 목숨을 앗아 간 바이러스의 염기서열을 다운로드할 수 있다: ncbi.nlm.nih.gov/nuccore/NC_001611.1.

13 "In this chapter, we discuss the details of the method to assemble a full–length infectious clone of MHV and then engineer a specific mutation into the clone to demonstrate the power of this unique site–directed 'No See'm' mutagenesis approach." Eric F. Donaldson, Amy C. Sims, and Ralph S. Baric. "Systematic Assembly and Genetic Manipulation of the Mouse Hepatitis Virus A59 Genome." In SARS– and Other Coronoviruses, edited by David Cavanagh, 293–315. *Humana Press*, 2008, doi.org/10.1007/978–1–59745–181–9_21.

14 Gregory Koblentz. "Dual–use research as a wicked problem." *Frontiers in Public Health 2*, no.113 (August 4, 2014), doi.org/10.3389/fpubh.2014.00113.

15 Shawn Jackson, Rocco Casagrande, et al. "The Accelerating Pace of Biotech Democratization." *Nature Biotechnology 37*, no. 12 (December 3, 2019): 1403–1408, doi.org/10.1038/s41587–019–0339–0.

16 "Student Team Publishes on First Use of CRISPR/Cas9 Gene Editing Technology in Space." June 30, 2021, genesinspace.org/news/press/student–team–publishes–on–first–use–ofcrisprcas9–gene–editing–technology–in–space/.

17 Kevin Esvelt. "Delay, Detect, Defend: Preparing for a Future in Which Thousands Can Release New Pandemics." *Geneva Centre for Security Policy*, November 2022, bit.ly/3ZOANum.

18 Denisa Kera and Oliver Medvedik. "Mapping community biotechnology initiatives: survey findings from around the world." *PLOS Biology 19*, no. 6 (2021): e3001296, doi.org/10.1371/journal.pbio.3001296.

19 See Jamie Metzl. "Brave New World War." Democracy Journal, March 17, 2008, democracyjournal.org/magazine/8/brave–new–world–war; and Alexander Hamilton et al. "Opportunities, Challenges, and Future Considerations for Top–down Governance for

Biosecurity and Synthetic Biology." In *Emerging Threats of Synthetic Biology and Biotechnology*, edited by B. D. Trump et al, 37 – 58. Springer, 2021, doi.org/10.1007/978-94-024-2086-9_3.

20 Fabio Urbina, Filippa Lentzos, Cédric Invernizzi, and Sean Ekins. "Artificial intelligence and dual-use research: the case of de novo molecular design." *Nature Machine Intelligence 4*, no. 3 (2022): 189 – 191, doi.org/10.1038/s42256-022-00459-7.

21 Kai Kupferschmidt. "How Canadian Researchers Reconstituted an Extinct Poxvirus for $100,000 Using Mail-Order DNA." *Science*, July 6, 2017, science.org/content/article/howcanadian-researchers-reconstituted-extinct-poxvirus-100000-using-mail-order-dna; Ryan Noyce S, Seth Lederman, and David H. Evans. "Construction of an Infectious Horsepox Virus Vaccine from Chemically Synthesized DNA Fragments." *PLOS ONE 13*, no. 1 (January 19, 2018): e0188453, doi.org/10.1371/journal.pone.0188453.

22 National Academies of Sciences, Engineering, and Medicine. Biodefense in the Age of Synthetic Biology. *National Academies Press*, 2018, doi.org/10.17226/24890.

23 Mehmet Akdel, Pedro Beltrao, et al. "A structural biology community assessment of AlphaFold2 applications." *Nature Structural & Molecular Biology 29* (November 7, 2022): 1056 – 1067, doi.org/10.1038/s41594-022-00849-w. PMID: 36344848; PMCID: PMC9663297.

24 Sander Herfst, Martin Linster, et al. "Airborne Transmission of Influenza A/H5N1 Virus between Ferrets." *Science 336*, no. 6088 (June 22, 2012): 1534 – 1541, doi.org/10.1126/science.1213362; Masaki Imai, Gongxun Zhong, et al. "Experimental Adaptation of an Influenza H5 HA Confers Respiratory Droplet Transmission to a Reassortant H5 HA/H1N1 Virus in Ferrets." *Nature 486*, no. 7403 (May 2, 2012): 420 – 428, doi.org/10.1038/nature10831.

25 Anthony Fauci, Gary Nabel, and Francis Collins. "A flu virus risk worth taking." *Washington Post*, December 30, 2011, washingtonpost.com/opinions/a-flu-virus-risk-worthtaking/2011/12/30/gIQAM9sNRP_story.html.

26 Anthony Fauci. "Research on highly pathogenic H5N1 influenza virus: the way forward." *mBio 3*, no. 5 (October 9, 2012): e00359-12, doi.org/10.1128/mBio.00359-12. PMID: 23047751; PMCID: PMC3484390.

27 Community Values, Guiding Principles, and Commitments for the Responsible Development of AI for Protein Design. *Responsible BioDesign*. March 8, 2024. responsiblebiodesign.ai

28 Joby Warrick and David Willman. "China's struggles with lab safety carry danger of an-

other pandemic." *Washington Post*, April 12, 2023, washingtonpost.com/investigations/interactive/2023/china-lab-safety-risk-pandemic/.

29 E. S. Krafsur et al. "Screwworm Eradication Is What It Seems." *Nature 323*, no. 6088 (October 9, 1986): 495–496, doi.org/10.1038/323495b0. See also "STOP Screwworms: Selections from the Screwworm Eradication Collection." nal.usda.gov/exhibits/speccoll/exhibits/show/stop-screwworms—selections-fr/introduction.

30 Kevin Esvelt, Andrea Smidler, Flaminia Catteruccia, and George Church. "Concerning RNA-Guided Gene Drives for the Alteration of Wild Populations." *ELife 3* (July 17, 2014), doi.org/10.7554/elife.03401.

31 Valentino Gantz, Anthony James, et al. "Highly Efficient Cas9-Mediated Gene Drive for Population Modification of the Malaria Vector Mosquito Anopheles Stephensi." *Proceedings of the National Academy of Sciences 112*, no. 49 (November 23, 2015): E6736–E6743, doi.org/10.1073/pnas.1521077112.

32 Kyros Kyrou, Andrea Crisanti, et al. "A CRISPR–Cas9 Gene Drive Targeting Doublesex Causes Complete Population Suppression in Caged Anopheles Gambiae Mosquitoes." *Nature Biotechnology 36*, no. 11 (September 24, 2018): 1062–1066, doi.org/10.1038/nbt.4245.

33 Ethan Bier. "Gene Drives Gaining Speed." *Nature Reviews Genetics 23* (January 2022): 5–22, doi.org/10.1038/s41576-021-00386-0.

34 Philip Eckhoff et al. "Impact of Mosquito Gene Drive on Malaria Elimination in a Computational Model with Explicit Spatial and Temporal Dynamics." *Proceedings of the National Academy of Sciences 114*, no. 2 (December 27, 2016), doi.org/10.1073/pnas.1611064114.

35 AUDA-NEPAD. "Gene Drives for Malaria Control and Elimination in Africa." 2021, nepad.org/publication/gene-drives-malaria-control-and-elimination-africa.

36 IPPX Secreteriat. Scientific Review of the Impact of Climate Change on Plant Pests. FAO on behalf of the IPPC Secretariat, 2021, doi.org/10.4060/cb4769en.

37 Luke Barrett, Donald Gardiner, et al. "Gene Drives in Plants: Opportunities and Challenges for Weed Control and Engineered Resilience." *Proceedings of the Royal Society B: Biological Sciences 286*, no. 1911 (September 25, 2019): 20191515, doi.org/10.1098/rspb.2019.1515. Neve, P., Barrett, L. Driving evolution in wild plants. *Nat. Plants 10*, 840–841 (2024). doi.org/10.1038/s41477-024-01723-x

38 Ben Novak et al. "U.S. Conservation Translocations: Over a Century of Intended Consequences." *Conservation Science and Practice 3*, no. 3 (March 5, 2021): e394, doi.org/10.1111/csp2.394.

39 Jonathan Latham. "Gene Drives: A Scientific Case for a Complete and Perpetual Ban." *Independent Science News*, February 13, 2017, independentsciencenews.org/environment/gene-drives-a-scientific-case-for-a-complete-and-perpetual-ban. For a broader and very thoughtful discussion of gene drives, see Jolene Creighton. "Gene Drives: Assessing the Benefits & Risks." *Future of Life Institute*, December 5, 2019, futureoflife.org/recent-news/gene-drives-assessing-the-benefits-risks/.

40 Allison Snow. "Genetically Engineering Wild Mice to Combat Lyme Disease: An Ecological Perspective." *BioScience 69*, no. 9 (August 14, 2019): 746–756, doi.org/10.1093/biosci/biz080.

41 Richard Schoeberl. "Gene Drives—An Emerging Terrorist Threat." *Domestic Preparedness*, December 19, 2018, domesticpreparedness.com/preparedness/gene-drives-an-emergingterrorist-threat/.

42 Sharon Begley. "As Calls Mount to Ban Embryo Editing with CRISPR, Families Hit by Inherited Diseases Say, Not so Fast." *STAT*, April 17, 2019, statnews.com/2019/04/17/crisprembryo-editing-ban-opposed-by-families-carrying-inherited-diseases/.

43 Alastair Crisp, Gos Micklem, et al. "Expression of Multiple Horizontally Acquired GenesIs a Hallmark of Both Vertebrate and Invertebrate Genomes." *Genome Biology 16*, no. 1 (March 13, 2015), doi.org/10.1186/s13059-015-0607-3.

44 Siddhartha Mukherjee. The Gene: An Intimate History, 275–276. Scribner, 2016.

45 이와 관련된 주제를 더 깊이 살펴보고 싶다면 다음 작가를 강력하게 추천한다. Christopher E. Mason. The Next 500 Years: Engineering Life to Reach New Worlds. *MIT Press*, 2022.

46 The 20 million figure comes from "The pandemic's true death toll." *Economist*, economist.com/graphic-detail/coronavirus-excess-deaths-estimates.

제8장 | 우리 손으로 미래를 설계할 시간

1 Paul Berg et al. "Summary Statement of the Asilomar Conference on Recombinant DNA Molecules." *Proceedings of the National Academy of Sciences 72*, no. 6 (June 1, 1975): 1981–1984, doi.org/10.1073/pnas.72.6.1981.

2 Paul Berg. "Asilomar and Recombinant DNA." The Nobel Prize, August 26, 2004, nobelprize.org/prizes/chemistry/1980/berg/article/.

3 David Baltimore, Paul Berg, et al. "A Prudent Path Forward for Genomic Engineering and Germline Gene Modification." *Science 348*, no. 6230 (March 19, 2015): 36–38, doi.org/10.1126/science.aab1028.

4 Human Genome Editing: Science, Ethics and Governance. *National Academies Press*,

2017, doi.org/10.17226/24623. Relatively similar recommendations were made in Genome Editing and Human Reproduction: Social and Ethical Issues. *Nuffield Council on Bioethics*, July 2018, nuffieldbioethics.org/publications/genome-editing-and-humanreproduction.

5 Caroline Meinhardt and Gregor Sebastian. "Xi Speech on Innovation + Five-Year Plan + Foreign R&D Investment." *MERICS Briefs*, April 06, 2021, merics.org/en/merics-briefs/xi-speech-innovation-five-year-plan-foreign-rd-investment.

6 Sharon Begley and Andrew Joseph. "The CRISPR Shocker: How Genome-Editing Scientist He Jiankui Rose from Obscurity to Stun the World." *STAT*, December 17, 2018, statnews.com/2018/12/17/crispr-shocker-genome-editing-scientist-he-jiankui/.

7 Cited in Henry Greely. CRISPR People: The Science and Ethics of Editing Humans, Kindle location 1646. *MIT Press*, 2021.

8 David Bandurski. "China and Russia Are Joining Forces to Spread Disinformation." *Brookings*, March 11, 2022, brookings.edu/techstream/china-and-russia-are-joining-forces-to-spread-disinformation/; Mara Hvistendahl and Alexey Kovalev. "Hacked Russian Files Reveal Propaganda Agreement with China." *The Intercept*, December 30, 2022, theintercept.com/2022/12/30/russia-china-news-media-agreement/.

9 Paul Mozur. "A Genocide Incited on Facebook, with Posts from Myanmar's Military." *New York Times*, October 15, 2018, nytimes.com/2018/10/15/technology/myanmar-facebookgenocide.html; S. Stieger, D. Lewetz, and J. Matthes. "Does social media use foster or harm subjective well-being? A meta-analysis." *Computers in Human Behavior 101* (2019): 417–429, doi.org/10.1016/j.chb.2019.07.050.

10 이 단락에 나오는 참여와 관련된 아이디어들은 인간 게놈 편집에 관한 WHO 전문가 위원회의 연구 결과를 참고한 것이다. 나는 프랑수아즈 베이리스를 포함한 다른 위원들과 함께 '교육, 참여, 권한 부여' 부분을 주로 도맡아 썼다. WHO Expert Advisory Committee on Developing Global Standards for Governance and Oversight of Human Genome Editing. Human Genome Editing: Recommendations. World Health Organization, 2021, who.int/publications/i/item/9789240030381.

11 "'The Atlantic Charter': Declaration of Principles Issued by the President of the United States and the Prime Minister of the United Kingdom." nato.int/cps/en/natohq/official_texts_16912.htm.

12 Jamie Metzl. "Covid-19 Offers a Chance to Build a Better World. We Must Seize It." CNN, May 17, 2020, edition.cnn.com/2020/05/17/opinions/covid-19-worldwide-response-metzl/index.html.

13 "Towards a Global Guidance Framework for the Responsible Use of Life Sciences: Sum-

mary Report of Consultations on the Principles, Gaps and Challenges of Biorisk Management." WHO, May 2022, who.int/publications/i/item/WHO-SCI-RFH-2022.01.

14 United Nations. "Rio Declaration on Environment and Development." 1992, un.org/esa/documents/ga/conf151/aconf15126-1.htm.

15 Eric Lander et al. "Adopt a Moratorium on Heritable Genome Editing." *Nature 567*, no. 7747 (March 13, 2019): 165–168, doi.org/10.1038/d41586-019-00726-5; "162 Organizations Call for Global Gene Drive Moratorium." April 20, 2021, stop-genedrives.eu/162-organizationscall-for-global-gene-drive-moratorium/.

16 "Pause Giant AI Experiments: An Open Letter." *Future of Life Institute*, March 22, 2023, futureoflife.org/open-letter/pause-giant-ai-experiments/.

17 Rebecca Arcesati and Wendy Chang. "China Is Blazing a Trail in Regulating Generative AI—on the CCP's Terms," *The Diplomat*, April 28, 2023, bit.ly/41MZKIh.

18 "Elon Musk, WHO Chief Spar on Twitter over U.N. Agency's Role." *Reuters*, March 23, 2023, reuters.com/world/elon-musk-who-spar-twitter-over-un-agencys-role-2023-03-23/.

19 Eric Lipton and Kirsten Grind. Elon Musk's Business Empire Scores Benefits Under Trump Shake-Up. *New York Times*, February 11, 2025.

20 OneShared.World. "Declaration of Interdependence." May 3, 2020, oneshared.world/declaration.